菜田污染防控与培肥改良

李博文　刘文菊　张丽娟 等◎著

中国农业出版社

北　京

内容提要

　　本书在菜田污染防控与培肥改良领域，展现了重要研究进展和创新成果。书中探明了菜田土壤镉及铅等重金属污染预测，赋存形态转化迁移，化学修复、植物修复机制以及生物修复技术，探索了设施菜田氮磷污染生化防控、农艺防控的技术措施及其生物效应和环境效应，明确了蔬菜施用微生物肥料的产量效应、质量效应和环境效应，攻克了菜田有机培肥与障碍改良的主要技术关键，既有面向国际前沿的基础研究，又有面向应用实践的技术创新，还有面向绿色发展的前瞻性探索。可用于指导高层次人才培养、开展科学研究，具有较高的学术价值和实用价值。

专家简介

李博文，中国农业大学农学博士，河北农业大学资源与环境科学学院二级教授、博士研究生导师，河北省人民政府参事，河北省政府特殊津贴专家，国家重点研发计划项目首席专家。现任河北农业大学乡村振兴研究院总工程师兼副院长、河北省农用生物制剂产业技术研究院院长、民盟河北省委农业农村委员会主任、中国农业科技管理研究会理事。曾主持承担国家、省部级等科研项目20余项，获省部级科技奖励一等奖2项、二等奖6项、三等奖4项。其中，主持取得"潮褐土区蔬菜镉铅和硝酸盐污染特点及其控制技术""河北省菜田养分微生物调控减肥增效关键技术""养殖废弃物肥料化高效利用关键技术示范推广"等系列成果，攻克了微生物肥料功能菌株优选和发酵生产工艺等重大技术难题，取得国家发明专利5项，研发登记微生物肥料等绿色环保肥料产品16个，建成年产10万t肥料生产线3条，年处理农业废弃物30多万t，集成创新主栽蔬菜安全高效施肥技术模式10种，开发绿色食品蔬菜18个，推广应用55.1万hm²，增产10%以上，降低病害发病率30%以上，创社会经济效益上百亿元，分别获得省部级科技进步二等奖和河北省农业技术推广一等奖；主编、参编《蔬菜安全高效施肥》《微生物肥料研发与应用》《化肥农药减施增效技术》等著作8部；在 *Soil Science and Plant Nutrition*、*Journal of Soil and Sediment*、《土壤学报》《环境科学学报》《应用生态学报》和《水土保持学报》等学术期刊发表论文120多篇；培养博士10名、硕士57名。

刘文菊，河北农业大学资源与环境科学学院教授、博士研究生导师，中国科学院生态环境研究中心博士，英国洛桑研究所博士后及洛桑学者。河北省土壤肥料学会理事，中国环境科学学会高级会员，河北省世纪优秀人才，河北省高等学校创新团队领军人才，河北省三三三人才一层次人才。SCI 源刊 *Plant and Soil*、*Environmental Pollution* 审稿人。主要从事环境生物学、土壤环境质量领域的研究。承担国家、省部级科研课题 10 余项，获省级自然科学二等奖 1 项、科技进步三等奖 2 项；主编、参编著作 3 部，发表学术论文 50 余篇，其中 SCI 收录 20 篇。培养研究生 20 余名。

张丽娟，河北农业大学资源与环境学院教授、博士研究生导师，中国农业大学博士，日本农业环境技术研究所访问学者。任河北省土壤肥料学会理事，河北省农业生态环境与休闲农业协会理事，中国植物营养与肥料学会养分循环与环境专业委员会委员、测试技术专业委员会副主任委员，"邸洪杰土壤与环境实验室"副主任。主要从事农业生态系统养分循环及环境效应等领域的研究。先后主持国家自然科学基金、"863""948""十三五"国家重点研发计划及省自然科学基金等省部级课题 23 项，获国家科技进步二等奖 1 项，省部级科技奖励二等奖 4 项、三等奖 2 项；主编、参编著作 10 余部，在 *PNAS*、*Agricultural Water Management*、*Science of the Total Environment*、*Soil & Tillage Research*、*Atmos Chem Phys*、《农业工程学报》《中国农业科学》等国内外学术期刊上发表论文 80 余篇；获国家专利授权 8 项，软件著作权授权 5 项，制定地方标准 13 项。培养研究生 36 名。

编　委　会

主　著：李博文　刘文菊　张丽娟　杨志新　陆秀君　吉艳芝

　　　　郭艳杰　王小敏　王　凌　赵英男

著　者（按姓氏笔画排序）：

马　理　王　伟　王　凌　王　赫　王小敏　王晓娟

卢金海　田晓楠　吉艳芝　任翠莲　刘文菊　刘建霞

纪宏伟　芦小军　杜佳燕　李　硕　李玉涛　李丽丽

李青梅　李晓雪　李博文　李翔宇　李新博　杨　华

杨　迎　杨　卓　杨　威　杨　榕　杨志新　何　迪

张　津　张　琳　张丽娟　张敏硕　陆秀君　范　俊

金美玉　周晓丽　赵　洪　赵英男　聂文静　贾　莹

贾　娟　高　珊　高夕彤　郭　娇　郭艳杰　韩　冰

韩晓莉　管培彬　魏　欢

Preface | 序

众所周知，全球资源与环境问题日益突出，特别是在农业领域淡水资源短缺、土壤资源出现退化、过量施用肥料农药导致污染、温室气体排放引起全球气候变暖、生物多样性不断减少、生态环境脆弱恶化等方面势态严峻，直接威胁人类的生存与发展，已成为具有国际性、挑战性、前瞻性的课题。中国是农业大国，农业资源与环境问题尤为突出。随着农产品数量质量需求的日益提升，农业水土资源贫瘠、光温水肥利用效率低、水土大气污染突显，已严重危及国家粮食安全、食品安全和生态安全。作为资源与环境学科的专家学者，突破人类生存与发展的"瓶颈"，攻克农业可持续发展的共性关键难题，是我们义不容辞的责任。

自 2010 年，本人与李博文教授创新团队合作，在河北农业大学共建"邸洪杰土壤与环境实验室"，共同培养了郭艳杰、王小敏、王凌、杨威、赵英男、张敏硕等一批博士研究生，联合承担了中国政府资助的国家自然科学基金项目"巨大芽孢杆菌活化土壤镉的机理研究"（编号：31272253）、国际科技合作项目"华北温室菜田施氮 N_2O 排放和氮淋失的生化控制技术引进与研发"（编号：2012-Z36）、国家科技支撑课题"设施蔬菜养分管理与高效施肥技术研究与示范"（编号：2015BAD23B01）等一系列研究任务，取得了重要科学研究进展：明确了菜田土壤微生物调控氮、磷的作用机制，施用巨大芽孢杆菌和胶质芽孢杆菌促生、抗病的效应机制；创制了耐盐碱、耐缺氧等抗性培养基，筛选出系列优异菌株，攻克了菌剂施入碱性土壤难成优势菌群的难题；发明了微生物肥料制作方法，攻克了菌液浓缩与制粉费时、易染杂菌、回收率低等难题，研发登记了系列微生物肥料产品；创新了蔬菜安全高效施肥模式，开发出绿色食品蔬菜系列产品，推进了蔬菜产业提质增效、绿色环保。

本书集成我们近十年研究的新进展新成果，在土壤环境国际合作研究领域形成了三个鲜明的研究特色。一是辟蹊径、攻前沿。打破现行施肥模式，开辟微生物调控新路径，瞄准分子生物学前沿，破解养分调控因子，攻克施肥技术关键。二是大跨度、聚主线。主动迎接全球环境挑战，横跨肥料、作物、环保三大行业，内涵跨度大，聚焦绿色环保研究主题，贯穿安全高效创新主线。三是求实效、高起点。注重创新技术的物化、简化、模式化、标准化，立足大幅度减肥降污提质、增产增收，研发产品多、取得成效大，减肥25％，增产10％以上，开发认证绿色食品蔬菜19种，降低养分淋失量49％以上、氮源气体排放量21％以上，能有效防控面源污染。

国际土壤环境科学家

新西兰皇家科学院　院士　邸洪杰

2023 年 10 月 17 日

Foreword | 前言

　　我国是世界上最大的蔬菜生产国和消费国。蔬菜是我国种植业发展最快、效益最高的产业之一，在农业结构中居重要战略地位。河北是蔬菜大省，用全省13%的耕地创造了种植业大于30%的收益，既是全国蔬菜的主产区，也是京津都市"菜篮子"的保障地，占京津蔬菜供应量的50%以上，在华北具有典型性、代表性。然而，随着蔬菜产业的快速发展，菜农盲目追求施肥促产，滥施肥料普遍，已导致菜田养分过剩，出现酸化、盐渍化、土壤退化等连作障碍，镉铅超标、氮磷淋失、温室气体排放等面源污染，直接危及蔬菜生产安全、食品安全和环境安全，亟待开辟菜田污染防控与培肥改良的新路径，以"产出高效、产品安全、资源节约、环境友好"为目标，推进蔬菜产业绿色、高质、高效发展。

　　本书展现了土壤环境领域重要研究进展和创新成果，主要是河北农业大学资源与环境科学学院师生集体智慧的结晶。自2010年起，农业资源与环境学科与国际土壤环境科学家、新西兰皇家科学院院士、新西兰林肯大学邸洪杰教授创新团队，共建"邸洪杰土壤与环境实验室"，搭建一流的国际合作平台，联合培养研究生、承担科研项目。在此基础上，该学科分两期进入河北省现代蔬菜产业技术体系专家岗位，推进农科教、产学研合作，组建了菜田污染防控与障碍修复创新团队，主持承担国家、省部级自然科学基金、国际科技合作、重点研发课题"农业面源污染防治""设施蔬菜高效施肥"等28项。迄今，已建成国家闻诚沃土星创天地、河北省微生物肥料产业技术研究院、河北省蔬菜产业创新驿站。近十年，本创新团队坚持面向世界科技前沿、面向经济主战场、面向国家重大需求、面向人民生命健康，立足河北开展科技攻关，取得了一系列的创新突破，研发登记微生物肥料、缓控释肥、水溶肥等新型肥料产品16种，集成创新示范"潮褐土区蔬菜镉铅和硝酸盐污染防控""菜田养分微生物调控""养殖废弃物能源化、肥料化高效利用"等关键技术10项，取得博士学位论文6篇、硕士学位论文39篇，获省部级二等奖以上科技奖励 8 项，用于指导培植特色蔬菜产业脱贫，创造了上百亿元的经济效益和显著的生态效益、社会效益，被国家、省市新闻媒体报道 30 多次，产生了良好的社会影响。现编纂成书与广大师生、专家学者分享。

本书共分六章，第一章为菜田重金属污染防控机制，第二章为菜田重金属污染生物修复，第三章为设施菜田氮磷污染生化防控，第四章为设施菜田氮磷污染农艺防控，第五章为蔬菜施用微生物肥料的效应，第六章为菜田有机培肥与障碍改良。以"菜田污染防控与培肥改良"为主题，主攻方向明确，研究系统深入，既有面向国际前沿的基础研究，又有面向应用实践的技术创新，还有面向绿色发展的前瞻性探索。探明了菜田土壤镉铅等重金属污染预测、赋存形态转化迁移、化学修复、植物修复机制以及生物修复技术，探索了设施菜田氮磷污染生化防控、农艺防控的技术措施及其生物效应和环境效应，明确了蔬菜施用微生物肥料的产量效应、质量效应和环境效应，攻克了菜田有机培肥与障碍改良的主要技术关键。本书适用于农业资源与环境领域教学、科研、生产与推广人员，可用于指导高层次人才培养，开展科学研究，指导蔬菜安全高效调控，推进蔬菜产业绿色高质量发展，具有较高的学术价值和实用价值。

在研究过程中，得到了国家重点研发计划项目（2022YFD1901300）、国家自然科学基金面上项目（31272253）、国家 948 项目（2012-Z36）、河北省重点研发计划专项（19224007D，20324004D）、河北省现代农业产业技术体系岗位专家（HBCT2018030206）等科研项目资助，得到了河北农业大学、中国农业大学、沈阳农业大学、河北省农林科学院、北京市农林科学院、天津市农业科学院、河北省现代蔬菜产业技术体系创新团队、河北省蔬菜产业协同创新中心、河北省农田生态环境重点实验室、河北省微生物肥料产业技术研究院、河北闰沃生物技术有限公司、河北民得富生物技术有限公司、廊坊市欧华嘉利农业科技发展有限公司、河北富硕农产品种植有限公司、河北翻翻农业科技有限公司、廊坊海泽田农业开发有限公司等企事业单位领导、专家学者和创新群体的大力支持帮助，参考了相关学者大量文献，在此一并表示衷心感谢！

由于研究深度、广度所限，不足之处在所难免，敬请广大读者批评指正。

著　者

2023 年 12 月 8 日

Contents | 目录

第一章

菜田重金属污染防控机制

第一节　设施果菜土壤镉污染预测与防控指标

近年来，随着我国种植业结构的优化与调整，设施栽培成为蔬菜生产的重要组成部分。但设施蔬菜生产农用品的输入量较大，且具有半封闭、高温、高复种指数等人为活动影响强烈的特点，导致设施土壤已出现了养分累积、次生盐渍化、微生物菌群失调及残留硝酸盐、重金属累积污染等问题。其中，重金属超标问题突显，农产品质量安全问题已成为社会关注的焦点。本研究以设施黄瓜和番茄两种果菜为研究对象，以 pH>7.5 的潮褐土作为代表性土壤类型，通过田间调查和微区试验，构建设施菜田土壤镉污染的预测模型，探究菜田土壤镉污染限值，并通过连续两季定位试验，研究不同施肥处理对设施蔬菜土壤镉积累平衡的影响，为该类型土壤设施黄瓜和番茄镉污染的施肥防控提供理论依据。

一、设施黄瓜和番茄菜田土壤镉污染现状调查分析

（一）设施黄瓜和番茄菜田土壤重金属含量的变化特征

1. 设施黄瓜和番茄土壤重金属含量的空间变化规律

以河北永清蔬菜产区为田间调查区域，探索了设施黄瓜和番茄多年的施肥习惯对土壤重金属含量的影响状况。通过计算 5 种重金属 Cd、Cr、Pb、As、Hg 在设施黄瓜和番茄土壤中的平均值、标准差、变异系数等特征参数，反映设施蔬菜土壤重金属元素的空间变化特征。变异系数（CV）表明测定数值的离散程度，反映土壤重金属含量受不同管理模式影响的程度。CV 小于 25% 为均匀分布，在 25%~50% 区间属于弱分异型，在 50%~75% 区间属分异型，大于75%属于强分异型。由表 1-1 看出，5 种重金属元素中，黄瓜和番茄菜田土壤 Cd 变异系数均最大，分别达到了 52.35% 和 46.99%，属分异型和弱分异型分布特征。说明该地区设施黄瓜和番茄不同施肥管理方式对 Cd 含量的影响最为明显，土壤 Cd 含量受人为活动影响最大。

表 1-1　设施黄瓜和番茄土壤重金属含量参数特征

重金属名称	土壤筛选值 (mg/kg)	设施黄瓜			设施番茄		
		平均值 (mg/kg)	标准差 (mg/kg)	变异系数 (%)	平均值 (mg/kg)	标准差 (mg/kg)	变异系数 (%)
Cd	0.6	0.35	0.18	52.35	0.33	0.15	46.99
Cr	250	74.81	15.12	20.21	77.99	28.72	36.82
Pb	350	21.93	2.80	12.75	24.11	3.69	30.58
As	25	10.32	1.49	14.45	13.82	4.23	15.31
Hg	3.4	0.066	0.027	40.71	0.062	0.022	36.01

2. 设施黄瓜和番茄土壤镉含量随种植年限的变化规律

为进一步明确设施黄瓜和番茄土壤 Cd 含量与种植年限的关系，对该区设施黄瓜和番茄不同采样点土壤 Cd 含量随种植年限的变化趋势进行了分析。结果表明，土壤 Cd 含量随黄瓜和番茄种植年限的增加有明显上升的趋势（图 1-1、图 1-2）。种植年限在 16 年以上的设施黄瓜土壤 Cd 含量均高于种植 0～15 年的土壤。设施番茄不同年限（除新棚外）土壤 Cd 含量为河北省土壤背景值（0.075mg/kg）的 2.8～8.57 倍；种植 1 年的土壤 Cd 含量为 0.25mg/kg，是新棚的 3.5 倍；种植 1～20 年的土壤 Cd 含量是新棚的 2.96～9.06 倍。可见，随着种植年限的增加，设施黄瓜和番茄土壤 Cd 积累非常明显。

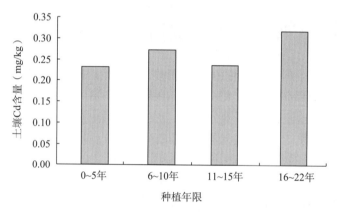

图 1-1　设施黄瓜土壤镉含量随种植年限的变化趋势

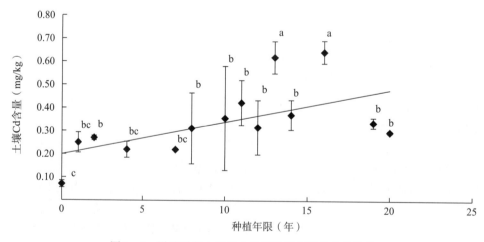

图 1-2　设施番茄土壤镉含量随种植年限的变化趋势

（二）设施黄瓜和番茄吸收积累镉的特征

通过该区域黄瓜、番茄果实 Cd 富集量的比较，发现所有土壤样点黄瓜、番茄果实 Cd 的含量均小于 0.05mg/kg，番茄果实 Cd 的实测均值为 0.002 4mg/kg，而黄瓜果实 Cd 的实测均值仅为 0.000 41mg/kg。番茄果实积累 Cd 的含量为黄瓜的 5.85 倍。可见，两种果菜对土壤 Cd 的吸收积累存在着显著的差异特征。

通过比较发现，黄瓜对 Cd 的富集系数为 0.001 2，番茄为 0.009 2，黄瓜的富集系数明显偏低。这一结果表明，黄瓜对 Cd 元素具有较低的吸收性，为土壤重金属轻度污染区种植结构的调整提供了参考。

（三）设施黄瓜和番茄及其土壤镉污染现状

以农用地土壤污染风险筛选值（pH≤7.5，0.3mg/kg；pH＞7.5，0.6mg/kg）为参照，由表 1-1 数据可知，设施黄瓜和番茄土壤 Cd 含量均存在超标现象，超标率分别达 15.6％和 8.1％。种植年限和施肥管理方式的不同可能导致了黄瓜和番茄温室土壤 Cd 污染程度差异较大。

以《食品安全国家标准　食品中污染物限量》（GB 2762—2022）（Cd 含量≤0.05mg/kg）为参照，可以发现黄瓜和番茄果实 Cd 含量均未超过标准，说明土壤 Cd 含量虽存在污染超标现象，但可食的果实部分相对安全，这与两种果菜的低吸收积累、低富集系数相吻合。可见，目前绿色蔬菜产地标准尚存在局限性，未能充分考虑不同种类蔬菜吸收特征的差异性。因此，本文对设施黄瓜和番茄 Cd 污染预测模型及限值进行深入探究。

二、设施黄瓜和番茄土壤镉污染预测模型及其限值

（一）设施黄瓜土壤镉污染预测模型及其限值确定

1. 田间调查

本研究共采集设施黄瓜土壤样点 31 个，其中，壤土样点 29 个，占样品总数的 93.6％；黏壤土样点 2 个，占样品总数的 6.45％。由此可知，该区设施黄瓜土壤以壤土为主，因此，选择具有代表性的壤土样品，进行土壤 Cd 含量与黄瓜果实 Cd 含量相关性分析，从而消除因土壤质地不同对土壤与黄瓜 Cd 含量相关性的干扰。

经 Pearson 相关分析（双侧检验），田间调查的土壤 Cd 全量与黄瓜果实 Cd 含量呈显著的正相关关系，相关系数为 0.384^*，$P=0.04$（$n=29$）。SPSS 回归分析中的曲线估计表明，土壤 Cd 全量与黄瓜果实 Cd 含量之间呈线性、对数、幂函数的显著正相关关系（表 1-2）。利用已构建的黄瓜与土壤 Cd 达到显著相关的 3 种预测模型（表 1-2），结合黄瓜绿色食品 Cd 限量标准（Cd 含量≤0.05mg/kg），推算出了设施黄瓜田间管理条件下土壤 Cd 的限值（表 1-2）。可以看出，由线性、对数、幂函数方程得到的土壤 Cd 限值分别为 23.9mg/kg、1.46mg/kg、4.84mg/kg，限值区间为 1.46～23.9mg/kg，不同预测模型推算出的土壤 Cd 限值差异较大，基于对绿色蔬菜安全考虑，以最低值作为土壤环境质量安全限值最为稳妥，因此，在潮褐土（土壤质地为壤土，pH＞7.5）中的设施黄瓜生产模式下，土壤 Cd 的环境质量限值确定为 1.46mg/kg。

表 1-2　设施黄瓜土壤与黄瓜镉含量的相关预测模型

模型类型	回归方程	相关系数（r）	P 值	土壤限值预测（mg/kg）	土壤 pH 范围
线性方程	$y=474.06x+0.206\,2$	0.418^{**}	0.034	23.9	
对数方程	$y=0.214\,1\ln(x)+2.097\,6$	0.427^*	0.029	1.46	
二次方程	$y=-1.7e5x^2+663.32x+0.166\,9$	0.420	0.107	—	7.0～8.5
幂函数方程	$y=23.691x^{0.522\,9}$	0.395^*	0.046	4.84	
指数方程	$y=0.222\,0e^{1137.7x}$	0.374	0.06	—	

注：采用回归分析，x 为果实 Cd 含量，y 为土壤 Cd 含量；$**$表示 $P<0.01$，$*$ 表示 $P<0.05$；本节下同。

2. 微区试验

通过上述设施黄瓜田间调查与检测，建立了设施黄瓜 Cd 含量与土壤 Cd 含量的相关预测模型。但是，田间设施黄瓜土壤 Cd 含量最高仅达到 0.8mg/kg，而且黄瓜果实也均未达到超标水平。因此，田间采样的局限性就在于难以采集到高含量 Cd 污染土壤样品。为了弥补田间试验的不足，以土壤类型为潮褐土、土壤 pH＞7.5、土壤质地为壤土作为约束条件，以黄瓜为研究对象，采用连续两季的棚室微区试验，设置了不同浓度梯度的土壤 Cd 污染水平，对田间调查结果进行进一步验证。

（1）土壤镉全量预测模型及其限值 经 Pearson 相关分析（双侧检验），连续两季微区试验黄瓜 Cd 含量与土壤 Cd 全量呈极显著正相关关系，相关系数分别为 0.825**（$P<$ 0.001）和 0.958**（$P<0.001$）。经 SPSS 回归分析中的曲线估计表明，两季土壤 Cd 全量与黄瓜 Cd 含量之间，均呈现出了极显著的线性、对数、二次、指数、幂函数正相关关系（表 1-3、表 1-4）。在土壤 pH＞7.5、土壤质地为壤土的条件下，结合黄瓜绿色食品 Cd 限量标准（Cd 含量≤0.05mg/kg），由线性、对数、二次、幂函数、指数方程推算出设施黄瓜微区试验条件下土壤 Cd 的限值：第一季分别为 2.27mg/kg、2.14mg/kg、2.35mg/kg、2.13mg/kg、2.27mg/kg，限值区间为 2.13～2.35mg/kg；第二季分别为 3.22mg/kg、2.91mg/kg、3.06mg/kg、2.67mg/kg、2.85mg/kg，限值区间为 2.67～3.22mg/kg。可见，随着 Cd 在土壤中的稳定性增强，土壤 Cd 限值第二季明显高于第一季结果。基于对绿色蔬菜安全的考虑，结合连续两年的微区试验结果，应将最低值 2.13mg/kg 确定为黄瓜土壤 Cd 安全限值。

表 1-3 微区试验黄瓜及其土壤全镉含量的相关模型（第一季）

模型类型	回归方程	相关系数（r）	P 值	土壤限值预测（mg/kg）	土壤 pH 范围
线性方程	$y=43.613x+0.0891$	0.825**	＜0.001	2.27	
对数方程	$y=1.2559\ln(x)+5.9003$	0.792**	＜0.001	2.14	
二次方程	$y=703.42x^2-3.8375x+0.7844$	0.840**	＜0.001	2.35	7.0～8.5
幂函数方程	$y=29.052x^{0.8719}$	0.815**	＜0.001	2.13	
指数方程	$y=0.5388e^{28.769x}$	0.841**	＜0.001	2.27	

表 1-4 微区试验黄瓜及其土壤全镉含量的相关模型（第二季）

模型类型	回归方程	相关系数（r）	P 值	土壤限值预测（mg/kg）	土壤 pH 范围
线性方程	$y=69.955x-0.2699$	0.958**	＜0.001	3.22	
对数方程	$y=1.1888\ln(x)+6.4698$	0.786**	＜0.001	2.91	
二次方程	$y=664.42x^2+23.151x+0.2426$	0.976**	＜0.001	3.06	7.0～8.5
幂函数方程	$y=32.09x^{0.83}$	0.950**	＜0.001	2.67	
指数方程	$y=0.374e^{40.632x}$	0.963**	＜0.001	2.85	

（2）土壤有效态镉预测模型及其限值 由于土壤有效态 Cd 也是土壤环境质量评价的重要指标，在微区黄瓜种植第二季测定了土壤有效态 Cd 含量，分析了与黄瓜 Cd 含量的相关关系，对土壤有效态 Cd 限值进行了预测。结果表明，土壤有效态 Cd 含量与黄瓜 Cd 含量之间均呈现出极显著的线性、对数、二次、幂函数、指数正相关关系（表 1-5）。由

5 种方程推算的土壤有效态 Cd 限值分别为 0.052mg/kg、0.022mg/kg、0.018mg/kg、0.018mg/kg、0.015mg/kg，限值区间为 0.015～0.052mg/kg。以不同方程获得的最小值作为土壤有效态 Cd 限值，则设施黄瓜土壤有效态 Cd 限值为 0.015mg/kg。

表 1-5 微区试验黄瓜镉含量与其土壤有效态镉含量的相关模型

模型类型	回归方程	相关系数（r）	P 值	土壤限值预测（mg/kg）	土壤 pH 范围
线性方程	$y=0.075\,5x+0.014\,2$	0.824**	<0.01	0.052	
对数方程	$y=0.178\,5\ln(x)+0.9064$	0.788**	<0.01	0.022	
二次方程	$y=117.26x^2+2.619\,4x-0.0265$	0.825**	<0.01	0.018	7.0～8.5
幂函数方程	$y=27.136x^{1.503\,7}$	0.806**	<0.01	0.018	
指数方程	$y=0.088e^{72.574x}$	0.785**	<0.01	0.015	

将微区试验与田间调查得出的土壤 Cd 限值相比较，微区试验得出的结果明显高于田间调查，这可能与设施大田土壤相对于人为污染的微区土壤 Cd 含量较低且黄瓜 Cd 含量尚未达到超标限值，不得不使用模型外推获得土壤 Cd 限值有关，造成了较大的差异。经 2 年定位微区试验确定的土壤 Cd 限值较为稳定，且随种植年限增加及 Cd 在土壤中的固定使得 Cd 限值高于第一季，因此，综合分析设施大田调查与微区试验确定的土壤 Cd 限值结果认为，在土壤类型为潮褐土、土壤 pH＞7.5、土壤质地为壤土条件下，将设施黄瓜土壤 Cd 限值确定为 1.46mg/kg 是完全可行的。

（二）设施番茄土壤镉污染预测模型及其限值的确定

在该区设施番茄土壤 Cd 含量调查基础上，以土壤质地和 pH 为约束条件，建立番茄菜田土壤 Cd 污染预测模型，结合《绿色食品　茄果类蔬菜》（NY/T 655—2020）确定土壤 Cd 限值。

1. 设施番茄菜田黏壤土镉污染预测模型及限值

对番茄菜田黏壤土 Cd 含量与番茄 Cd 含量的回归分析表明，黏壤土 Cd 含量与番茄 Cd 含量均呈现出了显著或极显著的线性、对数、二次、幂函数和指数正相关关系，回归模型（如表 1-6 所示）。利用已构建的番茄与土壤 Cd 含量达到显著或极显著相关的 5 种预测模型，结合番茄绿色食品 Cd 限量标准（Cd 含量≤0.05mg/kg），推算出了设施番茄大田管理条件下土壤 Cd 的限值（表 1-6）。可以看出，不同预测模型推算出的土壤 Cd 限值差异较大，出于对绿色蔬菜安全的考虑，以对数模型的最低值作为土壤环境质量安全限值最为稳妥，因此，在该区设施番茄生产模式下，在土壤 pH＞7.5、土壤质地为黏壤土的约束条件下，土壤 Cd 的环境质量污染限值为 1.21mg/kg。

表 1-6 田间调查番茄镉含量与黏壤土镉含量相关预测模型

模型类型	回归方程	相关系数（r）	P 值	土壤限值预测（mg/kg）	土壤 pH 范围
线性方程	$y=125.68x+0.113\,8$	0.471**	0.005	6.40	
对数方程	$y=0.260\,2\ln(x)+1.9936$	0.485**	0.004	1.21	
二次方程	$y=-843\,09x^2+485.41x-0.242$	0.502*	0.011	—	7.0～8.5
幂函数方程	$y=23.728x^{0.677\,5}$	0.518**	0.002	3.12	
指数方程	$y=0.177\,7e^{329.85x}$	0.507**	0.002		

2. 设施番茄菜田沙壤土镉污染预测模型及限值

对番茄菜田沙壤土 Cd 含量与番茄 Cd 含量的回归分析表明，沙壤土 Cd 含量与番茄 Cd 含量均呈现出极显著的线性、对数、二次、幂函数和指数正相关关系，回归模型见表 1-7。利用已构建的番茄与土壤 Cd 达到极显著相关的 5 种预测模型，结合番茄绿色食品 Cd 限量标准（Cd 含量≤0.05mg/kg），推算出了设施番茄田间管理条件下的土壤 Cd 限值（表 1-7）。可以看出，不同预测模型推算出的土壤 Cd 限值差异较大，但 5 种模型均达到了极显著相关，出于对绿色蔬菜安全的考虑，以对数模型确定的最低值作为土壤环境质量安全限值最为稳妥，因此，在该区设施番茄生产模式下，在土壤 pH＞7.5、土壤质地为沙壤土的约束条件下，土壤 Cd 的环境质量污染限值为 0.88mg/kg。

表 1-7 田间调查番茄镉含量与沙壤土镉含量相关预测模型

模型类型	回归方程	相关系数（r）	P 值	土壤限值预测（mg/kg）	土壤 pH 范围
线性方程	$y=72.722x+0.127\,4$	0.557**	0.001	3.76	
对数方程	$y=0.185\,5\ln(x)+1.439\,3$	0.524**	0.003	0.88	
二次方程	$y=9\,962.8x^2+10.07x+0.208$	0.567**	0.005	—	7.0~8.5
幂函数方程	$y=7.1\,234x^{0.532\,2}$	0.510**	0.004	1.45	
指数方程	$y=0.166\,4e^{205.83x}$	0.535**	0.002	—	

三、设施黄瓜和番茄土壤镉累积平衡及其施肥防控

（一）设施黄瓜施肥现状分析

以设施黄瓜种植农户施肥跟踪调查的统计结果（表 1-8、表 1-9）发现，所有调查农户基肥施用均以有机粪肥（鸡粪、猪粪、羊粪）和化肥（复合肥、磷酸二铵、钾肥）为主，其中，有机粪肥以鸡粪为主，占总调查户的 85%，施用量为每亩 4 000~18 000kg，化肥以复合肥为主，占总调查户的 83%，施用量为每亩 75~200kg；追肥主要以菌肥和冲施肥为主，各种肥料施用量存在较大差异，并存在盲目不合理施肥现象。

在设施蔬菜种植过程中，半封闭、高温、高复种指数等特点是导致重金属积累的重要原因。开展设施黄瓜和番茄 Cd 污染防控的安全施肥研究，具有现实意义。

表 1-8 设施黄瓜施肥及种植管理方式调查结果

肥料种类	有机肥			化肥				菌肥
	鸡粪	猪粪	其他有机肥	磷酸二铵/其他氮肥	钾肥/不施用	复合肥/不施用	微肥/不施用	微生物菌剂/不施用
被调查户占比（%）	85	10	5	48/52	66/34	83/17	7/93	45/55
被调查户棚室情况	棚面积：0.7~0.8 亩；种植年限：1~22 年；土壤质地：沙土、壤土、黏土；品种：以津冬为主；灌溉方式：沟灌、滴灌；施肥方式：撒施、冲施；亩产：1 万~1.5 万 kg							

表1-9 设施黄瓜施肥情况调查结果

类型	施肥方式	肥料名称	每亩施用量（kg）
有机肥	基施	鸡粪 猪粪 羊粪	4 000～18 000
化肥	基施、追施	复合肥 磷酸二铵 钾肥	75～200

（二）设施黄瓜和番茄施肥对土壤镉积累平衡的影响

试验大棚为日光温室，该系统土壤重金属输入量主要由肥料（化肥和有机肥）施入量、农药投入量和灌溉用水量决定。灌溉虽用水量很大，但因使用的水源来自地下水，经过测定，其重金属含量极低（小于0.000 1mg/kg），甚至无法检出。农药Cd的检出量同样极低或无法检出。因此，二者对Cd输入的影响在此不予考虑。

定位试验设4个不同施肥处理：T1对照（不施氮）、T2常规施肥减氮20%（施氮量为480kg/hm²、鸡粪用量10 651kg/hm²）、T3推荐氮肥用量（施氮量为300kg/hm²、鸡粪用量10 651kg/hm²）、T4常规施氮量（结合农民惯用施肥方式，施氮量为600kg/hm²、鸡粪用量53 675kg/hm²），每个处理3次重复。其中，T1～T3处理磷钾施用量一致，分别为 P_2O_5 225kg/hm² 和 K_2O 600kg/hm²。

1. 设施黄瓜施肥对土壤镉积累平衡的影响

（1）不同施肥处理下土壤镉的输入量分析 不同施肥处理下黄瓜生产系统两年内Cd输入量规律如图1-3所示。由图1-3发现，第一季黄瓜系统T2、T3、T4处理的鸡粪Cd输入量分别为0.292mg/m²、0.327mg/m²、2.916mg/m²，而化肥Cd输入量分别为0.001 5mg/m²、0.001 7mg/m²、0.022 1mg/m²；第二季黄瓜系统T2、T3、T4的鸡粪Cd输入量分别为0.361mg/m²、0.361mg/m²、1.492mg/m²，而化肥Cd输入量分别为0.001 3mg/m²、0.001 4mg/m²、0.010 1mg/m²。可见，鸡粪Cd输入量占总施肥量Cd输入的比例很高，两年T2、T3、T4黄瓜鸡粪Cd输入量均占总肥料量Cd输入的99.49%～99.64%、99.48%～99.61%、99.25%～99.33%，而化肥施用导致的Cd输入量相对较低。在4个不同施肥处理中，对照和减氮施肥处理（T1、T2、T3）Cd输入量显著低于常规施肥处理（T4），第一季比T4分别减少Cd输入100%、90.01%、88.81%；第二季比T4分别减少Cd输入100%、75.87%、75.87%；两年黄瓜种植期内，所有减氮施肥处理Cd输入量虽均比常规施肥处理有明显降低，但减氮施肥处理（T2、T3）之间Cd输入量并无明显差异。

对本研究施用的不同肥料Cd含量进行显著性差异分析（表1-10）可以看出，供试肥料中，鸡粪Cd含量显著高于化肥，为其他肥料Cd含量的5～167倍。供试化肥中，菌力宝Cd含量显著高于其他肥料；其次为磷酸二铵；农大固态肥、农大液态肥、氨基酸水溶肥、三友菌肥、复合肥、硫酸钾Cd含量差异不明显，氨基酸水溶肥Cd含量最低。可见，在黄瓜系统中鸡粪Cd含量表现最高，且鸡粪施用量较大，相应地，其Cd输入量比例也较高。可见，在施用的所有肥料中，鸡粪的大量施入是导致该区设施蔬菜黄瓜生产系统土壤 Cd 输入高的重要影响因素，从鸡粪的源头防控 Cd 进入农田的输入显得尤为重要。

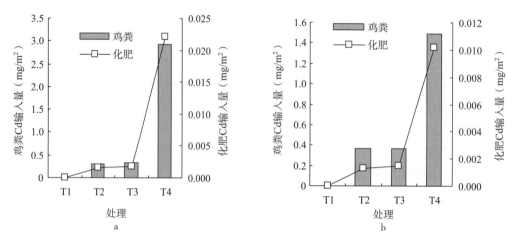

图 1-3　不同施肥处理下土壤镉的输入量
a. 第一季　b. 第二季

表 1-10　肥料种类及其镉含量的差异分析

肥料名称	肥料 Cd 含量（mg/kg）
氨基酸水溶肥	$0.0015\pm0.0002e$
农大固态肥	$0.0063\pm0.0001de$
农大液态肥	$0.0044\pm0.0003de$
三友菌肥	$0.014\pm0.002de$
硫酸钾	$0.0063\pm0.0002de$
复合肥	$0.016\pm0.001d$
磷酸二铵	$0.032\pm0.0017c$
菌力宝	$0.05\pm0.0036b$
鸡粪	$0.25\pm0.02a$

（2）设施黄瓜不同施肥处理下土壤镉的输出量分析　该系统土壤重金属输出量主要由黄瓜秸秆和黄瓜产量的带走量所决定。表 1-11、表 1-12 反映了两年生产期内不同处理下黄瓜产量、秸秆量及其 Cd 含量。由表 1-11、表 1-12 可以看出，黄瓜果实、秸秆 Cd 含量在不同施肥处理间差异并不显著，而秸秆 Cd 含量明显高于黄瓜果实。从该系统 Cd 输出量看（图 1-4），第一季不同施肥处理（T1、T2、T3、T4）黄瓜秸秆 Cd 输出量分别为 0.098mg/m²、0.194mg/m²、0.133mg/m²、0.085mg/m²；第二季不同施肥处理（T1、T2、T3、T4）黄瓜秸秆 Cd 输出量分别为 0.086mg/m²、0.100mg/m²、0.089mg/m²、0.085mg/m²。两年内不同施肥处理秸秆 Cd 输出量显著高于黄瓜果实，且 T1、T2、T3、T4 黄瓜秸秆 Cd 输出量均占输出总量的 83.11%～86.70%、80.47%～97.54%、82.41%～97.04%、86.28%。在不同施肥处理中，T2 处理 Cd 输出量最高，两年平均分别为 T1 处理的 1.60 倍、T3 处理的 1.32 倍、T4 处理的 1.73 倍。

表1-11　不同施肥处理的黄瓜产量、秸秆干重及其镉含量（第一季）

处理	黄瓜产量（kg/m²）	黄瓜 Cd 含量（mg/kg）	秸秆干重（kg/m²）	秸秆 Cd 含量（mg/kg）
T1	18.87	0.000 5~0.015a	0.47	0.072~0.38a
T2	21.28	0.000 2~0.003a	0.47	0.38~0.50a
T3	20.35	0.000 2a	0.47	0.1~0.52a
T4	29.19	0.000 4a	0.46	0.16a

注：同一列数据后不同小写字母表示在 $P<0.05$ 水平差异显著。后同。

表1-12　不同施肥处理的黄瓜产量、秸秆干重及其镉含量（第二季）

处理	黄瓜产量（kg/m²）	黄瓜 Cd 含量（mg/kg）	秸秆干重（kg/m²）	秸秆 Cd 含量（mg/kg）
T1	25.96	0.000 4~0.000 6a	0.47	0.15~0.18a
T2	31.13	0.000 6~0.000 7a	0.47	0.16~0.19a
T3	30.89	0.000 5~0.000 6a	0.48	0.12~0.18a
T4	35.27	0.000 4a	0.46	0.092a

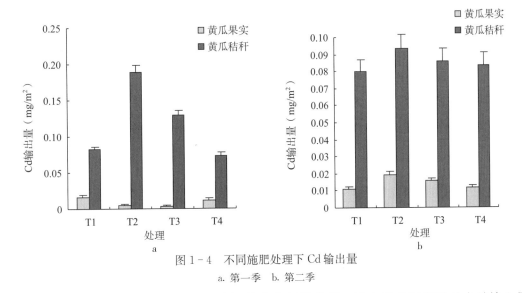

图 1-4　不同施肥处理下 Cd 输出量

a. 第一季　b. 第二季

（3）设施黄瓜不同施肥处理下土壤镉的净积累量分析　重金属总平衡量是由总输入量（有机肥、化肥输入）减去总输出量（蔬菜收获带走）确定的。由图 1-5 可以看出，黄瓜温室内除空白处理（T1）外，其他处理 Cd 均有不同程度的净积累，其中常规施肥处理（T4）Cd 净积累量显著高于其他处理。与 T4 处理相比较，第一季减氮施肥处理（T2、T3）Cd 净积累比常规施肥（T4）分别减少了 96.51%、93.12%，第二季两个减氮施肥处理（T2、T3）比 T4 分别减少了 81.48%、80.67%。可见，不同减氮施肥处理（T2、T3）中，在研究区黄瓜大棚管理模式下，减氮施肥处理（T2）Cd 净积累量在两年间均达到最低，第一季为0.100mg/m²，第二季为 0.262mg/m²。本研究虽然指出重金属的投入会导致土壤重金属积累，但鉴于定位种植时间较短，重金属净积累平衡状况有待进一步进行长期探究。

2. 设施番茄施肥对菜田土壤镉累积的影响

（1）不同施肥处理对设施番茄生产系统镉输入量的影响分析　试验大棚为日光温室，同黄瓜一样，灌溉水量和农药对 Cd 输入的影响在此不予考虑。

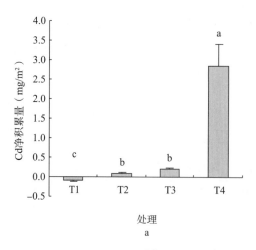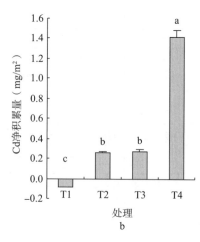

图 1-5　不同施肥处理下镉净积累量

a. 第一季　b. 第二季

不同施肥处理对番茄生产系统两季内 Cd 输入量的影响如图 1-6 所示。由图 1-6 可以发现，第一季番茄生产系统 T2～T4 三个处理的农家肥鸡粪 Cd 输入量分别为 0.289 8 mg/m²、0.288 8mg/m²、1.449mg/m²，而其他化肥 Cd 输入量分别为 0.001 4mg/m²、0.001 2mg/m²、0.007 0mg/m²；第二季番茄生产系统 T2～T4 处理的农家肥鸡粪 Cd 输入量与第一季各处理相同，而其他化肥 Cd 输入量分别为 0.001 2mg/m²、0.001 1mg/m²、0.025 1mg/m²。可见，鸡粪 Cd 输入量占总施肥 Cd 输入量的比例很高，经计算两季番茄生产系统鸡粪 Cd 输入量占总肥料 Cd 输入量的 98.30%～99.62%，而所用化肥导致的 Cd 输入量相对较低。在 4 个不同施肥处理中，减量施肥处理 T2、推荐施肥处理 T3 和对照处理 T1 的 Cd 输入量显著低于农民常规施肥处理 T4。第一季 T2、T3 两个施肥处理分别比 T4 减少 Cd 输入达 80.00%、80.08%；第二季 Cd 输入分别比 T4 减少了 80.26%、80.33%。可见，尽管在两季番茄种植期内两个减量施肥处理的追施氮量差异较大，但其 Cd 输入量差异并不显著，主要与不同处理的鸡粪施用量有关。

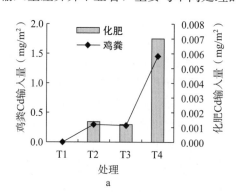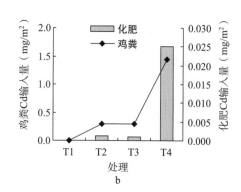

图 1-6　不同施肥处理下设施番茄生产系统镉输入量

a. 第一季　b. 第二季

经对本研究施用的不同肥料 Cd 含量进行显著差异性分析，可以看出，供试肥料中，农家肥鸡粪 Cd 含量显著高于其他化肥，为其他肥料 Cd 含量的 2～150 倍（表 1-13）。供试化肥中，肥田粉 Cd 含量显著高于其他化肥；其次为磷酸二铵；复合肥、硫酸钾型复合肥（肥勇）、硫酸钾、农大固态肥、农大液态肥、国光雨阳 Cd 含量差异不明显，且国光雨阳 Cd 含量最低。本研究也进一步证实，设施番茄生产系统 Cd 的重要影响途径为施肥，在本研究施用的所有肥料中农家肥鸡粪的大量施入是导致土壤 Cd 输入高的重要影响因素。

表 1-13 施用的肥料及其镉含量

肥料	鸡粪	肥田粉	磷酸二铵	复合肥	硫酸钾型复合肥（肥勇）	硫酸钾	农大固态肥	农大液态肥	国光雨阳
Cd 含量（mg/kg）	0.270 0± 0.020 0a	0.140 0± 0.005 0b	0.032 0± 0.001 7c	0.016 0± 0.001 0d	0.016 0± 0.002 0d	0.006 3± 0.000 2de	0.005 4± 0.000 1de	0.004 4± 0.000 3de	0.001 8± 0.000 2e

　　（2）不同施肥处理对设施番茄生产系统镉输出量的影响分析　该系统土壤重金属输出量主要由番茄秸秆和番茄产量的带走量所决定。表 1-14、表 1-15 反映了两季生产期内不同施肥处理对番茄产量、秸秆量及其 Cd 含量的影响。从该系统果实与秸秆 Cd 含量看（表 1-14、表 1-15），连续两季秸秆 Cd 含量均明显高于番茄果实。第一季番茄 Cd 含量在不同施肥处理间差异并不显著；T3、T4 秸秆 Cd 含量显著高于 T1，但 T2 与 T1 差异不显著。第二季番茄 Cd 含量 T4 处理显著高于 T1，但与 T2、T3 之间差异不显著；T4 秸秆 Cd 含量显著高于 T1～T3 处理，但 T1～T3 处理间差异并不显著。

　　从该系统 Cd 输出量看（图 1-7），第一季不同施肥处理（T1、T2、T3、T4）由番茄果实和番茄秸秆带走的 Cd 输出总量分别为 0.051 6mg/m²、0.056 1mg/m²、0.064 9mg/m²、0.082 9mg/m²；第二季不同施肥处理 Cd 输出量分别为 0.062 7mg/m²、0.071 5mg/m²、0.068 9mg/m²、0.144 6mg/m²。可见，各处理第二季输出量均大于第一季输出量。在不同施肥处理中，T4 处理的 Cd 输出量最高，明显高于其他处理，两季平均分别为 T1 处理的 1.99 倍、T2 处理的 1.78 倍、T3 处理的 1.70 倍。尽管如此，两季内其 Cd 输出总量仅占输入总量的 5.69% 和 9.81%，而其他处理（除对照）两季内 Cd 输出总量占输入总量的 19.27%～24.57%。两季内不同施肥处理秸秆 Cd 输出量高于番茄果实，且秸秆 Cd 输出量占输出总量的 60.19%、61.99%、63.99% 和 62.93%（按两季平均值计算）。

表 1-14 不同施肥处理的番茄产量、秸秆干重及其镉含量（第一季）

处理	番茄产量（kg/m²）	番茄果实 Cd 含量（mg/kg）	秸秆干重（kg/m²）	秸秆 Cd 含量（mg/kg）
T1	8.57b	0.002 7a	0.271 2b	0.106b
T2	8.69b	0.002 6a	0.275 1b	0.140ab
T3	8.99b	0.002 3a	0.284 2b	0.160a
T4	10.35a	0.002 8a	0.327 3a	0.170a
均值	—	0.002 5	—	0.147

表 1-15 不同施肥处理的番茄产量、秸秆干重及其镉含量（第二季）

处理	番茄产量（kg/m²）	番茄果实 Cd 含量（mg/kg）	秸秆干重（kg/m²）	秸秆 Cd 含量（mg/kg）
T1	8.54b	0.002 6b	0.270 3b	0.150b
T2	8.34b	0.003 7ab	0.263 7b	0.150b
T3	9.01b	0.003 1ab	0.285 0b	0.140b
T4	14.14a	0.004 2a	0.447 0a	0.190a
均值	—	0.003 4	—	0.154

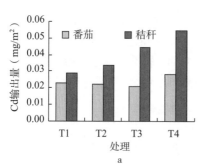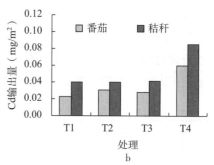

图 1-7 不同施肥处理下设施番茄生产系统镉的输出量

a. 第一季　b. 第二季

（3）不同施肥处理对设施番茄生产系统镉净积累量的影响分析　设施番茄生产系统 Cd 总平衡量是由总输入量（鸡粪、化肥输入）减去总输出量（蔬菜收获带走）确定的。由图 1-8 可以看出，设施番茄生产系统内除空白处理（T1）外，其他处理 Cd 均有不同程度的净积累，但常规施肥处理（T4）Cd 净积累量显著高于其他处理。与常规施肥处理 T4 相比较，第一季减量施肥处理 T2 和推荐施肥处理 T3 的 Cd 净积累量分别较 T4 减少了 82.88%、82.67%；第二季分别较 T4 减少了 83.49%、83.38%。而在该区番茄大棚施肥管理模式下，减量施肥处理 T2 和推荐施肥处理 T3 的 Cd 净积累量无显著差异。从不同处理的施肥种类及其用量来看，常规处理（T4）的施肥量最高，尤其鸡粪的用量最突出。经核算，不同处理鸡粪 Cd 输入量占总肥料 Cd 输入量的 98.30%～99.62%，这决定了该系统鸡粪施用量越高，其 Cd 输入量越高，而不同种类的化肥对 Cd 输入的影响相对鸡粪而言较小。所以尽管 T2 处理的氮肥施用量高于 T3 处理，但因鸡粪施用一致而使得 Cd 输入量在 T2、T3 处理间差异并不显著。再加上 Cd 输出量仅占到了输入量的 5.69%～24.76%，输出量对净积累量影响较小，致使两个减量施肥处理较常规施肥处理降低了 82% 以上，主要是番茄系统常规施用的鸡粪多造成的。可见，该区设施番茄系统土壤 Cd 积累主要与农家肥鸡粪的过量施用有关。

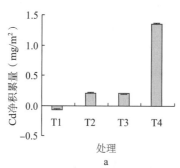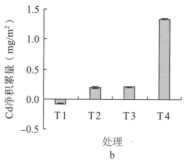

图 1-8 设施番茄生产系统不同施肥处理下土壤镉的净积累量

a. 第一季　b. 第二季

（三）设施黄瓜和番茄生产系统防控镉污染的安全施肥防控

从黄瓜产量来看（表 1-16），第一季常规施肥处理（T4）的黄瓜产量显著高于其他施肥处理；第二季常规施肥处理（T4）的黄瓜产量与减氮施肥处理（T2、T3）差异并不显著。但从产投比看，减氮施肥处理（T2、T3）的产投比两年均明显高于常规施肥处理，尤其减氮施肥处理 T2 的表现最为突出。从 Cd 的净积累看，两年黄瓜减氮施肥处理（T2、T3）中，T2 处理的 Cd 净积累量最低：第一季为 0.100mg/m²，比常规施肥处理降低了96.51%；第二季为 0.262mg/m²，比常规施肥处理降低了 81.48%。两年黄瓜减氮施肥处理（T2、T3）中，T2 处理的产投比均达到所有处理最大值：第一季为 53.5，比常规施肥处理提高了 5.1 倍；第二季为 73.7，比常规施肥处理提高了 2.8 倍。综合以上两方面考虑，为控制 Cd 在黄瓜设施蔬菜系统内积累，利用减氮施肥处理 T2 的施肥技术模式不仅可以提高经济效益，还能大幅减少 Cd 的积累。该安全施肥技术模式可以减施氮37.5%、鸡粪 87.5%。

表 1-16　黄瓜设施生产系统不同施肥处理下产量与产投比

处理	第一季产量（kg/m²）	产投比	第二季产量（kg）	产投比
T1	379±11c	—	521.33±108.34b	—
T2	427.33±18.93b	53.5	625±22.61ab	73.7
T3	408.67±16.01bc	44.3	620.33±59.74ab	67.6
T4	607.56±1a	8.8	733.65±7.12a	19.3

从该定位试验的番茄产量来看（表 1-17），两季常规施肥处理（T4）番茄产量均显著高于其他施肥处理。减量施肥处理 T2 和推荐施肥处理 T3 的产投比两季均显著高于常规施肥处理，尤其推荐施肥处理 T3 的经济效益表现最为突出，产投比为常规处理的 2.96倍（两季平均）。从 Cd 的净积累看，两季番茄系统减量施肥处理 T2 和推荐施肥处理 T3 的Cd 净积累量均比常规施肥降低了 82% 以上。综上，从 Cd 净积累量与输入效益两方面因素看，以 T3 施肥模式的施肥用量为该区设施番茄生产系统安全防控 Cd 污染的施肥用量，既可以提高经济效益，又能降低 Cd 积累风险。

表 1-17　番茄设施生产系统不同施肥处理下产量与产投比

处理	第一季产量（kg/m²）	产投比	第二季产量（kg）	产投比	两季平均产投比
T1	8.57b	—	8.55b	—	—
T2	8.69b	32.79b	8.34b	35.99b	34.39b
T3	8.99b	37.25a	9.01b	41.18ab	39.22a
T4	10.35a	14.24c	14.14a	12.23c	13.24c

四、主要研究进展

设施黄瓜和番茄土壤重金属污染及施肥现状调查表明，在 Cd、Cr、Pb、As、Hg 五种重金属元素中，设施黄瓜和番茄菜田土壤仅 Cd 存在超标现象，超标率为 15.6%、8.1%，但这两种蔬菜果实并未有超标现象；随着种植年限增加，土壤 Cd 含量出现显著上升的趋势。该区施肥方式中鸡粪的过量施用是影响设施黄瓜和番茄土壤 Cd 输入的重要因素。

田间调查与微区试验表明，在土壤类型为潮褐土、pH>7.5、质地为壤土条件下，确定设施黄瓜土壤 Cd 全量限值为 1.46mg/kg，土壤有效态 Cd 限值为 0.015mg/kg。质地为黏壤土、pH>7.5 条件下，设施番茄土壤 Cd 全量限值为 1.21mg/kg；质地为沙壤土、

pH>7.5 条件下，设施番茄土壤 Cd 全量限值为 0.88mg/kg。

连续两年定位试验对设施黄瓜土壤 Cd 积累平衡的研究表明，两年黄瓜种植期内所有减氮施肥处理均比常规施肥处理能够有效地减少 Cd 的输入。T2 处理的 Cd 净积累量在两年间均达到最低，与常规施肥处理相比两年净积累量平均降低了 89.0%，而产投比反而提高 2 倍以上，并提出了适当调控氮和鸡粪的用量。

连续两年定位试验对设施番茄土壤 Cd 积累平衡的研究表明，设施番茄生产系统内 Cd 输入总量明显高于输出总量，土壤 Cd 出现不同程度积累；常规减氮施肥处理 T2 和推荐施肥处理 T3 的 Cd 净积累量在连续两季期间均比常规施肥减少了 82% 以上，降低 Cd 污染风险的效果明显；推荐施肥处理 T3 的经济效益表现最好，产投比为常规处理的 2.96 倍。

第二节　不同品种番茄吸收土壤镉的富集特征

镉（Cd）污染是最常见的土壤重金属污染之一，Cd 活性强，毒性大，易对人体产生较大的危害。2014 年《全国土壤污染状况调查公报》显示，我国土壤 Cd 点位超标率达 7.0%，污染较为严重。为了应对日益严重的土壤重金属污染，选育挖掘不同积累型作物品种，已成为国内外研究热点。因此，茄果类蔬菜不同品种吸收土壤镉的资源优选，可以为不同积累型品种的土壤镉阈值确定提供蔬菜种类资源。本研究以番茄为研究对象，从华北常见种植品种中筛选高积累型和低积累型番茄品种，深入分析不同品种番茄吸收土壤镉的富集特征，为降低番茄 Cd 污染风险、保障番茄安全生产以及土壤分区防治提供重要科学依据。

一、不同品种番茄吸收镉的能力及其抗性差异特征

（一）不同品种番茄吸收镉的能力差异特征

1. 不同品种番茄地上部和根部 Cd 含量的差异特征

由图 1-9 和图 1-10 可知，在不同 Cd 浓度胁迫下，各品种间表现出了较大的 Cd 吸收差异特性。从地上部 Cd 含量来看，在 Cd 浓度为 0.3mg/L、0.6mg/L、1.0mg/L 和 1.5mg/L 时，合作 8 的 Cd 含量分别为 2.61mg/kg、5.73mg/kg、12.13mg/kg 和 16.45mg/kg，均显著高于其他品种，在相同 Cd 浓度处理下，合作 8 地上部 Cd 含量为其他品种的 1～4 倍。在 Cd 浓度为 0.3mg/L 时，福瑞迪和布兰妮地上部 Cd 含量显著低于其他品种，分别为 1.07mg/kg 和 1.12mg/kg；0.6mg/L 的 Cd 胁迫下，地上部 Cd 含量最低值为 2.10mg/kg，品种为布兰妮；Cd 浓度为 1.0mg/L 和 1.5mg/L 时，地上部 Cd 含量最低的品种均为普罗旺斯，大小分别为 3.07mg/kg 和 4.34mg/kg。可见，在 Cd 胁迫下，合作 8 地上部积累 Cd 的能力表现最强，具有高积累型品种的优势，而普罗旺斯、布兰妮和福瑞迪 3 个品种地上部吸收 Cd 的能力表现较弱。

从根部 Cd 含量看，在所有 Cd 浓度胁迫下，合作 8 根部 Cd 含量均显著高于其他品种，大小为 14.50～97.50mg/kg，为其他品种的 2～4 倍，与地上部 Cd 含量呈现出高度的一致性规律。在 Cd 浓度为 0.3mg/L 时，福瑞迪根部 Cd 含量最低，为 3.76mg/kg，比其他品种低 10.69%～74.07%；在 Cd 浓度为 0.6mg/L 和 1.0mg/L 时，根部 Cd 含量最低的番茄品种为金航红鼎 F1，分别为 12.97mg/kg 和 23.06mg/kg，比其他品种分别低 1.89%～62.33% 和 6.15%～66.28%；在 Cd 浓度为 1.5mg/kg 时，普罗旺斯 Cd 含量最低，为 32.20mg/kg，比

其他品种低 6.99%～66.97%。可见，在 Cd 胁迫下，合作 8 根部仍具有高积累型品种的优势，而普罗旺斯在高浓度 Cd 胁迫下表现出弱吸收的特征，具有潜在的低积累品种特点。

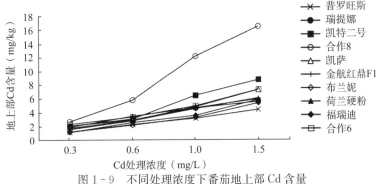

图 1-9　不同处理浓度下番茄地上部 Cd 含量

（合作 6 和合作 8 分别代表合作 906 和合作 908 两个品种，下同）

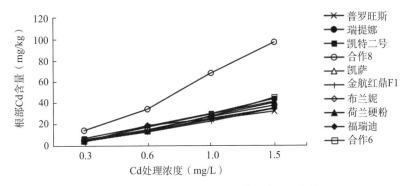

图 1-10　不同处理浓度下番茄根部 Cd 含量

2. 不同番茄品种转运系数和富集系数的变化特征

转运系数可以说明 Cd 由番茄植株根部向地上部转运的能力。表 1-18 为 Cd 胁迫下 10 个番茄品种的转运系数。结果表明，10 个番茄品种根部 Cd 向地上部的转运系数范围为 0.13～0.43。随着 Cd 浓度增加，除合作 8 外，各品种的转运系数均表现为下降趋势，而合作 8 的转运系数始终维持稳定，具有突出的积累品种特性。在 1.0mg/L 的 Cd 胁迫下转运系数大小顺序表现为：凯特二号＞金航红鼎 F1＞合作 8≈合作 6＞瑞提娜＞荷兰硬粉≈凯萨＞福瑞迪＞布兰妮≈普罗旺斯。1.5mg/L 的 Cd 高浓度胁迫下转运系数大小顺序表现为：凯特二号＞凯萨≈金航红鼎 F1≈合作 8＞福瑞迪≈合作 6＞布兰妮≈瑞提娜≈荷兰硬粉＞普罗旺斯。综上，10 个品种中，普罗旺斯的转运系数在各浓度下均表现最低，显示出了低积累品种的特征，凯特二号、金航红鼎 F1 和合作 8 表现出了较高的 Cd 转运特点。

富集系数能够较为直观地表示植物对重金属的吸收积累能力。表 1-18 显示了各品种的富集系数。可以看出，10 个番茄品种地上部对 Cd 的富集系数范围为 2.89～12.13，根部为 12.55～68.38，不同品种间差异明显。在 0.3mg/L 的 Cd 胁迫下，10 个品种的地上部 Cd 富集系数表现为：合作 8＞合作 6＞凯特二号＞瑞提娜＞荷兰硬粉＞凯萨＞金航红鼎 F1＞布兰妮＞普罗旺斯＞福瑞迪。0.6mg/L 的 Cd 胁迫下表现为合作 8＞荷兰硬粉＞合作 6＞凯特二号＞瑞提娜＞凯萨＞金航红鼎 F1＞福瑞迪＞普罗旺斯＞布兰妮。1.0mg/L 的

Cd 胁迫下表现为合作 8＞凯特二号＞合作 6＞凯萨＞荷兰硬粉＞瑞提娜＞金航红鼎 F1＞福瑞迪＞布兰妮＞普罗旺斯。1.5mg/L 的 Cd 胁迫下表现为合作 8＞凯特二号＞合作 6＞凯萨＞金航红鼎 F1＞荷兰硬粉＞福瑞迪＞瑞提娜＞布兰妮＞普罗旺斯。从各品种根部的富集系数看，在 0.3mg/L 的 Cd 胁迫下，10 个品种的根部 Cd 富集系数表现为：合作 8＞凯特二号＞合作 6＞瑞提娜＞普罗旺斯＞凯萨＞金航红鼎 F1＞布兰妮＞荷兰硬粉＞福瑞迪。0.6mg/L 的 Cd 胁迫下表现为：合作 8＞凯特二号＞凯萨＞福瑞迪＞瑞提娜＞合作 6＞荷兰硬粉＞普罗旺斯＞布兰妮＞金航红鼎 F1。1.0mg/L 的 Cd 胁迫下表现为：合作 8＞凯特二号＞凯萨＞荷兰硬粉＞合作 6＞瑞提娜＞布兰妮＞福瑞迪＞普罗旺斯＞金航红鼎 F1。1.5mg/L 的 Cd 胁迫下表现为：合作 8＞合作 6＞凯特二号＞凯萨＞荷兰硬粉＞瑞提娜＞福瑞迪＞金航红鼎 F1＞布兰妮＞普罗旺斯。

综上所述，在 Cd 浓度为 0.3mg/L、0.6mg/L、1.0mg/L 和 1.5mg/L 时，合作 8 地上部的富集系数分别为 8.71、9.55、12.13 和 10.97，根部的富集系数分别 48.32、57.38、68.38 和 65.00，均显著高于其他品种；普罗旺斯地上部和根部富集系数在各浓度胁迫下均表现为较低。以上结果说明了同一 Cd 浓度下合作 8 更容易将 Cd 从环境富集到植株体内，符合 Cd 高积累品种的特征；而普罗旺斯对 Cd 的富集系数较弱，表现出 Cd 低积累品种的特征。

表 1-18　Cd 胁迫下不同番茄品种的转运系数和富集系数

Cd 浓度（mg/L）	品种	转运系数	地上部富集系数	根部富集系数
	普罗旺斯	0.24±0.03eA	3.68±0.25gA	15.38±0.91eC
	瑞提娜	0.37±0.03bA	6.61±0.30cA	18.07±0.45dC
	凯特二号	0.28±0.01dA	6.67±0.24cA	23.59±0.39bB
	合作 8	0.18fA	8.71±0.54aD	48.32±2.39aC
0.3	凯萨	0.37±0.01bA	5.58±0.05eA	15.23±0.76eB
	金航红鼎 F1	0.33±0.01cA	4.96±0.15fA	15.14±0.61eB
	布兰妮	0.25±0.01deA	3.73±0.06gA	14.67±0.71eC
	荷兰硬粉	0.43±0.03aA	6.05±0.17dA	14.04±0.66efC
	福瑞迪	0.29±0.01dA	3.58±0.09gC	12.55±0.59fC
	合作 6	0.38±0.01bA	7.43±0.30bA	19.74±0.61cD
	普罗旺斯	0.16±0.02eB	3.67±0.22fA	22.64±1.13eAB
	瑞提娜	0.19cdC	4.77±0.19cdB	25.03±0.84deB
	凯特二号	0.16±0.01eD	4.97±0.23cC	30.73±1.33bA
	合作 8	0.17±0.01deA	9.55±0.23aC	57.38±4.13aB
0.6	凯萨	0.16±0.01eC	4.64±0.26cdB	29.27±2.11bcA
	金航红鼎 F1	0.21bcB	4.55±0.16dB	21.62±1.22eA
	布兰妮	0.16±0.01eC	3.50±0.13fB	22.04±1.77eB
	荷兰硬粉	0.25±0.02aB	5.65±0.27bB	22.69±0.97eB
	福瑞迪	0.15±0.01eC	4.13±0.13eA	26.82±0.69cdA
	合作 6	0.23±0.01bB	5.46±0.18bB	24.18±1.83deC

（续）

Cd 浓度（mg/L）	品种	转运系数	地上部富集系数	根部富集系数
1.0	普罗旺斯	0.13±0.01eB	3.07±0.06gB	24.57±1.08cdA
	瑞提娜	0.17±0.01cdCD	4.56±0.31deB	27.24±0.97bcA
	凯特二号	0.21±0.01aB	6.41±0.08bA	30.14±1.14bA
	合作 8	0.18±0.01bcA	12.13±0.12aA	68.38±5.26aA
	凯萨	0.16±0.01dC	4.74±0.11cdB	29.67±1.37bA
	金航红鼎 F1	0.19±0.01bB	4.48±0.09eB	23.06±0.62dA
	布兰妮	0.13eD	3.21±0.08gC	25.66±0.93cdA
	荷兰硬粉	0.16±0.01cdC	4.60±0.11deC	27.99±1.53bcA
	福瑞迪	0.14±0.01eC	3.48±0.09fC	24.97±1.78cdAB
	合作 6	0.18±0.01bcC	4.87±0.10cC	27.34±1.80bcB
1.5	普罗旺斯	0.13±0.01fB	2.89±0.06gB	21.47±1.66fB
	瑞提娜	0.15defD	3.67±0.11efC	25.16±1.47deB
	凯特二号	0.20±0.01aBC	5.78±0.08bB	29.37±1.49bcA
	合作 8	0.17±0.01bcA	10.97±0.39aB	65.00±1.92aA
	凯萨	0.17±0.01bC	4.82±0.08cB	27.62±1.39bcdA
	金航红鼎 F1	0.17±0.01bB	4.02±0.07dC	23.30±1.60efA
	布兰妮	0.15±0.01cdefC	3.53±0.06fB	23.08±0.92efB
	荷兰硬粉	0.15±0.01efC	3.92±0.10deD	26.91±1.86cdA
	福瑞迪	0.16±0.01bcdB	3.86±0.12deB	23.42±1.39efB
	合作 6	0.16±0.01bcdeCD	4.84±0.07cC	30.20±1.23bA

注：同列数据后不同小写字母表示同一浓度不同品种间差异显著（$P<0.05$），不同大写字母表示同一品种不同浓度间的差异显著（$P<0.05$）。

（二）不同番茄品种对 Cd 污染的抗性差异特征

1. 不同番茄品种对 Cd 胁迫的生长指标差异特征

（1）无 Cd 胁迫下不同番茄品种生长指标的差异特征　在不添加 Cd 的营养液培养条件（CK）下，番茄幼苗生长 10d 后测定了其株高、根长和生物量指标见表 1-19。结果表明，10 种番茄品种的株高表现为凯特二号＞普罗旺斯＞布兰妮＞金航红鼎 F1＞瑞提娜＞凯萨＞荷兰硬粉＞合作 6＞福瑞迪＞合作 8，凯特二号品种的株高表现最高，均远高于其他品种，合作 6、福瑞迪、合作 8 表现较低；根长表现为普罗旺斯＞瑞提娜＞凯特二号＞金航红鼎 F1＞布兰妮＞荷兰硬粉＞合作 8＞福瑞迪＞合作 6＞凯萨，普罗旺斯的根长显著高于其他品种，但福瑞迪、合作 6、凯萨的根长较低，显著低于其他品种；生物量表现为凯特二号＞普罗旺斯＞瑞提娜＞金航红鼎 F1＞布兰妮＞合作 8＞荷兰硬粉＞福瑞迪＞凯萨＞合作 6，凯特二号品种的株高表现最高，均远高于其他品种，其次为普罗旺斯，生物量表现最低的凯萨、合作 6。可见，不同番茄品种间生长指标的差异较为显著，这反映出了不同番茄品种生物遗传属性的自然差异特征。

表 1-19 不同番茄品种的生长指标

品种	株高（cm）	根长（cm）	生物量（g）
普罗旺斯	22.63±1.20b	28.57±1.60a	1.94±0.09b
瑞提娜	19.47±0.35cd	26.57±0.51b	0.89±0.04c
凯特二号	28.13±0.91a	24.40±0.70c	3.07±0.05a
合作8	15.63±0.12f	15.03±0.15e	0.74±0.03ef
凯萨	19.23±0.25d	14.07±0.21f	0.64±0.03g
金航红鼎F1	19.50±0.35cd	16.33±0.21d	0.81±0.02d
布兰妮	20.20±0.44c	15.33±0.21e	0.77±0.02de
荷兰硬粉	16.87±0.40e	15.07±0.15e	0.69±0.03fg
福瑞迪	15.73±0.25f	14.47±0.25ef	0.68±0.03fg
合作6	16.07±0.25ef	14.43±0.12ef	0.63±0.02g

（2）Cd 胁迫下不同番茄品种生长指标的变化特征　图 1-11 反映了 Cd 胁迫处理培养 10d 后各番茄品种生长指标的增幅。与 CK 相比较，0.3mg/L 的 Cd 胁迫对普罗旺斯和凯萨的株高、根长和生物量均有显著刺激作用（$P<0.05$），使其增长幅度分别达到 15.02%、5.20%，10.04%、5.45% 和 17.40%、10.44%；对布兰妮、荷兰硬粉和合作 6 的生长虽然也呈现出一定程度的促进作用，但部分指标与对照差异并不明显；而对其余品种的各项指标均有一定程度的抑制影响。0.6mg/L 的 Cd 胁迫对除普罗旺斯外各品种的生长指标均表现为抑制作用；普罗旺斯株高增幅最大，为 9.13%。可见，0.3mg/L、0.6mg/L 的 Cd 胁迫对低积累品种普罗旺斯生长均有一定的促进作用，其地上部反应更加敏感；对高积累品种合作 8 则表现为抑制作用。

在 1.0mg/L 和 1.5mg/L 的 Cd 胁迫下，10 个品种的所有指标均比对照有一定程度的降低。其中，金航红鼎 F1 株高降幅最大，为 22.74%；凯特二号根长和生物量降幅最大，分别达到 22.40% 和 34.03%。说明在中、高 Cd 含量胁迫下，凯特二号在生长上受到的抑制作用最为显著，抗性表现最弱。普罗旺斯和合作 8 株高的降幅分别达到 7.22%～12.52% 和 5.33%～6.82%，根长的降幅分别达 2.22%～7.00% 和 4.43%～6.87%，生物量的降幅分别为 8.36%～19.40% 和 11.54%～17.19%，生长均受到了显著的抑制作用。

2. 不同番茄品种对 Cd 胁迫的抗性指标差异特征

（1）无 Cd 胁迫下不同番茄品种抗性指标的差异特征　在不添加 Cd 的营养液培养条件（CK）下，番茄幼苗生长 10d 后测定了番茄幼苗中叶绿素、MDA、脯氨酸含量等抗性指标（表 1-20）和 POD、CAT、SOD 酶活性指标（表 1-21），反映了各品种的自然特性。结果表明，不同番茄品种幼苗的叶绿素、MDA、脯氨酸含量以及 POD、CAT、SOD 活性均存在较大差异。金航红鼎 F1 和凯特二号的叶绿素含量表现最高，荷兰硬粉、福瑞迪和合作 6 表现最低；合作 8 和福瑞迪的 MDA 含量表现最高，金航红鼎 F1 和凯特二号表现最低；布兰妮的脯氨酸含量表现最高，普罗旺斯、瑞提娜和凯特二号表现最低；凯特二号的 POD 活性表现最强，凯萨表现最低；凯萨和荷兰硬粉的 CAT 活性表现最强，普罗旺斯和合作 6 表现最低；瑞提娜的 SOD 活性表现最强，普罗旺斯表现最低。总体来看，各指标在品种间有着明显的变化特征，证实了不同番茄品种生物遗传自然属性的差异性。

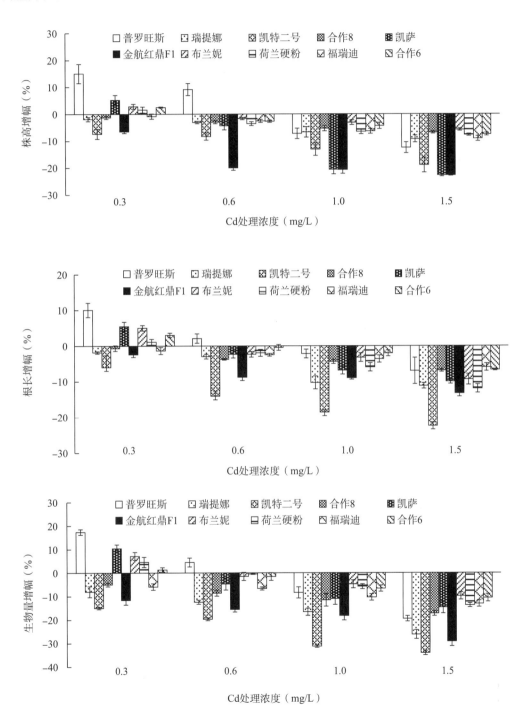

图 1-11 Cd 胁迫下不同番茄品种生长指标的增幅

表 1 - 20　无 Cd 胁迫下不同番茄品种的叶绿素、MDA 和脯氨酸含量指标

品种	叶绿素含量（mg/L，FW）	MDA 含量（nmol/g，FW）	脯氨酸含量（μg/g，FW）
普罗旺斯	16.15±0.59bc	8.39±0.43d	3.34±0.20f
瑞提娜	14.09±0.41d	7.94±0.69de	3.34±0.17f
凯特二号	16.43±1.26b	4.29±0.41f	3.30±0.09f
合作 8	14.80±1.04cd	15.39±0.54a	4.38±0.13e
凯萨	14.38±1.07d	7.49±0.62de	4.80±0.10d
金航红鼎 F1	17.03±0.73ab	6.98±0.46e	5.74±0.05b
布兰妮	18.10±0.93a	7.12±0.62e	6.37±0.19a
荷兰硬粉	12.10±0.74e	14.12±0.33bc	5.50±0.11c
福瑞迪	11.72±1.07e	15.22±1.25ab	4.87±0.15d
合作 6	11.49±0.39e	13.90±0.81c	4.53±0.09e

表 1 - 21　无 Cd 胁迫下不同番茄品种的抗氧化酶活性指标

品种	POD 活性 [u/g，FW]	CAT 活性 [u/g，FW]	SOD 活性 [u/g，FW]
普罗旺斯	0.050±0.004c	4.27±0.31e	8.96±0.98g
瑞提娜	0.066±0.010b	6.53±0.31c	26.54±0.91a
凯特二号	0.081±0.006a	6.13±0.31c	13.85±0.72f
合作 8	0.046±0.001c	7.93±0.31b	15.75±0.70e
凯萨	0.019±0.002f	8.67±0.31a	16.80±0.28d
金航红鼎 F1	0.023±0.001de	6.13±0.31c	18.40±0.40c
布兰妮	0.025±0.003de	5.40±0.20d	19.64±0.43b
荷兰硬粉	0.045±0.002c	8.47±0.12a	15.63±0.34e
福瑞迪	0.028±0.001c	6.20±0.20c	14.58±0.24f
合作 6	0.067±0.002b	4.33±0.12e	15.68±0.26e

（2）Cd 胁迫下不同番茄品种抗性指标的差异特征　由图 1 - 12 可知，在 Cd 胁迫下，番茄叶绿素、MDA 和脯氨酸 3 项抗性指标含量在品种间均有不同表现。从叶绿素含量看，在 0.3mg/L 的 Cd 胁迫下，合作 8、金航红鼎 F1 和福瑞迪的叶绿素含量与对照相比有所下降，但均未达显著水平（$P<0.05$），其余品种叶绿素含量均有不同程度的增加，增加范围为 1.26%～20.24%，其中普罗旺斯和布兰妮的增幅达显著水平；福瑞迪 MDA 含量略有增加，增幅为 2.99%，未达显著水平，其余品种均有不同程度降低，降低范围为 2.43%～21.75%，其中普罗旺斯降幅最大，除凯萨和金航红鼎 F1 外，均达显著水平；脯氨酸含量除凯萨外各品种均表现为上升趋势，增加范围为 5.76%～23.12%，增幅均达显著水平。综合分析发现，0.3mg/L 的 Cd 胁迫对 10 种幼苗的光合作用和体内膜质尚未产生明显的破坏性影响，可能是在 Cd 胁迫下番茄幼苗中的脯氨酸开始大量积累，提高了细胞液的浓度，启动了其稳定生物膜、维持蛋白质结构的抗性功能。

在 0.6mg/L 的 Cd 胁迫下，与对照相比，除普罗旺斯外，各品种叶绿素含量均有不同程度减少，与生长指标的结果一致，且凯特二号、合作 8、金航红鼎 F1、布兰妮和福瑞迪达到显著水平，降幅分别为 11.33％、16.22％、17.83％、9.97％和 15.73％；瑞提娜、凯特二号、金航红鼎 F1、福瑞迪和合作 6 的 MDA 含量有所增加，增幅为 1.76％～

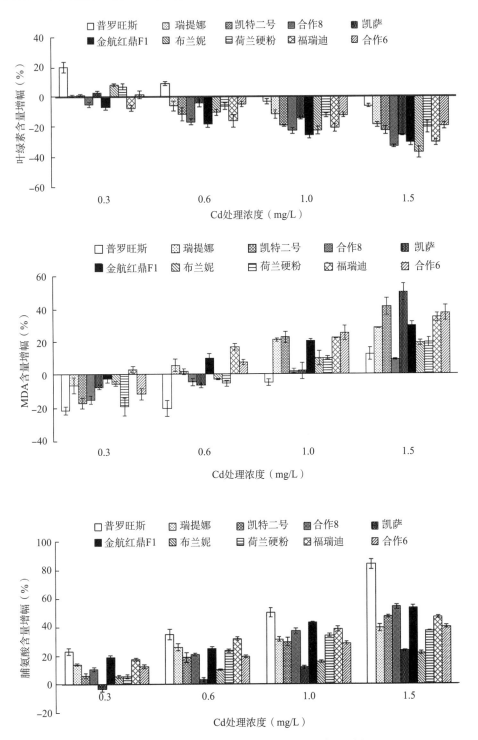

图 1-12　Cd 胁迫下不同番茄品种抗性指标的增幅

16.52%，其中金航红鼎 F1 和福瑞迪与对照相比达到了显著水平，表明其细胞膜脂开始受到影响；各品种脯氨酸不断积累，普罗旺斯的增幅最大，为 34.97%。可见，0.6mg/L 的 Cd 胁迫开始影响部分番茄品种的光合作用，且使金航红鼎 F1 和福瑞迪的细胞膜系统受到破坏。

在 1.0mg/L 的 Cd 胁迫下，与对照相比，10 个品种叶绿素含量均有不同程度降低，降低范围为 2.86%～24.99%，除普罗旺斯外，均达显著水平，与各品种生长受抑制的结果相吻合；MDA 含量在普罗旺斯中有所减少，降幅为 5.02%，但未达到显著水平，在其余品种中均有不同程度提高，增幅为 1.93%～25.05%，除合作 8 和凯萨外增幅均达显著水平，说明 1.0mg/L 的 Cd 胁迫显著诱导了某些番茄幼苗体内活性氧的积累，加剧了膜脂过氧化，而对普罗旺斯、合作 8 和凯萨的膜脂尚未显现出明显的影响；各品种脯氨酸含量均比对照显著提高，表明脯氨酸含量随 Cd 浓度升高而不断增加，作为渗透调节物质发挥着维持细胞稳态的作用。

在 1.5mg/L 的 Cd 胁迫下，与对照相比，10 个品种叶绿素含量均有所降低，降低范围为 5.72%～36.59%，除普罗旺斯外，均达显著水平；MDA 含量全部显著增加，增幅范围为 8.95%～49.87%，较中等 Cd 胁迫处理有大幅提高，并与生长指标受到显著影响相符合，说明高 Cd 含量胁迫使番茄幼苗体内活性氧的积累继续增强，膜脂过氧化加剧恶化，细胞膜完整性遭到严重破坏；植株体内脯氨酸持续大量积累，且均达到显著水平，增幅达 21.96%～84.04%，其中普罗旺斯增幅最大。可见，在 1.5mg/L 的 Cd 胁迫下，脯氨酸继续发挥着重要的抵抗作用。

比较不同 Cd 浓度胁迫影响的变化发现，不同番茄品种的抗性指标对 Cd 浓度胁迫的响应出现了明显的品种差异特征。具有低吸收能力的普罗旺斯品种的 3 个指标均表现出了最强的 Cd 抗性。具有高吸收能力的合作 8 品种的叶绿素含量在 0.6mg/L 的 Cd 胁迫时开始受到显著抑制影响，MDA 含量在 1.5mg/L 的 Cd 胁迫时显著增加，脯氨酸含量随 Cd 浓度提高而持续升高，其抗性处于中等水平。

由图 1-13 可知，在 0.3mg/L 的 Cd 胁迫下，瑞提娜 POD 活性与对照相比有所降低，但降幅仅为 7.07%，未达显著水平（$P < 0.05$），其余品种 POD 活性均大幅升高，除凯特二号外均较对照差异显著；各品种 CAT 和 SOD 活性均表现为上升趋势，增加范围分别为 2.04%～42.19% 和 3.32%～115.75%，普罗旺斯增幅表现最高。可见，在 0.3mg/L 的 Cd 胁迫下，番茄幼苗的抗氧化酶系统启动了抗性功能，以保护植株免遭破坏的风险，这与生长指标和抗性指标的结果相吻合。在 0.6mg/L 的 Cd 胁迫下，与对照相比，瑞提娜 POD 活性显著下降，达 19.70%，表明其抗性功能已经受到影响，其余品种均有不同程度的升高，且除凯特二号外均较对照差异显著，合作 8 增幅最大，达到 136.23%；除瑞提娜外，各品种 CAT 和 SOD 活性，均较对照显著升高，普罗旺斯增幅最大，分别达 82.81% 和 126.21%。说明在 0.6mg/L 的 Cd 胁迫下，番茄幼苗的抗氧化酶系统发挥着重要的抵抗作用。

在 1.0mg/L 的 Cd 胁迫下，与对照相比，POD 和 CAT 活性在瑞提娜、凯特二号、金航红鼎 F1 以及合作 6 中均有一定的降低，分别下降了 36.87%、5.37%、14.71%、41.50% 和 22.75%、6.52%、2.17%、16.92%，其中瑞提娜和合作 6 的酶活性与对照相比达到了显著水平，而在普罗旺斯、荷兰硬粉和福瑞迪中两种酶的活性却显著提高，增幅

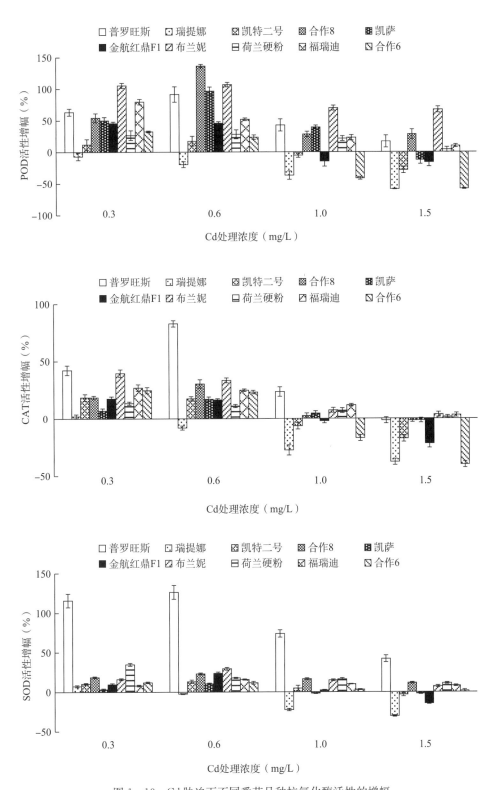

图 1-13 Cd 胁迫下不同番茄品种抗氧化酶活性的增幅

分别为 42.67%、21.48%、22.89% 和 23.44%、7.09%、11.83%，表明瑞提娜、凯特二号、金航红鼎 F1 和合作 6 的抗氧化酶系统已经受到严重影响，这与叶绿素和 MDA 的结果相一致，说明在中等浓度 Cd 胁迫下番茄幼苗细胞膜遭受到了严重损害；除瑞提娜和凯萨外，各品种 SOD 活性均有提高，增幅范围为 2.19%～73.62%，其中普罗旺斯、合作 8、布兰妮、荷兰硬粉和福瑞迪均达显著水平，普罗旺斯增幅最大，瑞提娜 SOD 活性较对照显著降低。因此，1.0mg/L 的 Cd 胁迫使瑞提娜 SOD 活性的抗性表现受到了显著影响。可见，普罗旺斯、荷兰硬粉和福瑞迪的抗氧化酶系统在中等 Cd 浓度胁迫下仍继续发挥着重要的抵抗作用，在逆境下表现出了较强的抗性功效。

在 1.5mg/L 的 Cd 胁迫下，与对照相比，POD 活性在瑞提娜、凯特二号、凯萨、金航红鼎 F1 和合作 6 中明显降低，降低幅度分别为 58.59%、28.51%、12.50%、16.18% 和 58.00%，其中瑞提娜、凯特二号和合作 6 达到了显著水平，而在普罗旺斯、合作 8、布兰妮、荷兰硬粉和福瑞迪中却有提高，增幅分别为 16.67%、28.26%、67.11%、3.70% 和 9.64%，其中，合作 8 和布兰妮达到了显著水平，与中等 Cd 胁迫的增幅持平，说明合作 8 和布兰妮在高 Cd 胁迫下仍表现出了较为强劲的抗性优势；布兰妮、荷兰硬粉和福瑞迪 CAT 活性略有上升，但均未达显著水平，其余品种 CAT 活性在高 Cd 含量下均表现为下降趋势，降低范围为 1.54%～40.00%，瑞提娜、凯特二号、金航红鼎 F1 和合作 6 降幅较对照差异明显，受到了显著影响；SOD 活性在瑞提娜、凯特二号、凯萨和金航红鼎 F1 中均有所降低，降低幅度分别为 30.67%、3.54%、2.15% 和 14.76%，其中瑞提娜和金航红鼎 F1 达显著水平，在其余品种中有一定增加，增幅范围为 1.48%～41.82%，且除合作 6 外 SOD 活性与对照相比均达到了显著水平，但比中等 Cd 胁迫处理有大幅下降。可见，在高浓度 Cd 胁迫下，合作 8 和布兰妮的 POD 和 SOD 继续发挥重要的抵抗作用，仍然表现出较强的抗性，而瑞提娜酶系统则受到了严重影响，抗性表现最弱。

比较不同 Cd 浓度胁迫下，不同番茄品种抗氧化酶活性的变化发现，在 0.3mg/L 的 Cd 胁迫时，抗氧化酶系统开始启动抗性响应功能，并随着 Cd 浓度的升高持续发挥抗性功能。通过比较 10 个番茄品种幼苗中的抗氧化酶活性在 Cd 胁迫时与对照的显著差异水平以及变化幅度，发现在同等 Cd 胁迫条件下，普罗旺斯、合作 8、布兰妮、荷兰硬粉和福瑞迪清除活性氧的能力较强，而瑞提娜的抗性较弱。

二、不同番茄品种对镉富集及抗性能力的聚类分析

（一）基于不同番茄品种地上部和根部 Cd 含量的聚类分析

采用平方欧氏距离法，对 10 种供试番茄品种在不同 Cd 胁迫下地上部和根部的 Cd 含量进行聚类分析，结果见图 1-14 和图 1-15。可以看出，在 Cd 浓度为 0.3mg/L 和 0.6mg/L 时，10 个番茄品种地上部对 Cd 的积累能力分类表现一致，均被分为 3 类：第一类是普罗旺斯、布兰妮和福瑞迪，为 Cd 低积累型品种；第二类是瑞提娜、凯特二号、凯萨、金航红鼎 F1、荷兰硬粉和合作 6，为 Cd 中等积累型品种；第三类是合作 8，为 Cd 高积累型品种。Cd 浓度为 1.0mg/L 时分类发生了一定的变化，普罗旺斯、布兰妮、福瑞迪、瑞提娜、凯萨、金航红鼎 F1、荷兰硬粉和合作 6 为 Cd 低积累型品种；凯特二号为 Cd 中等积累型品种；合作 8 依然为 Cd 高积累型品种。Cd 浓度为最高浓度 1.5mg/L 时，

分类进一步发生变化，Cd 低积累型品种为普罗旺斯、布兰妮、福瑞迪、金航红鼎 F1、荷兰硬粉和瑞提娜；Cd 中等积累型品种为凯特二号、凯萨和合作 6；Cd 高积累型品种仍然为合作 8。可见，普罗旺斯、布兰妮和福瑞迪在所有 Cd 胁迫下均表现出了低积累的特征，凯特二号为中等积累特征，而合作 8 却表现出了高积累的特点，其余品种因 Cd 浓度变化积累类型会有所调整。

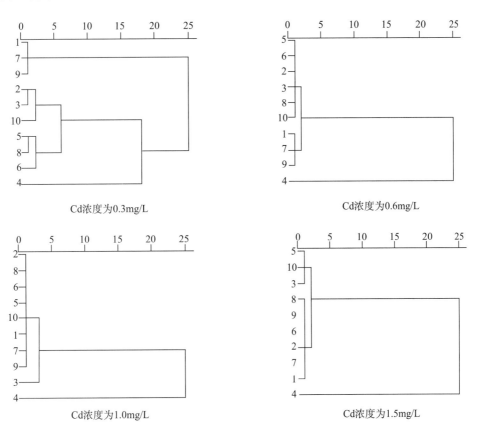

图 1-14 不同 Cd 浓度下番茄地上部 Cd 含量的聚类分析

1. 普罗旺斯　2. 瑞提娜　3. 凯特二号　4. 合作 8　5. 凯萨　6. 金航红鼎 F1　7. 布兰妮
8. 荷兰硬粉　9. 福瑞迪　10. 合作 6

由图 1-15 可知，在 Cd 浓度为 0.3mg/L 时，10 种番茄品种根部对 Cd 的积累能力可以被分为 3 类：第一类是普罗旺斯、布兰妮、瑞提娜、福瑞迪、金航红鼎 F1、荷兰硬粉、凯萨和合作 6，为 Cd 低积累型品种；第二类是凯特二号，为 Cd 中等积累型品种；第三类是合作 8，为 Cd 高积累型品种。Cd 浓度为 0.6mg/L 时，普罗旺斯、瑞提娜、金航红鼎 F1、布兰妮、荷兰硬粉、福瑞迪和合作 6 为 Cd 低积累型品种；凯特二号和凯萨为 Cd 中等积累型品种；合作 8 为 Cd 高积累型品种。Cd 浓度为 1.0mg/L 和 1.5mg/L 时，Cd 高积累型品种为合作 8，其余均为 Cd 低积累型品种。

综合地上部和根部 Cd 含量聚类分析的结果，本研究将普罗旺斯、布兰妮和福瑞迪确定为 Cd 低积累型品种，将合作 8 确定为 Cd 高积累型品种。

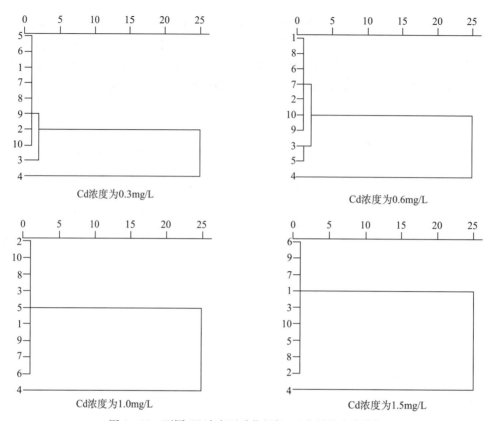

图 1-15 不同 Cd 浓度下番茄根部 Cd 含量的聚类分析

1. 普罗旺斯 2. 瑞提娜 3. 凯特二号 4. 合作 8 5. 凯萨 6. 金航红鼎 F1 7. 布兰妮
8. 荷兰硬粉 9. 福瑞迪 10. 合作 6

（二）基于不同番茄品种 Cd 抗性指标的聚类分析

为明确不同番茄品种对 Cd 的综合抗性，以番茄幼苗的生长指标和抗性指标与对照相比较的变化幅度综合值作为分类依据，采用平方欧氏距离法对供试 10 个番茄品种的 Cd 抗性进行聚类分析，分类见图 1-16。结果表明，Cd 浓度水平为 0.3mg/L 时，10 个番茄品种可以被分为 3 类：第一类包括普罗旺斯 1 个品种，说明该品种具有较强的 Cd 抗性；第二类包括布兰妮和福瑞迪 2 个品种，Cd 抗性属于中等水平；第三类包括瑞提娜、凯特二号、合作 8、凯萨、金航红鼎 F1、荷兰硬粉和合作 6 共 7 个品种，属于 Cd 弱抗性型。Cd 浓度水平为 0.6mg/L 时，普罗旺斯仍为 Cd 强抗性型；合作 8、凯萨和布兰妮为中间型；瑞提娜、凯特二号、金航红鼎 F1、荷兰硬粉、福瑞迪和合作 6 为 Cd 弱抗性型。Cd 浓度水平为 1.0mg/L 时，强抗性型的品种为瑞提娜、凯特二号、金航红鼎 F1 和合作 6。Cd 浓度水平为 1.5mg/L 时，布兰妮为 Cd 强抗性型；普罗旺斯、凯特二号、合作 8、凯萨、金航红鼎 F1、荷兰硬粉和福瑞迪为中间型；瑞提娜和合作 6 为 Cd 弱抗性型。综上，在 Cd 胁迫处理下普罗旺斯表现出了较强的 Cd 抗性，合作 8 表现出了中等抗性特点，而瑞提娜和合作 6 对 Cd 却较为敏感。

综合 10 个番茄品种的抗性和 Cd 积累差异性特点，筛选出对 Cd 抗性最强且吸收 Cd 能力较低的低积累型品种普罗旺斯，以及对 Cd 抗性中等且吸收 Cd 能力最高的高积累型品种合作 8。

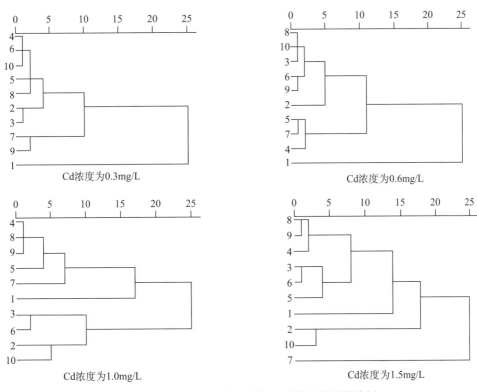

图 1-16　不同 Cd 浓度下番茄 Cd 耐抗性的聚类分析

1. 普罗旺斯　2. 瑞提娜　3. 凯特二号　4. 合作 8　5. 凯萨　6. 金航红鼎 F1　7. 布兰妮

8. 荷兰硬粉　9. 福瑞迪　10. 合作 6

(三) 两种积累型番茄品种富集 Cd 能力的验证

1. 水培条件下两种积累型番茄富集 Cd 能力差异的验证

由图 1-17 可知，在 Cd 胁迫下，两品种间呈现出了较大的吸收差异特性。从地上部 Cd 含量看，在 Cd 浓度为 0.3mg/L、0.6mg/L、1.0mg/L 和 1.5mg/L 时，合作 8 地上部 Cd 含量分别为 6.10mg/kg、9.93mg/kg、16.67mg/kg 和 24.00mg/kg，是普罗旺斯的 6~12 倍；从根部 Cd 含量看，合作 8 根部 Cd 含量分别为 25.00mg/kg、53.50mg/kg、149.50mg/kg 和 139.00mg/kg，是普罗旺斯的 5~12 倍，与地上部 Cd 含量表现出一致的规律性。可见，在 Cd 胁迫下普罗旺斯地上部和根部吸收 Cd 的能力显著低于合作 8，符合普罗旺斯为 Cd 低积累品种，合作 8 为 Cd 高积累品种。经连续两次重复性验证表明，两种积累型番茄表现出了积累 Cd 能力上的稳定性特点。

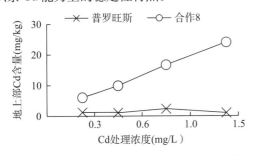

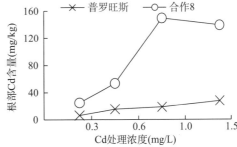

图 1-17　不同处理浓度下番茄 Cd 含量

从两种积累型品种的转运系数和富集系数看（表1-22），在Cd浓度为0.3mg/L、0.6mg/L、1.0mg/L和1.5mg/L时，普罗旺斯根部中Cd向地上部的转运系数分别为0.30、0.09、0.20和0.07，合作8分别为0.24、0.19、0.11和0.17，可见普罗旺斯在各种浓度Cd胁迫下的转运系数均显著低于合作8。普罗旺斯地上部Cd富集系数为1.38~3.67，根部为12.33~20.00；合作8地上部Cd的富集系数为16.00~20.33，根部为83.23~149.50。在各浓度处理下，合作8的富集系数均显著高于普罗旺斯，合作8地上部的富集系数在不同Cd处理浓度下无显著差异，表明其将Cd从环境和根部转移和富集到植株体内的能力不随Cd浓度的变化而改变，一直呈现出稳定的富集特征，符合高积累品种的特征。在高浓度Cd胁迫下，普罗旺斯地上部吸收富集Cd的能力显著降低，表现出了低积累的特征。

表1-22　Cd胁迫下两种番茄的转运系数和富集系数

Cd浓度（mg/L）	品种	转运系数	地上部富集系数	根部富集系数
0.3	普罗旺斯	0.30±0.01a	3.67±0.33b	12.33±0.43b
	合作8	0.24±0.03b	20.33±4.18a	83.23±1.41a
0.6	普罗旺斯	0.09±0.02b	1.89±0.38b	20.00±2.12b
	合作8	0.19±0.04a	16.56±4.60a	89.23±5.32a
1.0	普罗旺斯	0.20±0.03a	2.57±0.32b	12.97±2.77b
	合作8	0.11±0.01b	16.67±1.15a	149.50±5.17a
1.5	普罗旺斯	0.07±0.01b	1.38±0.21b	19.33±4.25b
	合作8	0.17±0.02a	16.00±1.76a	92.67±10.41a

注：不同小写字母表示同一浓度不同品种间差异显著（$P<0.05$）。

2. 土壤培养条件下两种积累型番茄富集Cd能力差异的验证

如图1-18所示，在Cd不污染土壤中培养番茄幼苗30d后，合作8植株的Cd含量为0.30mg/kg，比普罗旺斯含量（0.24mg/kg）高出25.00%，达到显著水平。也就是说，即使在没有受Cd污染的土壤中合作8品种的吸收优势表现得依然很突出。在Cd污染土壤中培养30d后，合作8植株的Cd含量为0.71mg/kg，是普罗旺斯（0.44mg/kg）的1.61倍，两者差异显著。说明在土壤介质条件下，合作8吸收积累Cd的能力仍显著强于普罗旺斯，符合两者不同积累型品种的特征。

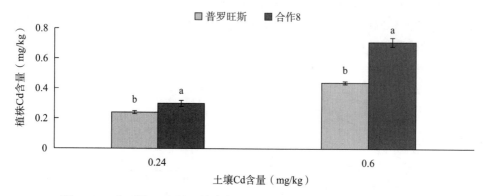

图1-18　在不同Cd污染土壤条件下不同积累型番茄品种的植株Cd含量

三、不同积累型番茄品种对其镉生物有效性的影响

(一) 两种积累型番茄对溶液中难溶性镉的活化影响

表 1-23 反映了营养液中添加难溶性 CdS 和 CdCO₃ 后两种积累型番茄植株对 Cd 活化及积累的变化结果。结果表明，在营养液中添加难溶性 CdS 培养番茄幼苗 10d 后，种植高积累型合作 8 的营养液中 Cd 浓度达 1.45mg/L，显著高于未种植番茄处理（0.96mg/L），增幅高达 51.04%；种植普罗旺斯的营养液中 Cd 浓度为 1.08mg/L，与未种植番茄处理相比未达到显著水平。可见，两品种对难溶态 Cd 的促溶效果表现为合作 8＞普罗旺斯，尤其合作 8 显著促进了 CdS 的溶解，提高了 CdS 的生物有效性，而普罗旺斯对 CdS 的溶解表现较弱。进一步分析两种番茄植株 Cd 积累量发现，普罗旺斯在添加 CdS 处理下地上部和根部 Cd 积累量分别为每盆 3.00×10^{-3} mg 和 4.77×10^{-3} mg，比未添加 CdS 处理分别提高了 24.00 倍和 9.15 倍；合作 8 在添加 CdS 处理下地上部和根部 Cd 积累量分别为每盆 4.16×10^{-3} mg 和 8.21×10^{-3} mg，比未添加 CdS 处理分别提高了 31.00 倍和 16.85 倍；在添加 CdS 处理下合作 8 地上部和根部的 Cd 积累量是普罗旺斯的 1.39 和 1.97 倍，均显著高于普罗旺斯，反映出两种不同积累型品种对难溶态 CdS 的活化效果以及吸收积累的差异性。

在营养液中添加难溶性 CdCO₃ 培养 10d 后，种植普罗旺斯和合作 8 处理下营养液 Cd 浓度分别为 1.84mg/L 和 2.14mg/L，二者均显著高于不种植物处理（1.32mg/L），增幅分别达 39.78% 和 62.55%，合作 8 的增幅显著大于普罗旺斯，与添加 CdS 处理的规律基本一致。从两种番茄植株的 Cd 积累量来看，普罗旺斯地上部和根部的 Cd 积累量分别为每盆 4.35×10^{-3} mg 和 6.04×10^{-3} mg，比未添加 CdCO₃ 处理分别提高了 35.25 倍和 11.85 倍；合作 8 地上部和根部的 Cd 积累量分别为每盆 7.31×10^{-3} mg 和 10.71×10^{-3} mg，比未添加 CdCO₃ 处理分别提高了 55.23 倍和 22.28 倍。在添加难溶性 CdCO₃ 处理下合作 8 地上部和根部的 Cd 积累量比普罗旺斯高出 68.05% 和 77.32%，差异均达显著水平。

综上所述，在溶液介质条件下，番茄植株可促进 CdS 和 CdCO₃ 的溶解，提高难溶性 Cd 的生物有效性，高积累品种合作 8 对两种难溶性 Cd 溶解的促进作用显著高于低积累品种普罗旺斯。同时，合作 8 地上部和根部的 Cd 积累量也均显著高于普罗旺斯。

表 1-23　水培条件下各处理的营养液 Cd 含量及番茄 Cd 积累量

Cd 种类	处理	营养液 Cd 浓度（mg/L）	单盆地上部 Cd 积累量（$\times 10^{-3}$ mg）	单盆根部 Cd 积累量（$\times 10^{-3}$ mg）
CdS	S	0.96±0.03bB	—	—
	PS	1.08±0.07bB	3.00±0.33bB	4.77±0.12bB
	HS	1.45±0.12aB	4.16±0.32aB	8.21±0.77aB
CdCO₃	C	1.32±0.07cA	—	—
	PC	1.84±0.01bA	4.35±0.46bA	6.04±0.27bA
	HC	2.14±0.03aA	7.31±0.76aA	10.71±1.09aA

注：同列数据后不同小写字母表示相同 Cd 种类不同处理间的差异显著（$P < 0.05$），大写字母表示同一处理不同 Cd 种类间的差异显著性（$P < 0.05$）。后同。"—"表示不种植物。S：添加 CdS。PS：普罗旺斯＋CdS。HS：合作 8 ＋CdS。C：添加 CdCO₃。PC：普罗旺斯＋CdCO₃。HC：合作 8 ＋CdCO₃。

（二）两种积累型番茄品种对土壤 Cd 生物有效性的影响

1. 两种积累型番茄品种单一作用对土壤有效态 Cd 的影响

（1）污染土壤灭菌下两种积累型番茄单一作用对土壤有效态 Cd 的影响　表 1 - 24 对比了两种积累型番茄品种对灭菌污染土壤有效态 Cd 含量的影响结果。土壤灭菌是为了消除绝大部分土著微生物的干扰影响，进而分析种植番茄对土壤有效态 Cd 含量的单独作用。在 Cd 污染土壤灭菌处理下，种植普罗旺斯和合作 8 后的土壤有效态 Cd 含量分别为 0.098mg/kg 和 0.100mg/kg，二者均显著高于不种番茄处理，增幅分别为 3.16% 和 5.26%，但两品种对土壤 Cd 生物有效性的影响未达显著差异。

从两品种的植株积累来看，在 Cd 污染土壤灭菌处理下，普罗旺斯植株的 Cd 含量为 0.37mg/kg，合作 8 植株的 Cd 含量为 0.54mg/kg，合作 8 比普罗旺斯高 45.95%，两者差异达到了显著水平。说明合作 8 植株对 Cd 的高积累不只受土壤有效态 Cd 的影响，可能与遗传基因控制吸收有关。

表 1 - 24　污染土壤灭菌下两种积累型番茄品种对土壤 Cd 生物有效性的影响

Cd 浓度（mg/kg）	处理类型（编号）	土壤有效态 Cd 含量（mg/kg）	植株 Cd 含量（mg/kg）
	不种植番茄（NG）	0.095±0.001b	—
0.60	种植普罗旺斯（PNG）	0.098±0.001a	0.37±0.02b
	种植合作 8（HNG）	0.100±0.001a	0.54±0.02a

（2）污染土壤未灭菌下两种积累型番茄单一作用对土壤有效态 Cd 的影响　表 1 - 25 反映了两种积累型番茄品种对未灭菌的污染土壤有效态 Cd 含量的影响。由表 1 - 25 可知，在未灭菌的污染土壤中，种植普罗旺斯和合作 8 后的土壤有效态 Cd 含量分别为 0.127mg/kg 和 0.128mg/kg，二者无显著差异，但均显著高于不种植番茄处理（0.121mg/kg），增幅分别为 4.96% 和 5.79%，与灭菌土壤处理下的结论呈现出一致性的特点。

从两品种植株积累 Cd 来看，普罗旺斯植株 Cd 含量为 0.44mg/kg，合作 8 植株 Cd 含量为 0.70mg/kg，合作 8 比普罗旺斯提高了 59.09%，达到了显著水平，表现出了高累积型番茄品种在未灭菌的污染土壤积累 Cd 的突出特点。

综上所述，在未灭菌及灭菌两种土壤条件下，两种番茄植株单一作用对污染土壤有效态 Cd 含量均表现出了相似的规律特征：两种番茄植株对污染土壤有效态 Cd 含量均有显著的提高作用，两品种之间差异不显著，但合作 8 植株对 Cd 的富集却显著高于普罗旺斯，两品种的这种积累特点与土壤有效态 Cd 含量变化未表现出一致性。

表 1 - 25　污染土壤未灭菌下两种积累型番茄品种对有效态 Cd 含量的影响

处理类型（编号）	土壤有效态 Cd 含量（mg/kg）	植株 Cd 含量（mg/kg）
不种植番茄（G）	0.121±0.001b	—
种植普罗旺斯（PG）	0.127±0.002a	0.44±0.01b
种植合作 8（HG）	0.128±0.001a	0.70±0.01a

2. 土著微生物单一作用对土壤有效态 Cd 的影响

表 1 - 26 反映了不种植番茄植物下灭菌与未灭菌土壤有效态 Cd 含量的差异结果。可

以看出，灭菌与未灭菌的 Cd 污染土壤培养 30d 后，灭菌的污染土壤有效态 Cd 含量为 0.095mg/kg，未灭菌的污染土壤有效态 Cd 含量为 0.121mg/kg，比灭菌处理显著提高了 27.37%。可见，污染土壤土著微生物对土壤有效态 Cd 含量有显著的提升效果。

表 1-26　土壤微生物单独作用对有效态 Cd 含量的影响

Cd 浓度（mg/kg）	处理类型	土壤有效态 Cd 含量（mg/kg）
0.60	不种植植物＋灭菌污染土壤	0.095±0.001b
	不种植植物＋未灭菌污染土壤	0.121±0.001a

3. 两种积累型番茄品种协同土著微生物对土壤有效态 Cd 的影响

综合表 1-24 至表 1-26 的结果可看出，在灭菌的污染土壤下种植普罗旺斯 30d 后，土壤有效态 Cd 含量为 0.098mg/kg，未灭菌的污染土壤种植后的有效态 Cd 含量为 0.127mg/kg，普罗旺斯协同土著微生物对土壤 Cd 的有效性有显著提升作用，比灭菌土壤的单一植物作用显著提高了 29.59%，比土著微生物单一作用提高了 4.96%。在灭菌的污染土壤下种植合作 8 土壤有效态 Cd 含量为 0.100mg/kg，未灭菌的污染土壤种植后土壤有效态 Cd 含量达 0.128mg/kg，比灭菌土壤的单一植物作用显著提高了 28.00%，比土著微生物单一作用提高了 5.79%。可见，两种积累型番茄植物协同土著微生物对污染土壤有效态 Cd 含量的协同效果明显，均显著高于单一植物或土著微生物的单一作用效果，尤其比单一植物提升更加突出，说明土著微生物对有效态 Cd 含量的增加起到了关键性作用。

此外，与灭菌污染土壤不种植番茄处理对比发现，未灭菌的污染土壤种植合作 8 和普罗旺斯 30d 后土壤中有效态 Cd 含量分别显著提高了 34.74% 和 33.68%。进一步证实了普罗旺斯和合作 8 两种积累型番茄品种协同土著微生物共同作用对有效态 Cd 含量的效果。

综上，两种积累型番茄品种协同土著微生物对土壤有效态 Cd 的影响显著增强，两者的共同作用对土壤中有效态 Cd 含量的提升效果显著高于番茄和土著微生物的单一作用。

四、主要研究进展

1. 筛选出对土壤镉低积累型与高积累型的番茄品种

通过水培试验、盆栽试验与聚类分析，在 10 种番茄品种中筛选出吸收 Cd 能力低的低积累型品种普罗旺斯和吸收 Cd 能力高的高积累型品种合作 8。在 Cd 浓度 0.3～0.6mg/L 水培条件下，合作 8 植株对 Cd 的积累量大约为普罗旺斯的 12.8 倍。

2. 明确了高积累型与低积累型番茄品种活化镉效果

水培试验表明，两类番茄品种对难溶性 Cd 活化的促进效果表现出合作 8 远大于普罗旺斯的特征；低积累型品种普罗旺斯显著促进了难溶性 $CdCO_3$ 的溶解，使溶液 Cd 浓度增加 39.78%，而对难溶性 CdS 无明显溶解影响；高积累型品种合作 8 对 CdS 和 $CdCO_3$ 的生物有效性均有显著提高作用，使溶液中 Cd 浓度增幅分别达 51.04% 和 62.55%。

3. 探明了不同番茄品种协同土著微生物对土壤有效镉的影响

盆栽试验表明，在 Cd 污染土壤条件下，种植普罗旺斯和合作 8 的单一作用使土壤有效态 Cd 分别增加了 3.16%～4.96% 和 5.26%～5.79%；普罗旺斯和合作 8 协同土著微生物的共同作用比单一植物作用提升了 29.59% 和 28.00%，比土著微生物单一作用提升了

4.96％和5.79％，两种积累型番茄品种协同土著微生物可显著提高土壤中 Cd 的生物有效性，其中土著微生物的作用更为突出。

第三节　印度芥菜对土壤镉铅污染的富集特征

土壤重金属污染修复是一个全球性的环境治理难题。近年来，植物修复利用对某种或某些重金属具有特殊吸收富集能力的绿色植物，来清除土壤重金属的修复技术，以其高效、经济和对环境友好等优势，日益受到人们的关注。在十字花科芸薹属植物中，有多种基因型具有较强吸收富集重金属的特性。其中，印度芥菜（*Brassica juncea*）是目前筛选出来的一种生长期短、地上部生物量大，同时又可富集多种重金属元素的超富集植物，在植物修复中具有较大的应用潜力。Wild Garden Pungent Mix 是一种印度芥菜新品种，地上部生物量较大，如果它对重金属也具有较强的吸收富集能力，那么将其作为修复植物用于重金属污染土壤的修复将具有重要的实际意义。因此，本试验以印度芥菜 Wild Garden Pungent Mix 为试材，运用二因素（Cd、Pb）五水平回归正交设计（表 1 - 27），采用盆栽试验和根袋试验法，种植土壤镉铅超富集植物印度芥菜，用非富集植物的油菜为参比植物，进行对比研究，从而揭示印度芥菜富集与抗耐 Cd、Pb 的特点以及生理生化特性和其根际特征，为印度芥菜应用于重金属污染土壤修复提供科学依据。

表 1 - 27　供试土壤重金属添加量

处理	$p=2$　$m=3$		重金属添加量（mg/kg）	
	x_1	x_2	Cd	Pb
CK	—	—	0.00	0.00
1	1	1	187.18	935.92
2	1	−1	187.18	64.08
3	−1	1	12.82	935.92
4	−1	−1	12.82	64.08
5	1.147	0	200.00	500.00
6	−1.147	0	0.00	500.00
7	0	1.147	100.00	1000.00
8	0	−1.147	100.00	0.00
9	0	0	100.00	500.00
10	0	0	100.00	500.00
11	0	0	100.00	500.00

注：p 代表因素数；m 代表重复数；x_1、x_2 分别代表各因素的码值。

一、印度芥菜对土壤镉铅污染的富集修复潜力

（一）印度芥菜对土壤 Cd、Pb 的生理响应

1. 对植株体内丙二醛（MDA）的影响

从图 1 - 19 及表 1 - 28 可看出，与对照相比，随着 Cd、Pb 添加量的增加，印度芥菜

体内的 MDA 含量也表现为上升趋势，升幅为 $13.89\%\sim118.47\%$，且除处理 3、处理 4 外，其余处理印度芥菜 MDA 含量与对照差异显著（$P<0.05$）。参比植物油菜 MDA 含量随 Cd、Pb 添加量的增加呈显著上升趋势（$P<0.05$），升幅为 $24.22\%\sim231.22\%$。通过偏相关分析（表 1-28）可以看出，印度芥菜 MDA 含量与土壤 Cd 含量和土壤 Pb 含量的偏相关系数分别为 0.645 1** 和 0.419 6*，分别达到了极显著和显著正相关水平。Cd、Pb 对印度芥菜 MDA 含量的影响表现为协同交互作用。这说明在 Cd、Pb 复合污染条件下，随着 Cd、Pb 复合浓度的增加，Cd、Pb 协同使印度芥菜受到的重金属毒害作用加剧，导致体内 MDA 含量显著上升。油菜 MDA 含量与土壤 Cd 含量的偏相关系数为 0.717 6**，达到了极显著性水平，虽然 Cd、Pb 表现出协同交互作用，但 Cd 的影响系数远远大于 Pb 的影响系数，这说明在 Cd、Pb 复合污染条件下，油菜受到的毒害作用主要是由 Cd 造成的，与 Pb 的关系不大。相比较而言，油菜 MDA 含量上升幅度显著高于同处理印度芥菜，说明油菜受到的重金属毒害作用较大，而印度芥菜对于重金属胁迫具有一定的耐受性，细胞膜受到的伤害也较小。

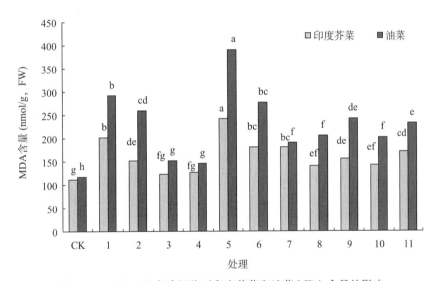

图 1-19　Cd、Pb 复合污染对印度芥菜和油菜 MDA 含量的影响

表 1-28　印度芥菜和油菜 MDA 含量与土壤 Cd、Pb 含量之间的多元回归分析

物种	项目	多元回归方程	决定系数 R^2	偏相关系数	
				x_1	x_2
印度芥菜	MDA 含量	$y=115.448+0.313x_1+0.034x_2$	0.559*	0.645 1**	0.419 6*
油菜	MDA 含量	$y=149.163+0.725x_1+0.020x_2$	0.545*	0.717 6**	0.140 7

注：y 代表植物叶片中 MDA 含量；x_1 和 x_2 分别代表土壤中 Cd、Pb 含量；**表示 $P<0.01$，*表示 $P<0.05$。

2. 对地上部生物量的影响

从图 1-20 可看出，Cd、Pb 复合污染下印度芥菜和油菜均受到了不同程度的重金属毒害，并且受 Cd 的影响远远大于 Pb，导致地上部干重显著降低。这主要是由于 Cd、Pb 元素性质不同，Cd 在土壤中的生物活性较高，易向植物体内转移，而土壤对 Pb 的吸持能力强于 Cd，因此在很大程度上减少了 Pb 污染，而提高了 Cd 污染对植物的直接危害。

对于油菜来说，Cd、Pb 还表现出协同交互效应，因此随着 Cd、Pb 复合浓度的增加，更进一步导致其地上部生物量显著降低。还可明显看出，印度芥菜地上部干重明显高于油菜，印度芥菜地上部干重是同处理油菜的 1.1～2.0 倍，这说明本试验中的印度芥菜品种能在无污染的石灰性潮褐土中正常生长，发挥其地上部生物量大的优势，并且在 Cd、Pb 污染条件下对重金属 Cd、Pb 具有较强的抗耐性，这对于修复土壤重金属 Cd、Pb 污染是非常有利的。

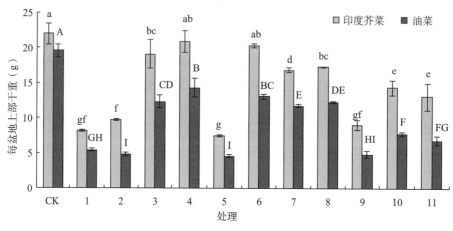

图 1-20　印度芥菜和油菜地上部生物量

（二）Cd、Pb 复合污染下印度芥菜和油菜植株 Cd、Pb 含量

1. 对印度芥菜和油菜植株 Cd 含量的影响

印度芥菜和油菜植株体内 Cd 含量见表 1-29。本试验 11 个复合污染处理中 Cd 的添加量为 0～200mg/kg。印度芥菜地上部 Cd 吸收量为 4.19～230.48mg/kg，为对照的 2.0～108.2 倍。印度芥菜地下部 Cd 含量为 10.65～537.96mg/kg，为对照的 2.6～132.5 倍。其中处理 3 和处理 5 的地上部 Cd 含量明显高于地下部 Cd 含量，表现出对 Cd 有较强的转移能力，这对于植物修复来说非常有利。其余处理地上部 Cd 含量则明显小于地下部 Cd 含量，并且随着 Cd 添加量的增加，地下部 Cd 含量高于地上部 Cd 含量的这种差异越明显，这说明印度芥菜根系吸收的 Cd 向地上部转移率随土壤中 Cd 含量的增加而降低。

油菜地上部 Cd 吸收量为 2.96～146.53mg/kg，为对照的 2.5～121.1 倍；地下部 Cd 吸收量为 9.09～244.83mg/kg，为对照的 2.7～109.3 倍。土壤 Pb 含量的增加同样促进了油菜地上部和地下部 Cd 的吸收。与印度芥菜相类似，除处理 3、处理 5 外，其余处理地下部 Cd 含量也明显高于地上部 Cd 含量。这可能是由于油菜和印度芥菜同为十字花科叶菜类植物，在对土壤 Cd 的吸收和富集上也呈现出相一致的规律特点。

从表 1-29 可看出，印度芥菜和油菜对土壤 Cd 的吸收能力都很强，表现出了超富集植物的水平（一般认为，超富集植物体内 Cd 含量应达到 100mg/kg）。除个别处理外，两种植物对 Cd 的吸收达到了 100mg/kg 以上，具备超富集植物的潜能。但相比之下，印度芥菜地上部 Cd 含量和地下部 Cd 含量都显著高于同处理油菜，印度芥菜地上部 Cd 含量为相同处理下油菜地上部 Cd 含量的 1.3～2.4 倍，地下部 Cd 含量为同处理油菜地下部 Cd

含量的 1.3～2.8 倍。这说明与油菜相比，印度芥菜具有很强的吸收富集土壤中难溶态 Cd 的能力，修复 Cd 污染土壤的应用潜力很大。

表 1-29　Cd、Pb 复合污染处理下印度芥菜和油菜体内 Cd 含量（mg/kg）

处理	印度芥菜体内 Cd 含量		油菜体内 Cd 含量	
	地上部	地下部	地上部	地下部
CK	2.13±0.11g	4.06±0.11j	1.21±0.03i	2.24±0.06i
1	163.64±4.15e	335.72±3.28e	116.89±7.27e	244.83±2.47a
2	155.71±2.52e	259.42±2.64f	105.80±4.00f	151.05±2.16e
3	86.90±2.63f	36.07±2.71i	58.23±3.47g	28.43±1.16h
4	80.49±2.28f	96.33±5.57h	33.25±1.32h	46.97±3.49g
5	189.35±11.59d	112.50±2.76g	132.54±4.14fc	54.03±1.60f
6	4.19±0.15g	10.65±0.87j	2.96±1.27i	9.09±0.29i
7	230.48±9.58a	475.22±3.13b	125.28±4.77d	240.76±1.78a
8	199.54±3.71c	441.66±15.62c	128.28±1.74b	157.64±3.00d
9	191.15±2.97cd	524.64±5.09d	146.53±4.45a	199.77±0.55c
10	212.07±2.75b	531.60±3.13a	140.95±7.84ab	216.80±3.18b
11	216.79±7.32b	537.96±3.70a	135.99±1.57bc	202.84±4.06c

2. 对印度芥菜和油菜植株 Pb 含量的影响

从表 1-30 可以看出，本试验 11 个复合污染处理中 Pb 的添加量为 0～1 000mg/kg。印度芥菜地上部 Pb 含量为 12.75～60.16mg/kg，为对照的 1.11～5.25 倍。但总体看来，印度芥菜对土壤 Pb 的吸收量不大，地上部最大 Pb 吸收量只有 60.16mg/kg。印度芥菜地下部 Pb 含量达到 21.77～528.17mg/kg，为对照的 1.0～22.8 倍，且远远高于地上部 Pb 含量。

油菜地上部 Pb 含量为 7.53～24.47mg/kg，为对照的 1.0～3.4 倍；地下部 Pb 含量为 23.62～255.69mg/kg，为对照的 1.1～11.8 倍，也明显高于地上部 Pb 含量。总体来看，油菜体内 Pb 含量随土壤中 Pb 添加量变化的趋势与印度芥菜相类似，对土壤 Pb 的吸收和富集二者也表现出相一致的变化规律。

综上可知，印度芥菜和油菜地上部对土壤 Pb 的吸收能力较弱，但两种植物地下部（根系）对土壤 Pb 的吸收能力却很强。这说明印度芥菜和油菜将 Pb 从地下部向地上部转移的能力较差，印度芥菜和油菜对重金属 Pb 的吸收富集功能主要体现在根的作用上。这可能与重金属 Pb 本身的特性（移动性较差，主要积累在根部，向地上部迁移累积的量很少）有关。但相比较而言，印度芥菜地上部和地下部吸收富集 Pb 的能力都强于油菜，印度芥菜地上部 Pb 富集量是相同处理下油菜的 0.9～3.7 倍，印度芥菜地下部 Pb 富集量为相同处理油菜地下部富集 Pb 量的 1.2～2.6 倍。这说明与油菜相比，印度芥菜对土壤中 Pb 也表现出了较强的富集能力，但是远没有达到超富集植物的临界标准（1 000mg/kg），因此在植物修复 Pb 污染方面的应用潜力不大。

表 1-30　Cd、Pb 复合污染处理下印度芥菜和油菜体内 Pb 含量 （mg/kg）

处理	印度芥菜		油菜	
	地上部	地下部	地上部	地下部
CK	11.46±3.64e	23.18±3.00h	7.21±1.13d	21.70±3.79h
1	56.77±9.14a	268.59±2.52e	24.47±2.19a	225.54±1.87b
2	26.76±2.66b	62.07±1.84g	21.99±3.36a	44.99±3.42g
3	60.16±1.90a	410.12±6.28b	19.79±5.44ab	200.32±13.80c
4	28.04±3.23b	62.10±2.91g	7.53±0.07d	36.02±2.55g
5	22.49±0.54bc	125.58±4.36f	15.08±3.95bc	60.50±1.63f
6	19.30±0.75cd	295.58±9.41d	22.05±3.72a	168.28±8.71d
7	22.02±3.70bc	528.17±5.53a	15.30±3.83bc	255.69±5.43a
8	12.75±1.86de	21.77±2.90h	7.74±0.05d	23.62±8.89h
9	17.60±2.34cd	270.21±2.87e	10.94±2.34cd	118.55±8.37e
10	19.05±4.00cd	317.37±3.30c	11.14±4.00cd	123.73±8.85e
11	18.61±3.02cd	301.13±10.24d	14.57±2.62c	115.77±4.49e

（三）印度芥菜和油菜植株 Cd、Pb 分布特征及其土壤净化率

1. Cd 分布特征及净化率

植物修复被重金属污染土壤的综合指标是净化率（修复效率），即植物地上部吸收某种重金属的量与土壤中此种重金属总量的百分比。从表 1-31 可看出，印度芥菜吸收的 Cd 有68%以上分布在植株的地上部，当土壤中人为加入 Cd 后，这种比例高达 94%，这与印度芥菜地上部生物量远远高于根系有关。印度芥菜地上部移走土壤 Cd 的比例为 0.35%～9.22%，并且随 Cd 添加量的增加，净化率明显降低，这是由于主要受 Cd 的影响，印度芥菜地上部生物量显著下降所致；相同处理下油菜吸收的 Cd 也有 60%以上分布在地上部，表现出一定的富集重金属的能力。但油菜地上部移走 Cd 的比例只有 0.14%～4.19%，并且随 Cd 添加量的增加，由于油菜地上部生物量显著下降的原因，导致净化率明显降低。

相比之下，印度芥菜对土壤 Cd 的净化率明显高于油菜对 Cd 的净化率，是相同处理下油菜的 2.1～3.5 倍。这表明，与油菜相比，印度芥菜对土壤 Cd 的修复效率较高。

表 1-31　复合污染下印度芥菜和油菜吸收 Cd 量和对土壤 Cd 的净化率

处理	印度芥菜			油菜		
	单盆吸收 Cd 总量 （mg）	地上部吸 Cd 百分数 （%）	Cd 净化率 （%）	单盆吸收 Cd 总量 （mg）	地上部吸 Cd 百分数 （%）	Cd 净化率 （%）
1	1.753	76.17	0.36	0.817	77.07	0.17
2	1.773	85.58	0.40	0.645	79.35	0.14
3	1.766	94.01	6.26	0.777	92.19	2.70
4	1.985	84.59	6.32	0.579	81.94	1.79
5	1.536	92.37	0.35	0.654	92.11	0.15
6	0.119	71.25	9.22	0.062	60.38	4.19

（续）

处理	印度芥菜			油菜		
	单盆吸收 Cd 总量（mg）	地上部吸 Cd 百分数（%）	Cd 净化率（%）	单盆吸收 Cd 总量（mg）	地上部吸 Cd 百分数（%）	Cd 净化率（%）
7	5.073	76.62	1.94	1.904	77.49	0.73
8	4.685	73.99	1.72	1.729	91.16	0.78
9	2.520	68.47	0.86	1.070	66.57	0.36
10	3.955	76.94	1.52	1.438	76.39	0.55
11	3.943	74.99	1.48	1.284	74.17	0.47

2. Pb 分布特征及净化率

从表1-32可看出，印度芥菜和油菜吸收的 Pb 均有近20%～80%都分布在植株地上部。但是从对污染土壤的净化率可看出，印度芥菜地上部移走 Pb 的比例只有0.015%～0.356%，并且随 Pb 添加量的增加变化幅度不大，这是由于印度芥菜地上部吸收的 Pb 含量较低；对于油菜来说，其地上部移走 Pb 的比例更小，只有0.006%～0.153%，并且也是由于地上部吸收 Pb 量较低的原因，随 Pb 添加量的增加变化幅度也不大。虽然印度芥菜对土壤 Pb 的净化率是相同处理下油菜的1.4～5.5倍，但可以看出，印度芥菜提取土壤中 Pb 的总量并不多，也就是说对 Pb 污染土壤的修复效率并不高。

表1-32 复合污染下印度芥菜和油菜吸收 Pb 量和对土壤 Pb 的净化率

处理	印度芥菜			油菜		
	单盆吸收 Pb 总量（mg）	地上部吸 Pb 百分数（%）	Pb 净化率（%）	单盆吸收 Pb 总量（mg）	地上部吸 Pb 百分数（%）	Pb 净化率（%）
1	0.797	57.92	0.024	0.304	43.32	0.007
2	0.322	80.94	0.137	0.146	72.83	0.056
3	2.327	49.29	0.059	0.669	35.81	0.012
4	0.784	74.61	0.309	0.188	57.29	0.056
5	0.299	56.37	0.016	0.126	53.73	0.006
6	1.343	29.14	0.037	0.730	39.43	0.027
7	1.688	21.97	0.018	0.635	28.19	0.009
8	0.282	78.52	0.356	0.118	78.64	0.153
9	0.568	27.97	0.015	0.265	20.18	0.005
10	0.819	33.40	0.026	0.280	30.90	0.008
11	0.789	30.47	0.023	0.288	34.36	0.009

二、印度芥菜对土壤镉铅污染抗耐的生理机制

1. 对超氧化物歧化酶（SOD）的影响

从图1-21可看出，除处理4外，其余处理印度芥菜 SOD 活性与对照相比均有所上升，升幅为1.20%～20.12%，并且在 Cd、Pb 复合浓度较高，Cd 添加量≥100mg/kg 且

Pb 添加量在 $64.08\sim1\,000\text{mg/kg}$ 范围内时，处理 1、处理 2、处理 5、处理 7、处理 10、处理 11 印度芥菜 SOD 活性与对照差异显著（$P<0.05$）。从表 1-33 可看出，印度芥菜 SOD 活性与土壤 Cd 含量和土壤 Pb 含量的偏相关系数分别为 $0.862\,4^{**}$ 和 $0.385\,6^{*}$，且 Cd、Pb 之间表现出协同交互作用。说明在 Cd、Pb 复合污染条件下，随着 Cd、Pb 复合浓度的增加，Cd、Pb 协同使印度芥菜 SOD 活性显著上升，即对印度芥菜 SOD 活性表现出显著的激活作用。

对于油菜来说，随着 Cd、Pb 添加量的增加，除处理 3 外，其余处理油菜 SOD 活性与对照相比有下降的趋势，降幅为 $0.69\%\sim21.58\%$，且当 Cd 添加量 $\geqslant100\text{mg/kg}$，Pb 添加量 $\geqslant500\text{mg/kg}$ 时，即处理 1、处理 5、处理 8、处理 9、处理 10 油菜 SOD 活性与对照差异显著（$P<0.05$）。油菜 SOD 活性与土壤 Cd 含量的偏相关系数分别为 $-0.732\,7^{**}$，并且多元回归方程中 Cd 的影响系数远大于 Pb 的影响系数，这说明 Cd、Pb 复合污染条件下，Cd 对油菜 SOD 活性有极显著的抑制作用，Pb 对油菜 SOD 活性具有一定的激活作用，但不显著，Cd、Pb 之间表现出一定的拮抗作用。

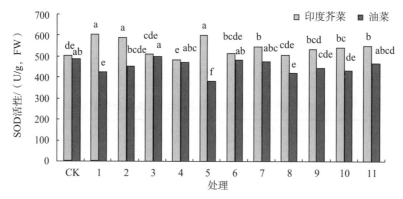

图 1-21　Cd、Pb 复合污染对印度芥菜和油菜 SOD 活性的影响

表 1-33　印度芥菜和油菜体内 SOD、POD 和 CAT 活性与土壤中 Cd、Pb 含量之间的多元回归分析

物种	项目	多元回归方程	决定系数 R^2	偏相关系数 x_1	偏相关系数 x_2
印度芥菜	SOD 活性	$y=488.589+0.481x_1+0.024x_2$	0.894^{**}	$0.862\,4^{**}$	$0.385\,6^{*}$
	POD 活性	$y=1\,040.147-0.933x_1+0.072x_2$	0.241	$-0.467\,4^{**}$	$0.199\,9$
	CAT 活性	$y=665.900-0.345x_1+0.093x_2$	0.202	$-0.289\,5$	$0.378\,7$
油菜	SOD 活性	$y=478.162-0.379x_1+0.020x_2$	0.669^{**}	$-0.732\,7^{**}$	$0.267\,4$
	POD 活性	$y=873.492-0.902x_1-0.022x_2$	0.842^{**}	$-0.812\,7^{**}$	$-0.165\,1$
	CAT 活性	$y=616.646-0.304x_1+0.056x_2$	0.252	$-0.386\,2^{*}$	$0.359\,2^{*}$

注：y 代表植物叶片中 SOD、POD 和 CAT 活性；x_1 和 x_2 分别代表土壤中 Cd、Pb 含量；$**$ 表示 $P<0.01$，$*$ 表示 $P<0.05$。

2. 对过氧化物酶（POD）的影响

从图 1-22 可看出，处理 3、处理 4、处理 6、处理 8、处理 9、处理 10、处理 11 这 7 个处理的印度芥菜 POD 活性与对照相比有上升趋势，升幅为 $3.90\%\sim32.65\%$，且除处理 4 外，其余 6 个处理印度芥菜 POD 活性与对照差异显著（$P<0.05$）。处理 1、处理 2、处理 5、处理 7 这 4 个处理的印度芥菜 POD 活性有所降低，但与对照差异不显著。从表 1-33 可看出，印度芥菜 POD 活性与土壤 Cd 含量的偏相关系数为 -0.467 4**，达到了极显著负相关水平，与土壤 Pb 含量之间无明显相关性。这说明随着 Cd 添加量的增加，印度芥菜 POD 活性显著降低，随着 Pb 添加量的增加，POD 活性略有上升，对其有一定的激活作用，但作用不明显，主要表现为 Cd 的抑制作用，Cd 与 Pb 之间未表现出交互作用。

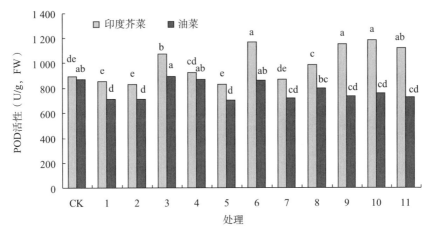

图 1-22　Cd、Pb 复合污染对印度芥菜和油菜 POD 活性的影响

　　对于参比植物油菜来说，处理 3、处理 4 中油菜 POD 活性有所上升，但与对照差异不显著。其余处理 POD 活性与对照相比均有所降低，降幅为 0.38%～19.06%，除 Cd、Pb 单一污染胁迫处理 6、处理 8 的油菜 POD 活性与对照差异不显著外，其余处理油菜 POD 活性均显著低于对照（$P<0.05$）。从表 1-33 的相关分析结果可看出，油菜 POD 活性与土壤 Cd 和土壤 Pb 含量之间均呈负相关，并且与土壤 Cd 含量之间的负相关达极显著性水平，偏相关系数为 -0.812 7**，且 Cd、Pb 之间产生协同的抑制效应。说明随着 Cd、Pb 复合浓度的增加，Cd、Pb 协同对油菜 POD 有显著的抑制作用，但主要表现为 Cd 的抑制作用，Pb 的抑制作用不明显。

3. 对过氧化氢酶（CAT）的影响

　　从图 1-23 可看出，印度芥菜 CAT 活性与对照相比均有所上升，升幅为 1.20%～44.39%，当 Cd 添加量≤100mg/kg，Pb 添加量≤1 000mg/kg 时，即处理 3、处理 4、处理 6、处理 7、处理 8、处理 9、处理 10、处理 11 的印度芥菜 CAT 活性随 Cd、Pb 添加量的增加呈上升趋势。但当 Cd 添加量>100mg/kg 时，即处理 1、处理 2、处理 5 这 3 个处理的印度芥菜 CAT 活性虽然与对照相比略有上升，但与对照差异不显著。表 1-33 的偏相关分析结果表明，印度芥菜 CAT 活性与土壤 Pb 含量之间呈显著正相关（0.378 7*），且 Cd、Pb 之间无交互作用。随着 Pb 添加量的增加，印度芥菜 CAT 活性显著上升，即 Pb 对印度芥菜 CAT 活性有显著的激活作用；随着 Cd 添加量的增加，印度芥菜 CAT 活性略有下降，但作用不明显，印度芥菜 CAT 活性的变化主要是由 Pb 所引起的。

　　对油菜来说，与对照相比，CAT 活性随 Cd、Pb 添加量的增加呈现出先上升后下降的变化趋势。除处理 5 外，其余处理油菜 CAT 活性与对照相比均有所上升，升幅为

2.49%～26.24%。而当 Cd 添加量在 12.82～100mg/kg 范围内、Pb 添加量≤1 000mg/kg 时，即处理 3、处理 4、处理 7、处理 8、处理 9、处理 10、处理 11 油菜 CAT 活性与对照差异显著（$P<0.05$）。当 Cd 添加量为最大值 200mg/kg 时，油菜 CAT 活性与对照相比下降了 10.96%，二者差异达显著性水平（$P<0.05$）。同时，由相关分析结果表 1-33 可知，油菜 CAT 活性与土壤 Cd 含量呈显著负相关关系，与土壤 Pb 含量呈显著正相关，偏相关系数分别为－0.386 2**、0.359 2*。这说明随着 Cd 添加量的增加，油菜 CAT 活性显著降低；随 Pb 添加量的增加，油菜 CAT 活性显著上升。但 Cd、Pb 之间未表现出交互作用，说明在 Cd、Pb 复合污染胁迫下，Cd、Pb 分别起主导作用而引起油菜 CAT 活性的下降和上升，Cd、Pb 之间这种复杂的关系可能与植物的种类和 Cd、Pb 的添加量有关。

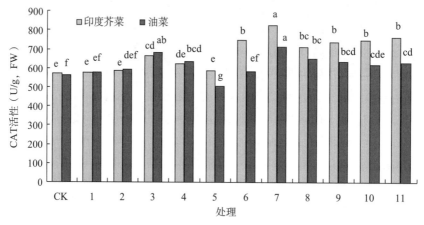

图 1-23　Cd、Pb 复合污染对印度芥菜和油菜 CAT 活性的影响

三、印度芥菜对土壤镉铅污染抗耐的根际特征

（一）印度芥菜和油菜根际有效态重金属含量

1. 根际有效态 Cd 含量

从表 1-34 可看出，随着土壤中 Cd 添加量的增加，印度芥菜和油菜根际土壤中有效态 Cd 含量均显著增加（$P<0.05$），印度芥菜和油菜根际有效态 Cd 含量最大值分别达到了 141.7801mg/kg 和 117.01mg/kg。但相比较而言，印度芥菜根际有效态 Cd 含量显著高于同处理油菜，是同处理油菜根际有效态 Cd 含量的 1～5 倍。由此可见，与普通植物相比，印度芥菜根系或其根分泌物对土壤中难溶态 Cd 有很强的活化作用。处理 5 中虽然外源 Cd 的添加量达到了最大值 200mg/kg，但印度芥菜与油菜根际有效态 Cd 含量相差不多，印度芥菜根系对土壤中 Cd 并未表现出较强的活化效应。这可能是由于植物根际土壤中 Cd 的生物有效性受到了共存元素 Pb 的影响，Pb 会夺取 Cd 在土壤中的吸附位而提高土壤中 Cd 的有效性，或者取代根中吸附的 Cd，促进了根中滞留 Cd 的活性，使 Cd 进一步向地上部转移。同时，研究认为植物对重金属的吸收及重金属的毒性与其在土壤中存在的有效态含量有密切的相关性。印度芥菜是公认的 Cd 富集植物，并且吸收的 Cd 有 71%～82% 富集在地上部，这样使得土壤中大量有效态 Cd 被印度芥菜吸收并富集在地上部；而油菜是吸收和富集 Cd 能力相对较差的普通油菜品种，土壤中有效态 Cd 不能被油菜大量

吸收而留在土壤中。

2. 根际有效态 Pb 含量

从表 1-34 可以看出，随着土壤中 Pb 添加量的增加，各处理印度芥菜和油菜根际土壤中有效态 Pb 含量均显著增加（$P<0.05$）。当外源 Pb 的添加量为最大值 1 000mg/kg 时，印度芥菜和油菜根际土壤中有效态 Pb 含量也都达到了最大值，分别为 828.25mg/kg 和 601.02mg/kg。这可能是在重金属胁迫下，植物根系分泌了一些物质，如柠檬酸、苹果酸、乙酸、乳酸等。这些物质与 Pb 离子可形成可溶性络合物抑制 Pb 跨膜运输，增加 Pb 在根际土壤的移动性，也可能是根际微生物活动的作用对土壤中 Pb 的活化有显著的影响，但其作用机制还有待进一步深入研究。除处理 3 外，其余各处理印度芥菜根际有效态 Pb 含量都显著高于同处理油菜根际有效态 Pb 含量，是相同处理下油菜根际有效态 Pb 含量的近 1~3 倍，这说明印度芥菜根系对土壤中 Pb 也有较强的活化效应。处理 3 中印度芥菜根际有效态 Pb 含量与油菜根际有效态 Pb 含量相比，前者比后者低 13.22%，这可能是和植物的特性以及 Cd、Pb 在土壤中复杂的相互作用有关。印度芥菜吸收土壤中的有效态 Pb 并将其主要富集在根系，而油菜处理中低浓度的 Cd（Cd 添加量为 12.82mg/kg）对油菜吸收 Pb 具有拮抗作用，从而使得土壤中有效态 Pb 含量大于印度芥菜土壤中有效态 Pb 含量。这反映了印度芥菜对土壤中难溶态 Pb 的活化和吸收能力强于油菜。

表 1-34 Cd、Pb 复合污染处理印度芥菜和油菜根际土壤中有效态 Cd、Pb 含量 （mg/kg）

处理号	根际有效态 Cd 含量		根际有效态 Pb 含量	
	印度芥菜	油菜	印度芥菜	油菜
1	122.29±4.13cd	75.04±1.47c	642.63±4.78b	412.20±5.49c
2	128.50±4.49be	117.01±2.90a	30.72±0.80i	24.00±2.69h
3	15.50±2.09f	11.15±0.99g	366.76±1.64e	415.25±4.86b
4	17.59±2.34f	10.46±0.48g	40.97±0.20h	30.08±5.32h
5	107.72±4.13e	109.35±4.98b	270.75±10.11g	193.30±1.41f
6	0.97±0.02g	0.18±0.02h	368.68±9.53e	162.58±4.32g
7	133.87±2.14b	76.65±1.28c	828.25±2.31a	601.02±7.51a
8	124.35±3.13cd	67.56±1.97d	20.51±0.86j	8.32±0.31i
9	102.97±3.78e	40.84±4.13f	533.82±2.75c	190.10±4.54f
10	141.78±1.83a	51.18±4.57e	518.75±2.44f	218.31±6.35e
11	118.48±8.17d	76.77±10.73c	510.64±11.45d	223.77±5.53de

（二）印度芥菜和油菜根际 pH 的变化

土壤 pH 是影响土壤重金属元素生物有效性的主要因子。目前研究认为根际土壤 pH 的变化主要是由于根系呼吸作用释放 CO_2 以及在离子的主动吸收和根尖细胞伸长过程中分泌质子和有机酸所致。从图 1-24 可看出，随着 Cd、Pb 的加入，印度芥菜根际土壤 pH 都有所降低，但处理间无显著性差异，这可能是由于试验用的土壤为 pH=8.28 的石灰性土壤，对印度芥菜根系分泌的有机酸等有很强的缓冲性所致。除个别处理外，油菜根际土壤 pH 随着 Cd、Pb 的加入略有升高，同样各处理间差异不显著，这可能是由于在 Cd、Pb 复合污染胁迫下，重金属对油菜根系 H^+ 的分泌具有抑制作用，使得 pH 有所升高，降低了重金属的迁移能力，减弱其毒性，同时增强了油菜耐抗重金属的能力。在相同 Cd、

Pb复合污染处理下，印度芥菜根际土壤 pH 均明显低于油菜根际土壤 pH，通过成对 t 检验显示，差异达到极显著性相关水平（$P<0.01$）。这说明，与一般植物相比，富集植物印度芥菜自身根系能够释放质子和有机酸，导致根际酸化，pH 有所降低。这对于根际土壤重金属保持较高的有效性或促进重金属活化是非常有利的，从前面的结果分析也看出印度芥菜根际有效态重金属含量明显高于油菜。

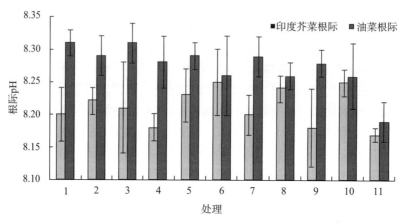

图 1-24　Cd、Pb 复合污染对印度芥菜和油菜根际 pH 的影响

（三）印度芥菜和油菜根际微生物的变化

1. 根际细菌

从表 1-35 可以看出，印度芥菜根际土壤细菌数量的变幅为每克干土 $1.04\times10^8\sim3.54\times10^8$ 个，平均为每克干土 2.36×10^8 个；油菜根际土壤细菌数量的变幅为 $0.72\times10^7\sim4.40\times10^7$ 个干土，平均为每克干土 2.66×10^7 个。印度芥菜根际土壤细菌数量为同处理油菜根际土壤细菌数量的 4～26 倍，两者差异达极显著性水平（$P<0.01$）。这可能是由于印度芥菜特有的根际环境效应，造成土壤中细菌生长所需的有机物质增加，从而导致了对 Cd、Pb 非敏感性细菌数量的上升，也可能是重金属的胁迫效应造成细菌的生理生化特性发生变异，而使数量增加。

2. 根际真菌

表 1-35 中印度芥菜和油菜根际土壤中真菌的数量比细菌、放线菌少。印度芥菜根际土壤中真菌数量的变幅为每克干土 $2.25\times10^5\sim6.50\times10^5$ 个，平均为每克干土 4.46×10^5 个；油菜根际土壤中真菌数量的变幅为每克干土 $2.57\times10^4\sim3.60\times10^4$ 个，平均为每克干土 2.91×10^4 个。印度芥菜根际土壤真菌数量为同处理油菜根际真菌数量的 3～24 倍，二者之间差异极显著（$P<0.01$）。

3. 根际放线菌

印度芥菜和油菜根际土壤中放线菌的数量明显小于细菌的数量（表 1-35）。印度芥菜根际土壤中放线菌数量的变幅为每克干土 $2.37\times10^6\sim5.44\times10^6$ 个，平均为每克干土 3.81×10^6 个；油菜根际土壤中放线菌数量的变幅为每克干土 $0.89\times10^6\sim3.37\times10^6$ 个，平均为每克干土 1.69×10^6 个。

印度芥菜和油菜根际土壤中，均为细菌数量最多，数量级分别为每克干土 10^8 个（印度芥菜）、每克干土 10^7 个（油菜）；其次是放线菌，数量级为每克干土 10^6 个，真菌数量最少，数量级分别为每克干土 10^5 个（印度芥菜）、每克干土 10^4 个（油菜）。但相比较而言，印度芥菜根际土壤中细菌和真菌的数量显著高于油菜，这是由于富集植物印度芥菜在其根系分泌物作用下，降低了根际土壤环境的 pH，促进了细菌和真菌的生长，同时根系分泌土壤提供了微生物生长所需的碳源和能源物质，从而促进了根际微生物的生长和活性，部分减缓了重金属对土壤微生物的抑制作用。这与前人的一些研究结果相类似，由此可见，印度芥菜特殊的根际特征为土壤中微生物的生长和繁殖提供了适应的生存环境，导致对重金属胁迫适应性强的微生物种群和群落结构的形成，这些耐性微生物在印度芥菜根际重金属的活化和溶解过程中起重要作用，并且试验表明起作用的耐性微生物主要是细菌和真菌，放线菌的作用不是主要的。有关这些耐性微生物的分离鉴定及其在印度芥菜根际重金属活化和溶解过程中的作用机制还需要进一步深入研究。

表 1-35　不同 Cd、Pb 复合污染处理印度芥菜和油菜根际土壤微生物的数量（个）

处理号	印度芥菜			油菜		
	细菌（$\times 10^8$）	放线菌（$\times 10^6$）	真菌（$\times 10^5$）	细菌（$\times 10^7$）	放线菌（$\times 10^6$）	真菌（$\times 10^4$）
1	1.04	2.61	2.25	2.39	1.16	2.86
2	1.53	3.48	3.45	4.01	1.00	3.05
3	2.51	2.37	2.50	3.98	1.24	2.57
4	1.79	4.23	3.15	2.52	3.18	2.80
5	2.82	3.62	4.52	1.41	1.29	3.11
6	3.22	2.84	4.65	1.25	2.25	3.60
7	1.58	4.19	5.12	0.72	1.13	2.71
8	3.06	3.85	5.15	1.71	0.89	3.23
9	2.42	4.46	6.15	3.12	1.01	2.81
10	2.40	4.80	6.50	4.40	3.37	2.74
11	3.54	5.44	5.65	3.70	2.06	2.58

四、主要研究进展

1. 在 Cd、Pb 复合污染条件下，印度芥菜和油菜体内 MDA 含量显著上升，印度芥菜表现为 Cd、Pb 的协同作用，油菜只表现为 Cd 的毒害作用，相比较而言，油菜体内 MDA 含量上升幅度明显高于印度芥菜，印度芥菜表现出了一定的耐受性。同时主要受土壤中 Cd 的影响，印度芥菜和油菜地上部生物量显著降低，但印度芥菜地上部生物量相对较大，是同处理油菜的 1.1～2.0 倍，这对于植物修复非常有利。

2. 随着 Cd、Pb 添加量的增加，印度芥菜和油菜对重金属的吸收富集表现出较为一致的变化规律，并且对土壤中难溶态重金属的吸收能力强弱顺序均为：Cd＞Pb。尤其是对土壤中 Cd 的吸收量达到了 100mg/kg 以上，表现出了超富集植物的特性。但相比之下，印度芥菜对土壤中 Cd、Pb 的吸收能力强于油菜，同时两种植物对 Cd、Pb 的吸收均不存在复合效应。

3. 在 Cd 添加量为 0～200mg/kg，印度芥菜对 Cd 的净化率为 0.35%～9.22%，是同处理下油菜的 2.1～3.5 倍；Pb 添加量为 0～1 000mg/kg，印度芥菜对 Pb 的净化率只有 0.015%～0.356%，虽然是同处理下油菜的 1.4～5.5 倍，但印度芥菜提取的 Pb 总量并不大，远小于对 Cd 的净化率。综合分析可知，印度芥菜具备应用于修复 Cd 污染土壤的潜力。

4. Cd、Pb 复合污染胁迫下，与油菜相比，印度芥菜能够及时通过调节体内 3 种基础的抗氧化保护酶活性，主要是 SOD 活性来保持细胞内氧化酶系统的平衡，来清除体内过量的活性氧，从而保护了细胞膜结构，在抗耐重金属毒害作用方面起到了一定的作用，显示了其作为富集植物的特性。

5. 与普通植物相比，富集植物印度芥菜根系向根际分泌一些质子、金属结合体（MTs、PCs）或有机物如有机酸等，导致根际酸化、pH 降低，同时在重金属胁迫下，印度芥菜根际土壤中耐性细菌和真菌的数量增加，甚至可能导致一些特殊的微生物区系存在。正是在根系分泌物和根际微生物的共同作用下所形成的特殊的根际环境，使印度芥菜具有能够强烈活化和溶解土壤中重金属的能力，这是其能够超富集重金属的根本原因。

第四节　低分子有机酸对土壤镉纵向迁移的影响

随着土壤镉污染问题突显，利用超富集植物修复土壤镉污染的研究逐步兴起。但是，受土壤镉生物活性的限制，植物富集土壤镉的修复效果并不理想，亟待开发活化土壤镉促进植物修复的方法。国内外学者认为，利用低分子有机酸活化土壤镉促进植物修复是一种重要的有效途径。同时，促进土壤镉纵向迁移，潜在污染地下水风险。近年来，低分子有机酸影响土壤镉纵向迁移的行为已引起国内外学者的关注。大量研究证实，低分子有机酸对土壤镉具有双向调控的作用。既可在土壤溶液中与镉离子络合形成络合物，增强对镉的原位固定减轻污染危害，也可产生 H^+ 引起土壤 pH 降低以及氧化还原电位变化，促进难溶性镉化合物溶解，或者与镉离子竞争吸附位点，降低土壤对镉的吸附，从而加重污染危害。并且，低分子有机酸是土壤有机物的重要组分，主要来源于动植物残体的分解、微生物代谢、根系分泌物和施入土壤有机质的转化，潜在促进土壤镉纵向迁移的问题。因此，研究低分子有机酸对土壤镉淋溶迁移的影响，具有较高的实用价值和学术价值。

EDTA 是一种具有很强螯合能力的螯合剂。它可将部分被土壤颗粒紧密吸附的或被其他螯合剂螯合的镉解吸出来，与镉发生络合作用形成稳定的络合物，从而降低镉的生物活性，减轻其污染危害。已有研究表明，淋洗剂的添加量对土壤镉的淋溶迁移影响较大。一般随着低分子有机酸浓度的增加对土壤镉的淋溶迁移作用增强。低分子有机酸在低浓度时，对镉活化作用较差；在高浓度时，对镉活化作用较强。一般低分子有机酸与镉之间的作用，与有机酸分子的羧基功能团的数量和位置有关。EDTA 是含有 4 个羧基的螯合剂，柠檬酸是含有 3 个羧基的一种较强的有机酸，草酸是含有 2 个羧基的低分子有机酸。从含有的羧基官能团来看，对镉的结合能力大小为：EDTA＞柠檬酸＞草酸。基于这一理论，本研究采用土柱模拟试验，以低分子有机酸为淋溶剂，以镉污染土壤为试材，进一步研究证实了低分子有机酸对污染土壤镉纵向迁移的影响，为土壤镉污染修复奠定科学基础。

一、不同低分子有机酸对土壤镉活化纵向迁移的影响

采用土柱模拟试验，淋洗土柱采用内径 10cm 的圆形 PVC 管，底部放置三层纤维布和两张定量滤纸，PVC 管下端用螺盖和 PVC 胶密封，每个土柱螺盖底部有 6 个小孔，PVC 管上部预留 30cm 不装土用于灌水。以 EDTA、柠檬酸、草酸三种低分子有机酸为

淋溶剂，各设添加量 66.7mg/kg、166.7mg/kg、333.3mg/kg、500.0mg/kg、666.7mg/kg、1 000mg/kg 的六个处理、三次重复。每个土柱用 20cm 的污灌区镉含量 3.10mg/kg 的污染土壤作表土层，20～60cm 土层用镉含量 0.37mg/kg 的土壤作柱体供试土壤。淋洗试验开始前，填充土柱用去离子水渗洗平衡 24h，使土柱达到饱和。淋洗剂按各自的添加量用 100mL 去离子水溶解，均匀浇入土柱，5h 后每个土柱用 3.5L 去离子水进行淋洗，淋洗过程中保持水面淹没土层。

（一）低分子有机酸对土壤有效镉纵向迁移的影响

1. 有机酸对土壤有效镉含量影响的显著性分析

通过线性回归分析，以 EDTA 添加量、柠檬酸添加量、草酸添加量为自变量（x），以 0～20cm 土层其相应处理的有效镉含量为因变量（y），发现 EDTA、柠檬酸、草酸添加量分别与土壤有效镉含量呈显著或极显著的线性正相关关系。其中，EDTA 的回归方程为 $y=0.985x+0.002$，决定系数 $R^2=0.970^{**}$；柠檬酸的回归方程为 $y=0.925x+0.002$，$R^2=0.855^*$；草酸的回归方程为 $y=0.978x+0.001$，$R^2=0.956^{**}$。线性回归分析表明，这三种有机酸均可显著提高土壤有效镉含量。并且，土壤有效镉含量分别随其添加量的增加而显著提高。

2. EDTA 对土壤有效态镉纵向迁移的影响

EDTA 可使镉从土壤颗粒表面解吸，由吸附态转化为可溶态，影响土壤有效态镉的纵向迁移。从表 1-36 可看出，随着 EDTA 添加量的增加，淋洗后 0～20cm 表层有效态镉含量有所增加。其中，T1 处理、T2 处理和 T3 处理 0～20cm 土层有效态镉含量变化为 0.78～0.86mg/kg，20～30cm 土层有效态镉含量变化范围为 0.15～0.42mg/kg，30cm 以下土层有效态镉含量变化不显著，而 T4 处理、T5 处理和 T6 处理 0～20cm 土层有效态镉含量变化为 0.86～1.03mg/kg，20～30cm 土层有效态镉含量变化范围为 0.62～0.76mg/kg，T5 处理和 T6 处理 30～40cm 土层有效态镉含量显著增加，为 0.15～0.17mg/kg。并且，各土层有效态镉含量随着土层深度的增加而下降，在 40cm 以下土层有效态镉含量差异不显著。

表 1-36　添加 EDTA 对不同土层有效态镉含量的影响

土层深度 （cm）	土壤有效态镉含量（mg/kg）					
	T1	T2	T3	T4	T5	T6
0～10	0.79	0.82	0.85	0.87	0.93	1.03
10～20	0.78	0.80	0.86	0.86	0.91	1.00
20～30	0.15	0.26	0.42	0.62	0.65	0.76
30～40	0.08	0.10	0.09	0.08	0.15	0.17
40～50	0.07	0.07	0.08	0.07	0.10	0.09
50～60	0.08	0.07	0.07	0.07	0.10	0.07

注：T1、T2、T3、T4、T5、T6 分别代表镉污染土壤添加 EDTA 用量 66.7mg/kg、166.7mg/kg、333.3mg/kg、500.0mg/kg、666.7mg/kg、1 000mg/kg 的处理。

3. 柠檬酸对土壤有效态镉纵向迁移的影响

柠檬酸可产生 H^+ 促进土壤吸附镉的解吸，影响土壤有效态镉的纵向迁移。从表 1-37 可看出，随着柠檬酸添加量的增加，淋洗后 0～20cm 土层有效态镉含量有所增加。其中，N1 处理、N2 处理 0～20cm 土层有效态镉含量变化范围为 0.63～0.68mg/kg，N3 处理、N4 处理、N5 处理、N6 处理 0～20cm 土层有效态镉含量变化范围为 0.79～0.93mg/kg；N1 处理、N2 处理、N3 处理 20cm 以下土层有效态镉含量变化范围为 0.06～0.09mg/kg，对 20cm 以下土层有效态镉含量影响不大。N4 处理、N5 处理、N6 处理 20～40cm 土层有效态镉含量明显增加，变化范围为 0.08～0.17mg/kg，对 40cm 以下土层有效态镉含量影响不大。

表 1-37　添加柠檬酸对不同土层有效态镉含量的影响

土层深度	土壤有效态镉含量（mg/kg）					
（cm）	N1	N2	N3	N4	N5	N6
0～10	0.65	0.63	0.80	0.81	0.85	0.92
10～20	0.68	0.67	0.79	0.81	0.83	0.93
20～30	0.06	0.08	0.09	0.11	0.13	0.17
30～40	0.07	0.07	0.07	0.08	0.11	0.11
40～50	0.08	0.07	0.07	0.08	0.07	0.08
50～60	0.08	0.06	0.08	0.07	0.07	0.07

注：N1、N2、N3、N4、N5、N6 分别代表镉污染土壤添加柠檬酸用量 66.7mg/kg、166.7mg/kg、333.3mg/kg、500.0mg/kg、666.7mg/kg、1 000mg/kg 的处理。

4. 草酸对土壤有效态镉纵向迁移的影响

草酸可产生 H^+ 促进土壤吸附镉的解吸，影响土壤有效态镉的纵向迁移。从表 1-38 可看出，各处理 0～20cm 土层有效态镉含量显著高于 20～60cm 土层有效态镉含量。其中，S1 处理、S2 处理和 S3 处理 0～20cm 土层有效态镉含量范围为 0.73～0.78mg/kg，而 20～30cm 土层有效态镉含量变化范围为 0.09～0.11mg/kg，显著低于 0～20cm 土层且显著高于 30cm 以下土层，S4 处理、S5 处理和 S6 处理 0～20cm 土层土壤有效态镉含量变化范围为 0.78～0.83mg/kg，与 S1 处理、S2 处理和 S3 处理相比，各处理表层土壤有效态镉含量略有增加，20～30cm 各土层有效态镉含量显著增加，各处理之间 30cm 以下土层有效态镉含量差异不显著。

表 1-38　添加草酸对不同土层有效态镉含量的影响

土层深度	土壤有效态镉含量（mg/kg）					
（cm）	S1	S2	S3	S4	S5	S6
0～10	0.75	0.77	0.78	0.78	0.80	0.83
10～20	0.73	0.76	0.78	0.79	0.79	0.83
20～30	0.09	0.11	0.11	0.13	0.15	0.18
30～40	0.07	0.07	0.08	0.07	0.08	0.10
40～50	0.07	0.07	0.07	0.07	0.06	0.08
50～60	0.06	0.06	0.07	0.06	0.07	0.07

注：S1、S2、S3、S4、S5、S6 分别代表镉污染土壤添加草酸用量 66.7mg/kg、166.7mg/kg、333.3mg/kg、500.0mg/kg、666.7mg/kg、1 000mg/kg 的处理。

（二）低分子有机酸对土壤全量镉纵向迁移的影响

1. EDTA 对土壤全量镉纵向迁移的影响

从图 1-25 可看出，T1、T2、T3、T4、T5、T6 处理土壤全镉含量，同供试土壤镉背景值相比，在 0～40cm 土层各处理间差异显著。其中，在 0～10cm 土层分别降低到了 2.90mg/kg、2.81mg/kg、2.61mg/kg、2.46mg/kg、2.26mg/kg 和 2.12mg/kg，分别降低了 6.5％、9.4％、15.8％、20.6％、27.1％和 31.6％；在 10～20cm 土层分别降低到了 2.95mg/kg、2.83mg/kg、2.63mg/kg、2.49mg/kg、2.38mg/kg 和 2.16mg/kg，分别降低了 4.8％、8.7％、14.7％、19.7％、23.2％和 30.3％；在 20～30cm 土层分别提高到了 0.50mg/kg、0.87mg/kg、1.23mg/kg、1.37mg/kg、1.50mg/kg 和 1.85mg/kg。随着 EDTA 添加量的增加，土壤全镉含量逐步增加；在 30～40cm 土层有类似趋势，提高到了 0.41～0.62mg/kg；40cm 以下土层各处理与供试土壤镉背景值之间差异不显著。添加量低于 333.3mg/kg 时，0～20cm 土层土壤全量镉降低不到 10％，纵向迁移效果不佳。以上结果说明添加 EDTA 可引起土壤全量镉淋溶迁移，并随其添加量的增加向下的迁移量而加大。

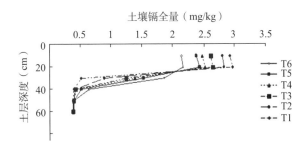

图 1-25　EDTA 对土壤全量镉在土层中纵向迁移的影响

2. 柠檬酸对土壤全量镉纵向迁移的影响

从图 1-26 可看出，N1、N2、N3、N4、N5、N6 处理土壤全镉含量，同供试土壤镉背景值相比，在 0～30cm 土层各处理间差异显著。其中，在 0～10cm 土层分别降低到了 3.06mg/kg、3.02mg/kg、2.81mg/kg、2.53mg/kg、2.39mg/kg 和 2.19mg/kg，分别降低了 1.3％、2.6％、9.4％、18.4％、22.9％和 29.4％；在 10～20cm 土层分别降低到了 3.09mg/kg、3.07mg/kg、2.82mg/kg、2.57mg/kg、2.41mg/kg 和 2.25mg/kg，分别降低了 0.3％、0.6％、9.0％、17.1％、22.3％和 27.4％；在 20～30cm 土层分别提高到了 0.36mg/kg、0.36mg/kg、0.83mg/kg、1.29mg/kg、1.42mg/kg 和 1.78mg/kg。随着柠檬酸添加量的增加，土壤全镉含量逐步增加；在 30cm 以下土层各处理之间及其与供试土壤镉背景值之间差异不显著。添加量低于 500.0mg/kg 时，0～20cm 土层土壤全量镉降低不到 10％，纵向迁移效果不佳。说明添加柠檬酸可引起土壤全量镉淋溶迁移，并随其添加量的增加向下的迁移量而加大，同等添加量的 EDTA 相比淋溶迁移量相对减少、影响较弱。

3. 草酸对土壤全量镉纵向迁移的影响

从图 1-27 可看出，S1、S2、S3、S4、S5、S6 处理土壤全镉含量，同供试土壤镉背景值相比，在 0～30cm 土层各处理间差异显著。其中，在 0～10cm 土层分别降低到了 2.93mg/kg、2.90mg/kg、2.82mg/kg、2.71mg/kg、2.63mg/kg 和 2.51mg/kg，分别降

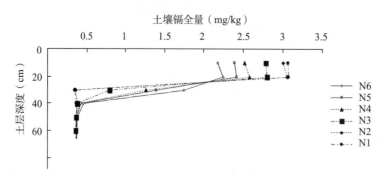

图 1-26 柠檬酸对土壤全量镉在土层中纵向迁移的影响

低了 5.5％、6.5％、9.0％、12.6％、15.2％和 19.0％；在 10～20cm 土层分别降低到了 2.94mg/kg、2.91mg/kg、2.84mg/kg、2.71mg/kg、2.65mg/kg 和 2.54mg/kg，分别降低了 5.2％、6.1％、8.4％、12.6％、14.5％和 18.1％；在 20～30cm 土层分别提高到了 0.47mg/kg、0.58mg/kg、0.75mg/kg、0.98mg/kg、1.08mg/kg 和 1.35mg/kg。添加量低于 500.0mg/kg 时，0～20cm 土层土壤全量镉降低不到 10％，纵向迁移效果不佳。随着草酸添加量的增加，土壤全镉含量逐步增加；在 30cm 以下土层各处理之间及其与供试土壤镉背景值之间差异不显著。说明添加柠檬酸可引起土壤全量镉淋溶迁移，并随其添加量的增加向下的迁移量而加大，同等添加量的柠檬酸相比淋溶迁移量相对减少，同 EDTA 和柠檬酸相比，对土壤全量镉纵向迁移的影响更弱。

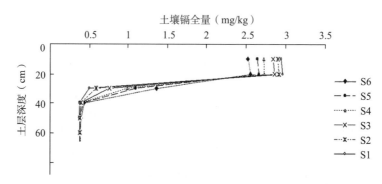

图 1-27 草酸对土壤全量镉在土层中纵向迁移的影响

二、不同灌水量对 EDTA 活化土壤镉纵向迁移的影响

从三种低分子有机酸的影响来看，EDTA 对土壤镉纵向迁移的影响最强。因此，在镉污染土壤 EDTA 添加量为 1.00g/kg 的基础上，研究了 EDTA 随灌水量变化对土壤镉纵向迁移的影响。

（一）灌水量对 EDTA 活化土壤有效镉纵向迁移的影响

从表 1-39 可看出，添加 EDTA 处理随灌水量的增加，0～50cm 土层有效态镉含量有纵向纵迁移的趋势。其中，随灌水量的增加，1～3L 的处理各土层有效态镉含量差异不明显；5L 处理各土层有效态镉含量差异明显，同 1L 处理的相应土层相比，其 0～10cm

土层、10～20cm 土层有效态镉含量分别降低 19.00% 和 13.13%，其 20～30cm 土层、30～40cm 土层、40～50cm 土层有效态镉含量分别提高 80%、228.57%、71.43%；对 50cm 以下土层有效态镉含量的影响，各处理之间差异不显著。可见，土壤有效态镉的纵向深度随灌水量的增加而增加，灌水量是影响土壤镉纵向迁移深度的主导因素。

表 1-39　EDTA 随灌水量变化对不同土层有效态镉的影响

土层深度 （cm）	土壤有效态镉含量（mg/kg）			
	灌水量 1L	灌水量 2L	灌水量 3L	灌水量 5L
0～10	1.00	1.04	0.98	0.81
10～20	0.99	1.01	0.95	0.86
20～30	0.15	0.16	0.18	0.27
30～40	0.07	0.08	0.18	0.23
40～50	0.07	0.08	0.07	0.12
50～60	0.07	0.07	0.07	0.08

注：按 EDTA 添加量 1.00g/kg，用去离子水 1L 充分溶解后灌入土柱，以后每隔 5d 灌去离子 1L。这样，灌水量分别达到 1L、2L、3L、5L 作为 4 个处理，设 3 次重复。

（二）灌水量对 EDTA 活化土壤全量镉纵向迁移的影响

从图 1-28 可看出，添加 EDTA 各处理 0～20cm 土层全镉含量随灌水量的增加而降低。说明随着灌水量的增加，土壤镉不断随水向下迁移增强，其迁移深度随着灌水量的增加而增加。

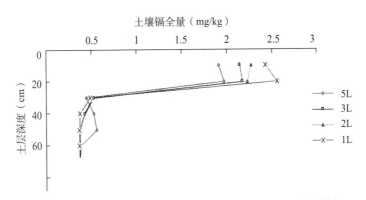

图 1-28　EDTA 随灌水量变化对土壤全量镉纵向迁移的影响

灌水量 1L 处理 0～10cm 土层、10～20cm 土层全镉含量分别为 2.43mg/kg 和 2.56mg/kg，分别比土壤全镉含量背景值降低了 21.61% 和 17.42%；30～40cm 土层全镉含量比土壤全镉含量背景值提高 32.4%。可见，镉已随水迁移到此土层。40cm 以下土层全镉含量接近土壤背景值，说明镉并未迁移到 40cm 以下土层。

灌水量 2L 处理全镉含量变化趋势与 1L 处理大致相似。不同之处在于 0～10cm 与 10～20cm 土层镉含量分别为 2.27mg/kg 和 2.23mg/kg，比灌水量 1L 处理分别减少 6.58% 和 12.89%，说明随着灌水量的增加，提高了土壤镉的淋溶迁移能力。

灌水量 3L 处理 0～10cm 土层、10～20cm 土层全镉含量分别为 2.14mg/kg 和

2.17mg/kg，比灌水量 1L 处理分别减少 11.93％和 15.23％，比灌水量 2L 处理分别减少 5.73％和 2.69％；20～30cm 土层全镉含量比灌水量 1L 处理和 2L 处理分别提高 6.04％、8.21％；30～40cm 土层全镉含量比土壤镉背景值增加 16.21％。说明，镉随水迁移到了 30～40cm 土层。40cm 以下土层中镉含量接近土壤背景值，镉并未随水迁移到 40cm 以下土层。

灌水量 5L 处理 0～50cm 土层全镉含量变化显著。其中，0～10cm 土层、10～20cm 土层全镉含量分别为 1.91mg/kg、1.97mg/kg，比灌水量 3L 处理分别降低 10.75％和 9.22％。30～40cm 土层、40～50cm 土层全镉含量出现了全镉含量累积现象，分别比土壤镉背景值增加 47.41％和 51.35％。说明，镉向下迁移的深度达到 40～50cm 土层，50cm 以下土层全镉含量接近土壤镉背景值。总体来看，EDTA 淋溶土壤镉的纵向迁移深度随灌水量的增加而增加。

三、不同质地对 EDTA 活化土壤镉纵向迁移的影响

针对不同质地对 EDTA 活化土壤镉纵向迁移的影响，采用土柱模拟试验，以 EDTA 为淋溶剂，以外源添加 50mg/kg 镉污染土壤作试材，每个土柱用 20cm 的镉污染土壤作污染表土层，下面土层用沙质土、壤质土和黏质土分别作柱体供试土壤，其镉背景值含量分别为 0.14mg/kg、0.26mg/kg、0.24mg/kg；基于前期研究结果，根据污染土壤镉的全量，添加摩尔比 EDTA/Cd＝1 的 EDTA；试验土柱每隔 5d 灌水一次，每次灌水 1 200mL，约合模拟一年一熟农田每亩自然降水与人工灌溉的总量 750m³，每 90d 按每 20cm 分层取土，相当于两个模拟年每次取土用 3 个重复的土柱，450d 共 5 次取样。每个不同质地的土柱按取样时间分为 5 个不同的处理，分别测定每 20cm 土层镉的全量及有效态含量进行分析。

（一）沙质土对 EDTA 活化土壤镉纵向迁移的影响

1. 对土壤有效镉纵向迁移的影响

从表 1－40 可看出，处理 1、处理 2、处理 3 的沙质土有效镉含量在 0～20cm 土层、20～40cm 土层两层之间及与 40cm 以下各土层之间差异显著；处理 4、处理 5 的沙质土有效镉含量在 0～20cm 土层与 20cm 以下各土层之间差异显著；0～20cm 土层有效镉含量随着灌水量的增加，处理 1 至处理 3 增加，处理 3 达到高峰，然后处理 4、处理 5 降低，20～40cm 土层有效镉含量随着灌水量增加变化的趋势与 0～20cm 土层一致；特别是处理 5 在 20～40cm 土层、40～60cm 土层、60～80cm 土层有效镉含量相对其他处理对应土层的含量显著增加。说明，EDTA 可解吸土壤镉变成有效镉，可随灌水向下淋溶迁移至 60cm 以下土层。

表 1－40　EDTA 随灌水量变化对不同沙质土层有效态镉的影响

土层深度 (cm)	土壤有效镉含量（mg/kg）				
	处理 1	处理 2	处理 3	处理 4	处理 5
0～20	3.91±1.76a	3.19±0.60a	6.23±1.17a	6.09±2.18a	5.80±1.58a
20～40	0.94±0.32b	0.79±0.82b	2.42±0.79b	0.22±0.12b	0.40±0.18b
40～60	0.11±0.05c	0.16±0.08c	0.20±0.05c	0.07±0.01b	0.29±0.09b
60～80	0.11±0.04c	0.40±0.06c	0.19±0.02c	0.07±0.02b	0.30±0.01b

（续）

土层深度 （cm）	土壤有效镉含量（mg/kg）				
	处理 1	处理 2	处理 3	处理 4	处理 5
80～100	0.15±0.08c	0.23±0.14c	0.14±0.02c	0.17±0.04b	0.16±0.06b
100～120	0.13±0.01c	0.08±0.03c	0.11±0.01c	0.09±0.05b	0.08±0.01b
120～140	0.07±0.02c	0.05±0.02c	0.09±0.01c	0.09±0.01b	0.11±0.01b
140～160	0.07±0.02c	0.07±0.03c	0.08±0.01c	0.08±0.01b	0.11±0.01b
160～180	0.08±0.03c	0.07±0.02c	0.08±0.01c	0.09±0.01b	0.10±0.01b

注：处理 1、处理 2、处理 3、处理 4、处理 5 分别代表灌水 90d、180d、270d、360d、450d 的灌水量处理，设 3 次重复；字母标注表示在 5% 水平上处理间差异是否显著。

2. 对土壤全量镉纵向迁移的影响

从图 1-29 可看出，0～20cm 土层全镉含量随灌水量增加显著逐渐降低，同该污染土层镉背景值 50.00mg/kg 相比，处理 1、处理 2、处理 3、处理 4 和处理 5 土壤镉含量分别降到了 19.58mg/kg、17.17mg/kg、16.89mg/kg、12.22mg/kg 和 11.57mg/kg，分别降低了 60.8%、65.7%、66.2%、75.6% 和 76.9%，各处理之间差异显著。同时，20～180cm 土层镉含量同其镉背景值 0.14mg/kg 相比显著增加。其中，处理 1、处理 2、处理 3、处理 4 和处理 5 土壤镉含量，在 20～40cm 土层，分别提高到了 5.96mg/kg、4.91mg/kg、3.86mg/kg、1.96mg/kg 和 1.52mg/kg，各处理之间差异显著，并随灌水量增加土壤镉累积量逐渐降低趋势显著，下面土层有类似趋势。在 40～60cm 土层，处理 1 至处理 5 的土壤镉含量提高到了 0.75～2.42mg/kg；在 60～80cm 土层，处理 1 至处理 5 的土壤镉含量提高到了 0.70～1.76mg/kg；在 80～100cm 土层，处理 1 至处理 5 的土壤镉含量提高到了 0.51～1.29mg/kg；在 100～160cm 土层，处理 1 至处理 5 的土壤镉含量提高到了 0.23～0.71mg/kg；在 160～180cm 土层，处理 1 至处理 5 的土壤镉含量提高到 0.16～0.54mg/kg，增加了 14.3%～285.7%。说明 EDTA 处理引起沙质土中镉的活化淋溶迁移，随灌水量增加土壤镉淋溶迁移的越多、越深。

（二）壤质土对 EDTA 活化土壤镉纵向迁移的影响

1. 对土壤有效镉纵向迁移的影响

从表 1-41 可看出，除处理 2、处理 4 的 40～60cm 土层外，处理 1 至处理 5 在 0～60cm 三层土层有效镉含量之间差异显著，且与 60cm 以下大多数土层之间差异显著；0～20cm 土层有效镉含量随着灌水量的增加有降低趋势，特别是处理 4、处理 5 与前三个处理相比有明显的降低趋势。说明，EDTA 可解吸土壤镉变成有效镉，可随灌水向下淋溶迁移至 60cm 以下土层。同沙质土相比，0～60cm 三个土层之间有效镉含量差异显著性增强。

表 1-41 EDTA 随灌水量变化对不同壤质土层有效态镉的影响

土层深度（cm）	有效态 Cd 含量（mg/kg）				
	处理 1	处理 2	处理 3	处理 4	处理 5
0～20	7.76±1.29a	5.15±0.93a	6.47±0.94a	3.61±1.25a	3.46±1.24a
20～40	4.87±0.89b	1.64±0.45b	3.41±0.53b	1.13±0.27b	2.05±0.98b

（续）

土层深度（cm）	有效态 Cd 含量（mg/kg）				
	处理 1	处理 2	处理 3	处理 4	处理 5
40～60	2.12±0.41c	1.30±0.18bc	1.38±0.05c	0.97±0.28bc	1.45±0.38c
60～80	0.76±0.19cd	0.82±0.26cd	1.02±0.27c	0.63±0.09cd	1.03±0.14c
80～100	0.45±0.08cd	0.65±0.10de	0.59±0.08c	0.49±0.05cd	0.53±0.15cd
100～120	0.31±0.02d	0.54±0.08de	0.48±0.03c	0.38±0.06d	0.46±0.14d
120～140	0.31±0.02d	0.45±0.02de	0.45±0.01c	0.34±0.04d	0.47±0.01d
140～160	0.33±0.01d	0.36±0.02e	0.39±0.02c	0.31±0.01d	0.45±0.02d
160～180	0.32±0.02d	0.30±0.01e	0.33±0.01c	0.40±0.02d	0.34±0.01d

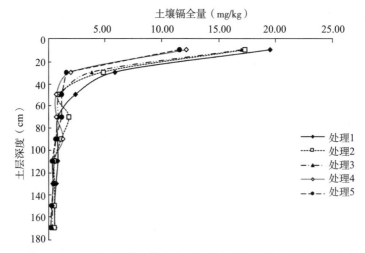

图 1-29　EDTA 随灌水量变化对沙质土全量镉纵向迁移的影响

2. 对土壤全量镉纵向迁移的影响

从图 1-30 可看出，0～20cm 土层全镉含量随灌水量增加显著逐渐降低，同该污染土层镉背景值 50.00mg/kg 相比，处理 1、处理 2、处理 3、处理 4 和处理 5 土壤镉含量分别降到了 21.46mg/kg、19.09mg/kg、15.28mg/kg、13.89mg/kg 和 11.49mg/kg，分别降低了 57.1%、61.0%、69.4%、72.2% 和 77.0%，各处理之间差异显著，同沙质土相比，土壤镉含量降低幅度减小。同时，20～180cm 土层镉含量同其镉背景值 0.26mg/kg 相比显著增加。其中，处理 1、处理 2、处理 3、处理 4 和处理 5 土壤镉含量，在 20～40cm 土层，分别提高到了 11.11mg/kg、5.05mg/kg、5.06mg/kg、5.30mg/kg 和 5.55mg/kg，处理 1 与其他处理之间差异显著；在 40～60cm 土层，分别提高到了 5.81mg/kg、3.79mg/kg、2.78mg/kg、2.39mg/kg 和 2.27mg/kg，各处理之间差异显著，并随灌水量增加土壤镉累积量逐渐降低趋势显著；60～160cm 土层有类似趋势。在 60～80cm 土层，处理 1 至处理 5 的土壤镉含量提高到了 1.16～2.53mg/kg；在 80～100cm 土层，处理 1 至处理 5 的土壤镉含量提高到了 0.91～1.51mg/kg；在 100～120cm 土层，处理 1 至处理 5 的土壤镉含量提高到了 0.86～1.02mg/kg；在 120～140cm 土层，处理 1 至处理 5 的土壤镉含量提高到了 0.63～0.88mg/kg；在 140～160cm 土层，处理 1 至处理 5 的土壤镉含量提高到 0.51～0.79mg/kg；160～180cm 土层镉含量与供试土壤镉背景值差异不显著。说明 EDTA 处理引起壤质土中镉的活化淋溶迁移，随灌水量增加土壤镉淋溶迁移的越多、越深，但同沙质土相比，同一处理在 20～160cm 的相应土层镉累积量增多，纵向迁移能力变弱，迁移深度仅达 140～160cm 土层。

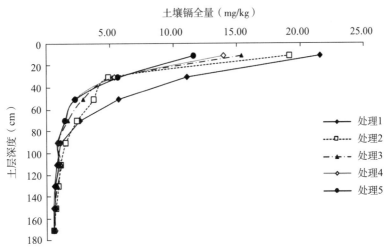

图 1-30　EDTA 随灌水量变化对壤土全量镉纵向迁移的影响

（三）黏质土对 EDTA 活化土壤镉纵向迁移的影响

1. 对土壤有效镉纵向迁移的影响

从表 1-42 可看出，除处理 3、处理 4 的 20～40cm 土层、40～60cm 土层外，处理 1 至处理 5 在 0～80cm 四层土层之间且与 80cm 以下各土层之间有效镉含量差异显著。说明 EDTA 可解吸土壤镉变成有效镉，可随灌水向下淋溶迁移至 60～80cm 土层。其中，0～20cm 土层有效镉含量随着灌水量的增加有降低趋势，但同壤质土相比降低幅度减小，0～80cm 四个土层之间有效镉含量差异显著性增强，向下淋溶迁移能力减弱。

表 1-42　EDTA 随灌水量变化对不同黏质土层有效态镉的影响

土层深度（cm）	有效态 Cd 含量（mg/kg）				
	处理 1	处理 2	处理 3	处理 4	处理 5
0～20	7.98±1.51a	7.30±1.00a	5.38±1.05a	5.62±0.33a	4.54±0.98a
20～40	3.56±1.33b	4.75±0.84b	3.78±1.28b	3.09±0.78b	3.81±0.52b
40～60	1.81±0.80c	3.34±0.35c	2.80±1.20b	3.33±0.63b	2.47±0.51c
60～80	0.77±0.40cd	2.17±0.89d	0.95±0.23c	1.64±0.67c	1.66±0.64d
80～100	0.04±0.03d	0.45±0.28e	0.37±0.27c	0.45±0.13d	0.50±0.14e
100～120	0.00±0.00d	0.00±0.00e	0.00±0.00c	0.02±0.02d	0.03±0.04e
120～140	0.00±0.00d	0.00±0.00e	0.00±0.00c	0.00±0.00d	0.00±0.00e
140～160	0.00±0.00d	0.00±0.00e	0.00±0.00c	0.00±0.00d	0.00±0.00e
160～180	0.00±0.00d	0.00±0.00e	0.00±0.00c	0.00±0.00d	0.00±0.00e

2. 对土壤全量镉纵向迁移的影响

从图 1-31 可看出，0～20cm 土层全镉含量随灌水量增加显著逐渐降低，同该污染土层镉背景值 50.00mg/kg 相比，处理 1、处理 2、处理 3、处理 4 和处理 5 土壤镉含量分别降到了 25.23mg/kg、19.18mg/kg、15.98mg/kg、7.62mg/kg 和 6.39mg/kg，分别降低了 49.5%、61.6%、68.0%、84.8% 和 87.2%，各处理之间差异显著，同壤质土相比，处理 1 至处理 3 土壤镉含量降低幅度变小，处理 4、处理 5 降低幅度变大。同时，20～100cm 土层镉含量同其镉背景值 0.24mg/kg 相比显著增加，各处理之间差异显著。其中，处理 1、处理 2、处理 3、处理 4 和处理 5 土壤镉含量，在 20～40cm 土层，分别提高到了 9.71mg/kg、11.07mg/kg、6.15mg/kg、5.16mg/kg 和 5.32mg/kg；在 40～60cm 土层，分别提高到了 5.70mg/kg、6.84mg/kg、7.67mg/kg、6.15mg/kg 和 4.43mg/kg；在 60～80cm 土层，分别提高到了 1.84mg/kg、4.67mg/kg、3.17mg/kg、2.09mg/kg 和 2.21mg/kg；在 80～100cm 土层，提高到了 0.61～1.52mg/kg；100cm 以下土层镉含量与供试土壤镉背景值差异不显著。说明 EDTA 处理引起壤土中镉的活化淋溶迁移，随灌水量增加土壤镉淋溶迁移的越多越深。但同壤质土相比，同一处理在 20～100cm 的相应土层镉累积量增多，纵向迁移能力变弱，迁移深度仅达 80～100cm 土层。

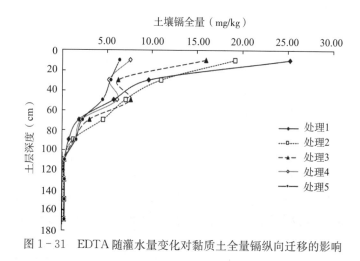

图 1-31 EDTA 随灌水量变化对黏质土全量镉纵向迁移的影响

四、主要研究进展

1. 探明了低分子有机酸对土壤镉纵向迁移的影响特点

试验研究发现，对土壤镉淋溶纵向迁移影响最强的是 EDTA，柠檬酸的影响次之，草酸的影响较弱。从土壤镉的淋溶迁移量来看，解吸土壤有效镉的淋溶迁移较弱，主要是络合土壤镉的淋溶迁移，主要随添加有机酸种类和添加量的不同而变化。从而证实，有机酸种类和添加量是影响土壤镉纵向迁移量的主导因素。三种低分子有机酸促进土壤镉纵向迁移强弱的次序为：EDTA＞柠檬酸＞草酸，且随其添加量的增加，促进土壤镉淋溶纵向迁移的作用增强。

2. 明确了三种有机酸活化土壤镉纵向迁移的有效用量

EDTA 添加量低于 333.3mg/kg 对淋溶土壤镉纵向迁移影响不够显著；当添加量达到

或超过 333.3mg/kg，EDTA 才显著促进淋溶土壤镉纵向迁移。同样，柠檬酸和草酸添加量低于 500.0mg/kg 对淋溶土壤镉纵向迁移影响不够显著，当添加量达到或超过 500.0mg/kg，才显著促进淋溶土壤镉纵向迁移。因此，它们活化土壤镉纵向迁移的有效用量为：EDTA 添加量≥333.3mg/kg、柠檬酸或草酸添加量≥500.0mg/kg。折合成田间用量分别为：EDTA 用量≥750kg/hm²、柠檬酸或草酸用量≥1 125kg/hm²。

3. 揭示了影响 EDTA 活化土壤镉纵向迁移的关键因素

试验结果表明，灌水量和土壤质地是影响 EDTA 活化土壤镉纵向迁移的关键因素。在 EDTA 活化土壤镉纵向迁移的进程中，随着灌水量的增加其土壤镉纵向迁移的深度越深；土壤质地越黏重其土壤镉纵向迁移的深度越浅。土壤质地促进 EDTA 活化土壤镉纵向迁移深度的次序为：沙质土＞壤质土＞黏质土。

第五节　潮褐土镉铅污染的有机原位修复机制

通过外源添加化学物质改变土壤重金属赋存形态，既可降低重金属在土壤中的生物有效性，减轻对生物的危害进行原位化学固定修复，也可提高重金属在土壤中的生物有效性，促进植物富集土壤重金属进行原位植物提取修复。从土壤重金属污染的危害来看，污染土壤的镉（Cd）、铅（Pb）赋存形态不同，其生物活性和毒性不同。土壤镉、铅有五种赋存形态：水溶态、碳酸盐结合态、铁锰氧化物结合态、有机结合态和残留态。其中，水溶态指在土壤黏土矿物及其他成分上可交换吸附的离子态，最易被作物吸收，危害最大；或与有机酸络合形成络合态，虽然水溶性强，但难以被作物吸收产生危害。碳酸盐结合态指被碳酸盐沉淀物结合的形态，对土壤 pH 最为敏感，随土壤 pH 的降低可被活化释放，而被作物吸收，进而产生危害。铁锰氧化物结合态指与土壤三氧化二铁、氧化亚铁、二氧化锰等氧化物结合的形态，存在被活化释放的危害。有机物结合态是指以不同形态进入或包裹在有机质中同有机质发生螯合形成螯合态或硫化物的形态，一般较稳定，难以被作物吸收，但随着有机物的降解，潜在被活化释放的风险。残留态指被难溶性化合物或矿物结合的形态，最难活化，危害最小。

有机酸主要是通过与镉、铅等重金属发生络合形成络合物，促进形态转化，进而影响其生物有效性。有机酸可分为天然有机酸和人工合成有机酸两类。已有研究表明，这两类有机酸因其羧基功能团的数量和位置的不同，对土壤镉、铅赋存形态转化的影响存在显著差异，但被应用于原位修复土壤镉、铅等重金属污染的机制尚不清楚。因此，本研究采用盆栽试验，以潮褐土镉、铅污染原位修复为研究对象，以人工合成有机酸 EDTA、DTPA 和天然有机酸半胱氨酸、水杨酸分别作修复剂试材，以油菜作指示植物，用高 20cm、体积约为 2 800cm³ 的塑料桶作盆，每盆装土 2.5kg；供试土壤镉、铅污染量分别为 10mg/kg、400mg/kg，分别以 $CdCl_2 \cdot 5/2H_2O$、$PbCl_2$ 固体形式外源添加，有机酸以固体形式按试验方案各自的处理量加入土壤混合均匀装盆，放置温室平衡 1 个月后播种；每盆定植油菜 6 株，生长 50d 收获，取地上部可食部分作为植物样本，同时各取 50g 土作为土壤样本，运用土壤重金属形态连续分析，研究了它们对土壤镉、铅形态含量及其油菜镉、铅吸收量的影响，揭示潮褐土中镉、铅污染的有机原位修复机制，为土壤镉、铅污染原位修复奠定科学基础。

一、有机酸对潮褐土镉污染的原位修复

本试验采用单因素处理方案，根据镉与有机酸反应的摩尔比设置有机酸添加量。其中，设 C 为土壤镉污染量，EDTA 与镉反应的摩尔比为 1∶1，分别设置添加 EDTA 用量 1/3C、2/3C、C、2C、3C、4C，则 EDTA 添加量分别为 8.68mg/kg、17.32mg/kg、26.00mg/kg、52.00mg/kg、78.00mg/kg、104.00mg/kg；DTPA 与镉反应的摩尔比为 1∶1，分别设置添加 DTPA 用量 1/3C、2/3C、C、2C、3C、4C，则 DTPA 添加量分别为 11.68mg/kg、23.32mg/kg、35.00mg/kg、70.00mg/kg、105.00mg/kg、140.00mg/kg；半胱氨酸与镉反应的摩尔比为 2∶1，分别设置添加半胱氨酸用量 1/2C、C、2C、3C、4C，则半胱氨酸添加量分别为 5.4mg/kg、10.76mg/kg、21.52mg/kg、32.32mg/kg、43.04mg/kg；水杨酸与镉反应的摩尔比为 2∶1 或 4∶1，分别设置水杨酸用量 1/2C、C、2C、3C、4C、6C、8C，则水杨酸添加量分别为 6.16mg/kg、12.28mg/kg、24.56mg/kg、36.84mg/kg、49.12mg/kg、73.68mg/kg、98.24mg/kg。同时，设置不添加有机酸的对照，共设 25 个处理、3 次重复。

（一）EDTA 对潮褐土镉污染的原位修复

1. EDTA 对潮褐土镉形态转化的影响

从图 1-32 可看出，添加 EDTA 处理后，在五种形态中水溶态镉含量占总量的比例最高，且随 EDTA 添加量增加水溶态镉含量均增加。其中，以摩尔比 EDTA/Cd＝1、EDTA 添加量为 26.00mg/kg 时，水溶态镉含量最高，达到 5.79mg/kg，比对照含量提高 40.53%。有机结合态镉含量占总量的比例最小，且与水溶态镉含量有类似的变化趋势。总体来看，五种形态镉含量占总量的比例为：水溶态＞碳酸盐结合态＞残留态＞铁锰氧化物结合态＞有机结合态；碳酸盐结合态、残留态、铁锰氧化物结合态镉含量占总量的比例，均在摩尔比 EDTA/Cd＝1、EDTA 添加量 26.00mg/kg 时，相对水溶态、有机结合态镉含量占总量比例的提高而降低。说明水溶态和有机结合态镉含量的提高，可能是 EDTA 促进碳酸盐结合态、残留态、铁锰氧化物结合态向其转化的综合效果。

2. EDTA 对油菜镉吸收量的影响

从图 1-33 可看出，随着 EDTA 添加量的增加，各处理与空白对照相比，油菜镉吸收量普遍降低。其中，在摩尔比 EDTA/Cd＝1、EDTA 添加量为 26.00mg/kg 时，油菜镉吸收量降低最少，仅降低 2.27%。当 EDTA 添加量＜26.00mg/kg 时，随 EDTA 添加量的增加，油菜镉吸收量逐渐降低；当 EDTA 添加量＞26.00mg/kg 时，随 EDTA 添加量的增加，油菜镉吸收量逐渐提高；在摩尔比 EDTA/Cd＝4、EDTA 添加量为 104.00mg/kg 时，油菜镉吸收量降低 47.73%。说明在 EDTA 低添加量时，主要通过解吸增加交换性镉提高水溶态的镉含量，但随着 EDTA 添加量的增加，形成了稳定性的含镉络合物，虽然具有可溶性，但难以被油菜吸收。这与张敬锁等人的研究结果一致，他们认为有机酸与镉形成螯合物，可增强土壤镉可溶性，但一旦形成高稳定性螯合物，将抑制作物对其吸收。因此，EDTA 作土壤镉污染的修复剂具有双重性。用它作原位固定修复剂的适宜用量应大于 26.00mg/kg，用它促进植物修复的适宜用量应小于 26.00mg/kg。

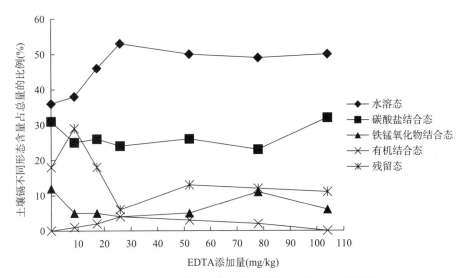

图 1-32　EDTA 添加量对土壤镉不同形态含量比例的影响

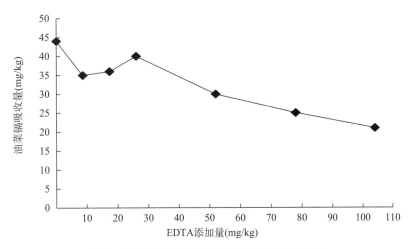

图 1-33　EDTA 添加量对油菜镉吸收量的影响

（二）DTPA 对潮褐土镉污染的原位修复

1. DTPA 对潮褐土镉形态转化的影响

从图 1-34 可看出，添加 DTPA 处理后，在五种形态中水溶态镉含量占总量的比例最高。其中，在摩尔比 DTPA/Cd＝2、DTPA 添加量为 70.00mg/kg 时，水溶态镉含量最高，达到 5.93mg/kg、比对照含量提高 43.93％。总体来看，五种形态镉含量占总量的比例为：水溶态＞碳酸盐结合态＞残留态＞铁锰氧化物结合态＞有机结合态。有机结合态镉含量几乎为零。随 DTPA 添加量增加，水溶态和残留态镉含量占总量的比例总体呈现增加趋势，碳酸盐结合态和铁锰氧化物结合态镉含量占总量的比例总体呈现降低趋势。并且，随 DTPA 添加量增加，水溶态与碳酸盐结合态、残留态与铁锰氧化物结合态分别呈现"镜像"变化趋势。说明水溶态和残留态镉含量提高，可能是 DTPA 促进了碳酸盐结合态、铁锰氧化物结合态分别向水溶态和残留态转化。

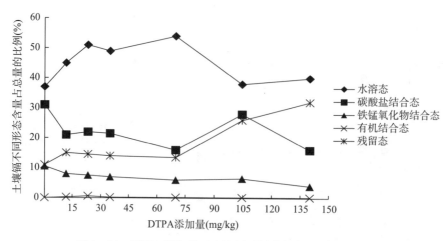

图 1-34　DTPA 添加量对土壤镉不同形态含量比例的影响

2. DTPA 对油菜镉吸收量的影响

从图 1-35 可看出，随着 DTPA 添加量的增加，油菜镉吸收量大幅度降低，在摩尔比 DTPA/Cd＝2、DTPA 添加量为 70.00mg/kg 时，油菜镉吸收量最低，比空白对照降低 63.2%，之后又有提高趋势。说明 DTPA 主要通过络合将碳酸盐结合态、铁锰氧化物结合态的镉，转化成了水溶性稳定的络合物和残留态，降低了土壤镉的生物有效性，更难以被油菜吸收。当 DTPA 添加量达到 70.00mg/kg 之后，又出现了解吸交换性镉促进油菜吸收的现象。因此，用 DTPA 作土壤镉污染的原位固定修复剂，它的适宜用量为 70.00mg/kg。

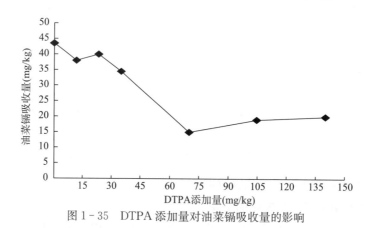

图 1-35　DTPA 添加量对油菜镉吸收量的影响

（三）半胱氨酸对潮褐土镉污染的原位修复

1. 半胱氨酸对潮褐土镉形态转化的影响

从图 1-36 可看出，添加半胱氨酸处理后，在五种形态中水溶态镉含量占总量的比例最高。随半胱氨酸添加量的增加，土壤镉含量占总量的比例，水溶态和有机结合态普遍提高，铁锰氧化物结合态相应普遍减低；碳酸盐结合态呈现 S 形曲线的变化趋势；残留态呈现与碳酸盐结合态"镜像"变化趋势。在摩尔比半胱氨酸/Cd＝2、半胱氨酸添加量为 21.52mg/kg 时，水溶态镉含量最高，达到 4.88mg/kg，比对照含量提高 18.45%。在摩尔比半胱氨酸/Cd＝0.5、半胱氨酸添加量为 5.40mg/kg 时，碳酸盐结合态镉含量最低

2.64mg/kg，比对照含量降低 20.48%；而残留态镉含量最高达 2.38mg/kg，比对照含量提高 19.60%。在摩尔比半胱氨酸/Cd＝3、半胱氨酸添加量为 32.32mg/kg 时，碳酸盐结合态镉含量最高 4.04mg/kg，比对照含量提高 21.69%；而残留态镉含量最低为 0.80mg/kg，比对照含量降低 59.80%。说明添加半胱氨酸可主要促进土壤镉碳酸盐结合态与残留态之间相互转化。同时，水溶态和有机结合态镉含量的提高，可能是半胱氨酸促进铁锰氧化物结合态向这两种形态转化。

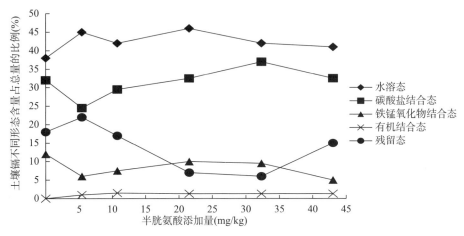

图 1-36 半胱氨酸添加量对土壤镉不同形态含量比例的影响

2. 半胱氨酸对油菜镉吸收量的影响

从图 1-37 可看出，随半胱氨酸添加量的增加，油菜镉吸收量普遍降低。同对照相比，在摩尔比半胱氨酸/Cd＝0.5、半胱氨酸添加量为 5.40mg/kg 时，油菜镉吸收量最低，为 15.44mg/kg，比对照油菜镉吸收量降低 61.4%。之后，随半胱氨酸添加量的增加，降低油菜镉吸收量的效果逐渐减弱。这说明虽然添加半胱氨酸可促进镉碳酸盐结合态与残留态之间相互转化，促进铁锰氧化物结合态向水溶态和有机结合态，但是降低了土壤镉的生物有效性，更难以被油菜吸收。因此，用半胱氨酸作土壤镉污染的原位固定修复剂，适宜用量为 5.40mg/kg。

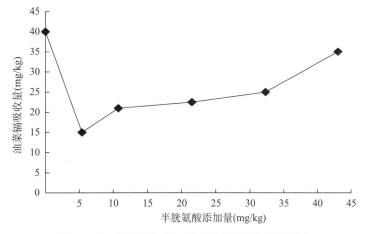

图 1-37 半胱氨酸添加量对油菜镉吸收量的影响

（四）水杨酸对潮褐土镉污染的原位修复

1. 水杨酸对潮褐土镉形态转化的影响

从图 1-38 可看出，添加水杨酸处理后，在五种形态中水溶态镉含量占总量的比例最高。随水杨酸添加量的增加，土壤镉含量占总量的比例，水溶态和碳酸盐结合态普遍提高，铁锰氧化物结合态和残留态相应普遍减低。而且，水溶态与残留态、碳酸盐结合态与铁锰氧化物结合态分别呈现"镜像"变化趋势，但碳酸盐结合态与铁锰氧化物结合态变化幅度较小，主要是促进水溶态与残留态之间的相互转化。其中，在摩尔比水杨酸/Cd＝2、水杨酸添加量为 24.56mg/kg 时，水溶态镉含量最高，达到 5.82mg/kg，比对照含量提高 41.26%。

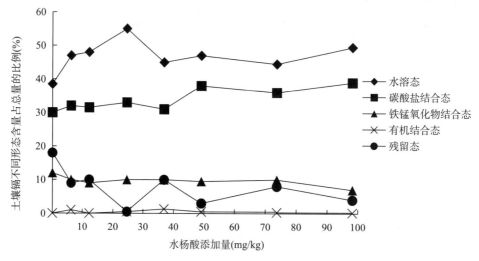

图 1-38　半胱氨酸添加量对土壤镉不同形态含量比例的影响

2. 水杨酸对油菜镉吸收量的影响

从图 1-39 可看出，随水杨酸添加量的增加，油菜镉吸收量普遍降低。同对照相比，在摩尔比水杨酸/Cd＝2、水杨酸添加量为 24.56mg/kg 时，油菜镉吸收量最低，为 16.04mg/kg，比对照油菜镉吸收量降低 59.0%。之后，随水杨酸添加量的增加，降低油菜镉吸收量的效果呈波浪式减弱。这说明虽然可提高水溶态镉含量 41.26%、具有可溶性，但主要是通过络合形成了稳定性的含镉络合物，而难以被油菜吸收。因此，用水杨酸土壤镉污染的原位固定修复剂，适宜用量为 24.56mg/kg。

二、有机酸对潮褐土铅污染的原位修复

本试验采用单因素处理方案，根据铅与有机酸反应的摩尔比设置有机酸添加量。其中，设土壤铅污染量，EDTA 与铅反应的摩尔比为 1∶1，分别设置添加 EDTA 用量 1/3P、2/3P、P、2P、3P、4P，则 EDTA 添加量分别为 188.09mg/kg、376.12mg/kg、564.20mg/kg、1 128.40mg/kg、1 692.56mg/kg、2 256.76mg/kg；DTPA 与铅反应的摩尔比为 1∶1，分别设置添加 DTPA 用量为 1/3P、2/3P、P、2P、3P、4P，则 DTPA 添加量分别为 253.12mg/kg、506.24mg/kg、759.36mg/kg、1 513.87mg/kg、2 278.08mg/kg、3 037.44mg/kg；半胱氨酸与铅反应的摩尔比为 2∶1，分别设置添加半胱氨酸用量为 1/2P、P、2P、3P、4P，

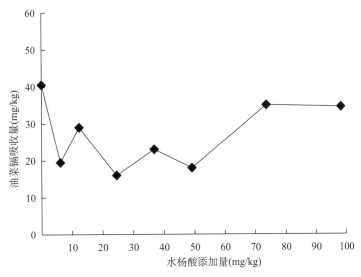

图 1-39 水杨酸添加量对油菜镉吸收量的影响

则半胱氨酸添加量分别为 117.36mg/kg、234.76mg/kg、469.45mg/kg、704.24mg/kg、939.00mg/kg；水杨酸与铅反应的摩尔比为 2：1 或 4：1，分别设置添加水杨酸用量为 1/2P、P、2P、3P、4P、6P、8P，则水杨酸添加量分别为 133.32mg/kg、266.64mg/kg、533.28mg/kg、799.92mg/kg、1 066.56mg/kg、1 599.84mg/kg、2133.12mg/kg。同时，设不添加有机酸的对照，共设 25 个处理、3 次重复。

（一）EDTA 对潮褐土铅污染的原位修复

1. EDTA 对潮褐土铅形态转化的影响

从图 1-40 可看出，添加 EDTA 处理后，在五种形态中碳酸盐结合态和铁锰氧化物结合态镉含量占总量的比例最高。随 EDTA 添加量的增加，土壤铅含量占总量的比例，碳酸盐结合态、铁锰氧化物结合态和水溶态普遍提高，有机结合态和残留态相应普遍减低。其中，碳酸盐结合态与残留态呈现"镜像"变化趋势；在摩尔比 EDTA/Pb=1、ED-TA 添加量为 564.20mg/kg 时，碳酸盐结合态铅含量增大得最少，比对照含量增大了 1.77 倍，为 105.17mg/kg，而残留态铅含量降低得最少，比对照含量减低了 31.29%，为 109.38mg/kg；在摩尔比 EDTA/Pb=4、EDTA 添加量为 2 256.76mg/kg 时，碳酸盐结合态铅含量增大最多，比对照含量增大了 4.75 倍，达到 217.92mg/kg，而残留态铅含量降低最多，比对照含量降低 84.34%，降到了 24.93mg/kg。说明 EDTA 促进碳酸盐结合态与残留态之间的相互转化。同时，促进了有机结合态向水溶态和铁锰氧化物结合态的转化。在摩尔比 EDTA/Pb=1、EDTA 添加量为 564.20mg/kg 时，水溶态铅含量增大最多，由对照水溶态铅含量 0.32mg/kg 增大到 50.35mg/kg，增大了 157.34 倍。

2. EDTA 对油菜铅吸收量的影响

从图 1-41 可看出，随着 EDTA 添加量的增加，各处理与空白对照相比，油菜铅吸收量普遍提高。其中，在摩尔比 EDTA/Pb=1、EDTA 添加量为 564.20mg/kg 时，油菜铅吸收量达到最高，比对照含量增大了 180.27 倍。之后，油菜铅吸收量随 EDTA 添加量的增加而增加的量大幅度下降，在摩尔比 EDTA/Pb=4、EDTA 添加量为 2 256.76mg/kg 时，油菜铅吸收量增大最少。说明铅污染土壤添加 EDTA 后，EDTA 可大量解吸土壤铅，大幅度提高土壤铅的生物有效性。因此，EDTA 不适于土壤铅污染原位固定修复。但是，可用它促进植物修复，使植物修复效果提升 180 多倍，促进植物修复的适宜用量为 564.20mg/kg。

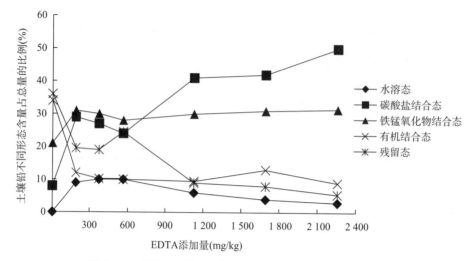

图 1-40　EDTA 添加量对土壤铅不同形态含量比例的影响

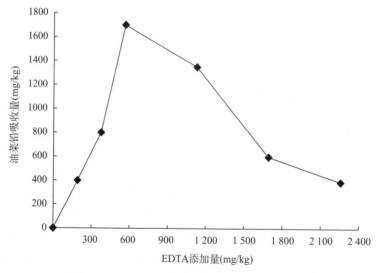

图 1-41　EDTA 添加量对油菜铅吸收量的影响

（二）DTPA 对潮褐土铅污染的原位修复

1. DTPA 对潮褐土铅形态转化的影响

从图 1-42 可看出，添加 DTPA 处理后，在五种形态中，水溶态、碳酸盐结合态、铁锰氧化物结合态镉含量占总量的比例最高。随 DTPA 添加量的增加，土壤铅含量占总量的比例，碳酸盐结合态、铁锰氧化物结合态和水溶态普遍提高，有机结合态和残留态相应普遍减低。其中，碳酸盐结合态与残留态呈现"镜像"变化趋势；说明 DTPA 促进碳酸盐结合态与残留态之间的相互转化。同时，促进了有机结合态向水溶态和铁锰氧化物结合态的转化。在摩尔比 DTPA/Pb＝4、DTPA 添加量为 3 037.44mg/kg 时，有机结合态铅由对照含量 149.77mg/kg 降低到 41.01mg/kg，下降 72.62%；而水溶态铅含量提高得最多，由对照水溶态铅含量 0.32mg/kg 增大到 220.92mg/kg，增大了 690.38 倍。

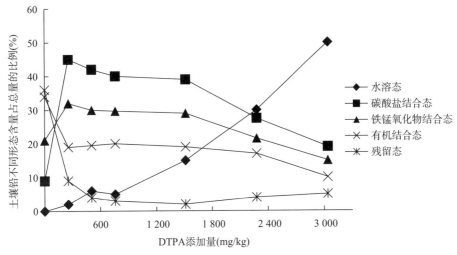

图 1-42　DTPA 添加量对土壤铅不同形态含量比例的影响

2. DTPA 对油菜铅吸收量的影响

从图 1-43 可看出，随着 DTPA 添加量的增加，油菜铅吸收量逐步提高，仅在摩尔比 DTPA/Pb＝1、DTPA 添加量为 759.36mg/kg 时，油菜铅吸收量的增加量降低的现象，这与水溶态铅的变化趋势相吻合。说明 DTPA 主要是通过解吸土壤交换性铅转化成水溶态，大大增强了土壤铅的生物有效性，促进油菜对铅的吸收。可见，DTPA 可作促进植物修复铅的活化剂，不适于土壤铅污染原位固定修复。用它促进植物修复铅的适宜用量为 759.36~2 278.08mg/kg。

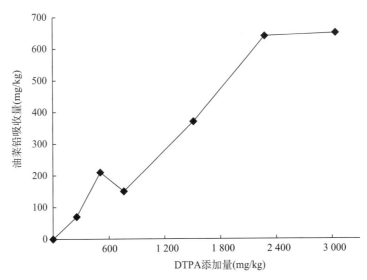

图 1-43　DTPA 添加量对油菜铅吸收量的影响

（三）半胱氨酸对潮褐土铅污染的原位修复

1. 半胱氨酸对潮褐土铅形态转化的影响

从图1-44可看出，随半胱氨酸添加量的增加，土壤铅含量占总量的比例及碳酸盐结合态、铁锰氧化物结合态和水溶态普遍提高，有机结合态和残留态相应普遍减低。在五种形态中碳酸盐结合态提高幅度最大，铁锰氧化物结合态次之，水溶态镉态提高幅度最小。其中，碳酸盐结合态与残留态呈现"镜像"变化趋势；在摩尔比半胱氨酸/Pb＝1、半胱氨酸添加量为234.76mg/kg时，碳酸盐结合态、水溶态铅含量分别达到最高204.00mg/kg和7.810mg/kg，分别比对照含量提高了4.38倍和23.41倍。同时，残留态铅含量下降到最低下降12.41mg/kg，比对照含量降低了92.20%；有机结合态铅含量下降到了77.35mg/kg，比对照含量降低了48.35%。说明半胱氨酸促进碳酸盐结合态与残留态之间的相互转化。并且，促进了有机结合态向铁锰氧化物结合态和水溶态转化。

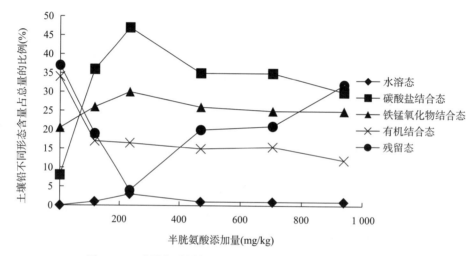

图1-44　半胱氨酸添加量对土壤铅不同形态含量比例的影响

2. 半胱氨酸对油菜铅吸收量的影响

从图1-45可看出，随着半胱氨酸添加量的增加，油菜铅吸收量普遍提高，但添加半胱氨酸的处理间，油菜铅吸收量变化幅度不大，各处理油菜铅吸收量仅比对照含量提高1倍多，同EDTA、DTPA相比，不宜用作促进植物修复土壤铅污染的修复剂。在摩尔比半胱氨酸/Pb＝1、半胱氨酸添加量为234.76mg/kg时，油菜铅吸收量最大；在摩尔比半胱氨酸/Pb＝4、半胱氨酸添加量为939.00mg/kg时，油菜铅吸收量提高值最低。这与水溶态铅的变化趋势相吻合。说明半胱氨酸主要是通过解吸土壤交换性铅转化成水溶态，增强了土壤铅的生物有效性，促进油菜对铅吸收。

（四）水杨酸对潮褐土铅污染的原位修复

1. 水杨酸对潮褐土铅形态转化的影响

从图1-46可看出，随水杨酸添加量的增加，土壤铅含量占总量的比例及碳酸盐结合态、铁锰氧化物结合态和水溶态普遍提高，有机结合态和残留态相应普遍减低。在五种形

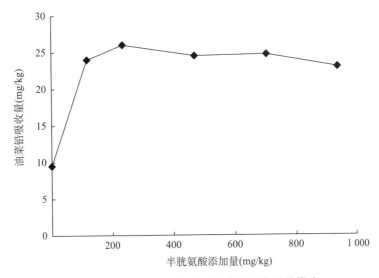

图 1-45　半胱氨酸添加量对油菜铅吸收量的影响

态中，碳酸盐结合态提高幅度最大，比对照含量提高了 199.28mg/kg；铁锰氧化物结合态次之，比对照含量提高了 47.76mg/kg；水溶态镉提高幅度最小，仅比对照含量提高了 10.93mg/kg。残留态降低幅度较大，比对照含量降低了 159.04mg/kg；有机结合态降低幅度较小，比对照含量降低了 90.09mg/kg。其中，碳酸盐结合态与残留态呈现"镜像"变化趋势。说明水杨酸促进碳酸盐结合态与残留态之间的相互转化。并且，促进了有机结合态向铁锰氧化物结合态和水溶态转化。

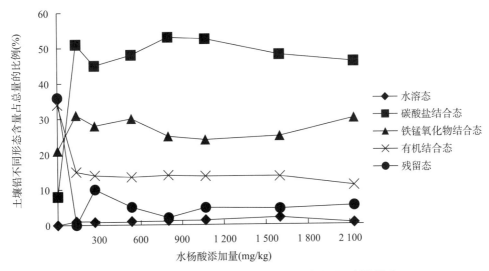

图 1-46　水杨酸添加量对土壤铅不同形态含量比例的影响

2. 水杨酸对油菜铅吸收量的影响

从图 1-47 可看出，随着水杨酸添加量的增加，油菜铅吸收量均有所增加。其中，在摩尔比水杨酸/Pb＝0.5、水杨酸添加量为 133.32mg/kg 时，油菜铅吸收量最高，仅比对照含量提高 73.12%，之后各处理油菜铅吸收量的提高幅度普遍降低。同 EDTA、DTPA 相比，用于促进植物修复土壤铅污染的实际应用价值较低。

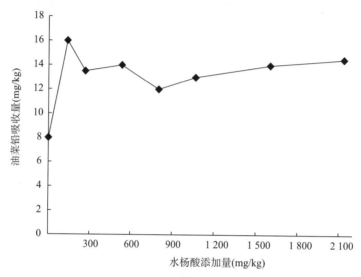

图 1-47　水杨酸添加量对油菜铅吸收量的影响

三、主要研究进展

1. 探明了潮褐土镉铅污染的 EDTA 原位修复机制。本研究发现，EDTA 作土壤镉污染的修复剂具有双重性，既可作原位固定修复剂，也可作促进植物修复促进剂。这主要是由于 EDTA 促进了碳酸盐结合态、残留态、铁锰氧化物结合态向水溶态转化的综合效果，产生这种双重效应主要取决于 EDTA 添加量与土壤镉污染量的摩尔比。当摩尔比 EDTA/Cd>1 时，可用它作原位固定修复剂，适宜用量应大于 26.00mg/kg；当摩尔比 EDTA/Cd<1 时，可用它作促进植物修复的促进剂，适宜用量应小于 26.00mg/kg。EDTA 不适合作土壤铅污染原位固定的修复剂，仅可用它作促进植物修复的促进剂。这主要是由于 EDTA 促进了有机结合态向水溶态转化，提高土壤铅的生物有效性，其次是促进向铁锰氧化物结合态转化，或促进碳酸盐结合态与残留态之间的相互转化。其作用效果主要取决于 EDTA 添加量与土壤铅污染量的摩尔比，在摩尔比 EDTA/Pb=1、EDTA 添加量为 564.20mg/kg 时，水溶态铅含量提高最多，比对照水溶态铅含量提高 157.34 倍，可使植物修复效果提升 180 多倍，适宜用量为 564.20mg/kg。

2. 探明了潮褐土镉铅污染的 DTPA 原位修复机制。DTPA 可作土壤镉污染的原位固定修复剂，但不适于用作促进植物修复。这是由于添加 DTPA 处理后水溶态镉含量占总量的比例最高，DTPA 通过络合将碳酸盐结合态、铁锰氧化物结合态的镉，转化成了水溶性稳定的镉络合物和残留态，从而降低了土壤镉的生物有效性，更难被植物吸收。它的作用效果主要取决于 DTPA 添加量与土壤镉污染量的摩尔比。在摩尔比 DTPA/Cd=2 时，油菜镉吸收量最低，比对照吸收量降低 63.2%，之后又有提高趋势。因此，用 DTPA 作原位固定修复剂的适宜用量为 70.00mg/kg。DTPA 可作促进植物修复铅的活化剂，不适于土壤铅污染原位固定修复。这是由于 DTPA 主要促进有机结合态向水溶态转化，其次促进向铁锰氧化物结合态转化，或促进碳酸盐结合态与残留态之间的相互转化。它的作用效果主要取决于 DTPA 添加量与土壤铅污染量的摩尔比。在摩尔比 DTPA/Pb＝4 时，有机结合态铅由对照含量 149.77mg/kg 降低到 41.01mg/kg，下降 72.62%；而水溶态铅含量提高得最多，由对照水溶态铅含量 0.32mg/kg 提高到 220.92mg/kg，提升了 690.38 倍。用它促进土壤铅污染植物修复的适宜用量为 759.36～2 278.08mg/kg。

3. 探明了潮褐土镉铅污染的半胱氨酸原位修复机制。半胱氨酸可作土壤镉污染的原位固定修复剂，但不适于促进植物修复。主要是由于虽然添加半胱氨酸可促进铁锰氧化物结合态向水溶态和有机结合态，促进镉碳酸盐结合态与残留态之间相互转化，但是降低了土壤镉的生物有效性。它的作用效果主要取决于半胱氨酸添加量与土壤镉污染量的摩尔比。在摩尔比半胱氨酸/Cd＝0.5 时，油菜镉吸收量最低，为 15.44mg/kg，比对照油菜镉吸收量降低 61.4%。之后，随半胱氨酸添加量的增加，降低油菜镉吸收量的效果逐渐减弱。因此，用它作土壤镉污染的原位固定修复剂的适宜用量为 5.40mg/kg。半胱氨酸不适合用于土壤铅污染的原位修复。主要是由于添加半胱氨酸促进有机结合态向铁锰氧化物结合态和水溶态转化，或促进碳酸盐结合态与残留态之间的相互转化。其中，碳酸盐结合态提高幅度最大，铁锰氧化物结合态次之，水溶态提高幅度最小。各处理间油菜铅吸收量变化幅度不大，仅比对照含量提高 1 倍多，同 EDTA、DTPA 相比，不宜用作土壤铅污染的原位修复。

4. 探明了潮褐土镉铅污染的水杨酸原位修复机制。水杨酸可作土壤镉污染的原位固定修复剂，但不适于促进植物修复土壤镉污染。主要是由于随水杨酸添加量的增加，油菜镉吸收量普遍降低。虽然它促进了水溶态与残留态之间的相互转化能提高水溶态镉含量，但主要通过络合形成了稳定性的镉络合物，降低了土壤镉的生物有效性。它的作用效果主要取决于水杨酸添加量与土壤镉污染量的摩尔比。在摩尔比水杨酸/Cd＝2 时，交换态镉含量最高达到 5.82mg/kg，比对照含量提高 41.26%。用水杨酸土壤镉污染的原位固定修复剂适宜用量为 24.56mg/kg。水杨酸不适合用于土壤铅污染的原位修复。虽然随着水杨酸添加量，油菜铅吸收量均有所增加，油菜铅吸收量最高仅比对照含量提高 73.12%，同 EDTA、DTPA 相比，不宜用作土壤铅污染的原位修复。主要是由于水杨酸促进有机结合态向铁锰氧化物结合态和水溶态转化，或促进碳酸盐结合态与残留态之间的相互转化，其中碳酸盐结合态提高幅度最大，铁锰氧化物结合态次之，水溶态提高幅度最小，导致各处理间油菜铅吸收量变化幅度不大。

第六节　土壤镉铅污染的矿物材料修复效应规律

天然自净化是大自然赋予人类与地球长久相互依存的一种潜在本能。利用矿物材料固定土壤重金属属于原位化学固定修复。已有研究表明，膨润土、海泡石、凹凸棒石、高岭石、沸石等矿物材料对镉、铅等部分重金属具有良好的吸附固定效果，但不同矿物材料对不同重金属具有选择性。一般矿物材料可使土壤重金属进入矿物内固定，减低其生物有效性而减轻对生物的危害。因此，它是土壤镉、铅污染原位化学固定修复中一种比较理想的方法，已被应用于土壤污染修复。但已有研究侧重考察矿物材料与土壤镉、铅等重金属之间的各种物理化学作用，忽视矿物材料对土壤理化性质和肥力因子的影响及其综合效应。例如，黏土矿物吸附土壤养分阳离子是其极为重要的特性之一，对土壤的保肥供肥性能的影响较大。同时，不同的矿物之间也存在显著差异。一般2∶1型蒙脱组的黏土矿物具有较强的阳离子吸附能力，保肥能力较强；1∶1型黏土矿物的吸附能力远不如蒙脱组矿物，其保肥力较弱。

国内外的学者曾采用沉淀现象解释原位固定的内在机理，但沉淀只能作为固定的一种现象，而不能作为机理的解释。土壤镉、铅等重金属可在矿物表面、层间、结构孔道内赋存，通过矿物表面吸附、孔道过滤、结构调整、离子交换和化学活性等作用，调控其重金属的赋存形态，改变它们的生物有效性，从而起到降低污染危害的作用。同时，矿物材料可改变土壤的理化性质，进而影响植物对土壤镉、铅等重金属的吸收。如果引起土壤pH提高，将导致土壤吸附重金属的能力增加，从而降低重金属的生物有效性。但是，如果引起土壤阳离子交换量变化，在土壤阳离子交换量较低时，随着矿物材料投入量的增加，将增强对重金属的吸附和螯合，使植物对镉、铅等重金属的吸收量减少；当土壤阳离子交换量过大时，可促进植物根际重金属可与根表面发生离子交换，进入根系的概率加大，加重对植物的污染危害。

目前，关于矿物材料对土壤镉、铅污染的原位固定修复研究尚处探索阶段。本研究基于已有研究基础，采用盆栽试验，以潮褐土镉、铅污染原位修复为研究对象，以钠基膨润土、膨润土、沸石、硅藻土四种矿物材料作试材，以油菜作指示植物，用上、下口内径分别为18cm、13cm，高17cm的塑料桶作盆，每盆装土2.5kg；供试土壤镉、铅污染量分别为5mg/kg、500mg/kg，以$CdCl_2 \cdot 5/2H_2O$和$Pb(Ac)_2 \cdot 3H_2O$配成溶液添加，并各施入1.2g的$(NH_4)_2HPO_4$作基肥。采用单因素处理完全试验方案，每种矿物材料设6个处理水平，每个处理的添加量分别为0g/kg、10g/kg、20g/kg、30g/kg、40g/kg、50g/kg，设3次重复。按各自的处理量加入污染土壤混合均匀装盆，放置温室平衡1个月后播种油菜，每盆定苗6株，生长50d后收获，取其地上部可食部分作为植物样本，同时各取50g土作为土壤样本。通过测试分析，研究了它们对土壤镉、铅有效态含量、油菜镉、铅吸收量及其相关因素的影响，揭示潮褐土镉、铅污染的矿物原位修复效应规律，为土壤镉、铅污染原位修复奠定科学基础。

一、不同矿物对油菜镉铅吸收量的影响

（一）不同矿物对油菜镉吸收量的影响

针对不同矿物处理对油菜镉吸收量的影响，以不同矿物添加量为自变量（x）、油菜镉吸收量为因变量（y），分别拟合出不同矿物处理的极显著回归方程（表1-43）及其相应的回归曲线（图1-44）。从图1-48可看出，油菜镉吸收量与钠基膨润土、膨润土和硅藻土的添加量均呈极显著的U形曲线关系，而与沸石的添加量呈极显著的负直线关系。其中，钠基膨润土、膨润土和硅藻土处理，分别在添加量为30～40g/kg时，油菜镉吸收量达到"低谷"，可由对照的4.96mg/kg降低到4.11mg/kg、4.16mg/kg、4.21mg/kg，分别比对照降低17.14%、16.13%和15.12%。用这三种矿物原位固定修复土壤镉污染的适宜用量应为40g/kg。沸石处理在添加量50g/kg时，油菜镉吸收量可降到4.14mg/kg，

比对照降低 16.53%，但尚难以确定它的适宜用量。

表 1-43　油菜镉吸收量与不同矿物添加量之间的回归模型

矿物处理	回归方程	R^2 值
钠基膨润土	$y=9.264\times10^{-5}x^2-0.018x+4.859$	0.785**
膨润土	$y=1.470\times10^{-4}x^2-0.022x+4.856$	0.715**
沸石	$y=-0.006x+4.868$	0.767**
硅藻土	$y=1.090\times10^{-4}x^2-0.018x+4.848$	0.616**

注：R^2 检验值 $r_{0.05}^2=0.219$，$r_{0.01}^2=0.348$，$n=18$。

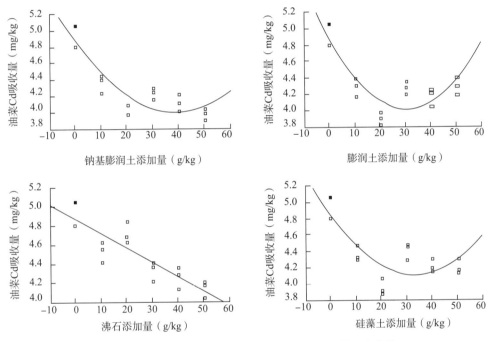

图 1-48　油菜镉吸收量与不同矿物添加量之间的回归曲线

（二）不同矿物对油菜铅吸收量的影响

针对不同矿物处理对油菜铅吸收量的影响，以不同矿物添加量为自变量（x）、油菜铅吸收量为因变量（y），分别拟合出不同矿物处理的极显著回归方程（表 1-44）及其相应的回归曲线（图 1-49）。从图 1-49 可看出，油菜铅吸收量与钠基膨润土、膨润土、沸石和硅藻土的添加量均呈极显著的 U 形曲线关系。其中，钠基膨润土、沸石分别在添加量为 30g/kg 时，油菜铅吸收量达到"低谷"，由对照油菜铅吸收量 6.83mg/kg 分别降低到 4.95mg/kg、4.84mg/kg，分别比对照降低 27.53% 和 29.14%；膨润土、硅藻土分别在添加量为 30～40g/kg 时，油菜铅吸收量达到"低谷"，由对照油菜铅吸收量 6.83mg/kg 分别降低到 5.10mg/kg、4.69mg/kg，分别比对照降低 25.33% 和 31.33%。此时，它们的添加量可分别作原位固定修复土壤铅污染的适宜用量。

表1-44　油菜铅吸收量与不同矿物添加量之间的回归模型

矿物处理	回归方程	R^2 值
钠基膨润土	$y = 2.672 \times 10^{-4} x^2 - 0.039x + 6.754$	0.739**
膨润土	$y = 2.221 \times 10^{-4} x^2 - 0.036x + 6.648$	0.785**
沸石	$y = 2.226 \times 10^{-4} x^2 - 0.039x + 6.552$	0.780**
硅藻土	$y = 3.983 \times 10^{-4} x^2 - 0.057x + 6.658$	0.855**

注：R^2 检验值 $r_{0.05}^2 = 0.219$，$r_{0.01}^2 = 0.348$，$n = 18$。

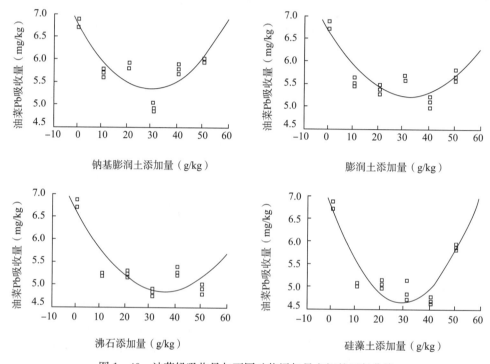

图1-49　油菜铅吸收量与不同矿物添加量之间的回归曲线

二、不同矿物对土壤有效镉铅含量的影响

(一) 不同矿物对土壤有效镉含量的影响

通过不同矿物处理土壤有效镉含量的方差分析（表1-45）可看出，不同矿物处理水平的土壤有效镉含量均差异显著。与对照相比，不同矿物处理土壤有效镉含量均显著降低。钠基膨润土在添加量20g/kg时，土壤有效镉含量与其他处理量之间均差异显著且含量最低，比对照降低了21.40%；膨润土在添加量30g/kg时，土壤有效镉含量，除与处理量40g/kg的差异不显著但其含量略低外，与其他处理量之间均差异显著且含量最低，比对照降低了27.63%；沸石在添加量50g/kg时，土壤有效镉含量与其他处理量之间均差异显著且含量最低，比对照降低了27.24%；硅藻土在添加量40g/kg时，土壤有效镉含量与其他处理量之间均差异显著且含量最低，比对照降低了32.30%。

表 1-45　不同矿物材料处理对土壤有效镉含量的影响

矿物处理	土壤有效镉含量（mg/kg）					
(g/kg)	0	10	20	30	40	50
钠基膨润土	2.57a	2.19b	2.02c	2.21b	2.15b	2.17b
膨润土	2.57a	2.23b	2.13b	1.86c	1.97c	2.18b
沸石	2.57a	2.48ab	2.42b	2.03c	2.15c	1.87d
硅藻土	2.57a	1.98d	2.37bc	2.52ab	1.74e	2.34c

（二）不同矿物对土壤有效铅含量的影响

通过不同矿物处理土壤有效铅含量的方差分析（表 1-46）可看出，不同矿物处理水平的土壤有效铅含量均差异显著。与对照相比，不同矿物处理土壤有效铅含量均显著降低。钠基膨润土在添加量 30g/kg 时，土壤有效铅含量与其他处理量之间均差异显著且含量最低，比对照降低了 21.84%；膨润土和沸石在添加量 10g/kg 时，土壤有效铅含量分别与其他处理量之间均差异显著且含量最低，分别比对照降低了 4.57% 和 12.58%；硅藻土在添加量 20g/kg 时，除与处理量 40g/kg 的差异不显著但其含量略低外，土壤有效铅含量与其他处理量之间均差异显著且含量最低，比对照降低了 7.60%。

表 1-46　不同矿物材料处理对土壤有效铅含量的影响

矿物处理	土壤有效铅含量（mg/kg）					
(g/kg)	0	10	20	30	40	50
钠基膨润土	161.33a	134.27c	130.38cd	126.09d	139.16b	141.78b
膨润土	161.33d	153.95e	202.66b	227.28a	190.62c	163.64d
沸石	161.33b	141.03d	173.86a	173.73a	151.54c	150.55c
硅藻土	161.33c	176.18b	149.07d	165.48c	152.38d	182.76a

通过油菜镉、铅吸收量与土壤有效态镉、铅含量的单相关分析（表 1-47）可看出，油菜镉吸收量分别与钠基膨润土、膨润土、沸石处理土壤有效态镉含量呈极显著的正相关，但与硅藻土土壤有效态镉含量未达到显著相关；同时与土壤有效态铅含量呈极显著的正相关，可促进油菜对镉的吸收，产生土壤铅镉复合效应。说明施用不同矿物抑制油菜对土壤镉的吸收，不仅是降低土壤有效态镉含量的结果，而且受其他相关因素的影响；特别是钠基膨润土处理油菜镉吸收量，受到了土壤铅镉复合效应的影响。油菜铅吸收量仅与钠基膨润土处理土壤有效态铅含量呈显著的正相关，与其他三种矿物处理土壤有效态铅含量并未达到显著相关，并且与这四种矿物处理土壤有效态镉含量分别达到了极显著或显著的正相关，分别促进油菜对土壤铅的吸收，产生土壤镉铅复合效应。因此，关于土壤镉铅污染矿物修复的效应机制，值得深入研究。

表 1-47　油菜镉、铅吸收量与土壤有效态镉、铅含量的相关系数

相关因子	土壤有效态镉含量				土壤有效态铅含量			
	钠基膨润土	膨润土	沸石	硅藻土	钠基膨润土	膨润土	沸石	硅藻土
油菜镉吸收量	0.873**	0.670**	0.846**	0.374	0.720**	−0.457	0.270	0.165
油菜铅吸收量	0.604**	0.775**	0.687**	0.574*	0.904**	−0.386	0.021	0.235

注：$r_{0.05}=0.468$，$r_{0.01}=0.590$，$n=18$。

三、不同矿物对土壤镉铅活性因子的影响

(一) 不同矿物对土壤阳离子交换量的影响

通过不同矿物处理土壤阳离子交换量的方差分析（表1-48）可看出，除硅藻土处理添加量50g/kg时，土壤阳离子交换量比对照显著降低外，其他三种矿物材料处理均使土壤阳离子交换量不同程度的显著提高。随钠基膨润土添加量的增加，土壤阳离子交换量呈直线上升趋势；而随膨润土、沸石和硅藻土添加量的增加，土壤阳离子交换量分别呈现抛物线型的变化趋势。其中，当钠基膨润土添加量50g/kg时，土壤阳离子交换量高达17.98cmol/kg，比对照提高了30.76%；当膨润土、沸石和硅藻土添加量分别为40g/kg、40g/kg、30g/kg时，土壤阳离子交换量分别达到最高16.95cmol/kg、16.42cmol/kg、15.15cmol/kg，分别比对照提高了23.27%、19.42%和10.18%。总体来看，添加这四种矿物材料均可提高土壤阳离子交换量，从而引起土壤有效镉含量和油菜镉吸收量的降低。

表1-48 不同矿物处理对土壤阳离子交换量的影响

矿物处理 (g/kg)	土壤阳离子交换量（cmol/kg）					
	0	10	20	30	40	50
钠基膨润土	13.75e	14.49d	16.21c	16.38c	17.28b	17.98a
膨润土	13.75d	14.47c	14.37c	15.18b	16.95a	15.23b
沸石	13.75c	14.85b	14.21c	15.91a	16.42a	15.68b
硅藻土	13.75b	14.87a	15.02a	15.15a	13.71b	12.32c

(二) 不同矿物对土壤 pH 的影响

通过不同矿物处理土壤 pH 的方差分析（表1-49）可看出，这四种矿物处理的 pH，除添加钠基膨润土和膨润土10g/kg 的处理和沸石20g/kg 的处理土壤 pH 与对照差异不显著外，其他各处理均在不同程度上显著提高了土壤的 pH。其中，钠基膨润土处理对土壤 pH 的影响最大。通过单相关分析，土壤 pH 与钠基膨润土、膨润土、沸石、硅藻土添加量之间的相关系数分别为 $r=0.958**$、$r=0.689**$、$r=0.676*$、$r=0.849**$（$n=18$）。由此可见，土壤 pH 与沸石添加量之间呈显著的正相关关系，与钠基膨润土、膨润土、硅藻土添加量之间呈极显著的正相关。

表1-49 不同矿物材料处理对土壤 pH 的影响

矿物处理 (g/kg)	土壤 pH					
	0	10	20	30	40	50
钠基膨润土	8.40d	8.40d	8.63c	8.67c	8.77b	8.92a
膨润土	8.40b	8.47ab	8.53a	8.55a	8.53a	8.55a
沸石	8.40c	8.48b	8.45ab	8.50b	8.57a	8.50b
硅藻土	8.40c	8.48b	8.53b	8.50b	8.62a	8.60a

通过油菜镉、铅吸收量与土壤 pH 的单相关分析（表1-50）表明，油菜镉吸收量与钠基膨润土、膨润土、沸石、硅藻土处理引起的土壤 pH 变化分别呈极显著的负相关。说

明这四种矿物处理均可通过引起土壤 pH 升高抑制油菜对土壤镉的吸收，起到原位固定修复土壤镉污染的作用。同时，油菜铅吸收量与膨润土、沸石和硅藻土引起的土壤 pH 变化分别呈极显著和显著的负相关，但与钠基膨润土处理引起土壤 pH 变化的相关性不显著。说明膨润土、沸石、硅藻土类似于修复土壤镉污染，可通过导致土壤 pH 增高抑制油菜对土壤铅的吸收，但钠基膨润土的这种作用不显著。这是由于土壤 pH 是影响土壤吸附镉、铅的一个主要因素。一般土壤镉、铅的生物有效性随 pH 的升高而下降。然而，一些矿物本身存在非专性吸附，在土壤 pH 较低时，土壤溶液中高浓度的 H^+ 与镉、铅离子为电竞争吸附，而不利于重金属的吸附，随土壤 pH 的升高，土壤吸附镉、铅的能力增强。但当土壤 pH 过高，达到镉、铅离子的 Ksp 值后，反而难以达到吸附固定的作用。由于这四种供试矿物本身 pH 较高，施用它们能显著提高土壤 pH，从而在一定程度上降低镉、铅生物有效性。但对于钠基膨润土来说，当引起土壤 pH 增高到一定程度，反而对土壤铅有效性的影响不显著。这可能是施用矿物材料抑制油菜对土壤镉铅吸收的一个重要机制。

表 1-50 油菜镉、铅吸收量与土壤 pH 的相关系数

相关因子	土壤 pH			
	钠基膨润土	膨润土	沸石	硅藻土
油菜镉吸收量	-0.735^{**}	-0.602^{**}	-0.734^{**}	-0.657^{**}
油菜铅吸收量	-0.286	-0.637^{**}	-0.589^{*}	-0.530^{*}

注：$r_{0.05}=0.468$，$r_{0.01}=0.590$，$n=18$。

（三）不同矿物对土壤速效氮的影响

通过不同矿物处理土壤速效氮含量的方差分析（表 1-51）可看出，这四种矿物处理的土壤速效氮含量，钠基膨润土处理除添加 20g/kg、30g/kg 的处理外，均与对照差异显著，可使土壤速效氮含量显著降低；膨润土处理除添加 40g/kg 的处理外，均与对照差异显著，可使土壤速效氮含量显著降低；沸石处理除添加 10g/kg 的处理外，均与对照差异显著，可使土壤速效氮含量显著降低；硅藻土除添加 10g/kg、50g/kg 的处理外，均与对照差异显著，可使土壤速效氮含量显著降低。经单相关分析，土壤速效氮含量与钠基膨润土、膨润土、沸石、硅藻土添加量之间的相关系数分别为 -0.398、-0.456、-0.622^{**}、-0.368，$n=18$。土壤速效氮含量仅与沸石添加量呈极显著的负相关，土壤速效氮含量随沸石添加量的增加而下降；但是随钠基膨润土、膨润土、硅藻土添加量的增加并未呈现显著的变化规律。

表 1-51 不同矿物材料处理对土壤速效氮含量的影响

矿物处理 (g/kg)	土壤速效氮含量（mg/kg）					
	0	10	20	30	40	50
钠基膨润土	82.04a	70.91b	75.30ab	74.54ab	73.25b	72.78b
膨润土	82.04a	72.67b	71.20b	70.32b	79.11a	67.69b
沸石	82.04a	77.94ab	71.20b	71.20b	72.08b	70.91b
硅藻土	82.04a	74.42ab	71.78b	71.49b	67.69b	76.77ab

（四）不同矿物对土壤有效磷的影响

通过不同矿物处理土壤有效磷含量的方差分析（表 1-52）可看出，钠基膨润土、沸石、硅藻土处理土壤有效磷含量均与对照差异显著，可使土壤速效氮含量显著降低；膨润土处理除添加 $10g/kg$、$50g/kg$ 的处理外，均与对照差异显著，可使土壤速效氮含量显著降低。经单相关分析，土壤有效磷含量与钠基膨润土、膨润土、沸石、硅藻土添加量之间的相关系数分别为 -0.506^*、0.085、-0.624^{**}、-0.484^*，$n=18$。表明土壤有效磷含量均与钠基膨润土、沸石、硅藻土添加量呈显著或极显著的负相关，与膨润土添加量相关性不显著相。说明土壤有效磷随钠基膨润土、沸石、硅藻土添加量的增加而下降；但随膨润土添加量的增加，土壤有效磷含量呈现先下降后提高的 U 形曲线变化规律。

表 1-52　不同矿物材料处理对土壤有效磷含量的影响

矿物处理 (g/kg)	土壤有效磷含量 (mg/kg)					
	0	10	20	30	40	50
钠基膨润土	41.18a	23.66c	24.78c	32.09b	25.50c	24.64c
膨润土	41.18ab	36.37bc	34.13c	31.17c	30.57c	47.57a
沸石	41.18a	27.54b	22.01b	24.58b	26.03b	24.25b
硅藻土	41.18a	26.75b	28.40b	29.19b	29.78b	28.27b

针对不同矿物对油菜生物量的影响（图 1-50），以不同矿物添加量为自变量（x）、油菜生物量为因变量（y），分别拟合油菜生物量与矿物添加量的相关模型（表 1-53），分析结果表明，油菜生物量分别与钠基膨润土和硅藻土添加量呈极显著的抛物线型相关关系，在添加量 $30g/kg$ 时油菜生物量分别达到最高，比对照分别提高了 30.38% 和 32.84%；油菜生物量与膨润土添加量呈显著的直线正相关关系，在本试验处理范围内，在添加量 $50g/kg$ 时比对照提高了 34.48%，并呈现进一步增产的潜力；而油菜生物量与膨润土添加量并未拟合出显著相关模型。结合不同矿物处理对土壤速效氮、有效磷含量的影响可以看出，不同矿物处理对油菜生物量的影响，分别是它们对土壤速效氮、有效磷相关影响的结果。在此基础上，不同矿物处理通过影响油菜生物量，进而影响油菜镉、铅吸收量，将是施用矿物材料抑制油菜对土壤镉铅吸收的重要途径。

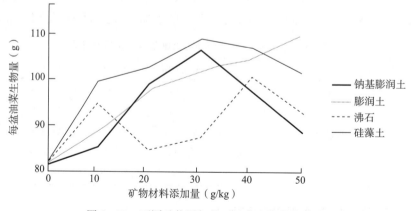

图 1-50　不同矿物添加量对油菜生物量的影响

表 1-53　油菜生物量与矿物添加量的相关模型

矿物处理	相关模型	R^2 检验
钠基膨润土	$y=-0.004x^2+0.639x+78.557$	0.612^{**}
膨润土	$y=0.223x+83.754$	0.746^{**}
沸石	未拟合出显著相关模型	—
硅藻土	$y=-0.004x^2+0.631x+83.197$	0.747^{**}

注：R^2 检验标准值 $r^2_{0.05}=0.219$，$r^2_{0.01}=0.348$，$n=18$。

（五）油菜镉铅吸收量与土壤速效氮、有效磷含量的关系

通过不同矿物处理油菜镉、铅吸收量与土壤速效氮、有效磷含量的单相关分析（表 1-54）可看出，钠基膨润土处理油菜镉吸收量与土壤速效氮、有效磷含量之间分别达到了极显著或显著正相关，油菜铅吸收量与土壤速效氮含量之间达到了显著正相关、与土壤有效磷含量之间相关性不显著。说明钠基膨润土处理降低土壤速效氮、有效磷含量，显著抑制油菜对镉的吸收，降低土壤速效氮含量显著抑制油菜量对铅的吸收，但降低土壤有效磷含量并不显著抑制油菜对铅的吸收。膨润土处理油菜镉吸收量与土壤速效氮含量达到了显著正相关，油菜镉吸收量与土壤有效磷含量、油菜铅吸收量与分别土壤速效氮、有效磷含量之间均未达到显著相关。说明膨润土处理降低土壤速效氮含量显著抑制油菜对镉的吸收并未显著抑制油菜铅的吸收，降低土壤有效磷含量并未显著抑制油菜对镉和铅的吸收。沸石处理油菜镉吸收量与土壤有效磷含量、油菜铅吸收量与土壤速效氮、有效磷含量之间均达到了显著或极显著的正相关，油菜镉吸收量与土壤速效氮含量未达到显著相关。说明沸石处理降低土壤有效磷含量显著抑制油菜对镉的吸收，而降低土壤速效氮、有效磷含量分别抑制油菜对铅的吸收，但降低土壤速效氮含量并未抑制油菜对镉的吸收。硅藻土处理油菜镉、铅吸收量与土壤速效氮、有效磷含量之间均分别达到了显著和极显著的正相关。说明硅藻土处理降低速效氮、有效磷含量分别显著抑制油菜对镉、铅的吸收。因此，这可能是施用矿物材料抑制油菜对土壤镉铅吸收的一个重要机制。

表 1-54　油菜镉、铅吸收量与土壤速效氮、有效磷含量的相关系数

相关因子	土壤速效氮含量				土壤有效磷含量			
	钠基膨润土	膨润土	沸石	硅藻土	钠基膨润土	膨润土	沸石	硅藻土
油菜镉吸收量	0.627^{**}	0.536^{*}	0.467	0.537^{*}	0.789^{**}	0.369	0.544^{*}	0.703^{**}
油菜铅吸收量	0.504^{*}	0.420	0.646^{**}	0.685^{**}	0.414	0.463	0.896^{**}	0.712^{**}

注：$r_{0.05}=0.468$，$r_{0.01}=0.590$，$n=18$。

四、主要研究进展

1. 探明了四种矿物材料修复潮褐土镉、铅污染的效应规律。试验结果表明，添加钠基膨润土、膨润土、沸石和硅藻土均可显著降低油菜镉铅吸收量，起到原位固定修复的作用。其中，油菜镉吸收量与钠基膨润土、膨润土和硅藻土的添加量均呈现了极显著的 U 形曲线关系，分别在添加量为 40g/kg 时，油菜镉吸收量达到"低谷"，可降低油菜镉吸收量 15.12%～17.14%，而与沸石的添加量呈极显著的负直线关系，可降低油菜镉吸收量 16.53%；油菜镉吸收量与钠基膨润土、膨润土和硅藻土的添加量均呈现了极显著的 U

形曲线关系，钠基膨润土、沸石分别在添加量为 30g/kg 时，油菜铅吸收量达到"低谷"，可降低油菜铅吸收量 27.53%～29.14%；膨润土、硅藻土分别在添加量为 40g/kg 时，油菜铅吸收量达到"低谷"，可降低油菜铅吸收量 25.33%～31.33%。综合考虑，如用它们原位固定修复土壤镉铅污染复合污染，其适宜用量应为 30～40g/kg。此时，钠基膨润土修复土壤镉污染的效果最佳，硅藻土修复土壤铅污染的效果最佳。

2. 明确了四种矿物对土壤有效镉、铅影响的效应规律。不同矿物处理均可显著降低土壤有效镉、铅含量，从而起到原位固定土壤镉铅的作用。其中，油菜镉吸收量分别与钠基膨润土、膨润土、沸石处理土壤有效态镉含量呈极显著的正相关，但与硅藻土土壤有效态镉含量未达到显著相关；同时钠基膨润土与土壤有效态铅含量呈极显著的正相关，产生土壤铅镉复合效应。油菜铅吸收量仅与钠基膨润土处理土壤有效态铅含量呈显著的正相关，与其他三种矿物处理土壤有效态铅含量并未达到显著相关，并且与这四种矿物处理土壤有效态镉含量分别达到了极显著或显著的正相关，产生土壤镉铅复合效应。

3. 揭示了四种矿物对土壤镉、铅活性相关因素的影响。随钠基膨润土添加量的增加，土壤阳离子交换量呈直线上升趋势；而随膨润土、沸石和硅藻土添加量的增加，土壤阳离子交换量分别呈现抛物线型的变化趋势。总体来看，添加这四种矿物材料均可提高土壤阳离子交换量，从而降低土壤有效镉、铅含量和油菜镉、铅吸收量，起到原位固定土壤镉、铅的作用。

土壤 pH 与沸石添加量之间呈显著的正相关，与钠基膨润土、膨润土、硅藻土添加量之间呈极显著的正相关。并且，油菜镉吸收量与钠基膨润土、膨润土、沸石、硅藻土处理引起的土壤 pH 变化分别呈极显著的负相关。同时，油菜铅吸收量与膨润土、沸石和硅藻土引起的土壤 pH 变化分别呈极显著和显著的负相关，但与钠基膨润土处理引起土壤 pH 变化的相关性不显著。除钠基膨润土对土壤铅的影响外，这四种矿物处理均可通过引起土壤 pH 升高抑制油菜对土壤镉、铅的吸收，起到原位固定修复土壤镉、铅污染的作用。这可能是施用矿物原位固定修复土壤镉铅污染的一个重要机制。

土壤速效氮含量仅与沸石添加量呈极显著的负相关，土壤速效氮含量随沸石添加量的增加而下降；但是随钠基膨润土、膨润土、硅藻土添加量的增加并未呈现显著的变化规律。土壤有效磷含量均与钠基膨润土、沸石、硅藻土添加量呈显著或极显著的负相关，与膨润土添加量相关性不显著。土壤有效磷随钠基膨润土、沸石、硅藻土添加量的增加而下降；但随膨润土添加量的增加，土壤有效磷含量呈现出 U 形曲线变化。同时，通过不同矿物处理油菜镉、铅吸收量与土壤速效氮、有效磷含量的单相关分析，钠基膨润土处理油菜镉吸收量与土壤速效氮、有效磷含量之间分别达到了极显著或显著正相关，油菜铅吸收量与土壤速效氮含量之间达到了显著正相关；膨润土处理仅油菜镉吸收量与土壤速效氮含量达到了显著正相关；沸石处理油菜镉吸收量与土壤有效磷含量、油菜铅吸收量与土壤速效氮、有效磷含量之间均达到了显著或极显著的正相关；硅藻土处理油菜镉、铅吸收量与土壤速效氮、有效磷含量之间均分别达到了显著和极显著的正相关。说明这些矿物处理通过降低土壤速效氮、有效磷含量可显著抑制油菜对镉、铅的吸收。这将是它们原位固定修复土壤镉铅污染的另一重要机制。

第二章 •••
菜田重金属污染生物修复

第一节　潮褐土镉铅锌污染的植物修复及其促进措施

　　土壤重金属污染植物修复是一种被世界公认、比较理想的原位修复技术。它具有物理修复和化学修复无法比拟的独到优势，利用修复植物提取可将重金属永久性地从土壤中去除，而不产生"二次污染"，已成为一种绿色廉价、环境友好的重金属污染土壤修复方法。然而，重金属进入土壤后，大多数与土壤有机物或无机物形成难溶性化合物，或吸附在土壤颗粒表面，而难以被植物吸收，从而限制植物修复的效果。研究表明，络合剂与微生物可活化土壤重金属，提高其生物有效性，强化植物修复的效果，开辟了促进植物修复土壤重金属污染的新路径。本研究针对提高植物修复土壤重金属污染效果，采用盆栽模拟试验，研究了不同品种印度芥菜对土壤镉（Cd）、铅（Pb）、锌（Zn）的富集特征，及其在沙培基质和土培基质下吸收能力的差异；探索了其生理生化指标和根区微生物数量分布在重金属胁迫下的变化规律；验证了特异功能微生物和土壤中某些产酸微生物对土壤中重金属生物有效性和植物吸收的影响，用于指导镉铅锌复合污染土壤的生物修复。

一、不同品种印度芥菜对土壤镉铅锌污染的富集特征

（一）复合污染条件下印度芥菜对土壤镉铅锌的富集效应

1. 植物地上部重金属富集量与土壤重金属添加量的多元线性回归分析

　　为揭示土壤 Cd、Pb、Zn 复合污染对植物吸收重金属的影响规律，以土壤重金属添加量为自变量，分别设土壤 Cd、Pb、Zn 添加量为 x_1、x_2、x_3，植物地上部 Cd、Pb、Zn 含量为 y_1、y_2、y_3，基于 Cd、Pb、Zn 复合处理试验样本测试的基础数据，进行了多元线性回归分析（表 2-1）。

　　植物地上部 Cd、Pb、Zn 含量与土壤 Cd、Pb、Zn 添加量大部分达到了极显著或显著的正相关，说明添加的 Cd、Pb、Zn 和添加处理后土壤中的 Cd、Pb、Zn 均能被植物有效吸收，其添加量和土壤含量在一定程度上代表着土壤中 Cd、Pb、Zn 的有效量，在这种条件下，研究重金属 Cd、Zn、Pb 的关系，既能反映它们的植物有效性，又能说明土壤中重金属的含量，具有较强的代表性。另外，除品种 II 外，印度芥菜吸收土壤中的 Cd、Pb、Zn 时并不存在交互作用，在土壤 Cd、Pb、Zn 复合污染的处理条件下，品种 III、IV、V 吸收 Cd 仅受土壤 Cd 的制约，吸收 Pb 仅受土壤 Pb 的制约，吸收 Zn 仅受土壤 Zn 的制约。品种 II 对 Zn 的吸收不仅受土壤 Zn 的制约，还受到土壤 Pb 的制约。

表 2-1　印度芥菜地上部重金属富集量与土壤重金属含量的多元线性回归分析

芥菜品种	元素	多元线性回归方程	F 检验				
			F 值	P 值	Sig (x_1)	Sig (x_2)	Sig (x_3)
I	Cd	$y_1 = 1.326 + 0.345x_1 + 0.011x_2 + 0.006x_3$	3.855	0.042	0.019*	0.086	0.478
	Pb	$y_2 = 21.287 + 0.104x_1 + 0.013x_2 + 0.026x_3$	5.347	0.016	0.429	0.061	0.007**
	Zn	$y_3 = 120.182 + 1.125x_1 - 0.011x_2 + 0.445x_3$	7.641	0.005	0.471	0.882	0.001**
II	Cd	$y_1 = 4.782 + 0.466x_1 + 0.002x_2 + 0.007x_3$	2.129	0.155	0.033*	0.822	0.547
	Pb	$y_2 = 44.558 - 0.345x_1 + 0.030x_2 + 0.008x_3$	0.643	0.603	0.529	0.255	0.805
	Zn	$y_3 = 47.558 + 2.193x_1 + 0.251x_2 + 0.377x_3$	6.102	0.011	0.283	0.020*	0.010**
III	Cd	$y_1 = 6.228 + 0.490x_1 + 0.001x_2 + 0.00009x_3$	15.086	0.000	0.000**	0.840	0.984
	Pb	$y_2 = 10.929 + 0.605x_1 + 0.040x_2 + 0.021x_3$	3.962	0.039	0.081	0.022*	0.319
	Zn	$y_3 = 88.010 - 2.138x_1 + 0.130x_2 + 0.696x_3$	14.350	0.000	0.254	0.152	0.000**
IV	Cd	$y_1 = 4.153 + 0.602x_1 + 0.002x_2 - 0.003x_3$	16.064	0.000	0.000**	0.693	0.547
	Pb	$y_2 = 25.739 + 0.078x_1 + 0.021x_2 - 0.002x_3$	8.221	0.004	0.406	0.000**	0.771
	Zn	$y_3 = 73.167 + 1.753x_1 + 0.020x_2 + 0.660x_3$	38.298	0.000	0.107	0.680	0.000**
V	Cd	$y_1 = 7.000 + 0.296x_1 + 0.002x_2 - 0.003x_3$	3.374	0.058	0.010**	0.644	0.639
	Pb	$y_2 = 24.079 - 0.021x_1 + 0.014x_2 + 0.008x_3$	5.941	0.012	0.789	0.003**	0.108
	Zn	$y_3 = 139.917 - 0.458x_1 - 0.019x_2 + 0.428x_3$	28.952	0.000	0.547	0.607	0.000**
VI	Cd	$y_1 = 20.171 + 0.380x_1 + 0.007x_2 - 0.034x_3$	1.108	0.387	0.329	0.700	0.173
	Pb	$y_2 = 25.732 + 0.061x_1 + 0.029x_2 - 0.015x_3$	3.404	0.057	0.772	0.013*	0.277
	Zn	$y_3 = 289.450 + 0.579x_1 + 0.077x_2 + 0.145x_3$	0.285	0.836	0.856	0.616	0.472
VII	Cd	$y_1 = 13.410 + 0.268x_1 + 0.004x_2 + 0.00005x_3$	0.477	0.705	0.281	0.713	0.997
	Pb	$y_2 = 16.195 - 0.065x_1 + 0.018x_2 - 0.001x_3$	9.471	0.002	0.393	0.000**	0.913
	Zn	$y_3 = 143.737 - 0.320x_1 + 0.003x_2 + 0.613x_3$	12.729	0.001	0.844	0.973	0.000**

注：Ⅰ、Ⅱ、Ⅲ、Ⅳ、Ⅴ、Ⅵ、Ⅶ分别表示印度芥菜品种 Bau Sin、Green Wave、Horned、Magma、Great Wave Miike、Osaka Purle、Wild Garden Pangent Mix；其中 $n=15$，Sig (x_1)、Sig (x_2)、Sig (x_3) 分别是自变量 x_1、x_2、x_3 进行 F 检验的 P 值。

2. 不同印度芥菜对土壤镉、铅、锌的富集效应

在重金属 Cd、Pb、Zn 的复合处理条件下，7 个品种印度芥菜对 Cd 的吸收情况见表 2-2。7 个品种印度芥菜对 Cd 的吸收差异不显著，可能是由于印度芥菜对 Cd 的吸收能力较强，而盆栽试验土体中可被植物吸收利用的 Cd 浓度有限而未表现出明显的差异。7 个品种印度芥菜地上部、地下部对 Cd 的富集量平均值分别在 2.7～51.2mg/kg、7.3～101.3mg/kg。地上部平均 Cd 含量顺序为：Ⅶ＞Ⅱ＞Ⅵ＞Ⅲ＞Ⅳ＞Ⅰ＞Ⅴ。地下部 Cd 含量顺序为：Ⅶ＞Ⅵ＞Ⅰ＞Ⅳ＞Ⅱ＞Ⅴ＞Ⅲ。在 7 个不同品种 15 个处理中，地上部和地下部 Cd 含量最高的均为品种Ⅵ。

表 2-2 镉铅锌复合处理条件下印度芥菜镉含量

| 芥菜品种 | 吸收方程 | 植物镉含量（mg/kg） | | 15 个处理 | | | |
| | | | | 最大值（mg/kg） | | 最小值（mg/kg） | |
		地上部	地下部	地上部	地下部	地上部	地下部
I	$y=8.960+0.345x$ $P=0.025$ $R^2=0.331$	$17.6\pm2.8a$	$36.7\pm6.0ab$	39.4	88.3	3.1	7.6
II	$y=8.740+0.466x$ $P=0.022$ $R^2=0.342$	$20.4\pm3.7a$	$25.3\pm6.5ab$	45.0	100.3	3.0	7.4
III	$y=6.604+0.490x$ $P=0.000$ $R^2=0.804$	$18.8\pm2.6a$	$18.7\pm4.8b$	34.4	62.3	2.4	7.2
IV	$y=3.591+0.602x$ $P=0.000$ $R^2=0.805$	$18.6\pm3.1a$	$32.6\pm8.4ab$	42.3	97.2	1.6	3.1
V	$y=6.864+0.296x$ $P=0.006$ $R^2=0.458$	$14.3\pm2.1a$	$21.5\pm5.5ab$	33.1	77.3	4.5	7.0
VI	$y=9.928+0.380x$ $P=0.330$ $R^2=0.073$	$19.4\pm6.6a$	$37.9\pm9.8ab$	106.5	146.6	1.8	7.7
VII	$y=15.429+0.268x$ $P=0.242$ $R^2=0.104$	$22.1\pm3.9a$	$42.9\pm11.0a$	57.9	137.3	2.8	11.2
品	平均值	18.7 ± 1.4	30.4 ± 3.0	51.2	101.3	2.7	7.3
种	最大值	22.1	42.9	106.5	146.6	4.5	11.2
间	最小值	14.3	18.7	33.1	62.3	1.6	3.1

在复合处理条件下 7 个品种印度芥菜对 Pb 的吸收情况见表 2-3。地上部吸收 Pb，$F=4.838$，$P=0.000$；地下部吸收 Pb，$F=2.499$，$P=0.027$。7 个品种印度芥菜对 Pb 的吸收地上部、地下部分别达到极显著、显著的差异。7 个品种印度芥菜地上部、地下部对 Pb 的富集量平均值分别在 16.9~75.0mg/kg、28.8~613.4mg/kg。地上部 Pb 含量顺序为：II>III>I>IV>VI>V>VII。地下部 Pb 含量顺序为：II>VII>IV>I>VI>III>V。品种 II 地上部和地下部 Pb 含量在 7 个品种中最高。

表 2-3 镉铅锌复合处理条件下印度芥菜铅含量

| 芥菜品种 | 吸收方程 | 植物铅含量（mg/kg） | | 15 个处理 | | | |
| | | | | 最大值（mg/kg） | | 最小值（mg/kg） | |
		地上部	地下部	地上部	地下部	地上部	地下部
I	$y=34.383+0.013x$ $P=0.138$ $R^2=0.161$	$40.30\pm3.1ab$	$206.55\pm39.0abc$	55.79	486.7	15.7	17.3
II	$y=39.283+0.030x$ $P=0.224$ $R^2=0.112$	$53.54\pm9.0a$	$348.88\pm72.1a$	156.9	990.8	12.1	47.9
III	$y=34.286+0.040x$ $P=0.031$ $R^2=0.311$	$53.09\pm7.1a$	$180.91\pm38.8bc$	112.2	575.4	24.0	35.6
IV	$y=27.020+0.021x$ $P=0.000$ $R^2=0.668$	$36.93\pm2.5bc$	$212.27\pm43.0abc$	50.8	512.5	24.7	22.9
V	$y=26.850+0.014x$ $P=0.003$ $R^2=0.112$	$33.31\pm1.9bc$	$120.65\pm21.4c$	45.4	298.9	17.2	29.1
VI	$y=21.401+0.029x$ $P=0.009$ $R^2=0.416$	$34.99\pm4.4bc$	$196.04\pm46.0bc$	66.3	694.3	12.0	13.8
VII	$y=14.378+0.018x$ $P=0.000$ $R^2=0.700$	$22.92\pm2.1c$	$282.96\pm51.5ab$	37.8	734.9	12.4	35.2
品	平均值	39.30 ± 2.1	221.18 ± 18.4	75.0	613.4	16.9	28.8
种	最大值	53.5	348.98	156.9	990.8	24.7	47.9
间	最小值	22.9	120.6	37.8	298.9	12.0	13.8

复合污染条件下 7 个品种印度芥菜对 Zn 的吸收情况见表 2-4。7 个品种印度芥菜对 Zn 的吸收差异不显著。地上部、地下部对 Zn 的富集量平均值分别在 86.7~696.7mg/kg、213.1~2 018.7mg/kg。地上部 Zn 含量顺序为：VI>IV>VII>III>II>I>V。地下部

Zn 含量顺序为：Ⅴ＞Ⅶ＞Ⅱ＞Ⅵ＞Ⅰ＞Ⅳ＞Ⅲ。

表 2 - 4　镉铅锌复合处理条件下印度芥菜锌含量

芥菜品种	吸收方程	植物锌含量（mg/kg）		15 个处理			
				最大值（mg/kg）		最小值（mg/kg）	
		地上部	地下部	地上部	地下部	地上部	地下部
Ⅰ	$y=143.170+0.445x$　$P=0.000$　$R^2=0.659$	321.3±41.3a	548.1±60.8a	503.3	904.4	90.7	257.7
Ⅱ	$y=220.186+0.377x$　$P=0.025$　$R^2=0.330$	371.2±49.4a	595.4±41.7a	686.1	876.2	55.4	348.9
Ⅲ	$y=95.745+0.696x$　$P=0.000$　$R^2=0.726$	373.9±61.4a	504.8±78.1a	954.3	1 405.6	80.01	173.7
Ⅳ	$y=126.479+0.660x$　$P=0.000$　$R^2=0.887$	390.3±52.7a	512.9±60.7a	707.4	1 013.5	90.8	88.0
Ⅴ	$y=118.731+0.428x$　$P=0.000$　$R^2=0.881$	289.0±34.3a	1 040.5±486a	438.3	7 346.6	69.1	192.9
Ⅵ	$y=339.895+0.145x$　$P=0.439$　$R^2=0.047$	397.9±50.4a	548.1±87.6a	899.6	1 534.8	153.5	171.6
Ⅶ	$y=136.958+0.613x$　$P=0.000$　$R^2=0.776$	382.1±52.3a	618.2±67.5a	687.6	1 049.5	67.2	259.1
品种间	平均值	360.9±18.5	624.0±73.2	696.7	2 018.7	86.7	213.1
	最大值	397.9	1 040.5	954.3	7 346.6	153.5	348.9
	最小值	289.9	504.8	503.3	876.2	55.4	88.0

以 Cd 添加量为 x，印度芥菜地上部 Cd 富集量为 y，得到印度芥菜对 Cd 的吸收方程（表 2 - 2），除品种Ⅵ、Ⅶ外，方程 P 值均小于 0.05。建立坐标系得到 7 个方程图，见图 2 - 1。对品种Ⅰ～Ⅴ进行数学分析，品种Ⅳ方程的系数为 0.602，在 5 个品种中最大，说明其富集重金属的能力最强，应用潜力最大。当添加量 $x=0$ 时，品种Ⅰ的 $y=8.960$，在 5 个品种中最大，说明在不添加外源水溶性重金属时，其吸收富集重金属效果最好。将品种Ⅳ的方程分别与品种Ⅰ、Ⅱ、Ⅲ、Ⅴ的方程作差，求得差方程＞0 时的 x 值，分别为 $x＞20.89$、$x＞37.86$、$x＞26.90$、$x＞10.69$。由此发现，当 Cd 添加量大于 37.86mg/kg 时，品种Ⅳ的吸收能力开始显现出优越性，适合于修复污染较为严重的土壤；当 Cd 添加量小于 37.86mg/kg 时，特别是 Cd 添加量很低时，品种Ⅲ吸收能力较优，适合修复污染程度较轻的土壤。

以土壤 Pb 添加量为 x，印度芥菜地上部富集量为 y，得到印度芥菜对 Pb 的吸收方程（表 2 - 3），除品种Ⅰ、Ⅱ外，方程 P 值均小于 0.05。对品种Ⅲ～Ⅶ进行数学分析，品种Ⅲ方程的系数为 0.040，在 5 个品种中最大，当添加量 $x=0$ 时，品种Ⅲ的 $y=34.286$，说明在不添加外源水溶性重金属和添加时，该品种富集 Pb 的能力都很强，在 Pb 污染治理中应用潜力最大。

以土壤 Zn 添加量为 x，印度芥菜地上部 Zn 富集量为 y，得到对 Zn 的吸收方程（表 2 - 4），除品种Ⅵ外，方程 P 值均小于 0.05。对除品种Ⅵ外进行数学分析，品种Ⅲ方程的系数为 0.696，在 6 个品种中最大，说明在添加量大时，Ⅲ富集重金属的能力最强，应用潜力最大。当添加量 $x=0$ 时，品种Ⅱ的 $y=220.186$，在 6 个品种中最大，说明在不添加外源水溶性重金属时，其吸收富集重金属效果最好。将品种Ⅲ的方程分别与品种Ⅰ、

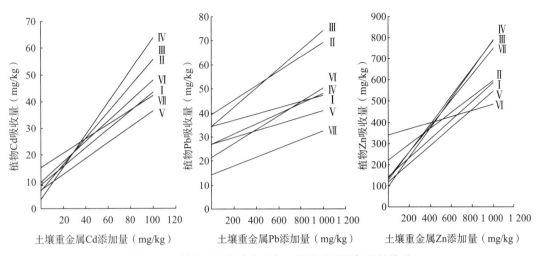

图 2-1　植物重金属富集量与土壤重金属添加量的关系

Ⅱ、Ⅳ、Ⅴ、Ⅶ的方程作差，求得差方程＞0 时的 x 值，分别为 $x>188.954$、$x>390.097$、$x>853.721$、$x>85.769$、$x>496.542$。当 Zn 添加量大于 853.721mg/kg 时，品种Ⅲ的吸收开始显现出优越性；当 Zn 添加量小于 853.721mg/kg 并大于 496.542mg/kg 时，品种Ⅶ吸收能力较优。对于品种Ⅱ，$x=0$ 时，$y=220.186$，说明在不添加外源污染时，该品种吸收富集能力很强，适合修复污染程度较轻的土壤。

（二）不同品种印度芥菜的转运系数与富集系数

通过表 2-5 可以看出，7 个品种印度芥菜对重金属 Cd、Pb、Zn 的转运系数均＜1，说明根部是重金属大量富集的场所，重金属在印度芥菜中转移能力不强，3 种重金属转移活动能力大小为 Zn＞Cd＞Pb。对 Cd、Pb、Zn 转移能力最强的都是品种Ⅲ，转运系数分别为 0.60、0.29、0.74。7 个品种印度芥菜的地上部对重金属 Cd、Pb、Zn 的富集系数除品种Ⅶ外均＜1，品种Ⅶ地上部对 Cd、Zn 的富集能力较强，地上部富集系数分别达到 1.83 和 1.15，说明品种Ⅶ可用于 Cd 或 Zn 污染土壤的修复。7 个品种印度芥菜对重金属富集能力大小为 Cd＞Zn＞Pb。7 个品种印度芥菜的地下部对重金属 Cd、Zn 的富集系数除品种Ⅵ外均＞1，品种Ⅵ对重金属的富集能力不强。7 个品种印度芥菜的地下部对重金属 Pb 的富集系数均＜1，这一方面与植物对 Pb 吸收的特性有关，另一方面与 Pb 在土壤中极易形成不易被植物吸收的无效态有关。印度芥菜地下部对 Cd 富集能力最强的是品种Ⅶ，富集系数为 2.34；对 Pb 富集能力最强的是品种Ⅱ，富集系数为 0.70；对 Zn 富集能力最强的是品种Ⅴ，富集系数为 2.19。

表 2-5　镉铅锌复合处理条件下印度芥菜的转运系数和富集系数

芥菜品种	转运系数			地上部富集系数			地下部富集系数		
	Cd	Pb	Zn	Cd	Pb	Zn	Cd	Pb	Zn
Ⅰ	0.48	0.20	0.59	0.68	0.08	0.68	1.42	0.41	1.15
Ⅱ	0.46	0.15	0.62	0.79	0.11	0.78	1.70	0.70	1.25
Ⅲ	0.60	0.29	0.74	0.73	0.11	0.79	1.21	0.36	1.06

（续）

芥菜	转运系数			地上部富集系数			地下部富集系数		
品种	Cd	Pb	Zn	Cd	Pb	Zn	Cd	Pb	Zn
Ⅳ	0.39	0.17	0.76	0.72	0.07	0.82	1.84	0.42	1.08
Ⅴ	0.33	0.27	0.28	0.55	0.07	0.61	1.67	0.24	2.19
Ⅵ	0.41	0.18	0.73	0.75	0.07	0.84	0.86	0.05	0.80
Ⅶ	0.37	0.08	0.62	1.83	0.39	1.15	2.34	0.57	1.30
均值	0.43	0.19	0.62	0.86	0.13	0.81	1.58	0.39	1.26

二、土壤镉铅锌生物有效性对印度芥菜超富集的影响

本研究采用盆栽试验，以印度芥菜为试材，分两组进行，第一组以潮褐土为基质，第二组以石英砂为基质，均采用 Cd、Pb、Zn 三因素及五水平回归正交设计方案，各设 15 个处理、3 次重复。其中，重金属 Cd、Pb、Zn 添加量分别为 0～50.00mg/kg、0～1 000.00mg/kg、0～800.00mg/kg。

（一）不同基质条件下印度芥菜吸收镉、铅、锌的能力差异分析

由表 2-6 可知，土培基质中，印度芥菜地上部的富集量 Cd 为 2.77～38.56mg/kg，Pb 为 12.38～37.84mg/kg，Zn 为 67.23～687.64mg/kg；印度芥菜地下部的富集量 Cd 为 11.23～137.33mg/kg，Pb 为 35.22～734.93mg/kg，Zn 为 259.13～1 049.51mg/kg。沙培基质下，印度芥菜地上部的富集量 Cd 为 11.09～1 227.93mg/kg，Pb 为 4.43～366.74mg/kg，Zn 为 541.22～2 760.04mg/kg；印度芥菜地下部的富集量 Cd 为 20.16～1 483.10mg/kg，Pb 为 30.00～1 642.53mg/kg，Zn 为 346.16～10 965.05mg/kg。在沙培基质中，印度芥菜重金属含量远高于土培基质，比较两组试验的平均值发现，对于地上部，沙培基质中 Cd 含量为土培基质中的 11.39 倍，Pb 含量为 6.19 倍，Zn 含量为 3.77 倍；对于地下部，沙培基质中 Cd 含量为土培基质中的 10.86 倍、Pb 含量为 2.27 倍、Zn 含量为 6.56 倍。印度芥菜对重金属的吸收特点还表现在植物地下部对重金属的吸收富集能力远高于地上部，其中 Pb 表现更为明显，在土培基质中甚至高达 12.35 倍。说明 Pb 在其体内的活动性较差，大部分累积在根部。

表 2-6 镉铅锌复合处理条件下印度芥菜重金属富集量

处理	土培基质						沙培基质					
	地上部含量（mg/kg）			地下部含量（mg/kg）			地上部含量（mg/kg）			地下部含量（mg/kg）		
	Cd	Pb	Zn	Cd	Pb	Zn	Cd	Pb	Zn	Cd	Pb	Zn
1	2.77	21.80	186.87	11.23	102.00	621.54	93.91	153.88	1 477.56	246.36	303.75	2 842.39
2	6.23	31.72	147.03	14.20	421.20	394.20	89.60	131.13	1 326.82	282.52	693.93	2 194.28
3	5.28	18.51	687.64	17.70	125.34	845.27	50.51	36.73	1 802.29	256.84	261.53	5 400.76
4	6.32	37.84	591.49	17.73	396.60	745.33	129.56	366.74	2 760.04	172.44	243.73	1 995.59
5	28.25	16.62	187.74	80.63	106.69	286.76	228.31	107.46	1 133.46	579.65	159.19	1 819.24
6	28.20	32.04	157.03	97.58	474.38	346.13	214.39	144.85	974.87	670.17	1 119.85	2 358.53

（续）

处理	土培基质						沙培基质					
	地上部含量（mg/kg）			地下部含量（mg/kg）			地上部含量（mg/kg）			地下部含量（mg/kg）		
	Cd	Pb	Zn	Cd	Pb	Zn	Cd	Pb	Zn	Cd	Pb	Zn
7	23.48	14.78	607.21	74.24	102.83	689.13	184.26	14.46	1 305.53	986.81	219.78	5 012.83
8	24.48	22.04	646.69	137.33	734.93	857.53	186.92	195.32	1 699.63	1 483.10	1 642.53	10 965.05
9	5.88	15.16	519.45	13.49	428.90	649.18	11.09	107.36	2 120.04	20.16	821.71	5 510.04
10	38.56	23.26	471.92	136.04	373.68	717.92	239.24	81.05	1 291.77	1 239.77	653.17	4 127.59
11	29.82	19.25	67.23	76.35	271.90	259.13	1 227.93	348.02	541.22	1 365.68	1 581.12	346.16
12	34.84	25.16	359.38	80.19	412.18	1 049.51	156.41	77.08	1 332.68	934.44	942.37	7 346.57
13	17.81	12.38	380.43	72.02	35.22	1 024.16	95.15	4.43	1 102.80	440.06	30.00	3 594.74
14	18.90	37.43	421.27	35.78	194.63	385.41	159.50	86.38	1 280.29	571.16	852.15	3 893.84
15	9.04	15.74	299.31	42.59	63.86	402.25	121.08	273.20	1 477.34	598.57	115.66	3 420.46
均值	18.66	22.92	382.05	60.47	282.96	618.23	212.52	141.87	1 441.76	656.52	642.70	4 055.20

（二）不同基质条件下印度芥菜富集效应特点分析

由表 2-7 可看出，土培基质中，印度芥菜地上部对 Cd 的富集系数在 0.35～7.08，平均值为 1.22；地下部在 1.39～16.25，平均值为 3.39。地上部对 Pb 的富集系数在 0.02～0.63，平均值为 0.14；地下部在 0.08～8.90，平均值为 1.64。地上部对 Zn 的富集系数在 0.12～5.01，平均值为 1.46；地下部在 0.35～13.50，平均值为 2.60。沙培基质中，印度芥菜地上部对 Cd 的富集系数在 3.68～47.54，平均值为 11.53；地下部在 12.49～53.81，平均值为 30.85。地上部对 Pb 的富集系数在 0.01～11.40，平均值为 1.26；地下部在 0.07～51.77，平均值为 5.62。地上部对 Zn 的富集系数在 0.94～14.53，平均值为 5.22；地下部在 0.60～47.37，平均值为 14.51。沙培基质中印度芥菜对重金属的富集量远大于在土培基质中的。印度芥菜对 3 种重金属吸收富集能力的大小为 Cd＞Zn＞Pb。在沙培基质的 15 个处理中，地上部对 Cd 富集系数全部＞1，对 Pb 富集系数＞1 的为 5 个，对 Zn 富集系数＞1 的为 13 个；地下部对 Cd 富集系数全部＞1，对 Pb 富集系数＞1 的为 10 个，对 Zn 富集系数＞1 的为 14 个。土培基质的 15 个处理中，地上部对 Cd 富集系数＞1 的处理为 6 个，对 Pb 富集系数＞1 的为 0 个，对 Zn 富集系数＞1 的为 6 个；地下部对 Cd 富集系数全部＞1，对 Pb 富集系数＞1 的为 6 个，对 Zn 富集系数＞1 的为 9 个。随着重金属添加量的增加，印度芥菜对重金属元素的富集能力随之降低，富集系数＞1 的点位多出现于低重金属添加量的处理中。如在不添加 Cd 的处理 9 中，土培基质中印度芥菜对 Cd 的富集系数地上部达 7.08，地下部达 16.25。

表 2-7　镉铅锌复合处理条件下印度芥菜的富集系数

处理	土培基质						沙培基质					
	地上部富集系数			地下部富集系数			地上部富集系数			地下部富集系数		
	Cd	Pb	Zn	Cd	Pb	Zn	Cd	Pb	Zn	Cd	Pb	Zn
1	0.53	0.22	1.14	2.14	1.01	3.78	17.89	1.52	8.99	46.93	3.00	17.29
2	1.19	0.31	0.15	2.70	4.16	0.40	17.07	1.29	1.34	53.81	6.85	2.22

（续）

| 处理 | 土培基质 | | | | | | 沙培基质 | | | | | |
| | 地上部富集系数 | | | 地下部富集系数 | | | 地上部富集系数 | | | 地下部富集系数 | | |
	Cd	Pb	Zn	Cd	Pb	Zn	Cd	Pb	Zn	Cd	Pb	Zn
3	1.01	0.02	4.18	3.37	0.16	5.14	9.62	0.05	10.97	48.92	0.34	32.86
4	1.20	0.05	0.60	3.38	0.52	0.75	24.68	0.48	2.80	32.85	0.32	2.02
5	0.61	0.16	1.14	1.74	1.05	1.74	4.92	1.06	6.90	12.49	1.57	11.07
6	0.61	0.32	0.16	2.10	4.68	0.35	4.62	1.43	0.99	14.44	11.05	2.39
7	0.51	0.02	3.69	1.60	0.14	4.19	3.97	0.02	7.94	21.26	0.29	30.50
8	0.53	0.03	0.65	2.96	0.97	0.87	4.03	0.26	1.72	31.96	2.16	11.10
9	7.08	0.04	0.90	16.26	1.00	1.13	13.36	0.25	3.68	24.29	1.91	9.57
10	0.76	0.05	0.82	2.68	0.87	1.25	4.71	0.19	2.24	24.39	1.52	7.17
11	1.15	0.63	0.12	2.96	8.90	0.45	47.54	11.40	0.94	52.87	51.77	0.60
12	1.35	0.03	0.62	3.10	0.50	1.82	6.06	0.09	2.31	36.18	1.13	12.76
13	0.69	0.03	5.01	2.79	0.08	13.50	3.68	0.01	14.53	17.04	0.07	47.37
14	0.73	0.09	0.39	1.39	0.45	0.36	6.17	0.20	1.19	22.11	1.98	3.62
15	0.35	0.04	2.38	1.65	0.15	3.20	4.69	0.63	11.74	23.17	0.27	27.17
均值	1.22	0.14	1.46	3.39	1.64	2.60	11.53	1.26	5.22	30.85	5.62	14.51

（三）印度芥菜Ⅶ（Wild Garden Pangent Mix）对土壤重金属的富集能力特点

从表 2-8 可知，印度芥菜对重金属 Cd、Pb、Zn 具有很强的吸纳与耐受能力，其富集量随土壤中该种金属浓度的增加而增加。印度芥菜对重金属的吸收特点还表现在植物地下部对重金属的吸收富集能力远高于地上部，约为地上部的 3～5 倍，其中 Pb 表现更为明显，甚至高达 20 余倍。随着重金属添加量的增加，印度芥菜对重金属元素的富集能力随之降低，富集系数＞1 的点位多出现于重金属添加量很小的处理中。如前文提到的不添加 Cd 的处理 9 中，印度芥菜对 Cd 的富集系数地上部达 7.08，地下部达 16.26。这是由于外源添加的重金属有相当一部分在土壤中可能变为无效态的，根系无法吸收，影响了其提取效率，因此实际修复工作中应对土壤中无效态重金属进行活化诱导，从而提高植物修复能力。

表 2-8 镉铅锌复合处理条件下对印度芥菜重金属富集量的影响

| 处理 | 土壤重金属含量（mg/kg） | | | 地上部富集量（mg/kg） | | | 地下部富集量（mg/kg） | | |
	Cd	Pb	Zn	Cd	Pb	Zn	Cd	Pb	Zn
1	5.25	119.02	146.66	2.77	21.80	186.87	11.23	102.00	621.54
2	5.25	942.06	146.66	6.23	31.72	147.03	14.20	421.20	394.20
3	5.25	119.02	805.10	5.28	18.51	687.64	17.70	125.34	845.27
4	5.25	942.06	805.10	6.32	37.84	591.49	17.73	396.60	745.33

（续）

处理	土壤重金属含量（mg/kg）			地上部富集量（mg/kg）			地下部富集量（mg/kg）		
	Cd	Pb	Zn	Cd	Pb	Zn	Cd	Pb	Zn
5	46.41	119.02	146.66	28.25	16.62	187.74	80.63	106.69	286.76
6	46.41	942.06	146.66	28.20	32.04	157.03	97.58	474.38	346.13
7	46.41	119.02	805.10	23.48	14.78	607.21	74.24	102.83	689.13
8	46.41	942.06	805.10	24.48	22.04	646.69	137.33	734.93	857.53
9	0.83	530.54	475.88	5.88	15.16	519.45	13.49	428.90	649.18
10	50.83	530.54	475.88	38.56	23.26	471.92	136.04	373.68	717.92
11	25.83	530.54	75.88	29.82	19.25	67.23	76.35	271.90	259.13
12	25.83	530.54	875.88	34.84	25.16	359.38	80.19	412.18	1 049.51
13	25.83	30.54	475.88	17.81	12.38	380.43	72.02	35.22	1 024.16
14	25.83	1030.54	475.88	18.90	37.43	421.27	35.78	194.63	385.41
15	25.83	80.54	475.88	9.04	15.74	299.31	42.59	63.86	402.25
平均值	25.83	500.54	475.88	18.66	22.92	382.05	60.47	282.96	618.23

三、EDTA 促进印度芥菜修复土壤镉铅锌污染的效果

（一）EDTA 施用量对印度芥菜生物量及其重金属富集效应的影响

由表 2-9 可看出，EDTA 的添加使印度芥菜地上部生物量低于对照，随着施用量的增加，生物量显著下降，当施用量达 7mmol/kg（e 处理）时，印度芥菜死亡，b 处理、c处理、d 处理生物量分别降低 20.52%、36.46%、59.39%。土壤有效态 Cd、Pb、Zn 变化无明显规律性，除 Zn 外，均显著低于对照。印度芥菜地上部富集量中 Cd、Pb 最大值为 b 处理，Zn 为 c 处理，最大值分别比对照提高 53.75%、233.80%、29.17%。印度芥菜地上部提取量最大的处理为 b 处理，b 处理 Cd、Pb 提取量分别为对照的 1.21 倍、2.66倍，Zn 则均低于对照。综合以上结果，EDTA 施用量不宜太高，当超过 5mmol/kg 时则对植株生长造成严重威胁，EDTA 施用量为 1mmol/kg 时取得了最好的试验修复效果，此时 EDTA 与土壤中 Cd、Pb、Zn 物质的量比分别约为 1∶1、1∶2、1∶14。

表 2-9 EDTA 施用量对印度芥菜生物量及其重金属富集效应的影响

处理	生物量（g）	土壤重金属有效态含量（mg/kg）			植株地上部重金属富集量（mg/kg）			每盆植株提取量（mg）		
		Cd	Pb	Zn	Cd	Pb	Zn	Cd	Pb	Zn
a	45.8±3.2a	36.0±3.2b	24.2±2.9a	89.4±4.4bc	114.8±8.9d	21.6±1.9d	504.7±23.18d	0.53	0.99	2.31
b	36.4±3.4b	32.5±2.9c	11.1±1.6e	86.3±6.9c	176.5±6.7a	72.1±3.5a	605.7±36.22b	0.64	2.63	2.21
c	29.1±2.1c	25.3±1.8e	15.3±2.8b	94.2±7.3a	122.4±4.8b	58.3±4.9b	651.9±21.56a	0.36	1.70	1.90

（续）

处理	生物量（g）	土壤重金属有效态含量（mg/kg）			植株地上部重金属富集量（mg/kg）			每盆植株提取量（mg）		
		Cd	Pb	Zn	Cd	Pb	Zn	Cd	Pb	Zn
d	18.6±1.9d	29.6±0.9d	4.4±0.5d	92.3±6.8ab	118.5±8.3c	46.1±5.4c	584.6±24.59c	0.22	0.86	1.09
e	—	39.7±3.2a	11.4±2.7c	78.3±6.4d	—	—	—	—	—	—

注：处理 a、b、c、d、e 分别代表 EDTA 添加量为 0mmol/kg、1mmol/kg、3mmol/kg、5mmol/kg、7mmol/kg 的处理。

（二）EDTA 施用时间对印度芥菜生物量及其重金属富集效应的影响

由表 2-10 可知，D 处理使印度芥菜生物量降低程度最小，与对照几乎无差别；其次是 E 处理，生物量只降低 5.73%；B 处理未能发芽，EDTA 的加入使种子所处环境骤变，而未能顺利生长。土壤有效态 Cd、Pb、Zn 含量最低的是 D 处理，均低于对照。EDTA 的施入使植株地上部含量均有所提高，最高的是 E 处理，Cd、Pb、Zn 含量比对照分别提高 20.12%、300.93%、37.17%；C 处理 Cd、Pb、Zn 含量分别提高 6.62%、169.91%、29.17%；D 处理 Pb、Zn 含量分别提高 169.91%、26.29%，Cd 含量略有下降。提取量最高的均为 E 处理，Cd、Pb、Zn 提取量分别为对照的 1.13 倍、3.78 倍、1.29 倍。

表 2-10　EDTA 施用时间对印度芥菜生物量及其重金属富集效应的影响

处理	生物量（g）	土壤有效态含量（mg/kg）			植株地上部含量（mg/kg）			每盆植株提取量（mg）		
		Cd	Pb	Zn	Cd	Pb	Zn	Cd	Pb	Zn
A	45.8±2.2a	36.0±1.7a	24.2±3.2a	89.4±7.7b	114.8±9.1c	21.6±3.2d	504.7±9.7d	0.53	0.99	2.31
B	—	34.3±2.9a	7.6±1.6c	94.2±8.2a						
C	29.1±1.8b	25.3±4.8b	15.3±3.1b	94.2±5.8a	122.4±8.2b	58.3±6.6c	651.9±6.7b	0.36	1.70	1.90
D	45.4±3.9a	19.6±1.6c	6.7±0.9c	87.9±8.4b	113.9±6.5c	62.1±4.5b	637.4±9.3c	0.52	2.82	2.90
E	43.2±4.3a	23.7±4.1b	12.2±1.2b	94.2±6.9a	137.9±9.6a	86.6±5.8a	692.3±9.8a	0.60	3.74	2.99

注：处理 A 代表不施 EDTA；B 代表播种前一次性施入 EDTA 3mmol/kg；C 代表生长 30d 后一次性施入 EDTA 3mmol/kg；D 代表收获前 7d 一次性施入 EDTA 3mmol/kg；E 代表于播种前、生长 30d 后、收获前 7d，分别施入 EDTA 1mmol/kg。"—"代表印度芥菜死亡，数据缺失。

（三）EDTA 最优处理下印度芥菜富集重金属的效果

由表 2-11 可知，EDTA 的加入使印度芥菜生物量略有下降，但统计上差异并不显著；EDTA 的添加显著增加了植物地上部重金属的含量，但在收获时土壤中有效态重金属含量均显著低于对照，这可能是由于土壤中重金属各形态间一直处于动态变化之中，无效态重金属向有效态转变，有效态被植物根系吸收。植物地上部重金属含量较对照显著增加，Cd、Pb、Zn 含量分别是对照的 1.31 倍、2.88 倍、2.18 倍，印度芥菜对重金属的提取量（以每个微区为单元）均显著增加，对 Cd、Pb、Zn 的提取量分别是对照的 1.24 倍、2.06 倍、2.07 倍。由此可见，EDTA 较大幅度地增加了印度芥菜对重金属的吸收与富集。

表 2-11 EDTA 优化处理条件下印度芥菜富集土壤重金属的效果

处理	生物量 (g)	土壤有效态含量 (mg/kg)			植株地上部含量 (mg/kg)			每盆植株提取量 (mg)		
		Cd	Pb	Zn	Cd	Pb	Zn	Cd	Pb	Zn
I	274.6±6.0a	26.3±1.9a	31.4±4.3a	92.9±6.9a	89.2±5.8b	54.1±4.4b	400.3±9.9b	2.45	1.48	10.99
II	260.9±5.3a	20.9±2.3b	27.8±3.3b	89.9±7.7b	116.8±6.6a	155.7±9.2a	870.9±7.6a	3.05	3.05	22.72

注：处理 I 为空白对照；处理 II 为 EDTA 最优处理。

四、微生物促进印度芥菜对土壤镉铅锌复合污染修复

(一)接种微生物对印度芥菜生长的影响

从收获时印度芥菜的生物学指标来看（表 2-12），A 处理印度芥菜长势旺盛，顺利进入生殖生长阶段，开花打籽，其生物量和平均株高在 4 个处理中最大。B 处理印度芥菜生物量和平均株高均明显降低，生长缓慢，出现叶黄、植株细弱、萎蔫等不良长势，这可能是由于黑曲霉30177 的侵入给植物生长带来了不良影响，或者黑曲霉 30177 促使植物对 Cd、Pb、Zn 大量吸收，从而影响了其生长。C 处理长势较为良好，植株高大，偶见黄叶。在外源污染土壤试验中，与对照印度芥菜生物量相比，A 处理和 C 处理分别提高了 50.93% 和 37.11%，B 处理降低了 41.98%。在自然污染土壤试验中，与对照印度芥菜生物量相比，A 处理和 C 处理分别提高了 44.59% 和 41.03%，B 处理降低了 37.97%。同时发现，外源污染土壤处理的印度芥菜生物量比自然污染土壤处理普遍降低，一般降低 11.86%～21.03%。

表 2-12 接种微生物对印度芥菜生长发育的影响

处理	生物量 (g)	平均株高 (cm)	处理	生物量 (g)	平均株高 (cm)
A-a-1	53.64±3.28b	41.56±2.92b	A-b-1	60.86±3.36a	49.27±3.05a
B-a-1	20.62±1.08g	22.88±1.06d	B-b-1	26.11±1.28f	27.04±1.98c
C-a-1	48.73±2.92c	39.63±3.21b	C-b-1	59.36±3.15a	46.95±3.51a
D-a-1	35.54±2.38e	37.75±2.79b	D-b-1	42.09±2.94d	40.59±2.85b

注：在处理编号中，A 代表接种巨大芽孢杆菌和胶质芽孢杆菌的混合微生物制剂，B 代表接种黑曲霉 30177 发酵液，C 代表接种黑曲霉 30582 发酵液，D 代表不接种微生物菌液；a 代表添加外源可溶性重金属，制成 Cd、Pb、Zn 添加量分别为 100mg/kg、500mg/kg 和 800mg/kg 的污染土壤；b 代表不添加外源可溶性重金属，有效态 Cd、Pb、Zn 含量分别为 1.70mg/kg、16.80mg/kg、61.50mg/kg 的污染土壤；1 代表种植印度芥菜。下同。

(二)接种微生物对印度芥菜重金属富集量的影响

从表 2-13 可以看出，接种微生物对印度芥菜 Cd、Pb、Zn 的富集量产生了显著的影响。在外源污染土壤试验中，C 处理土壤有效态 Cd 含量最高，而植株 Cd 富集量在几个处理中最低，B 处理呈现出与之截然相反的规律。这说明 C 处理虽然活化了土壤重金属，但并未使其被印度芥菜有效吸收。

在外源污染土壤试验中，对于印度芥菜地上部 Cd 富集量，A 处理和 B 处理分别比对照提高了 44.57% 和 88.82%，C 处理比对照降低了 11.13%；对于地上部 Pb 富集量，A 处理和 B 处理分别比对照提高了 68.54% 和 129.04%，C 处理比对照降低了 42.49%；对于地上部 Zn 富集量，A 处理、B 处理和 C 处理分别比对照提高了 22.87%、21.58% 和 16.80%。

在自然污染土壤试验中，A 处理和 B 处理的印度芥菜地上部 Cd 富集量分别比对照提高了 220.39% 和 78.95%，C 处理比对照降低了 84.21%；A 处理和 B 处理的地上部 Pb 富集量分别比对照提高了 11.63% 和 111.63%，C 处理比对照降低了 70.73%；A 处理和 B 处理的地上部 Zn 含量分别比对照提高了 13.95% 和 33.85%，C 处理比对照降低了 23.41%。由此可见，A 处理和 B 处理有促进印度芥菜富集土壤 Cd、Pb、Zn 的作用，其中对 Cd、Pb 的促进作用要强于对 Zn 的作用。

表 2-13　微生物对印度芥菜重金属富集量的影响

处理	土壤有效态含量（mg/kg）			印度芥菜地上部富集量（mg/kg）		
	Cd	Pb	Zn	Cd	Pb	Zn
A-a-1	36.30±3.16b	11.39±1.38bc	86.20±5.98c	114.83±9.24b	63.42±4.55b	620.15±22.55a
B-a-1	29.19±2.72c	15.00±1.47a	94.18±7.03a	149.98±9.87a	86.19±5.72a	613.62±20.47b
C-a-1	47.52±3.62a	13.06±1.39ab	81.49±5.74d	70.59±4.96d	21.64±2.54d	589.53±19.98c
D-a-1	38.04±3.28b	10.00±1.34c	90.71±6.92b	79.43±5.07c	37.63±3.18c	504.72±17.26d
A-b-1	0.97±0.18c	1.94±0.54b	8.06±1.28b	4.87±0.77a	5.95±1.08b	147.34±9.76b
B-b-1	1.20±0.26a	3.06±0.77a	6.96±1.09c	2.72±0.69b	11.28±1.27a	173.07±11.34a
C-b-1	0.81±0.15d	1.39±0.39c	5.90±0.94d	0.24±0.09d	1.56±0.42d	99.03±7.43d
D-b-1	1.06±0.21b	0.56±0.28d	8.66±1.37a	1.52±0.41c	5.33±0.86c	129.30±8.72c

（三）微生物处理对土壤重金属有效态含量的影响

用接种微生物的土壤处理，在不种植印度芥菜的条件下，研究了接种微生物对土壤重金属有效态含量的影响。从表 2-14 可以看出，A 处理和 B 处理的土壤 Cd、Pb、Zn 有效态含量显著增加，C 处理的土壤 Cd、Pb、Zn 有效态含量普遍降低。这可能是降低重金属污染毒害，引起其生物产量提高的一个重要原因。在外源污染土壤试验中，A 处理的土壤有效态 Cd、Pb、Zn 含量分别比对照提高了 6.13%、5.96%、2.65%；B 处理的土壤有效态 Cd、Pb、Zn 含量分别比对照提高了 25.55%、2.28%、8.76%；C 处理的土壤有效态 Cd、Pb、Zn 含量分别比对照降低了 3.89%、3.68%、2.44%。在自然污染土壤试验中，土壤有效态 Cd 含量变化幅度较大，A 处理和 B 处理分别比对照提高了 115.56% 和 20%，C 处理比对照降低了 75.56%，说明其中巨大芽孢杆菌和胶质芽孢杆菌的混合微生物制剂对土壤 Cd 有很强的活化作用；有效态 Pb 除 B 处理有所下降外，其余无明显变化；与对照土壤有效态 Zn 含量相比，A 处理和 B 处理分别比对照提高了 44.43% 和 25.56%，C 处理比对照降低了 11.58%。

表 2-14　微生物对土壤重金属有效态含量的影响

处理	土壤有效态含量（mg/kg）			处理	土壤有效态含量（mg/kg）		
	Cd	Pb	Zn		Cd	Pb	Zn
A-a-2	32.73±3.05b	9.78±1.57a	87.93±5.92b	A-b-2	0.97±0.21a	1.95±0.32a	16.22±1.67a
B-a-2	38.72±3.32a	9.44±1.46a	93.16±6.32a	B-b-2	0.54±0.19b	1.67±0.29b	14.10±1.52b
C-a-2	29.64±2.98c	8.89±1.39a	83.57±5.78c	C-b-2	0.11±0.07d	1.94±0.30a	9.93±1.44d
D-a-2	30.84±2.99b	9.23±1.48a	85.66±5.94bc	D-b-2	0.45±0.15c	1.94±0.33a	11.23±1.50c

注：处理编号中 2 代表不种植印度芥菜。

(四) 微生物处理对印度芥菜重金属富集量的影响

超富集植物的重金属提取量是描述植物修复土壤重金属污染效果最直观的指标之一。由表 2-15 可见，在外源污染土壤试验中，A 处理中印度芥菜对土壤 Cd、Pb、Zn 的提取量最高，分别是对照的 2.18 倍、2.54 倍和 1.85 倍；B 处理的提取量受其生物量降低的影响与对照相差不大，只是 Cd、Pb 提取量略有提高，Zn 提取量有所下降；C 处理 Cd、Zn 比对照稍有增加，Pb 则比对照降低了 21.64%。在自然污染土壤试验中，A 处理印度芥菜对土壤 Cd、Pb、Zn 的提取量显著提高，分别是对照的 5.00 倍、1.64 倍和 1.65 倍；B 处理 Cd 提取量与对照相差不大，Pb 提取量是对照的 1.32 倍，Zn 提取量有所下降；C 处理 Cd、Pb 提取量明显低于对照，分别比对照降低了 83.33%、59.09%，Zn 则稍有增加。微生物处理对印度芥菜富集土壤 Cd、Pb、Zn 提取率的影响规律与提取量基本相同。由此可见，巨大芽孢杆菌和胶质芽孢杆菌的混合微生物制剂在印度芥菜修复 Cd、Pb、Zn 污染土壤中具有较高的利用价值，可显著提高修复效率；在轻度污染农田中施用 C 处理菌剂（黑曲霉 30582 发酵液），可以减轻植物受重金属毒害的程度。

表 2-15 微生物对印度芥菜富集土壤镉铅锌提取量的影响效果

处理	Cd		Pb		Zn		处理	Cd		Pb		Zn	
	Q	P	Q	P	Q	P		Q	P	Q	P	Q	P
A-a-1	0.616	0.593	0.340	0.062	3.326	0.340	A-b-1	0.030	0.770	0.036	0.077	0.897	0.502
B-a-1	0.309	0.298	0.178	0.032	1.265	0.129	B-b-1	0.007	0.184	0.029	0.063	0.452	0.253
C-a-1	0.344	0.331	0.105	0.019	2.873	0.294	C-b-1	0.001	0.037	0.009	0.020	0.588	0.329
D-a-1	0.282	0.272	0.134	0.024	1.794	0.183	D-b-1	0.006	0.166	0.022	0.048	0.544	0.305

注：Q 表示每盆超富集植物重金属提取量，是印度芥菜地上部生物量干重与该种重金属富集量的乘积，单位为 mg；P 表示植物重金属富集率，是印度芥菜重金属提取量与土壤中该种重金属总量的比值，单位为%。

五、主要研究进展

1. 明确了 7 个品种印度芥菜对土壤镉铅锌富集能力的差异。在土壤镉铅锌复合污染处理条件下，7 个品种印度芥菜地上部、地下部对镉的富集量平均值分别在 2.7～51.2mg/kg、7.3～101.3mg/kg，地上部、地下部对铅的富集量平均值分别在 16.9～75.0mg/kg、28.8～613.4mg/kg，地上部、地下部对锌的富集量平均值分别在 86.7～696.7mg/kg、213.1～2 018.7mg/kg。3 种重金属在印度芥菜体内的转移活动能力大小为 Zn>Cd>Pb，印度芥菜对重金属富集能力大小为：Cd>Zn>Pb。品种Ⅶ（Wild Garden Pangent Mix）地上部重金属富集系数高于其他品种。

2. 探明了镉铅锌生物有效性对印度芥菜修复效率的影响。印度芥菜在沙培基质对重金属的富集量远远大于土培基质，其中镉表现最为明显。在沙培基质上，印度芥菜地上部茎叶的镉、铅、锌富集量分别为土培基质的 11.39 倍、6.19 倍、3.77 倍；地下部根系镉、铅、锌富集量分别为土培基质的 10.86 倍、2.27 倍、6.56 倍。根系对重金属的吸收富集能力远高于茎叶。

3. 明确了 EDTA 对印度芥菜修复土壤镉铅锌污染的促进效果。在镉污染量相同的条件下，EDTA 的施入使印度芥菜生物量显著下降，地上部镉富集量显著增加，收获时施入组土壤有效态镉含量低于未施入组；EDTA 一次性使用剂量为 1mmol/kg 及分 3 个阶段施入 1mmol/kg 修复效果最佳，前者印度芥菜对镉、铅的提取量分别是对照的 1.21 倍、2.66 倍，后者对镉、铅、锌提取率分别是对照的 1.13 倍、3.78 倍、1.29 倍。

4. 明确了微生物对印度芥菜修复土壤镉铅锌污染的调控效果。添加巨大芽孢杆菌和胶质芽孢杆菌的混合微生物制剂，外源添加重金属污染土壤中印度芥菜镉、铅、锌提取量分别是对照的 2.18 倍、2.54 倍和 1.85 倍，在自然污染土壤上，印度芥菜镉、铅、锌提取量分别是对照的 5.00 倍、1.64 倍和 1.65 倍。黑曲霉 30177 发酵液能促进印度芥菜对 Cd、Pb、Zn 的富集吸收，但显著降低超富集植物的生物量；黑曲霉 30582 发酵液可钝化土壤镉、铅、锌，降低印度芥菜对镉、铅、锌的吸收。巨大芽孢杆菌和胶质芽孢杆菌的混合微生物制剂可协同印度芥菜修复复合污染土壤。

第二节　土壤镉污染的印度芥菜与苜蓿联合修复

我国耕地面积有限，对受中低度重金属污染土壤实行大规模休耕不太现实。植物修复或生态利用重金属污染土壤，开辟了土壤重金属污染修复利用的新途径。然而，应用植物提取修复土壤重金属污染尚存在一定局限，主要问题是一般超富集植物生长慢、生物量小、修复效率偏低。根据生态系统理论，运用植物搭配种植，把超富集植物与生物量大、生长迅速的抗耐植物联合，可有效改善土壤环境，提高植物修复效率，具有较高的实用价值。本研究以土壤镉污染植物修复为研究对象，以印度芥菜（*Brassica juncea*）和苜蓿（*Medicago sativa*）为试材，开展了印度芥菜与苜蓿联合修复镉污染土壤的盆栽试验，研究了土壤镉在土壤-印度芥菜/苜蓿系统的分布特征，探索在镉污染土壤上印度芥菜和苜蓿的生长状况及其镉富集能力，并评估了苜蓿重金属镉饲用安全情况下的土壤环境标准，构建了土壤镉污染植物联合修复技术，可为苜蓿的安全饲用提供科学依据。

一、印度芥菜与苜蓿联合修复对生物量的影响

如表 2-16 所示，土壤 Cd 含量在 0.37～20.37mg/kg 范围内（数据为试验设计浓度＋土壤 Cd 背景值），整个生育期内，无论是单作还是间作种植方式，印度芥菜和苜蓿均未出现死苗、黄苗或叶片失绿现象，收获时也未出现植物萎蔫现象，植物根系也未受土壤 Cd 毒害变黑或死亡。从生物量上分析，Cd 胁迫对单作和间作的印度芥菜生物量影响不大，说明印度芥菜对 Cd 有较强的耐受性。有研究表明，苜蓿可以忍受 20mg/kg 的 Cd 浓度，超过此浓度后植株表现出明显的中毒现象。本试验也表明，当土壤 Cd 含量为 20.37mg/kg 时，间作苜蓿生物量显著降低。

间作的印度芥菜和苜蓿虽然密度与相应单作植物相似，但株数仅为单作的一半，为便于与相应单作的印度芥菜和苜蓿进行比较，故需要在量上进行统一，将间作的印度芥菜和苜蓿生物量加倍后与单作比较。本试验条件下，间作印度芥菜加倍后的生物量为每盆 9.22～10.66g，与单作相比，生物量降低了 0.4%～11.8%。苜蓿间作加倍后的生物量为每盆 17.36～20.94g，生物量较单作提高了 55.3%～77.0%。可见，印度芥菜和苜蓿间作会造成印度芥菜略微减产，但能大幅度提高苜蓿产量。这可能是由于印度芥菜与苜蓿间

作，苜蓿竞争得到更多生长空间，吸收土壤中大量氮、磷、钾等养分和水分，而印度芥菜在竞争中处于劣势，故其生物量降低。

表 2-16 镉胁迫对印度芥菜和苜蓿生物量的影响

土壤镉含量（mg/kg）	单盆印度芥菜生物量（g）		单盆苜蓿生物量（g）	
	单作（10 株）	间作（5 株）	单作（20 株）	间作（10 株）
0.37	10.10±0.50a	4.91±0.29a	12.78±1.47a	10.02±0.49a
5.37	10.31±0.78a	4.84±0.51a	11.45±1.50a	10.00±0.12a
10.37	10.45±0.38a	4.61±0.44a	11.83±1.08a	10.47±0.60a
15.37	11.19±0.38a	5.29±0.56a	12.15±1.06a	9.82±0.70a
20.37	10.70±0.90a	5.33±0.34a	11.18±0.90a	8.68±0.50b

二、印度芥菜与苜蓿联合对土壤镉的活化效应

（一）对土壤水溶态 Cd 的影响

土壤水溶态 Cd 是存在于土壤溶液中的 Cd 离子，能够被植物直接吸收利用。由表 2-17 可以看出，结籽期印度芥菜和盛花期苜蓿间作条件下土壤水溶态 Cd 含量极低，在 0.000~0.039mg/kg，且无论是印度芥菜和苜蓿单作还是二者间作，土壤水溶态 Cd 含量差异不大。这说明土壤中 Cd 主要是以结合态或其他形式存在。

表 2-17 不同种植方式对土壤水溶态镉的影响

土壤镉含量（mg/kg）	印度芥菜单作（mg/kg）	印度芥菜和苜蓿间作（mg/kg）	苜蓿单作（mg/kg）
0.37	0.000	0.000	0.000
5.37	0.013	0.009	0.005
10.37	0.026	0.010	0.008
15.37	0.039	0.015	0.009
20.37	0.042	0.039	0.024

（二）对土壤有效态 Cd 的影响

DTPA 提取的土壤 Cd 被看作是生物有效 Cd，与植物吸收的 Cd 有很高的相关性，常用来作为衡量土壤中植物吸收 Cd 数量高低的指标。有研究表明，印度芥菜根际土壤有效态 Cd 含量明显高于非根际，对土壤 Cd 表现出较高的活化作用。本试验中，如图 2-2 所示，随着土壤 Cd 含量的升高，印度芥菜单作、苜蓿单作、印度芥菜和苜蓿间作 3 种种植方式下，土壤有效态 Cd 含量都显著升高，且土壤 Cd 活化率（土壤有效 Cd/土壤全量 Cd）都在 82% 以上，但不同种植方式下土壤 Cd 的活化率的差异不大。由于盆栽试验植物种植密度较高，收获时根系布满整个盆中，采集土样可视为根际土壤。印度芥菜土壤中较高的有效态 Cd 含量在很大程度上是由其活化作用所致，而苜蓿土壤中有较高的有效态 Cd 含量很可能是由于豆类作物的酸化效应促进了土壤中 Cd 的活化。

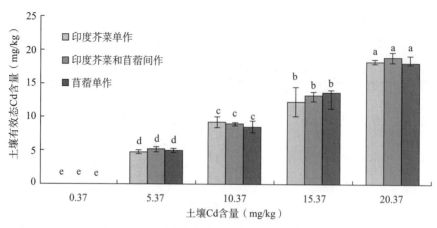

图 2-2　不同种植方式对土壤有效镉含量的影响

三、印度芥菜与苜蓿联合修复的吸收富集效应

(一)印度芥菜和苜蓿 Cd 含量

从表 2-18 可以看出,土壤 Cd 含量在 0.37～20.37mg/kg 范围内,印度芥菜单作、苜蓿单作、印度芥菜和苜蓿间作地上部 Cd 含量都随着土壤 Cd 含量的增加而增加。土壤 Cd 含量为 5.37mg/kg 时,与单作的印度芥菜相比,间作印度芥菜地上部 Cd 含量较单作提高了14.5%,土壤 Cd 含量在 10.37～20.37mg/kg 时,间作较单作则降低了 1.1%～48.6%。土壤 Cd 含量在 5.37～20.37mg/kg 时,间作的苜蓿地上部 Cd 含量较单作降低了 2.8%～57.1%。这可能是由于 Cd 胁迫下,印度芥菜和苜蓿间作能够产生某类有机酸(如柠檬酸),而这些有机酸可以抑制植物根系对 Cd 的吸收,降低植物体内的 Cd 含量。

土壤 Cd 含量在 0.37～5.37mg/kg 时,间作的印度芥菜地下部 Cd 含量比单作提高了2.6%～20.1%,而土壤 Cd 含量在 10.37～20.37mg/kg 时,则比单作降低了 6.6%～29.9%。这与印度芥菜地上部 Cd 含量的变化规律一致。土壤 Cd 含量在 0.37～20.37mg/kg时,间作苜蓿地下部 Cd 含量比单作提高了 5.4%～49.6%。这可能是由于印度芥菜根系吸收 Cd 量降低,过多的有效态 Cd 被苜蓿根系被动吸收。间作使苜蓿地上部 Cd 含量降低的原因可能是苜蓿在 Cd 胁迫下能够产生防御机制进而阻碍 Cd 向地上部运输,也可能是间作提高了苜蓿的生物量,产量"稀释作用"使得苜蓿体内 Cd 含量降低。

表 2-18　镉胁迫下印度芥菜和苜蓿镉含量

土壤镉含量 (mg/kg)	印度芥菜地上部 (mg/kg)		苜蓿地上部 (mg/kg)		印度芥菜地下部 (mg/kg)		苜蓿地下部 (mg/kg)	
	单作	间作	单作	间作	单作	间作	单作	间作
0.37	0.00d	0.06±0.09e	0.00c	0.00c	1.90±0.26d	1.95±0.46e	1.03±0.11e	1.41±0.37e
5.37	9.17±1.58c	10.50±0.98d	0.21±0.10c	0.09±0.18c	14.20±1.90c	17.05±0.55d	7.24±1.89d	9.66±1.15d
10.37	19.96±3.77b	19.75±0.77c	1.03±0.34b	0.94±0.32b	23.55±4.05b	22.00±1.21c	9.96±1.95c	14.90±1.53c
15.37	57.44±4.75a	29.51±2.70b	1.45±0.35b	1.41±0.92b	59.42±4.05a	41.66±0.57b	14.60±2.94b	20.05±4.28b
20.37	54.48±4.75a	33.57±1.02a	4.49±0.68a	2.32±0.50a	64.02±9.24a	51.64±0.69a	33.66±4.50a	35.48±5.24a

（二）印度芥菜和苜蓿 Cd 转运系数

转运系数（TF）是地上部某元素质量分数与地下部某元素质量分数之比，即转运系数＝地上部植物中元素质量分数/地下部植物中元素质量分数。植物对重金属的转运系数可用来评价植物将重金属从地下部向地上部运输和富集的能力。

从表 2-19 可以看出，土壤 Cd 含量为 10.37mg/kg 时，间作印度芥菜 Cd 转运系数较单作提高 0.05，在土壤 Cd 含量为 5.37mg/kg、15.37mg/kg 和 20.37mg/kg 时则降低了 0.03～0.26。在土壤 Cd 含量为 5.37～20.37mg/kg 时，间作苜蓿 Cd 转运系数较单作降低了 0.02～0.06。这表明印度芥菜和苜蓿间作的种植方式能够降低植物从地下部向地上部运输 Cd 的能力。印度芥菜不论单作还是间作其 Cd 转运系数都要远远高于苜蓿。可见印度芥菜有较强的 Cd 转运能力，而苜蓿的 Cd 转运能力远逊于印度芥菜，豆科作物苜蓿是一种 Cd 低积累植物。

表 2-19　镉胁迫下的印度芥菜和苜蓿镉转运系数

土壤镉含量 (mg/kg)	印度芥菜		苜蓿	
	单作	间作	单作	间作
0.37	0	0.03	0	0
5.37	0.65	0.62	0.03	0.01
10.37	0.85	0.90	0.10	0.06
15.37	0.97	0.71	0.10	0.07
20.37	0.85	0.65	0.13	0.07

（三）印度芥菜对土壤 Cd 的净化效果评价

作为重金属 Cd 污染土壤的修复植物，要想获得理想的修复效果，首先要有较高的生物量，其次其地上部要有较高的 Cd 富集量。土壤重金属净化率是包含了超富集植物生物量和地上部重金属富集量的综合效应，反映超富集植物修复重金属污染土壤净化效果的综合指标。土壤 Cd 净化率＝植物中 Cd 总量/土壤中 Cd 总量，即植物地上部移走土壤中 Cd 的百分含量。由表 2-20 可以看出，在土壤 Cd 含量为 0.37mg/kg 时，生长期单作的印度芥菜对土壤 Cd 的净化率要高于结籽期单作和与苜蓿间作的印度芥菜；土壤 Cd 含量为 5.37～20.37mg/kg 时，结籽期单作印度芥菜和结籽期间作印度芥菜净化率较生长期单作印度芥菜分别高出 12.0～26.8 倍和 8.8～14.8 倍。可见，随着生长期的延长，印度芥菜的土壤重金属 Cd 净化能力会有大幅度的提高。对结籽期单作和与苜蓿间作的印度芥菜的土壤 Cd 净化率分析还可知，在土壤 Cd 含量较低（0.37～5.37mg/kg）时，与苜蓿间作的种植方式提高了印度芥菜对土壤 Cd 的净化效果，而在高 Cd 含量（10.37～20.37mg/kg）的土壤中，与苜蓿间作的种植方式又使印度芥菜对土壤 Cd 的净化效果降低。

表 2-20　印度芥菜不同时期土壤镉净化率

土壤镉含量 (mg/kg)	生长期单作（%）	结籽期单作（%）	结籽期间作*（%）
0.37	0.21	0	0.05
5.37	0.04	0.59	0.63

（续）

土壤镉含量（mg/kg）	生长期单作（%）	结籽期单作（%）	结籽期间作*（%）
10.37	0.04	0.67	0.59
15.37	0.05	1.39	0.68
20.37	0.06	0.78	0.59

注：标*数据为加倍后折算数据。

四、苜蓿饲用安全评价

（一）Cd在土壤-苜蓿系统的迁移转换模型

植物体内重金属含量是土壤重金属污染状况的直接反映。从理论上分析，它较土壤重金属含量更能客观说明土壤重金属污染对生态系统和动物性产品的影响。由于受作物不同生长时期和不同种植方式的影响，作物对土壤中重金属的积累情况也有很大差异，因而全国性的单一的土壤环境质量标准显然是不适宜的，必须加强对不同条件下重金属污染物在"土壤-作物"系统中迁移转化的影响和土壤重金属含量与其生态效应间的关系的研究。建立苜蓿体内Cd含量与土壤Cd含量的相关模型，对于以苜蓿体内的Cd安全限量来评价预测土壤中重金属的最高含量有重要意义。同时，对苜蓿重金属Cd的吸收累积量与土壤中重金属Cd含量的相关关系的研究，是建立土壤健康风险基准的重要依据。

由表2-21可以看出，分枝期单作苜蓿、分枝期间作苜蓿、盛花期单作苜蓿和盛花期间作苜蓿地上部Cd含量（y）与土壤Cd含量（x）都呈极显著正相关关系，说明苜蓿对土壤重金属Cd的吸收量与土壤中Cd总量有明显相关性。故而，我们可以用土壤重金属总量和苜蓿体内重金属含量建立数学模型，以饲料卫生限定标准来估算苜蓿产地重金属Cd健康风险基准。这对开展有关土壤重金属环境容量评价及地方性土壤环境质量标准的制定有很好的参考价值。

表2-21　苜蓿地上部镉含量与土壤镉含量的相关模型

因变量	回归方程	R相关系数
分枝期单作苜蓿地上部Cd含量	$y=0.9043x$	0.991**
分枝期间作苜蓿地上部Cd含量	$y=0.6622x$	0.979**
盛花期单作苜蓿地上部Cd含量	$y=0.0057x^{2.1486}$	0.981**
盛花期间作苜蓿地上部Cd含量	$y=0.002x^{2.416}$	0.970**

注：$n=5$，$R_{0.05}=0.811$，$R_{0.01}=0.917$。

（二）Cd胁迫下苜蓿饲用安全评估

由表2-21的数学模型可知，在试验设计土壤Cd含量范围内，分枝期单作苜蓿、分枝期间作苜蓿、盛花期单作苜蓿和盛花期间作苜蓿地上部Cd含量都随着土壤Cd浓度的升高而显著升高。由上述表2-18可知，土壤Cd含量在0.37～20.37mg/kg时，单作苜蓿和间作苜蓿地上部Cd含量都随土壤Cd含量的升高而升高。而土壤Cd含量为5.37～20.37mg/kg时，间作苜蓿地上部Cd含量均低于单作苜蓿。这说明土壤Cd含量是影响苜蓿地上部Cd含量的主要因素，但是印度芥菜和苜蓿间作可以有效降低苜蓿地上部的Cd含量，其中在土壤Cd含量为5.37mg/kg时，间作苜蓿地上部Cd含量比单作苜蓿降低了

57.1%，在土壤 Cd 含量为 10.37～20.37mg/kg 时，间作苜蓿地上部 Cd 含量比单作苜蓿降低了 2.8%～48.3%。

在苜蓿农业生产过程中，土壤中 Cd 含量的高低是苜蓿 Cd 含量的主要决定因素，但利用印度芥菜和苜蓿间作的农艺调控措施能够有效降低苜蓿体内 Cd 含量，降低苜蓿 Cd 饲用安全风险。

（三）苜蓿生产土壤健康风险评估

在印度芥菜与苜蓿间作条件下，苜蓿地上部 Cd 富集量与土壤中重金属 Cd 总量间有明显的相关性。因此，我们可以根据饲料卫生限定标准重金属 Cd 限值来估算苜蓿产地重金属 Cd 健康风险基准。以苜蓿作为饲料时重金属 Cd 的最高允许含量 1mg/kg（GB 13078—2017）计算，由表 2-21 的回归方程得出：分枝期单作苜蓿、分枝期间作苜蓿、盛花期单作苜蓿和盛花期间作苜蓿所对应的土壤 Cd 阈值分别为 0.55mg/kg、0.76mg/kg、8.02mg/kg 和 9.83mg/kg，此土壤 Cd 浓度是保证相应种植条件下苜蓿重金属 Cd 含量不超标的最大含量。可见，苜蓿 Cd 饲用安全很大程度上受土壤 Cd 含量的影响，而选择不同的种植方式和选择不同的生长时期收获可以降低土壤 Cd 污染带来的苜蓿 Cd 饲用风险。

五、主要研究进展

1. 在土壤镉含量为 0.37～20.37mg/kg 时，印度芥菜对镉有较强耐性，其生长发育和生物量未受明显影响。苜蓿生物量也未明显受土壤镉的影响。印度芥菜和苜蓿间作种植方式，使印度芥菜生物量略有降低，苜蓿生物量则有很明显的提高。

2. 印度芥菜单作、苜蓿单作和印度芥菜-苜蓿间作时，土壤有效镉含量都随土壤镉含量的升高而升高，且土壤镉活化率（土壤有效镉/土壤全量镉）都在 82% 以上。

3. 印度芥菜和苜蓿地上部镉含量都随土壤镉含量的升高而升高。间作使苜蓿地上部镉含量降低。

4. 苜蓿地上部镉富集量与土壤中重金属镉总量呈极显著正相关关系，以饲料卫生限定标准重金属镉限值含量（1mg/kg）评估得到苜蓿产地土壤健康风险基准：分枝期单作苜蓿、分枝期间作苜蓿、盛花期单作苜蓿和盛花期间作苜蓿所对应的土壤镉阈值分别为 0.55mg/kg、0.76mg/kg、8.02mg/kg 和 9.83mg/kg。

5. 在低含量镉污染土壤上，晚收和间作既能有效提高印度芥菜的修复效果，又能极大地降低苜蓿地上部镉含量。这种种植方式具有投入低、效果好、易操作等优点，使土壤修复与农业生产并进。

第三节　不同微生物对油菜吸收土壤镉的调控效果

近年来，土壤重金属污染的微生物修复越来越受重视。利用功能微生物菌株，在适宜环境条件下，促进或强化微生物代谢功能，降低土壤重金属活性，而原位钝化固定修复，或增强土壤重金属活性，促进植物富集联合修复，被认为是一条非常有开发应用前景的原位修复途径。在土壤重金属污染修复研究领域，微生物具有独特作用，已被用于土壤生物改良。本研究采用温室盆栽试验，以镉含量为 3.1mg/kg 的自然污染土壤为供试土壤，以油菜为供试植物，以接种能分泌低分子有机酸的微生物菌株 JA1、JA2、JA3、JA4 的镉污染土壤为试材，研究了这些微生物菌株对油菜吸收土壤镉的影响效果，探索土壤镉污染的生物修复技术。

一、不同微生物对油菜生长发育的调控

（一）微生物对油菜生物量的影响

接种菌液后，各处理油菜均能顺利发芽、正常生长，无明显受毒害现象。处理 A 中植株生长良好。处理 B 中植株生长旺盛，株高显著提高，茎叶大小要高于对照。处理 C 与处理 D 中植物长势一般，未出现叶黄、植株细弱、萎蔫等不良现象。

生物量是反映植株生长情况的重要指标。从表 2 - 22 可看出，处理 A、处理 B、处理 C、处理 D 四个处理油菜的生物量、株高均显著高于对照。说明接种这四种微生物菌株均可促进油菜植株生长。各处理之间生物量差异显著。同对照相比，各处理油菜生物量显著增加，分别提高了 17.1%、29.1%、21.6%、11.0%。其中 B 处理在各处理中油菜长势最为旺盛，植株高大，其单盆生物量达到 224.7g，株高达到 25.85cm，原因可能是 JA2 菌株较其他菌种更能活化土壤矿物中的磷、钾等植物营养元素，促进了植物生长。处理 A 和处理 D 油菜的生物量较低。

表 2 - 22　微生物对油菜生长发育的影响

处理	单盆生物量（g）	平均株高（cm）	长势情况
CK	174.1±0.06e	19.25±0.37c	植株正常生长
A	203.9±1.22c	22.89±2.21b	生长良好
B	224.7±1.84a	25.85±1.27a	长势旺盛，植株高大
C	211.7±2.94b	21.35±0.88b	长势一般
D	193.2±2.77d	24.81±1.33ab	长势一般

注：A、B、C、D 分别为接种反硝化利斯特氏菌（*Listeria denitrificans*）（JA1）、环状芽孢杆菌（*Bacillus cirallans*）（JA2）、干燥奈瑟氏球菌（*Neisseria sicca*）（JA3）、格氏利斯特氏菌（*Listeria grayi*）（JA4）的处理。下同。

如图 2 - 3 所示，处理 A、处理 B 和处理 D 油菜的生物量均随菌液有效菌含量的升高出现先增后减的趋势。处理 C 油菜的生物量随菌液有效菌含量的增加呈现出递减的趋势。由此可以看出，四种微生物菌液的浓度对植株生长均有一定的影响，处理间差异性可能与菌液的种类有关。

（二）微生物对油菜品质的影响

从表 2 - 23 可看出，接种微生物可增加油菜叶绿素含量。处理 A、处理 B、处理 C 和处理 D 的 SPAD 值分别比对照提高了 2.4、2.2、2.5 和 0.6。这可能是因为加入微生物后，微生物的代谢产物促进了植株从土壤中吸收镁、铁、钾、磷等离子，促进叶片中卟啉的形成，加强了光合作用，提高了生产能力，使得油菜叶绿素含量增加。各处理下油菜可溶性蛋白含量分别为 3.61mg/g、3.64mg/g、3.50mg/g、3.37mg/g，均略高于对照，比对照提高 3.4%～11.7%。接种微生物后，处理 A、处理 B、处理 C 的维生素 C 含量分别为 40.3mg/kg、37.6mg/kg、40.0mg/kg，比对照分别提高了 26.3%、24.1%、和 25.4%。说明接种微生物并未使油菜的营养成分降低，反而，显著提高了维生素 C 含量。而 D 处理下，油菜维生素 C 含量

比对照下降了 10.3%，这可能是由于 D 处理下，植物地上部 Cd 的富集量较大，从而使维生素 C 的合成受到了一定的破坏。

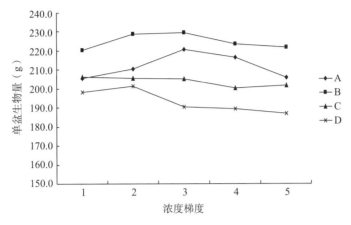

图 2-3　不同接菌量对油菜生物量的影响

注：1、2、3、4、5 表示微生物有效活菌数分别为 $7×10^2$CFU/mL、$7×10^3$CFU/mL、$7×10^4$CFU/mL、$7×10^5$CFU/mL、$7×10^6$CFU/mL，5 个浓度，每种菌剂的施入量为 200mL。本节下同。

表 2-23　微生物处理对油菜 SPAD 值、可溶性蛋白含量和维生素 C 含量的影响

处理	SPAD 值	可溶性蛋白含量（mg/g）	维生素 C 含量（mg/kg）
CK	47.2	3.26	31.9
A	49.6	3.61	40.3
B	49.4	3.64	39.6
C	49.7	3.50	40.0
D	47.8	3.37	28.6

二、不同微生物对油菜富集土壤镉的调控

（一）不同微生物对油菜镉富集量的影响

从接种四种微生物菌液处理油菜地上部及地下部 Cd 含量来看（表 2-24），油菜地上部 Cd 富集量在不同微生物处理之间及其与对照之间差异显著，其中 A、B、D 处理油菜地上部 Cd 富集量显著高于对照，分别比对照提高了 25.9%、37.0% 和 52.5%；C 处理油菜地上部 Cd 富集量显著低于对照，比对照降低了 20.8%。油菜地下部 Cd 富集量在 B 处理、C 处理与 A 处理、D 处理、对照之间差异显著，其中 B 处理显著高于对照，比对照提高了 37.7%；C 处理显著低于对照，比对照降低了 17.4%；A、D 处理与对照之间差异不显著。同时，土壤有效态 Cd 含量在不同微生物处理之间及其与对照之间差异显著，其中 A、B、D 处理土壤有效态 Cd 含量显著高于对照，分别比对照提高了 25.9%、59.3% 和 42.0%；C 处理土壤有效态 Cd 含量显著低于对照，比对照降低了 13.6%。可见，油菜地上部 Cd 富集量随不同微生物处理变化的趋势与土壤有效态 Cd 含量随不同微生物处理变化的趋势一致。说明这四种微

生物主要是通过调控土壤有效态 Cd 含量，来直接影响油菜地上部 Cd 富集量。B 处理微生物对油菜地上部和地下部 Cd 富集量均起促进作用；C 处理微生物对油菜地上部和地下部 Cd 富集量均起抑制作用；A、D 处理微生物仅对油菜地上部 Cd 富集量起促进作用，对地下部 Cd 富集量的作用不显著。

表 2-24 不同微生物对土壤有效态镉含量及油菜镉富集量的影响

处理	地上部镉富集量（mg/kg）	地下部镉富集量（mg/kg）	土壤有效态镉含量（mg/kg）
CK	4.13±0.02c	8.30±0.01c	0.81±0.032d
A	5.20±0.21b	10.69±0.28bc	1.02±0.010c
B	5.66±0.11b	11.43±0.95a	1.29±0.028a
C	3.27±0.18d	6.86±0.91d	0.70±0.025e
D	6.30±0.25a	10.96±0.53bc	1.15±0.040b

由图 2-4 可看出，A 处理条件下油菜地上部 Cd 富集量为 4.52～5.58mg/kg，比对照提高 10.2%～36.1%，说明施入 JA1 菌液对油菜富集 Cd 有一定促进作用，提高了油菜地上部 Cd 富集量。A 处理下，油菜地上部 Cd 富集量随菌液有效菌含量的增加呈现出先升高再降低的趋势，A3 处理浓度下到达最大值 5.58mg/kg，比对照提高了 36.1%。说明 $7×10^4$CFU/mL 为 JA1 菌液促进油菜地上部 Cd 富集的最适浓度。油菜地下部 Cd 富集量为 9.77～11.42mg/kg，均大于对照处理，并且比对照提高了 7.5%～25.6%；同时是其相应的地上部 Cd 富集量的 1.75～2.34 倍。从油菜整个生长周期看，随着微生物处理浓度的增加，地上部 Cd 富集量呈现出先增加后减少的趋势，而地下部 Cd 富集量呈先减少后增加的趋势。这可能是因为微生物产生低分子有机酸，活化难溶态的重金属 Cd 之后，地上部与地下部 Cd 富集量之和处于一种平衡态。

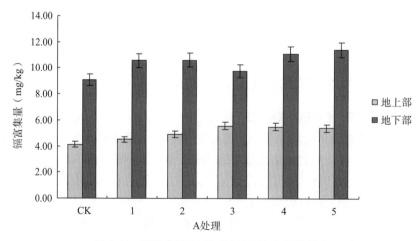

图 2-4 微生物 A 处理对油菜镉富集量的影响

由图 2-5 可知，B 处理条件下，地上部 Cd 富集量为 5.40～6.06mg/kg，随着 B 处理微生物菌液有效菌含量的增加，油菜地上部 Cd 富集量呈现抛物线形变化趋势。其中，菌液有效菌含量在 $7×10^4$CFU/mL 时，油菜地上部 Cd 富集量达到最高，当其菌液有效菌含量再增加，油菜地上部 Cd 富集量显著降低。油菜地下部 Cd 富集量为 8.37～13.42mg/kg，是其相应的地上部 Cd 富集量的 1.55～2.41 倍，地下部 Cd 富集量随着微生物菌液有效菌含量的增加而降低。

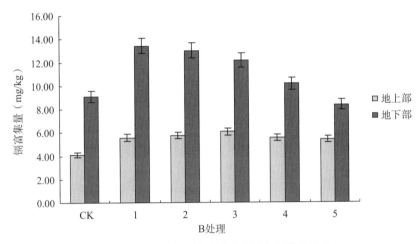

图 2-5　微生物 B 处理对油菜镉富集量的影响

由图 2-6 可知，C 处理油菜地上部 Cd 富集量为 2.9～3.81mg/kg，比对照降低了 7.0% 以上。C 处理地上部 Cd 富集量有所减少，说明其对土壤中重金属 Cd 产生了钝化作用，使植物难以吸收，从而减轻了 Cd 对油菜的毒害作用。油菜地下部 Cd 富集量为 4.86～9.56mg/kg，只有 C1 处理地下部 Cd 富集量比对照有所增加，地下部 Cd 富集量随着微生物菌液有效菌含量的增加而降低。这说明 C 处理菌株在一定程度上抑制了油菜地下部对 Cd 的吸收富集，对镉污染土壤的原位固定修复具有一定的现实意义。

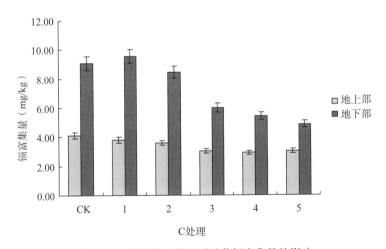

图 2-6　微生物 C 处理对油菜镉富集量的影响

由图 2-7 可知，D 处理油菜地上部 Cd 富集量为 5.60～6.80mg/kg，比对照提高了 37.4%～63.2%，油菜地上部 Cd 富集量随菌液有效菌含量的增加而增加。说明油菜地上部 Cd 富集量与微生物菌液 JA4 的有效菌含量密切相关。油菜地下部 Cd 富集量为 9.52～

12.6mg/kg，比对照提高了 5.1%～39.3%，是其相应的地上部富集量的 1.4～2.3 倍。随菌液有效菌含量升高，地下部 Cd 富集量呈缓慢降低的趋势。

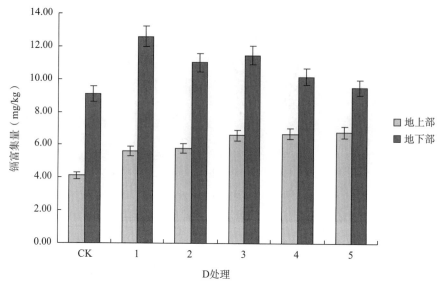

图 2-7　微生物 D 处理对油菜镉富集量的影响

综上可知，A、B 处理油菜地上部 Cd 富集量变化趋势相似，即随着菌液有效菌含量的增加，地上部 Cd 富集量先增加后减少；而 C 处理油菜地上部 Cd 富集量随着菌液有效菌含量的增加，先减少后增加。A、B、D 三个处理均增大了油菜对 Cd 的富集量，可能由于 3 种产酸菌产生的低分子量有机酸活化了土壤 Cd，促进了油菜对 Cd 的吸收富集。而 C 处理抑制了油菜对 Cd 的富集，说明其对 Cd 浓度为 3.1mg/kg 的污染土壤具有一定的原位固定效果。

（二）不同微生物对油菜镉提取量的影响

由表 2-25 可知，在 A、B、C、D 四种处理下，油菜单盆 Cd 提取量分别为 0.165mg、0.191mg、0.100mg、0.182mg。A 处理和 B 处理下，油菜单盆 Cd 提取量随微生物菌液有效菌含量的升高呈现先升高后降低的趋势，浓度为 7×10^4 CFU/mL（A3，B3）时，Cd 提取量均达到最高水平；C 处理下，油菜单盆 Cd 提取量随菌液有效菌含量升高呈降低趋势，这说明 C 处理菌种对土壤中的 Cd 固定作用随菌液有效菌含量的升高而增强；D 处理下，油菜单盆 Cd 提取量随菌液有效菌含量升高而升高。4 个处理提取量随浓度变化的趋势有差异，可能是由于菌种不同，其对培养基及土壤环境的适应能力不同。与对照（0.110mg）相比，A、B、D 处理油菜 Cd 提取量均有所提高，分别比对照提高了 50.0%、72.9%、65.5%。其中，B 处理油菜单盆 Cd 提取量最高，为 0.191mg，表明 JA2 菌株促进植物修复 Cd 污染土壤的效果最好，JA2 菌株对修复 Cd 全量为 3.1mg/kg 的污染土具有最明显的效果。但 C 处理油菜单盆 Cd 提取量有所减少，比对照降低了 9.4%，在土壤 Cd 的原位固定修复方面具有一定的研究价值。

表 2-25 不同微生物处理的油菜单盆镉提取量 (mg)

处理	提取量	处理	提取量	处理	提取量	处理	提取量
A1	0.139	B1	0.184	C1	0.118	D1	0.166
A2	0.155	B2	0.197	C2	0.111	D2	0.175
A3	0.185	B3	0.209	C3	0.093	D3	0.189
A4	0.178	B4	0.185	C4	0.087	D4	0.190
A5	0.167	B5	0.180	C5	0.091	D5	0.191
$\overline{A}$	0.165	$\overline{B}$	0.191	$\overline{C}$	0.100	$\overline{D}$	0.182

三、不同微生物对土壤有效镉含量的影响

(一) 不同微生物对土壤有效态镉的影响

由表 2-24 可看出，各处理土壤有效态 Cd 含量随接种微生物的不同而具有显著差异。其中，A 处理、B 处理、D 处理土壤有效态 Cd 含量均显著提高，分别比对照提高 25.9%、59.3%和 42.0%；而 C 处理土壤有效态 Cd 含量比对照降低了 13.6%。因此，菌株 JA1、JA2、JA4 对土壤 Cd 均有一定的活化作用，其中 JA2 对土壤 Cd 的活化效果最好；菌株 JA3 对土壤 Cd 有一定的钝化作用，可减轻 Cd 对植株的毒害作用。

图 2-8 为不同菌液有效菌含量下土壤中有效态 Cd 含量的变化。随菌液有效菌含量升高，各处理土壤有效态 Cd 含量变化趋势有所差异。处理 A 土壤有效态 Cd 含量先增加后降低，在菌液有效菌含量为 $7 \times 10^4 CFU/mL$ 时土壤有效态 Cd 含量最大；处理 B 土壤有效态 Cd 含量变化趋势与处理 A 基本一致，但处理 B 在相应各菌液有效菌含量下土壤有效态 Cd 含量均比处理 A 有所增加；处理 C 土壤有效态 Cd 含量随着菌液有效菌含量升高整体上呈现降低趋势；处理 D 土壤有效态 Cd 含量随着菌液有效菌含量升高而逐渐增加。

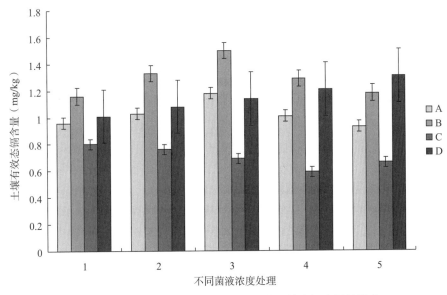

图 2-8 不同微生物有效菌含量对土壤有效态镉含量的影响

（二）微生物对土壤 pH 的影响

由图 2-9 可以看出，A、B、C、D 四个处理土壤 pH 分别比不接菌对照降低了 0.39、0.53、0.47 和 0.62，其中 D 处理降低最多。结果表明，接种菌株产生的代谢产物可降低土壤 pH，代谢产物中的低分子有机酸可使处于沉淀态的重金属镉被活化成为可溶态的镉离子，提高了重金属对植物的有效性。

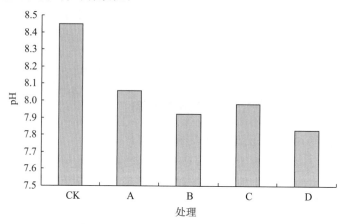

图 2-9　微生物处理对土壤 pH 的影响

四、主要研究进展

1. 明确了接种四种微生物对油菜生长及品质的效应

A、B、C、D 处理油菜生物量比对照提高 11.0%～29.1%；油菜可溶性蛋白含量比对照提高 3.4%～11.7%；A、B、C 处理的维生素 C 含量分别比对照提高 26.3%、24.1% 和 25.4%。

2. 阐明了四种微生物对油菜镉富集量的调控效果

微生物菌株 JA1、JA2、JA4 对植物富集土壤 Cd 具有促进作用，JA3 对土壤镉有一定的原位固定效果。其中，A、B、D 处理油菜地上部 Cd 富集量分别比对照提高 25.9%、37.0% 和 52.5%；C 处理油菜地上部 Cd 富集量比对照降低 20.8%。这与土壤有效态 Cd 含量随不同微生物处理变化的趋势一致。

3. 明确了四种微生物对油菜镉提取量的调控效果

A、B、D 处理油菜镉提取量均有所提高，分别比对照提高 50.0%、72.9%、65.5%；而 C 处理油菜镉提取量比对照降低 9.4%。在 A、B 处理条件下，油菜镉提取量随微生物菌液有效菌含量的升高呈现先升高后降低的趋势；在 C 处理条件下，油菜镉提取量随菌液有效菌含量升高呈降低趋势；在 D 处理条件下，油菜镉提取量随菌液有效菌含量升高而升高。

4. 初步揭示了微生物对油菜富集镉的影响机制

A、B、D 处理土壤有效态 Cd 含量均显著提高，比对照分别提高了 25.9%、59.3% 和 42.0%；而 C 处理土壤有效态 Cd 含量比对照降低了 13.6%。油菜地上部 Cd 富集量随四种微生物菌液处理的变化趋势与之一致。可见，这四种微生物主要是通过调控土壤有效态 Cd 含量，来直接影响油菜地上部 Cd 富集量。另外，A、B、C、D 处理土壤 pH 分别比不接菌对照降低 0.39、0.53、0.47 和 0.62，可增强土壤镉的有效性，在一定程度上起到促进油菜富集 Cd 的作用。

第四节　巨大芽孢杆菌促进印度芥菜修复土壤镉污染

1935年，苏联学者 P. A. 蒙金娜从黑钙土中分离出一种能分解卵磷脂或核酸等有机磷化合物的巨大芽孢杆菌（*Bacillus megatherium* var. *phosphaticum*），并将其应用于分解土壤有机磷化合物，开始了人工制造磷细菌肥料的研究。近年来，随着微生物肥料在农业上的广泛应用，巨大芽孢杆菌以其在土壤中的解磷作用而被深入研究，已成为微生物肥料的常用菌种，在溶磷解钾、促生防病等方面发挥了独特作用。然而，我们在研究中发现，接种巨大芽孢杆菌，不仅能活化土壤磷、钾等养分，而且能活化土壤镉。因此，本研究从微生物促进印度芥菜富集土壤镉的角度，以巨大芽孢杆菌、印度芥菜为主要试材开展试验研究，首先明确巨大芽孢杆菌对土壤镉的活化效果，进而探明巨大芽孢杆菌活化土壤镉适宜的接菌量及作用时间，然后探明巨大芽孢杆菌促进印度芥菜对土壤镉的富集效果，可为微生物-植物联合修复土壤镉污染提供科学依据。

一、巨大芽孢杆菌对土壤镉生物有效性的影响

用三种不同镉污染浓度土壤（镉污染土一为 Cd 含量 5.71mg/kg 的原污土，镉污染土二为镉添加量 50mg/kg，镉污染土三为镉添加量 100mg/kg），接种巨大芽孢杆菌培养 60d，开展了巨大芽孢杆菌对不同镉污染程度土壤有效态镉影响的深入研究，如图 2-10 所示。试验结果表明，接种巨大芽孢杆菌的各处理土壤 DTPA-Cd 含量与对照差异显著（$P < 0.05$），接种巨大芽孢杆菌能提高土壤镉的有效性，可比对照土壤 DTPA-Cd 含量提高 11.9%～44.1%。其中，在镉污染土一接种巨大芽孢杆菌，B1 处理与 B2 处理土壤 DTPA-Cd 含量之间差异显著（$P < 0.05$），且分别比对照提高 44.1% 和 28.9%，说明在镉污染浓度较低情况下，随着接菌量加大，巨大芽孢杆菌对土壤镉的活化效果显著降低。在镉污染土二接种巨大芽孢杆菌，B1 处理与 B2 处理土壤 DTPA-Cd 含量之间差异显著（$P < 0.05$），且分别比对照提高 11.9% 和 19.6%，说明在此镉污染浓度下，加大接菌量，巨大芽孢杆菌对土壤镉的活化效果显著增强。在镉污染土三接种巨大芽孢杆菌，B1 处理与 B2 处理土壤 DTPA-Cd 含量之间差异不显著，比对照提高 18.0%～19.8%，说明在镉污染浓度较高情况下，尚需加大巨大芽孢杆菌接菌量，来显著对增强土壤镉的活化效果。这说明巨大芽孢杆菌能促进土壤镉的活化，获得好的活化效果需要适宜的接菌量，并非接菌量越大活化作用越强。

巨大芽孢杆菌作为一种解磷细菌，主要通过菌体代谢分泌低分子有机酸使磷酸盐溶解。本研究中采用的 $CdCO_3$ 的溶度积大于一般磷酸盐的溶度积，故巨大芽孢杆菌活化镉的原因可能是其代谢分泌的低分子有机酸优先将 $CdCO_3$ 中的镉溶解出来，从而使得土壤中有效态镉增加。另外，巨大芽孢杆菌可分泌植酸酶、核酸酶和磷酸酶，促进植酸、核酸、磷脂等含磷有机化合物的分解。在促进磷素释放的同时，有机化合物结合态的镉也可被释放出来。

二、接菌量和培养时间对土壤镉有效性的影响

以外源添加镉 10mg/kg 的污染土为试材，研究了巨大芽孢杆菌不同接菌量和培养时

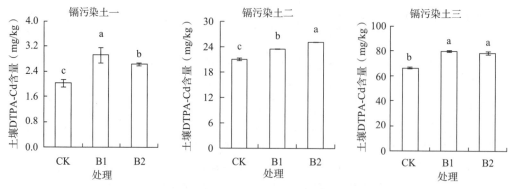

图 2-10 巨大芽孢杆菌对不同污染浓度土壤镉有效性的影响

注：处理 B1、B2 分别为 20g 污染土接种 5mL、10mL 巨大芽孢杆菌菌液；CK 为不接菌对照。

间对土壤镉有效性的影响，见图 2-11。接菌培养 25d，B1 处理土壤 DTPA-Cd 含量与对照、B2 处理差异显著（$P<0.05$），B2 处理土壤 DTPA-Cd 含量与对照差异不显著；B1 处理土壤 DTPA-Cd 含量比对照显著提高 11.3%。接菌培养 40d，土壤 DTPA-Cd 含量在各处理之间差异显著（$P<0.05$），B1、B2 处理分别比对照显著增加 18.5%、7.8%。接菌培养 55d，B1、B2 处理土壤 DTPA-Cd 含量与对照差异显著（$P<0.05$），分别比对照显著增加 13.9%、10.7%；但 B1、B2 两个处理之间差异不显著。可见，接菌处理后的 25d、40d、55d，巨大芽孢杆菌均表现出对土壤 Cd 的活化作用，其中接菌量为 0.05mL/g 的处理对土壤 Cd 的活化效果较好。

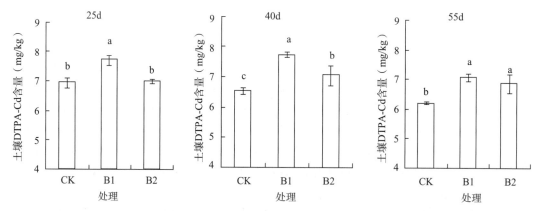

图 2-11 巨大芽孢杆菌不同接菌量和培养时间对土壤 DTPA-Cd 含量的影响

注：处理 B1、B2 分别为 20g 污染土接种 1mL、5mL 巨大芽孢杆菌菌液，CK 为不接菌处理。

巨大芽孢杆菌作为一种解磷细菌，代谢过程中会产生有机酸使磷酸盐溶解，磷酸盐会使部分重金属碳酸盐向更难溶的含磷化合物转变，并使一些无机矿物表面的钙被重金属取代。同时，磷酸盐还可使土壤重金属由交换态转变为稳定性较高的铁锰氧化态。本研究高接菌量处理的土壤镉的活化效果低于低接菌量处理，可能是因为任何生态系统种群密度都有最大限值，只有在适宜菌数条件下，才能保证菌体对周围营养的有效利用，保持其最适生长并维持生态平衡，菌体密度过大则影响细菌代谢过程，进而影响其功能。此外，重金属离子可被带电荷的菌体细胞表面吸附，或菌体通过摄取必要的营养元素主动吸收重金属离子并富集在细胞表面或内部，各处理中营养条件一致的情况下，接菌量越大，菌体繁殖越快，营养成分消耗越多，菌体衰亡越快，死细胞对镉离子也有较强的吸附能力，被吸附在菌体细胞内外的镉离子可能形成了难以被 DTPA 浸提的复杂化合物，从而导致接菌量过多时 DTPA-Cd 含量下降。

三、巨大芽孢杆菌对印度芥菜富集土壤镉的影响

（一）巨大芽孢杆菌对印度芥菜镉富集量的影响

由图 2-12 可看出，接菌培养 30d，不同的接菌量对印度芥菜地上部镉含量的影响存在差异，B2、B3 处理印度芥菜地上部镉含量与对照相比显著降低（$P < 0.05$），B1 处理与对照之间差异不显著；从地下部镉含量的变化来看，B1 处理与对照及 B2 处理、B3 处理差异显著（$P < 0.05$），B2、B3 处理之间及其与对照之间差异不显著。接菌培养 40d 时，B1、B2 处理印度芥菜地上部和地下部镉含量均与对照差异显著（$P < 0.05$），其中 B1、B2 处理地上部镉含量分别比对照显著增加 53.7%、44.6%，B1、B2 处理地下部镉含量分别比对照显著降低了 51.0%、39.0%；B3 处理与对照之间差异不显著。接菌培养 50d，B3 处理印度芥菜地上部和地下部镉含量与对照差异显著（$P < 0.05$），分别比对照显著增加 35.4%、86.5%；B1、B2 处理印度芥菜地上部和地下部镉含量与对照差异不显著。前期土壤培养试验表明，接种巨大芽孢杆菌可增加土壤中 DTPA-Cd 含量，促进了印度芥菜地上部对土壤镉的富集。在接菌量超过一定限度时，土壤镉的有效性并非随着接菌量的增加而增加。这是因为土壤镉的活化不仅与接菌有关，印度芥菜根系分泌物也起到了活化土壤镉的作用，本次盆栽试验是巨大芽孢杆菌与印度芥菜根系共同作用的结果。

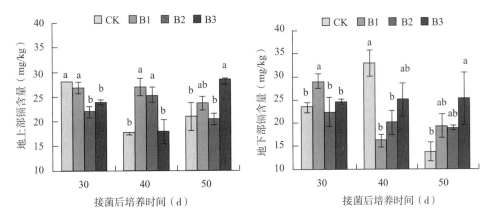

图 2-12　接种巨大芽孢杆菌对印度芥菜镉含量的影响

注：B1、B2、B3 分别代表镉污染土壤接菌量 1%、4%、10% 的处理，

CK 为不接菌处理。

印度芥菜地上部的镉含量高低主要是由镉从根系向地上部的转运能力所决定的。转运系数是衡量镉在印度芥菜中转运的重要因子。由表 2-26 可看出不同处理在不同培养时间下镉在印度芥菜中的转运能力。接菌培养 30d，B1 处理印度芥菜镉转运系数显著低于对照，B2、B3 处理印度芥菜镉转运系数与对照之间差异不显著。接种培养 40d，B1、B2 处

理印度芥菜镉转运系数与对照之间差异显著，分别为对照的 3.14 倍和 2.46 倍，这说明适量的巨大芽孢杆菌接种 40d 后促进了印度芥菜地下部镉向地上部的转移。接菌后培养 50d 时，各处理与对照之间差异不显著。

表 2-26　不同巨大芽孢杆菌接菌量条件下印度芥菜镉转运系数

培养时间（d）	CK	B1	B2	B3
30	1.21±0.09a	0.93±0.16b	1.01±0.17a	0.97±0.03a
40	0.54±0.08b	1.70±0.39a	1.33±0.48a	0.71±0.03b
50	1.39±0.35a	1.27±0.27a	1.08±0.09a	1.23±0.46a

注：B1、B2、B3 分别代表镉污染土壤接菌量 1%、4%、10% 的处理，CK 为不接菌处理。

由表 2-27 可看出，对于印度芥菜地上部镉的富集量，接菌处理后培养 30d，B2 处理印度芥菜地上部镉富集量比对照增加 16.9%；接菌处理后培养 40d，B1、B2 处理印度芥菜地上部镉富集量分别比对照增加 172.0%、125.9%；接菌处理后培养 50d，B1、B2、B3 处理印度芥菜地上部镉富集量分别比对照增加 64.0%、39.5%、109.5%。三个接菌处理印度芥菜地上部镉富集量占整个植株镉富集总量的 85.87%~96.36%，说明接种巨大芽孢杆菌促进印度芥菜地上部对土壤镉的富集效果较好。

对于印度芥菜地下部的镉富集量，接菌后培养 30d 时，B2、B3 处理印度芥菜地下部镉富集量分别比对照增加 22.5%、35.0%；接菌后培养 40d 时，仅 B3 处理印度芥菜地下部镉富集量比对照增加 63.4%；接菌后培养 50d 时，B1、B2、B3 处理印度芥菜地下部镉富集量分别比对照增加 108.7%、230.4%、262.2%；但三个接菌处理及对照的印度芥菜地下部镉富集量分别占整个植株镉富集量的 3.72%~14.13%、4.04%~11.36%，远远低于地上部的镉富集量。

表 2-27　不同巨大芽孢杆菌接菌量条件下印度芥菜的镉富集量

培养时间（d）	处理	单盆镉总富集量（μg）	单盆地上部镉富集量（μg）	地上部镉富集量占的百分数（%）	单盆地下部镉富集量（μg）	地下部镉富集量占的百分数（%）
30	CK	51.9±5.9	47.9±5.9	92.33	4.0±0.4	7.67
	B1	48.1±1.5	44.2±1.1	91.94	3.9±0.5	8.06
	B2	60.9±2.1	56.0±0.9	91.99	4.9±1.4	8.01
	B3	41.5±0.4	36.0±0.7	86.90	5.4±0.5	13.10
40	CK	36.1±2.9	32.02±2.6	88.64	4.1±0.7	11.36
	B1	90.4±6.5	87.1±6.9	96.28	3.4±0.4	3.72
	B2	76.2±5.2	72.32±5.5	94.87	3.1±0.5	5.13
	B3	47.7±6.6	41.0±5.4	85.87	6.7±1.2	14.13
50	CK	58.3±6.0	55.9±5.9	95.96	2.3±0.3	4.04
	B1	96.5±11.3	91.7±11.1	95.04	4.8±0.5	4.96
	B2	85.6±10.6	78.0±11.9	91.11	7.6±1.3	8.89
	B3	125.5±4.1	117.1±2.6	93.36	8.33±1.7	6.64

（二）巨大芽孢杆菌对土壤镉赋存形态的影响

土壤中镉的存在形态与土壤镉的有效性密切相关，根据土壤重金属形态的生物可利用性大小，将其生物有效性划分为有效态、潜在有效态和不可利用态。有效态容易被作物吸收，包括可交换态和碳酸盐结合态。接种巨大芽孢杆菌后不同培养时间土壤中 4 个不同形态镉含量及各形态占总量的百分数见表 2 - 28、表 2 - 29 和图 2 - 13。

表 2 - 28 不同巨大芽孢杆菌接菌量条件下土壤镉形态含量的变化

接菌后培养时间（d）	处理	土壤 Cd 形态含量（mg/kg）			
		S1	S2	S3	S4
30	CK	3.17±0.24b	4.25±0.22a	1.99±0.64a	0.53±0.18a
	1%接菌量	3.91±0.26a	3.79±0.12a	1.90±0.32a	0.36±0.01b
	4%接菌量	4.04±0.48a	4.1±0.44ab	1.71±0.12a	0.28±0.06b
	10%接菌量	4.27±0.28a	3.89±0.25ab	1.61±0.20a	0.25±0.03b
40	CK	4.36±0.02a	4.51±0.44a	1.11±0.14a	0.26±0.03a
	1%接菌量	4.33±0.14a	4.07±0.78a	1.69±0.55a	0.29±0.06a
	4%接菌量	3.93±0.28b	4.41±0.01a	1.46±0.55a	0.28±0.06a
	10%接菌量	3.70±0.01b	4.31±0.67a	1.76±0.53a	0.26±0.03a
50	CK	3.24±0.28a	4.72±0.44a	1.85±0.42a	0.25±0.03a
	1%接菌量	4.01±0.39a	4.41±0.01a	1.49±0.37ab	0.24±0.06a
	4%接菌量	3.72±0.50ab	4.62±0.25a	1.38±0.12b	0.21±0.03a
	10%接菌量	3.70±0.01ab	4.41±0.44a	1.42±0.12b	0.21±0.03a

注：S1 代表可交换态，S2 代表碳酸盐结合态，S3 代表铁锰氧化物结合态，S4 代表有机结合态，表 2 - 29 及图 2 - 13 中同义。

表 2 - 29 巨大芽孢杆菌与印度芥菜联合作用下土壤镉形态含量的变化

接菌后培养时间（d）	处理	土壤 Cd 形态含量（mg/kg）			
		S1	S2	S3	S4
30	CK	3.15±0.10b	3.74±0.46a	2.25±0.31a	1.10±0.19a
	1%接菌量	3.67±0.12a	2.91±0.37b	2.72±0.42a	0.67±0.23b
	4%接菌量	3.25±0.01b	3.74±0.44a	2.10±0.50a	0.45±0.09c
	10%接菌量	3.80±0.24a	3.37±0.07ab	2.61±0.46a	0.35±0.06c
40	CK	3.58±0.50c	3.63±0.51a	2.72±0.50a	0.35±0.15a
	1%接菌量	4.54±0.24a	3.29±0.51a	2.18±0.40ab	0.28±0.06a
	4%接菌量	4.27±0.01ab	3.42±0.44a	2.12±0.50ab	0.28±0.06a
	10%接菌量	3.87±0.28bc	3.88±0.55a	2.02±0.06b	0.3±0.06a
50	CK	3.03±0.27ab	4.30±0.51b	1.96±0.57a	0.26±0.01b
	1%接菌量	3.00±0.28b	5.20±0.04a	1.36±0.27b	0.26±0.01b
	4%接菌量	3.25±0.01ab	5.42±0.44a	1.36±0.44b	0.26±0.01b
	10%接菌量	3.37±0.34a	4.52±0.31b	1.33±0.30b	0.32±0.06a

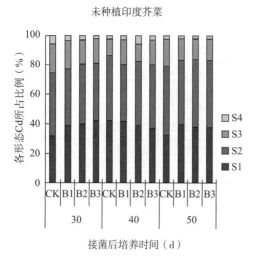
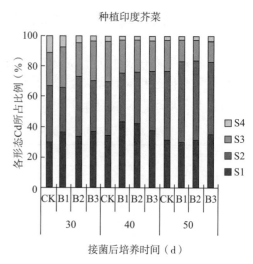

图 2-13 不同条件下巨大芽孢杆菌对土壤镉形态含量比例的影响

种植印度芥菜的土壤中可交换态镉含量低于未种植印度芥菜的，这是由于印度芥菜根系更易吸收可交换态镉。无论是否种植印度芥菜，土壤镉形态均以可交换态及碳酸盐结合态为主，占镉总量的 66.0%～84.2%；铁锰氧化物结合态较少，占 10.8%～27.2%，有机结合态最少。

未种印度芥菜条件下，接菌后培养 30d 和 50d 时，接菌处理的土壤有效态镉分别比对照增加 0.28～0.72mg/kg 和 0.15～0.46mg/kg，铁锰氧化物结合态镉则比对照分别下降 0.09～0.38mg/kg 和 0.36～0.47mg/kg；种植印度芥菜的条件下，接菌后培养 40d 和 50d 时，接菌处理的土壤有效态镉分别比对照增加 0.48～0.62mg/kg 和 0.56～1.34mg/kg，铁锰氧化物结合态镉则比对照分别下降 0.54～0.70mg/kg 和 0.60～0.63mg/kg。

接菌后培养 30d 时，接菌处理的种植印度芥菜土壤中有效态镉含量较未种印度芥菜处理土壤降低 0.99～1.15mg/kg，而未接菌的种植印度芥菜土壤中有效态镉含量较未种印度芥菜处理土壤降低 0.53mg/kg，这说明印度芥菜与巨大芽孢杆菌联合作用对镉的吸收富集效果高于印度芥菜的单独吸收作用。

巨大芽孢杆菌接种于未种印度芥菜的土壤后对土壤 Cd 四种形态所占比例的影响见图 2-13。在接菌处理后培养 30d 和 50d 时，3 个接菌量处理的土壤可交换态 Cd 比对照呈增加趋势，增幅为 5.3～10.7 个百分点，碳酸盐结合态 Cd 则比对照减少 0.4～4.7 个百分点，铁锰氧化物结合态 Cd 比对照减少 1.0～4.5 个百分点。巨大芽孢杆菌单独作用于土壤时可将碳酸盐结合态 Cd 及铁锰氧化物结合态 Cd 活化为可交换态 Cd。

由图 2-13 可看出巨大芽孢杆菌与印度芥菜联合作用对土壤 Cd 各形态含量的影响。接菌后培养 30d 和 40d 时，土壤可交换态 Cd 比对照增加 3.3～9.3 个百分点；碳酸盐结合态 Cd 并未随时间或接菌量表现出一致规律；铁锰氧化物结合态 Cd 在接菌后培养 40d 和 50d 时比对照下降 5.3～7.3 个百分点。说明印度芥菜与巨大芽孢杆菌联合作用时更多的是将铁锰氧化物结合态 Cd 活化为可交换态 Cd。

未种植印度芥菜条件下，接菌后培养 30d 和 50d 时，土壤中可交换态 Cd 和碳酸盐结合态 Cd 所占比例总和比对照增加 2.7～6.8 个百分点；种植印度芥菜条件下，除 30d 的 1% 接菌量处理外，其他接菌处理的土壤可交换态 Cd 和碳酸盐结合态 Cd 所占比例总和均高于对照，增幅为 3.6～7.5 个百分点。这说明巨大芽孢杆菌与印度芥菜联合作用对土壤 Cd 的活化作用高于巨大芽孢杆菌单独作用。

综上所述，在一定试验条件下，接种巨大芽孢杆菌可增强土壤 Cd 的有效性，主要是由巨大芽孢杆菌分泌低分子有机酸溶解土壤铁锰氧化物结合态 Cd 而实现的，同时印度芥菜根系分泌物也起到了活化土壤 Cd 的作用。

（三）对印度芥菜根际与非根际土壤有效镉的影响

由图 2 - 14 可看出接种巨大芽孢杆菌后不同培养时间对印度芥菜根际与非根际土壤 DTPA-Cd 含量的影响。对于根际土壤，在培养 30d、40d、50d 的土壤样品中，B1 处理的土壤 DTPA-Cd 含量均低于对照，且 50d 时比对照显著下降 17.2%，前文中述及接菌处理的印度芥菜地下部、地上部镉富集量高于对照，说明巨大芽孢杆菌促进了印度芥菜对镉的富集，故根际土壤中 DTPA-Cd 低于对照。由图 2 - 14 还可看出，随着接菌后培养时间的增长，B1 处理的根际土壤 DTPA-Cd 含量呈下降趋势，由接菌后 30d 的 4.21mg/kg 下降为 60d 的 3.50mg/kg。巨大芽孢杆菌可活化土壤镉从而增加土壤 DTPA-Cd 含量，同时植物根系对土壤镉也有一定的活化作用，巨大芽孢杆菌同时还可促进根际土壤中的 DTPA-Cd 被印度芥菜富集，富集量超过了活化量，所以该处理的土壤中的有效态镉随培养时间的增加出现下降趋势。B2 处理的 4 次采样的土壤 DTPA-Cd 含量均显著高于对照，增加量在 12.8%～37.1%，即接种 5%巨大芽孢杆菌能活化土壤中的非交换态镉，这是巨大芽孢杆菌和印度芥菜根系的联合作用所致。故将巨大芽孢杆菌用于辅助印度芥菜修复镉污染土壤时，既要考虑到菌株对土壤镉的活化作用，同时也要考虑到有效态镉对植株的毒害作用。在非根际土壤中，仅在接菌后 60d 时，B1 处理的土壤 DTPA-Cd 含量与对照之间差异显著，其余各培养时间、各处理之间及其与对照之间土壤 DTPA-Cd 含量差异不显著。本部分试验中采用了根际袋种植印度芥菜，由于根际分泌物的存在，相对于非根际环境，巨大芽孢杆菌在根际环境中繁殖更快，故菌株与植株联合作用对根际土壤有效态镉影响更大。

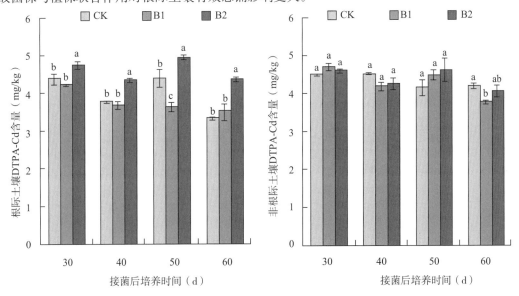

图 2 - 14　接种巨大芽孢杆菌不同培养时间对土壤 DTPA-Cd 含量的影响

注：B1、B2 分别代表土壤接菌量 1%、5%的处理，CK 为不接菌处理。

（四）对印度芥菜根际与非根际土壤有机酸含量的影响

土壤有机酸是一类带负电的离子，可与液相或土壤固相中金属离子结合，从而改变重金属的有效性并影响植物对重金属的富集。对巨大芽孢杆菌菌液中有机酸的测定分析表明，菌液中主要含有乙酸、柠檬酸、丙二酸、琥珀酸、苹果酸、草酸、酒石酸，对巨大芽孢杆菌菌液中的 7 种小分子有机酸定量分析表明，菌液中乙酸、柠檬酸、丙二酸、琥珀酸、苹果酸、草酸、酒石酸含量分别达到 423.63mg/L、367.80mg/L、135.09mg/L、45.98mg/L、13.26mg/L、11.16mg/L、3.55mg/L。此外，植物根系分泌物中常见的有机酸种类为草酸、乙酸、苹果酸、柠檬酸和酒石酸，故本试验选取乙酸、草酸、丙二酸、琥珀酸、苹果酸、酒石酸和柠檬酸进行定量分析测定。

由图 2-15 可看出，接种后培养 40～60d，除 B1 处理 60d 外，B1、B2 处理根际土壤草酸含量分别与对照差异显著（$P<0.05$）。同对照相比，B1 处理根际土壤草酸含量显著下降，B2 处理根际土壤草酸含量显著提高。可能是草酸与镉络合后被植株富集导致其含量下降。部分根际土壤样品草酸含量略大于非根际土壤，可能是因为植物根系也可分泌草酸，但其分泌量远远小于菌体的分泌量。整体上看，草酸含量随着印度芥菜培养时间的增长呈减少趋势，尤其是在接菌处理 50d 后，这可能是由于草酸在土壤酶等作用下氧化分解为更简单的碳氢化合物。接种后培养 30～50d，B2 处理非根际土壤草酸含量与对照之间差异显著（$P<0.05$），B1 处理仅在培养 40d 时与对照之间差异显著（$P<0.05$）。在接种60d 的过程中，接菌处理根际与非根际土壤草酸含量变化较为复杂，可能是受印度芥菜根分泌物的影响所致。

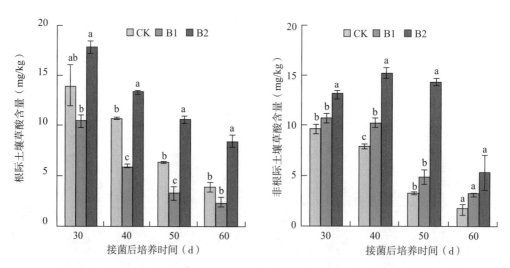

图 2-15 接种巨大芽孢杆菌不同培养时间根际与非根际土壤草酸含量的变化

注：B1、B2 分别代表土壤接菌量 1%、5%的处理，CK 为不接菌处理。

对土壤草酸含量与 DTPA-Cd 含量之间的关系进行分析发现，根际与非根际土壤中草酸含量与 DTPA-Cd 含量呈显著正相关关系，相关性系数分别为 $r=0.459$（非根际，$P=0.01$）和 $r=0.690$（根际，$P=0.01$），说明菌体分泌的草酸活化了土壤中固定态镉，增加了土壤镉的生物有效性。

接种巨大芽孢杆菌增加了根际和非根际土壤中草酸的含量，尤其是非根际土，这也说明巨大芽孢杆菌的添加是土壤中草酸的重要来源；根际与非根际土壤中草酸含量与DT-PA-Cd含量呈显著正相关关系，因此，巨大芽孢杆菌分泌的草酸活化了土壤镉，促进了印度芥菜对镉的吸收和富集。

四、主要研究进展

1. 明确了巨大芽孢杆菌对土壤镉具有活化作用

在镉含量为5.71mg/kg的原污染土壤接种巨大芽孢杆菌，可使土壤DTPA-Cd含量提高44.1%。获得好的活化效果需要适宜的接菌量，并非接菌量越大活化作用越强。

2. 阐明了巨大芽孢杆菌促进印度芥菜对土壤镉的富集效应

试验结果表明，接种1%和4%的巨大芽孢杆菌后培养40d，可使印度芥菜地上部镉含量提高53.7%和44.6%，印度芥菜地上部镉富集量增加172.0%和125.9%，使印度芥菜镉转运系数均为对照的2倍以上。这是因为巨大芽孢杆菌-印度芥菜体系可将土壤中铁锰结合态镉转化为可交换态镉，增加镉的生物活性，促进了印度芥菜对镉的富集。

3. 初步揭示了巨大芽孢杆菌促进印度芥菜富集土壤镉的作用机制

土壤根际盆栽试验结果表明，接种巨大芽孢杆菌增加了根际和非根际土壤中草酸的含量，说明巨大芽孢杆菌是土壤中草酸的重要来源；根际与非根际土壤中草酸含量与DT-PA-Cd含量呈显著正相关关系，因此，巨大芽孢杆菌分泌的草酸活化了土壤Cd，促进了印度芥菜对Cd的吸收和富集。

第五节　胶质芽孢杆菌促进印度芥菜修复土壤镉污染

胶质芽孢杆菌（*Paenibacillus mucilaginosus*）又称硅酸盐细菌。它的主要特性是能分解出长石、云母等矿物中的钾、硅，也能分解出磷灰石中的磷，具有溶磷、解钾、固氮功能，还能分泌有机酸、氨基酸、多糖、植物生长激素及多种酶，增强作物对一些病害的抵抗力。近年来，胶质芽孢杆菌作为微生物肥料的最好菌种，以超强的溶磷、解钾、解硅能力，促进土壤磷钾活化利用，推动了作物增产和品质改善，在农业上得到了广泛推广应用。然而，我们在研究中发现，胶质芽孢杆菌不仅能活化土壤P、K、Si等养分，而且能活化土壤Cd。本研究从微生物促进印度芥菜富集土壤镉的角度，以胶质芽孢杆菌、印度芥菜为主要试材，以有外源添加镉5mg/kg平衡2个月的污染土壤修复为研究对象，采用完全设计试验，设六个处理，分别取活菌量为 1×10^9 CFU/mL 的胶质芽孢杆菌原液0mL、12.5mL、25mL、37.5mL、50mL、62.5mL，加入无菌水稀释至100mL混合均匀后喷洒于各试验盆，使每个处理的活菌量分别为0CFU/kg、1×10^{10} CFU/kg、2×10^{10} CFU/kg、3×10^{10} CFU/kg、4×10^{10} CFU/kg、5×10^{10} CFU/kg，分别记作CK、T1、T2、T3、T4、T5处理，并分为种植印度芥菜和不种植印度芥菜两组处理，各设3次重复。利用在土壤中接种不同浓度胶质芽孢杆菌为调控手段，根据植物和土壤中镉含量、土壤酶活性、土壤pH、有机酸等影响因子随时间变化情况，研究了胶质芽孢杆菌在土壤、植物根系、重金属之间的作用效果及其影响因子。从提高超富集植物印度芥菜的富集效果出发，阐述胶质芽孢杆菌对土壤镉的活化情况和植物的修复效果，为促进印度芥菜修复土壤镉污染提供技术指导。

一、胶质芽孢杆菌促进印度芥菜富集土壤镉的适宜接菌量

（一）不同接菌量处理对印度芥菜生物量的影响

超富集植物生物量是反映植物修复重金属污染的重要指标。一般生物量越大，植物修复效率越高。由图 2-16 可看出，不同胶质芽孢杆菌接菌量处理对芥菜的生长均有不同程度的促进作用，并且随着时间的延长植物并没有表现出发黄枯萎等受毒害症状，表明在土壤中添加一定浓度胶质芽孢杆菌后不会影响印度芥菜的正常生长，这是胶质芽孢杆菌可以辅助修复污染土壤的必要条件。

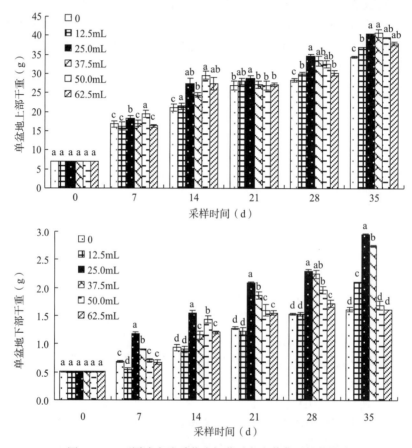

图 2-16 不同浓度胶质芽孢杆菌对印度芥菜干重的影响

在印度芥菜生长到 20d 时进行第一次采样，采样后开始接种不同浓度胶质芽孢杆菌，作为接种胶质芽孢杆菌试验取样的起点，接种菌液之后每 7d 采样一次。在未接种菌液时，各试验盆钵中植物的生物量差异不明显，单盆地上部、地下部分生物量分别为 7.07g、0.51g。接种菌液之后，各浓度胶质芽孢杆菌均不同程度地促进了植物生长。当接菌后 35d，各菌液处理印度芥菜的生物量与对照差异显著（$P<0.05$），生物量比对照增长 3.9%～16.4%。其中 T2 处理在不同采样时期的生物量均与对照差异显著（$P<0.05$）。接菌处理后印度芥菜单盆地下部生物量为 0.51～2.92g，与对照相比，T2 处理地下部生物量在不同时期均明显高于其他处理，达到极显著水平（$P<0.01$）。

(二) 不同接菌量处理对印度芥菜富集土壤镉的影响

富集系数是指生物体内某种元素或化合物的浓度与其所生存环境中该物质浓度的比值，表征了生物吸收富集重金属的程度。从表 2-30 可知，处理 T2 的作用效果最为显著，该处理中印度芥菜地上部镉含量较其他处理分别提高 17%、24%、11%、39%、49%，地下部镉含量与其他处理相比分别提高 64%、77%、35%、32%、60%。从富集系数上来看，T2 处理的地上部镉富集系数可达到 5.66，分别是其他处理的 1.33 倍、1.47 倍、1.20 倍、1.68 倍、1.78 倍；地下部镉富集系数为 2.35，分别是其他处理的 1.87 倍、2.11 倍、1.45 倍、1.59 倍、1.91 倍。在该试验条件下，印度芥菜富集到体内的镉主要积累在地上部，根部积累量相对较少，完全符合超富集植物在实际应用中需满足 S/R>1 的条件（S 和 R 分别指植物地上部和根部中重金属的含量）。并且，随着接菌量的增加，印度芥菜地上部、地下部镉富集系数均呈现先增加后减小的变化趋势，其转折点为本试验筛选的胶质芽孢杆菌适宜接菌量 $2×10^{10}$ CFU/kg。

净化率（修复效率）被认为是植物修复重金属污染土壤的综合指标。它是指植物地上部吸收某种重金属的量与土壤中此种重金属总量的百分比。在本试验条件下，不同处理中印度芥菜净化率可达到 1.13%～4.43%，其中处理 T2 印度芥菜地上部、地下部镉含量分别达到 21.10mg/kg、8.76mg/kg，同时净化率为 4.43%，显著高于其他各处理。由此可见，在接入胶质芽孢杆菌促进印度芥菜对土壤镉富集的过程中，菌液的接种量对辅助修复效果影响很大，过高或过低的接种量都不利于微生物在根际的活化作用，尤其是接种浓度过大可能会抑制根系对重金属的吸收。

表 2-30　印度芥菜地上部与地下部镉富集量及净化效果

处理	地上部镉含量 （mg/kg）	地下部镉含量 （mg/kg）	地上部镉 富集系数	地下部镉 富集系数	净化率（%）
CK	18.10±2.2ab	5.34±0.66b	4.26	1.26	2.92
T1	17.08±0.27ab	4.94±0.94b	3.85	1.11	3.07
T2	21.10±2.25a	8.76±1.64a	5.66	2.35	4.43
T3	19.00±3.03a	6.51±0.22b	4.73	1.62	1.86
T4	15.17±2.24b	6.63±1.11ab	3.38	1.48	1.13
T5	14.17±0.04b	5.48±0.27b	3.18	1.23	1.26

(三) 不同接菌量处理对土壤镉含量的影响

收获时，种植和不种植印度芥菜的土壤样品中镉含量分析结果如图 2-17 所示。不种印度芥菜的土壤中各浓度菌液处理对镉含量影响不大，而种植印度芥菜的土壤中镉含量较不种植的均有不同程度的下降。种植印度芥菜后各处理土壤中镉含量与不种相比，降幅分别为 9.3%、9.1%、20.9%、13.2%、2.8%、4.7%。其中 T2 处理的降幅最大，分别是其他处理的 2.25 倍、2.30 倍、1.58 倍、7.46 倍、4.44 倍。由此可见，并不是接菌量越大处理效果越好，当接菌量达到 $4×10^{10}$ CFU/kg、$5×10^{10}$ CFU/kg 时，其活化土壤镉的作用效果并不显著。

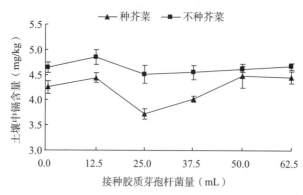

图 2-17 收获时不同浓度胶质芽孢杆菌对土壤镉含量的影响

对 T2 处理不同时期土壤中镉含量进行分析（图 2-18）发现，印度芥菜生长 20d 后进行第一次采样，同时接种菌液，在胶质芽孢杆菌加入土壤的 35d 中，土壤镉含量在前 2 周左右下降速率较快，之后则趋于平缓，接种后第 14 天土壤中镉含量达到最低。接种菌液后土壤中镉含量没有一直下降可能与微生物的生长代谢有关。菌种添加后，初期代谢活动较强，其生命代谢过程中产生荚膜多糖和低分子有机酸等多种代谢产物，通过溶解活化土壤中的镉，将土壤中难溶态镉转变为可以通过植物根系吸收的可溶态镉，从而有助于植物吸收。而当微生物进入稳定期后，其自身代谢活动逐渐减弱，活化土壤镉的作用效果趋于平缓。

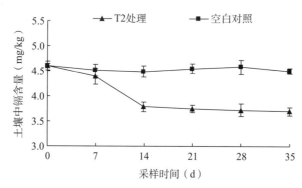

图 2-18 接种菌液后土壤中镉含量随时间变化情况

二、胶质芽孢杆菌对印度芥菜根际土壤镉含量的影响机制

（一）胶质芽孢杆菌对根际土壤镉含量的影响

根际是植物与土壤接触的微域环境，根际作为一个连续体系从靠近根部的土壤到接触根的表面最终一直延伸到根的表层。在根际范围内各种生物特别是微生物种类丰富，能量和物质代谢活跃。因此，根际土壤不仅是超富集植物富集土壤重金属的主要区域，根际周围微生物代谢活性的改变也会直接或间接影响土壤酶的活性。对不同采样时期不同浓度菌液处理后根际土壤中重金属镉含量进行测定，结果见图 2-19。随着培养时间延长，根际土壤中镉含量均呈现明显降低的趋势。空白对照印度芥菜使根际土壤镉含量从 4.41mg/kg

降低到收获时的 3.33mg/kg，对土壤镉的去除率为 24.49%，而 A、C 处理分别从 4.49mg/kg、4.38mg/kg 降低到 2.80mg/kg、2.71mg/kg，对土壤镉的去除率分别达到 37.64%、38.13%，是对照的 1.54 倍、1.56 倍。因此，经胶质芽孢杆菌处理后，超富集植物印度芥菜根际土壤镉含量降低效果更加明显，胶质芽孢杆菌促进了印度芥菜修复镉污染土壤的效果。

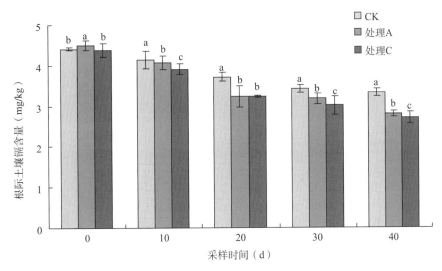

图 2-19　根际土壤镉含量随时间变化情况

注：A、C 处理代表胶质芽孢杆菌接菌量 1×10^{10}CFU/kg、2×10^{10}CFU/kg 的处理，CK 为对照。

（二）胶质芽孢杆菌对根际土壤酶活性的影响

1. 胶质芽孢杆菌对根际土壤磷酸酶活性的影响

土壤磷酸酶活性会受到土壤微生物的数量、种类以及植物类型等因素的影响，胶质芽孢杆菌对土壤磷酸酶活性的影响如图 2-20 所示。从图中可看出，根际土壤磷酸酶活性均呈现随培养时间缓慢升高，到达 30d 又快速升高的变化趋势。经过菌液处理的根际土壤磷酸酶活性均高于对照，接种菌液 30d 时，A、C 处理根际土壤磷酸酶活性分别是同时期对照的 1.20 倍、1.42 倍。在非根际土壤中，对照土壤磷酸酶活性在不同采样时期没有明显变化，A、C 处理土壤磷酸酶活性均大于同时期的对照，并且随时间延长而递增。收获时，A、C 处理中非根际土壤磷酸酶活性分别是对照的 1.43 倍、1.45 倍。

2. 胶质芽孢杆菌对根际土壤脲酶活性的影响

土壤脲酶被认为是决定土壤中氮转化的关键酶，主要来源于微生物和植物代谢，其活性的变化不仅与土壤氮素状况有关，还能及时地反映土壤微生物的活性变化情况。从图 2-21 可看出接种胶质芽孢杆菌后根际和非根际土壤脲酶活性随培养时间的变化。无论是在根际土壤还是在非根际土壤中，脲酶活性均表现为在接种初期逐渐升高，达到最高点后缓慢下降的变化趋势。处理 A 和对照脲酶活性均在接种菌液后 20d 达到最高值，而处理 C 脲酶活性在 20d 后继续升高，到 30d 才达到最高点。在不同采样时期，不同处理的根际（R）土壤脲酶活性均高于非根际（N）土壤，对照根际土壤脲酶活性比非根际土壤提高 2.85%～

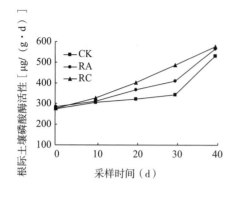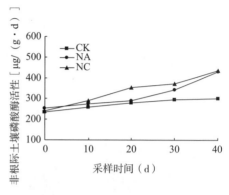

图 2-20 胶质芽孢杆菌对土壤磷酸酶活性的影响

注：R、N 分别代表根际、非根际土壤。下同。

34.75%，处理 A、C 根际土壤脲酶活性比非根际土壤分别提高 11.55%～32.27%、12.31%～26.71%。在根际土壤中，处理 A 土壤脲酶活性在接菌 20d 时达到最高值，比同时期对照提高 31.4%，处理 C 土壤脲酶活性的最大值出现在接种后 30d，比同时期对照提高 66.11%。这种变化趋势在非根际土壤中同样有所体现，A、C 处理土壤脲酶活性的最大提高率分别为 46.33%、85.71%。

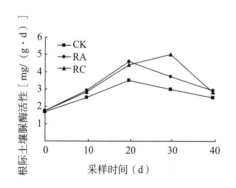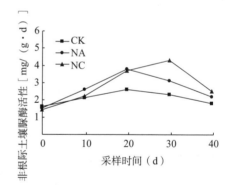

图 2-21 胶质芽孢杆菌对土壤脲酶活性的影响

3. 胶质芽孢杆菌对根际土壤脱氢酶活性的影响

土壤脱氢酶属于胞内酶，能酶促脱氢反应，环境中的糖类和有机酸可作为氢供体。由图 2-22 可看出，在不同采样时期，对照脱氢酶活性没有显著变化，经胶质芽孢杆菌处理后，根际和非根际土壤脱氢酶活性均高于对照，并且呈现先增高后降低的变化趋势。在接种菌液 20d 时脱氢酶活性达到最大值，此时 A、C 处理根际土壤脱氢酶活性分别是对照的 1.64 倍、1.99 倍，A、C 处理非根际土壤脱氢酶活性分别是对照的 1.68 倍、2.79 倍。总体来看，不同时期根际土壤脱氢酶活性均低于非根际。非根际土壤脱氢酶活性在对照中可高出根际 1.96%～8.84%，在 A、C 处理中分别可高出 2.18%～10.63%、5.43%～35.12%。说明胶质芽孢杆菌在非根际对脱氢酶活性的激活作用比根际更加明显。

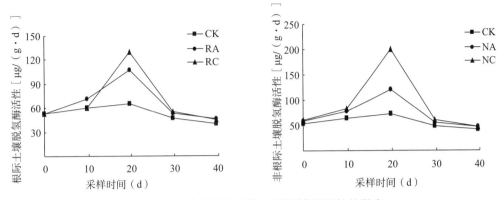

图 2-22　胶质芽孢杆菌对土壤脱氢酶活性的影响

4. 胶质芽孢杆菌对根际土壤过氧化氢酶活性的影响

土壤过氧化氢酶属于氧化还原酶类，它能通过酶促 H_2O_2 分解，从而解除 H_2O_2 的毒害。过氧化氢酶的活性可以作为土壤呼吸强度和微生物活性的重要指标。胶质芽孢杆菌对于根际、非根际土壤过氧化氢酶活性的影响如图 2-23 所示。土壤过氧化氢酶活性随时间的变化趋势在根际和非根际土壤中有着相似的结果，均表现为先略微降低后快速升高，接种 20d 酶活性达到最高点，之后又逐渐降低的变化趋势。菌液处理后土壤过氧化氢酶活性均高于对照，接菌 20d 时，A、C 处理根际土壤过氧化氢酶活性分别比对照提高 4.23%、6.60%，A、C 处理非根际土壤过氧化氢酶活性分别比对照提高 2.52%、3.52%。在不同采样时期根际土壤过氧化氢酶活性略大于非根际土壤，可能与根际土壤中重金属镉生物活性较高、微生物较为活跃有关。

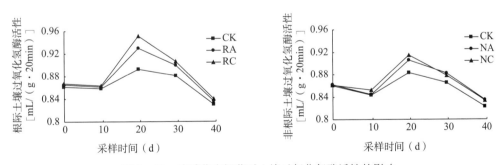

图 2-23　胶质芽孢杆菌对土壤过氧化氢酶活性的影响

5. 根际土壤镉含量与土壤酶活性相关性分析

将对照和 A、C 处理根际土壤镉含量与土壤脲酶、磷酸酶、过氧化氢酶、脱氢酶活性进行相关分析。从表 2-31 可看出，胶质芽孢杆菌处理后土壤镉含量与过氧化氢酶、脱氢酶活性的相关性有所增长但并不显著。对照中土壤镉含量与脲酶、磷酸酶活性呈显著负相关关系（$P < 0.05$），而 A、C 处理土壤镉含量与脲酶、磷酸酶活性均呈极显著负相关关系（$P < 0.01$）。

表 2 - 31　根际土壤镉含量与土壤酶活性的相关分析

	脲酶	磷酸酶	过氧化氢酶	脱氢酶
CK 中镉含量	−0.618*	−0.556*	−0.079	−0.023
处理 A 镉含量	−0.661**	−0.872**	−0.140	−0.039
处理 C 镉含量	−0.649**	−0.962**	−0.160	−0.091

注：* 表示在 $P<0.05$ 水平差异显著，** 表示在 $P<0.01$ 水平差异显著。

三、胶质芽孢杆菌对印度芥菜富集土壤镉污染修复的影响

（一）胶质芽孢杆菌对印度芥菜镉含量的影响

对不同采样时期印度芥菜和对应土壤样品中镉（Cd）含量进行测定分析，用两种浓度胶质芽孢杆菌处理后，印度芥菜地上部、地下部镉含量均有不同程度的增加。从图 2 - 24 中可以看出，接种菌液之后，在相同采样时间，A、C 处理与对照相比，植物地下部镉含量均显著提高。从印度芥菜地上部镉含量来看，在相同采样时间，C 处理均显著高于对照，而 A 处理在第 4、5 次采样时其镉浓度才显著增加。

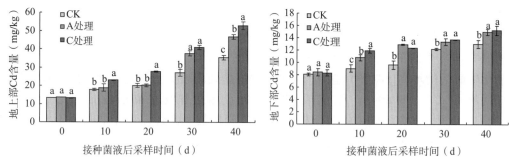

图 2 - 24　接菌后不同时间印度芥菜中镉浓度

如表 2 - 32 中所示，A、C 处理收获时印度芥菜地上部镉富集系数分别为 13.58、16.83，与对照相比分别提高了 42.95%、77.16%；A、C 处理地下部镉富集系数分别为 4.35、4.83，与对照相比分别提高了 24.64%、38.40%。而且 A、C 处理印度芥菜富集土壤镉总量是对照的 1.60 倍、1.84 倍。由此表明，接种菌液的印度芥菜体内镉浓度明显高于未加菌液处理。进一步分析印度芥菜对镉污染土壤的净化率可知，对照中在印度芥菜的作用下，土壤的净化率为 2.57%，而 A、C 处理的净化率可分别达到 4.45%、5.64%，分别是对照的 1.73 倍、2.19 倍。

表 2 - 32　印度芥菜镉富集系数与净化率

处理	地上部 Cd 含量（mg/kg）	地下部 Cd 含量（mg/kg）	植株 Cd 吸收总量（mg）	根际土壤 Cd 含量（mg/kg）	地上部镉富集系数	地下部镉富集系数	净化率（%）
CK	35.43±0.18c	13.01±0.90b	0.25±0.11b	3.73±0.42a	9.50	3.49	2.57
A	46.73±1.54b	14.96±0.86a	0.40±0.09a	3.44±0.16b	13.58	4.35	4.45
C	53.03±0.39a	15.23±0.62a	0.46±0.12a	3.15±0.09c	16.83	4.83	5.64

（二）胶质芽孢杆菌对土壤有效态镉含量的影响

超富集植物对土壤镉吸收和富集的效果主要取决于土壤中有效态镉的含量。从图2-25a可看出土壤有效态镉随时间的变化，随着植物生长时间的延长，无论根际还是非根际土壤中有效态镉含量均呈现明显的下降趋势，并且非根际（N）土壤有效态镉含量均低于根际（R）且下降速率较快。对照根际、非根际土壤有效态镉含量分别从起初的1.46mg/kg、1.38mg/kg，降低到收获时的0.98mg/kg、0.75mg/kg，分别降低32.88%、45.65%。这可能是由于超富集植物印度芥菜只能富集土壤中有效态镉，而土壤自身的土著微生物及酶、电解质等物质很难活化土壤中重金属镉的其他形态供植物吸收。根际土壤中有效态镉含量在每个采样时期均高于非根际土壤，表明印度芥菜根际分泌物能活化土壤中的难溶态镉。

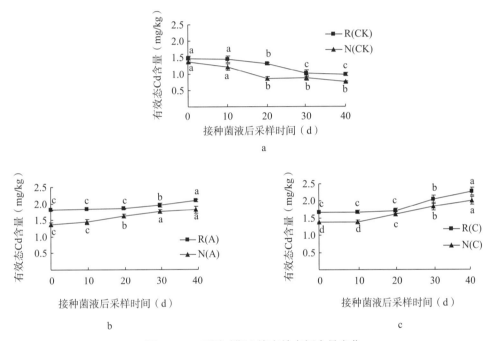

图2-25　不同时期土壤有效态镉含量变化

与对照相反，从图2-25b、图2-25c可看出各处理土壤有效态镉含量随时间的变化。A、C处理土壤有效态镉含量均呈现出明显递增的变化趋势，而且不同采样时期根际土壤中有效态镉含量均高于非根际土壤。A处理根际、非根际土壤有效态镉含量分别从接菌前的1.82mg/kg、1.37mg/kg增加到收获时的2.09mg/kg、1.81mg/kg，分别提高14.84%、32.11%；C处理根际、非根际土壤有效态镉含量分别从接菌前的1.67mg/kg、1.38mg/kg增加到收获时的2.27mg/kg、2.01mg/kg，分别提高35.93%、45.65%。这可能是由于外源菌株接种到土壤中，通过自身代谢活动直接或间接地活化了土壤中难溶态镉，提高了镉的生物有效性，并且在根际中微生物的作用更加活跃，菌株和植物根系相互作用使土壤镉的活化效果更加显著。此外，菌液添加后对土壤镉的活化量大于植物吸收量，所以才会导致土壤中有效态镉含量升高，从而提高了植物富集量。综上，土壤中镉的生物有效性提高显然有助于超富集植物的吸收和对污染土壤的净化。外源菌株进入非根际土壤后20d，土壤中有效态镉含量显著提高，这可能是由于外源菌株进入土壤后经过一段时间的适应，在 20d 自身代谢活动明显增强，对土壤镉的活化效果更加显著。而在印度芥菜根系影响较大的根际区中，这个显著性变化延迟发生在 30d。分析原因，可能是根袋的作用使得非根际区域距离印度芥菜根系较远，土壤中被活化出的有效态镉没有及时被植物吸收，从而导致非根际土壤有效态镉含量升高时间提前。

（三）胶质芽孢杆菌对土壤 pH 的影响

土壤 pH 是影响重金属生物有效性重要因素之一。潮褐土本身 pH 比较高，镉生物有效性相对偏低，所以土壤 pH 降低对土壤中有效态镉含量的影响比较显著。图 2-26 分别显示了接菌处理后，根际和非根际土壤 pH 随时间的变化情况。

从图 2-26a 可看出，从接种菌液之前到接种菌液 10d，对照与处理 A、C 的根际土壤 pH 均没有显著变化。但是随着时间的延长，差异逐渐显著（$P < 0.05$），处理 A、C 之间在接菌 20d 差异显著，之后差异不再显著。到收获时，对照根际土壤 pH 从 7.88 降低到 6.81，降低了 13.58%；处理 A 根际土壤 pH 从 7.74 降低到 6.61，降低了 14.60%；处理 C 根际土壤 pH 从 7.76 降低到 6.60，降低了 14.95%。处理 A、C 根际土壤 pH 降低率分别是对照的 1.08 倍、1.10 倍。在本试验条件下，接菌 20d，对照根际土壤 pH 从 7.88 降低到 6.97，降低了 11.55%，而此时 A、C 处理的根际土壤 pH 分别从 7.74、7.76 降低到 6.72、6.67，降低了 13.18%、14.05%。印度芥菜根系在镉的胁迫下降低土壤 pH，并且这种降低效果在接菌 20d 较为明显。

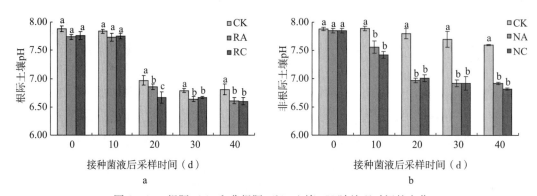

图 2-26　根际（a）和非根际（b）土壤 pH 随处理时间的变化

非根际土壤 pH 变化情况如图 2-26b 所示。对照非根际土壤 pH 降低效果并不明显，而 A、C 处理在不同采样时期与对照差异均显著，不同浓度处理的 A、C 之间 pH 差异不显著。收获时，对照非根际土壤 pH 从 7.88 降低到 7.60，降低了 3.55%，A、C 处理非根际土壤 pH 分别从 7.85、7.85 降低到 6.92、6.82，降幅分别为 11.85%、13.12%。A、C 处理非根际土壤 pH 降低率分别是对照的 3.34 倍、3.70 倍。由此可以看出，菌液处理后非根际土壤 pH 会大幅度降低，而且不同浓度菌液处理的降低效果也有差异。或是在有机酸的作用下非根际土壤 pH 与对照相比在不同采样时期均有明显降低。这种降低效果在接菌 10d 开始出现，可能是由于外源菌株进入土壤，经过短时间的适应后自身进行合成和分解有机酸的能力有所提高，微生物的作用效果使得直到收获时土壤都保持相对较低的 pH 水平。微生物酸化土壤是物质和能量平衡的体现，它会随着外界环境的变化调节自身分泌合成有机酸的能力，与传统的化学物质酸化土壤相比，更具有相对稳定性和安全性。

（四）土壤有效态镉含量与 pH 的回归分析

在不同浓度胶质芽孢杆菌处理下，根际与非根际土壤有效态镉含量与土壤 pH 间均存在显著的负线性关系（$P<0.05$），处理 C 的根际土壤有效态镉含量与 pH 的负相关性达极显著水平（$P<0.01$），如表 2-33 所示。随着土壤 pH 的降低，有效态镉含量升高，说明 pH 变化是影响土壤有效态镉含量的一个重要因素。整体来看，处理 C 的相关性要好于处理 A，而在每个处理中根际土壤的相关性也好于非根际土壤。胶质芽孢杆菌可能是通过改变土壤 pH 来影响土壤中镉的有效性，由于土壤环境较为复杂，该菌在根际土壤中改变土壤 pH 的同时也可能与印度芥菜根系发生了交互作用，使得根际土壤镉生物有效性的变化更加显著。

表 2-33　土壤有效态镉含量与土壤 pH 的关系

处理		回归方程	决定系数 R^2
处理 A	非根际土壤	$y=10.329-1.704x$	0.425*
	根际土壤	$y=13.735-3.45x$	0.531*
处理 C	非根际土壤	$y=9.014-1.033x$	0.781*
	根际土壤	$y=11.771-2.390x$	0.858**

注：x 代表土壤 pH，y 代表土壤有效态镉含量，* 表示达到 0.05 显著水平，** 表示达到 0.01 显著水平。

四、胶质芽孢杆菌对印度芥菜根际土壤有机酸含量的影响

从表 2-34 可看出接菌后 10d、20d 以及 40d 收获时对照和处理 A、C 根际土壤有机酸的种类和含量的具体情况。乳酸的含量比较稳定，在各个取样时期均没有大幅度增长。收获时，A、C 处理中乳酸的含量分别是对照的 1.04 倍、1.08 倍，A、C 处理丙二酸的含量分别是对照的 1.29 倍、1.07 倍。接菌量较大的 C 处理中丙二酸的浓度反而低于 A 处理，可能是高浓度菌液并不利于根系分泌丙二酸或者产生的丙二酸转化为其他有机化合物。苹果酸和酒石酸的变化规律较为相似，随着接菌量的增大有机酸含量有所增加。收获时，A、C 处理中苹果酸的含量分别是对照的 2.98 倍、4.46 倍，A、C 处理中酒石酸的含量分别是对照的 3.80 倍、4.44 倍，可见，接种菌液可以显著提高根际土壤中苹果酸和酒石酸的含量。在未接种菌液的土壤中没有检测到草酸、丁二酸和柠檬酸，而在接种菌液的土壤中有此三种酸的出现，并且随着接菌量的增加这三种酸的含量均有明显提高。这说明胶质芽孢杆菌在根际通过与根系的相互作用，明显提高了根系周围有机酸的种类和含量，此结论可较好地解释在超富集植物根际接种胶质芽孢杆菌后明显降低了土壤 pH，活化土壤重金属，提高镉生物有效性，促进植物吸收，为该菌在微生物辅助超富集植物修复污染土壤的机制性研究提供理论指导。

表 2-34　印度芥菜根际土壤有机酸含量分析

样品	乳酸 (mg/kg)	草酸 (mg/kg)	丙二酸 (mg/kg)	丁二酸 (mg/kg)	苹果酸 (mg/kg)	酒石酸 (mg/kg)	柠檬酸 (mg/kg)
CK$_{10}$	2.07	—	31.48	—	6.44	—	—
CK$_{20}$	2.77	—	34.54	—	12.90	6.72	—
CK$_{40}$	2.78	—	37.37	—	31.24	10.38	—

（续）

样品	乳酸 （mg/kg）	草酸 （mg/kg）	丙二酸 （mg/kg）	丁二酸 （mg/kg）	苹果酸 （mg/kg）	酒石酸 （mg/kg）	柠檬酸 （mg/kg）
A_{10}	2.05	—	32.18	—	32.20	—	—
A_{20}	2.71	—	38.14	3.52	39.43	17.8	2.02
A_{40}	2.89	7.02	48.20	5.61	93.09	39.4	5.67
C_{10}	2.03	—	34.27	9.63	35.41	—	—
C_{20}	2.62	21.24	36.56	11.16	78.36	22.87	6.14
C_{40}	2.99	22.59	40.03	12.99	139.29	46.07	9.25

注：CK 为对照，A、C 为不同处理，10、20、40 分别表示接菌后第 10、20、40 天采样。

五、主要研究进展

1. 明确了胶质芽孢杆菌促进印度芥菜对土壤镉的富集效应

试验表明，接菌量为 2×10^{10} CFU/kg 处理，印度芥菜地上部与地下部镉富集系数可分别达到 5.66、2.35，同时土壤净化率为 4.43%，显著高于其他各处理，胶质芽孢杆菌接种量对印度芥菜富集镉效果影响很大。胶质芽孢杆菌促进印度芥菜修复土壤镉污染的适宜接菌量为 2×10^{10} CFU/kg。

2. 探明了胶质芽孢杆菌能显著提高土壤镉的生物有效性

结果表明，对照土壤有效态镉含量随着植物生长时间的延长而递减，根际、非根际土壤有效态镉含量分别降低 32.88% 和 45.65%。接菌处理后土壤有效态镉含量随时间的延长逐渐升高。收获时，接菌量 1×10^{10} CFU/kg 的 A 处理根际、非根际土壤有效态镉含量分别提高 14.84%、32.11%；接菌量 2×10^{10} CFU/kg 的 C 处理根际、非根际土壤有效态镉含量分别提高 35.93%、45.65%。

3. 揭示了胶质芽孢杆菌促进印度芥菜富集土壤镉的效应机制

试验表明，胶质芽孢杆菌可增强土壤脲酶、磷酸酶活性，促进土壤镉活化被印度芥菜吸收富集，使土壤镉含量与脲酶、磷酸酶活性呈极显著的负相关关系（$P < 0.01$）。同时，可分泌草酸、丁二酸和柠檬酸等低分子有机酸促进土壤镉活化；并显著降低土壤 pH；根际与非根际土壤有效态镉含量分别与土壤 pH 之间呈显著或极显著的负线性相关关系（$P < 0.05$）。

第六节　枯草芽孢杆菌对油菜吸收土壤镉的钝化

枯草芽孢杆菌（*Bacillus subtilis*）广泛分布在土壤及腐败的有机物中，因易在枯草浸汁中繁殖而得名。在菌体生长过程中，它能产生磷脂类、氨基糖类、肽类和脂肽类等抗生素类物质，特别是脂肽类抗生素，是枯草芽孢杆菌最重要的抗菌物质，可有效抑制细菌、病毒、真菌等病原体生长，起到生物防治病害作用。枯草芽孢杆菌作为生防和促腐菌种，已被广泛用于生产实践，其生防及促腐作用已被普遍认可。然而，在前期研究发现，枯草芽孢杆菌对土壤镉具有一定的钝化作用。本研究将其作为微生物修复的功能菌种，应用于土壤镉污染修复，通过土壤培养试验，研究了枯草芽孢杆菌对土壤镉的钝化效应，揭示了枯草芽孢杆菌对土壤镉污染的修复效果，探讨了枯草芽孢杆菌钝化土壤镉的作用机理，为指导土壤镉污染的微生物原位修复提供科学依据。

一、镉胁迫对枯草芽孢杆菌长势的影响

不同浓度的镉胁迫下枯草芽孢杆菌的生长曲线如图 2-27 所示。未受镉胁迫时，枯草芽孢杆菌的延滞期较短，在培养 4h 时，即开始进入对数生长期（4～22h），持续达 18h，吸光值达到 1.8，24h 后进入稳定期。与对照相比，不同浓度镉对枯草芽孢杆菌的生长始终表现为抑制作用，浓度越高，抑制作用越明显。

受 0.5mg/kg 和 1mg/kg 镉胁迫，枯草芽孢杆菌比对照组进入对数生长期延迟 2～4h，28h 后基本进入稳定期，该时期的吸光值比对照组降低 0.2～0.4，但生长曲线趋势基本同对照组相一致；镉浓度为 3mg/kg 时，枯草芽孢杆菌的延滞期时间增加，缓慢进入对数生长期，且对数生长期的增长速度比对照组明显降低，进入稳定期的时间延迟至 44h，且稳定后吸光值为 1.3，比对照组显著降低。在 3mg/kg 镉浓度的胁迫下，枯草芽孢杆菌生长曲线受到显著的影响。

由图 2-27 还可看出，当镉浓度大于 5mg/kg 时，枯草芽孢杆菌的生长曲线受到显著影响。受 5mg/kg 镉的胁迫时，枯草芽孢杆菌延滞期时间增加，培养 24h 后才开始进入对数生长期，同时对数生长期的时间相对缩短，出现了二次生长的现象，且稳定期时吸光值为 0.8，比对照组显著降低；当镉浓度为 7mg/kg 和 10mg/kg 时，菌体的生长受到显著的影响，对数生长期及稳定期均受到影响，快速进入了衰亡期。

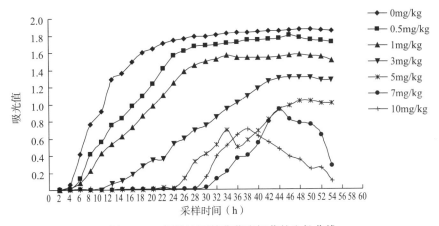

图 2-27　镉胁迫下枯草芽孢杆菌的生长曲线

综上所述，在镉浓度低于 1mg/kg 时，枯草芽孢杆菌所受胁迫作用较弱，能在低浓度镉的液体培养基中正常生长，与对照生长速率相当，几乎同时到达稳定生长期，表明该菌株对镉具有一定的耐受性。当在 3mg/kg 的镉浓度胁迫下，枯草芽孢杆菌生长曲线受到显著影响。当镉浓度达到或超过 5mg/kg 时，枯草芽孢杆菌受到镉的胁迫作用较强，不能进行正常的生长代谢作用。因而，枯草芽孢杆菌用于钝化土壤镉，一般以镉浓度小于 3mg/kg 为宜。

二、影响枯草芽孢杆菌对镉吸附的关键因子

（一）pH 对枯草芽孢杆菌吸附率的影响

pH 的变化会对细胞膜产生影响，使得其对某些离子的渗透性发生变化，因此会影响

到微生物吸收利用营养物质，也会对代谢产物产生影响，进而会阻碍微生物的生长和新陈代谢的正常进行。在菌体对镉吸附的影响试验中，培养基的 pH 还会影响到微生物的吸附位点和可溶性镉的状态。

由图 2-28 可看出，自然 pH（pH 为 6.7）条件下的菌体对镉的吸附率高于其他处理组的吸附率，这是因为枯草芽孢杆菌适合在中性偏酸条件下生长繁殖。

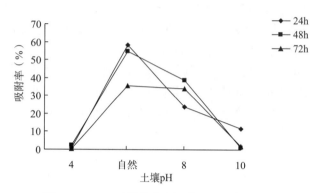

图 2-28 pH 对枯草芽孢杆菌镉吸附率的影响

当培养基的 pH 保持自然值、培养时间为 24h 时，枯草芽孢杆菌对镉的吸附率可高达 58.22%，且随着培养时间的增加，吸附率呈现下降趋势，这一现象符合上述镉胁迫下枯草芽孢杆菌的生长曲线。即在培养前期，环境条件适宜，菌体生长所需营养物质能够得到充分满足，菌体通过 22h 的快速繁殖生长，于 24h 时菌体量达到最大值，故此时菌体对镉的吸附作用最强；随着培养时间的延长，营养物质及环境条件的改变均对菌体的生长产生较大的影响，故菌体会逐渐进入稳定期及衰亡期，相对应菌体的吸附率也会随之降低。

将培养基的 pH 调至 4，试验过程中观察到，枯草芽孢杆菌在该培养基中基本不进行繁殖生长，只有少量的优势菌体在适应该环境后进行了短暂的繁殖生长，在培养 48h 时，菌体对镉的吸附率为 2.21%，故此时的极端酸性条件不利于枯草芽孢杆菌对镉的吸附。将培养基的 pH 调至 8，在对数期未达到稳定时，24h 菌体对镉的吸附率为 23.73%，低于 48h 进入稳定期后的吸附率，48h 吸附率为 38.61%，菌体经过一段时间生长后，随着营养物质的消耗殆尽进入衰亡期，此时菌体对镉的吸附率降低。将培养基的 pH 调至 10，在培养 24h 时，菌体在营养物质旺盛时能够进行一定的繁殖生长，此阶段内菌体对镉具有一定的吸附能力，吸附率为 11.70%；但随着培养时间的增加，培养基内的碱性环境及营养匮乏致使菌体不能进行正常的生长繁殖，提前进入衰亡期，使得对镉的吸附率降低。

（二）镉浓度对枯草芽孢杆菌吸附率的影响

通过研究 pH 对枯草芽孢杆菌吸附率的影响发现，当 pH 保持自然值时，菌体的吸附率最高，故设置镉浓度对枯草芽孢杆菌吸附率影响的试验方案时，以自然值为培养基的背景 pH，通过设定不同梯度的镉浓度，并结合不同镉浓度胁迫下枯草芽孢杆菌的生长曲线，分析研究镉浓度对菌体吸附镉的影响。

由图 2-29 可看出，镉浓度对吸附率的影响为：浓度越高，吸附率越低。当镉浓度为1mg/kg，培养24h时，枯草芽孢杆菌对镉的吸附率最高，可达69.32％，同时随着培养时间的延长，吸附率逐渐降低，当培养72h时，吸附率为48.81％；当镉浓度为2mg/kg，培养24h时，枯草芽孢杆菌对镉的吸附率高达56.53％，吸附率随着培养时间的增加呈现降低趋势，到72h时，吸附率为40.98％。2mg/kg镉浓度的胁迫与1mg/kg镉浓度的胁迫相比，枯草芽孢杆菌对镉吸附率随培养时间的变化趋势一致，但24h和72h镉吸附率相应降低了12.79个百分点和7.83个百分点。当镉的浓度为3mg/kg，培养24h吸附率为34.74％，而培养48h时，对镉的吸附率达到了39.89％，比24h增加了5.15个百分点，根据镉胁迫下枯草芽孢杆菌的生长曲线可知，出现该现象的原因主要是枯草芽孢杆菌在3mg/kg镉的胁迫下生长缓慢，24h时处于对数生长期，菌体数量未达到最大值，且代谢产物较少，而当培养48h时，菌体处于稳定期，菌体数量高于对数生长期，故对镉的吸附率高于24h。当镉浓度为4mg/kg、5mg/kg时，枯草芽孢杆菌对镉的吸附率随培养时间的变化趋势与镉浓度3mg/kg相一致，培养24h时，菌体处于延滞期，生长速度缓慢，菌体量较低，故对镉的吸附能力也相对较弱，此时的吸附率较低；而培养48h后，菌体渐渐适应镉胁迫下的环境，出现了相对较大幅度的增长，菌体量增加，对镉的吸附能力也增强，故此时菌体对镉的吸附率高于24h的吸附率；但随着培养时间的增加，在镉的胁迫作用下，菌体生长进入了衰亡期，生存条件急剧恶化，营养物质缺乏等因素造成了死亡细胞数目超过新生细胞，活菌体的数量降低，菌体吸附能力降低，镉吸附率下降。

综上所述，不同的镉浓度将对枯草芽孢杆菌吸附镉的作用产生显著影响，即在一定范围内，菌体对镉的吸附率随着镉浓度的升高而降低，当镉浓度≤2mg/kg时，培养24h时的吸附率最高；而当镉浓度≥3mg/kg时，菌体受到镉的胁迫作用较大，因为过高的镉浓度会影响菌体的生长繁殖从而导致吸附率降低。

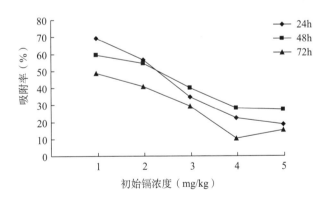

图2-29　镉浓度对枯草芽孢杆菌镉吸附率的影响

三、枯草芽孢杆菌对土壤有效镉的影响

通过对枯草芽孢杆菌吸附镉影响因子的研究，确定了菌体对镉的吸附率达到最大值时的最适pH及镉浓度。短期培养试验中培养基的pH为筛选所得自然值，而试验以模拟的镉污染土壤为试材，镉污染量为5mg/kg，确保菌体在该浓度的镉胁迫下能够进行生长代谢。选择适宜的环境条件进行了培养试验，枯草芽孢杆菌对土壤有效态镉的影响如图2-30所示。土壤有效态镉含量随着培养时间的增加呈下降趋势，在对照组中，培养40d时土壤有

效态镉含量低于培养 20d、30d 时的有效态镉含量。在接菌 5mL（$5.1×10^{10}$CPU/kg）枯草芽孢杆菌的处理组中，培养 30d、40d 时土壤有效态镉含量均低于培养 20d，分别显著降低了 6.69%、9.32%（$P<0.05$）。接菌 25mL（$2.85×10^{11}$CPU/kg）的处理组中，培养 40d 时，土壤有效态镉含量较培养 20d、30d 时显著降低了 3.81%、9.11%。

有研究表明微生物可通过带电荷的细胞表面吸附重金属离子，或通过摄取必要的营养元素主动吸收重金属离子，将重金属离子富集在细胞表面或内部，枯草芽孢杆菌导致土壤有效态镉含量降低也可能是在主动吸收 Cd^{2+} 后于细胞内形成难以解析的化合物，从而达到对镉的钝化作用。

综上所述，接种枯草芽孢杆菌对土壤镉起到钝化作用，且随着培养时间的延长，钝化效果发生显著变化。根据枯草芽孢杆菌的这一特性，将其应用于镉污染土壤中，可降低镉在植物体内的富集量，降低镉在生物圈的循环速率。

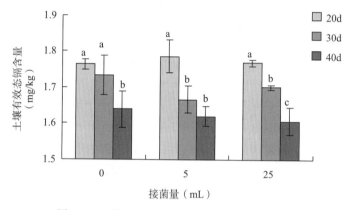

图 2-30　枯草芽孢杆菌对土壤有效态镉的影响

土壤镉有效性受土壤 pH 的影响较大，土壤的 pH 直接影响镉的溶解度和沉淀规律，一般而言，pH 降低，镉溶解度增加；在碱性条件下，它们将以氢氧化物沉淀的形式析出，也可能以难溶的碳酸盐和磷酸盐的形态存在。同时，土壤的氧化还原状况也会影响镉的赋存形态，使镉的溶解度和毒性等发生变化。本试验通过测定土壤 pH，分析土壤有效态镉含量与 pH 的相关性，明确土壤 pH 对有效态镉含量的影响。

由图 2-31 可看出，各处理组的土壤 pH 均随培养时间的延长呈现上升趋势。与对照相比，培养 20d、30d、40d 时，处理组中土壤 pH 均显著提高（$P<0.05$），且接菌 25mL 枯草芽孢杆菌处理的土壤 pH 最高，比对照组分别提高了 0.43、0.28、0.27。这可能是由于枯草芽孢杆菌是生产碱性蛋白酶的菌株，具有产蛋白酶量大、耐高温、耐高碱等特点，且培养过程还会产生表面活性剂，表面活性剂可以保护酶的活性，故使得碱性蛋白酶的活性增强，导致土壤 pH 上升。

通过土壤有效态镉含量与 pH 的相关性分析发现，加入枯草芽孢杆菌后，3 次采样的土壤 pH 随着培养时间的增加呈现上升趋势，且与有效态镉含量呈显著负相关关系，$r=-0.625$（$P<0.05$）。综上所述，枯草芽孢杆菌可不同程度地显著提高土壤 pH，从而导致土壤有效态镉含量的降低。

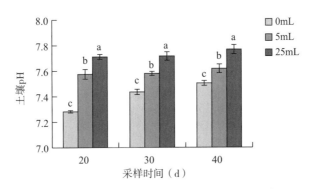

图 2-31 接种枯草芽孢杆菌对土壤 pH 的影响

四、枯草芽孢杆菌对油菜富集镉的影响

（一）枯草芽孢杆菌对油菜镉含量的影响

枯草芽孢杆菌对油菜中镉含量的影响如表 2-35 所示。接菌培养 20d 时，接菌量 5mL 枯草芽孢杆菌处理的油菜镉含量显著低于对照组（$P<0.05$），比对照降低 63.99%，接菌量 25mL 枯草芽孢杆菌处理油菜镉含量与对照之间差异不显著。接菌培养 30d 时，接菌量 25mL 处理油菜镉含量比对照组显著降低了 37.54%（$P<0.05$），接菌量 5mL 处理油菜镉含量与对照差异不显著。接菌培养 40d 时，两个接菌处理的油菜镉含量均与对照差异不显著，接种枯草芽孢杆菌后期较对照组而言，油菜中镉含量没有显著性降低，原因可能是后期因营养物质消耗殆尽等环境条件因素的影响，使得菌体的生长繁殖受到抑制，菌体量降低，菌体对镉的吸附作用减弱，使得处理组与对照组油菜镉含量差异不显著。综上所述，在镉污染土壤种植油菜，接种枯草芽孢杆菌可降低油菜对镉的吸收，从而缓解镉对油菜的毒害。

表 2-35 枯草芽孢杆菌对油菜镉含量的影响

接菌量	不同采样时间的油菜镉含量（mg/kg）		
	20d	30d	40d
0mL	35.35±6.47a	25.25±5.71a	33.48±6.85a
5mL	12.73±2.20b	25.18±5.97a	19.95±2.53a
25mL	20.07±4.09ab	15.77±1.35b	27.13±5.96a

注：同一列数据后不同小写字母表示在 $P<0.05$ 水平显著。

（二）枯草芽孢杆菌对土壤有效态镉含量的影响

由图 2-32 可看出，在接菌培养 20d 时，接菌 25mL 处理可降低种植油菜的土壤有效态镉含量，比对照组显著降低了 30.62%（$P<0.05$）；未种油菜的处理组中，接菌 25mL 处理土壤有效态镉含量与对照之间差异不显著。在接菌培养 30d 时，未种油菜的处理中，5mL 接菌量处理显著比对照组降低土壤有效态镉含量（$P<0.05$）；种植油菜的处理中，25mL 接菌量处理的土壤有效态镉含量比对照组显著降低了 17.72%（$P<0.05$）。在接菌培养 40d 时，未种油菜与种植油菜的两组处理中，不同接菌量处理之间及其与对照之间土壤有效态镉含量差异不显著。可能随着培养时间的增加，土壤中营养物质消耗殆尽，菌体活性受到影响，代谢产物减少，吸附的镉含量降低，导致处理组与对照组中有效态镉含量差异不显

著。综上所述，枯草芽孢杆菌可降低土壤有效态镉含量，对土壤中的镉起到钝化作用。

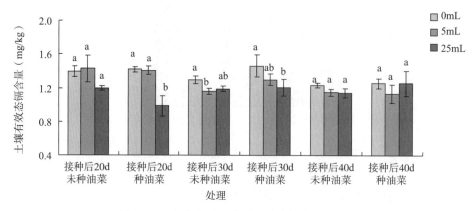

图 2 - 32　枯草芽孢杆菌对土壤有效态镉的影响

（三）枯草芽孢杆菌对油菜土壤 pH 的影响

pH 是影响植物根际土壤镉有效性和根系对镉吸收能力的重要因素。土壤 pH 在菌体的作用下会发生相应变化，pH 升高可能是通过转氨作用产生了一些呈碱性的代谢产物，pH 降低可能是代谢中产生了如有机酸类的中间代谢物。通常 pH 降低可导致土壤中碳酸盐和氢氧化物结合态镉的溶解及释放，同时也增加吸附态镉的释放，能够提高镉生物有效性，从而增加植物对镉的吸收。

由图 2 - 33 可看出枯草芽孢杆菌对土壤 pH 的影响。在接菌培养 20d 时，未种油菜处理组中，接菌 25mL 可显著提高土壤 pH（$P<0.05$）；在种植油菜的处理组，接菌 5mL、25mL 均可显著提高土壤 pH（$P<0.05$），其中 25mL 接菌量处理影响最为显著，土壤 pH 比对照组提高 0.27。在接菌培养 30d 时，接种枯草芽孢杆菌对种植油菜与未种油菜处理的土壤 pH 均有显著影响（$P<0.05$）；其中种植油菜处理组中 25mL 接菌量处理的土壤 pH 比对照组显著提高了 0.11（$P<0.05$）。在接菌培养 40d 时，接种枯草芽孢杆菌使得种植油菜与未种油菜的土壤 pH 与对照组之间差异不显著。

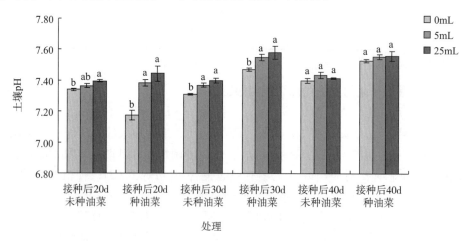

图 2 - 33　枯草芽孢杆菌对土壤 pH 的影响

综上所述，对于种植油菜与未种油菜的处理，在接种枯草芽孢杆菌的前期 30d 时，土壤 pH 有不同程度的升高。随着培养时间的延长，处理组与对照组的土壤 pH 差异逐渐减小。可通过每隔 30d 多次接菌调节土壤 pH，进而钝化土壤镉。

通过土壤有效态镉含量与 pH 的相关性分析发现，种植油菜的处理加入枯草芽孢杆菌后，3 次采样的土壤 pH 随着培养时间的增加呈上升趋势，且与有效态镉含量呈显著负相关关系，$r = -0.444$（$P < 0.05$）；未种油菜的处理中土壤 pH 与有效态镉含量也呈显著负相关关系，$r = -0.452$（$P < 0.05$）。

(四) 枯草芽孢杆菌对油菜生长的影响

1. 枯草芽孢杆菌对油菜生物量的影响

生物量是反映植株生长情况的重要指标。由表 2-36 可知，不同接菌量的枯草芽孢杆菌均会显著提高油菜地上部的生物量（$P < 0.05$）。其中，接菌培养 20d 时，5mL、25mL 接菌量处理的油菜地上部生物量分别比对照显著提高 36.36%，47.73%（$P < 0.05$）；接菌培养 30d 时，5mL、25mL 接菌量处理的油菜地上部生物量分别比对照组显著提高 32.79%、40.98%（$P < 0.05$）；接菌培养 40d 时，5mL、25mL 接菌量处理的油菜地上部生物量分别比对照组显著提高 21.26%、41.73%（$P < 0.05$）。说明接种枯草芽孢杆菌在不同时期内均可显著提高油菜地上部生物量。

表 2-36　枯草芽孢杆菌对油菜地上部生物量的影响

接菌量	不同采样时间的油菜地上部生物量（g）		
	20d	30d	40d
0mL	0.44±0.02c	0.61±0.02c	1.27±0.01c
5mL	0.60±0.02b	0.81±0.02b	1.54±0.01b
25mL	0.65±0.01a	0.86±0.02a	1.80±0.02a

2. 枯草芽孢杆菌对油菜叶绿素的影响

大量研究表明，镉胁迫会使植物叶绿素含量明显降低，原因可能是镉与叶绿体中多种酶的巯基结合，破坏了叶绿体的结构和功能，致使叶绿素分解，另一原因可能是镉引起植物细胞膜结构变化，从而破坏叶绿体的完整结构，导致叶绿素含量的下降。

由表 2-37 可看出枯草芽孢杆菌对油菜叶绿素含量的影响。接种枯草芽孢杆菌在培养前期 30d 内会不同程度地提高油菜叶绿素含量。其中，接菌培养 20d 时，5mL、25mL 接菌量处理均可显著增加油菜叶绿素含量（$P < 0.05$），分别比对照组显著提高 17.37%、15.77%；接菌培养 30d 时，25mL 接菌量处理油菜叶绿素含量比对照组显著提高 29.42%（$P < 0.05$），但 5mL 接菌量处理油菜叶绿素含量与对照组之间差异不显著；接菌培养 40d 时，接菌处理组的油菜叶绿素含量与对照组之间差异不显著。说明枯草芽孢杆菌可显著增加油菜叶绿素含量，有效时间 30d 左右。

结合枯草芽孢杆菌对土壤有效态镉含量的影响可知，接菌 20d、30d 时，枯草芽孢杆菌处理下土壤有效态镉含量比对照组降低；接菌培养 40d 时，处理组与对照组差异不显著。枯草芽孢杆菌降低土壤有效态镉含量，从而减轻土壤镉对油菜的毒害，使油菜叶片叶绿素含量增加，促进油菜的光合作用，缓解镉胁迫引起的生长受阻。

表2-37　枯草芽孢杆菌对油菜叶绿素含量的影响

接菌量	不同采样时间的油菜叶绿素含量（SPAD）		
	20d	30d	40d
0mL	39.77±2.34b	34.37±3.50b	39.75±2.56a
5mL	46.68±2.95a	36.25±1.86b	40.28±4.82a
25mL	46.04±2.28a	44.48±2.82a	41.24±2.74a

五、枯草芽孢杆菌对土壤镉的钝化机制

（一）枯草芽孢杆菌吸附镉后菌体表面的形态变化

微生物细胞壁含有多种带负电荷的官能团，如$-NH_2$、$-SH$、PO_4^{3-} 等官能团，带有较强的负电荷，能吸附金属阳离子，它们之间通过离子交换、络合、螯合、静电吸附以及共价吸附等作用进行结合。为研究枯草芽孢杆菌对镉的吸附过程中吸附前后菌体表面的结构变化和细菌表面官能团的作用，对吸附前后的菌体进行扫描电镜和红外光谱分析。

经 TEM 分析，由图2-34a 可看出，未受镉胁迫的枯草芽孢杆菌菌体表面光滑，细胞结构完整。由图2-34b 可看出，受到 Cd^{2+} 处理后，枯草芽孢杆菌胞外有大量的 Cd^{2+} 并附着于菌体表面。枯草芽孢杆菌吸附 Cd^{2+} 后，细胞壁出现破裂，继而出现壁膜分离现象。

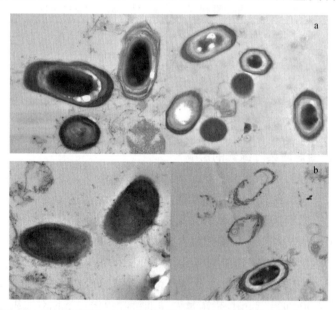

图2-34　未受镉胁迫（a）及受镉胁迫（b）的枯草芽孢杆菌 TEM 图

（二）枯草芽孢杆菌吸附镉的主要官能团

通过红外光谱分析了枯草芽孢杆菌积累镉前后细胞壁表面化学基团的变化，对枯草芽孢杆菌吸附镉的机制做了初步研究，为该菌在镉污染治理中的应用提供理论基础。由图2-35a、图2-35b 可看出，枯草芽孢杆菌主要的吸收谱带归属如下：3 293cm^{-1} 附近强宽谱峰为缔合的来自 $O-H$ 的伸缩振动，是 $O-H$ 和 $N-H$ 键伸缩振动吸收，来自多糖、脂肪酸和蛋白质等组分的贡献。2 960cm^{-1} 和 2 929cm^{-1} 处的谱峰分别来自蛋白质和

脂类的 νas（CH₂）和 νas（CH₃），是典型的脂碳链的 C‐H 键的伸展振动吸收带，它反映脂肪酸、各种膜和细胞壁组分的亲脂分子的信息。1 657cm⁻¹ 和 1 544cm⁻¹ 两处谱峰主要来自蛋白质酰胺Ⅰ带和酰胺Ⅱ带，其中前者来自 C＝O 的伸缩振动，后者来自 N‐H 弯曲振动和 C‐N 伸缩振动。1 231cm⁻¹ 附近为酰胺Ⅲ带 C‐N 和 N‐H 的混合振动峰，可能还有 P＝O 伸缩振动。1 451cm⁻¹ 和 1 399cm⁻¹ 附近的吸收带分别属于蛋白质分子中甲基的反对称和对称弯曲振动峰［δas（CH₃）］和［δs（CH₃）］。1 000～1 158cm⁻¹ 处的吸收谱带主要来自多糖的吸收带。

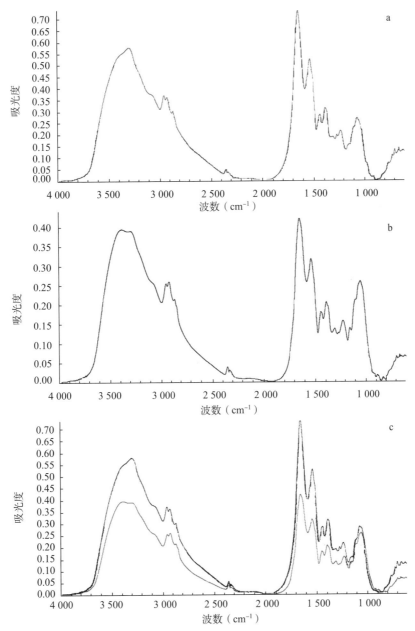

图 2‐35　未受镉胁迫的枯草芽孢杆菌（a）、受镉胁迫的枯草芽孢杆菌（b）的 FTIR 谱图及二者对比图（c）

由图 2-35c 可看出枯草芽孢杆菌吸附 Cd^{2+} 后的 FTIR 图与空白对照组的比对。受到 Cd^{2+} 的胁迫后，O-H 的振动峰向低波数偏移约 $10cm^{-1}$，说明在吸附 Cd^{2+} 的过程中，O 原子参与了对 Cd^{2+} 的络合，使 O-H 的键长增加，振动峰发生红移。1 657 和 1 544cm^{-1} 处峰分别向低波数偏移了 $5cm^{-1}$ 和高波数偏移了 $5cm^{-1}$，推测 C=O 和 N-H 参与了 Cd^{2+} 的络合。Cd^{2+} 作用后的 FTIR 图中各吸收峰的峰强度均出现不同程度的降低。综上，枯草芽孢杆菌细胞表面的- OH、- CO、- NH 等基团对 Cd^{2+} 起到了吸附作用。

六、主要研究进展

1. 探明了枯草芽孢杆菌对土壤镉的钝化修复效应

试验结果表明，枯草芽孢杆菌可显著降低土壤有效态镉含量，促进土壤镉钝化。在镉含量 5mg/kg 的污染土壤种植油菜，接种枯草芽孢杆菌 $5.7×10^{10}$CFU/kg 处理 20d，油菜镉含量可比对照降低 63.99%（$P<0.05$）；接种枯草芽孢杆菌 $2.85×10^{11}$CFU/kg 处理 30d，油菜镉含量可比对照降低 37.54%（$P<0.05$）。

2. 明确了枯草芽孢杆菌吸附钝化镉的适宜浓度

不同镉浓度对枯草芽孢杆菌吸附钝化镉的作用产生显著影响，当镉浓度≤2mg/kg 时，培养 24h 时的吸附率最高；当镉浓度≥3mg/kg 时，菌体受到镉的胁迫作用较大，高浓度镉会影响菌体生长繁殖导致吸附率降低。因而，枯草芽孢杆菌用于钝化土壤镉，一般以镉浓度小于 3mg/kg 为宜。

3. 明确了土壤 pH 是枯草芽孢杆菌钝化镉的关键因子

土壤有效态镉含量与土壤 pH 呈显著负相关关系，$r=-0.625$（$P<0.05$），枯草芽孢杆菌显著影响土壤 pH，进而影响土壤有效态镉含量的有效期为 30d，可通过每隔 30d 多次接菌调节土壤 pH 来钝化土壤镉。

4. 揭示了枯草芽孢杆菌可提高油菜生物量并降低其镉含量

盆栽试验表明，接种枯草芽孢杆菌可显著增加油菜地上部生物量，接菌量 $2.85×10^{11}$CFU/kg 处理 30d，油菜地上部生物量比对照提高 40.98%，油菜镉含量比对照降低 37.54%。

5. 阐明了枯草芽孢杆菌菌体表面对镉的吸附钝化机制

通过枯草芽孢杆菌菌体表面形态变化和官能团的 TEM、FTIR 图谱分析可知，在镉胁迫条件下，枯草芽孢杆菌菌体表面附着有大量的 Cd^{2+}。同时，枯草芽孢杆菌细胞表面的- OH、- CO、- NH 等官能团起到吸附钝化 Cd^{2+} 的作用。

第七节　黑曲霉对油菜吸收土壤镉锌的钝化

黑曲霉（*Aspergillus niger*），广泛分布于世界各地的粮食、植物产品和土壤中。在食品发酵工业中是制酱、酿酒、制醋的主要菌种，可生产淀粉酶、酸性蛋白酶、纤维素酶、果胶酶、葡萄糖氧化酶、柠檬酸、葡糖酸和没食子酸等产品。在微生物肥料工业中，黑曲霉具有裂解大分子有机物和难溶无机物、促进作物吸收利用、改善土壤结构、增强土壤肥力、提高作物产量的效果。近年来我们研究发现，黑曲霉对土壤镉具有一定钝化作

用，能有效抑制土壤中的镉被作物吸收，起到防控土壤镉污染的作用。本研究以外源添加
5mg/kg 镉、500mg/kg 锌的污染土为研究对象，以黑曲霉 30582 为试材，根据黑曲霉活
动的代谢特性，将其菌液添加到种植油菜的镉锌污染土壤中，研究其对土壤镉锌复合污染
的钝化效果，为潮褐土区土壤镉锌污染的原位固定修复技术奠定基础。

一、黑曲霉对土壤镉或锌单一污染的钝化效果

本研究采用盆栽试验，将潮褐土制备成 Cd、Zn 含量分别为 5mg/kg、500mg/kg 的污染
土，每盆装污染土 2kg。采用黑曲霉体积单因素五水平设计，接菌量为 0mL、50mL、
100mL、150mL、200mL，各设 5 个处理，每个处理均设 3 次重复，以接菌量 0mL 为对照。

（一）不同接菌量对油菜镉、锌富集量的影响

由图 2 - 36 可看出，油菜地上部和地下部 Cd 富集量随着接菌量的加大而显著降低。其
中，各处理油菜地上部 Cd 富集量之间及其与对照之间差异显著（$P<0.05$），分别比对照降
低 1.49mg/kg、1.72mg/kg、2.08mg/kg、2.51mg/kg，降幅为 13.66%～23.03%；各处理
油菜地下部 Cd 富集量与对照之间差异显著（$P<0.05$），各处理油菜地下部 Cd 富集量分别
比对照显著降低 3.31mg/kg、4.18mg/kg、4.60mg/kg、4.86mg/kg，降幅为 23.85%～
35.08%。说明接种黑曲霉菌液对油菜富集 Cd 有抑制作用，接种一定量的黑曲霉菌液在降低
土壤 Cd 生物有效性的同时，对油菜吸收并运输 Cd 也可能有一定抑制作用，降低了油菜地
上部富集 Cd 的含量。黑曲霉 200mL 接菌量处理油菜地上部 Cd 富集量最低，比对照降低了
23.03%。但这不能确定此处理为黑曲霉作用的最佳用量，因为生物量大小决定植物富集重
金属的能力。油菜地上部与地下部表现出了相同的富集特性，这是因为根系的发育状况直接
决定地上部的生长情况。可能加入过多发酵液后显著升高的微生物量及其代谢强度危害了植
物根系生存的环境与营养，致使植物根系发育不良。

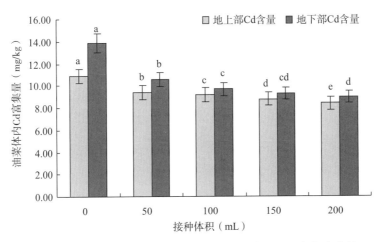

图 2 - 36　不同黑曲霉接菌量处理下油菜地上部和地下部镉富集量

由图 2 - 37 可看出，油菜地上部和地下部 Zn 富集量随着接菌量的加大而显著降低。其中，
各处理油菜地上部 Zn 富集量之间及其与对照之间差异显著（$P<0.05$），分别比对照降低
120.28mg/kg、133.90mg/kg、147.16mg/kg、154.48mg/kg，降幅为 22.34%～28.70%；各处

理油菜地下部 Zn 富集量与对照之间差异显著（$P<0.05$），各处理油菜地下部 Zn 富集量分别比对照显著降低 125.88mg/kg、144.40mg/kg、150.17mg/kg、159.51mg/kg，降幅为 20.29%～25.71%。说明接种一定量的黑曲霉菌液对油菜吸持 Zn 有一定的抑制作用，降低了油菜对土壤 Zn 的富集。油菜 Zn 富集量的变化与其 Cd 富集量的变化趋势基本一致。

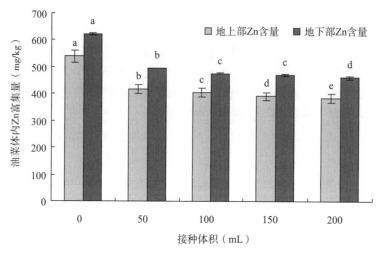

图 2-37　不同黑曲霉接菌量处理下油菜地上部和地下部锌富集量

（二）不同接菌量对土壤有效态镉、锌含量的影响

从图 2-38、图 2-39 可看出，接种黑曲霉处理土壤有效态 Cd、Zn 含量与对照之间差异显著（$P<0.05$），且随接菌量变化的趋势基本一致。其中，接种黑曲霉处理土壤有效态 Cd 含量分别比对照降低了 1.24mg/kg、1.44mg/kg、1.53mg/kg、1.49mg/kg，降幅为 30.26%～37.10%；接种黑曲霉处理土壤有效态 Zn 含量分别比对照降低了 10.64mg/kg、17.33mg/kg、17.92mg/kg、17.49mg/kg，降幅为 20.42%～34.39%。总体来看，随着接菌量的增加，土壤有效态 Cd、Zn 含量呈现降低趋势。这说明黑曲霉能有效降低土壤 Cd、Zn 的生物有效性，起到钝化 Cd、Zn 污染作用。

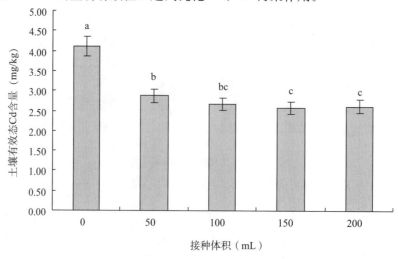

图 2-38　不同黑曲霉接菌量处理下土壤有效态 Cd 的含量

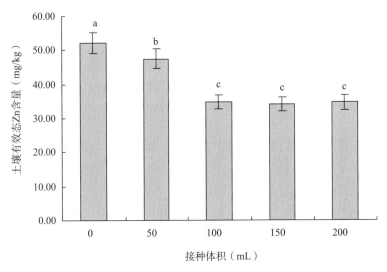

图 2-39　不同黑曲霉接菌量处理下土壤有效态 Zn 的含量

（三）不同接菌量对油菜土壤 pH 的影响

pH 能影响重金属溶液的化学特性、生物官能团的活性和重金属离子之间的竞争，是影响土壤中重金属元素形态和生物有效性的主要因子。从图 2-40 可看出，接种黑曲霉的各处理土壤 pH 与对照之间差异显著（$P<0.05$），土壤 pH 随接菌量的增加而升高。其中，接菌 50mL、100mL、150mL、200mL 处理的土壤 pH 分别比对照显著升高 0.19、0.35、0.38 和 0.40 个单位。随接菌量的增大，增长趋势明显趋缓，这可能是因为加入过多的微生物会对其本身的代谢活动产生抑制，如养分竞争等。可见，加入一定数量的微生物后其生长繁殖及其与土壤土著微生物相互作用产生的代谢产物提高了土壤环境的 pH，可能使重金属钝化、生物有效性降低，减少重金属向地上部的转移。

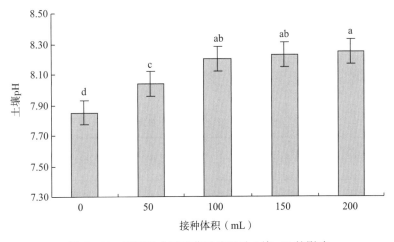

图 2-40　不同黑曲霉接菌量处理对土壤 pH 的影响

（四）不同接菌量对油菜生长的影响

在 Cd、Zn 污染条件下，不同接菌量黑曲霉处理的油菜均能顺利发芽正常生长，没有出现明显的受毒害症状，但都比对照处理更早出现老叶发黄失绿。油菜在接菌量为50mL、100mL处理下长势比对照好，植株生长旺盛，茎秆粗壮挺直，叶片比对照处理大而且厚。尤其以接菌量100mL的处理长势最佳。接种菌液体积为150mL、200mL的处理油菜长势一般，比对照和其他处理弱，植株矮小，茎秆较前三个处理细且叶片小而薄，整个植株看起来较细弱，尤以200mL接菌量的油菜长势最弱，明显出现老叶发黄失绿、萎蔫症状。

由表2-38可看出，随接菌量的增加，油菜生物量呈抛物线型变化。50mL、100mL接菌量处理的油菜单盆生物量分别比对照增加8.48g、19.20g，增幅为4.7%、10.6%，其中100mL接菌量处理的油菜生物量与对照差异显著；150mL、200mL接菌量处理的油菜单盒生物量比对照显著降低16.02g、36.07g，降幅为8.8%、19.9%。150mL、200mL接菌量处理的油菜株高与对照之间差异显著（$P < 0.05$），50mL、100mL接菌量处理的油菜株高与对照之间差异不显著。这说明低接菌量的黑曲霉促进油菜生长，高接菌量黑曲霉抑制油菜生长。如果用黑曲霉作土壤重金属污染的钝化剂，接菌量以不超过100mL为宜。

表2-38　不同黑曲霉接菌量对油菜生长发育的影响

接菌量（mL）	单盆生物量（g）	平均株高（cm）	长势情况
0（CK）	181.64±12.02b	20.55±0.98a	植株正常生长
50	190.12±3.31ab	20.80±1.53a	植株长势优良
100	200.84±6.73a	21.60±0.58a	长势旺盛
150	165.62±7.72c	18.83±0.24b	长势一般
200	145.57±5.84d	17.02±0.71c	长势较弱

二、黑曲霉对土壤镉与锌复合污染的钝化效果

本研究盆栽试验采用Cd、Zn二因素五水平回归正交设计，共设11个处理，每个处理均设6次重复，每3个重复设为一组，共两组：A组为不接种黑曲霉菌液处理，B组为接种黑曲霉菌100mL处理，A、B互为对照。同时设无污染处理为对照。重金属Cd、Zn添加量见表2-39。

表2-39　供试土壤重金属添加量

处理	重金属添加量（mg/kg）		处理	重金属添加量（mg/kg）	
	Cd	Zn		Cd	Zn
1	7.49	748.74	7	4.00	800.00
2	7.49	51.26	8	4.00	0.00
3	0.51	748.74	9	4.00	400.00
4	0.51	51.26	10	4.00	400.00
5	8.00	400.00	11	4.00	400.00
6	0.00	400.00	CK	0.00	0.00

（一）黑曲霉对镉锌复合污染土壤油菜生长的影响

从油菜生长发育情况来看，在本试验中不同浓度 Cd、Zn 复合污染处理下，与对照相比，A 组和 B 组处理油菜均能顺利发芽生长，并无明显的受毒害症状出现。A 组和 B 组各处理油菜长势旺盛，茎秆粗壮挺直，但在油菜生长后期，B 组个别重金属添加量较高的处理中较早出现了边缘叶片萎蔫发黄失绿的症状，这说明少量黑曲霉菌液的加入对油菜营养生长造成了微弱的不良影响。

由图 2-41 可看出，A、B 两组各处理油菜地上部干重与对照相比均有所降低。A 组单盆地上部生物量为 16.25～18.75g，与对照相比降幅为 1.73%～14.83%，除处理 3、4、8 外，其余各处理与对照之间差异显著（$P<0.05$）。B 组单盆地上部生物量为 16.24～18.71g，与对照相比降幅为 1.94%～14.88%，处理 1、5、7、9、10、11 与对照差异显著（$P<0.05$）。B 组各处理与 A 组处理相比油菜地上部干重变化不大，B 组处理 1、2、3、6、10、11 较 A 组对应的处理单盆地上部干重分别增加 0.6g、1.07g、0.06g、0.27g、0.92g、0.87g；处理 4、5、7、8、9 较 A 组对应的处理单盆地上部干重分别减少 0.04g、0.01g、0.07g、0.20g、0.27g。说明接种黑曲霉菌液虽然引起油菜后期生长叶片失绿，但对油菜的地上部生物量影响不大，未形成显著差异。

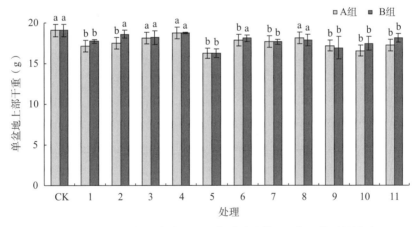

图 2-41　不同镉锌污染水平下黑曲霉对油菜地上部生物量的影响

（二）黑曲霉对镉锌复合污染土壤油菜镉、锌含量的影响

1. 黑曲霉对油菜镉含量的影响

由表 2-40 可看出，在黑曲霉作用下，A 组中随着外源 Cd 的加入，油菜地上部 Cd 含量显著增加（$P<0.05$）。除处理 6 外，油菜地下部 Cd 含量显著增加。A 组油菜地上部 Cd 含量为 2.77～13.75mg/kg，为对照的 2.1～10.5 倍；油菜地下部 Cd 含量为 3.02～16.43mg/kg，为对照的 1.3～6.9 倍。其中除处理 1 外，A 组其他各处理地下部 Cd 含量明显高于地上部 Cd 含量，增幅为 0.25～5.10mg/kg。说明油菜富集的 Cd 多积累在根部，向地上部的转移能力较低。

在黑曲霉作用下，B 组中除处理 6 外，油菜地上部和地下部 Cd 含量均显著增加（$P<0.05$）。不同 Cd 添加量下，油菜地上部 Cd 含量为 2.04～11.76mg/kg，为对照的 1.56～8.98 倍；油菜地下部 Cd 含量为 2.48～12.61mg/kg，为对照的 1.05～5.32 倍，且

B组各处理地下部 Cd 含量较地上部的增加了 0.44～5.51mg/kg。可见，黑曲霉并未使土壤中的 Cd 向地上部大量转移。

在黑曲霉作用下，B组处理油菜中重金属含量较 A 组有明显降低。除处理 10 外，B组油菜地上部 Cd 含量较 A 组降低了 0.40～3.84mg/kg，降幅为 6.99%～31.60%，处理 8 降幅最高；除处理 1 外，B组油菜地下部 Cd 含量较 A 组降低了 0.34～5.52mg/kg，降幅为 3.76%～37.82%，处理 9 降幅最高。可见，黑曲霉对 Cd 的原位固定作用效果总体上尤以 Cd 中度污染水平最佳。原因可能是加入黑曲霉发酵液后，菌体表面含有的氨基、羧基和磷酸根在潮褐土的弱碱性条件下电离显负电，通过静电吸附使可被植物吸收利用的有效态 Cd 减少；也可刺激油菜根系细胞内酶的活性、根际微生物的活性，降低了根系细胞对 Cd 的吸附能力，从而达到有效固定重金属的作用。同时，高浓度的 Cd 污染可能会抑制黑曲霉的代谢活动，降低其钝化重金属的能力，使高浓度 Cd 处理下油菜 Cd 含量升高。

表 2-40 黑曲霉对镉锌复合污染土壤油菜镉含量的影响及差异比较

处理号	A组 Cd 含量 (mg/kg)		B组 Cd 含量 (mg/kg)		地上部 Cd 含量差值 (mg/kg)	地上部 Cd 含量降幅 (%)	地下部 Cd 含量差值 (mg/kg)	地下部 Cd 含量降幅 (%)
	地上部	地下部	地上部	地下部				
1	11.63c	10.33e	9.29b	11.26ab	2.34	20.12	-0.93	-9.00
2	12.82ab	16.43a	9.96b	12.61a	2.86	22.31	3.82	23.25
3	3.94g	9.04f	3.19g	8.70cd	0.75	19.04	0.34	3.76
4	5.72f	9.30f	5.32f	7.12e	0.40	6.99	2.18	23.44
5	13.75a	15.14b	11.76a	12.41a	1.99	14.47	2.73	18.03
6	2.77h	3.02g	2.04h	2.48f	0.73	26.35	0.54	17.88
7	10.46d	11.01e	7.23e	9.06cd	3.23	30.88	1.95	17.71
8	12.15bc	15.43b	8.31cd	9.91bc	3.84	31.60	5.52	35.77
9	8.69e	13.14cd	7.52de	8.17de	1.17	13.46	4.97	37.82
10	8.22e	12.45d	8.42c	9.49cd	-0.20	-2.43	2.96	23.78
11	10.02d	13.66c	9.15fb	11.07ab	0.87	8.68	2.59	18.96
CK	1.31i	2.37g	1.31h	2.37f				

2. 黑曲霉对油菜锌含量的影响

由表 2-41 可看出，A组各处理随着外源 Zn 的加入，除处理 8 外，油菜体内 Zn 含量显著增加（$P < 0.05$）。A组中油菜地上部 Zn 含量为 88.63～651.45mg/kg，为对照的 1.33～9.80 倍；油菜地下部 Zn 含量为 104.67～706.03mg/kg，除处理 8（Zn 添加量为 0）低于对照外，其余为对照的 2.71～6.20 倍。除处理 3 外，A组各处理中油菜地下部 Zn 含量明显高于地上部 Zn 含量，增幅为 16.04～180.58mg/kg。

在黑曲霉作用下，B组中除处理 8 外，其余处理与对照相比，油菜地上部和地下部 Zn 含量均显著增加。油菜地上部 Zn 含量为 76.30～486.47mg/kg，为对照的 1.15～7.32 倍；油菜地下部 Zn 含量为 101.33～586.03mg/kg，除处理 8 低于对照外，其他处理为对照的 1.92～5.14 倍，且地下部较地上部的增加了 18.03～164.26mg/kg。可见，同油菜中 Cd 的富集特征相似，土壤中 Zn 未向植株地上部大量转移。

由表 2-41 可看出，B 组油菜地上部 Zn 含量较 A 组降低了 12.33～164.98mg/kg，降幅为 7.77%～35.12%，处理 2 降幅最高，处理 6 次之；B 组油菜地下部 Zn 含量较 A 组处理降低了 3.34～220.03mg/kg，降幅为 3.19%～35.74%，处理 6 降幅最高。综合可见，黑曲霉对 Zn 的固定效果是以中低污染水平较佳，且对油菜地上部和地下部的作用都比较显著。这可能是因为 Zn 的移动性较强，向地上部转移的较多，加入黑曲霉后使得 Zn 的生物有效性和可移动性降低，在油菜体内含量减少。

表 2-41　黑曲霉对镉锌复合污染土壤油菜锌含量的影响及差异比较

处理	A 组 Zn 含量（mg/kg）		B 组 Zn 含量（mg/kg）		地上部 Zn 含量差值（mg/kg）	地上部 Zn 含量降幅（%）	地下部 Zn 含量差值（mg/kg）	地下部 Zn 含量降幅（%）
	地上部	地下部	地上部	地下部				
1	592.15b	679.08b	428.14b	539.12b	164.01	27.70	139.96	20.61
2	283.64h	308.26i	184.02f	218.84h	99.62	35.12	89.42	29.01
3	651.45a	644.5c	486.47a	504.50c	164.98	25.33	140.00	21.72
4	201.76i	355.61h	186.09f	309.97g	15.67	7.77	45.64	12.83
5	412.50f	536.17g	327.49cd	426.87de	85.01	20.61	109.30	20.39
6	435.13e	615.71d	290.11e	395.68f	145.02	33.33	220.03	35.74
7	536.76c	706.03a	421.77b	586.03a	114.99	21.42	120.00	17.00
8	88.63j	104.67j	76.30g	101.33i	12.33	13.91	3.34	3.19
9	404.55g	539.18g	309.18de	402.11ef	95.37	23.57	137.07	25.42
10	431.37e	530.71f	314.35d	421.24def	117.02	27.13	109.47	20.63
11	444.81d	581.84e	346.30c	466.23d	98.51	22.15	115.61	19.87
CK	66.46j	113.95j	66.46g	113.95i				

3. 黑曲霉对油菜吸收镉锌的交互效应

为研究重金属在土壤-植物系统中迁移分配的交互作用，并与对照组进行比较，阐明在黑曲霉的钝化作用下 Cd、Zn 元素之间的交互作用变化。分别以土壤中 Cd、Zn 添加量为自变量 x_1 和 x_2；以 A 组和 B 组油菜不同部位吸收的 Cd、Zn 含量为因变量 y_1 和 y_2；基于 Cd、Zn 的复合处理模拟试验样本测试的基础数据，将油菜各部位对土壤中 Cd、Zn 的吸收量与土壤中 Cd、Zn 含量之间的关系通过拟合多元线性回归方程的方式表示出来，见表 2-42。由表所列方程可以发现，两组处理下油菜 Cd、Zn 含量，均与 Cd、Zn 各自在土壤中的添加量呈极显著正相关。

A 组中，油菜地上部和地下部对 Cd 的吸收量与土壤 Cd 含量的偏相关系数分别为 0.919** 和 0.777**，达到了极显著的正相关；地上部和地下部对 Zn 的吸收量与土壤 Zn 含量的偏相关系数分别为 0.946** 和 0.910**，达到了极显著的正相关。这说明添加处理后土壤中的 Cd、Zn 均能被油菜有效吸收，其添加量在一定程度上代表着土壤中 Cd、Zn 的有效量。但无论在油菜的地上部还是地下部，Cd 的吸收量与土壤中 Zn 含量无显著相关关系，而且 Zn 吸收量与土壤中 Cd 含量也无显著相关关系。方差分析表明，Cd、Zn 交互作用对油菜体内 Cd、Zn 含量影响不显著，但从表中可看出，油菜体内 Cd、Zn 含量除与土壤中添加的该元素的含量密切相关外，还受共存元素的影响。油菜地上部和地下部 Cd 含量随土壤中 Zn 含量上升而降低。可见，Zn 的存在抑制了植物对 Cd 的吸收，而 Cd 却促进了植物对 Zn 的吸收。这可能是因为在 Cd、Zn 复合污染的土壤中，Cd 与土壤胶体上的 Zn 竞争吸附位点，Cd 较容易吸附在土壤胶体上，降低了土壤中 Cd 的生物有效性，从而使 Zn 从土壤胶体上脱除，提高了 Zn 的有效性。

B 组中，油菜地上部和地下部对 Cd 的吸收量与土壤 Cd 含量的偏相关系数分别为 0.921** 和 0.831**，达到了极显著的正相关；地上部和地下部对 Zn 的吸收量与土壤 Zn 含量的偏相关系数分别为 0.954** 和 0.934**，达到了极显著的正相关。油菜体内 Cd、Zn 富集量与其共存元素含量并不存在交互作用，在土壤 Cd、Zn 复合污染的处理条件下，植物 Cd 的吸收仅受土壤 Cd 的制约，植物 Zn 的吸收仅受土壤 Zn 的制约。这可能是因为在黑曲霉的作用下，土壤 Cd、Zn 的生物有效性降低，毒害性降低，削弱了 Cd、Zn 两元素间的交互作用。

表 2-42　油菜镉、锌含量与复合污染土壤镉、锌含量之间的多元回归分析

组别	部位	因变量	多元回归方程	决定系数 R^2	偏相关系数 x_1	偏相关系数 x_2
A 组	地上部	Cd 含量	$y_1 = 3.942 + 1.314x_1 - 0.005x_2$	0.846	0.919**	-0.145
		Zn 含量	$y_2 = 148.027 + 3.941x_1 + 0.591x_2$	0.899	0.191	0.946**
	地下部	Cd 含量	$y_1 = 7.393 + 1.213x_1 - 0.002x_2$	0.604	0.777**	-0.242
		Zn 含量	$y_2 = 236.084 + 1.559x_1 + 0.644x_2$	0.833	0.053	0.910**
B 组	地上部	Cd 含量	$y_1 = 3.377 + 1.049x_1 + 0.0001x_2$	0.849	0.921**	-0.159
		Zn 含量	$y_2 = 120.395 + 1.915x_1 + 0.434x_2$	0.914	0.140	0.954**
	地下部	Cd 含量	$y_1 = 4.855 + 0.963x_1 + 0.0009x_2$	0.703	0.831**	0.139
		Zn 含量	$y_2 = 181.223 + 2.435x_1 + 0.496x_2$	0.876	0.127	0.934**

三、黑曲霉对复合污染土壤有效态镉锌的影响

从图 2-42 可看出，各处理条件下，随着土壤中 Cd 添加量的增加，A 组和 B 组（除处理 6 外）土壤中有效态 Cd 含量均显著增加（$P < 0.05$）。A 组土壤中有效态 Cd 含量为 0.35～5.73mg/kg，为对照的 1.09～17.91 倍；B 组土壤中有效态 Cd 含量为 0.25～4.02mg/kg，为对照的 0.77～12.43 倍。受黑曲霉固定作用的影响，B 组各处理土壤有效态 Cd 含量较 A 组降低 0.10～1.71mg/kg，降幅达 28.57%～29.84%。

从图 2-43 可看到，各处理随着 Zn 添加量的增加，土壤中有效态 Zn 含量均显著增加（$P < 0.05$）；B 组各处理土壤有效态 Zn 含量除处理 8 外均显著提高。A 组土壤中有效态 Zn 含量为 11.32～64.07mg/kg，为对照的 1.02～5.79 倍；B 组土壤中有效态 Zn 含量为 8.80～42.38mg/kg，为对照的 0.93～4.49 倍。与 Cd 的变化相似，B 组各处理土壤有效态 Zn 含量较 A 组降低 2.52～21.69mg/kg，降幅达 28.64%～33.85%。

综合土壤-植物系统 Cd、Zn 有效态含量状况发现，植物对重金属的吸收与其在土壤中有效态含量密切相关。综合分析可知，黑曲霉添加使土壤中重金属 Cd、Zn 生物有效性降低，降低了重金属 Cd、Zn 的移动性，从而使得油菜体内重金属 Cd、Zn 含量显著降低。

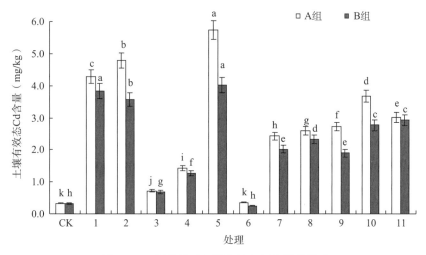

图 2-42 黑曲霉对土壤有效态镉含量的影响

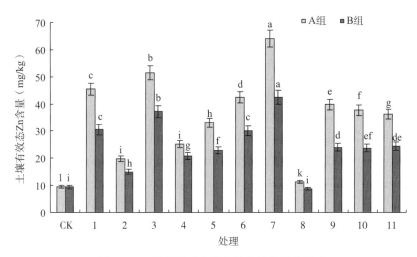

图 2-43 黑曲霉对土壤有效态锌含量的影响

四、主要研究进展

1. 探明了黑曲霉接菌量对油菜镉、锌富集量和生物量的影响

不同黑曲霉接菌量处理下油菜地上部和地下部镉、锌含量，随着接菌量的加大而显著降低。其中，油菜地上部 Cd 富集量降幅为－2.43％～31.60％，油菜地上部 Zn 富集量降幅为 7.77％～35.12％。同时，黑曲霉接菌量对油菜生物量产生显著影响，低接菌量的黑曲霉促进油菜生长，高接菌量黑曲霉抑制油菜生长。如果用黑曲霉作土壤重金属污染的钝化剂，接菌量以不超过 100mL 为宜。

2. 明确了黑曲霉钝化复合污染土壤 Cd、Zn 活性的关键因子

它主要是通过提高土壤 pH 及降低 Cd、Zn 生物有效性来抑制植物对 Cd、Zn 的吸收富集。接种黑曲霉处理土壤有效态 Cd、Zn 含量与对照之间差异显著，随接菌量的增加而

降低。其中，接种黑曲霉处理土壤有效态 Cd 含量的降幅为 28.57%～29.84%、土壤有效态 Zn 含量的降幅为 28.64%～33.85%。同时，土壤 pH 随接菌量的增加而升高。说明随着黑曲霉接菌量的增加，土壤 pH 升高可降低土壤 Cd、Zn 生物有效性，起到钝化 Cd、Zn 污染作用。

3. 阐明了黑曲霉对镉、锌复合污染土壤油菜富集镉、锌的影响

在 Cd、Zn 复合污染的条件下，油菜地上部和地下部吸收的 Cd、Zn 含量主要受土壤中 Cd、Zn 添加量的影响，油菜对 Cd 的吸收还受共存元素 Zn 的影响，Cd、Zn 之间的交互作用表现在 Zn 抑制植物根部对 Cd 的吸收与向地上部的转移，而 Cd 则促进根部 Zn 的吸收与向地上部的转移。在黑曲霉处理下，油菜地上部和地下部 Cd、Zn 吸收量不受共存元素的影响，且比对照处理显著降低。

4. 揭示了黑曲霉对复合污染土壤镉、锌活性的钝化作用

在镉、锌复合污染处理中，随着土壤 Cd、Zn 添加量的增加，土壤中有效态 Cd、Zn 含量显著增加；但接种黑曲霉处理的土壤有效态 Cd、Zn 含量均显著降低。说明黑曲霉具有钝化复合污染土壤 Cd、Zn 活性的作用，以中低度污染水平表现最佳。

第三章

设施菜田氮磷污染生化防控

第一节 设施黄瓜土壤氮磷损失污染的微生物防控

根据田间调查，目前华北菜田氮养分利用率为 20%～30%，磷养分利用率仅为 10%～15%，已导致土壤氮磷养分过剩、蔬菜和环境污染等问题，迫切需要研究氮磷养分高效利用、化肥减施增效的调控机制。已有研究表明，在华北石灰性土壤施氮，易产生硝态氮淋失、氨挥发和氮氧化物排放损失，已成为氮利用率低的主要原因。通过调控土壤氮循环的硝化进程，既可有效提高氮利用率，还可防止引起蔬菜和环境污染。磷利用率低主要是由于施磷易形成难溶化合物，从而降低其被吸收利用的活性。利用功能微生物可有效活化土壤中难溶态磷，既可有效提高磷的利用率，又可防止富营养化。两者一个共同的特征是通过微生物的生化调控，有效提高其养分的利用率，但起调控作用的微生物及其生物化学机制不同。本研究以华北设施黄瓜土壤系统为研究对象，分别采用抑制硝化微生物调控氮循环和功能微生物促进土壤磷活化利用的田间试验，解析微生物调控设施黄瓜土壤系统中氮、磷的作用机制，明确微生物调控促进设施黄瓜氮磷养分利用、提高产量、改善品质和防控污染等方面的作用效果。

一、设施黄瓜施氮配施硝化抑制剂的应用效果

本研究为黄瓜土壤系统氮循环的硝化进程调控试验，共设 5 个处理：不施肥对照（处理 CK）、常规施肥（处理 FT）、常规施肥＋增施硝化抑制剂 DCD（处理 In-1）、常规施肥＋增施硝化抑制剂吡啶（处理 In-2）及常规施肥减量 25%（处理 OPT）。每个处理设 3 次重复，各处理施肥方案见表 3-1，DCD 和吡啶用量均为施氮量的 15%。

表 3-1 硝化进程调控试验处理肥料施用量（kg/hm²）

处理	化肥投入量			有机肥投入量
	N	P_2O_5	K_2O	
CK	0	0	0	0
FT	750	180	525	6 000
In-1	750	180	525	6 000
In-2	750	180	525	6 000
OPT	562.5	135	393	4 500

（一）设施黄瓜施氮配施硝化抑制剂的环境效应

1. 对土壤 N_2O 排放的影响

如图 3-1 所示，硝化抑制剂调控下 N_2O 排放通量存在显著差异，且基肥施用后 N_2O 排放通量显著高于追肥后。各施肥处理相比，常规施肥（FT）处理下 N_2O 排放通量均高于其他施肥处理，最大排放通量为 108.27g/（$hm^2 \cdot d$）。增施硝化抑制剂吡啶（In-2 处理）的 N_2O 最大排放通量最低，为 74.39g/（$hm^2 \cdot d$），较 FT 处理下降 31.29%。由图 3-2 可见，FT 处理下 N_2O 排放损失量最大，为 0.49kg/hm^2，而 OPT、In-1、In-2 三个处理下 N_2O 排放损失量显著低于 FT 处理，降幅分别为 28.4%、21.8%、20.8%。

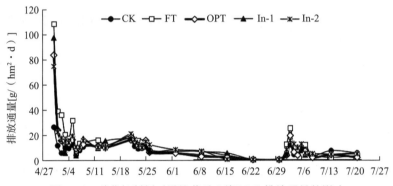

图 3-1 硝化抑制剂对设施黄瓜土壤 N_2O 排放通量的影响

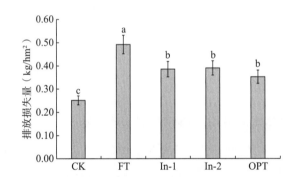

图 3-2 硝化抑制剂对设施黄瓜土壤 N_2O 排放氮损失量的影响

2. 对土壤 NO_x 排放的影响

由图 3-3 可见，硝化抑制剂调控下，基肥施用后 NO_x 排放通量高于追肥后，且不同施肥处理下 NO_x 排放通量存在显著差异，其中以常规施肥（FT）处理下 NO_x 排放通量最大，最大排放通量为 139.3g/（$hm^2 \cdot d$）；其次为增施硝化抑制剂吡啶的 In-2 处理，为 113.0g/（$hm^2 \cdot d$）；增施硝化抑制剂 DCD 的 In-1 处理下 NO_x 排放通量最低，与不施肥的对照处理相近。由图 3-4 可见，增施硝化抑制剂 DCD 的 In-1 处理下 NO_x 排放损失量显著低于除不施肥的对照（CK）之外的其他处理；常规施肥 FT 处理下 NO_x 排放损失量最大，高达 0.81kg/hm^2；增施硝化抑制剂 DCD（处理 In-1）、增施硝化抑制剂吡啶（处理 In-2）以及减量施肥 25% 处理（OPT）下，NO_x 排放损失量较常规施肥（FT 处理）分别下降 76.5%、36.3%、16.7%。

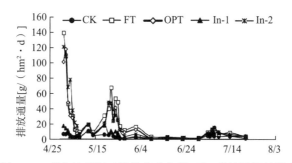

图 3-3　硝化抑制剂对设施黄瓜土壤 NO$_x$ 排放通量的影响

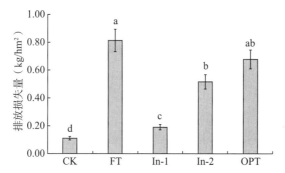

图 3-4　硝化抑制剂对设施黄瓜土壤 NO$_x$ 排放氮损失量的影响

3. 对土壤氮淋溶的影响

通过对土壤淋溶液中各时期硝态氮累积量的平均含量（图 3-5）的分析，试验表明，在常规施肥（处理 FT）基础上，添加施氮量 15%DCD 的处理（In-1）与不施 DCD 的常规处理（FT）相比，可降低硝态氮淋失量 37.19%；添加施氮量 15% 吡啶的处理（In-2）与不施吡啶的常规处理（FT）相比，可降低硝态氮淋失量 31.39%。

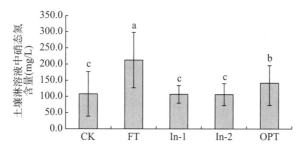

图 3-5　硝化抑制剂对设施黄瓜土壤淋溶液硝态氮含量的影响

由图 3-6 和图 3-7 可看出在硝化抑制剂调控下，设施黄瓜深层土壤硝态氮、铵态氮垂直移动分布。与常规施肥（FT）相比，减量 25% 施肥处理（OPT）和增施硝化抑制剂处理（In-1、In-2）均能显著降低土壤中硝态氮、铵态氮向土壤深层的移动。在 20～100cm 的土层中，与常规施肥（FT）相比，减量 25% 施肥处理（OPT）以及增施硝化抑制剂 DCD（处理 In-1）和吡啶（处理 In-2）的硝态氮总量下降幅度分别为 44.8%、

17.9%和20.8%；只有减量25%施肥处理（OPT）和增施硝化抑制剂处理（In-1）的铵态氮总量下降了，分别降低了31.8%和21.7%。综合硝态氮和铵态氮的结果表明，与常规施肥（FT）相比，减量25%施肥处理（OPT）和增施硝化抑制剂DCD处理（In-1）均能有效降低氮的垂直运移38%以上。

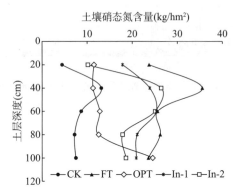

图3-6 硝化抑制剂调控对黄瓜收获期土壤垂直剖面硝态氮分布的影响

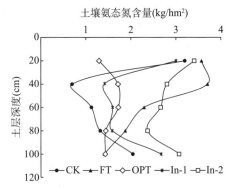

图3-7 硝化抑制剂调控对黄瓜收获期土壤垂直剖面铵态氮分布的影响

（二）设施黄瓜施氮配施硝化抑制剂的产量效应

1. 对黄瓜产量和单果重的影响

由图3-8可看出，虽然年际间由于当年温度等变化对产量有一定影响，但连续两年在常规施肥处理（FT）的基础上增施硝化抑制剂调控，同一年份内出现相同的产量规律，增施硝化抑制剂的DCD处理（In-1）产量最高。与常规施肥处理（FT）相比，增施硝化抑制剂处理In-1和In-2产量均有提升，两年间分别使黄瓜增产幅度在18.1%～22.0%和18.3%～18.7%。从图3-9的结果可看出，除对照外，不同施肥组合对黄瓜单果重存在一定影响，但同一年际内差异并不显著。说明减施氮配施硝化抑制剂不会引起产量降低。

2. 对黄瓜肥料偏生产力的影响

由表3-2可看出配施硝化抑制剂处理对设施黄瓜肥料偏生产力的影响。其中，偏生产力最高的施肥组合是减量25%施肥处理（OPT），比常规施肥处理（FT）高32.1%，配施硝化抑制剂DCD的处理（In-1）的偏生产力也较高，比常规施肥处理（FT）处理高18.1%。

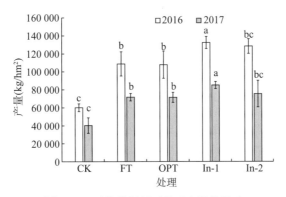

图 3-8　硝化抑制剂对黄瓜产量的影响

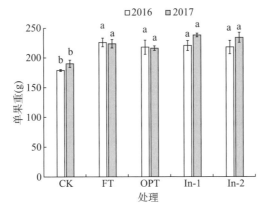

图 3-9　硝化抑制剂对黄瓜单果重的影响

表 3-2　硝化抑制剂对设施黄瓜肥料偏生产力的影响

处理	偏生产力（kg/kg）	
	2016 年	2017 年
CK	—	—
FT	144.8	95.8
OPT	191.3	126.6
In-1	176.6	113.1
In-2	171.3	100.4

（三）设施黄瓜施氮配施硝化抑制剂的品质效应

由图 3-10 可见，两年间不同施肥组合下黄瓜的硝酸盐含量存在显著差异（$P <$ 0.05），其中除对照外，增施硝化抑制剂 DCD 处理（In-1）的黄瓜硝酸盐含量最低，每千克鲜重含量仅为 350～370mg，与常规施肥处理（FT）相比，增施硝化抑制剂 DCD 处理（In-1）的黄瓜中硝酸盐含量两年平均降低了 12.9%，硝化抑制剂吡啶处理（In-2）两年平均降低了 8.5%。另外，与常规施肥处理（FT）相比，减量施肥 25% 处理（OPT）并

未有效降低黄瓜中硝酸盐含量。

由图 3-11 可见，两年间不同施肥组合下黄瓜的维生素 C 品质存在显著差异（$P<$ 0.05），其中 2016 年以不施肥的对照 CK 处理的维生素 C 含量最高；2017 年以减量 25% 的 OPT 处理维生素 C 含量最高，维生素 C 结果两年间不稳定；其余处理均未达到显著差异水平。

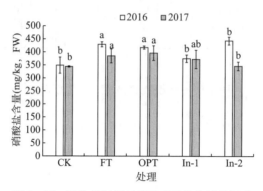

图 3-10　硝化抑制剂对黄瓜硝酸盐含量的影响

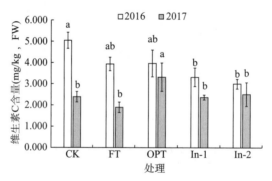

图 3-11　硝化抑制剂对黄瓜维生素 C 含量的影响

由图 3-12 可看出，两年间黄瓜中可溶性糖含量存在显著差异（$P<0.05$），其中除对照外，减量施肥 OPT 处理下黄瓜中可溶性糖含量最高，且两年间保持最稳定；其次，增施吡啶的 In-2 处理，在 2017 年黄瓜中可溶性糖含量也较高；再次，增施 DCD 的 In-1 处理的黄瓜中可溶性糖含量高。两年间可溶性糖含量均最低的是常规施肥处理 FT。由此可见，适量施肥（如处理 OPT）能提高黄瓜中可溶性糖含量，两年提高幅度在 1.7%～5.3%，而常规施肥（处理 FT）由于施用量过大会使黄瓜中可溶性糖含量降低。

二、设施黄瓜减量施肥配施菌剂调控磷的效应

本研究为设施黄瓜土壤系统施用微生物菌剂调控磷试验，共设 6 个处理：不施肥的对照处理 CK、常规施肥（处理 FT）、常规施肥减量 25%（处理 OPT）、减量 25% 施肥＋巨大芽孢杆菌＋胶质芽孢杆菌（处理 MF1）、减量 25% 施肥＋侧孢短芽孢杆菌（处理 MF2）及减量 25% 施肥＋枯草芽孢杆菌（处理 MF3）。三种微生物菌剂的施用量均为有效活菌量 3×10^{12} CFU/hm^2 菌剂。各处理施肥方案见表 3-3。

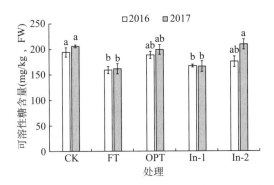

图 3-12 硝化抑制剂对黄瓜可溶性糖含量的影响

表 3-3 微生物菌剂调控磷试验处理肥料施用量

处理	化肥投入量（kg/hm²）			有机肥投入量
	N	P_2O_5	K_2O	（kg/hm²）
CK	0	0	0	0
FT	750	180	525	6 000
OPT	562.5	135	393	4 500
MF1	562.5	135	393	4 500
MF2	562.5	135	393	4 500
MF3	562.5	135	393	4 500

（一）设施黄瓜减量施肥配施菌剂调控磷的环境效应

1. 对磷养分淋失污染的影响

由图 3-13 可知，施用微生物菌剂活化磷的试验表明，同常规施肥相比，施用不同的菌剂均可显著降低土壤淋溶液中磷的浓度（$P < 0.05$）。在减少 25% 施磷量的基础上，增施有效活菌量 3×10^{12} CFU/hm² 巨大芽孢杆菌＋胶质芽孢杆菌菌剂的处理（MF1）、侧孢短芽孢杆菌菌剂的处理（MF2）和枯草芽孢杆菌菌剂的处理（MF3），土壤淋溶液中总磷含量可分别比常规施肥处理（FT）降低 81.3%、91.1% 和 86.2%。

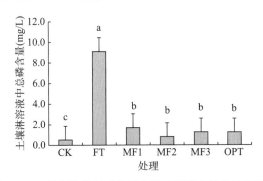

图 3-13 微生物菌剂对黄瓜土壤淋溶液总磷含量的影响

2. 对土壤有效磷垂直分布的影响

由图 3-14 可看出，设施黄瓜土壤有效磷的垂直移动分布存在一定差异。与常规施肥处理（FT）相比，减量 25％施肥处理（OPT）和增施微生物菌剂均能显著降低土壤中有效磷向土壤深层的移动。在 20～100cm 的土层中，与常规施肥（FT）相比，减量 25％施肥处理（OPT）以及增施微生物 MF3 处理有效磷总量分别下降 47.0％和 18.2％；增施微生物 MF1 处理和 MF2 处理活化了土壤中的磷，较单纯减量 25％施肥处理（OPT）在 20～100cm 土层中的有效磷总量增加了，这可能与这两种微生物菌剂能活化土体中的磷素相关，但仍比常规施肥处理（FT）低 12.3％和 6.3％。

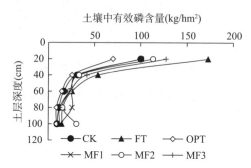

图 3-14　微生物菌剂对黄瓜收获期土壤垂直剖面有效磷分布的影响

（二）设施黄瓜减量施肥配施菌剂调控磷的产量效应

1. 对黄瓜产量和单果重的影响

由图 3-15 可看出，连续两年在常规施肥减量 25％处理（OPT）的基础上，施用微生物菌剂调控，两年产量最高的均为增施有效活菌量 3×10^{12} CFU/hm^2 巨大芽孢杆菌＋胶质芽孢杆菌菌剂处理（MF1）。与常规施肥处理（FT）相比，减量 25％施肥＋微生物处理 MF1 和 MF2 产量均有显著提高（$P < 0.05$），两年间平均增产幅度分别可达 37.8％和 27.8％；常规施肥处理（FT）与减量 25％施肥处理（OPT）产量差异不显著，表明连续两年减量 25％施肥并不会造成减产。

从图 3-16 可看出，在微生物菌剂调控下，2016 年除不施肥的对照处理 CK 外，其他不同施肥组合对黄瓜单果重同一年际内差异不显著；2017 年减量 25％＋微生物处理 MF1、MF2 和 MF3 较常规施肥（FT）处理均有显著增加（$P < 0.05$），分别为 9.5％、10.6％和 8.1％。

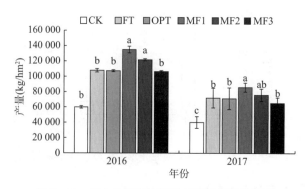

图 3-15　微生物菌剂调控磷对黄瓜产量的影响

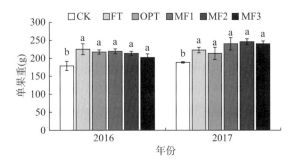

图 3-16　微生物菌剂调控磷对黄瓜单果重的影响

2. 对黄瓜肥料偏生产力的影响

由表 3-4 可看出施用微生物菌剂对设施黄瓜肥料偏生产力的影响。其中，各处理间偏生产力两年表现最好的是减量 25%施肥＋增施微生物菌剂 MF1 处理，比常规施肥处理（FT）提高 63.1%，增施其他两种菌剂处理 MF2 和 MF3，也比常规施肥 FT 处理提高 46.7%和 26.7%。

表 3-4　微生物菌剂调控磷对黄瓜肥料偏生产力的影响

处理	偏生产力（kg/kg）	
	2016 年	2017 年
CK	—	—
FT	144.8	95.8
OPT	191.3	126.6
MF1	239.7	152.8
MF2	217.4	135.5
MF3	189.1	115.8

（三）设施黄瓜减量施肥配施菌剂调控磷的品质效应

由图 3-17 可见，两年间不同施肥组合下黄瓜的硝酸盐含量存在显著差异（$P<$ 0.05），其中除对照外，在减量 25%施肥＋增施微生物菌剂 MF1 处理、MF2 处理的黄瓜硝酸含量最低，仅为 321～392 mg/kg 鲜重之间，在减量 25%施磷量的基础上，增施有效活菌量 3×10^{12} CFU/hm² 巨大芽孢杆菌＋胶质芽孢杆菌菌剂的处理、侧孢短芽孢杆菌菌剂的处理和枯草芽孢杆菌菌剂的处理，分别降低黄瓜硝酸含量可达 16.6、16.0 和 2.4 个百分点。

由图 3-18 可见，在微生物调控下，两年间不同施肥组合下黄瓜的维生素 C 品质存在显著差异（$P<0.05$）同常规习惯施肥的处理相比，在减量 25%施磷量的基础上，增施有效活菌量 3×10^{12} CFU/hm² 巨大芽孢杆菌＋胶质芽孢杆菌菌剂的处理、侧孢短芽孢杆菌菌剂的处理和枯草芽孢杆菌菌剂的处理，分别提高维生素 C 含量可达 30.1、24.0 和 14.0 个百分点。

由图 3-19 可看出，两年间黄瓜中可溶性糖含量品质存在显著差异（$P<0.05$），其中除了对照处理外，同常规习惯施肥的处理相比，在减量 25%施磷量的基础上，增施有效活菌量 3×10^{12} CFU/hm² 巨大芽孢杆菌＋胶质芽孢杆菌菌剂的处理、侧孢短芽孢杆菌菌剂

的处理和枯草芽孢杆菌菌剂的处理，分别提高可溶性糖含量可达 16.6、7.5 和 7.3 个百分点。

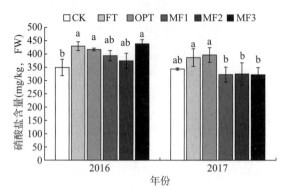

图 3-17　微生物调控对黄瓜硝酸盐含量的影响

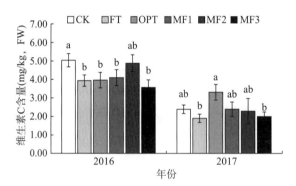

图 3-18　微生物调控对黄瓜维生素 C 含量的影响

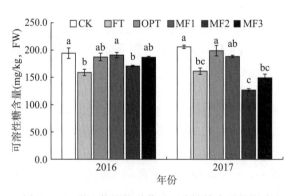

图 3-19　微生物调控对黄瓜可溶性糖含量的影响

三、设施黄瓜土壤氮磷行为的微生物调控机制

（一）硝化抑制剂调控氮的作用机制

1. 对微生物群落组成的影响

如图 3-20 所示，在连续施用硝化抑制剂两年后，根据对根际土壤微生物 16SrRNA 焦

磷酸测序分析，在设施黄瓜根系与土壤微生物互作系统中，在序列相似度大于97％的水平上作为分类单元OTU的划分阈值，在细菌基因数分析量为783 942个数量中，在已知的分类鉴定的门水平上（图3-20a），变形菌门（Proteobacteria，丰度总体占比30.0％）、放线菌门（Actinobacteria，占比19.3％）、绿弯菌门（Chloroflexi，占比12.9％）、Germmatimonadates（占比8.6％）、根际酸杆菌门（Acidobacteria，占比12.0％）以及硝化螺菌门（Nitrospirae，占比4.0％）六者的比例之和为85.1％，为最具优势的五类菌群；在已知的分类鉴定的属水平上（图3-20b），红游动菌属（*Rhodoplanes*，占比4.4％）、硝化螺菌属（*Nitrospira*，占比4.0％）、凯氏杆菌属（*Kaistobacter*，占比3.7％）、芽孢杆菌属（*Bacillus*，占比2.6％）、小孢链菌属（*Catellatospora*，占比2.4％）为优势最明显的五类菌属。

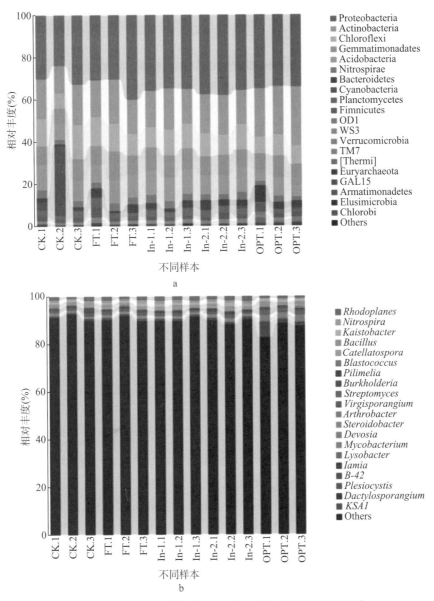

图3-20 硝化抑制剂调控下土壤细菌群落门及属水平组成

2. 土壤微生物优势种群组间差异

在前人的研究中，在土壤中施用硝化抑制剂能使土壤中硝化细菌的功能受到抑制，但是哪类菌群更为丰富尚不明确。本研究结果显示，在属水平上，施用硝化抑制剂调控后不同处理下，排名前20的优势OTU丰度的组间差异如图3-21所示。在增施硝化抑制剂DCD（In-1）处理下，优势最明显的前3类菌群为红果属（*Rubricoccus*）、*Amaricoccus*（尚未有中文命名）和红游动菌（*Rhodoplanes*），而在增施硝化抑制剂吡啶（In-2）处理下，优势最明显的前4类菌群为 *Amaricoccus*、科氏游动菌属（*Couchioplanes*）、拟囊藻属（*Pleslocystis*）和红游动菌（*Rhodoplanes*）；两种硝化抑制剂对土壤菌群的影响趋于类似，有两个重叠的优势属。处理FT优势最明显的前3类菌群为广古菌（Euryanchae-ota）、单胞菌（Germmatimonadates）、浮霉菌（Planctomycetes），与以上两种硝化抑制剂处理较常规施肥处理（FT）均有不相同。结果表明：在土壤中施用硝化抑制剂调控能使土壤中某类功能菌受到抑制或变得丰富。

3. 对土壤细菌群落 Alpha 多样性的影响

一般情况下，Alpha多样性的指数表明，Chao1、ACE的指数越大，群落的丰富性越高。Shannon和Simpson指数结合了微生物群落的丰富性和均匀性，指数越高，群落的多样性越高；Shannon指数对群落丰富度和稀有OTU更敏感，Simpson指数对群落的均匀性和优势OTU更敏感。由表3-5可知，各不同的施肥处理间，Chao1、ACE、Shannon、Simpson四种多样性指数没有显著差异（$P < 0.05$）。结果表明，经过连续两年的黄瓜种植，增施硝化抑制剂未破坏供试土壤中细菌16SrRNA（V3V4区）的微生物多样性，对土壤微生态不构成显著危害。

表3-5　硝化抑制剂调控下土壤细菌群落 Alpha 多样性分析

处理	Chao1 指数	ACE 指数	Shannon 指数	Simpson 指数
CK	2 972.88±102.49a	2 988.75±107.58a	9.21±0.46a	0.963±0.02a
FT	3 478.87±96.71a	3 553.87±96.05a	10.27±0.07a	0.998±0.00a
OPT	3 035.12±129.85a	3 048.48±112.04a	10.03±0.02a	0.998±0.00a
In-1	3 246.54±228.87a	3 353.40±268.22a	10.24±0.05a	0.998±0.00a
In-2	3 178.31±188.41a	3 291.79±167.72a	10.22±0.08a	0.998±0.00a

4. 土壤细菌群落结构与环境因子的关系

通过细菌群落结构与环境因子之间的关系的RDA分析（图3-22）可知，不同处理土壤细菌群落结构与环境因子间有显著的相关性。处理FT、In-1以及In-2的群落结构的相似度较高，而处理CK和OPT的相似度与其他处理相去甚远。此外，pH和有机质在所分析的四个影响因素中的影响最为显著。作为最重要的环境影响因子，群落结构与pH、有机质和土壤中硝态氮含量呈正相关，而与铵态氮呈负相关。

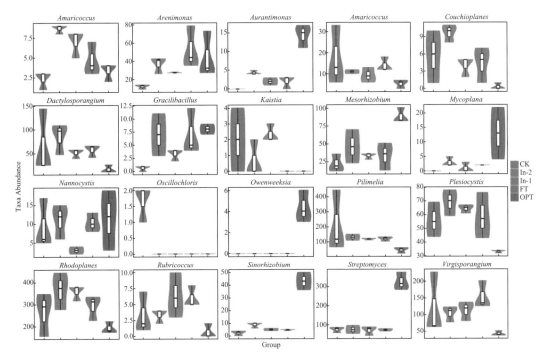

图 3-21　硝化抑制剂调控下细菌 16SrRNA 的组间差异（属水平）

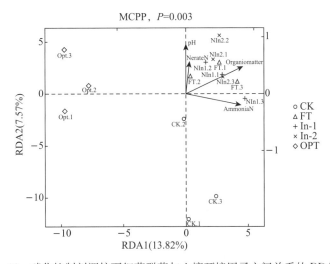

图 3-22　硝化抑制剂调控下细菌群落与土壤环境因子之间关系的 RDA 分析

（二）微生物调控磷循环的作用机制

1. 对微生物群落组成的影响

在连续施用功能微生物调控两年后，根据对根际土壤微生物 16SrRNA 焦磷酸测序分析，结果如图 3-23 所示，在设施黄瓜根系与土壤微生物互作系统中，在序列相似度大于 97％的水平上作为 OTU 的划分阈值，在细菌基因数分析量为 783 942 个数量中，在分类鉴定的门水平上（图 3-23a），变形菌门（Proteobacteria，丰度总体占比 30.0％）、放线菌门（Actinobacteria，占比 19.3%）、绿弯菌门（Chloroflexi，占比 12.9%）、Germmati-monadates（占比 8.6%）、根际酸杆菌门（Acidobacteria，占比 12.0%）以及硝化螺菌门（Nitrospirae，占比 4.0%）六者的比例之和为 85.1%，为最具优势的五类菌群；在分类鉴定的属水平上（图 3-23b），红游动菌属（*Rhodoplanes*，占比 4.4%）、硝化螺菌属（*Nitrospira*，占比 4.0%）、凯氏杆菌属（*Kaistobacter*，占比 3.7%）、芽孢杆菌属（*Bacillus*，占比 2.6%）、小孢链菌属（*Catellatospora*，占比 2.4%）为优势最明显的五类菌属。

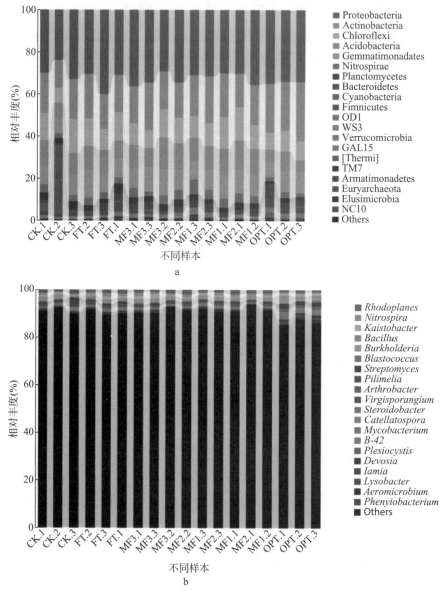

图 3-23　功能微生物调控下细菌群落门及落属水平组成

2. 土壤微生物优势种群组间差异

图 3-24 显示的结果是属水平上，施用功能微生物调控后不同处理下，排名前 20 的优

势 OTU 丰度的组间差异。在增施微生物菌剂 1（MF-1）处理下，相对丰度优势最明显的前 3 类菌群为 Solitalea（尚未有中文命名）、脱硫球菌属（Desulfococcus）和红游动菌（Rhodoplanes）；在增施微生物菌剂 2（MF-2）处理下，优势最明显的前 3 类菌群为红游动菌（Rhodoplanes）、芽单胞菌属（Gemmatimonas）、固氮弧菌属（Azohydromonas）；而增施微生物菌剂 3（MF-3）处理下，优势最明显的前 3 类菌群为硝化螺旋菌属（Nitrospira）、红球菌属（Rubricoccus）和嗜氨菌属（Ammoniphilus）。前两种功能微生物菌剂 1 和 2 对土壤菌群有类似影响，有 1 个重叠的优势属，即红游动菌（Rhodoplanes）。处理 FT 优势最明显的前 3 类菌群为 Arenimonas（尚未有中文命名）、糖球菌属（Gracilibacillus）和 Virgisporangium（尚未中文命名），与三种功能微生物处理较常规施肥处理（FT）均有不相同。结果表明：在土壤中施用功能微生物调控能使土壤中某类功能菌变得丰富。

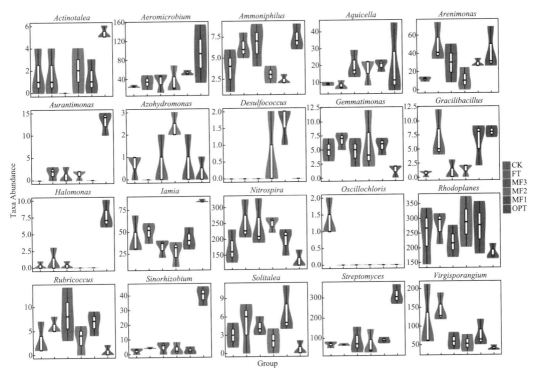

图 3 - 24　功能微生物调控下土壤细菌群落属水平组成的组间差异

3. 对土壤细菌群落 Alpha 多样性的影响

由表 3 - 6 可知，各不同的施肥处理间，Chao1、ACE、Shannon、Simpson 四种多样性指数差异不显著（$P < 0.05$）。结果表明，经过连续两年的黄瓜种植，无论是增施功能微生物菌剂，还是不施肥，均未对土壤中细菌群落多样性产生巨大破坏和不良的环境影响。

表 3 - 6　功能微生物调控下土壤细菌群落 Alpha 多样性分析

处理	Chao1 指数	ACE 指数	Shannon 指数	Simpson 指数
CK	2 935.95±75.81a	3 025.15±112.48a	0.96±0.03a	9.20±0.81a

（续）

处理	Chao1 指数	ACE 指数	Shannon 指数	Simpson 指数
FT	3 416.37±51.91a	3 565.15±73.48a	1.00±0.00a	10.23±0.10a
OPT	3 027.92±218.68a	3 111.22±263.65a	1.00±0.00a	10.02±0.15a
MF-1	3 059.69±343.28a	3 206.77±421.19a	1.00±0.00a	10.09±0.02a
MF-2	2 699.11±569.47a	2 788.54±544.50a	1.00±0.00a	9.96±0.18a
MF-3	3 307.01±172.50a	3 316.05±216.49a	1.00±0.00a	10.03±0.16a

4. 土壤细菌群落结构与环境因子的关系

通过微生物调控下土壤细菌群落结构与环境因子之间的关系由 RDA 冗余分析（图 3 - 25）得出，在减量 25％施肥基础上增施巨大芽孢杆菌＋胶质芽孢杆菌处理（MF-1）和增施侧孢短芽孢杆菌处理（MF-2）的群落结构的相似度较高，而对照、常规施肥处理（FT）和减量 25％施肥处理（OPT）各自的相似度与其他处理相去甚远。并且，不同处理下的群落结构与环境因子间有着显著的相关性，其中土壤有效磷在四个影响因素中的影响最为显著，而土壤有效钾和有机质次之。这四个因子中的每一个均与其他三个影响因子成正相关。

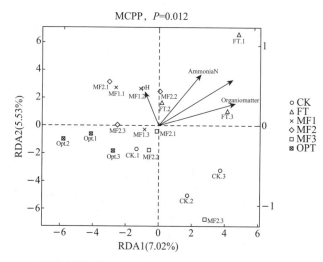

图 3 - 25　功能微生物调控下细菌群落与土壤环境因子之间关系的 RDA 分析

四、主要研究进展

1. 探明了设施黄瓜土壤氮磷微生物调控的环境效应

在常规施肥基础上，添加施氮量 15％DCD 的处理与不施 DCD 的处理相比，可分别显著降低硝态氮淋失量、N_2O 排放损失量和 NO_x 排放损失量 37.19％、21.8％和 76.5％；添加施氮量 15％吡啶的处理与不施吡啶的处理相比，可分别显著降低硝态氮淋失量、N_2O 排放损失量和 NO_x 排放损失量 31.39％、20.8％、36.3％。在减施 25％磷量的基础上，增施有效活菌量 $3×10^{12}$CFU/hm² 巨大芽孢杆菌＋胶质芽孢杆菌菌剂的处理、侧孢短芽孢杆菌菌剂的处理或枯草芽孢杆菌菌剂的处理，同常规施肥相比，可分别显著降低磷淋失量81.3％、91.1％和86.2％。

2. 明确了设施黄瓜土壤氮磷微生物调控的产量效应

在常规施肥基础上，添加施氮量15％DCD的处理与不施DCD的处理相比，提升黄瓜肥料偏生产力18.1％～22.0％；与常规施肥的处理相比，增施有效活菌量3×10^{12}CFU/hm^2 巨大芽孢杆菌＋胶质芽孢杆菌菌剂处理的效果＞侧孢短芽孢杆菌菌剂处理＞枯草芽孢杆菌菌剂处理，其中减量25％施肥＋施巨大芽孢杆菌和胶质芽孢杆菌有效活菌量3×10^{12}CFU/hm^2 菌剂处理的效果最好，与不施用菌剂的常规施肥相比，平均提高黄瓜产量可达37.8％，至少提升肥料偏生产力59.5％。

3. 揭示了设施黄瓜土壤氮磷微生物调控的品质效应

在常规施肥基础上，添加施氮量15％DCD的处理与不施DCD的处理相比，降低黄瓜硝酸盐含量可达12.9个百分点，提高黄瓜可溶性糖含量可达4.7个百分点，对黄瓜维生素C含量年际间不稳定；添加施氮量15％吡啶的处理与不施吡啶的处理相比，降低黄瓜硝酸盐含量可达8.5个百分点，黄瓜维生素C含量差异不显著。在减量25％施肥的基础上，增施有效活菌量3×10^{12}CFU/hm^2 巨大芽孢杆菌＋胶质芽孢杆菌菌剂的处理、侧孢短芽孢杆菌菌剂的处理和枯草芽孢杆菌菌剂的处理，分别显著降低黄瓜硝酸盐含量16.6、16.0和2.4个百分点，分别提高可溶性糖含量可达16.6、7.5和7.3个百分点，分别提高维生素C含量可达30.1、24.0和14.0个百分点。

第二节　设施番茄施氮损失污染的配施双氰胺防控

设施番茄是我国四大设施蔬菜之一。近年来，菜农追求施肥增产增收，导致过量施肥现象普遍，过量氮素以硝态氮形式为主被淋洗到土壤深层或进入地下水，累积在土壤中的硝态氮形式也会通过硝化和反硝化作用过程生成氨（NH_3）或氮氧化物（N_2O、NO），氮素损失严重，已直接危及番茄食用安全和环境安全。利用硝化抑制剂（Nitrification inhibitors）与氮肥配施被认为是减少施氮损失、提高氮肥利用率的有效途径。硝化抑制剂双氰胺（DCD），因其高效的抑制效果，以及不会对土壤中主要微生物群落结构和组成造成影响，具有很广泛的应用前景。本研究以DCD为试材，通过室内好气培养试验，研究不同温度和不同用量条件下，DCD的硝化抑制效果及其作用机制，筛选DCD的适宜用量。在此基础上，进一步开展田间小区验证试验，以设施番茄为研究对象，研究不同化肥氮与DCD配施对土壤氮素转化、提高氮肥利用率、减少氮素损失（硝态氮淋失、N_2O 排放和NH_3 挥发）的作用效果，以及对作物产量、品质的影响，综合评价其经济效应和生态效应，为指导设施番茄施氮损失的生化控制提供科学依据和技术支持。

一、不同条件下双氰胺的降解与抑制效应

（一）不同温度对DCD降解的影响

本研究为DCD的室内培养试验，在施氮量480kg/hm^2 的基础上，配施2.4kg/hm^2、4.8kg/hm^2、9.6kg/hm^2、28.8kg/hm^2 和48kg/hm^2 的DCD，分别记作DCD 2.4、DCD

4.8、DCD 9.6、DCD 28.8 和 DCD 48，研究了不同温度和用量对 DCD 降解及其硝化抑制效果的影响。

1. 土壤 DCD 含量的动态变化

从图 3-26 可看出，整个培养试验期间，设三个温度处理，分别为 10℃、20℃ 和 30℃，DCD 各用量处理下 DCD 含量均表现出随培养时间的延长而降低的趋势，但不同温度下 DCD 含量的降低程度则有很大不同。在 10℃ 时，DCD 各用量处理的 DCD 含量变化趋势均较缓，直到 140d 的培养试验结束，土壤中仍有 DCD 残留，说明在此温度下 DCD 的降解速率较慢。当温度上升到 20℃ 或 30℃ 时，DCD 各用量处理的 DCD 含量随培养时间的延长呈急剧降低趋势，到培养结束后几乎监测不到 DCD 的存在。20℃ 时，培养 84d 后，5 个不同 DCD 用量处理的 DCD 含量显著降低，均趋近于零。30℃ 下，培养 42d 后就发生类似变化，说明土壤中 DCD 的降解受温度的影响较明显。在不同温度条件下，各 DCD 用量处理下 DCD 含量均随用量的增加而提高趋势，说明同一温度下 DCD 含量主要受用量影响。

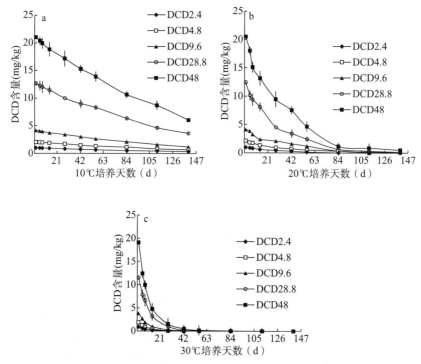

图 3-26 温度和 DCD 用量对 DCD 含量变化的影响

2. 对 DCD 降解速率的影响

半衰期是反映 DCD 降解速率的一个重要指标。从表 3-7 可看出，随着培养温度的升高，土壤中 DCD 半衰期则相对缩短，降解速率显著加快。在培养温度为 10℃、20℃ 和 30℃ 时，10℃ 时土壤中 DCD 的半衰期是 3 个温度当中最长的，为 81～90d，约为 20℃ 时（21～28d）半衰期的 4 倍，几乎是 30℃（5～7d）时的 15 倍。可见，DCD 的半衰期受温度的影响显著。

表 3-7 温度对 DCD 半衰期及其降解速率的影响

温度（℃）	DCD 用量（kg/hm²）	降解速率（d⁻¹）	半衰期（d）	R^2 系数
	2.4	0.007 7	90	0.84
	4.8	0.007 9	88	0.90
10	9.6	0.008 4	83	0.87
	28.8	0.008 6	81	0.94
	48	0.008 2	84	0.98
	2.4	0.031 9	22	0.84
	4.8	0.025 5	27	0.94
20	9.6	0.025 0	28	0.97
	28.8	0.032 5	21	0.99
	48	0.027 4	25	0.98
	2.4	0.131 1	5	0.92
	4.8	0.109 2	6	0.99
30	9.6	0.103 5	7	0.99
	28.8	0.096 5	7	0.99
	48	0.105 5	7	0.99

（二）不同温度对 DCD 硝化抑制的影响

1. 对土壤铵态氮含量的影响

在 140d 的培养试验过程中，在同一 DCD 用量处理，土壤铵态氮含量随着培养时间的增加而降低；在不同 DCD 用量处理，随着 DCD 用量的增加土壤铵态氮含量显著升高。并且，各 DCD 用量处理土壤铵态氮呈现出先急剧下降而后逐渐降低的变化趋势。在 10℃ 时，当 DCD 用量为 2.4kg/hm² 和 4.8kg/hm² 时，随着培养时间的增加，土壤铵态氮含量显著降低；当 DCD 用量增加到 9.6kg/hm²、28.8kg/hm² 和 48kg/hm² 时，与低用量 DCD 相比，在整个培养过程中土壤铵态氮含量均相对较高（图 3-27a），其土壤铵态氮含量的下降幅度为 53.54%～61.09%。在 20℃ 时，各 DCD 处理下土壤铵态氮含量与 10℃ 时相比降幅显著提高，在培养前 56d 内，土壤铵态氮含量显著降低幅度较大，随后下降幅度较缓，并保持相对稳定直至试验结束，下降幅度增加到 71.31%～82.36%。在培养开始后的 5～42d 内，当 DCD 用量为 28.8kg/hm² 和 48kg/hm² 时，土壤铵态氮含量显著高于低用量 DCD 处理（2.4kg/hm²、4.8kg/hm² 和 9.6kg/hm²）的铵态氮含量（$P<0.05$，图 3-27b）。与 10℃ 和 20℃ 时相比，各 DCD 用量处理下土壤铵态氮含量在温度上升到 30℃ 时降低程度更高，下降幅度增加至 67.50%～85.06%。在培养的前 14d 内，不同 DCD 用量处理土壤铵态氮含量就显著下降，之后则下降程度逐渐降低直至培养结束。当 DCD 用量为最高值 48kg/hm² 时，土壤中铵态氮含量显著高于其他 4 个 DCD 用量处理（$P<0.05$，图 3-27c）。DCD 的抑制效应受用量影响较大，随 DCD 用量的增加而增强。

从表 3-8 可知，当 DCD 用量在 2.4～48kg/hm² 范围内时，在 10℃、20℃ 和 30℃ 条件下，施氮处理土壤铵态氮的半衰期分别为 86～129d、41～56d 和 20～74d。在 10℃ 和 20℃ 时，土壤铵态氮的半衰期与 DCD 用量之间也并无明显的相关关系，然而在 30℃ 时，

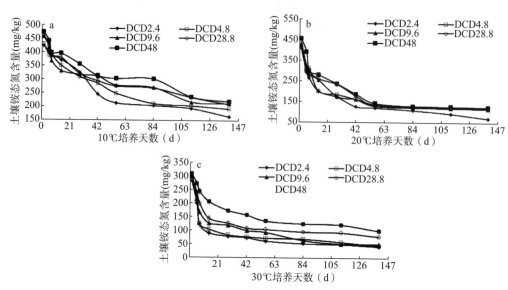

图 3 - 27　不同温度和 DCD 用量对土壤铵态氮含量的影响

土壤铵态氮的半衰期与 DCD 用量之间具有极显著的正相关关系（$y = 22.02 + 1.11x$；$R^2 = 0.969^{**}$，$P < 0.001$）。由此可知，即使是在 30℃ 的高温条件下，适当提高 DCD 用量，仍然可以延长土壤中铵态氮的存留时间，达到较好的抑制效果。

表 3 - 8　不同温度和 DCD 用量对土壤铵态氮的影响

温度（℃）	DCD 用量（kg/hm²）	降解速率（d⁻¹）	半衰期（d）	R^2
	2.4	0.008 1	86	0.92
	4.8	0.006 7	104	0.93
10	9.6	0.005 4	128	0.85
	28.8	0.005 7	121	0.89
	48	0.005 4	129	0.92
	2.4	0.017 0	41	0.82
	4.8	0.013 1	53	0.74
20	9.6	0.013 0	53	0.78
	28.8	0.012 5	56	0.82
	48	0.013 6	51	0.84
	2.4	0.034 6	20	0.7
	4.8	0.024 5	28	0.66
30	9.6	0.018 6	37	0.79
	28.8	0.012 6	55	0.72
	48	0.009 3	74	0.85

2. 对土壤硝态氮含量的影响

由图 3 - 28 可看出，不同温度和 DCD 用量下土壤硝态氮含量随培养时间的变化情况。

在 10℃时，各 DCD 用量处理下土壤硝态氮含量的增加幅度为 123.49％～163.02％；当 DCD 用量为 9.6kg/hm²、28.8kg/hm² 和 48kg/hm² 时，土壤中硝态氮含量增加缓慢且各处理间差异不显著（P＞0.05）。但是当 DCD 用量为 2.4kg/hm² 和 4.8kg/hm² 时，土壤中硝态氮含量在培养的前 28d 增加缓慢，随后则显著增加直到培养结束。并且高 DCD 用量（9.6kg/hm²、28.8kg/hm² 和 48kg/hm²）下土壤硝态氮含量的升高程度显著低于低 DCD 用量（2.4kg/hm² 和 4.8kg/hm²）处理（P＜0.05，图 3-28a）。当温度上升到 20℃时，可以明显看出，不同 DCD 用量处理下土壤中硝态氮含量增加程度显著高于 10℃下同处理水平，增幅为 159.48％～216.98％，但是各 DCD 用量处理之间差异并不显著（图 3-28b）。温度进一步上升到 30℃时，土壤中硝态氮含量又较 10℃和 20℃显著增加，增幅上升至 165.30％～205.61％；培养开始的前 14d 及之后，5 个不同 DCD 用量处理之间差异不显著，14d 及之后，DCD（48kg/hm²）土壤中硝态氮含量显著低于其他 4 个处理（P＜0.05），并且后者之间差异不显著（P＞0.05，图 3-28c）。

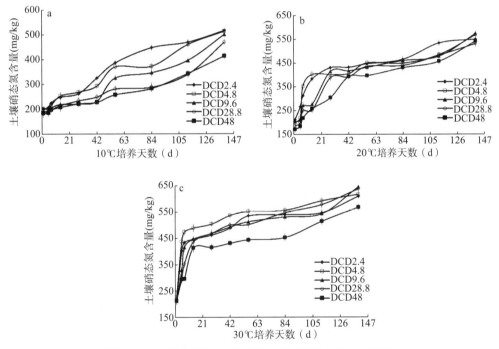

图 3-28　不同温度和 DCD 用量对土壤硝态氮含量的影响

3. 对硝化作用潜势的影响

土壤硝化作用潜势（Nitrification Potential，NP）是反映土壤活性硝化菌群落大小的指标。从图 3-29 可看出，各 DCD 用量处理下 NP 随时间和温度的变化幅度较大，在整个培养试验过程中，三个培养温度下土壤硝化作用潜势均表现出先显著降低后升高的趋势，同时受 DCD 用量的影响也非常显著。10℃条件下，NP 降低的这一时间过程，DCD 用量为 2.4kg/hm²、4.8kg/hm²、9.6kg/hm² 和 28.8kg/hm² 时可维持 14d，DCD 用量为 48kg/hm² 则可维持 28d；20℃时，低 DCD 用量（2.4kg/hm² 和 4.8kg/hm²）可维持 5d，DCD 用量为 9.6kg/hm²、28.8kg/hm² 和 48kg/hm² 时则可维持 14d；30℃时，各 DCD 处理均只维持 5d。此后各 DCD 处理的硝化作用活性又逐渐恢复。同时三个温度下，硝化作用活性受 DCD 用量的影响也很大，DCD 用量越大，硝化作用活性越低。NP 急剧下降的这段时间内，说明土壤的硝化菌群落受到了 DCD 的强烈抑制，并且温度越低，DCD 用量越大，抑制效果就越明显，持续的时间也较长。

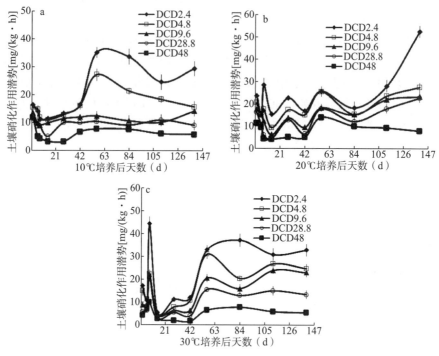

图 3-29　不同温度和 DCD 用量对土壤硝化作用潜势的影响

（三）不同 DCD 用量对硝化抑制的影响

为揭示不同用量 DCD 的硝化抑制效果，设 6 个处理、3 次重复，开展了 30℃条件下的培养试验。其中 6 个处理分别为：不施氮的对照处理，施氮量 600kg/hm² 的 Urea600 处理，施氮量 600kg/hm²、配施纯氮量 2％ DCD 的 Urea 600＋2％ DCD 处理，施氮量 600kg/hm²、配施纯氮量 5％DCD 的 Urea 600＋5％DCD 处理，施氮量 600kg/hm²、配施纯氮量 10％DCD 的 Urea 600＋10％DCD，施氮量 600kg/hm²、配施纯氮量 15％DCD 的 Urea 600＋15％DCD 处理。

1. 对土壤铵态氮含量的影响

由图 3-30 可看出，不同 DCD 用量土壤铵态氮含量随着培养时间的延长而降低。未施氮对照处理土壤尽管无氮素添加，但仍检测到有大量铵态氮存在，其原因为前茬作物施肥过量，导致铵态氮土壤背景值较高。不同 DCD 处理土壤铵态氮含量在培养前 7d 表现出急剧下降，之后下降程度逐渐变缓，直至培养试验结束，比单一施尿素的 Urea 600 处理下降 46.71％～54.91％，且当 DCD 用量为 15％时，土壤铵态氮含量显著高于其余 DCD 用量处理（$P<0.05$）。可见，DCD 用量的增加能显著提高土壤硝化抑制效果。

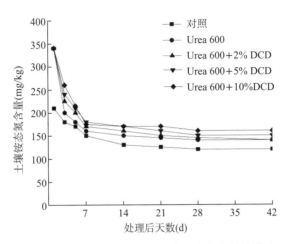

图 3 - 30　不同 DCD 用量对土壤铵态氮含量的影响

2. 对土壤硝态氮含量的影响

由图 3 - 31 可见，不同 DCD 用量土壤硝态氮含量随培养时间的延长均呈升高趋势，与铵态氮含量变化相反。随着 DCD 用量的增加，土壤中硝态氮含量有明显降低趋势，且土壤硝态氮含量增加的幅度逐渐下降。培养结束，各施氮处理土壤硝态氮含量的上升幅度分别为 64.75%～88.85%。培养 14d 后，15%DCD 土壤中硝态氮含量显著低于其他处理（$P<0.05$）。由此可知，在 30℃的高温条件下，适当的提高 DCD 用量，可显著增强对土壤氮的硝化抑制。

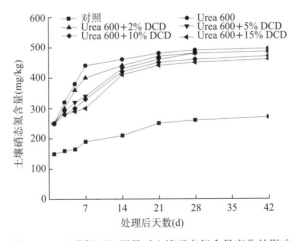

图 3 - 31　不同 DCD 用量对土壤硝态氮含量变化的影响

3. 对土壤 N_2O 排放通量的影响

由图 3 - 32 可看出，各施氮处理土壤 N_2O 排放随培养时间延长均呈现降低趋势。Urea 600 处理土壤 N_2O 排放集中在培养的前 5d，施用 DCD 后则使 N_2O 高峰的排放时间缩短为 3d，且随着 DCD 配施量的增加，土壤 N_2O 排放通量明显降低（$P<0.05$）。整个培养周期内，Urea 600 土壤 N_2O 的平均排放通量为 97.33μg/（$m^2 \cdot h$），2%～15%DCD

用量处理土壤 N_2O 的平均排放通量降低 77.38%～81.09%，且随着 DCD 用量的增加对土壤 N_2O 的减排效果也明显增强。

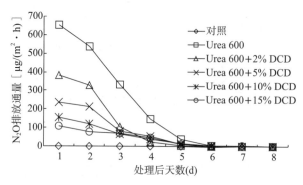

图 3-32　不同 DCD 用量对土壤氧化亚氮排放通量的影响

二、设施番茄施氮配施双氰胺的环境效应

（一）设施番茄化肥氮配施 10%DCD 的环境效应

本研究设 5 个处理、3 次重复。其中 5 个处理分别为：对照＋TMI，0kg/hm²，传统管理灌水；TN＋TMI，410kg/hm²，传统管理灌水；RU＋DCD＋OMI，210kg/hm²，配施 10%DCD 为 21kg/hm²，优化管理灌水；80%RU＋DCD＋OMI，168kg/hm²，配施 10%DCD 为 16.8kg/hm²，优化管理灌水；120%RU＋DCD＋OM，252kg/hm²，配施 10%DCD 为 25.2kg/hm²，优化管理灌水；初步研究了设施番茄化肥氮配施 DCD 的环境效应。

1. 对土壤 N_2O 排放的影响

从图 3-33 可看出，在整个监测期间内，与对照相比，施肥和灌水处理后均显著增加了土壤 N_2O 气体的排放（$P<0.05$）。对照土壤 N_2O 排放基本处于一个稳定的水平范围，排放的高峰值也只有在 9.44～47.94g/（hm²·d）的范围之间，平均排放通量只有 13.42g/（hm²·d）；施氮处理的高峰值则都出现在施肥灌水处理后的第 3d，其余时间范围内均较为平稳且接近于对照。传统水氮处理 TN＋TMI 的 N_2O 排放通量的高峰值范围为 88.50～206.34g/（hm²·d），平均排放通量为 50.50g/（hm²·d），显著高于各优化水氮配施 DCD 处理（$P<0.05$）；与传统水氮处理相比，优化水氮配施 DCD 的 RU＋DCD＋OMI 处理、80%RU＋DCD＋OMI 处理、120%RU＋DCD＋OMI 处理土壤 N_2O 的排放通量高峰值范围分别降低 77.27%～85.31%、85.27%～87.37% 和 84.12%～85.57%，N_2O 平均排放通量分别降低 81.29%、86.32% 和 84.85%，但三个优化水氮添加 DCD 处理之间无显著差异。

整个监测期内，对照和对照＋TMI、TN＋TMI、RU＋DCD＋OMI、80%RU＋DCD＋OMI、120%RU＋DCD＋OMI 处理土壤 N_2O 累积排放量分别为 2.67kg/hm²、7.65kg/hm²、3.46kg/hm²、2.86kg/hm² 和 3.34kg/hm²。可见，传统水氮处理的 N_2O 气体累积排放量显著高于未施氮的对照以及优化水氮配施 DCD 处理（$P<0.05$）。氮肥的施用量或灌水都能显著的影响土壤 N_2O 气体的排放。三个优化水氮添加 DCD 处理之间尽管氮素施用量明显不同，但在土壤 N_2O 气体累积排放量上却无显著性差异（$P>0.05$），这说明优化水氮管

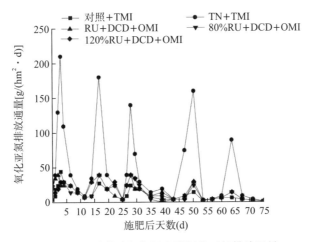

图 3-33　番茄追肥期间土壤氧化亚氮排放通量

理配施 DCD 在降低 N_2O 气体排放方面发挥了重要的作用。总的来说，与 TN＋TMI 相比，优化水氮配施 DCD 处理土壤 N_2O 气体累积排放量分别下降了 84.07％（RU＋DCD＋OMI）、96.19％（80％RU＋DCD＋OMI）和 86.68％（120％RU＋DCD＋OMI）。

从表 3-9 还可看出，TN＋TMI 处理中以 N_2O 气体形式损失的氮素占氮素总投入量的 1.21％，三个优化水氮配施 DCD 处理（N_2O 气体排放系数）则下降到 0.11％～0.38％。与 TN＋TMI 处理相比，优化水氮配施 DCD 处理后土壤 N_2O 气体排放系数下降了 68.60％～90.91％，平均降低了 79.76％。说明优化水氮管理同时配施 DCD 能显著降低土壤 N_2O 排放。

表 3-9　不同处理对设施番茄土壤氨挥发与氧化亚氮排放的影响

处理	N_2O 排放总量 (kg/hm²)	N_2O 排放百分比 (％)	NH_3 总量 (kg/hm²)	氨挥发百分比 (％)
Control＋TMI	2.67b	—	7.15b	—
TN＋TMI	7.65a	1.21a	14.79a	1.86b
RU＋DCD＋OMI	3.46b	0.38b	12.53a	2.56a
80％RU＋DCD＋OMI	2.86b	0.11b	11.62a	2.66a
120％RU＋DCD＋OMI	3.34b	0.26b	13.22a	2.41a

2. 对土壤 NH_3 挥发的影响

尿素施入土壤以后，一般 3～7d 就发生水解产生铵态氮，除一部分被作物吸收外，一部分在土壤酶和微生物的作用下经过硝化反应过程转化为硝态氮，进而淋溶到土壤下层或被作物所吸收，还有一部分则转化为 NH_3 挥发损失到大气中。在番茄生长期内，一共进行了 5 次追肥灌水处理，所有试验处理在每次追肥灌水后均表现出相类似的变化趋势，在每次施肥灌水处理后第 3～5d 出现 NH_3 挥发高峰（图 3-34）。所有处理的 NH_3 挥发损失主要发生在追肥灌水处理后的 2 周内，并且一直持续到下次施肥灌水处理。传统水氮处理（TN＋TMI）的土壤 NH_3 挥发速率的变化范围为 0.40～0.52kg/（hm²·d），平均值为 0.24kg/（hm²·d），且显著高于各优化水氮配施 DCD 处理（$P < 0.05$）；优化水氮配

施 DCD 的 RU＋DCD＋OMI、80％RU＋DCD＋OMI、120％RU＋DCD＋OMI 处理土壤 NH_3 挥发峰值变化范围比传统水氮分别降低了 45.90％～55.12％、31.12％～45.65％、36.08％～73.41％，NH_3 挥发速率的平均值则分别降低了 50.51％、38.39％和 54.75％，三个优化水氮添加 DCD 处理间无显著性差异。

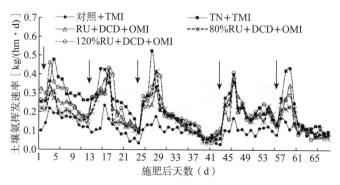

图 3-34　番茄追肥期间土壤氨挥发速率动态变化

　　通过番茄追肥期的监测，施氮处理 TN＋TMI、RU＋DCD＋OMI、80％RU＋DCD＋OMI、120％RU＋DCD＋OMI 处理土壤 NH_3 挥发总量分别达到了 7.15kg/hm²、14.79kg/hm²、12.53kg/hm²、11.62kg/hm² 和 13.22kg/hm²（表 3-9），且施氮处理间无显著差异。从表 3-9 还可看出，传统水氮 TN＋TMI 中施入的氮素以 NH_3 挥发形式损失量占氮素总投入量的 1.86％，而优化水氮添加 DCD 处理则增加到 2.41％～2.66％。由于土壤中氮素以 NH_3 形式损失到大气中受施氮量的影响较大，而优化水氮配施 DCD 处理土壤氮素主要以铵态氮形式存在，从而增加了 NH_3 挥发的风险。总体来看，优化水氮配施 DCD 处理由于较低的氮素投入和控制灌水水平，使得 RU＋DCD＋OMI、80％RU＋DCD＋OMI、120％RU＋DCD＋OMI 处理土壤的 NH_3 挥发总量比传统水氮显著降低 29.53％、41.51％、20.61％。

3. 对土壤氮素淋失的影响

　　由图 3-35 可看出，0～120cm 土壤剖面范围内，土壤各层铵态氮含量随土壤层次的增加而降低，土壤表层 0～30cm 铵态氮富集较多，这与铵态氮不易被淋溶的特有性质有关。施氮的四个处理土壤 0～120cm 剖面范围内，土壤铵态氮含量均在盛果期达到整个监测时期的最高值，并且在土壤剖面下层 60～90cm 和 90～120cm 均检测到有大量铵态氮的存在，这可能是由于此时期连续两次间隔（6 月 4 日和 6 月 14 日）较短的灌水导致土壤中铵态氮由土壤表层向土壤深层迁移。总体看来，传统水氮处理土壤在 4 个不同时期 0～120cm 土壤剖面范围内铵态氮含量变化较小，平均值范围为 123.18～173.99mg/kg，在整个监测时期内最高值为 196.22mg/kg。优化水氮配施 DCD 处理土壤 0～120cm 土层铵态氮含量较传统则明显增加，即使到了末果期和拉秧期，0～60cm 土层仍检测到有大量铵态氮的存在，4 个不同采样时期 0～120cm 土层铵态氮的平均值变化范围分别为：164.90～251.05mg/kg（RU＋DCD＋OMI）、155.05～240.65mg/kg（80％RU＋DCD＋OMI）、167.18～274.51mg/kg（120％RU＋DCD＋OMI），分别比传统水氮处理增加了 33.87％～44.29％（RU＋DCD＋OMI）、25.87％～38.32％

（80％RN＋DCD＋OMI）和 35.73％～57.78％（120％RU＋DCD＋OMI）。虽然优化水氮配施 DCD 处理中氮素的追施量（168～252kg/hm²）明显低于传统水氮处理（410kg/hm²），但由于配施了 DCD，抑制了土壤中铵态氮含量的降低，使得各层土壤中氮素能够长时间并且大量的以铵态氮的形式存在，这对番茄生长发育有利。

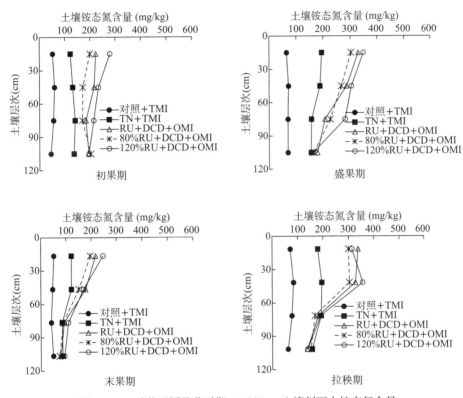

图 3-35　番茄不同收获时期 0～120cm 土壤剖面内铵态氮含量

从图 3-36 可以看出，传统水氮处理（TN＋TMI）下，在整个 0～120cm 土壤剖面中均检测到大量硝态氮的存在，含量均显著高于同层次对照，且有随土层深度的增加而降低的趋势，在高峰期表层 0～30cm 土壤硝态氮含量达到了 399.87mg/kg，4 个不同采样时期 0～120cm 土壤剖面的含量变化范围为 125.19～218.19mg/kg。各优化水氮配施 DCD 处理在整个土壤 0～120cm 剖面中硝态氮的富集主要发生在 0～30cm 土壤表层，其余各土壤层次硝态氮的含量则较低，显著性检验表明与未施氮对照相比无显著性差异，这表明土壤中硝态氮向根系下层淋溶的潜势较小。在 0～30cm 土壤剖面中，优化水氮配施 DCD 处理下土壤硝态氮含量较传统水氮分别平均降低了 26.62％～61.80％（RU＋DCD＋OMI）、56.98％～75.65％（80％RU＋DCD＋OMI）和 22.03％～52.98％（120％RU＋DCD＋OMI）；30～120cm 土壤剖面范围内则分别降低了 66.63％～67.28％（RU＋DCD＋OMI）、62.87～72.80％（80％RU＋DCD＋OMI）和 49.48％～61.29％（120％RU＋DCD＋OMI）。传统水氮处理较优化水氮配施 DCD 处理来说，土壤中硝态氮向下层淋溶的趋势明显，除了与氮素的施用量较大有关外，较大的传统灌水量水平更加促进了硝态氮向土壤下层淋溶的趋势。

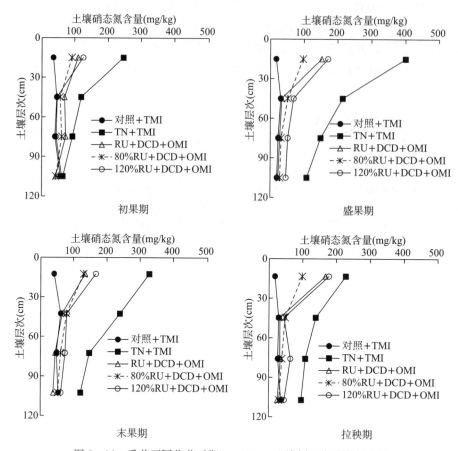

图 3-36 番茄不同收获时期 0~120cm 土壤剖面内硝态氮含量

(二)设施番茄化肥氮配施 15%DCD 的环境效应

本研究设 5 个处理、3 次重复。其中 5 个处理分别为：对照 N0，不施氮；N1，常规施氮量为 600kg/hm²；N1+DCD（双氰胺），常规氮素用量与双氰胺配施，其中常规施氮量的 15%用 DCD 代替；N2，推荐氮肥用量，300kg/hm²；N2+DCD，推荐氮素用量与双氰胺配施，其中推荐施氮量的 15%用 DCD 代替，推荐氮素用量 300kg/hm²，进一步研究了设施番茄化肥氮配施 DCD 的环境效应。

1. 对土壤 N_2O 排放的影响

由图 3-37 可看出，对照土壤 N_2O 排放一直处于较低水平，各施氮处理土壤 N_2O 排放通量均表现为先上升后降低的趋势，峰值出现在追肥后的第 2~4d，7~10d 后接近对照水平。与对照相比，施氮处理显著增加了土壤 N_2O 的排放。N1 处理 N_2O 排放通量峰值范围为 379~2 645μg/（m²·h），显著高于 N2 处理，表明土壤 N_2O 排放随施氮量的增加而增加。与 N1 相比，N1+DCD 处理 N_2O 排放通量的高峰值范围降低了 45.25%~40.10%，N2+DCD 处理 N_2O 排放通量的高峰值范围比 N2 处理降低 75.86%~50.40%，表明氮肥配施 DCD 能降低土壤 N_2O 的排放通量。以上分析表明，推荐施氮配施 DCD 能显著降低土壤 N_2O 排放通量，减排效果显著。

从总体来看（图 3-38），N0、N1、N1+DCD、N2 和 N2+DCD 处理土壤 N_2O 累积

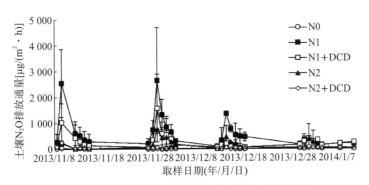

图 3-37　不同施氮处理氧化亚氮排放通量的变化

排放量分别为 $0.19kg/hm^2$、$3.83kg/hm^2$、$2.13kg/hm^2$、$1.19kg/hm^2$ 和 $0.27kg/hm^2$，各施氮处理土壤 N_2O 累积排放量显著高于对照。添加 DCD 处理的 N_2O 累积量比同水平施氮处理有所降低，表明 DCD 在 N_2O 减排方面发挥了重要作用。与 N1 处理相比，N1＋DCD、N2、N2＋DCD 处理 N_2O 累积排放量分别下降了 44.42%、68.89%、93.04%（$P<0.05$），这表明推荐施氮管理同时配施 DCD 能够显著降低土壤 N_2O 排放。

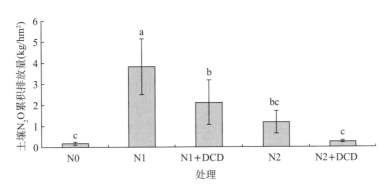

图 3-38　不同施氮处理对氧化亚氮累积排放量的影响

2. 对土壤 NH_3 挥发的影响

在番茄生长期内进行了 4 次追肥，在整个监测期间（图 3-39），对照的 NH_3 挥发速率一直保持在较低水平，在 $0.02\sim0.12kg/$（$hm^2 \cdot d$）。各施氮处理 NH_3 挥发速率均呈现先升高后降低的趋势，在第 $7\sim10d$ 后趋于稳定。从整体来看，常规施氮处理 NH_3 挥发速率高于推荐施氮处理，其 NH_3 挥发速率最大值比推荐施氮处理高 188%，添加 DCD 后 NH_3 挥发速率均低于同水平施氮处理。

番茄追肥时期各处理的土壤 NH_3 挥发损失情况如图 3-40 所示。N0、N1、N1＋DCD、N2 和 N2＋DCD 处理的 NH_3 挥发累积量分别为 $1.28kg/hm^2$、$2.64kg/hm^2$、$2.22kg/hm^2$、$1.69kg/hm^2$ 和 $1.39kg/hm^2$。与 N1 处理相比，N1＋DCD、N2 和 N2＋DCD 处理的 NH_3 挥发累积量分别降低 16.04%、36.16%、47.32%。由此看出，推荐施氮配施 DCD 能有效降低土壤 NH_3 累积挥发量。

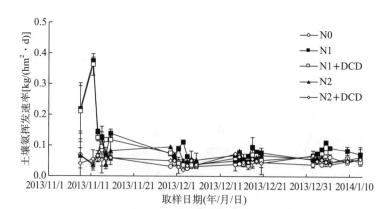

图 3-39 不同施氮处理氨挥发速率的动态变化

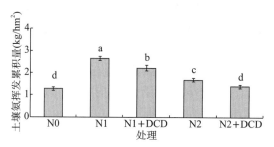

图 3-40 不同施氮处理对氨挥发累积量的影响

3. 对土壤硝态氮累积量的影响

如图 3-41 所示，1m 土壤剖面内，常规施氮处理（N1，708kg/hm²；N1＋DCD，608kg/hm²）土壤硝态氮累积量显著高于推荐氮肥处理（N2，524kg/hm²；N2＋DCD，442kg/hm²）和不施氮处理（N0，361kg/hm²）。N1＋DCD 的硝态氮累积量较 N1 减少 14.1％。N2＋DCD 比 N2 要低 15.8％，这表明在施氮量相同的情况下，配施 DCD 可降低 1m 土体中硝态氮的累积量。综上所述，推荐施氮配施 DCD 处理在番茄生长期内减少氮素用量 50％的情况下，1m 土体硝态氮的累积量比常规施氮处理降低了 37.6％。

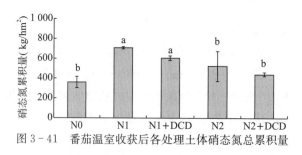

图 3-41 番茄温室收获后各处理土体硝态氮总累积量

三、设施番茄施氮配施双氰胺的农学效应

（一）设施番茄化肥氮配施 10％DCD 的农学效应

1. 对番茄产量的影响

从图 3-42 可以看出，TN＋TMI、120％RU＋DCD＋OMI、RU＋DCD＋OMI、

80%RU＋DCD＋OMI、对照＋TMI 五个处理番茄的产量分别为 137 864.85kg/hm²、137 323.74kg/hm²、129 041.72kg/hm²、126 305.34kg/hm²、108 692.52kg/hm²，优化水氮配施 DCD 处理有一定的增产趋势，但与传统水氮处理番茄产量之间并无显著差异。可见，在减氮控水基础上配施 DCD 能够保证番茄稳产。

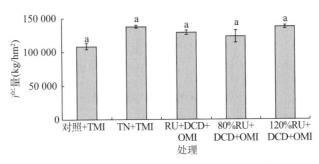

图 3－42 不同水氮管理条件下 DCD 对番茄产量的影响

2. 番茄氮素吸收利用

由表 3－10 可知，各施氮处理中，传统水氮处理 TN＋TMI 中番茄植株地上部氮素吸收量含量最高，达 127.36kg/hm²；各优化水氮处理番茄地上部氮素吸收量则在 113.42～124.05kg/hm²，略低于传统水氮处理，但处理之间差异不显著。说明增加追施氮量并不能显著提高作物吸收氮素量。进一步分析氮素利用率可知，传统水氮处理追施氮素投入量高达 410kg/hm²，氮素利用率却只有 13.84%，而优化水氮添加 DCD 的 RU＋DCD＋OMI、80%RU＋DCD＋OMI、120%RU＋DCD＋OMI 处理的氮素利用率则分别显著增加到 20.67%、25.49% 和 21.21%，平均值为 22.45%（$P<0.05$）。可见，优化水氮管理配施 DCD 能显著促进番茄氮素吸收，提高氮素利用率。

表 3－10 番茄各部位吸收氮素量和氮素利用率

处理	番茄各部位吸氮量（kg/km²）			地上部吸收总量 （kg/km²）	氮素利用率（%）
	茎	叶片	果实		
对照＋TMI	4.71a	18.64a	47.25b	70.61b	—
TN＋TMI	4.88a	30.96a	91.52a	127.36a	13.84b
RU＋DCD＋OMI	4.45a	23.32a	86.24a	114.01a	20.67a
80%RU＋DCD＋OMI	5.08a	33.05a	85.92a	124.05a	25.49a
120%RU＋DCD＋OMI	5.67a	22.52a	85.22a	113.42a	21.21a

3. 对番茄果实品质的影响

如表 3－11 所示，传统水氮处理 TN＋TMI 果实硝酸盐含量与对照相比显著增加（$P<0.01$），高达 94.70mg/kg，为对照的 2.7 倍；三个优化水氮添加 DCD 处理 RU＋DCD＋OMI，80%RU＋DCD＋OMI 和 120%RU＋DCD＋OMI 果实硝酸盐含量比传统水氮处理显著降低 51.94%～62.82%，但与对照之间无显著差异；各施氮处理中维生素 C 含量差异不显著（$P>0.05$）。可见，施氮过多（传统氮素投入量）不但不能显著提高果实中维生素 C 含量，反而有所降低。本试验中，虽然优化水氮配施 DCD 处理降低了氮素的投入量，但对果实维生素 C 含量的影响却不显著；各施氮处理果实可溶性糖含量显著提高，120%RU＋DCD＋OMI 处理果实中可溶性糖含量最高为 3.31%，且显著高于其他施氮处理（$P<0.05$），这说明优化合理施肥在提高果实可溶性糖含量方面具有显著效果；各施氮处理果实可溶性蛋白质含量差异不显著；传统水氮处理 TN＋TMI 的糖酸比为 7.64，而优化水氮添加 DCD 处理的糖酸比则在 7.51～8.29，其中优化水氮添加 DCD 处理 80%RU＋DCD＋OMI 的糖酸比最高，为 8.29，显著高于传统水氮和其他 2 个优化水氮添加 DCD 处理（$P<0.05$）。因此，适量增施氮肥可以有助于提高果实中糖酸比，但是施氮过多或过少均会降低果实中糖酸比，进而影响果实风味品质。

表 3－11　不同水氮管理下 DCD 对番茄果实品质的影响

项目	对照＋TMI	TN＋TMI	RU＋DCD＋OMI	80%RU＋DCD＋OMI	120%RU＋DCD＋OMI
硝酸盐（mg/kg）	35.53b	94.70a	35.21b	38.06b	45.51b
维生素 C 含量（mg/kg）	91.13c	186.84a	176.41ab	161.36b	188.23ab
可溶性糖（%）	1.55d	3.29b	3.11c	3.26a	3.31a
可溶性蛋白质（mg/g）	66.77b	109.64a	116.16a	106.84a	113.07a
糖酸比	6.06c	7.64b	7.51b	8.29a	7.55b

（二）设施番茄化肥氮配施 15%DCD 的农学效应

1. 对番茄产量的影响

如图 3－43 所示，N0、N1、N1＋DCD、N2、N2＋DCD 处理番茄产量分别为 83.94t/hm²、94.79t/hm²、113.95t/hm²、93.94t/hm²、96.17t/hm²。与 N1 处理相比，N2 处理虽然减少了氮肥用量，但产量之间无明显差异。与 N1、N2 处理相比，N1＋DCD、N2＋DCD 处理的番茄产量分别增加 20.2%、2.37%。各推荐氮肥处理基本达到稳产，配施 DCD 能起到一定增产效果。

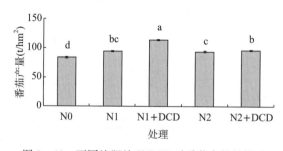

图 3－43　不同施肥处理 DCD 对番茄产量的影响

2. 对番茄果实品质的影响

如表 3－12 所示，各处理番茄果实维生素 C 含量范围为 82.6～239mg/kg，可溶性糖含量范围为 1.98%～2.65%，可滴定酸含量范围为 3.29%～4.24%，可溶性蛋白含量范围为 3.88～3.98mg/g，硝酸盐含量范围在 30～294mg/kg，但所有这些品质指标在处理间差异不显著。可见，传统基础上减氮 50%或配施 DCD 对番茄品质无显著影响。

表 3-12　不同施肥处理 DCD 对番茄果实品质的影响

处理	硝酸盐含量 （mg/kg）	维生素 C 含量 （mg/kg）	可溶性糖 （%）	可滴定酸 （%）	可溶性蛋白质 （mg/g）
N0	30.0±2.95b	82.6±7.64b	2.65±0.95a	4.07±0.08a	3.97±0.87a
N1	294±6.54a	239±1.46a	2.32±0.0.12a	4.02±0.02a	3.98±0.64a
N1+DCD	210±7.82a	185±0.72a	1.98±0.36a	3.49±0.01a	3.89±0.35ab
N2	290±8.12a	194±5.76a	2.24±0.542a	3.29±0.06a	3.95±0.34ab
N2+DCD	234±7.36a	202±7.72a	2.36±0.82a	4.24±0.14a	3.88±0.65ab

3. 对经济收益的影响

如表 3-13 所示，与 N1 处理相比，N2 处理每公顷实现节本增效 0.87 万元，表明适当减氮能降低投入成本，保持番茄稳产，达到较高的经济效益。N1+DCD、N2+DCD 处理的节本增效分别高于 N1、N2 处理，表明添加 DCD 能起到节本增效作用。可见，控氮条件下配施 DCD 能取得较高的经济效益。

表 3-13　不同施氮处理的经济效益分析

处理	氮素用量 （kg/hm²）	节氮 （%）	每公顷节本 （万元）	增产 （t/hm²）	增产率 （%）	每公顷增收 （万元）	每公顷节本增效 （万元）
N0	0	100	2.25	−10.85	−11.45	−3.26	−1.01
N1	600	—	—	—	—	—	—
N1+DCD	600	0	0	19.16	20.21	5.75	5.75
N2	300	50	1.13	−0.85	−0.90	−0.26	0.87
N2+DCD	300	50	1.13	1.38	1.46	0.41	1.54

四、主要研究进展

1. 探明了硝化抑制剂双氰胺（DCD）的应用特性

DCD 随温度的升高在土壤存留时间缩短，随用量的增加硝化抑制效应增强。其中，DCD 应用的适宜温度为 20～30℃，硝化抑制可持续 29d，适宜用量为施氮量的 10%～15%。

2. 明确了设施番茄施氮配施双氰胺的环境效应

温室番茄优化水氮配施 DCD，与传统水氮相比，可显著减少 30～120cm 土层硝态氮累积量 61.80%～72.80%；降低土壤 N_2O 排放量 84.07%～96.19%、NH_3 挥发量 20.61%～41.51%；有效防控氮损失污染。

3. 明确了设施番茄施氮配施双氰胺的农学效应

温室番茄优化水氮配施 DCD，可显著降低番茄果实硝酸盐含量 51.94%～62.82%。同时，显著提高番茄果实维生素 C、可溶性糖和可溶性蛋白质含量，每公顷节本增效 1.54 万元，实现经济与环境效益双赢。

第三节　设施黄瓜施氮损失污染的配施双氰胺防控

设施黄瓜是我国四大设施蔬菜之一。近年来，设施黄瓜生产出现了肥料利用率低、产量品质下降、氮素损失严重，引起蔬菜产品污染、土壤盐渍化、环境污染等一系列严峻问题。本研究以硝化抑制剂双氰胺（DCD）为试材，开展了设施黄瓜田间试验，共设 5 个处理，分别为对照（W1N0）、常规水氮管理（W1N1）、优化水氮管理（W2N2＋DCD）、优上水氮管理（W2N3＋DCD）、优下水氮管理（W2N4＋DCD），各处理为 3 次重复。其中，W1 传统的水分处理，全生育期共灌水 615.40mm；W2 优化的水分处理，全生育期共灌水 410.48mm，较 W1N1 减少水量 33.30％。N0 不施尿素；N1 常规施氮量，共追施氮素 872kg/hm²；N2 优化施氮量，共追施氮素 470kg/hm²；优化施氮量上调 20％，共追施氮素 564kg/hm²；N4 优化施氮量下调 20％，共追施氮素 376kg/hm²。布设试验时，普施腐熟鸡粪加牛粪 1∶1 配比 60t/hm² 作基肥，供试氮肥全部为追施，全生育期分 4 次追肥，按黄瓜生育期需肥特点和需肥量分配。除施肥灌水外，其他田间管理按常规措施。这样，研究了设施黄瓜化学氮与 DCD 配施对黄瓜生长发育、产量品质以及土壤环境的影响，原位监测了氮素三个主要途径的损失，揭示了氮素气态损失（N_2O、NH_3）的数量特征，构建"优化水氮＋生化调控"有效阻控施氮损失污染的技术措施，推进设施蔬菜健康可持续发展。

一、设施黄瓜施尿素与双氰胺配施的农学效应

（一）尿素与 DCD 配施对黄瓜产量的影响

由表 3-14 可看出不同处理对黄瓜产量的影响。试验表明，与不施氮肥的 W1N0 处理相比较，施氮肥各处理的黄瓜产量显著提高（$P<0.05$），但不同施氮量处理之间黄瓜的单瓜重、挂瓜量及单产量均无显著差异。W2N2＋DCD、W2N3＋DCD、W2N4＋DCD 处理与 W1N1 相比大幅减少了氮肥施用量，但黄瓜产量并无显著下降。表明减施氮肥配施 DCD 保证了黄瓜产量，实现了减肥不减产。主要因为 DCD 减缓了尿素水解后生成的铵态氮向硝态氮的转化，使土壤中较长时间保持较高浓度的铵态氮，从而使作物对氮肥的利用效率提高。配施 DCD 的处理 W2N2＋DCD、W2N3＋DCD 和 W2N4＋DCD 的黄瓜产量分别为 69 051.34kg/hm²、69 244.03kg/hm²、63 349.08kg/hm²，比不施氮肥处理 W1N0 分别显著增产 31.46％、31.83％和 20.61％，而没有配施 DCD 的处理 W1N1 较 W1N0 增产 24.17％。W2N4＋DCD 处理的产量与 W1N1 相比有所降低，但仅降低了 2.87％，且差异未达显著水平，而 W2N4＋DCD 处理的施氮量和灌水量却比 W1N1 分别降低了 56.88％和 33.30％，具有显著的节肥、节水效果。

表 3-14 不同处理对黄瓜产量及其构成要素的影响

处理	施氮量（kg/hm²）	单瓜重（g）	挂瓜量（×10⁴/hm²）	单产量（kg/hm²）	增产率（％）
W1N0	0	196.16b	26.74b	52 525.16b	—
W1N1	872	208.35ab	31.29a	65 220.79a	24.17
W2N2＋DCD	470	215.22a	32.07a	69 051.34a	31.46
W2N3＋DCD	564	214.13a	32.28a	69 244.03a	31.83
W2N4＋DCD	376	207.51ab	30.52a	63 349.08a	20.61

（二）尿素与 DCD 配施对黄瓜果实硝酸盐含量的影响

蔬菜硝酸盐含量是评价蔬菜卫生安全品质的一个重要指标。由图 3-44 可看出，不同

水氮管理条件下，黄瓜硝酸盐含量随施氮量的增加而增加，其中 W1N1 和 W2N3＋DCD 处理黄瓜果实硝酸盐含量与 W1N0 处理相比差异显著（$P<0.05$），说明增加氮肥用量显著促进黄瓜果实硝酸盐累积。W2N2＋DCD，W2N3＋DCD 和 W2N4＋DCD 处理的黄瓜果实硝酸盐含量分别为 199.39mg/kg、199.58mg/kg 和 198.91mg/kg，三者之间差异不显著。与 W1N1 相比，果实硝酸盐含量降低 29.0％以上。其中，W2N2＋DCD 和 W2N4＋DCD 处理与 W1N0 之间差异不显著。主要是由于氮肥配施 DCD，可提高土壤铵态氮浓度，降低各处理植株对 $NO_3 - N$ 的吸收，因而各处理黄瓜果实硝酸盐含量无显著提高。

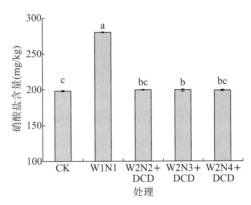

图 3－44　不同处理对黄瓜果实硝酸盐含量的影响

（三）尿素与 DCD 配施对黄瓜营养品质的影响

由表 3-15 可知，各施氮肥处理与对照相比，黄瓜维生素 C 含量之间的差异显著（$P<0.05$）。并且，随着施肥水平的提高，维生素 C 含量也随之提高，以 W1N1 处理的 101.28mg/kg 最高。W1N1 处理显著高于 W2N2＋DCD 和 W2N4＋DCD 处理，W1N1 和 W2N3＋DCD 处理之间差异不显著，表明适宜的施肥促进了维生素 C 的合成。而在配施 DCD 的三个处理之间，差异不显著，其中 W2N3＋DCD 与 W1N1 的含量也不显著，说明氮肥中配施 DCD 有助于果实维生素 C 含量的提高。各施氮肥处理黄瓜果实中的可溶性蛋白质含量为 6.29～7.03mg/g，显著高于 W1N0 处理，随施肥量增加可溶性蛋白质含量呈增加趋势，但施肥量较高的 W1N1、W2N3＋DCD 和 W2N2＋DCD 处理的可溶性蛋白质含量没有显著差异，可见适量地追施氮肥可以促进蛋白质的合成。主要原因是：氮是构成蛋白质的主要成分，增施氮肥，植株对氮的吸收量增加，因此可溶性蛋白含量亦相应提高；但若氮肥用量过多，植株对氮的吸收和利用效率降低，导致可溶性蛋白含量不再随着施氮量的增加而提高。所有施氮肥处理的可溶性糖含量范围为 1.92％～2.12％，均显著高于对照处理的 1.54％，随施肥量的增加黄瓜可溶性糖含量呈上升趋势，但各施肥处理之间无显著性差异。

表 3－15　不同处理对黄瓜营养品质的影响

处理	维生素 C 含量（mg/kg）	可溶性蛋白（mg/g）	可溶性糖（％）
W1N0	64.63c	3.68c	1.54b
W1N1	101.28a	7.03a	2.12a
W2N2＋DCD	92.69b	6.55ab	1.98a
W2N3＋DCD	97.60ab	6.94a	2.11a
W2N4＋DCD	89.95b	6.29b	1.92a

（四）尿素与DCD配施对黄瓜氮素利用的影响

由表3-16可见不同水氮管理对黄瓜氮素利用的影响。从表中可看出，与不施氮肥对照处理相比较，施用氮肥的各处理黄瓜茎叶、果实和植株的氮素吸收量均显著增加（$P<0.05$）。通过各施氮处理间比较，W2N3+DCD处理的茎叶的吸氮量最高，显著高于其他处理，W2N2+DCD和W1N1处理的茎叶的吸氮量之间差异不显著；黄瓜果实的氮素累积量在各施氮肥处理之间含量接近，以W2N3+DCD处理的含量最高；全株的总吸氮量在各施氮处理之间含量差别不大。

氮肥利用率是指单位肥料氮引起的作物对氮素回收的增量，主要反映作物对肥料氮素的吸收情况，但不能反映作物吸收的氮素转化成的经济产量的增量。农学效率指每投入单位肥料氮素引起的作物产量的增量，主要表现肥料对作物的增产效益。常规水氮处理W1N1的氮肥利用率和农学效率都显著低于配施DCD的各处理，表明高量的施肥并未被植物吸收利用，而是以各种途径损失了。W2N2+DCD、W2N3+DCD和W2N4+DCD处理的氮肥利用率为17.24%～18.57%，分别比W1N1提高了91.38%、77.65%和87.87%，说明在减量施肥与灌水基础上配施DCD，可提高作物氮素吸收利用。配施DCD各处理的氮肥利用率和农学效率较为接近，以W2N2+DCD最高，为18.57%和2.81%。W2N3+DCD比W2N2+DCD和W2N2+DCD施入了更多的氮肥，但其氮肥利用率反而下降了，表明过多的肥料投入使植物对氮素的吸收能力减弱，造成了氮肥利用率降低。

表3-16 不同处理对黄瓜氮素利用的影响

处理	氮素吸收量（kg/hm²）			氮肥利用率（%）	氮肥农学效率（kg/kg）
	茎叶	果实	总吸氮量		
W1N0	39.60d	88.59c	128.19d	—	—
W1N1	45.35b	167.46ab	212.81b	9.70	1.16
W2N2+DCD	46.16b	169.33a	215.48ab	18.57	2.81
W2N3+DCD	52.56a	172.87a	225.42a	17.24	2.37
W2N4+DCD	40.91c	155.83b	196.74c	18.23	2.30

二、尿素与双氰胺配施对土壤氮素淋失的影响

（一）不同处理土壤剖面硝态氮含量的变化

在黄瓜的初瓜期、盛瓜期、末瓜期，对0～180cm土体硝态氮含量进行了动态监测。由图3-45可看出，不施尿素处理（W1N0）土壤剖面中的硝态氮含量最低，且各土层的硝态氮含量随黄瓜生长持续降低。常规水氮处理（W1N1）土壤剖面中硝态氮含量最高，且各土层的硝态氮含量随黄瓜生长持续升高，在120～150cm土层逐渐形成一个累积峰，表明常规水氮处理硝态氮向下层淋溶现象严重。配施DCD的各优化水氮处理随着黄瓜生长，追肥及灌水次数增加，0～60cm土层硝态氮含量呈逐渐增加趋势，60cm以下土层硝态氮含量变化不明显，幅度较小，W2N2+DCD、W2N3+DCD、W2N4+DCD的变化范围分别为6.09～33.36mg/kg、19.03～29.28mg/kg、14.98～25.46mg/kg。可能是因为优化水氮处理减少了施肥量与灌水量，从而减少了上层土壤氮素的积累及向深层土壤的淋

第三章
设施菜田氮磷污染生化防控

溶。同时，氮肥配施 DCD 有效抑制了硝态氮向下层土壤的淋溶，土壤硝态氮未淋溶至 60cm 以下。

在初瓜期，常规水氮处理 W1N1 由于超量的水氮投入，导致整个土壤剖面硝态氮含量都显著高于其他处理（$P<0.05$），随土壤深度增加，其硝态氮含量呈降低趋势。各优化水氮处理土壤剖面中硝态氮分布规律一致。0～30cm 土层硝态氮含量在 44.85～67.76mg/kg。30～60cm 土层含量最低，为 8.45～24.05mg/kg。60cm 以下土层，随土壤深度增加，各处理硝态氮含量逐渐增加，累积峰出现在 120～150cm 土层，该土层硝态氮浓度大小顺序为 W2N3＋DCD＞W2N2＋DCD＞W2N4＋DCD。150～180cm 土层，优化水氮各处理硝态氮含量相差不大，为 54.99～64.56mg/kg。试验大棚农户的水肥管理措施一直以传统方式进行，大量的施氮及灌水，已超出作物生长的需求量，多年种植使土壤中积累了大量的硝态氮，并随灌水淋溶到了下部各土层。由图 3-45 看出，多年高浓度水肥管理已使土体中硝态氮大量累积并淋溶至 150cm 土层。

在盛瓜期，W1N1 处理土体硝态氮含量比上一时期增加，与其他处理相比含量仍为最高，其中 0～30cm 土层硝态氮为 W1N0 的 45.89 倍，随土壤深度增加，其硝态氮含量递减，到 120～150cm 土层硝态氮比上一土层增加了 48.81mg/kg，出现小累积峰，硝态氮含量为 160.95mg/kg，150～180cm 土层硝态氮含量为 132.45mg/kg。各优化水氮处理 0～60cm 土层硝态氮含量与上一时期相比有增加，但仍显著低于 W1N1 处理，其中 0～30cm 土层 W2N2＋DCD、W2N3＋DCD、W2N4＋DCD 硝态氮比 W1N1 分别降低了 53.84％、45.68％、71.13％，30～60cm 土层硝态氮比 W1N1 分别降低了 56.73％、61.71％、82.52％。60cm 以下土层硝态氮含量与上一时期相比减少了，60～90cm 土层硝态氮含量为剖面最低，W2N2＋DCD、W2N3＋DCD、W2N4＋DCD 的硝态氮含量分别为 34.78mg/kg、41.06mg/kg、12.31mg/kg。90～120cm 土层，各优化水氮处理硝态氮含量在 12.31～68.17mg/kg 范围。120～150cm 土层中，优化水氮处理的硝态氮含量在 48.18～67.55mg/kg，150～180cm 土层硝态氮含量很接近，为 49.15～58.25mg/kg。由图 3-45 还可看出，在添加相同比例 DCD 及灌水量一致的条件下，W2N2＋DCD、W2N3＋DCD、W2N4＋DCD 各土层硝态氮的积累量随氮肥用量增加而增加。W1N0 处理土体硝态氮含量较上一时期都有减少，但随土层加深硝态氮含量缓慢增加，变幅为 14.84mg/kg，表明大量的灌水使硝态氮得以向下淋溶，由此推测 W1N1 具有较大的灌水量与较高的施肥量，硝态氮的淋溶对地下水的污染风险很大。

到末瓜期，植株趋于衰老，对氮素的吸收能力下降，再加上第四次追肥的肥料的投入，导致表层（0～30cm）和亚表层（30～60cm）各处理土壤硝态氮含量增加，且 W1N1＞W2N3＋DCD＞W2N2＋DCD＞W2N4＋DCD。各优化水氮处理 60～90cm 土层硝态氮含量最低，为 16.61～27.29mg/kg。90cm 以下土层的硝态氮含量与上一时期相比变化不大。常规水氮处理 W1N1 不同土层硝态氮含量均较上一时期有所增加，在 120～150cm 土层仍有一个硝态氮的累积峰，为 185.64mg/kg，高于上一时期的含量。此时期 0～180cm 土体中硝态氮的总含量，优化水氮处理与常规水氮处理 W1N1 比较，极大减弱了硝态氮的淋溶，施氮量优化下调 20％ 的 W2N4＋DCD 处理土体硝酸盐含量下降 69.35％，W2N2＋DCD 与 W2N3＋DCD 处理分别比 W1N1 降低 59.58％和 56.85％。

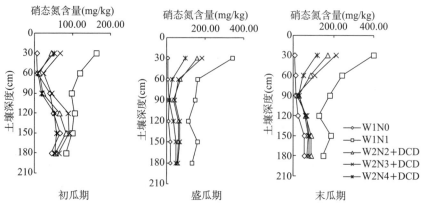

图 3-45　黄瓜各生育期不同处理土壤剖面硝态氮含量的变化

（二）不同处理土壤剖面铵态氮含量的变化

由图 3-46 可知，黄瓜生长各时期，各施氮肥处理土壤剖面铵态氮含量显著高于 W1N0 处理（$P<0.05$），并呈现先升高再降低的变化趋势。随着土壤深度的增加，各个生育期土壤铵态氮含量逐渐降低。而 W1N0 处理各土层铵态氮含量随黄瓜生长持续降低。在初瓜期，0～30cm 土层 DCD 处理的铵态氮含量为 251.26～272.91mg/kg，比 W1N1 增加 31.21%～42.52%。在盛瓜期，第 2、3 次追肥后取土样，由于追肥量较大，作物吸收大部分养分后，仍有大量铵态氮残留在土壤表层。0～30cm 土层中各处理铵态氮为监测时期的最高值，其中 W1N1 为 269.15mg/kg，W2N2＋DCD、W2N3＋DCD、W2N4＋DCD 各处理施肥量比常规施肥量减少 46.10%、35.32%、56.89%，但因 DCD 抑制了铵态氮的硝化作用，使土壤中积累了大量的铵态氮，分别比 W1N1 增加了 32.42%、76.93%、19.27%。在末瓜期，各处理铵态氮含量都有不同程度的下降，分析原因可能是第 4 次的追肥量较少，尿素水解后的铵态氮被作物较快地吸收利用，而没有在表层土壤累积。而且土壤胶体带负电荷，吸附铵态氮，使铵态氮保持在上部土体，不易向下淋溶，导致表层以下土壤的铵态氮得不到补充，经过微生物的硝化作用，铵态氮含量持续降低。综合黄瓜生长期土壤不同形态氮素含量，氮肥与 DCD 配施的处理各土层土壤铵态氮含量均高于硝态氮，说明氮肥中配施 DCD 显著抑制了尿素水解后铵态氮在土壤中的硝化作用，使土壤中保持较高浓度的铵态氮，而降低硝态氮的含量。所以氮肥添加双氰胺能提高土壤供氮能力，减少氮素淋溶风险，是实现持续、高效、环保农业的有效措施。土壤中铵态氮浓度增大，可能增加土壤的氨挥发损失，但由于 DCD 的硝化抑制作用，显著抑制土壤 pH 增高，起到缓冲土壤 pH 的作用，又有可能降低土壤氨挥发损失，在后面将进一步讨论。

（三）不同处理耕层土壤硝态氮累积量的变化

由图 3-47 可看出，棚室黄瓜耕层 0～30cm 土壤硝态氮累积量不同生育期的动态变化。在黄瓜全生育期，不施氮处理的硝态氮含量均为最低。各施氮处理的硝态氮含量显著高于 W1N0，且随黄瓜生育期的变化规律一致，呈现先升高再降低的变化趋势。自第一次追肥后，W1N1 处理在初瓜期的土壤硝态氮含量变迅速上升，而后随追肥次数的增加一直呈递增趋势，到末瓜期达到最高值。黄瓜拉秧前 2～3 周不再追施氮肥，只进行灌水，在黄瓜拉秧后 W1N1 的耕层土壤硝态氮含量骤降至 311.55kg/hm²。处理 W2N2＋DCD、

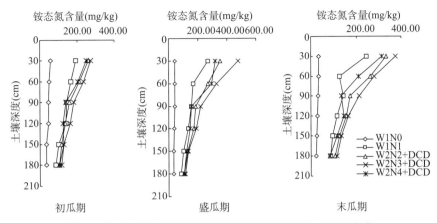

图 3 - 46　黄瓜各生育期不同处理土壤剖面铵态氮含量的变化

W2N3＋DCD、W2N4＋DCD 在盛瓜期和末瓜期土壤硝态氮累积量较高，分别为 429.23～807.66kg/hm² 和 509.65～916.72kg/hm²，分别比同时期 W1N1 的硝态氮累积量降低 45.68%～71.13% 和 47.00%～70.53%。拉秧后 DCD 处理的硝态氮累积量与 W1N1 相比减少 23.57%～38.36%。

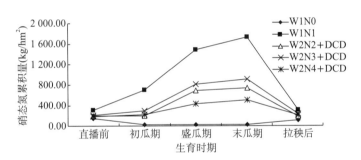

图 3 - 47　黄瓜全生育期耕层土壤硝态氮累积量的动态变化

（四）不同处理对拉秧后土壤剖面硝态氮累积量的影响

黄瓜拉秧后 0～180cm 土壤剖面硝态氮累积量如图 3 - 48 所示。由图 3 - 48 可以看出，施氮量对土壤中硝态氮的累积影响非常大，黄瓜根系分布较浅，30cm 以下土层中的硝态氮一般很难被植物再利用。因此，本研究以 30cm 作为评价土壤氮素淋失的界限。30～180cm 土层硝态氮总残留量由 30～180cm 各土层残留量求和所得。图 3 - 48 显示，黄瓜拉秧后 0～180cm 土体中硝态氮累积量随施氮量增加而升高，各施氮肥处理的累积量均高于对照处理。常规水氮处理 W1N1 的 0～180cm 土壤剖面总累积量最高，达到 1 564.12kg/hm²，其次为 W2N3＋DCD、W2N2＋DCD、W2N4＋DCD 处理。但添加抑制剂各处理耕层及以下土壤的硝态氮累积量相差不大，0～30cm 土壤硝态氮累积量范围为 192.05～238.12kg/hm²，30～180cm 土壤硝态氮累积量范围为 765.93～822.30kg/hm²。0～180cm 土体中硝态氮累积量比 W1N1 分别减少 36.10%、32.20% 和 37.65%。W1N1 处理与 W2N4＋DCD 相比施肥量增加 1.32 倍，而 0～180cm 土体内的硝态氮累积量增加了 60.37%，说明多施入的氮肥大部分都以硝态氮的形式累积在土壤中。W1N0 处理土壤硝态氮累积量较低，但是 30cm 以下土壤硝态氮累积量较高，淋失风险较大，随着施氮水平的提高，30～180cm 土层土壤中的硝态氮累积量升高，硝态氮的淋失风险相应增大。各处理耕层以下土壤硝态氮，占 0～180cm 土体硝态氮总累积量的比例为 77.46％～80.78％。表明土壤中大部分氮素淋溶至下层土壤，造成了氮素的损失。

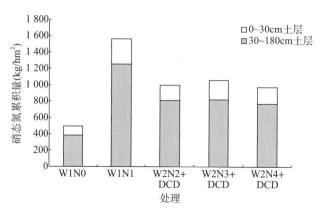

图 3-48　不同水氮处理拉秧后土壤剖面硝态氮的累积量

（五）不同水氮管理的土壤氮素平衡

利用氮素平衡原理，计算黄瓜整个生育期耕层土壤的氮素平衡。土壤无机氮（N_{min}）由硝态氮和铵态氮组成，而土壤中铵态氮的变化主要集中在施肥后的 2～3 周内，就整个生育期而言无机氮的变化主要受硝态氮影响。由于设施栽培黄瓜拉秧前 2～3 周不再施入氮肥，故拉秧后土壤无机氮的变化主要受硝态氮影响，所以本研究的氮素平衡中土壤无机氮只计算硝态氮含量。本试验中，以当季黄瓜吸收的肥料氮量和耕层土壤中残留的肥料氮量为当季有效利用的肥料氮，计算肥料氮的损失量。氮素的表观损失是指各处理肥料氮相对于对照 W1N0 处理的损失数量，数值上等于氮输入总量与作物吸收和残留无机氮两项输出之差，氮素的盈余指的是氮的总输入量除去作物吸收利用的氮素部分。

由表 3-17 可看出，氮素的输入项以尿素氮的输入为主，氮素输出项中的植株吸氮量和耕层残留的无机氮量相差不大，而以各种途径损失的无机氮含量则占氮盈余的主要部分。各施氮处理土壤中的氮素被植物吸收了一小部分，有大量的氮素盈余，达 452.68～1 047.20kg/hm²。盈余的氮素大部分未被利用而损失掉了，氮素的表观损失在 243.31～735.65kg/hm²，损失率为 64.71％～84.36％。以 W1N1 处理的氮素表观损失最多，高达 735.65kg/hm²，氮损失率达到 84.36％。与 W1N1 相比，优化水氮各处理提高了植株的吸氮量，大大降低了氮素的盈余，氮素的损失也相应减少。W2N4＋DCD 处理的氮素表观损失最低，为 243.31kg/hm²，损失率为 64.71％。各处理土壤盈余的无机氮极易通过硝态氮淋溶或硝化-反硝化途径损失出土壤-作物体系，而对环境产生威胁。许多研究表明氮肥的淋溶损失是土壤盈余氮素损失的主要途径，也是造成地下水污染的重要原因。设施蔬菜的施肥量与灌溉强度很大，造成的氮素淋失也非常严重。

表 3 - 17　黄瓜全生育期不同处理的土壤氮素平衡

处理	土壤氮输入量（kg/hm²）			土壤氮输出量（kg/hm²）			氮盈余（kg/hm²）	氮损失率（%）
	施氮量	起始无机氮	净矿化	植株吸氮量	耕层残留无机氮	氮表观损失		
W1N0	0	157.24	81.90	128.19	110.95	0	110.95	—
W1N1	872	306.11	81.90	212.81	311.55	735.65	1047.20	84.36
W2N2＋DCD	470	204.02	81.90	215.48	192.05	348.39	540.44	74.13
W2N3＋DCD	564	211.32	81.90	225.42	238.12	393.68	631.80	69.80
W2N4＋DCD	376	191.52	81.90	196.74	209.37	243.31	452.68	64.71

三、尿素与双氰胺配施对氮源气体排放的影响

（一）尿素与 DCD 配施对土壤氨挥发损失的影响

由表 3 - 18 可看出，黄瓜追肥时期不同处理土壤的氨挥发损失情况。第一次追肥后，W1N0、W1N1、W2N2＋DCD、W2N3＋DCD 和 W2N4＋DCD 的氨挥发速率峰值分别为 0.04kg/（hm²·d）、2.24kg/（hm²·d）、0.86kg/（hm²·d）、1.19kg/（hm²·d）、0.71kg/（hm²·d），施氮肥各处理氨挥发速率峰值均显著高于不施氮肥处理，常规水氮处理显著高于优化水氮各个处理，W2N2＋DCD 和 W2N4＋DCD 之间差异不显著。各处理的累积氨挥发量分别为 0.28kg/hm²、7.15kg/hm²、4.26kg/hm²、5.88kg/hm² 和 3.09kg/hm²，互相之间均差异显著。

第二次追肥后，W1N1 的氨挥发峰值为 4.00kg/（hm²·d），显著高于优化水氮各处理峰值，W2N2＋DCD、W2N3＋DCD 和 W2N4＋DCD 的氨挥发速率峰值分别为 1.18kg/（hm²·d）、1.43kg/（hm²·d）、0.97kg/（hm²·d），各处理之间差异不显著。W1N1 的氨挥发累积量为 11.25kg/hm²，显著高于其他处理。W2N2＋DCD 处理氨挥发累积量为 5.59kg/hm²，与 W2N3＋DCD 和 W2N4＋DCD 的累积量均无显著差异。

第三次追肥后，W1N1 处理的氨挥发速率峰值与氨累积挥发量均显著高于优化水氮的处理，各处理的氨累积挥发量为 0.35kg/hm²、13.52kg/hm²、6.00kg/hm²、7.39kg/hm²、4.85kg/hm²，均高于其他追肥时期的氨挥发量。W1N1 处理比 W2N2＋DCD、W2N3＋DCD 和 W2N4＋DCD 处理的氨累积挥发量分别增加 55.62%、45.34% 和 64.13%。DCD 处理中的 W2N2＋DCD 的氨挥发速率峰值及氨累积挥发量，与 W2N3＋DCD 和 W2N4＋DCD 相比，均未达到差异显著水平。

第四次追肥后，W1N1 的氨挥发峰值与累积量分别为 2.47kg/（hm²·d）和 9.83kg/（hm²·d），均显著高于优化水氮的处理。W2N2＋DCD 的氨挥发峰值为 0.69kg/（hm²·d），与 W2N3＋DCD 和 W2N4＋DCD 的最大速率之间差异不显著。配施 DCD 各处理氨累积挥发量分别为 2.53kg/hm²、3.16kg/hm²、2.16kg/hm²，互不存在显著差异，其中 W2N2＋DCD 和 W2N4＋DCD 的累积量与对照 W1N0 处理的累积量之间的差异亦不显著。

表3-18 黄瓜追肥期间不同处理土壤的氨挥发损失

处理	第一次追肥		第二次追肥		第三次追肥		第四次追肥		追肥期	
	最大氨挥发速率 $[kg/(hm^2 \cdot d)]$	氨挥发累积量 (kg/hm^2)	最大速率 $[kg/(hm^2 \cdot d)]$	累积量 (kg/hm^2)	最大速率 $[kg/(hm^2 \cdot d)]$	累积量 (kg/hm^2)	最大速率 $[kg/(hm^2 \cdot d)]$	累积量 (kg/hm^2)	氨挥发量 (kg/hm^2)	尿素氮的氨挥发损失率（%）
W1N0	0.04d	0.28e	0.11c	0.75d	0.06d	0.35d	0.11d	0.72c	2.10d	—
W1N1	2.24a	7.15a	4.00a	11.25a	4.60a	13.52a	2.47a	9.83a	41.75a	4.55a
W2N2+DCD	0.86c	4.26c	1.18bc	5.59bc	1.42bc	6.00bc	0.69bc	2.53bc	18.38c	3.47b
W2N3+DCD	1.19b	5.88b	1.43b	7.09b	1.73b	7.39b	0.93b	3.16b	23.51b	3.80ab
W2N4+DCD	0.71c	3.09d	0.97bc	3.90c	1.14c	4.85c	0.55c	2.16bc	14.00c	3.17b

在整个追肥期，W1N0、W1N1、W2N2＋DCD、W2N3＋DCD和W2N4＋DCD处理土壤累积氨挥发量分别为2.10kg/hm²、41.75kg/hm²、18.38kg/hm²、23.51kg/hm²和14.00kg/hm²，W1N1的施氮量为各处理最高值，其累积氨挥发量显著高于其他处理（$P<0.05$）。W2N2＋DCD、W2N3＋DCD、W2N4＋DCD三者与W1N1相比，施氮量分别减少46.10%、35.32%、56.88%，累积氨挥发量分别降低了55.97%、43.68%和66.47%，与W1N0相比，累积氨挥发量分别增加了7.75倍、10.20倍、5.67倍。其中W2N2＋DCD与W2N4＋DCD的累积氨挥发量之间不存在显著差异。而纵观整个监测时期，不同追肥阶段W2N2＋DCD、W2N3＋DCD和W2N4＋DCD的施肥量虽各不相同，但氨挥发速率变化趋势一致，峰值与累积量变化范围均较小，W2N2＋DCD、W2N3＋DCD和W2N4＋DCD峰值的变化范围为0.69～1.42kg/（hm²·d）、0.93～1.73kg/（hm²·d）、0.55～1.14kg/（hm²·d）；累积量的变化范围为2.53～6.00kg/hm²、3.16～7.39kg/hm²、2.16～4.85kg/hm²；不同时期各处理的峰值与累积量也较为接近。进一步分析不同施氮处理的氨挥发损失率（减去不施肥对照损失量）可知，W2N2＋DCD、W2N3＋DCD和W2N4＋DCD的氨挥发损失率分别为3.47%、3.80%和3.17%，三者之间差异不显著，其三个处理与W1N1的氨挥发损失率之间亦无显著差异。

（二）尿素与DCD配施对土壤氧化亚氮排放的影响

如图3-49所示，在不同追肥时期各水氮处理的土壤氧化亚氮累积排放量，各时期N_2O累积排放量均随施氮量的增加而增加。四次追肥后，W1N1处理的氧化亚氮累积排放量分别为0.75kg/hm²、1.72kg/hm²、2.48kg/hm²和1.79kg/hm²，均显著高于其他处理，主要是由于W1N1处理的高量施肥，使土壤中含有充足的有效态NH_4^+和NO_3^-，为土壤微生物的硝化作用及反硝化作用提供了充足的底物，W1N1处理的土壤含水量也较高，有利于N_2O的产生。第一次追肥后，W2N2＋DCD和W2N3＋DCD的N_2O累积排放量分别为0.24kg/hm²和0.28kg/hm²，未达差异显著水平；第二次追肥后，W2N2＋DCD、W2N3＋DCD和W2N4＋DCD处理的N_2O累积排放量分别为0.51kg/hm²、0.62kg/hm²和0.41kg/hm²；第三次追肥后，W2N2＋DCD、W2N3＋DCD和W2N4＋DCD处理的N_2O累积排放量分别为0.77kg/hm²、1.14kg/hm²和0.59kg/hm²；第四次追肥后，W2N2＋DCD、W2N3＋DCD和W2N4＋DCD处理的N_2O累积排放量分别为0.36kg/hm²、0.39kg/hm²和0.26kg/hm²；W2N2＋DCD、W2N3＋DCD和W2N4＋

DCD 处理由于 DCD 的硝化抑制作用，三者的氧化亚氮累积排放量之间均不存在显著差异，且与对照处理的累积排放量亦无显著差异。说明各优化水氮管理中将氮肥与 DCD 配施对减少 N_2O 排放起到了显著作用。

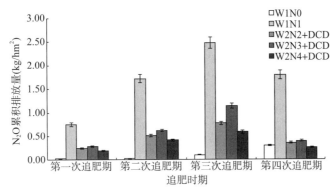

图 3 - 49　黄瓜追肥时期不同水氮处理土壤氧化亚氮的排放量

由表 3 - 19 可看出，黄瓜追肥期间不同水氮处理土壤氧化亚氮的排放损失。结果表明，N_2O 累积排放量随施氮量的增加而增加。W1N0、W1N1、W2N2＋DCD、W2N3＋DCD 和 W2N4＋DCD 处理的氧化亚氮累积排放量分别为 $0.57kg/hm^2$、$7.51kg/hm^2$、$2.25kg/hm^2$、$2.75kg/hm^2$ 和 $1.85kg/hm^2$，其中 W1N1 处理的氧化亚氮累积排放量最大，显著高于其他处理，主要是由于 W1N1 处理的高量施肥，使土壤中含有充足的有效态 NH_4^+ 和 NO_3^- 及较高的土壤含水量。将各处理的土壤 N_2O 总排放量与施氮量做相关关系（图 3 - 50），发现不同处理的 N_2O 排放量与各自的施氮量之间呈显著的指数函数关系，方程为 $y = 0.573\,2e^{0.0029x}$，$R^2 = 0.996\,3$（$P < 0.05$），表明增加施氮量对 N_2O 的排放产生极大的影响。W2N2＋DCD、W2N3＋DCD 和 W2N4＋DCD 处理由于 DCD 的硝化抑制作用，三者的氧化亚氮累积排放量之间不存在显著差异，分别比 W1N1 降低了 70.09%、63.32% 和 75.31%。说明各优化水氮管理中将氮肥与 DCD 配施对减少 N_2O 排放起到了显著作用。

表 3 - 19　不同水氮处理土壤氧化亚氮的排放损失分析

处理	N_2O 平均排放通量 $[\mu g/(m^2 \cdot h)]$	N_2O 损失量 (kg/hm^2)	减排 (%)	尿素氮的损失率 (%)	氮肥贡献率 (%)
W1N0	37.51c	0.57c	—	—	—
W1N1	496.60a	7.51a	—	0.80	92.45
W2N2＋DCD	148.52bc	2.25bc	70.09	0.36	74.75
W2N3＋DCD	182.17b	2.75b	63.32	0.39	79.41
W2N4＋DCD	122.60bc	1.85bc	75.31	0.34	69.41

尿素氮肥的 N_2O 损失率（减去不施氮肥对照处理）在 0.34%～0.80%，W1N1 远大于氮肥与 DCD 配施的各处理，优化水氮的三个处理之间差异不显著。氮肥对 N_2O 损失的贡献率为 69.41%～92.45%，其中 W1N1 处理的氮肥贡献率高达 92.45%，表明土壤中

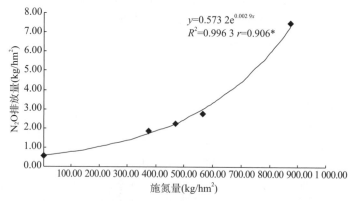

$$y=0.573\ 2e^{0.002\ 9x}$$
$$R^2=0.996\ 3\ r=0.906*$$

图 3 - 50　不同处理土壤 N_2O 排放总量与施氮量的关系

大部分的 N_2O 排放来自施入的氮肥，因此减少施肥与灌水将大幅减少 N_2O 损失，本研究在减少施肥与灌水基础上，配施 DCD 抑制土壤铵态氮的硝化作用，更进一步减少了 N_2O 的排放损失，同时氮肥的贡献率也相应降低至 69.41%。

四、尿素与双氰胺配施对土壤肥力性能的影响

（一）尿素与 DCD 配施对土壤 pH 的影响

分别在黄瓜直播前、初瓜期、盛瓜期、末瓜期及拉秧后对 0～30cm 土壤测定 pH，结果如图 3 - 51 所示，黄瓜直播前 W1N0 处理土壤 pH 较高，但黄瓜直播后随着黄瓜的生长，其土壤 pH 一直处于平稳状态，无明显变化，其他处理的 pH 均有明显改变。表明土壤中 pH 的变化受氮肥的施用影响较大。初瓜期第一次追肥后，各施氮处理土壤 pH 高于 W1N0 处理 0.08～0.48 个单位，可能是氮肥的施用增加了土壤的 pH。黄瓜直播后，随黄瓜生长，W1N1 处理的土壤 pH 在初瓜期有所升高而后较快下降。配施 DCD 各处理土壤 pH 除 W2N4＋DCD 在初瓜期有所升高外，其他处理均一直保持缓慢降低趋势，可能是由于初瓜期 DCD 的施入抑制了土壤中铵态氮的硝化过程，从而使土壤中保持了较高浓度的铵态氮，而随着追肥次数的增加及黄瓜生育期的延续，由于铵态氮的硝化作用，土壤中积累越来越多的硝态氮，pH 呈下降趋势，但各时期配施 DCD 各处理的土壤 pH 仍高于 W1N1 处理。黄瓜生长的初瓜期和盛瓜期，土壤 pHW2N3＋DCD＞W2N2＋DCD＞W2N4＋DCD＞W1N1，黄瓜采收末期及拉秧后，土壤 pHW2N4＋DCD＞W2N2＋DCD＞W2N3＋DCD＞W1N1，拉秧后 W1N1、W2N2＋DCD、W2N3＋DCD、W2N4＋DCD 处理的土壤 pH 与直播前相比，分别下降了 0.95、0.88、0.91、0.34 个单位，土壤表现出不同程度的酸化趋势，W1N1 的 pH 下降最多，土壤酸化最明显，其次为 W2N3＋DCD。表明氮肥用量越多，酸化趋势越明显，而 DCD 的施用能减弱土壤因施氮造成的 pH 下降幅度，其在一定程度上减缓了土壤的酸化趋势，对土壤 pH 有一定的缓冲作用，这源于抑制剂 DCD 使土壤中铵态氮浓度显著提高，而使硝态氮浓度显著降低。

（二）尿素与 DCD 配施对土壤 CEC 的影响

由图 3 - 52 可看出，黄瓜全生育期不同处理土壤 CEC 的变化。经过一季黄瓜的种植 W1N0 处理土壤的 CEC 变化不大。随黄瓜生育期延续，各施氮肥处理土壤 CEC 先升高而

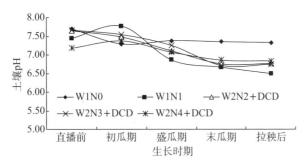

图 3-51 黄瓜全生育期不同处理土壤 pH 的变化

后逐渐降低。W1N1 处理在初瓜期后，CEC 降低较快，拉秧后土壤的 CEC 为 6.34cmol/kg，较直播前下降了 0.21cmol/kg。配施 DCD 的处理，土壤 CEC 降低缓慢，并且在氮肥及 DCD 施入后不同时期，土壤 CEC 均高于黄瓜直播前的 CEC，三处理之间差异不显著。黄瓜生长的盛瓜期、末瓜期及拉秧后，W2N2+DCD、W2N3+DCD、W2N4+DCD 处理的土壤 CEC 均高于 W1N1 的 CEC。这可能是 W1N1 的土壤 pH 低于 DCD 处理，导致土壤胶体表面负电荷减少，因而吸附阳离子能力下降，而氮肥与 DCD 配施有促进土壤 CEC 提高的效应。

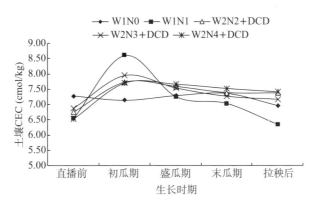

图 3-52 黄瓜全生育期不同处理土壤 CEC 的变化

（三）尿素与 DCD 配施对土壤耕层含盐量的影响

土壤次生盐渍化是设施蔬菜栽培普遍存在的一个障碍因子。由表 3-20 可看出，随黄瓜生育期的发展，不同处理耕层土壤总盐含量均呈现先上升后下降的变化趋势。在初瓜期第一次追施氮磷钾肥料后，各处理总盐量开始上升，至盛瓜期达到最高值，而后随追施肥料量的减少，到末瓜期总盐量均减少，拉秧前 2~3 周未施用任何肥料，土壤中各种盐分离子都有消耗，造成总盐量的下降。不同生育期，各施氮处理耕层土壤总盐含量均高于 W1N0 处理，表明施氮肥是导致土壤全盐量升高的主要原因。不同生育期，以 W1N1 处理总盐量最高，分别为 3.44g/kg、3.85g/kg、5.71g/kg、5.34g/kg、4.18g/kg。W1N1 处理拉秧后土壤总盐量比直播前增加了 0.74g/kg，表明其施肥量超过作物吸收，导致盐分离子在土壤表层累积。配施 DCD 的各处理拉秧后土壤总盐含量与直播前相比，变化不大。表明 DCD 可以减少盐分的生成。W1N0 处理经过一季作物的吸收，拉秧后耕层土壤总盐量比直播前下降了 0.74g/kg，在一定程度上减轻了土壤的盐渍化。

表 3 - 20　设施黄瓜全生育期不同处理土壤耕层总盐含量变化

处理	耕层土壤总盐含量（g/kg）				
	直播前	初瓜期	盛瓜期	末瓜期	拉秧后
CK	3.17	3.21	3.81	3.28	2.42
W1N1	3.44	3.85	5.71	5.34	4.18
W2N2+DCD	3.20	3.63	5.01	4.27	3.30
W2N3+DCD	3.38	3.45	4.68	4.35	3.30
W2N4+DCD	3.24	3.37	4.00	3.67	3.26

五、主要研究进展

1. 明确了设施黄瓜尿素与 DCD 配施的农学效应

减施 20%氮肥配施 DCD 可保证黄瓜稳产、减肥不减产；同常规水氮管理相比，其氮肥利用率提高 77.65%～91.38%，氮肥农学效率提高 98.28%～142.24%；果实硝酸盐含量平均降低 29.0%。同时，调节土壤 pH、阳离子交换量和盐分含量，起到改善土壤质量的作用。

2. 明确了尿素与 DCD 配施可阻控土壤氮损失污染

DCD 可使土壤保持较高浓度的铵态氮，有效抑制硝态氮的积累，阻控向深层土壤的淋失。同常规水氮管理相比，配施 DCD 处理可显著降低土壤氨累积挥发量 43.68%～66.47%；显著降低氧化亚氮排放 63.32%～75.31%；拉秧后土体硝态氮累积量比常规水氮管理降低 32.20%～37.65%；显著降低土壤氮素盈余 39.67%～56.77%，降低氮素损失 46.49%～66.93%；能有效阻控土壤氮淋溶、氨挥发和氧化亚氮排放等损失污染。

第四节　设施番茄和油菜施氮污染的生化调控肥防控

大量研究表明，硝化抑制剂有利于减少氮素淋溶损失和氮源气体排放污染，在一定条件下促进蔬菜提质增效，但因硝化抑制剂普遍存在易分解、难工艺化、难肥料化等问题，而未能被广泛应用，亟待开辟提高土壤氮素利用、防控氮损失污染的新途径。微生物肥料是利用活体微生物活化利用土壤养分、促生防病的一类绿色环保肥料，具有广阔的开发应用前景。本研究将硝化抑制剂添加到氮肥中形成生化调控肥，通过动态测定生化调控肥中抑制剂含量以及肥料的养分含量变化，来探明抑制剂的稳定性；采用室内静态培养方法，从减少氧化亚氮排放的角度，分析生化调控肥对菜田土壤氮素转化及酶活性的影响，筛选减少氮素气态损失的措施；采用盆栽试验方法，从蔬菜（油菜）生长和减少氮素损失角度出发，分析生化调控肥对土壤 N_2O 和 CO_2 排放及蔬菜产量、品质的影响，筛选减少氮肥损失的措施；采用田间原位跟踪方法，从设施蔬菜（番茄）生产和环境效应角度，研究生化调控肥对蔬菜产量、品质及土壤氮素转化的影响，施用生化调控肥减少了土壤 N_2O 排放，对土壤铵态氮向硝态氮转化有一定抑制作用，对蔬菜品质和产量无显著影响，筛选出经济效益与环境效益双赢的措施。

一、生化调控肥对土壤氮转化的影响

（一）有机液态生化调控肥对土壤氮素转化的影响

有机液态肥室内培养试验，以棚室番茄土壤作供试土壤，设 7 个处理，分别为：不施肥的 N0 处理，蔬菜冲施肥的 M 处理，蔬菜生化调控肥（DCD）的 M（DCD）处理，蔬菜冲施肥与 DCD 配施的 M＋DCD 处理，沼液氮肥的 L 处理，沼液生化调控肥（DCD）的 L（DCD）处理。沼液氮肥与 DCD 配施的 L＋DCD 处理。每个处理 9 次重复。其中，各处理氮素用量为 100mg/kg，硝化抑制剂双氰胺（DCD）的添加量为氮量的 10％。

1. 对土壤氧化亚氮排放的影响

由图 3-53 可看出，不同处理土壤 N_2O 排放通量随时间的变化特征。在培养期间，不施肥处理土壤的 N_2O 排放通量最低；M 处理土壤的 N_2O 排放通量在第 1 天达到最大值 6 419.26μg/（kg·d），高于其他处理，之后呈逐渐下降趋势；M（DCD）和 M＋DCD 处理土壤的 N_2O 排放通量均在第 1 天达到最大值，之后呈逐渐下降趋势。L 处理土壤的 N_2O 排放通量在第 1 天达到最大值 2 430.06μg/（kg·d），高于 L＋DCD 和 L（DCD）处理，之后逐渐下降。

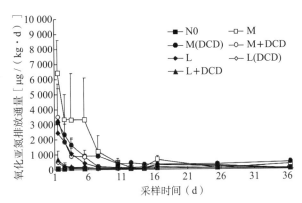

图 3-53　不同处理土壤 N_2O 排放通量随培养时间的变化

不同处理土壤 N_2O 的累积排放量如图 3-54 所示，不施肥土壤的 N_2O 累积排放量最低，M 处理土壤 N_2O 累积排放量最高。M＋DCD 处理土壤 N_2O 累积排放量与 M 处理、M（DCD）处理之间差异显著（$P<0.05$），M＋DCD 处理土壤 N_2O 累积排放量比 M 处理降低了 65.72％，但 M 处理与 M（DCD）处理之间差异不显著；L（DCD）处理和 L＋DCD 处理土壤 N_2O 累积排放量与 L 处理之间差异显著（$P<0.05$），L（DCD）和 L＋DCD 处理土壤 N_2O 累积排放量比 L 处理分别降低 77.82％和 76.85％，但 L（DCD）处理与 L＋DCD 处理之间差异不显著。并且，L 处理土壤 N_2O 累积排放量显著低于 M 处理（$P<0.05$）；L（DCD）处理与 L＋DCD 处理分别显著低于 M（DCD）处理或 M＋DCD 处理（$P<0.05$）。不同处理的 N_2O 累积排放的顺序为：M 处理＞M（DCD）处理、L＋DCD 处理、L 处理＞L＋DCD 处理、L（DCD）处理、N0 处理。总体来看，蔬菜冲施肥和沼液氮肥添加 DCD 均可抑

制 N_2O 的排放。其中，沼液生化调控肥优于蔬菜生化调控肥。

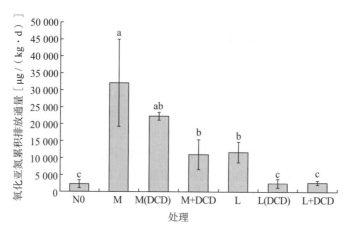

图 3-54 不同处理土壤 N_2O 累积排放量

2. 对土壤铵态氮和硝态氮含量的影响

由图 3-55 可看出不同处理耕层土壤铵态氮和硝态氮含量随培养时间的变化情况。在培养期间，所有施肥处理土壤的铵态氮含量在第 1 天达到最大值，随时间逐渐减少；不施肥处理铵态氮含量最低，变化范围在 $0.54 \sim 2.20 \text{mg/kg}$。M（DCD）处理和 M+DCD 处理土壤铵态氮含量高于 M 处理；L（DCD）和 L+DCD 处理土壤铵态氮含量高于 L 处理，其中 L+DCD 处理土壤铵态氮含量最高，达 41.28mg/kg。表明添加硝化抑制剂抑制了土壤铵态氮向硝态氮转化。所有处理土壤硝态氮含量变化不大，在 $204.52 \sim 254.34 \text{mg/kg}$ 范围内变化。

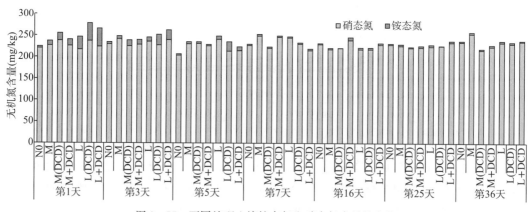

图 3-55 不同处理土壤铵态氮和硝态氮含量的变化

3. 对土壤亚硝态氮含量的影响

从整个培养期间来看，所有施肥处理土壤亚硝态氮含量随培养时间呈降低趋势（图 3-56）。在培养前期，M 处理土壤亚硝态氮含量高于 M（DCD）和 M+DCD 处理，L 处理高于 L（DCD）和 L+DCD，其中 M 处理最高为 3.74mg/kg。可见，施用硝化抑制剂 DCD 可抑制土壤氮素硝化进程，减低 N_2O 排放风险。

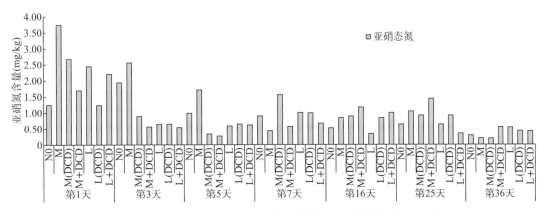

图 3-56 培养期间不同处理土壤亚硝态氮含量随培养时间的变化

4. 对土壤硝化作用潜势的影响

土壤硝化作用潜势是反映土壤活性硝化菌群落大小的指标。由表 3-21 可看出，在培养期间，不同处理土壤硝化作用潜势整体随培养时间有先上升后下降的趋势。其中，M（DCD）处理、M+DCD 处理土壤硝化作用潜势低于 M 处理，培养后期各处理间无显著差异；L（DCD）处理、L+DCD 处理土壤硝化作用潜势低于 L 处理，培养后期各处理间差异不大。说明添加 DCD 可抑制硝化菌群生物活性，减缓硝化进程。

表 3-21　培养期间不同处理土壤硝化作用潜势的变化

天数 (d)	土壤硝化作用潜势 [mg/（kg·h）]						
	N0	M	M（DCD）	M+DCD	L	L（DCD）	L+DCD
1	3.05	6.47	5.30	4.95	5.20	4.20	3.38
3	3.02	7.74	6.85	6.97	10.08	5.20	7.57
5	3.63	10.29	8.20	8.64	7.11	4.77	7.01
7	3.37	7.61	7.52	6.03	6.79	4.81	6.54
16	2.46	4.94	3.44	6.23	5.63	6.58	5.89
25	1.87	4.99	4.88	4.82	5.17	4.52	5.00
36	2.46	4.97	5.06	4.44	4.91	4.41	4.72

（二）大量元素生化调控肥对土壤氮素转化的影响

大量元素水溶肥室内培养试验，设 7 个处理，分别为不施肥的 N0 处理；大量元素水溶肥 1 的 R1 处理；大量元素水溶生化调控肥 1（DCD）的 RI（DCD）处理；大量元素水溶肥 1 与 DCD 配施的 R1+DCD 处理；大量元素水溶肥 2 的 R2 处理；大量元素水溶生化调控肥 2（NP）的 R2（NP）处理；大量元素水溶肥 2 与 NP 配施的 R2+NP 处理，每个处理 9 次重复。其中，各处理氮素用量为 100mg/kg，硝化抑制剂双氰胺（DCD）、2-氯-6（三氯甲基）吡啶（NP）添加量分别为纯氮量的 10% 和 0.8%。

1. 对土壤氧化亚氮排放的影响

由图 3-57 可看出不同处理土壤 N_2O 排放通量随时间的变化特征。整个培养期间，不施肥处理土壤的 N_2O 排放量最低，无显著变化；土壤的 N_2O 排放量在第 1 天达到最大值，之后呈逐渐下降趋势；R1（DCD）和 R1＋DCD 处理均低于 R1 处理，而这两个处理间差异不显著。R2（NP）和 R2＋NP 处理土壤的 N_2O 排放量均低于 R2 处理，但 R2（NP）处理高于 R2＋NP 处理。

不同处理土壤 N_2O 累积排放通量如图 3 - 58 所示。N0 处理土壤的 N_2O 累积排放量显著低于各施肥处理（$P < 0.05$）。R1（DCD）处理、R1＋DCD 处理土壤 N_2O 累积排放量显著低于 R1 处理（$P < 0.05$），分别比 R1 处理降低了 47.09％ 和 43.77％，但 R1（DCD）处理与 R1＋DCD 处理之间差异不显著。施用大量元素水溶肥 2 的各个处理土壤 N_2O 累积排放量与施用大量元素水溶肥 1 的各个处理之间差异不显著。说明大量元素水溶肥 1 添加 DCD 的生化调控肥可显著抑制土壤 N_2O 的排放，而添加 NP 的生化调控肥可显著抑制土壤 N_2O 排放的效果不显著。

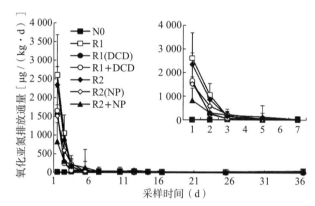

图 3 - 57　不同处理土壤 N_2O 排放通量随培养时间的变化

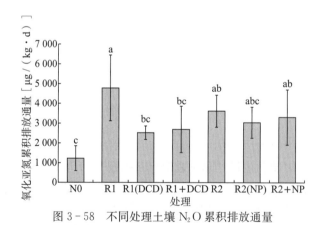

图 3 - 58　不同处理土壤 N_2O 累积排放通量

2. 对土壤铵态氮和硝态氮含量的影响

由图 3 - 59 可看出不同处理土壤铵态氮和硝态氮含量随培养时间的变化。在整个培养期间，各处理土壤铵态氮含量随时间逐渐减少；培养前期，添加硝化抑制剂处理土壤铵态氮含量略高于单施氮肥处理。培养前期，土壤硝态氮含量差异较大，添加硝化抑制剂土壤硝态氮含量小于单施氮肥处理；后期硝态氮含量趋于一致。可见，添加硝化抑制剂 DCD、NP 可抑制土壤铵态氮向硝态氮转化。

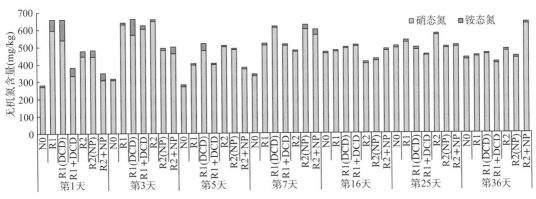

图 3-59　不同处理土壤铵态氮和硝态氮含量的变化

3. 对土壤亚硝态氮含量的影响

由图 3-60 可看出，从整个监测期间来看，不施肥土壤亚硝态氮含量较少，R1 处理最高为 811.69mg/kg。所有施肥处理亚硝态氮含量在培养后的第 1 天达到峰值，随培养时间逐渐减少，峰值范围为 75.49～811.69mg/kg。在培养前期，R1（DCD）处理、R1＋DCD 处理土壤亚硝态氮含量低于 R1 处理；R2（NP）处理、R2＋NP 处理土壤亚硝态氮含量低于 R2 处理。可见，添加硝化抑制剂 DCD、NP 可抑制土壤氮素的硝化进程。

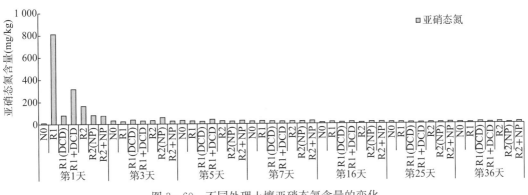

图 3-60　不同处理土壤亚硝态氮含量的变化

4. 对土壤硝化作用潜势的影响

由表 3-22 可看出，培养期间土壤硝化作用潜势的变化趋势。在培养期间，不同处理土壤硝化作用潜势随培养时间整体有上升趋势。其中，添加 DCD 和 NP 处理有低于不添加硝化抑制剂处理的趋势。说明添加硝化抑制剂 DCD 和 NP 可抑制硝化菌群生物活性，减缓硝化进程。

表 3-22　培养期间不同处理土壤硝化作用潜势的变化

天数 (d)	土壤硝化作用潜势［mg/（kg·h）］						
	N0	R1	R1（DCD）	R1＋DCD	R2	R2（NP）	R2＋NP
1	3.27	4.21	4.02	1.90	4.67	3.30	2.26
3	3.68	4.58	3.81	3.43	5.97	4.99	3.63

（续）

天数	土壤硝化作用潜势 [mg/（kg·h）]						
（d）	N0	R1	R1 （DCD）	R1+DCD	R2	R2 （NP）	R2+NP
5	6.24	7.63	3.50	7.13	6.20	4.82	3.80
7	5.98	8.38	7.12	6.78	8.76	8.84	3.01
16	5.98	6.22	6.37	7.38	6.17	7.89	5.40
25	3.67	6.42	8.22	4.77	7.28	7.03	3.88
36	1.95	7.79	6.03	4.60	6.62	7.10	3.45

二、油菜施用生化调控肥的肥料效应

油菜盆栽试验，共设 6 个处理，分别为不施肥的空白对照、大量元素水溶肥的 R1 处理、大量元素水溶生化调控肥（DCD）的 R1 （DCD） 处理、大量元素水溶生化调控肥（NP）的 R1 （NP） 处理、沼液氮肥的 L 处理、沼液生化调控肥（DCD）的 L （DCD） 处理，每个处理 3 次重复。供试肥料为大量元素水溶肥 1 和沼液氮肥，施氮量均为 225kg/hm²，同时配施磷肥（P_2O_5 施用量为 150kg/hm²）和钾肥（K_2O 施用量为 225kg/hm²），DCD 和 NP 用量分别为纯氮量的 10% 和 0.8%。基肥施用全部的磷肥和 2/3 的氮肥和钾肥，追肥施用 1/3 的氮肥和钾肥。

（一）生化调控肥对油菜产量的影响

由图 3-61 可看出，各个施肥处理的油菜地上部生物量显著高于不施肥处理（$P<0.05$），但施用生化调控肥的 R1 （DCD）、R1 （NP）、L （DCD） 处理分别与施用大量元素水溶肥的 R1 处理和沼液氮肥的 L 处理之间差异不显著。说明施用生化调控肥可使油菜稳产、不减产。

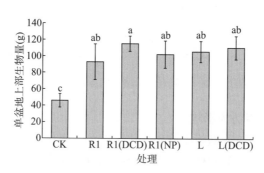

图 3-61　不同生化调控肥对油菜生物量的影响

（二）生化调控肥对油菜质量的影响

1. 对油菜硝酸盐含量的影响

试验表明，CK、R1、R1 （DCD）、R1 （NP）、L 和 L （DCD） 处理油菜硝酸盐含量分别为 52.15mg/kg、70.29mg/kg、62.49mg/kg、67.89mg/kg、77.99mg/kg 和 71.99mg/kg。由图 3-62 可看出，L 处理油菜硝酸盐含量显著高于 CK 处理（$P<0.05$），表明施用沼液氮肥会引起油菜硝酸盐含量显著提高。但是，L （DCD） 处理油菜硝酸盐含量与 CK 处理之间

差异不显著；R1（DCD）、R1（NP）、R1 处理之间及其与 CK 处理之间差异不显著。说明施用生化调控肥不会显著提高油菜硝酸盐含量。

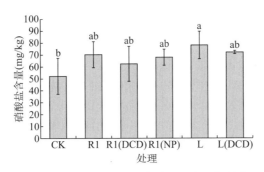

图 3 - 62　不同处理对油菜硝酸盐含量的影响

2. 对油菜维生素 C 含量的影响

试验表明，CK、R1、R1（DCD）、R1（NP）、L 和 L（DCD）处理油菜维生素 C 含量分别为 153.12mg/kg、182.65mg/kg、162.43mg/kg、138.67mg/kg、151.19mg/kg 和 169.49mg/kg。由图 3 - 63 可看出，各个处理油菜维生素 C 含量之间差异不显著，说明生化调控肥对油菜维生素 C 含量的影响效果不显著。

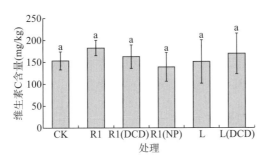

图 3 - 63　不同处理对油菜维生素 C 含量的影响

3. 对油菜可溶性糖含量的影响

试验表明，CK、R1、R1（DCD）、R1（NP）、L 和 L（DCD）处理果实可溶性糖含量分别为 4.74%、4.89%、5.53%、5.18%、5.32% 和 5.49%，由图 3 - 64 可看出，各个处理油菜可溶性糖含量之间无显著差异。说明生化调控肥对油菜可溶性糖含量的影响效果不显著。

4. 对油菜可溶性蛋白质含量的影响

试验表明，CK、R1、R1（DCD）、R1（NP）、L 和 L（DCD）处理油菜可溶性蛋白质含量分别为 27.02mg/g、31.56mg/g、23.92mg/g、26.66mg/g、28.58mg/g 和 25.04mg/g，由图 3 - 65 可看出，各个处理间可溶性蛋白质含量差异不显著。说明施用生化调控肥对油菜可溶性蛋白含量影响效果不显著。

（三）生化调控肥对土壤 N_2O 排放的影响

油菜生长期间，土壤 N_2O 排放通量的动态变化如图 3 - 66 所示。与对照相比，施肥

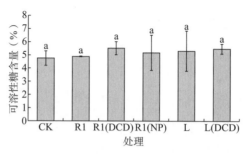

图 3-64 不同处理对油菜可溶性糖含量的影响

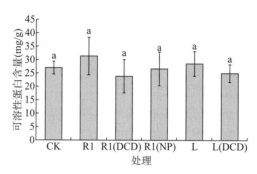

图 3-65 不同处理对油菜可溶性蛋白质含量的影响

后显著增加土壤 N_2O 的排放。对照处理土壤 N_2O 排放量基本稳定，排放峰值在 6.11～12.27 $\mu g/(hm^2 \cdot h)$。施用基肥后，土壤 N_2O 排放量在第 1 天达到最大值，然后呈逐渐下降趋势，4d 后施肥处理较为平稳且接近于对照处理。

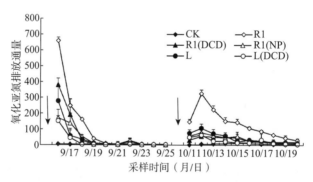

图 3-66 不同处理土壤 N_2O 排放通量的动态变化

注：箭头表示施肥。

施用基肥后，第 1d 的 R1（DCD）、R1（NP）处理土壤 N_2O 排放通量显著低于 R1 处理 [659.37 $\mu g/(hm^2 \cdot h)$]，与 R1 处理相比，R1（DCD）和 R1（NP）分别降低 42% 和 74%。与 L 处理相比，L（DCD）处理土壤 N_2O 排放通量降低 45%。

追肥后，土壤 N_2O 排放通量在第 2d 达到最大值，之后逐渐下降。对照处理土壤 N_2O 排放量最低，仍处于一个稳定的水平范围。追肥后第 2d，R1（DCD）和 R1（NP）处理的土壤 N_2O 排放量显著低于 R1，R1（DCD）和 R1（NP）处理较 R1 分别减少了

83%和76%。与L处理相比，L（DCD）处理的土壤 N_2O 排放量减少了41%。

不同处理土壤 N_2O 累积排放量如图3-67所示。施用基肥后，不施肥处理土壤 N_2O 累积排放量最低；与R1处理相比，R1（DCD）和R1（NP）处理土壤 N_2O 累积排放量分别降低45.70%和62.46%；与L处理相比，L（DCD）处理土壤 N_2O 累积排放量降低45.81%。追肥后，R1（DCD）和R1（NP）处理土壤 N_2O 累积排放量比R1处理分别降低71.54%和66.81%；与L处理相比，L（DCD）处理土壤 N_2O 累积排放量降低37.13%。可见，施用生化调控肥可有效降低土壤 N_2O 排放。

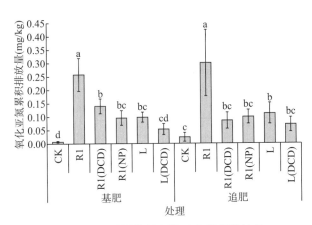

图3-67　不同处理土壤 N_2O 累积排放量

（四）生化调控肥对油菜氮吸收量的影响

由图3-68可看出，各个施肥R1、R1（DCD）、R1（NP）、L、L（DCD）处理油菜氮吸收量显著高于不施肥CK处理（$P < 0.05$），但各个施肥处理之间差异不显著。说明施用生化调控肥对油菜氮吸收量的影响效果不显著。

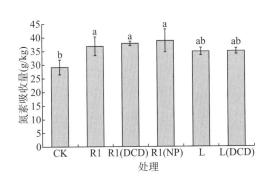

图3-68　不同处理对油菜氮吸收量的影响

三、设施番茄施用生化调控肥的效果

田间设施番茄试验，共设6个处理，分别为沼液氮肥的L处理、沼液生化调控肥（DCD）的L（DCD）处理、大量元素水溶肥1的R1处理、大量元素水溶生化调控肥（DCD）的R1（DCD）处理、大量元素水溶肥2的R2处理、大量元素水溶生化调控肥

2（NP）的 R2（NP）处理，每个处理 3 次重复。其中，各生化调控肥的氮素施用量（N）为 $170.7kg/hm^2$，沼液肥、水溶肥的氮素施用量（N）均为 $213.4kg/hm^2$，DCD 和 NP 施用量分别为各处理施用纯氮量的 10% 和 0.8%。钾肥施用量为 $2\,486kg/hm^2$，不施磷肥。

（一）设施番茄施用生化调控肥的环境效应

1. 对番茄土壤 N_2O 排放的影响

由图 3-69 可看出，施用氮肥能显著提高 N_2O 排放同量，各个处理追肥后 N_2O 排放量均呈现先升高后降低的趋势，在第 1～3 天达到最大值。第一次追肥后，所有处理土壤 N_2O 排放通量在第 2d 达到最大值，其中 R2 处理 N_2O 排放通量最高，为 $4\,915.08\mu g/$（$m^2 \cdot h$）；第二次追肥后，土壤 N_2O 排放通量在第 1d 达到最大值，其中 R1 处理排放量最高，为 $1\,993.93\mu g/$（$m^2 \cdot h$）；第三次追肥后，土壤 N_2O 排放通量在第 2d 达到最大值，其中 R2 处理最高，为 $2\,461.07\mu g/$（$m^2 \cdot h$）；第四次追肥后，R1 处理土壤 N_2O 排放通量在第 3d 达到最大值，其他处理在第 1d 达到最大值，其中 R2 处理土壤 N_2O 排放通量最高，为 $889.96\mu g/$（$m^2 \cdot h$）。整个监测期间，L 处理土壤 N_2O 排放通量高于 L（DCD）处理，R1 处理高于 R1（DCD）处理，R2 处理高于 R2（NP）处理。说明设施番茄施用生化调控肥可减少土壤 N_2O 排放。

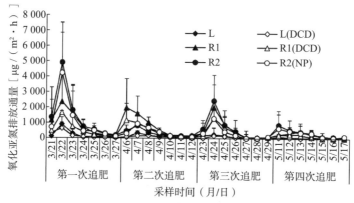

图 3-69　不同处理土壤 N_2O 排放通量的动态变化

2. 对番茄土壤 NH_3 挥发的影响

由图 3-70 可看出不同处理番茄土壤氨挥发速率的动态变化。在试验期间，每次追肥灌水后，所有处理土壤氨挥发速率在第 1～2d 达到最高峰，之后呈现逐渐降低趋势。与不添加硝化抑制剂的处理相比，施用生化调控肥处理土壤氨挥发差异不显著。因为在施用生化调控肥时做了减氮 20% 的处理，所以说明施用生化调控肥减氮 20% 对土壤氨挥发的影响不显著。

3. 对番茄表层土壤铵态氮的影响

由图 3-71 可看出，前三次追肥后，所有处理表层土壤铵态氮呈现逐渐降低的趋势，表明随着时间的推移，表层土壤中的铵态氮逐渐转化成硝态氮；第四次追肥后，铵态氮变化较平缓。在整个监测期间，添加硝化抑制剂的处理土壤铵态氮含量有增加趋势，但并未达到显著差异。结果表明，施用生化调控肥可抑制土壤铵态氮向硝态氮的转化。

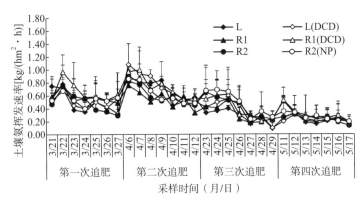

图 3 - 70　不同处理土壤氨挥发速率的动态变化

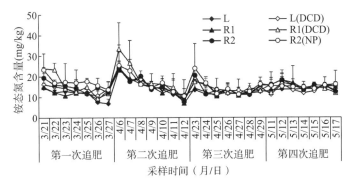

图 3 - 71　不同处理土壤铵态氮含量的动态变化

　　整个监测期间，每次追肥后 15d 左右土壤剖面铵态氮的分布如图 3 - 72 所示。总体来看，随深度增加，土壤铵态氮含量逐渐减少，表明铵态氮不易向下淋失。每次追肥后，土壤铵态氮含量呈现趋势为 L＜L（DCD），R1＜R1（DCD），R2＜R2（NP），但每组处理之间差异不显著。

　　4. 对番茄表层土壤硝态氮的影响

　　在试验期间，每次追肥后 1～7d，0～10cm 土壤硝态氮含量的动态变化如图 3 - 73 所示。总体来看，表层土壤硝态氮含量有上升趋势。第一次追肥后，土壤硝态氮在第 3d 达到最大值，之后逐渐下降；R1 处理土壤硝态氮含量最高，在第 3 天达到最大值 62.12mg/kg；土壤硝态氮含量表现为 L＞L（DCD），R1＞R1（DCD），R2＞R2（NP）。第二次追肥后，土壤硝态氮呈逐渐上升趋势，表现为 L＞L（DCD），R1＞R1（DCD），R2＞R2（NP）。第三次追肥后，各处理土壤硝态氮呈先下降后上升趋势，变化趋势平缓且达到最大值的时间不同；土壤硝态氮含量为 L＞L（DCD），R1＞R1（DCD），R2＞R2（NP）。第四次追肥后，各处理土壤硝态氮整体呈上升趋势，表现为 L＞L（DCD），R1＞R1（DCD），R2＞R2（NP）。说明设施番茄施用生化调控肥可降低表层土壤硝态氮含量。

　　在试验期间，每次追肥后 15d 土壤剖面硝态氮含量的动态分布如图 3 - 74 所示。总体来看，随施肥次数的增加，土壤中硝态氮含量逐渐增多。第 1 次追肥后，不同土层各处理硝态氮含量差异不大，三组处理间差异不显著；第 2 次追肥后，R1 处理土壤硝态氮明显

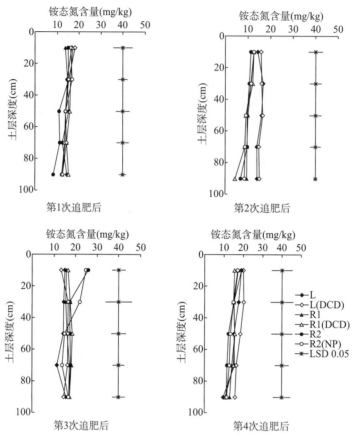

图 3-72　不同处理土壤剖面铵态氮含量的动态变化

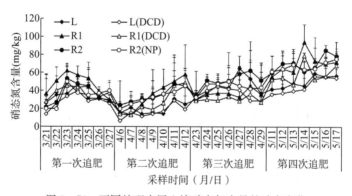

图 3-73　不同处理表层土壤硝态氮含量的动态变化

下移，在 60～80cm 出现累积峰，土壤硝态氮含量情况：R1＞R1（DCD），L 和 L（DCD）、R2 和 R2（NP）无显著差异；第 3 次追肥后，R1 和 R2 处理在 60～80cm 出现累积峰，土壤硝态氮含量情况：R1＞R1（DCD），R2＞R2（NP），L 和 L（DCD）无显著差异；第 4 次追肥后，各处理在 80～100cm 土层出现累积峰，表明随每次追肥灌水，土壤硝态氮不断向下淋移，最终移出根区，土壤硝态氮含量 R1＞R1（DCD）；L 和 L

（DCD）、R2 和 R2（NP）无显著差异。

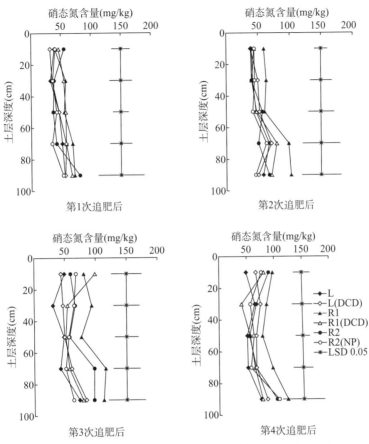

图 3-74　不同处理 0~100cm 土壤剖面硝态氮含量的动态变化

（二）设施番茄施用生化调控肥的经济效应

由表 3-23 可看出，不同处理番茄产量之间差异不显著，说明减施 20％的氮肥配施 DCD 或 NP 可保证稳产、不减产。但从经济收益来看，与 L 处理相比，L（DCD）处理经济效益每公顷增加 1 022.60 元；与 R1 处理相比，R1（DCD）处理每公顷增加 4 923.78 元；与 R2 处理相比，R2（NP）处理每公顷增加 8 125.52 元。说明设施番茄施用生化调控肥既能保证稳产又能节本增收。

表 3-23　不同处理设施番茄的经济效益分析

处理	施氮量 （kg/hm²）	产量 （t/hm²）	增产率 （％）	节氮 （％）	每公顷节本 （元）	每公顷增收 （元）	每公顷经济效益 （万元）
L	213.4	139.89a	—		—	—	27.12
L（DCD）	170.7	132.39a	−5.4	20	1 024.46	−1.86	27.23
R1	213.4	140.09a	—		—	—	27.51
R1（DCD）	170.7	142.39a	1.6	20	341.49	4 582.29	20.00

（续）

处理	施氮量 (kg/hm²)	产量 (t/hm²)	增产率 (%)	节氮 (%)	每公顷节本 (元)	每公顷增收 (元)	每公顷经济效益 (万元)
R2	213.4	134.48a	—	—	—	—	26.33
R2（NP）	170.7	138.48a	3.0	20	113.83	8 011.69	27.14

注：经济效益＝总产出－总投入（包括施肥成本、DCD 和 NP 成本）。

（三）设施番茄施用生化调控肥的质量效应

1. 对番茄维生素 C 含量的影响

由图 3-75 可看出，不同处理对番茄果实维生素 C 含量的影响。番茄果实维生素 C 含量在 L（DCD）处理与 L 处理之间、R1（DCD）处理与 R1 处理之间、R2（NP）处理与 R2 处理之间差异不显著。说明减施 20％氮量配施 DCD 或 NP 对番茄果实维生素 C 含量的影响不显著。

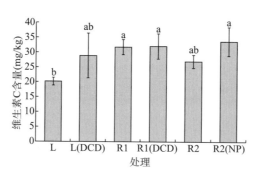

图 3-75　不同处理对番茄果实维生素 C 含量的影响

2. 对番茄可溶性固形物含量的影响

由图 3-76 可看出不同处理对番茄果实可溶性固形物含量的影响。试验结果表明，各个处理番茄果实可溶性固形物含量之间差异不显著。说明减施 20％氮量配施 DCD 或 NP 对番茄果实可溶性固形物含量的影响不显著。

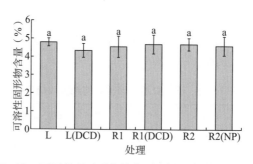

图 3-76　不同处理对番茄果实可溶性固形物含量的影响

3. 对番茄可溶性糖含量的影响

由图 3-77 可看出不同处理对番茄果实可溶性糖含量的影响。试验结果表明，各个处理番茄果实可溶性糖含量之间差异不显著。说明减施 20％氮量配施 DCD 或 NP 对番茄果实可溶性糖含量的影响不显著。

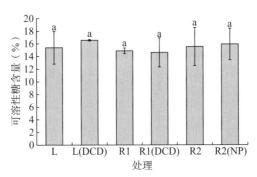

图 3-77　不同处理对番茄果实可溶性糖含量的影响

4. 对番茄可滴定酸含量的影响

由图 3-78 可看出不同处理对番茄果实可滴定酸含量的影响。试验结果表明，各个处理番茄果实可滴定酸含量之间差异不显著。说明减施 20％氮量配施 DCD 或 NP 对番茄果实可滴定酸含量的影响不显著。

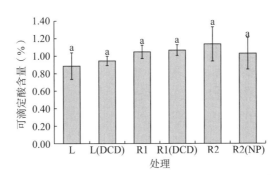

图 3-78　不同处理对番茄果实可滴定酸含量的影响

四、主要研究进展

1. 探明了生化调控肥对土壤氮素硝化的影响

试验表明，有机液态生化调控肥和大量元素生化调控肥，均可显著抑制土壤铵态氮向硝态氮的转化进程，显著降低 N_2O 排放污染和氮淋溶损失，且沼液生化调控肥优于蔬菜生化调控肥。其中，M＋DCD 处理土壤 N_2O 累积排放量比 M 处理降低 65.72％；L（DCD）和 L＋DCD 处理比 L 处理分别降低 77.82％和 76.85％；R1（DCD）和 R1＋DCD 处理比 R1 处理分别减低 47.09％和 43.77％。

2. 明确了油菜施用生化调控肥的环境效应

试验表明，在施氮量相同条件下，油菜施用生化调控肥可保证油菜产量和质量不下降，但可大幅度减少氮损失污染。油菜施用基肥后，R1（DCD）和 R1（NP）处理土壤 N_2O 排放量分别比 R1 处理降低 45.70％和 62.46％；L（DCD）处理比 L 处理降低 45.81％。追肥后，R1（DCD）和 R1（NP）处理土壤 N_2O 累积排放量分别比 R1 处理降低 71.54％和 66.81％；L（DCD）处理比 L 处理降低 37.13％。

3. 明确了设施番茄施用生化调控肥的环境效应

试验表明，在减施氮量条件下，减施 20%氮肥配施 DCD 或 NP 可保证番茄产量稳产、品质不下降、节本增收。在番茄全生育期，每次追肥后，土壤 N_2O 排放量均呈现先升高后降低的趋势，在第 1~3d 达到最大值；不同处理土壤 N_2O 排放量呈现规律为 L（DCD）<L，R1（DCD）<R1，R2（NP）<R2，说明施用生化调控肥可有效减少土壤 N_2O 排放，但对 NH_3 挥发的影响不显著。

第五节　设施番茄施氮损失污染的硝化抑制防控

氮肥施入土壤后，通过多种生物化学作用，形成有机氮、铵态氮（NH_4^+ - N）、硝态氮（NO_3^- - N）、微生物氮和固持铵等五种主要形态，并在各种形态之间相互转化。在转化过程中，一部分氮素被植物吸收利用，一部分以有机态或无机态氮残留在土壤中，还有一部分通过气态挥发或随径流或灌溉水淋溶污染环境。已有研究表明，利用氮肥与硝化抑制剂配施的生化调控措施，是减少农田氮素损失污染、提高氮肥利用率的有效途径。本研究以设施番茄为研究对象，以 DCD 和 DMPP 作硝化抑制剂，共设 5 个处理，分别为对照（CK），不施氮素、DCD 或 DMPP；常规施氮（TN），共施氮 600kg/hm²；优化施氮（ON），共施氮 480kg/hm²；优化施氮+15%DCD（ON+DCD），共施氮 480kg/hm²，配施纯氮量 15%的 DCD；优化施氮+1%DMPP（ON+DMPP），共施氮 480kg/hm²，配施纯氮量 1%的 DMPP。每个处理 3 次重复。除对照（CK）外，其余处理总施氮量中有 280kg/hm² 作为基肥，为有机肥和 ¹⁵N 尿素混施；其余氮量作追肥，用 ¹⁵N 尿素全生育期追施 2 次。所有处理在全生育期施用等量的磷钾肥，过磷酸钙共施 240kg/hm²，硫酸钾共施 400kg/hm²。如此开展硝化抑制剂 DCD 和 DMPP 调控下化肥氮去向、损失特征及微生物学机制的 ¹⁵N 箱体模拟试验。通过试验查明设施番茄体系肥料氮去向，明确氮素损失途径，构建阻控设施菜田施氮损失的氮素管理及硝化抑制剂调控方案，为减少设施菜田氮素损失、提高氮肥利用效率提供科技支撑。

一、设施番茄施氮与硝化抑制剂配施的农学效应

（一）设施番茄施氮配施硝化抑制剂的产量效应

由图 3-79 可看出，与不施氮的 CK 处理番茄产量（22.41t/hm²）相比，随着施氮量的增加番茄产量显著增加（$P<0.05$），同常规施氮（TN）相比，减氮 20%的优化施氮（ON）处理番茄显著减产 24.83%（$P<0.05$），但 ON+DCD、ON+DMPP 处理番茄产量与常规施氮 TN 处理之间差异不显著。在等氮条件下，配施硝化抑制剂处理 ON+DCD 和 ON+DMPP 比优化施氮 ON 处理分别显著增产 18.95%、6.54%（$P<0.05$）。说明减施 20%氮会引起番茄显著减产，但减施 20%氮配施 DCD 或 DMPP 可保证番茄稳产、不减产。

（二）设施番茄施氮配施硝化抑制剂的品质效应

由表 3-24 可看出，与不施氮 CK 相比，施氮后番茄果实硝酸盐含量显著增加（$P<0.05$）。同常规施氮 TN 处理相比，ON、ON+DCD 和 ON+DMPP 处理番茄果实硝酸盐含量分别显著降低 17.77%、45.56%和 31.67%（$P<0.05$）。在等氮条件下，ON+DCD

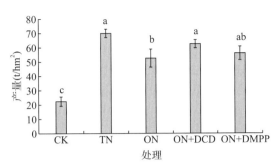

图 3-79　不同处理番茄果实产量

和 ON＋DMPP 处理番茄果实硝酸盐含量比 ON 处理分别降低 33.79％和 16.89％，有利于保障食品安全，但 ON＋DCD 和 ON＋DMPP 两个处理之间差异不显著。说明减氮20％的优化施氮配施 DCD 或 DMPP 均可显著降低番茄果实硝酸盐污染，并且配施 DCD的效果更佳。

　　从表 3-24 还可看出，ON＋DCD 和 ON＋DMPP 处理番茄果实维生素 C 含量分别比常规施氮 TN 处理显著提高 42.58％和 34.35％（$P<0.05$），但 ON 处理与 TN 处理之间差异不显著；ON 处理可溶性固形物比 TN 处理显著降低 22.17％，但 ON＋DCD 和ON＋DMPP 处理与 TN 处理之间差异不显著；各施氮处理可滴定酸含量之间差异不显著；ON 处理可溶性蛋白质比 TN 处理显著降低 41.82％，但 ON＋DCD 和 ON＋DMPP处理与 TN 处理之间差异不显著。说明减氮 20％优化施氮配施 DCD 或 DMPP 可显著提高番茄果实维生素 C 含量；并在减施 20％氮引起高番茄果实可溶性固形物和蛋白质含量降低的条件下，配施 DCD 或 DMPP 可保障其番茄果实可溶性固形物和蛋白质含量不降低；对番茄果实可滴定酸含量的影响不显著。

表 3-24　不同处理番茄果实品质指标含量

处理	维生素 C（mg/kg）	可溶性固形物（％）	可滴定酸（％）	可溶性蛋白质（mg/g）	硝酸盐（mg/kg）
CK	42.38b	6.27b	0.93a	0.16c	23.33d
TN	71.00b	8.57a	0.57b	0.55a	89.34a
ON	65.59b	6.67b	0.57b	0.32b	73.46b
ON＋DCD	101.23a	7.37ab	0.66b	0.43ab	48.64c
ON＋DMPP	95.39a	7.87ab	0.71b	0.39ab	61.05bc

（三）设施番茄施氮配施硝化抑制剂的氮素吸收利用

　　由表 3-25 可见，不同处理番茄植株各器官吸氮量表现为：地上部（果实、茎、叶）＞地下部（根），且地上部各器官表现为果实＞叶＞茎。CK 处理番茄植株总吸氮量为 194.93kg/hm²，果实、根、茎、叶的吸氮量分别为 68.90kg/hm²、21.08kg/hm²、44.21kg/hm²、60.74kg/hm²，各施氮处理番茄植株总吸氮量显著提高（$P<0.05$），并且 ON＋DCD 处理总吸氮量分别比 TN、ON、ON＋DMPP 处理显著提高 21.41％、46.47％和 46.87％。说明减施 20％氮配施 DCD 或 DMPP 能够促进番茄对氮素的吸收利用，并且配施 15％ DCD 的效果优于配施 1％ DMPP 的效果。

表 3-25　不同处理番茄植株不同器官吸氮量

处理	植株不同器官吸氮量（kg/hm²）				
	果实	茎	叶	根	总和
CK	68.90c	44.21b	60.74b	21.08b	194.93c
TN	193.25a	63.03ab	82.24b	47.13a	385.65b
ON	133.58b	57.55ab	86.39b	42.15a	319.67b
ON+DCD	219.29a	69.34a	135.54a	44.05a	468.23a
ON+DMPP	138.28b	56.79ab	82.06b	41.67a	318.80b

由表 3-26 可看出，收获后各处理各器官¹⁵N 吸收量均表现为：果实＞叶＞茎＞根，说明番茄果实的¹⁵N 吸收能力高于根、茎和叶，叶中的氮素向果中转移。不同处理¹⁵N 吸收量在果实、茎、叶上呈现一致的变化规律，表现为减氮20%优化施氮 ON 处理¹⁵N 吸收量分别比常规施氮 TN 处理显著降低 36.98%、47.04% 和 41.15%（$P<0.05$），但配施硝化抑制剂的 ON+DCD、ON+DMPP 处理与常规施氮 TN 处理之间差异不显著。各施肥处理根系¹⁵N 吸收量之间差异不显著。番茄植株总¹⁵N 吸收量表现为 ON 处理比 TN 处理显著降低 39.52%（$P<0.05$），但配施硝化抑制剂的 ON+DCD、ON+DMPP 处理植株总¹⁵N 吸收量与 TN 处理之间差异不显著。

在¹⁵N 利用率方面，由表 3-26 还可看出，番茄植株各器官¹⁵N 利用率表现为：果实＞叶＞茎＞根。对于果实来说，TN 处理¹⁵N 利用率与 ON 处理差异不显著，而 ON+DCD 和 ON+DMPP 处理比 TN 处理分别显著提高 6.65 和 1.65 个百分点（$P<0.05$）。在等氮条件下，与 ON 相比，ON+DCD 和 ON+DMPP 处理¹⁵N 利用率分别提高 7.69 和 2.69 个百分点（$P<0.05$）。番茄植株总¹⁵N 利用率表现为：在不同施氮量条件下，ON+DCD 处理¹⁵N 利用率比 TN 处理显著提高 11.02 个百分点（$P<0.05$），ON 处理、ON+DMPP 处理¹⁵N 利用率与 TN 处理差异不显著。在等氮条件下，ON+DCD 处理¹⁵N 利用率分别比 ON 处理、ON+DMPP 处理显著提高 14.49 和 9.30 个百分点，ON+DMPP 处理¹⁵N 利用率分别比 ON 处理显著提高 5.19 个百分点（$P<0.05$）。由此可见，减量施氮可显著降低番茄植株氮素吸收量，但减量施氮配施 DCD 或 DMPP 可显著提高氮肥利用率，其中配施 15%DCD 的效果优于配施 1%DMPP 的效果。

表 3-26　不同处理番茄植株对¹⁵N 肥料的吸收量及利用率

处理	¹⁵N 吸收量（kg/hm²）					¹⁵N 利用率（%）				
	果实	茎	叶	根	总计	果实	茎	叶	根	总计
TN	37.37a	24.02a	26.95a	6.65a	94.99a	8.89b	5.72a	6.42b	1.58a	22.62bc
ON	23.55b	12.72b	15.86b	5.32a	57.45b	7.85b	4.24b	5.28b	1.77a	19.15c
ON+DCD	46.63a	18.24ab	29.99a	6.05a	100.92a	15.54a	6.08a	10.00a	2.02a	33.64a
ON+DMPP	31.61ab	14.15ab	20.54ab	6.74a	73.03ab	10.54a	4.72a	6.85ab	2.25a	24.34b

二、设施番茄施氮与硝化抑制剂配施的环境效应

（一）对土壤剖面无机氮含量的影响

1. 对土壤硝态氮含量的影响

由图 3-80 可看出不同处理对土壤剖面硝态氮含量的影响。第 1 次追肥前，各处理土

壤硝态氮含量表现为随土层深度先降低后增加的趋势。TN 处理土壤硝态氮含量最高，为 132.45mg/kg。在 0～20cm 土层，ON＋DCD 和 ON＋DMPP 处理土壤硝态氮含量分别比 TN 处理显著降低 25.25％ 和 27.26％（$P<0.05$），ON 处理与 TN 处理差异不显著。20～40cm 土层各处理土壤硝态氮含量差异不显著，可能是由于此时作物需要大量养分供给和灌水量较少而未造成大量的硝态氮淋失。40～60cm 土层各处理硝态氮含量在 165.23～183.83mg/kg，结合基础地力（硝态氮，131.00mg/kg），说明硝态氮在 40～60cm 土层有一定累积，但各处理间差异不显著。

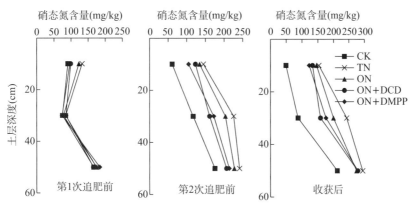

图 3-80　不同处理土壤剖面硝态氮含量的动态变化

　　第 2 次追肥前，各处理均表现为随土层深度增加硝态氮含量增加。CK 处理土壤硝态氮含量在 0～60cm 土壤剖面中均显著低于其他施肥处理，且在 20～40cm 土层较第 1 次追肥前增加了 58.10％，说明随着灌水和番茄生长发育，土壤 0～20cm 表层的硝态氮有向下运移的趋势；其余各施氮处理硝态氮含量均在 20～40cm 土层中有明显的累积，其中 TN 较第 1 次追肥前增加 171.08％，ON、ON＋DCD 和 ON＋DMPP 处理分别增加 143.63％、91.66％ 和 125.61％。同时，与常规施氮处理相比，ON、ON＋DCD 和 ON＋DMPP 处理硝态氮含量有所降低，降低率分别为 9.87％、28.58％ 和 23.60％，且抑制剂处理与 TN 差异显著。40～60cm 土层各施氮处理土壤硝态氮含量较第 1 次施肥前增加了 16.36％～38.72％，但各处理间差异不显著。由此表明，增加施肥量，硝态氮向下淋溶量也有所增加，而配施硝化抑制剂 DCD 和 DMPP 都能减少土层中硝态氮的累积。

　　收获后，各处理土壤硝态氮表现也随土层深度增加而增加。0～20cm 土层中，各施氮处理土壤硝态氮含量处理间差异不显著。20～40cm 土层中，TN 处理土壤硝态氮含量较第 2 次追肥前增加了 7.66％，而优化和优化配施抑制剂处理土壤硝态氮含量与前次取样相比变化不大。ON、ON＋DCD 和 ON＋DMPP 处理土壤硝态氮含量较 TN 分别降低 17.85％、34.87％ 和 27.74％，差异显著（$P<0.05$）。40～60cm 土层出现硝态氮累积峰，各施氮处理土壤硝态氮含量较第 2 次追肥前增加了 21.01％～35.07％，但各处理间差异不显著。由此可见，随着施肥时间的延长和番茄的生长，氮素逐渐向下层土壤运移，而优化施氮配施 DCD 或 DMPP 土壤剖面硝态氮含量显著降低，且在 20～40cm 土层效果最明显。

2. 对土壤铵态氮含量的影响

如图 3-81 所示,第 1 次追肥前,ON+DCD 处理土壤铵态氮含量随土层深度的增加表现为先降低后增加,其余处理则表现随土层深度的增加而降低。0~20cm 和 20~40cm 土层中,各处理土壤铵态氮含量差异不显著;40~60cm 土层中,CK、TN 和 ON 处理土壤铵态氮含量差异不显著,ON+DCD 显著高于其他处理,较 TN 和 ON 分别增加了151.35% 和 111.37%($P<0.05$)。而 ON+DMPP 土壤铵态氮含量最低,较 TN 和 ON则分别降低 70.71% 和 75.37%($P<0.05$)。

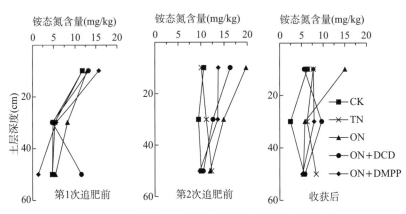

图 3-81　不同处理土壤剖面铵态氮含量的动态变化

第 2 次追肥前,仅 TN 处理土壤铵态氮含量表现为随土层深度的增加而增加,其他各处理均表现为随土层深度增加而降低。在 0~20cm 土层中,土壤铵态氮含量与第 1 次追肥前差别不大,各处理土壤铵态氮含量表现为:ON>ON+DCD>ON+DMPP>CK>TN。与 TN 相比,ON、ON+DCD 和 ON+DMPP 处理土壤铵态氮含量分别增加了 96.83%、62.41% 和 36.56%($P<0.05$)。等氮条件下,配施抑制剂处理的土壤铵态氮含量较 ON 降低了 17.94%~30.62%($P<0.05$)。20~40cm 和 40~60cm 土层中,各处理土壤铵态氮含量差异不显著。与前次取样相比,20~40cm 和 40~60cm 土层铵态氮含量分别增加了 14.40%~79.44% 和 113.19%~626.50%,说明在此期间 20~60cm 土层铵态氮有明显累积。

收获后,土壤中的铵态氮含量表现为,CK 和 ON 处理随土层深度增加先降低后升高,而其他处理均表现为随土层深度增加先升高后降低。0~20cm 土层中,ON 处理土壤中铵态氮含量较 CK、TN、ON+DCD、ON+DMPP 处理增加了 91.53%~163.51%($P<0.05$)。其余土层各施氮处理之间差异不显著。与第 2 次追肥前相比,0~60cm 土壤剖面铵态氮含量降低了 22.41%~74.67%。随着番茄的生长发育,0~60cm 土壤剖面铵态氮含量整体表现为降低趋势。

(二)对土壤氮源气体排放的影响

1. 对土壤 N_2O 排放的影响

如图 3-82 所示,各处理土壤 N_2O 排放通量均在每次施肥灌水后的第 1~3d 内达到峰值,且表现为 TN>ON>ON+DMPP>ON+DCD>CK。TN 处理土壤 N_2O 排放通量峰值达到 1 401.50μg/($m^2 \cdot h$),因 TN 与 ON 基肥施用量相同,因此二者土壤 N_2O 排放通量无显著差异。但与 TN 处理相比，ON＋DCD 和 ON＋DMPP 土壤 N_2O 排放通量分别降低了 70.97％和 41.58％。整个试验期内，TN 处理土壤 N_2O 平均排放通量达 195.63$\mu g/$ $(m^2 \cdot h)$，ON、ON＋DCD 和 ON＋DMPP 较 TN 分别显著降低了 21.08％、67.96％和 51.65％（$P<0.05$）。在等氮条件下，ON 处理土壤 N_2O 平均排放通量为 154.40$\mu g/$ $(m^2 \cdot h)$，ON＋DCD 和 ON＋DMPP 分别降低了 59.41％和 38.74％，差异达显著水平。

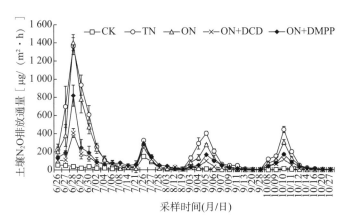

图 3-82　不同处理土壤 N_2O 排放通量的动态变化

由图 3-83 可看出，不同处理土壤 N_2O 累积排放量表现为 TN＞ON＞ON＋DMPP＞ON＋DCD＞CK。常规施氮 TN（总施氮量为 600kg/hm^2）处理土壤 N_2O 累积排放量达 2.00kg/hm^2，ON、ON＋DCD 和 ON＋DMPP 处理（总施氮量为 480kg/hm^2）土壤 N_2O 累积排放量比 TN 分别显著降低了 18.37％、52.90％和 28.93％（$P<0.05$）。在等氮条件下，ON＋DCD 和 ON＋DMPP 处理土壤 N_2O 累积排放量比 ON 处理分别显著降低 52.93％和 28.94％。综上，优化减氮 ON 可显著降低土壤 N_2O 排放，配施硝化抑制剂可进一步显著降低土壤 N_2O 排放。并且，配施 15％DCD 对土壤 N_2O 的减排效果优于配施 1％DMPP 的效果。

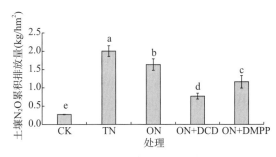

图 3-83　不同处理土壤 N_2O 累积排放量的变化

2. 对土壤 NH_3 挥发的影响

如图 3-84 所示，在整个监测期内，对照处理土壤 NH_3 挥发速率始终最低且变化幅度不大，仅为 0.82～32.40$mg/$ $(m^2 \cdot d)$。TN、ON、ON＋DCD 和 ON＋DMPP 处理土壤 NH_3 平均挥发速率分别为 22.07$mg/$ $(m^2 \cdot d)$、17.94$mg/$ $(m^2 \cdot d)$、32.56$mg/$ $(m^2 \cdot d)$

和 25.81mg/（m² · d）。在不同施氮量条件下，ON＋DCD 处理土壤 NH₃ 平均挥发速率比 TN 显著增加 47.53%（$P<0.05$），但 ON 处理、ON＋DMPP 处理 NH₃ 平均挥发速率与 TN 处理之间差异不显著。在等氮条件下，ON＋DCD 和 ON＋DMPP 处理土壤 NH₃ 挥发速率分别比 ON 处理增加 81.49% 和 43.88%（$P<0.05$）。说明合理减氮有利于降低土壤 NH₃ 挥发速率，但等量施氮条件下配施 DCD 或 DMPP 会增加土壤 NH₃ 挥发速率。

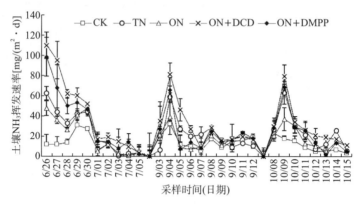

图 3-84　不同处理土壤 NH₃ 挥发速率的动态变化

通过对不同处理土壤 NH₃ 累积挥发量的分析（图 3-85），结果发现，各处理土壤 NH₃ 累积挥发量表现为：ON＋DCD＞ON＋DMPP＞TN＞ON＞CK。与 TN 处理相比，ON 处理土壤 NH₃ 累积挥发量显著降低 13.09%（$P<0.05$）；ON＋DCD 处理土壤 NH₃ 累积挥发量比 TN 处理显著增加 21.43%（$P<0.05$），ON＋DMPP 处理土壤 NH₃ 累积挥发量与 TN 处理差异不显著。在等氮条件下，ON＋DCD、ON＋DMPP 土壤 NH₃ 挥发总量分别比 ON 处理显著增加 36.47% 和 26.35%。说明减少氮肥施用量能有效降低土壤 NH₃ 挥发损失。在碱性土壤条件下，氮肥配施硝化抑制剂则会增加 NH₃ 挥发的风险。

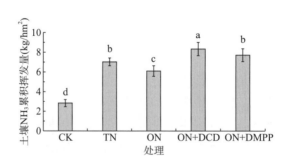

图 3-85　不同处理土壤 NH₃ 累积挥发量

（三）肥料氮素的去向分析

由表 3-27 可看出，设施番茄生产系统中肥料氮素去向以土壤残留为主，占总氮素投入量的 47.16%～55.98%，其次为番茄吸收（19.15%～33.64%）和损失（19.20%～24.87%）。番茄收获后 TN 和 ON 处理 0～60cm 土层肥料氮去向均表现为：土壤残留＞损失＞吸收；ON＋DCD 和 ON＋DMPP 处理 0～60cm 土层肥料氮去向表现为：土壤残留＞作物吸收＞损失。可见，减量施氮并未明显改变番茄生育期内氮素去向，但在等施氮量条件下配施 DCD 能显著提高氮素吸收利用的比例，降低氮素在土壤中的残留和损失。

表 3 - 27 设施番茄不同处理肥料氮素去向

处理	^{15}N 施用量 (kg/hm^2)	番茄吸收		0～60cm 土层残留		损失	
		吸收量 (kg/hm^2)	比例 (%)	残留量 (kg/hm^2)	比例 (%)	损失量 (kg/hm^2)	比例 (%)
TN	420.00	94.99a	22.62bc	223.36a	53.18a	101.65a	24.20a
ON	300.00	57.45b	19.15c	167.95b	55.98a	74.60ab	24.87a
ON+DCD	300.00	100.92a	33.64a	141.47c	47.16b	57.61b	19.20b
ON+DMPP	300.00	73.03ab	24.34b	157.08bc	52.36ab	69.90ab	23.30ab

三、设施番茄施氮配施硝化抑制剂的微生态效应

（一）对土壤氨氧化微生物丰度的影响

1. 对土壤 AOA 丰度的影响

由图 3 - 86 可看出，CK 处理土壤 AOA 丰度最低为 $6.26×10^5$ copies/g，ON＋DCD 和 ON＋DMPP 处理土壤 AOA 丰度的分别比 CK 显著提高 45.69% 和 88.50%（$P<0.05$），但 TN 和 ON 处理土壤 AOA 丰度与 CK 差异不显著。在等氮量条件下，仅 ON＋DMPP 处理土壤 AOA 丰度与 ON 处理之间差异显著（$P<0.05$），但 ON＋DCD 处理土壤 AOA 丰度与 ON 处理、ON＋DMPP 处理之间差异不显著。说明土壤 AOA 丰度受施氮量的影响不显著，主要受配施 DCD 和 DMPP 硝化抑制剂的显著影响；在等氮量条件下配施 DMPP 会显著影响土壤 AOA 丰度。

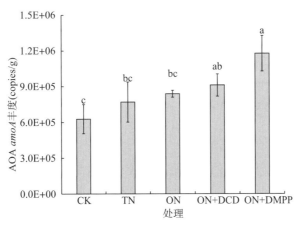

图 3 - 86 收获后不同处理的土壤 AOA 丰度

2. 对土壤 AOB 丰度的影响

由图 3 - 87 可看出，CK 处理的 AOB 丰度最低为 $2.12×10^5$ copies/g，TN 和 ON 处理土壤 AOB 丰度分别比 CK 处理提高 6.07 倍、4.28 倍（$P<0.05$）；而 ON＋DCD 和 ON＋DMPP 处理土壤 AOB 丰度分别比 ON 处理显著降低了 75.71% 和 60.54%（$P<0.05$），

但与 CK 处理无显著差异。说明土壤 AOB 丰度主要受施氮量的影响，配施 DCD 和 DMPP 硝化抑制剂的影响不显著。

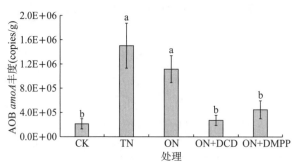

图 3-87 收获后不同处理的土壤 AOB 丰度

（二）对土壤微生物多样性的影响

通过对不同处理土壤微生物 Chao1 指数、ACE 指数、Shannon 指数和 Simpson 指数的分析，由表 3-28 可看出，不同处理土壤微生物多样性的变化特征。其中，Chao1 指数和 ACE 指数说明土壤微生物群落丰富度的变化，Shannon 和 Simpson 指数反映物种多样性变化。总体来看，仅 ON＋DCD 处理的 Chao1 指数与对照 CK 之间差异显著，其余各项指标在各个处理之间均差异不显著。综合来看，配施硝化抑制剂对土壤微生物丰富度和多样性影响不显著，不会破坏土壤生态。

表 3-28 不同处理土壤微生物多样性变化

处理	Chao1 指数	ACE 指数	Shannon 指数	Simpson 指数
CK	3 025.43b	3 070.99a	10.293 3a	0.997 9a
TN	3 254.34ab	3 338.96a	9.983 3a	0.995 4a
ON	3 708.92ab	3 728.05a	9.606 7a	0.973 1a
ON＋DCD	3 994.01a	3 986.84a	10.213 3a	0.997 3a
ON＋DMPP	3 473.80ab	3 583.44a	10.056 7a	0.995 8a

另外，由不同处理的 OTU Venn 图（图 3-88）可看出，共有 OTU 数目为 2201。由 PCOA 分析图（图 3-89）可知，横、纵坐标为引起处理间差异的两个最大特征，PC1、PC2 变量分别为 63.41％、13.76％，总变量 77.17％。可以看出，除去 TN-1、DMPP-2 和 ON-3 为异常点外，其他各处理的距离均较小，说明各处理的土壤微生物种群结构较为相似，减氮处理和配施硝化抑制剂处理均未对土壤微生物种群结构组成造成显著影响。

四、主要研究进展

1. 探明了设施番茄施氮配施 DCD 和 DMPP 的农学效应

减施 20％氮会引起番茄显著减产，但减氮 20％配施 15％DCD 或 1％DMPP，能够促进番茄对肥料氮的吸收利用率，配施 15％DCD 的效果优于配施 1％DMPP 的效果。保证番茄稳产不减产，显著提高番茄果实的维生素 C 含量，可溶性固形物和蛋白质含量不降低；并

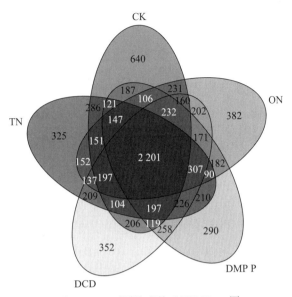

图 3 - 88　不同处理的 OTU Venn 图

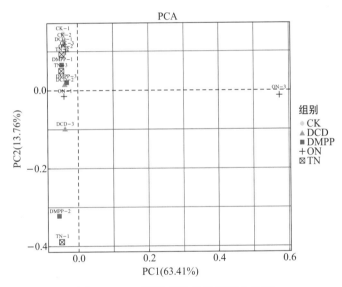

图 3 - 89　不同处理各处理 PCOA 分析

在等氮条件下，配施 DCD、DMPP 分别显著降低番茄果实硝酸盐含量 33.79% 和 16.89%，切实保障番茄食用安全。

2. 明确了设施番茄施氮配施 DCD 和 DMPP 的环境效应

设施番茄生产系统肥料氮素去向以土壤残留为主，占氮总投入量的 47.16%～55.98%，其次为作物吸收 19.15%～33.64% 和损失 19.20%～24.87%。减施 20% 氮、15% DCD 或 1% DMPP，可使 0～60cm 土壤氮素残留量降低 32.99%～57.89%，硝态氮向下层土壤的淋失量减少 17.85%～34.87%；可使土壤 N_2O 排放量降低 18.37%～52.90%。但配施 CDD 和 DMPP 可使 NH_3 挥发量增加 26.35%～36.47%。综合分析，配施氮量 15% DCD 在减少氮素总损失方面效果最为显著。

3. 揭示了设施番茄施氮配施 DCD 和 DMPP 的土壤生态效应

通过不同处理土壤微生物群落的监测分析表明，土壤 AOA 丰度主要受配施 DCD 和 DMPP 硝化抑制剂的显著影响；土壤 AOB 丰度主要受施氮量的显著影响；DCD 和 DMPP 对土壤微生物的群落丰度、多样性和种群结构影响不显著。因此，施用硝化抑制剂不会破坏土壤环境，是一种环境友好的氮素调控措施。

第六节　设施黄瓜施氮损失污染的生化与菌剂防控

通过前期研究，分别明确了设施黄瓜施氮配施硝化抑制剂或微生物菌剂、防控氮损失污染的效果。那么，将它们二者结合能否有效提升其防控效果呢？本研究以设施黄瓜为研究对象，以硝化抑制剂 DCD、DMPP 和胶质芽孢杆菌菌剂为试材，采用室内好气培养和田间原位试验，探究不同硝化抑制剂及与微生物菌剂配施对温室土壤氮素形态转化的影响，优选硝化抑制剂种类、用量及其配施菌剂施用量，并利用 16SrDNA 分析技术，探讨硝化抑制剂、菌剂及二者配施的土壤微生物效应；筛选阻控温室菜田施氮损失，提高氮素利用率的有效调控方案，为设施黄瓜绿色优质高效生产提供科技支撑。

一、不同硝化抑制剂对温室土壤无机氮转化的影响

采用室内好气培养试验，共设 15 个处理，分别为空白对照 CK，常规施氮 260kg/hm² 的 TN 处理，常规施氮减量 25%（195kg/hm²）的 ON 处理；在减氮 25% 基础上，配施 DCD 为施氮量 10.0% 的 ONC1 处理、15.0% 的 ONC2 处理、20.0% 的 ONC3 处理、25.0% 的 ONC4 处理，配施 DMPP 为施氮量 0.5% 的 ONM1 处理、1.0% 的 ONM2 处理、2.0% 的 ONM3 处理、3.0% 的 ONM4 处理，配施 MHPP 为施氮量 2.5% 的 ONH1 处理、5.0% 的 ONH2 处理、10.0% 的 ONH3 处理、15.0% 的 ONH4 处理；每个处理 3 次重复。

（一）DCD 对温室土壤无机氮含量的影响

由图 3 - 90 可看出，在培养期间，空白对照（CK）的土壤铵态氮含量变化幅度较小，其变化范围为 11.93～19.06mg/kg。各施氮配施 DCD 处理土壤铵态氮含量均在培养后第 3～5d 达到最大值，随后未添加硝化抑制剂 DCD 的施氮处理 TN 和 ON 处理土壤铵态氮含量 5～7d 内急剧下降，第 7d 以后土壤铵态氮含量基本接近 CK 处理、保持不变。在整个培养过程中，TN 处理土壤铵态氮含量在 10.48～31.42mg/kg，平均值为 15.40mg/kg，减氮 ON 处理土壤铵态氮含量变化范围在 10.70～26.78mg/kg，平均值为 14.13mg/kg。与 TN 处理相比，减氮基础上配施 DCD 的 ONC1、ONC2、ONC3 和 ONC4 处理土壤铵态氮含量增加 26.71%～53.29%；与 ON 处理相比，配施 DCD 的 ONC1、ONC2、ONC3 和 ONC4 处理土壤铵态氮含量增加 38.10%～67.07%。总体来看，配施 DCD 处理均能提高土壤中铵态氮含量，且随着 DCD 添加量的增加而增加，20% 和 25% DCD 处理 ONC3 和 ONC4 处理土壤铵态氮均值相对较高，平均值为 21.56mg/kg 和 23.61mg/kg。

由图 3 - 91 可看出，在培养期间，空白对照（CK）的土壤硝态氮含量变化幅度较小，其变化范围为 20.21～30.56mg/kg。各施氮配施 DCD 处理土壤硝态氮含量随时间变化呈现逐渐增加的趋势，与土壤中铵态氮含量呈现相反的变化趋势，培养后第 1d 各

施氮处理土壤硝态氮含量与对照相差不多，3d 以后各施氮处理硝态氮含量逐渐增加。培养结束以后 TN 和 ON 处理达到最大值，分别为 138.69mg/kg 和 131.68mg/kg。与常规施氮 TN 处理相比，减氮、减氮基础上配施 DCD 处理土壤硝态氮含量有所降低，降幅为 7.61%～38.96%；与减氮 ON 处理相比，减氮基础上配施 DCD 处理土壤硝态氮含量降幅为 5.38%～33.93%，尤其 20% 和 25%DCD 用量硝化抑制效果显著，表现出随着 DCD 用量增加而降低的趋势。说明 DCD 可抑制土壤铵态氮向硝态氮的转化，3d 达到抑制高峰，一般高效持续 7d。

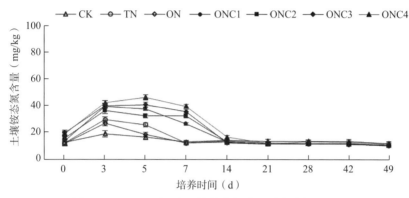

图 3-90　DCD 对温室土壤铵态氮含量动态变化的影响

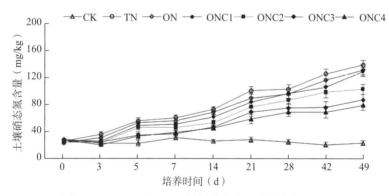

图 3-91　DCD 对温室土壤硝态氮含量动态变化的影响

（二）DMPP 对温室土壤无机氮含量的影响

由图 3-92 可看出，在培养期间，与 DCD 处理类似，配施 DMPP 也是均在培养后第 3d 达到峰值，随后均呈下降趋势。与 DCD 不同，DMPP 可以在 14d 内使土壤铵态氮含量保持在较高水平，21d 后各处理土壤铵态氮含量趋于接近 CK 处理。减氮基础上配施 DMPP 的 ONM1、ONM2、ONM3 和 ONM4 处理土壤铵态氮含量比 TN 处理增加 40.85%～73.61%，比 ON 处理增加 53.50%～105.37%。比较而言，添加 1%～3% 硝化抑制剂 DMPP 均能提高土壤中铵态氮含量，但并未随着 DMPP 添加量的增加而增加，其中 ONM3 处理土壤铵态氮含量较高，平均值为 29.02mg/kg，在第 3d 峰值达到 88.31mg/kg，显著高于其他处理。

由图 3-93 可看出，在培养期间，不同 DMPP 用量处理土壤硝态氮含量随时间变化呈现逐渐增加的趋势，与土壤中铵态氮含量呈现相反的变化趋势，培养后 14d 内不同 DMPP 用量处理土壤硝态氮含量与对照相差不多，14d 以后逐渐增加，但显著低于 TN 和 ON 处理，且培养结束后硝态氮含量在 74.07~86.47mg/kg。与 TN 和减氮处理 ON 相比，氮肥配施 DMPP 处理土壤平均硝态氮含量有所降低，降幅分别为 24.61%~33.8% 和 18.40%~28.35%，尤其配施 2% 的 DMPP 表现出较好的硝化抑制效果。说明 DMPP 可抑制土壤铵态氮向硝态氮的转化，3d 达到抑制高峰，一般高效持续 14d。其中，配施 2% DMPP 的用量效果较好。

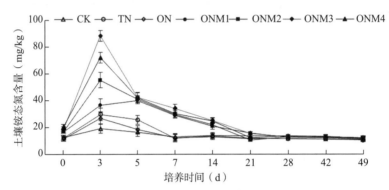

图 3-92　DMPP 对温室土壤铵态氮含量动态变化的影响

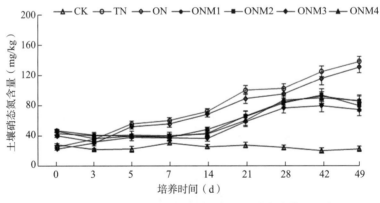

图 3-93　DMPP 对温室土壤硝态氮含量动态变化的影响

（三）MHPP 对温室土壤无机氮含量的影响

由图 3-94 可看出，在培养期间，配施 MHPP 处理土壤铵态氮含量均在第 3d 达到排放高峰，最大值 39.44~45.66mg/kg，明显高于同时期 TN 和 ON 处理，3d 以后呈逐渐降低趋势直至第 14 天以后趋于接近 CK 处理。与常规施氮 TN 和减氮处理 ON 相比，减氮基础上配施不同添加量 MHPP 土壤铵态氮含量分别增加 7.41%~10.88% 和 17.06%~20.84%，但未达到显著差异水平，且不同添加量 MHPP 处理之间差异不显著。

由图 3-95 可看出，培养期间，各处理土壤硝态氮含量整体呈逐渐升高的趋势，TN 处理土壤硝态氮含量相对较高，尤其是培养 21d 以后，明显高于 ON 及 ON 与不同用量 MHPP 配施处理；与常规施氮 TN 处理相比，配施不同用量 MHPP 处理土壤硝态氮含量降低 13.82%～22.22%；与减氮 ON 处理相比，配施不同用量 MHPP 处理土壤硝态氮含量降低 6.72%～15.82%，配施不同用量 MHPP 处理土壤硝态氮含量之间差异不显著。说明 MHPP 具有抑制土壤铵态氮向硝态氮转化的趋势，但配施不同量的 MHPP 处理之间抑制效果差异不显著。

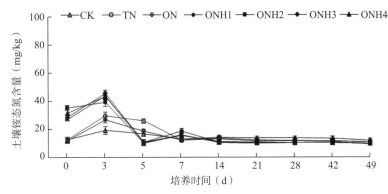

图 3-94　MHPP 对温室土壤铵态氮含量动态变化的影响

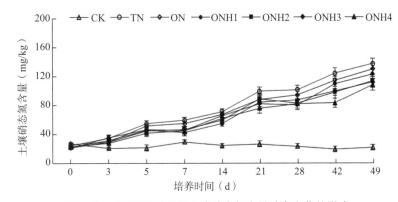

图 3-95　MHPP 对温室土壤硝态氮含量动态变化的影响

二、减氮配施抑制剂与菌剂对土壤无机氮转化的影响

通过前期不同硝化抑制剂对土壤氮素转化的试验，筛选出减氮纯氮量 25% 的基础上配施 2%DMPP 的优化方案。在此基础上，进一步开展了培养试验，共设 12 个处理，分别为空白对照、常规施氮量的 TN 处理、常规施氮减量 25% 的 ON 处理、在减氮 25% 基础上配施菌剂 $30L/hm^2$ 的 ONJ1 处理、$30L/hm^2$ 灭活菌剂基质的 ONJ2 处理、$70L/hm^2$ 的 ONJ3 处理、$70L/hm^2$ 灭活菌剂基质的 ONJ4 处理、配施氮量 2%DMPP 的 OND 处理、配施氮量 2%DMPP+$30L/hm^2$ 菌剂的 ONDJ1 处理、配施氮量 2%DMPP+$30L/hm^2$ 灭活菌剂基质的 ONDJ2 处理、配施氮量 2%DMPP+$75L/hm^2$ 菌剂的 ONDJ3 处理、配施氮量 2%DMPP+$75L/hm^2$ 灭活菌剂基质 ONDJ4 处理，每个处理 3 次重复。其中，菌剂为胶质芽孢杆菌有效活菌数 $1×10^9CFU/mL$ 的液态菌剂。

（一）减氮配施菌剂对温室土壤无机氮含量的影响

由图 3-96 可看出，在培养期间，空白对照 CK 的土壤铵态氮含量最低，其变化范围

为 $72.51 \sim 83.67 \text{mg/kg}$。各施氮配施菌剂处理土壤铵态氮含量均在培养第 3d 达到最大值，在前 14d 内急剧下降，随后逐渐平稳接近对照。在等氮条件下，与减氮处理 ON 相比，当微生物菌剂用量为 75L/hm^2 时，ONJ3 处理土壤铵态氮含量高于其他处理。表明配施 75L/hm^2 菌剂的抑制效果最佳，适量添加微生物菌剂可抑制土壤铵态氮转化。

由图 3-97 可看出，在培养期间，空白对照 CK 的土壤硝态氮含量最低，其变化范围 $95.82 \sim 162.63 \text{mg/kg}$。各施氮配施菌剂处理土壤硝态氮含量整体呈逐渐升高的趋势，到培养后期出现下降趋势。常规施氮 TN 处理硝态氮含量相对较高，最高为 878.20mg/kg。与 TN 相比，其他施氮处理硝态氮含量降低 $15.56\% \sim 26.05\%$。其中，ONJ3 处理土壤硝态氮含量最低。说明配施微生物菌剂可抑制铵态氮向硝态氮转化，且配施 75L/hm^2 菌剂的抑制效果最佳。

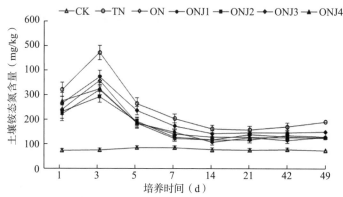

图 3-96　微生物菌剂对温室土壤铵态氮含量动态变化的影响

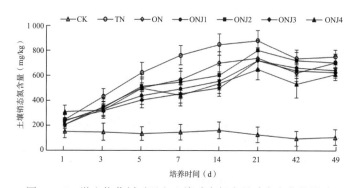

图 3-97　微生物菌剂对温室土壤硝态氮含量动态变化的影响

（二）减氮配施抑制剂与菌剂对温室土壤无机氮含量的影响

由图 3-98 可看出，在培养期间，TN 和 ON 处理铵态氮含量均在培养的第 3d 达到峰值，分别为 472.54mg/kg 和 357.09mg/kg，随后急剧下降，整个培养期间铵态氮平均含量为 242.27mg/kg 和 174.56mg/kg，减氮基础上配施 2%DMPP（OND）、减氮基础上配施 2%DMPP 与微生物菌剂（ONDJ1、ONDJ2、ONDJ3 和 ONDJ4）处理土壤铵态氮则在培养的 21d 内均保持在 $219.50 \sim 379.20 \text{mg/kg}$ 的较高水平，21d 后有所下降，最终各处理之间相互接近。总体来看，ONJ3 处理土壤铵态氮较高，但单施抑制剂处理与抑制剂和菌剂配施处理之间差异不显著。

由图 3-99 可看出，在培养期间，各处理土壤硝态氮含量整体随培养时间呈逐渐升高的趋势，42d 后整体有所降低。减氮纯氮量 25% 的基础上配施 2% DMPP 与菌剂配施处理土壤硝态氮含量在培养的 7d 内缓慢增加，7d 后基本保持稳定。与常规施氮 TN 和减氮 ON 处理相比，减氮基础上配施 2% DMPP 处理土壤硝态氮含量分别降低 38.40% 和 25.97%，减氮基础上配施 2% DMPP 与菌剂配施处理土壤硝态氮含量分别降低 38.88%～43.91% 和 26.54%～32.59%，DMPP 与菌剂二者在减少土壤硝态氮累积方面呈现协同效果，尤其 ONJ3 处理表现最好。

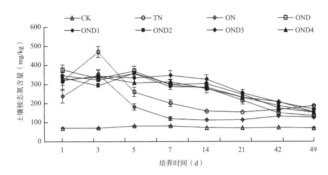

图 3-98 硝化抑制剂与菌剂配施对温室土壤铵态氮含量动态变化的影响

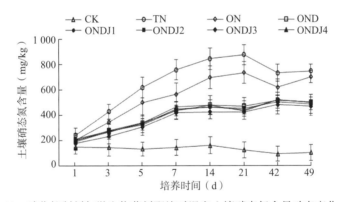

图 3-99 硝化抑制剂与微生物菌剂配施对温室土壤硝态氮含量动态变化的影响

三、设施黄瓜减氮配施抑制剂与菌剂调控的综合效果

采用设施黄瓜田间试验，共设 6 个处理，分别为空白对照 CK 处理，常规施氮 514kg/hm² 的 N1 处理，减氮施肥 316kg/hm² 的 N2 处理，减氮＋菌剂的 N2J 处理，减氮＋DMPP 的 N2D 处理，减氮＋DMPP＋菌剂的 N2DJ 处理，每个处理 3 次重复。其中，DMPP 用量为其施纯氮量的 2%；菌剂为胶质芽孢杆菌有效活菌数 1×10^9 CFU/mL 的液态菌剂，用量为 75L/hm²；定植前按常规普施基肥，用腐熟猪粪 38t/hm²，所有处理磷钾肥施用量及方式相同，磷肥（P_2O_5）用量为 220kg/hm²，钾肥（K_2O）用量为 254kg/hm²。

（一）设施黄瓜减氮配施抑制剂与菌剂的农学效应

1. 对黄瓜生长的影响

由表 3-29 可看出，不同处理对黄瓜生长发育的影响不同。减量施氮对作物生长发育并不产生负效应，且减量施氮基础上配施硝化抑制剂和菌剂在一定程度上促进黄瓜生长发育。结果表明，CK 处理黄瓜植株较矮，平均株高 115.36cm。N2DJ 处理黄瓜株高与 N2、N1、CK 之间差异显著（$P<0.05$），黄瓜株高分别显著提高 20.78%、19.78% 和 25.49%，但与 N2D、N2J 处理之间差异不显著。说明减氮基础上配施硝化抑制剂和微生物菌剂可显著增加株高。CK 处理黄瓜茎粗较低，平均茎粗 0.67cm。N2DJ 处理黄瓜茎粗分别比 N2、N1、CK 处理显著提高 16.18%、14.49% 和 17.91%（$P<0.05$），但与 N2D、N2J 处理之间差异不显著。N2DJ 处理黄瓜叶面积比 N2、CK 处理分别显著增加 8.27% 和 21.68%（$P<0.05$），但与 N2D、N2J、N1 处理之间差异不显著。由此可见，施肥有利于促进黄瓜植株的生长，减氮配施 DMPP 和菌剂对黄瓜株高、茎粗和叶面积等生长发育有显著的促生作用。

表 3 - 29　不同处理对温室黄瓜生长发育的影响

处理	株高（cm）	茎粗（cm）	叶面积（cm²）
CK	115.36±8.74b	0.67±0.02b	273.89±6.46c
N1	120.85±7.76b	0.69±0.01b	322.21±11.47ab
N2	119.85±6.01b	0.68±0.01b	307.80±12.02b
N2J	130.96±4.00ab	0.73±0.01ab	323.13±12.46ab
N2D	126.60±6.12ab	0.74±0.02ab	319.40±20.24ab
N2DJ	144.76±13.96a	0.79±0.04a	333.26±7.86a

2. 对黄瓜产量的影响

由图 3 - 100 可看出，不施氮的 CK 处理黄瓜产量最低，为 57 314.81kg/hm²，各施氮处理与 CK 相比黄瓜产量显著增加 11.24%～22.69%（$P<0.05$），但减施肥氮 N2 处理黄瓜产量与常规施肥 N1 处理之间差异不显著。说明施氮可促进黄瓜增产，但在常规施氮量 514kg/hm² 基础上，减氮 38.5% 施肥 316kg/hm² 仍可保证黄瓜稳产。在施等氮条件下，配施菌剂、抑制剂的处理与不配施菌剂、抑制剂的处理黄瓜产量之间差异不显著。

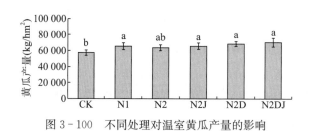

图 3 - 100　不同处理对温室黄瓜产量的影响

3. 对黄瓜氮素吸收利用的影响

由表 3 - 30 可看出，与 CK 处理相比，各施氮处理的黄瓜茎叶、果实和总体氮素吸收量分别显著增加 16.77～28.30kg/hm²、20.25～51.65kg/hm²、38.57～79.95kg/hm²，均达到显著性差异。黄瓜茎叶吸氮量在各施氮处理之间差异不显著。N2J、N2D、N2DJ 处理果实吸氮量和总吸氮量与常规施肥 N1 处理之间差异显著，N2 处理与 N1 处理之间差异不显著。在施等氮条件下，N2DJ 处理果实吸氮量比 N2 处理显著增加 15.90%（$P<0.05$），N2D、N2DJ 处理植株总吸氮量分别为 N2 处理显著增加 8.94% 和 18.93%（$P<$

0.05）。由表 3－30 还可看出，氮肥表观利用率在减量施肥 N2 处理与常规施肥 N1 处理之间差异不显著，在 N2J、N2D、N2DJ 处理与 N1 处理之间差异显著（$P<0.05$），分别为 N1 处理氮肥表观利用率的 2.92、2.71、3.37 倍；同时 N2DJ 处理氮肥表观利用率比 N2 处理显著提高 75.57%（$P<0.05$）。说明配施 DMPP、菌剂均可不同程度地促进黄瓜植株氮素的吸收利用。

表 3－30　减氮配施硝化抑制剂与菌剂对黄瓜氮素吸收利用的影响

处理	植株吸氮量（kg/hm²）			氮肥表观利用率（%）
	茎叶	果实	总吸氮量	
CK	25.67b	81.85d	107.52d	—
N1	43.99a	102.10c	146.09c	7.50c
N2	42.44a	115.19bc	157.63bc	14.41bc
N2J	49.13a	127.64ab	176.77ab	21.91ab
N2D	51.12a	120.60ab	171.72a	20.32ab
N2DJ	53.97a	133.50a	187.47a	25.30a

4. 对黄瓜品质的影响

由表 3－31 可看出，CK 处理黄瓜果实维生素 C、可溶性糖及可溶性蛋白含量分别为 83.98mg/kg、93.43mg/kg 和 45.80mg/kg。N2DJ 处理果实维生素 C 含量比对照处理显著提高 31.69%（$P<0.05$），各施氮处理果实可溶性糖含量比对照处理显著提高 30.21%～50.49%（$P<0.05$），但果实维生素 C 和可溶性糖含量在各施氮处理之间差异不显著。各施氮处理可溶性蛋白含量比对照 CK 处理显著提高 11.24%～29.43%（$P<0.05$），N2DJ 处理可溶性蛋白含量比 N2 处理显著提高 16.35%（$P<0.05$），其余各处理之间差异不显著。说明减施氮配施 DMPP 与菌剂可显著改善黄瓜果实品质。

表 3－31　减氮配施硝化抑制剂与菌剂对黄瓜果实品质的影响

处理	维生素 C 含量（mg/kg）	可溶性糖含量（mg/kg）	可溶性蛋白含量（mg/kg）
CK	83.98±23.26b	93.43±18.98b	45.80±14.80c
N1	95.33±9.87ab	122.51±30.87a	53.73±8.36ab
N2	104.52±6.93ab	121.66±17.28a	50.95±11.28b
N2J	105.67±8.08ab	139.96±33.83a	56.18±13.48ab
N2D	103.16±19.52ab	123.43±16.00a	56.99±11.25ab
N2DJ	110.59±5.51a	140.60±16.09a	59.28±9.82a

5. 对黄瓜硝酸盐含量的影响

由图 3－101 可知，常规施氮处理 N1 黄瓜果实硝酸盐含量最高 190.86mg/kg，显著高于 CK 处理 147.26mg/kg（$P<0.05$），说明施氮可增加黄瓜果实硝酸盐含量。与 N1 相比，在减氮基础上配施 DMPP 和菌剂的 N2DJ 处理果实硝酸盐含量降低了 18.28%，差异达显著性水平。在等氮条件下，果实硝酸盐含量在各处理间差异不显著。由此可见，与常规施氮相比，在减氮基础上配施 DMPP 与菌剂可有效降低果实硝酸盐含量，改善果实品质。

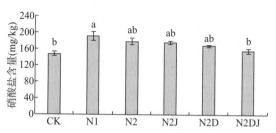

图 3-101 减氮配施硝化抑制剂与菌剂对黄瓜硝酸盐含量的影响

（二）设施黄瓜减氮配施抑制剂与菌剂的环境效应

1. 对土壤 N_2O 排放的影响

由图 3-102 可看出，对于不同处理土壤 N_2O 累积排放量，CK 处理土壤 N_2O 累积排放量最低，仅为 1.48kg/hm²。在各施氮处理中，常规施氮 N1 处理土壤 N_2O 累积排放量最高，达到了 7.43kg/hm²。与常规施氮 N1 处理相比，各减氮处理土壤 N_2O 累积排放量显著降低 26.32%～41.40%（$P<0.05$），说明施肥是造成土壤 N_2O 排放的主要原因，且减氮可有效减少 N_2O 排放。在等氮条件下，N2D、N2DJ 处理土壤 N_2O 累积排放量分别比 N2 处理显著降低 20.02% 和 20.41%（$P<0.05$），但 N2D 与 N2DJ 处理、N2J 与 N2 处理之间差异不显著。这表明 N2D 和 N2DJ 处理可显著降低土壤 N_2O 的排放。

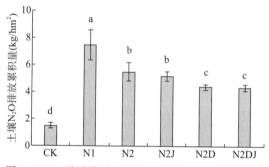

图 3-102 设施黄瓜不同处理土壤 N_2O 累积排放量

2. 对土壤 NH_3 挥发的影响

从图 3-103 可看出，在试验期间，土壤累积 NH_3 挥发量在减氮施肥处理、常规施肥处理和对照之间差异显著（$P<0.05$），且随着施氮量增加而提高。减氮施肥的 N2、N2J、N2D 和 N2DJ 处理土壤累积 NH_3 挥发量比常规施氮 N1 处理显著降低 28.85%～37.71%（$P<0.05$）。在等氮条件下，土壤累积 NH_3 挥发量在个处理之间差异不显著。可见，减氮施肥或在减氮基础上配施 DMPP 和菌剂可显著降低土壤 NH_3 挥发损失。

3. 对土壤剖面硝态氮含量的影响

通过设施黄瓜不同追肥时期 0～120cm 土壤剖面硝态氮含量变化的动态监测发现，不施氮 CK 处理硝态氮含量在整个土壤剖面中含量一直保持在较低水平，变化较小。由表 3-32 可看出，N1 处理在整个 0～120cm 土壤剖面中均检测到大量硝态氮的存在，变化范围为 83.15～233.33mg/kg；且随黄瓜生长，N1 处理土壤硝态氮在 60～90cm 逐渐形成一个累积峰，峰值达到 156.35mg/kg，表现出了明显向下层淋溶现象。在减氮基础上

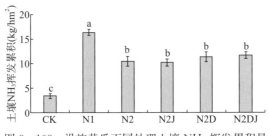

图 3 - 103　设施黄瓜不同处理土壤 NH₃ 挥发累积量

配施 DMPP、菌剂处理土壤硝态氮含量在 0～120cm 土壤剖面各层次有降低趋势，表现为 N2D＜N2DJ＜N2J，DMPP 处理对减少土壤剖面中硝态氮累积及向深层淋溶的效果显著。说明减氮配施 DMPP 可有效抑制硝态氮向土壤下层淋溶，本试验土壤硝态氮未淋溶至 60cm 以下土层。

本研究中农户的水肥管理一直为常规施肥方式，氮肥投入量大，多年种植使土壤中积累了大量的硝态氮，并随灌水淋溶到了下层。第二、三、四次追肥前，各减氮处理土壤硝态氮含量与上一施肥时期相比有所减少，在第四次追肥前达到监测期间最低值，其中 N2D 处理 0～120cm 土壤硝态氮含量显著低于其他处理，仅为 27.33～41.03mg/kg。第五次追肥前和收获后，植株趋于衰老，对氮素的吸收能力下降，再加上第四、五次追肥的肥料的投入，各处理各土层硝态氮含量有所增加。在整个黄瓜追肥期间，与 N1 处理相比，在 0～30cm 土壤剖面中，减氮基础上配施调控剂处理下土壤硝态氮含量分别平均降低了 12.62％～63.90％（N2J）、22.79％～73.11％（N2D）和 21.90％～64.80％（N2DJ）。30～120cm 土壤剖面范围内则分别降低了 25.90％～73.26％（N2J）、33.33％～74.58％（N2D）和 32.36％～74.31％（N2DJ）。说明在减氮基础上配施 DMPP 和菌剂可有效降低硝态氮向土壤下层淋溶。

表 3 - 32　设施黄瓜不同处理土壤剖面硝态氮含量的动态变化

深度 (cm)	处理	土壤硝态氮含量（mg/kg）				
		第二次追肥前	第三次追肥前	第四次追肥前	第五次追肥前	收获后
0～30	CK	121.35±10.86b	65.39±5.35b	35.19±4.03b	48.42±5.75b	40.84±6.58b
	N1	216.10±18.10a	233.33±26.77a	101.67±11.45a	134.37±15.11a	110.71±9.62a
	N2	191.67±19.96a	210.23±8.15a	40.99±5.75b	89.58±7.83ab	73.85±9.49ab
	N2J	144.07±11.79b	203.87±16.43a	36.69±5.87b	78.79±8.07ab	62.03±7.10ab
	N2D	101.99±9.96b	180.15±21.02a	27.33±4.50b	52.53±4.73b	41.72±3.81b
	N2DJ	127.78±8.91b	182.22±19.70a	35.78±6.70b	70.39±9.73ab	54.08±7.36b
30～60	CK	88.33±6.41b	97.39±7.49b	36.80±5.29b	52.88±6.44b	44.65±6.34c
	N1	197.84±22.17a	141.21±8.64a	83.15±7.14a	124.32±15.69a	105.70±8.38a
	N2	142.46±10.41ab	120.80±9.61a	55.72±6.85ab	95.18±11.13ab	70.81±9.56b
	N2J	131.89±11.17ab	95.97±7.14b	40.83±6.41b	82.88±7.18ab	76.10±7.54b
	N2D	78.02±6.92b	94.14±7.28b	37.14±3.99b	63.45±7.87b	56.16±7.17b
	N2DJ	94.97±6.10b	80.53±5.83b	39.43±3.16b	71.51±7.22b	60.35±7.82b

（续）

深度 （cm）	处理	土壤硝态氮含量（mg/kg）				
		第二次追肥前	第三次追肥前	第四次追肥前	第五次追肥前	收获后
60～90	CK	67.37±6.73b	70.51±5.27b	47.65±5.28b	61.47±5.37b	51.87±4.39b
	N1	128.55±17.39a	130.27±14.44a	156.35±16.11a	131.79±18.28a	114.70±10.94a
	N2	116.68±10.67a	77.40±5.39b	59.61±7.83b	96.24±14.02ab	79.36±8.15ab
	N2J	51.12±6.78b	76.11±5.61b	41.81±5.36b	87.86±9.12ab	74.15±10.60ab
	N2D	56.06±6.37b	86.85±5.33b	39.74±4.61b	64.16±6.36b	53.28±5.96c
	N2DJ	52.37±6.78b	51.60±4.12b	40.16±4.80b	71.43±9.95b	55.06±6.47c
90～120	CK	80.10±6.40a	57.39±4.34c	45.36±4.17b	52.46±6.55c	43.93±6.09c
	N1	96.63±6.22a	113.68±9.42a	129.60±10.21a	121.23±10.45a	101.11±10.21a
	N2	96.56±6.69a	105.70±10.06a	61.55±5.45b	121.09±14.40a	87.89±8.95ab
	N2J	64.37±7.21b	95.61±8.79b	46.29±4.38b	80.82±9.30b	63.86±8.29b
	N2D	60.31±6.87b	75.79±5.87b	41.03±5.11b	80.72±10.06b	65.51±7.08b
	N2DJ	64.42±7.05b	70.47±7.03b	39.27±4.06b	82.00±9.01b	64.65±7.80b

收获后，各处理 0～120cm 土壤剖面硝态氮累积量如图 3-104 所示。结果表明，N1 处理土壤硝态氮累积量显著高于 CK 处理和各减氮氮肥处理，说明常规过量施氮会造成土壤中硝态氮的大量累积。与 N1 相比，减氮基础上配施 DMPP 或菌剂可显著降低土壤中硝态氮累积，N2、N2J、N2D、N2DJ 土壤剖面各层硝态氮累积量分别降低 13.07%～33.29%、28.01%～43.97%、35.21%～62.32%、36.06%～52.00%。在等氮条件下，减氮基础上配施 DMPP 和菌剂处理（N2D、N2DJ）可显著降低 0～120cm 土壤中硝态氮累积量。N2J、N2D、N2DJ 比 N2 处理降低 6.54%～27.35%、20.69%～43.51%（$P<0.05$）、14.78%～30.60%（$P<0.05$），其中 N2D 处理各土层硝态氮累积量最低，为 153.94～279.09kg/hm²，但与 N2DJ 处理之间无显著性差异。可见，在减氮基础上配施 DMPP、菌剂均可显著降低土壤剖面硝态氮的累积量。

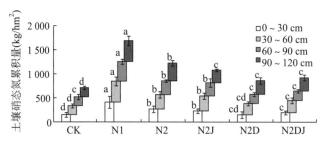

图 3-104　黄瓜收获后 0～120cm 土壤剖面硝态氮累积量

4. 对土壤微生物多样性的影响

本研究对 18 个样品进行了 Illumina MiSeq 高通量测序分析，通过质量初筛的原始序列按照 index 和 Barcode 信息，并去除 barcode 序列后，本试验共拼接得到原始样品序列 831 936 条（表 3-33），通过 DADA2 进行质控、去噪、拼接、去嵌合体后，最后每个处理的可用的序列数目合计为 614 792 条。

表 3-33　不同处理土壤微生物测序量数目

处理	原始序列量	去除低质量序列后序列量	有效序列量	拼接后序列量	高质量序列量	去除 singleton 后序列量
CK	141 139	129 791	125 494	115 076	105 352	103 829
N1	137 566	126 434	123 107	116 150	111 036	110 143
N2	134 823	123 986	120 815	113 431	107 182	106 250
N2J	139 392	124 495	119 742	107 444	98 960	97 363
N2D	139 726	128 811	124 089	111 714	102 556	101 103
N2DJ	139 290	128 369	123 067	108 963	98 061	96 104
合计	831 936	761 886	736 314	672 778	623 147	614 792

通过不同处理的丰度等级曲线图（图 3-105），用折线的平缓来反映处理群落中高丰度和稀有 ASV/OUT 数量的分布规律。样本的平缓程度表现为：N2DJ＞N2＞N1＞N2J＞OND＞CK，由此可知，CK 处理曲线下降快速，多样性较低，各施氮处理较为平缓，其中 N2DJ 处理最为平缓，物种组成的均匀程度最高，多样性越高。通过样本曲线的延伸终点的横坐标位置，可以得知，N2DJ 处理的物种数量最多。

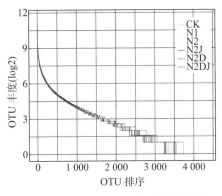

图 3-105　不同处理丰度等级曲线图

通过不同处理在各分类水平的分类单元数量（图 3-106）分析，纵坐标反映了不同处理能分类至门、纲、目、科、属、种各分类水平的 OTU 数。结果表明，不施氮 CK 处理微生物类群数最低，各施氮处理在一定程度上增加了微生物类群数。与常规施氮 N1 相比，减氮、减氮基础上配施硝化抑制剂和菌剂处理增加了 $0.92\%\sim6.76\%$ 的微生物类群数，但均未达到显著性差异，且减氮处理间差异不显著。在等氮条件下，与减氮施肥 N2 处理相比，N2J、N2D、N2DJ 微生物类群数分别增加了 1.61%、0.09%、5.35%，整体表现为硝化抑制剂与菌剂配施处理优于二者单施时的效果。具体而言，N2、N2J 和 N2DJ 在门水平上的微生物类群上多于 N1、N2D，数值最大；在纲水平上的大小顺序为 N2DJ＞N2J＞N2D＞N2＞N1；在目、科、属、种水平上的大小顺序为 N2DJ＞N2D＞N2J＞N2＞N1。由此可见，常规施氮处理微生物群落种类多样性相对较低，减氮基础上配施硝化抑制剂与菌剂微生物类群有增加的趋势。

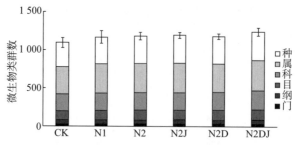

图 3-106　土壤各分类水平的微生物类群数统计图

Venn 图展示了不同处理间共有后独有的 OUT 数目，可用来分析不同处理间的相似关系。由图 3-107 可知，6 个处理间共有的 OUT 数目为 1 750 个，CK 处理独有的 OUT 数目为 3 084 个，N1 处理独有的 OUT 数目为 2 846 个，N2 处理独有的 OUT 数目为 3 032 个，N2J 处理独有的 OUT 数目为 3 118 个，N2D 处理独有的 OUT 数目为 2 857 个，N2DJ 处理独有的 OUT 数目为 3 243 个。综上可知，硝化抑制剂与菌剂配施能引其群落结构的变化，增加土壤中微生物群落，其中 N2DJ 处理土壤中微生物群落增加最多。

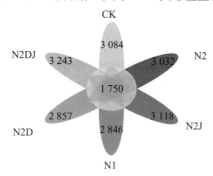

图 3-107　不同处理土壤微生物的 Venn 图

本试验采用 Chao1 指数、Shannon 指数、Simpson 指数，从多样性、丰富度、优势度三个方面，来研究不同处理对土壤微生物群落功能多样性的影响。由表 3-34 可知，与不施氮的 CK 处理相比，各施氮处理的根际微生物多样性、丰富度、优势度指数显著增大，说明施肥显著提高了黄瓜根际土壤微生物种类数，且各施氮量处理之间差异显著（$P<0.05$）。减氮各处理土壤微生物 Chao1、Shannon 和 Simpson 的 3 项指标比常规施氮 N1 皆显著上升，分别显著增加 9.18%～13.49%、3.81%～5.35%、0.26%～0.35%（$P<0.05$）。在等氮条件下，各个处理的 Chao1 指数、Shannon 指数和 Simpson 指数均为未达到显著性差异。总体来看，减氮配施 DMPP、菌剂可有效提高土壤微生物群落功能多样性。

表 3-34　不同处理土壤微生物多样性变化

处理	Chao1 指数（多样性）	Shannon 指数（丰富度）	Simpson 指数（优势度）
CK	3 372.82c	9.54c	0.991 5c
N1	3 685.27b	9.72b	0.994 2b
N2	4 023.61a	10.11a	0.996 9a
N2J	4 101.35a	10.23a	0.997 4a
N2D	4 087.99a	10.09a	0.996 8a
N2DJ	4 182.41a	10.24a	0.997 7a

四、主要研究进展

1. 探明了三种硝化抑制剂对土壤无机氮转化的抑制效果

在培养温度 25℃、60％田间持水量水平下，减氮 25％配施硝化抑制剂和菌剂可显著抑制温室土壤氮素硝化进程。其抑制效果表现为 DMPP＞DCD＞MHPP；在减氮基础上配施 2％DMPP 可比常规施肥提高土壤铵态氮含量 40.85％～73.61％，降低硝态氮含量 24.61％～33.8％，表现出了较好的硝化抑制效果；在减氮基础上配施 2％DMPP 和 75L/hm² 菌剂处理硝化抑制效果较优。

2. 明确了温室黄瓜减氮配施 DMPP 和菌剂的农学效应

试验表明，减氮配施 DMPP 和菌剂可有效促进黄瓜氮素的吸收利用，对黄瓜株高、茎粗和叶面积等生长发育有显著的促生作用，保证黄瓜稳产；同时促进果实维生素 C、可溶性糖和可溶性蛋白含量的提高，改善果实品质。进一步证实减氮 38.5％同时配施氮量 2％DMPP 和 75L/hm² 菌剂的效果较好，N2DJ 处理可比常规施肥降低果实硝酸盐含量降低 18.28％。

3. 揭示了温室黄瓜减氮配施 DMPP 和菌剂的环境效应

试验表明，减氮配施 DMPP 和菌剂可显著抑制铵态氮向硝态氮转化的硝化进程，有效防控氮源气体排放污染和硝态氮的淋失。与常规施氮相比，减氮配施 DMPP 与微生物菌剂可使 N_2O 排放降低 26.32％～41.40％，使 NH_3 挥发减少 28.85％～37.71％，0～120cm 土壤剖面中硝态氮累积量降低 36.06％～52.00％。另外，还可提高土壤微生物群落功能多样性，改善土壤微生物环境，是一种环境友好的氮素调控措施。

第四章 •••
设施菜田氮磷污染农艺防控

第一节　设施蔬菜土壤氮淋失污染的填闲作物轮作阻控

蔬菜生产是一种高度集约化的栽培模式，肥料投入量往往是大田作物需肥量的数倍，在设施蔬菜生产体系里表现得尤为明显。通过 $\delta^{15}N$ 和 ^{15}N 的试验发现，集约化农业种植区地下水硝酸盐含量超标主要是过量施用化学氮肥和有机肥造成的，土壤剖面硝态氮累积和淋失是地下水硝酸盐含量超标的主要成因。因此，实现土壤过剩氮素的再利用，降低土壤氮素残留，减少硝酸盐淋失，已成为我国蔬菜生产可持续发展亟待解决的问题。早在20世纪初，利用填闲作物减少氮淋失的思想已被提出。目前作为生物手段，在提高种植体系养分循环利用、减少氮素淋失引起的环境问题等方面，已得到国际普遍认可。本研究利用甜玉米（玉蜀黍）（*Zea mays* L.）、苋菜（*Amaranthus* sp.）和甜高粱（*Sorghum* sp.）三种填闲作物及其根层调控措施（土壤调理剂、秸秆还田）等田间原位修复技术，研究了不同填闲作物种类、填闲作物单作及与中药牛膝间作、填闲作物断根措施和耕层调控措施对土壤溶液硝态氮的影响，揭示了植物高效削减土壤剖面累积硝态氮的特征，创建了设施蔬菜土壤氮素淋失阻控的填闲作物—蔬菜轮作模式。

一、填闲作物单一轮作对设施菜田土壤氮淋失的阻控

（一）填闲作物的生物量与吸氮量

1. 生物量与吸氮量的动态变化

由图4-1可以看出，随着生育期的延长，三种填闲作物的生物量和吸氮量逐渐增加，且在整个生长期内趋势一致，其中甜玉米的生物量与吸氮量一直处于优势。三种填闲作物在生长前期的吸氮量和生物量无显著差异；在生长后期，吸氮量和生物量迅速增加，且甜玉米的吸氮量显著高于甜高粱和苋菜。由于后期植株衰老，甜玉米和甜高粱的生物量下降，吸氮量也随之降低。苋菜生育期较长，且含氮量最高，在收获时还处于生长阶段，所以生物量和吸氮量并没有降低。

2. 三年生物量与吸氮量的动态变化

由图4-1及表4-1可见种植三年填闲作物生物量及吸氮量。2008年和2009年，甜玉米的总生物量分别为13.0t/hm²、13.8t/hm²，是三种填闲作物中总生物量最大的，与苋菜和甜高粱达到显著差异；2010年甜高粱表现出高于甜玉米的趋势，但两者差异不显著。甜玉米和甜高粱同为禾本科植物，前两季秸秆生物量差异不显著，而籽粒相差较大。在2010年甜高粱秸秆生物量显著高于甜玉米。苋菜属于复叶植物，籽粒采收困难，整株收获，

2009 年为野生苋菜，总生物量显著高于 2008 年和 2010 年的蔬菜型苋菜。

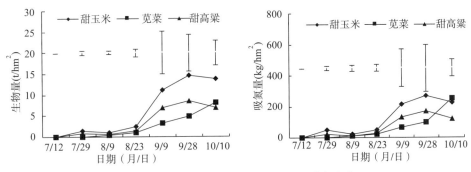

图 4-1 填闲作物生物量与吸氮量的动态变化

苋菜的含氮量最高，与甜玉米和甜高粱差异显著。植物吸收土壤氮的数量与植物本身的吸氮量特性有关，氮吸收能力强的植物能更有效地减少土壤硝态氮的淋失。从表 4-1 可看出，三种填闲作物均有较强的吸氮能力，2008 年甜玉米的吸氮量最大，与苋菜差异不显著，而与甜高粱差异显著；2009 年甜玉米与苋菜的吸氮量差异不显著，但与甜高粱有显著性差异；2010 年三种填闲作物的吸氮量均无显著差异。

表 4-1 连续三年填闲作物地上部生物量和吸氮量

指标	地上部	2008 年			2009 年			2010 年		
		甜玉米	苋菜	甜高粱	甜玉米	苋菜	甜高粱	甜玉米	苋菜	甜高粱
生物量 (t/hm²)	秸秆	6.7a	3.7b	6.8a	5.3b	8.1a	6.0b	7.4b	5.9b	18.5a
	籽粒	5.5a	—	0.5b	7.4a	—	1.0b	7.1		
	穗轴	0.8	—	—	1.1	—	—	1.1		
	合计	13.0a	3.7c	7.3b	13.8a	8.1b	7.0c	15.6a	5.9b	18.5a
含氮量 (g/kg)	秸秆	11.8c	46.9a	23.2b	16.7b	31.3a	17.9b	13.8b	39.1a	12.4b
	籽粒	22.4a	—	12.4b	16.6a	—	14.9a	11.7		
	穗轴	12.5	—	—	11.6	—	—	12.0		
吸氮量 (kg/hm²)	秸秆	78.7	173.2	157.4	88	252.8	106.1	104.5b	229.7a	229.2a
	籽粒	123.6	—	5.9	123.3	—	14.8	82.9		
	穗轴	9.4	—	—	12.7	—	—	13.3		
	合计	211.7a	173.2ab	163.3b	224.0a	252.8a	120.9b	200.7a	229.7a	229.2a

（二）填闲作物的根长密度与根干重

应用深根型植物提取土壤深层累积硝态氮，减少其进一步向地下水迁移，是缓解环境压力、经济有效的原位修复措施。Noordwijk 等（1996）和 Rowe 等（1999）提出了土壤养分植物吸收的"安全网"和"营养泵"学说，即植物可以通过其根系网络拦截来自剖面浅层的营养，同时深根植物则可通过根系的下扎将下层累积的养分像"泵"一样提取上来。因此，具有庞大根系的填闲作物能够对土壤硝态氮进行更好地拦截与吸收。

由图 4-2 可见不同填闲作物的根长密度和根干重。三种处理在 0～150cm 的土层中都有根系存在，根长密度和根干重趋势一致，随着土层的加深根长密度和根干重均呈指数递减。2008年的结果显示，0～50cm 的土层中，苋菜与甜高粱的根长密度和根干重差异不明显，甜玉米显著高于苋菜和甜高粱，而苋菜是三种填闲作物中最低的。从 50cm 向下三种填闲植物的根长密度和根干重明显下降，虽然甜高粱有增加的趋势，但与甜玉米和苋菜无显著差异。100cm 以下，三个处理均差异不显著，根长密度和根干重在数值上的排列顺序为甜玉米＞甜高粱＞苋菜。0～150cm 土层中甜玉米、苋菜、甜高粱的平均根长密度分别为 0.66cm/cm³、0.34cm/cm³ 和 0.46cm/cm³，平均根干重分别为 0.065mg/cm³、0.021mg/cm³ 和 0.038mg/cm³，其中甜玉米的平均根长密度和根干重最大，因此甜玉米的吸氮量最高。

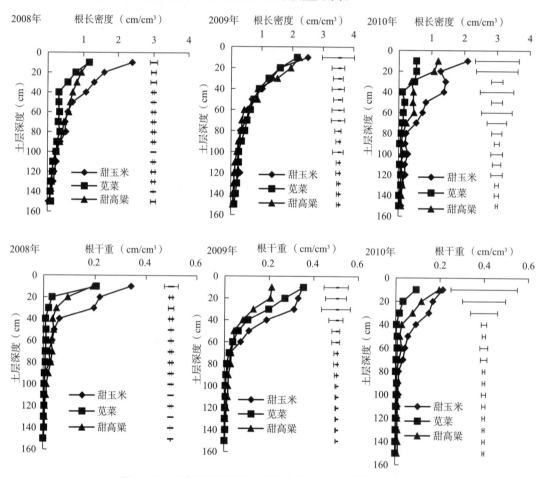

图 4-2　三季填闲作物根长密度和根干重在不同土层的分布

2009 年，三种填闲作物根长密度和根干重的趋势也表现较一致。在 0～40cm 土层，根长密度和根干重的大小是甜玉米＞苋菜＞甜高粱，且甜玉米和苋菜的处理均与甜高粱差异显著。40cm 以下土层没有表现出显著差异。

2010 年，在 0～80cm 土层中，根长密度和根干重表现为甜玉米＞甜高粱＞苋菜。80cm 以下，各处理差异不显著。0～150cm 土层中三种作物甜玉米、苋菜、甜高粱的平均根长密度分别为 0.64cm/cm³、0.17cm/cm³ 和 0.36cm/cm³，平均根干重分别为 0.055mg/cm³、0.012mg/cm³ 和 0.037mg/cm³。

（三）土壤剖面硝态氮的动态变化与削减量

1. 土壤剖面硝态氮的动态变化

由图 4 - 3 可见土壤剖面硝态氮含量的动态变化。不种填闲作物的休闲土壤硝态氮含量在 0～120cm 土层均高于种植填闲作物。0～30cm 土层，休闲处理在每次降雨后均会出现硝态氮含量下降，随即出现一个上升高峰；甜玉米则表现出明显的降低，尤其是种植后 40～60d，正值甜玉米的大喇叭口期至抽雄吐丝期，是甜玉米的生长旺期，虽然有 77.6mm 的降雨，但硝态氮含量并没有上升；硝态氮含量在苋菜生长前期和中期较低，但后期硝态氮含量回升，高于甜玉米和甜高粱处理；在甜高粱种植的 40d 之前硝态氮含量较高，中后期硝态氮含量下降。30～60cm，休闲处理在种植的 60d 之前含量较低，但在后期出现了显著的上升；甜玉米和苋菜趋势一致，在此土层始终含量较低；甜高粱是随着生长含量增加，在生长后期有一个分布峰值。60cm 以下的土层，休闲处理随着土壤深度的加深，含量增加，在 100cm 以下含量变化不大；甜玉米在 60cm 以下却有一个含量峰值，也是高降雨造成淋失的结果；苋菜与休闲处理的趋势一致；甜高粱在 70～100cm 出现波浪式残

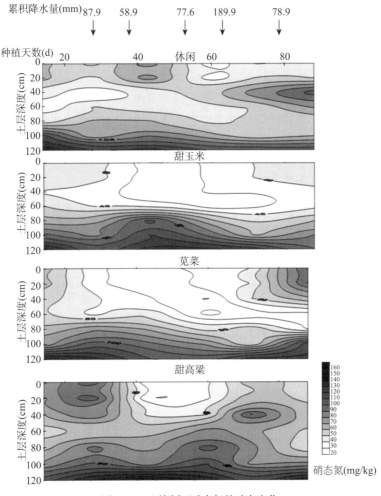

图 4 - 3　土壤剖面硝态氮的动态变化

留，含量峰值分别出现在种植 20d 和 60d。总体来看，填闲降低了土壤剖面硝态氮残留；甜玉米对降低 0～60cm 土壤硝态氮残留的作用明显高于苋菜和甜高粱，而苋菜后期对 60～80cm 土层的硝态氮含量削减作用更明显，这也说明甜玉米削减土壤剖面硝态氮累积主要是表层强大的根系网络，苋菜的直根特性是土壤剖面 60～80cm 硝态氮含量降低的原因。

2. 土壤剖面硝态氮削减量

填闲作物种植三年后对土壤剖面硝态氮削减情况如表 4-2 所示。三个年度试验表明，设施蔬菜的休闲季种植填闲作物对削减土壤硝态氮累积具有积极作用。揭棚晒棚的休闲处理会导致土壤表层硝态氮的淋洗和深层硝态氮的淋失。

表 4-2　2008—2010 年填闲作物收获后土壤剖面硝态氮的削减

年份	土层深度（cm）	土壤剖面硝态氮削减量（kg/hm²）			
		休闲	甜玉米	苋菜	甜高粱
2008 年	0～20	148.7	176.0	120.7	177.9
	20～40	96.7	179.5	148.9	164.0
	40～60	−38.1	21.9	31.2	11.2
	60～80	−26.6	−8.4	22.0	10.0
	80～100	−21.3	−40.2	−62.7	−19.2
	100～120	−63.0	−30.6	−65.4	−69.2
	120～140	−72.0	−39.6	−35.1	−69.4
	140～160	−63.6	−46.9	−29.8	−62.1
	160～180	−69.6	−34.8	−28.1	−59.6
	180～200	−68.1	−23.2	−21.2	−35.1
	0～100	159.5c	328.8a	260.2b	344.0a
	100～200	−336.3c	−175.1a	−179.7a	−295.4b
	0～200	−176.8c	153.8a	80.5b	48.6b
2009 年	0～20	170.3	190.6	81.7	166.7
	20～40	31.8	69.6	28.2	116.4
	40～60	59.8	41.8	20.2	28.0
	60～80	58.9	31.8	19.7	39.8
	80～100	54.9	40.9	11.3	22.7
	100～120	84.2	31.3	81.3	34.5
	120～140	105.2	52.8	20.2	31.9
	140～160	119.3	33.0	43.5	37.2
	160～180	101.1	65.5	40.5	97.4
	180～200	93.4	48.4	84.8	49.7
	0～100	375.7a	374.8a	161.1b	373.6a
	100～200	503.2a	230.9b	270.2b	250.7b
	0～200	878.9a	605.7b	431.3c	624.3b
2010 年	0～20	12.5	7.7	8.8	5.9
	20～40	22.7	8.2	55.4	11.5
	40～60	12.9	7.5	12.6	10.1
	60～80	9.9	10.0	14.8	5.0
	80～100	16.2	−0.6	15.4	3.8

（续）

年份	土层深度（cm）	土壤剖面硝态氮削减量（kg/hm²）			
		休闲	甜玉米	苋菜	甜高粱
2010年	100～120	6.6	1.2	9.6	8.3
	120～140	11.4	7.8	11.4	10.7
	140～160	12.9	4.5	14.2	5.8
	160～180	13.7	5.6	13.8	12.9
	180～200	6.9	4.5	10	5.8
	0～100	74.2ab	32.8b	107.0a	36.4ab
	100～200	51.4a	23.5b	58.9a	43.5ab
	0～200	125.6ab	56.3c	165.8a	79.9bc

休闲在2008年、2009年和2010年种植前，0～100cm土层中硝态氮的削减量分别是159.5kg/hm²、375.7kg/hm²和74.2kg/hm²；100～200cm土层中硝态氮的削减量分别为-336.3kg/hm²、503.2kg/hm²和51.4kg/hm²。由此可说明，设施大棚夏季休闲会造成土壤硝态氮向下层淋失，2008年收获后，休闲处理主要是由100cm以上向下淋洗，累积在100～200cm；2009年和2010年的100～200cm出现削减，说明经过一季黄瓜种植时的灌水和夏季休闲期间的降水，土体中的硝态氮再次向下淋失，并且淋失出200cm土层。因此，设施蔬菜大棚在华北地区的夏季不宜采用揭棚晾晒，可通过种植填闲作物来减少土壤硝态氮淋溶，以减少对地下水的污染。

填闲种植与休闲相比，能够削减土壤中累积的硝态氮。填闲种植年际间比较发现，三种填闲作物在各土层硝态氮削减量均以第二季最高。在0～100cm土层，2008年、2009年甜玉米与甜高粱的削减量要显著高于苋菜，而2010年苋菜高于甜玉米与甜高粱；100～200cm土层，2009年、2010年表现为苋菜的削减量高于甜玉米与甜高粱，2008年苋菜与甜高粱差异显著，2009年三者差异不显著，2010年苋菜与甜玉米差异显著；0～200cm土层，2008年削减能力表现为甜玉米大于苋菜与甜高粱，2009年表现为甜玉米与甜高粱高于苋菜，2010年苋菜的削减量有所提高，表现为苋菜高于甜玉米与甜高粱，这主要是由于苋菜的根系没有甜玉米与甜高粱发达，从而使其大量土壤硝态氮淋出200cm土层，故使其累积量少于后者造成的。综合分析，削减土壤硝态氮累积的能力为甜玉米＞甜高粱＞苋菜。

（四）土壤溶液中的硝态氮动态变化与淋失量

1. 土壤溶液中硝态氮的动态变化

土层30cm、60cm和100cm处土壤溶液硝态氮含量见图4-4，30cm和60cm处各处理的含量均呈现逐渐降低的趋势，100cm处的硝态氮含量在整个生育期变化幅度不大。30cm处，休闲处理硝态氮含量在种植60d前高于其他处理，60d后与其他处理相差不大；而苋菜处理在整个生育期低于其他处理。在60cm处，甜玉米处理种植前期的硝态氮含量高于其他处理，种植40d后逐渐下降，且低于休闲和甜高粱处理。100cm处的甜玉米处理硝态氮含量低于其他处理，收获时低于休闲与甜高粱，与苋菜差异不大。

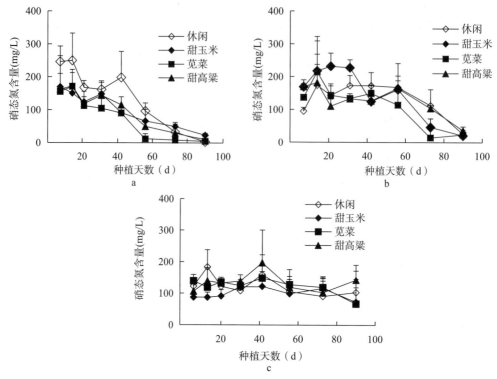

图 4-4　土壤剖面 30cm（a）、60cm（b）和 100cm（c）处土壤溶液硝态氮含量变化

2. 土壤溶液的硝态氮渗漏量

两年利用渗漏淋溶盘采集的 100cm 土层的硝态氮淋失量见图 4-5。2008 年的休闲、甜玉米、苋菜和甜高粱处理硝态氮的淋失量分别为 3.6kg/hm²、1.9kg/hm²、2.4kg/hm²和 2.6kg/hm²，甜玉米、苋菜和甜高粱分别比休闲减少 47%、33% 和 28%，说明种植填闲作物能够降低土壤硝态氮的淋失。2009 年休闲、甜玉米、苋菜和甜高粱处理硝态氮的淋失量分别为 1.4kg/hm²、1.3kg/hm²、3.0kg/hm² 和 5.1kg/hm²，除甜玉米低于休闲外，其他填闲作物均高于休闲。说明一季填闲对降低土壤硝态氮的淋失具有明显的效果，第二季的影响可能是黄瓜种植造成的。

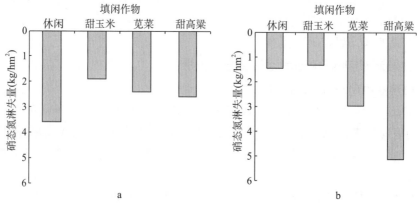

图 4-5　两年填闲季 100cm 土层处的硝态氮渗漏量

a. 2008 年　b. 2009 年

（五）土壤硝态氮的表观平衡

一季作物种植后一定深度土体硝态氮表观平衡＝硝态氮的输入－硝态氮的输出。2 年试验填闲季土壤硝态氮表观平衡分析见表 4-3。在 2008 年的 0～100cm 土层中，休闲和甜高粱的氮素损失量最大，苋菜的损失量最小，休闲损失量大是大量淋洗造成的，甜高粱损失量大主要是较低的含氮量造成的。在 2008 年的 0～200cm 土层，所有处理均出现硝态氮的亏缺，休闲处理比填闲种植的亏缺大，可能是因为土壤大量残留，尤其是 100～200cm，导致硝态氮输入小于输出，另一方面是由于种植填闲作物，提高了硝态氮吸收；不同填闲之间亏缺的程度也不同，以甜玉米最低，主要是由于甜玉米的吸氮量高于苋菜和甜高粱。因此，在播前土壤硝态氮相同的情况下，种植填闲作物可以降低土壤硝态氮的残留，而填闲种类的差异也是影响土壤氮素平衡的一个重要因素。

表 4-3   不同作物土壤硝态氮的表观平衡

土层（cm）	年份	处理	硝态氮输入量（kg/hm^2）		硝态氮输出量（kg/hm^2）		表观平衡
			播前	湿沉降	土壤残留量	作物吸氮量	
0～100	2008 年	休闲	603.1	9.4	443.6	0	168.9a
		甜玉米	603.1	9.4	274.2	212.0	126.3b
		苋菜	603.1	9.4	342.8	174.0	95.7b
		甜高粱	603.1	9.4	259.1	163.0	190.4a
	2009 年	休闲	413.9	5.8	38.2	0	381.5a
		甜玉米	420.1	5.8	45.3	223.8	156.8c
		苋菜	226.8	5.8	65.7	252.5	−85.6d
		甜高粱	410.3	5.8	36.7	81.2	298.2b
0～200	2008 年	休闲	947.9	9.4	1124.7	0	−167.4c
		甜玉米	947.9	9.4	794.2	212.0	−48.8a
		苋菜	947.9	9.4	867.4	174.0	−84.1b
		甜高粱	947.9	9.4	899.4	163.0	−105.1b
	2009 年	休闲	971.8	5.8	92.9	0	884.7a
		甜玉米	676.1	5.8	70.4	223.8	387.7c
		苋菜	541.7	5.8	110.4	252.5	184.6d
		甜高粱	695.4	5.8	71.1	81.2	548.9b

二、填闲作物间作药材对设施菜田土壤氮淋失的阻控

（一）填闲作物的生物量与吸氮量

生物量是影响填闲作物吸氮和控制硝酸盐淋溶的重要因素，足够大的生物量可更多地吸收土壤中的硝态氮。由表 4-4 可看出，9 月 27 日甜玉米收获时，单作甜玉米和间作甜玉米的总生物量分别为 20.11t/hm^2、16.70t/hm^2，两者差异显著，且显著高于牛膝单作（此时牛膝尚未成熟，生物量较低）。10 月 28 日收获牛膝，单作生物量为 2.72t/hm^2，与单作措施的生物量差异不显著。与茎秆含氮量比较，牛膝的含氮量显著高于甜玉米；甜玉

米籽粒的含氮量与牛膝根的含氮量差异显著。吸氮量与生物量趋势一致，间作与单作甜玉米的吸氮量最高，分别为 221.77kg/hm² 和 240.34kg/hm²，两者间差异不显著，明显高于牛膝。因此，甜玉米与牛膝间作，能提高对于氮的吸收。

表 4-4 不同填闲作物地上部生物量和吸氮量

收获时间	处理		生物量（t/hm²）			含氮量（g/kg）		吸氮量（kg/hm²）		
			茎秆	籽粒/根	合计	茎秆	籽粒/根	茎秆	籽粒/根	合计
2010.9.27	单作	甜玉米	10.51a	9.59a	20.11a	10.94b	13.06b	114.90a	125.44a	240.34a
	间作	甜玉米	9.26a	7.44b	16.70b	12.49b	14.36b	115.35a	106.42a	221.77a
		牛膝	1.11b	0.26c	1.37c	24.61a	18.61a	27.39b	5.93c	33.32c
2010.10.28	单作	牛膝	1.60b	1.32c	2.72c	21.27a	18.52a	29.72b	36.07b	65.79b

（二）填闲作物的根长密度与根干重

根长密度和根干重均随土壤剖面深度的加深而降低。从根长密度上看，0～20cm 土层中，间作甜玉米最高，其次为甜玉米，牛膝的根长密度最低。这与作物的根系特征有关，牛膝为直根系植物，其根系少而粗壮；甜玉米为禾本科须根系植物，根较细小且数量较多。100cm 以下土层，各处理的根长密度差异不显著。根干重上看，0～30cm 根干重表现为间作甜玉米＞间作牛膝＞甜玉米的趋势，但 30cm 以下则表现为间作甜玉米＞甜玉米＞间作牛膝。

（三）土壤剖面硝态氮的动态变化与削减量

1. 土壤剖面硝态氮的动态变化

由图 4-6 可见各处理土壤硝态氮含量的动态变化。在填闲作物生长初期，由于苗期植株吸收土壤氮素较少，此时土壤表层硝态氮含量依然很高，在植物生长第 23d 时发生了降水，使填闲处理表层硝态氮向下淋洗，但仅淋洗到 40cm；种植后 40～60d，所有填闲处理土壤表层硝态氮均有一个明显降低的过程，而这一时期正值甜玉米的大喇叭口期至抽雄吐丝期，是甜玉米的生长旺期，甜玉米的降低程度尤为明显，休闲处理土壤硝态氮已淋洗至 120cm，甜玉米与间作淋洗至 60cm；随着植物的生长，土壤硝态氮耗竭明显，植物生长到 71d 时，又出现了一次降水，土壤硝态氮随水向下淋溶，休闲处理土壤硝态氮淋洗至 160cm，甜玉米淋洗至 80cm，间作淋洗至 140cm；收获时填闲处理土壤表层硝态氮呈下降趋势。

在作物的整个生长过程中，虽然由于作物生长、降水、土壤自身矿化等因素影响土壤硝态氮的变化，但总体趋势为土壤硝态氮发生了向下移动，种植结束时硝态氮出现了不同深度的累积；填闲种植降低了土壤剖面硝态氮残留，0～200cm 的土层中，甜玉米的残留量最少，硝态氮残留主要集中在 80～100cm 的土层中。

2. 土壤剖面硝态氮的累积量和削减量

填闲作物收获时土壤剖面硝态氮的累积量和削减量见表 4-5。除休闲外，填闲作物 0～200cm 土层的硝态氮削减量均为正值，说明填闲种植能显著减少 0～200cm 土层的硝态氮累积。0～60cm 土层是根系活力最强的土层，各处理均出现不同数量硝态氮的削减，以甜玉米的削减能力最强，达到 1 045.12kg/hm²，间作处理相对较低。从 60cm 开始，休闲处理出现硝态氮累积，80cm处两种填闲处理也出现不同程度的硝态氮累积，到100～120cm又出现了削减趋势，随后又表现为累积。说明无论是休闲还是填闲种植，都有使上层硝态氮向下淋洗的危险，以休闲的淋洗程度最高。0～200cm土层，土壤硝态氮的削减量为单作甜玉米>间作牛膝>间作甜玉米>休闲。

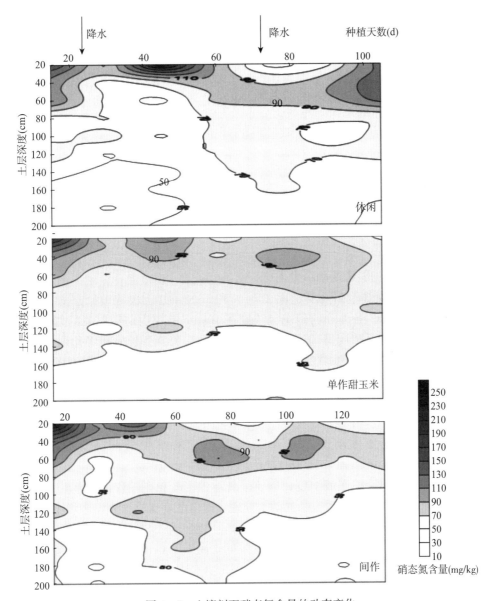

图4-6 土壤剖面硝态氮含量的动态变化

表4-5 填闲作物收获后土壤剖面硝态氮的削减量

土层深度（cm）	播种前（kg/hm²）	收获后（kg/hm²）				削减量（kg/hm²）			
		休闲	单作甜玉米	间作甜玉米	间作牛膝	休闲	单作甜玉米	间作甜玉米	间作牛膝
0～20	858.19	339.38	107.39	180.73	144.17	518.81	750.80	677.47	714.02

（续）

土层深度 (cm)	播种前 (kg/hm²)	收获后（kg/hm²）				削减量（kg/hm²）			
		休闲	单作甜玉米	间作甜玉米	间作牛膝	休闲	单作甜玉米	间作甜玉米	间作牛膝
20～40	461.35	389.88	172.55	272.43	196.71	71.47	288.80	188.92	264.64
40～60	177.62	416.54	172.10	286.41	239.42	−238.91	5.52	−108.79	−61.79
60～80	201.57	225.03	169.34	170.19	210.54	−23.46	32.23	31.37	−8.97
80～100	162.07	245.92	242.93	187.78	142.15	−83.86	−80.86	−25.72	19.91
100～120	225.35	225.46	156.52	165.76	106.98	−0.11	68.83	59.59	118.36
120～140	24.38	170.33	125.35	142.06	93.76	−145.95	−100.98	−117.68	−69.38
140～160	85.03	186.06	116.59	115.78	130.74	−101.02	−31.56	−30.74	−45.71
160～180	79.31	130.85	96.51	132.43	132.10	−51.54	−17.19	−53.11	−52.78
180～200	112.87	140.57	120.58	118.27	111.23	−27.70	−7.72	−5.41	1.64
0～60	1 497.17	1 145.80	452.04	739.57	580.30	351.36c	1 045.12a	757.59b	916.87ab
60～160	698.39	1052.80	810.74	781.57	684.18	−354.40c	−112.34b	−83.17b	14.21a
160～200	192.18	271.42	217.09	250.70	243.33	−79.24b	−24.91a	−58.52ab	−51.15a
0～200	2 387.74	2 470.01	1 479.87	1 771.83	1 507.80	−82.27c	907.87a	615.91b	879.93ab

（四）土壤溶液中的硝态氮动态变化

利用土壤溶液提取器监测土壤剖面 100cm 和 150cm 处土壤溶液硝态氮动态变化如图 4-7 及图 4-8 所示。各处理的硝态氮浓度在 100cm 呈现出前低后高的趋势；整个监测期，休闲处理的硝态氮浓度呈现出高于填闲处理的趋势。生长前期（45d 之前），休闲处理的浓度高于其他填闲处理；在种植 23d、71d 时出现降水，使土壤湿度增加，反硝化作用增强，硝态氮浓度有所降低，随后土壤含水量降低，土壤通透性增加，硝化作用增强，以及上层硝态氮的淋洗，土壤中硝态氮含量又开始略有回升。在填闲作物收获时，所有处理均为上升趋势，是由于生长后期，填闲作物吸氮能力逐渐降低的缘故。土壤溶液硝态氮浓度数值上表现为休闲＞单作甜玉米＞甜玉米＋牛膝间作，其浓度分别为 309.55mg/L、216.20mg/L、165.33mg/L。

150cm 处的土壤溶液硝态氮浓度，整体呈现波浪形变化，单作甜玉米与间作的变化趋势一致。整个监测期，种植甜玉米的两个处理表现出浓度高的趋势，这可能与两处理在 150cm 处有较高的根长密度有关。说明甜玉米具有较强的吸收能力，而休闲有向下淋失的风险。填闲种植 150cm 处土壤溶液硝态氮浓度均高于 100cm 处，且变化趋势相似，表明土壤溶液硝态氮已淋溶至 150cm 处，并有向深层淋溶的风险。

三、填闲作物根层调控对设施菜田土壤氮淋失的阻控

（一）填闲作物的生物量与吸氮量

1. 生物量与吸氮量的动态变化

填闲作物减少氮素淋洗的效果，与栽培管理措施也有很大关系。结构改良剂或秸秆还田等通过改善根系生长和发生环境也可以改善植物利用深层硝态氮的能力。把 PAM（聚丙烯酰胺）作为土壤结构剂，可使土壤淋溶液中的硝态氮较对照减少了 45.55%；黑麦草

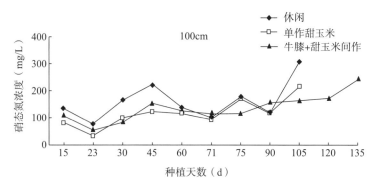

图 4-7　土壤剖面 100cm 处土壤溶液硝态氮浓度变化

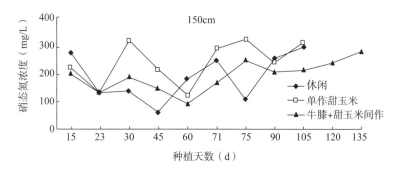

图 4-8　土壤剖面 150cm 处土壤溶液硝态氮浓度变化

分别在 11 月和翌年 3 月割下还田，氮的淋溶分别减少是每年 $1.0\sim2.4g/m^2$ 和 $0.9\sim$ $2.1g/m^2$。在种植填闲作物甜玉米时，分别采取了传统种植、添加结构调理剂、秸秆还田等根层调控措施，三个处理的甜玉米生物量和吸氮量见图 4-9。三种填闲作物在整个生长期趋势一致，随着生长期的生长，生物量和吸氮量均增加，到 9 月 28 日后，除秸秆还田外，其他两个处理开始下降。除收获时加入调理剂与秸秆还田的处理生物量和吸氮量差异显著外，其他生长期无显著差异。

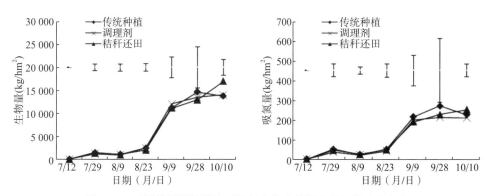

图 4-9　不同耕层调控措施下填闲作物生物量和吸氮量动态变化

2. 三年的生物量与吸氮量的动态变化

比较三季甜玉米不同根层调控措施的生物量、含氮量与吸氮量见表 4-6。在三季甜玉米种植中，两种根层调控的总生物量要高于传统种植，并呈现逐年增加的趋势。其中，秸秆还田处理的秸秆生物量最高，其值分别为 $8.0t/hm^2$、$10.0t/hm^2$ 和 $11.2t/hm^2$；籽粒则为添加调理剂的最高，其值分别为 $6.2t/hm^2$、$7.4t/hm^2$ 和 $7.9t/hm^2$。秸秆还田与调理剂的总生物量表现出高于传统种植的趋势，但第三季三者差异不显著。这与一年试验结论一致，加入碳源或氮源物质，可以改变土壤的 C/N，促进填闲作物对氮的吸收，其作物秸秆的生物量比籽粒增加幅度大。三季籽粒的含氮量差异不大，秸秆含氮量表现出秸秆还田和调理剂处理高于传统种植的趋势。

从表 4-6 可知，比较三年填闲作物的吸氮量可看出，籽粒吸氮量无显著差异，但秸秆中表现出差异，这与生物量趋势一致，因此作物高生物量是高吸氮量的前提。总吸氮量方面，2008 年根层调控处理显著高于传统种植，其值分别为 $285.7kg/hm^2$、$305.4kg/hm^2$ 和 $211.8kg/hm^2$；2009 年、2010 年秸秆还田处理最高，并与其他两处理呈显著性差异。有研究表明，施用 PAM 后，土壤容重较对照下降 11.18%，保持土壤良好的疏松结构，有助于作物的生长发育。以上数据说明，添加土壤调理剂及碳输入可显著促进填闲作物生长，提高其生物量及对氮素的吸收，第一季效果最显著；两种根层调控措施相比，秸秆还田要好于调理剂。

表 4-6 甜玉米地上部生物量、含氮量和吸氮量

项目	地上部	2008 年			2009 年			2010 年		
		传统种植	调理剂	秸秆还田	传统种植	调理剂	秸秆还田	传统种植	调理剂	秸秆还田
生物量 (t/hm^2)	秸秆	7.4c	7.7b	8.0a	6.4b	6.7b	10.0a	8.5a	7.8a	11.2a
	籽粒	5.5b	6.2a	5.4b	7.4a	7.4a	6.9b	7.1b	7.9a	7.3ab
	合计	12.9b	13.9a	13.4a	13.8b	14.1b	16.9a	15.6a	15.7a	18.5a
含氮量 (g/kg)	秸秆	11.9b	16.7a	19.2a	15.9a	12.1a	15.0a	13.8b	14.6b	17.6a
	籽粒	22.4a	25.5a	28.1a	16.6a	17.2a	14.6a	11.7a	11.9a	11.9a
吸氮量 (kg/hm^2)	秸秆	88.3b	128.5a	154.2a	101.1a	82.5b	148.7a	117.8b	114.8b	197.6a
	籽粒	123.5a	157.2a	151.2a	123.3a	127.7a	102.6a	82.9a	94.0a	87.3a
	合计	211.8b	285.7a	305.4a	224.4b	210.1b	251.3a	200.7b	208.9b	284.9a

（二）填闲作物的根长密度与根干重

2008—2010 年收获后填闲作物的根长密度和根干重如图 4-10 所示。三季填闲的根长密度和根干重趋势一致，填闲作物的根长密度和根干重随着土层的加深，根长密度和根干重均呈指数递减。在 2008 年，不同根层调控处理在 0～150cm 土层的采集深度均有根系存在，随着土层的加深，根长密度和根干重均呈指数递减。根长密度和根干重在 0～30cm 土层以传统种植最高，且在 0～20cm 的表层达到显著差异；30～60cm 土层秸秆还田处理占优势；60～100cm 的土层，土壤调理剂处理显著高于其他两个处理；其他土层处理间差异不显著。总根长密度和根干重在 0～150cm 土层表现为土壤调

理剂＞秸秆还田＞传统种植，说明土壤调理剂在促根下扎方面效果较明显。2009年各处理的根长密度和根干重有所增加，0～70cm秸秆还田处理的效果较好，70cm以下，调理剂的效果更明显，由此说明，种植填闲加入土壤调理剂或秸秆还田可以促进作物根系的生长发育，增加对土壤中氮素吸收。2010年各处理的根长密度和根干重有所降低，这一现象与填闲作物对土壤硝态氮的削减能力有所降低相一致。

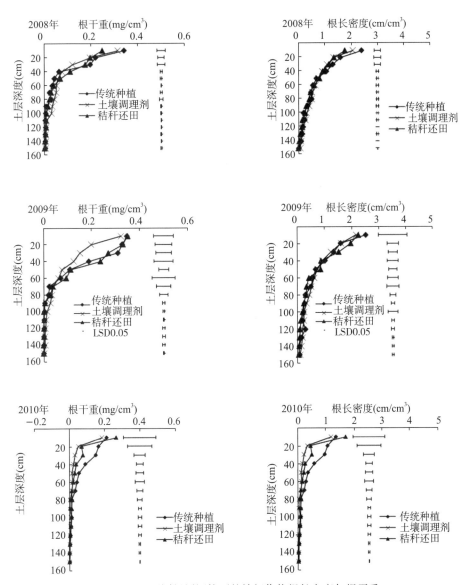

图4-10　不同根层调控下的填闲作物根长密度与根干重

（三）土壤剖面硝态氮的动态变化与削减量

1. 土壤剖面硝态氮的动态变化

不同根层调控措施下土壤剖面硝态氮含量的动态变化如图4-11所示，可看出，总体趋势为休闲高于填闲种植。4个处理均为上层硝态氮含量低于下层。在0～40cm土层，休闲处理在每次降水后不久便出现一个硝态氮累积峰,其他三个处理均没有出现累积峰,且含量较低。40～80cm 土层,三个甜玉米种植的处理硝态氮含量明显低于休闲处理。80cm以下的土层,4 个处理的硝态氮含量逐渐趋向一致。

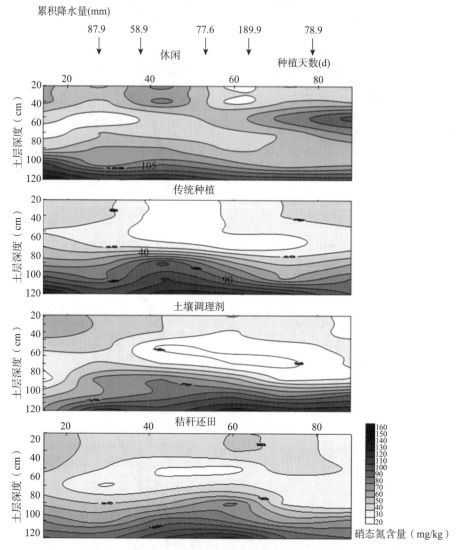

图 4-11　土壤剖面硝态氮的动态变化

　　三种根层调控措施下,甜玉米苗期(种植后 20d)表层的硝态氮含量无差异,但在40cm 以下,加入调理剂和秸秆的硝态氮明显表现出耗竭,尤其以调理剂处理耗竭程度显著,影响深度达到 100cm 土层。到大喇叭口期(种植后 40d),传统种植的表层硝态氮耗竭程度低于其他两个处理,但下层的含量却高于另外两者,由此说明加入调理剂和秸秆还田能提高下层硝态氮的利用。甜玉米生长后期(种植 80d 后),0～80cm 土层中,调理剂和秸秆还田的图斑颜色比传统种植浅,说明硝态氮利用程度明显高于传统种植。

2. 土壤硝态氮的削减量

三年甜玉米收获后土壤硝态氮削减量比较见表 4-7。2008 年，0～100cm 土层中，秸秆还田与调理剂土壤硝态氮削减量分别为 391.5kg/hm²、384.5kg/hm²，明显高于传统种植 328.8kg/hm²；100～200cm 土层，调理剂处理的削减能力显著高于秸秆还田与传统种植；0～200cm 土层，调理剂与秸秆还田的削减量分别为 266.4kg/hm²、222.1kg/hm²，两者明显高于传统种植。2009 年，0～100cm 土层中，传统种植土壤硝态氮削减量最高为 374.8kg/hm²，与调理剂 315.8kg/hm² 及秸秆还田 303.6kg/hm² 呈显著性差异（$P<0.05$）；100～200cm 土层中，秸秆还田、调理剂和传统种植的土壤硝态氮削减量分别为 299.5kg/hm²、284.0kg/hm² 和 230.9kg/hm²，三者差异不显著（$P<0.05$）。0～200cm 土层中，三种根层调控措施差异不大。2010 年，三种根层调控措施对土壤 0～100cm 土层硝态氮的削减量差异不显著；100～200cm 土层，调理剂的削减量显著高于传统种植，与秸秆还田差异不显著；0～200cm，调理剂与秸秆还田的土壤硝态氮削减量分别为 98.1kg/hm² 和 84.7kg/hm²，与传统种植 56.3kg/hm² 差异不显著（$P<0.05$）。

表 4-7　2008—2010 年甜玉米收获后土壤剖面硝态氮的削减量

深度 (cm)	休闲 (kg/hm²)			传统种植 (kg/hm²)			土壤调理剂 (kg/hm²)			秸秆还田 (kg/hm²)		
	2008 年	2009 年	2010 年	2008 年	2009 年	2010 年	2008 年	2009 年	2010 年	2008 年	2009 年	2010 年
0～20	148.7	170.3	12.5	176.0	190.6	7.7	196.9	180.6	8.0	191.8	140.6	12.5
20～40	96.7	31.8	22.7	179.5	69.6	8.2	182.6	24.8	9.8	177.2	59.0	6.4
40～60	−38.1	59.8	12.9	21.9	41.8	7.5	27.2	37.6	18.2	23.0	45.1	5.9
60～80	−26.6	58.9	9.9	−8.4	31.8	10.0	6.6	36.4	7.0	20.3	33.7	9.5
80～100	−21.3	54.9	16.2	−40.2	40.9	−0.6	−28.6	36.5	7.2	−20.8	25.3	7.7
100～120	−63.0	84.2	6.6	−30.6	31.3	1.2	−48.7	29.4	9.7	−31.3	60.7	8.7
120～140	−72.0	105.2	11.4	−39.6	52.8	7.8	−12.0	76.1	10.4	−27.9	54.7	6.2
140～160	−63.6	119.3	12.9	−46.9	33.0	4.5	−24.3	47.1	6.5	−35.8	40.4	7.8
160～180	−69.6	101.1	13.7	−34.8	65.5	5.6	−16.3	52.8	9.9	−42.9	78.8	14.6
180～200	−68.1	93.4	6.9	−23.2	48.4	4.5	−16.9	78.6	11.4	−31.5	64.9	5.5
0～100	159.5c	375.7a	74.2a	328.8b	374.8a	32.8a	384.5a	315.8b	50.1a	391.5a	303.6b	41.9a
100～200	−336.3c	503.2a	51.4a	−175.1b	230.9b	23.5b	−118.2a	284.0b	47.9a	−169.3b	299.5b	42.9ab
0～200	−176.8c	878.9a	125.6a	153.8b	605.7b	56.3b	266.4a	599.8b	98.1ab	222.1a	603.1b	84.7ab

通过三年的种植数据可以得出，随着种植年限的增加，相对于传统种植来说，加入土壤调理剂和适当的秸秆还田，均能降低土壤剖面硝态氮的淋失，尤其对 100～200cm 的作物根区土壤剖面硝态氮的削减能力更强。说明填闲作物种植时间的长短也是影响土壤硝态氮淋失的主要因素。本试验中硝态氮削减趋势大致为：土壤调理剂＞秸秆还田＞传统种植。本试验只做到三季的填闲，第二年表现削减硝态氮的能力很强，第三年则削减能力有所降低，多季种植的效果有待于进一步研究。

（四）土壤溶液中的硝态氮动态变化与淋失量

1. 土壤溶液硝态氮的动态变化

根层调控处理在 30cm、60cm 和 100cm 土壤溶液硝态氮含量见图 4-12。30cm 处的硝态氮浓度在整个时期在所有处理均表现出浓度由高到低的趋势，最高值达到 250mg/L；休闲处理在整个时期浓度均是最高的，在前期与填闲作物存在显著差异（$P<0.05$）；在甜玉米拔节期（种植 15d 左右），调理剂和秸秆的处理低于传统种植处理，之后逐渐升高。60cm 处硝态氮浓度的趋势与 30cm 一样，且在生长前期浓度与 30cm 相差不大；生长前期休闲处理浓度除低于传统种植处理，但高于调理剂和秸秆处理，后期休闲处理浓度最高；加入调理剂和秸秆处理的浓度始终处于较低的趋势，但秸秆处理的变化幅度较大，在甜玉米抽雄吐丝期出现了一个高峰。100cm 处的土壤硝态氮总体呈现前后期浓度低、中期浓度高的趋势，而且休闲与加入调理剂的趋势一致，传统种植与秸秆还田的趋势一致。所有处理在种植 42d 时土壤溶液硝态氮浓度均出现高峰，这是由于种植 40d 左右的 45mm 降水所致。

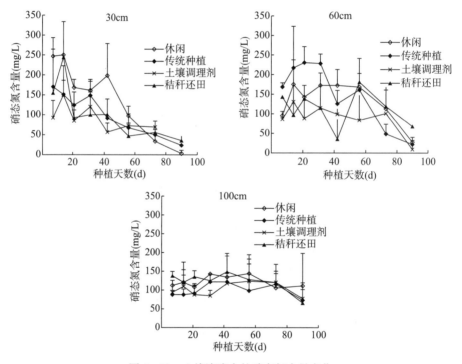

图 4-12　土壤溶液中的硝态氮含量变化

2. 土壤溶液中硝态氮的淋失量

由图 4-13 可看出，2008 年第一季填闲种植期间休闲、传统种植、调理剂和秸秆还田硝态氮的淋失量分别为 3.6kg/hm²、1.9kg/hm²、0.6kg/hm² 和 0.9kg/hm²。传统种植、调理剂和秸秆还田在土壤剖面 100cm 的硝态氮淋失量分别比休闲减少 47%、83% 和 74%，填闲种植硝态氮的淋失量均低于休闲，且差异显著（$P<0.05$），充分说明了种植填闲能够降低土壤硝态氮的淋失；加入调理剂显著低于其他两种根层调控措施的硝态氮淋

失量，而传统种植的硝态氮淋失量在三个种植处理中处于最高，说明加入调理剂、秸秆还田均能减少设施蔬菜土壤剖面硝态氮的淋失，根层调控对填闲作物削减设施蔬菜土壤剖面根层的硝态氮起到明显地促进作用，而且尤以添加调理剂效果突出。2009年却出现相反的趋势，以秸秆还田处理的硝态氮淋失量最大，其次为调理剂，传统种植的淋失量最小，传统种植与休闲二者之间没有明显差异，休闲、传统种植、调理剂和秸秆还田硝态氮的淋失量分别为 1.4kg/hm^2、1.3kg/hm^2、2.5kg/hm^2 和 4.0kg/hm^2，可能是秸秆还田处理氮矿化量较大的原因。

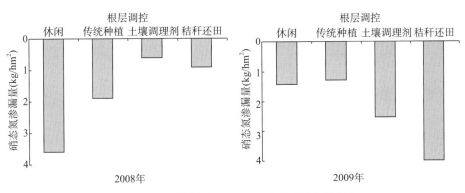

图 4-13　土壤剖面 0～100cm 土体硝态氮渗漏量

（五）土壤硝态氮的表观平衡

两季根层调控措施对填闲作物土壤硝态氮表观平衡见表 4-8。休闲与甜玉米种植比较，在 0～100cm 土层，第一季和第二季的休闲数值均为最高，且与三种填闲根层调控措施之间表现出显著差异（$P<0.05$），说明揭棚后的夏季休闲增加了土壤剖面上层土壤硝态氮淋洗。在 0～200cm 土层，第一季的 4 个处理氮素总平衡均为负值，且休闲明显低于填闲的，说明 4 个处理 0～100cm 土层的土壤硝态氮均较不同程度地向 100～200cm 土层淋洗，以休闲淋洗最强烈。3 种根层调控措施比较，在 0～100cm 和 0～200cm 均无显著差异。

表 4-8　三种根层调控措施土壤硝态氮的表观平衡

深度 （cm）	年份	处理	硝态氮输入量（kg/hm^2）			硝态氮输出量（kg/hm^2）		硝态氮 表观平衡
			播前	湿沉降	秸秆还田	土壤残留量	作物吸氮量	
0～100	2008 年	休闲	603.1	9.4	0	443.6	0	168.9a
		传统种植	603.1	9.4	0	274.4	212.0	126.1b
		土壤调理剂	603.1	9.4	0	205.2	285.7	121.6b
		秸秆还田	603.1	9.4	34.7	211.6	305.4	130.2b
	2009 年	休闲	413.9	5.8	0	38.2	0	381.5a
		传统种植	420.1	5.8	0	45.3	223.8	156.8b
		土壤调理剂	361.4	5.8	0	45.6	210.1	111.5b
		秸秆还田	335.0	5.8	34.7	31.3	251.3	92.9b

（续）

深度 (cm)	年份	处理	硝态氮输入量（kg/hm²）			硝态氮输出量（kg/hm²）		硝态氮表观平衡
			播前	湿沉降	秸秆还田	土壤残留量	作物吸氮量	
0～200	2008 年	休闲	947.9	9.4	0	1124.7	0	−167.4b
		传统种植	947.9	9.4	0	794.2	212.0	−48.9a
		土壤调理剂	947.9	9.4	0	741.5	285.7	−69.9a
		秸秆还田	947.9	9.4	34.7	725.8	305.4	−39.2a
	2009 年	休闲	971.8	5.8	0	92.9	0	884.7a
		传统种植	676.1	5.8	0	70.4	223.8	387.7b
		土壤调理剂	675.3	5.8	0	75.5	210.1	395.5b
		秸秆还田	665.3	5.8	34.7	62.2	251.3	392.3b

四、填闲作物结合断根对设施菜田土壤氮淋失的阻控

（一）填闲作物的生物量与吸氮量

由表 4-9 可看出，断根处理与传统种植的生物量、含氮量和吸氮量均差异不显著。断根处理的生物量有增加趋势，但差异不显著；断根处理的吸氮量也呈现高于传统种植的趋势，也未表现出显著性差异。

表 4-9　甜玉米地上部生物量、含氮量和吸氮量

处理	生物量（t/hm²）			含氮量（g/kg）		吸氮量（kg/hm²）		
	秸秆	籽粒	合计	秸秆	籽粒	秸秆	籽粒	合计
传统种植	10.51a	9.59a	20.11a	10.94a	13.06a	114.90a	125.44a	240.34a
断根 1	11.07a	9.03a	20.10a	11.60a	13.89a	122.03a	125.44a	247.47a
断根 2	11.04a	8.94a	19.98a	11.71a	13.65a	124.54a	122.68a	247.22a

注：断根则是甜玉米大喇叭口后期进行，用铁锹在距主茎 20cm 行间进行，切入深度为 20cm，进行单面断根，记作断根 1；以甜玉米主茎为中心用铁锹断其 1/4 面积的根，即一个象限，切入深度为 20cm，记作断根 2。

（二）填闲作物的根长密度与根干重

填闲作物收获后根长密度和根干重如图 4-14 所示。可看出，随着土层的加深，根长密度和根干重均呈递减趋势，且根长密度与根干重变化趋势一致。0～20cm 土层，断根 1 和断根 2 的根长密度与根干重最低，传统种植最高，这主要是因为断根处理的断根深度为 20cm，造成部分根系机械损伤。20～30cm 土层中，断根 1 及断根 2 处理的根长密度与根干重高于传统种植，此土层根系与断根层最近，上层断根刺激下层根系生长。100～140cm 土层，断根 1 的根长密度和根干重高于其他处理，140cm 以下则差异不显著。

（三）土壤剖面硝态氮的动态变化

不同根层调控措施下土壤剖面硝态氮含量的动态变化如图 4-15 所示。0～200cm 的土壤剖面硝态氮，休闲高于填闲种植。各处理均表现为随着植物的生长，表层硝态氮含量逐渐降低且有向下层淋溶。每次降水后，土壤硝态氮都会随水向下移动。

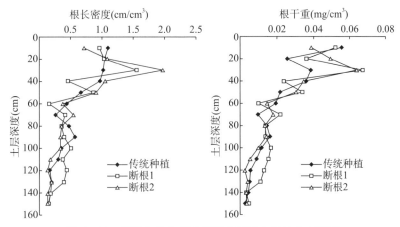

图 4-14　填闲作物收获后根系在不同土层的分布情况

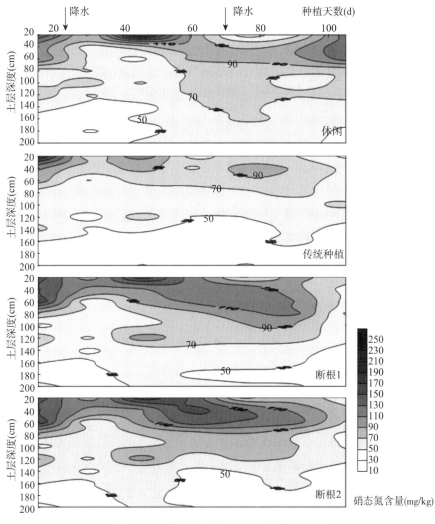

图 4-15　土壤剖面硝态氮含量的动态变化

三种根层调控措施下，甜玉米苗期（种植后20d）表层的硝态氮含量无差异，由于植物根系对土壤氮素有一定的吸收能力，加上此时有一次降水，使土壤硝态氮向下移动至60～80cm土层，比休闲的140cm向上提高了60～80cm。大喇叭口后期（种植后50d后）对甜玉米进行断根处理，断根前传统种植与断根处理趋势是一致的，断根后（50～90d），断根1与断根2表层土壤硝态氮含量有一个明显的降低过程。在甜玉米的收获期，只有传统种植在80～100cm出现硝态氮累积峰，说明两种断根调控措施对硝态氮吸收利用程度明显高于传统种植。

（四）土壤溶液中硝态氮的动态变化

各处理土壤剖面100cm、150cm处土壤溶液中硝态氮含量均有不同程度变化，如图4-16所示。100cm处土壤溶液硝态氮浓度变化幅度较大，三个处理均表现出前低后高的现象，休闲与传统种植趋势一致，而断根处理波动较大，说明根层调控措施能起到影响土壤溶液硝态氮浓度的作用。在整个监测期，断根1的硝态氮浓度居高不下，在种植60d前，与其他处理差异不大，60d后则呈现大幅度的变化，可能是由于断根后根系从下层吸收氮的能力增强，造成在此层的氮素含量增加。23d时有一次降水，随后各处理土壤溶液硝态氮有所升高，其中断根处理最高，传统种植最低，分别为275.80mg/L、101.05mg/L；30d之后，休闲、甜玉米与断根土壤溶液硝态氮呈相反的趋势；71d时，断根处理有一个峰值为399.30mg/L；收获时，各处理土壤溶液中硝态氮浓度差异不大。

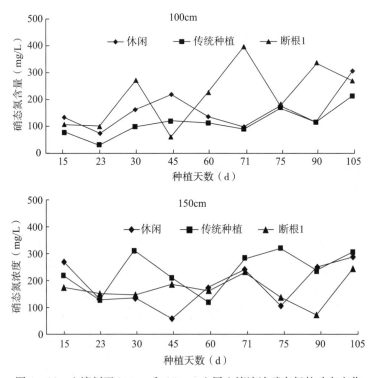

图4-16 土壤剖面100cm和150cm土层土壤溶液硝态氮的动态变化

150cm处，传统种植的土壤溶液硝态氮浓度出现波动较大，其他处理波动较小。传统种植的甜玉米在30d与75d时出现了峰值，其值分别为313.33mg/L、335.83mg/L。

收获时，各处理均呈现上升的趋势。与传统种植相比，断根处理的土壤溶液硝态氮浓度均有所降低，根层调控措施可促进根系对于土壤硝态氮的吸收，从而对土壤溶液硝态氮的向下淋溶起到了一定的阻控作用。

五、主要研究进展

1. 优选并探明了甜玉米对设施蔬菜土壤氮淋失的阻控效果

通过不同种类填闲作物种植发现，甜玉米的生物量和吸氮量最大，对土壤剖面硝态氮的消减效果最佳，土壤剖面硝态氮累积峰仅出现在植物生长初期 0～40cm 的土层，随着甜玉米的生长，土壤硝态氮逐渐降低。甜玉米因其具有庞大的表层根系网络，拦截土壤硝态氮的淋洗，降低土壤剖面残留。通过比较甜玉米单作和与牛膝间作发现，单作甜玉米对土壤剖面硝态氮的削减能力最高，削减量高达 907.87kg/hm^2，显著高于甜玉米＋牛膝间作。

2. 明确了甜玉米耕层调控对设施蔬菜土壤氮淋失的阻控效果

调理剂和秸秆均能提高甜玉米地上部生物量，增强对土壤氮素的吸收利用，刺激作物根系发育，从而可以截获根区累积硝态氮，使 0～100cm 土层残留硝态氮显著低于传统种植，阻止硝态氮大量向下迁移。因此，填闲作物可以通过土壤调理剂和秸秆还田根层调理措施实现土壤剖面硝态氮的快速消减。

3. 明确了甜玉米断根对设施蔬菜土壤氮淋失的阻控效果

通过甜玉米断根试验发现，1/4 断根处理可促进甜玉米根系对 60～160cm 土层硝态氮的吸收，对 0～200cm 土壤硝态氮的削减能力最强，消减量达 942.99kg/hm^2。

4. 探索出设施蔬菜土壤氮淋失阻控的填闲种植模式

设施蔬菜土壤硝态氮累积过高，通过种植填闲作物—甜玉米、甜玉米种植配合秸秆还田或添加土壤调理剂、甜玉米大喇叭口后期 1/4 象限断根等措施，可以阻控土壤硝态氮向下淋失，提高氮素利用率。

第二节　设施黄瓜施氮损失的水氮耦合配施双氰胺防控

我国设施蔬菜"大水大肥"的传统管理模式，不仅造成氮素大量损失，引起了环境污染，而且桎梏了蔬菜产量品质，已严重制约蔬菜产业的可持续发展。采取有效调控措施，大力推进蔬菜减肥提质增效，降低设施菜田施氮损失，已迫在眉睫。已有研究表明，硝化抑制剂能抑制氮素的硝化进程，降低硝态氮在土壤中的累积，显著提高施氮利用率，有效防控氮素环境污染。双氰胺（DCD）是一种新型的硝化抑制剂，具有价格低廉、降解无污染、绿色环保等优点，得到了国内外学者的普遍关注，正在开展研究应用。本研究以设施菜田施氮损失污染防控为研究对象，以水氮耦合配施 DCD 为调控手段，采用田间黄瓜试验，设置了 6 个处理，分别为 CK，对照（传统灌溉量＋不施氮）；T，常规水氮（传统灌溉量＋施氮 988.6kg/hm^2）；R1，推荐水氮 I（70%传统灌溉量＋施氮 709.4kg/hm^2）；R2，推荐水氮 II（70%传统灌溉量＋施氮 746.9kg/hm^2）；R1＋DCD，推荐水氮 I 配施氮量 15%的 DCD；R2＋DCD，推荐水氮 II 配施氮量 15%的 DCD；每个处理 3 次重复。其中，对照和常规水氮处理采用传统灌溉模式确定灌溉时间和灌溉量，各推荐处理采用控水灌溉模式，灌溉量为传统灌溉量的 70%，灌溉时间与传统处理相一致。整个生育期追肥 3 次，按黄瓜生育期需肥规律和需肥量分配，肥料为冲施肥（含氮量为 11%）。DCD 施用量为各推荐处理施用纯氮量的 15%，每次施肥时将 DCD 溶于冲施肥中，随水灌溉。所有处理磷、钾肥施用量相同，P_2O_5 用量为 386.2kg/hm^2，K_2O 用量为 289.5kg/hm^2。这样，开展了田间原位监测试验，研究不同途径的氮素损失，明确 DCD 对设施菜田氮素硝化的抑制作用及其对推荐水肥调控的减损效果，优化设施黄瓜氮素管理方案，引导设施蔬菜绿色高效生产。

一、水氮耦合配施 DCD 对土壤氮源气体排放的影响

（一）不同处理土壤 N_2O 排放的动态变化

1. 对土壤 N_2O 排放通量的影响

氮肥施用能显著提高 N_2O 排放通量（图 4-17），每次施肥后，无论是否添加 DCD，所有施氮处理的 N_2O 排放通量均呈现先升高后降低的趋势，而对照则基本处于一个稳定的水平范围。在整个监测期间，施氮处理土壤 N_2O 排放高峰均出现在施肥灌水后的第 3d，常规水氮的 N_2O 排放通量峰值范围为 602.80~1 356.47μg/（m^2·h）；与常规水氮相比，R1、R2、R1+DCD 和 R2+DCD 的 N_2O 排放通量峰值范围分别降低了 65.29%~80.88%、48.67%~84.35%、74.30%~93.21% 和 91.40%~97.53%。在减氮处理中，施加 DCD 能显著（$P<0.05$）降低土壤 N_2O 的排放，即 R1>R1+DCD，R2>R2+DCD。

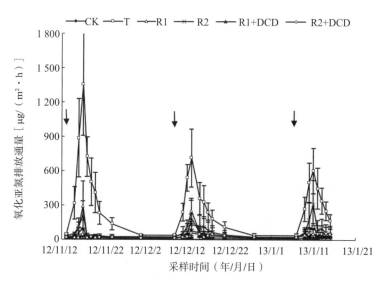

图 4-17 不同水氮处理土壤氧化亚氮排放通量的动态变化

注：箭头表示施肥日期，下同

2. 对土壤 N_2O 累积排放量的影响

各调控措施在追肥期间均呈现出相同趋势（表 4-10），即不施用氮肥土壤 N_2O 排放总量较低，只有 0.12kg/hm^2，施氮则显著提高了 N_2O 排放总量；减氮控水（R1 和 R2）较常规水氮（2.39kg/hm^2）均显著降低了 N_2O 累积排放量，分别为 0.39kg/hm^2 和 0.50kg/hm^2；

添加 DCD 可进一步降低 N_2O 排放，显著减少至 0.23kg/hm² 和 0.18kg/hm²，分别降低了 42.1% 和 64.1%。常规水氮土壤 N_2O 排放系数为 0.56，显著高于减氮控水；R1 和 R2 土壤 N_2O 排放系数分别为 0.21 和 0.24，施加 DCD 后，土壤 N_2O 排放系数减少至 0.08 和 0.04。

表 4 - 10　不同水氮处理土壤 N_2O 累积排放量及其排放系数

处理	第一次追肥		第二次追肥		第三次追肥		全追肥期	
	N_2O 累积排放量 (kg/hm²)	排放系数	N_2O 累积排放量 (kg/hm²)	排放系数	N_2O 累积排放量 (kg/hm²)	排放系数	N_2O 累积排放量 (kg/hm²)	排放系数
CK	0.02b	—	0.07b	—	0.03c	—	0.12b	—
T	1.11a	0.67	0.66a	0.37	0.62a	0.73	2.39a	0.56
R1	0.13b	0.22	0.15b	0.17	0.10bc	0.29	0.39b	0.21
R2	0.13b	0.16	0.17b	0.16	0.20b	0.53	0.50b	0.24
R1+DCD	0.06b	0.08	0.09b	0.05	0.07c	0.16	0.23b	0.08
R2+DCD	0.03b	0.02	0.07b	0.01	0.08bc	0.15	0.18b	0.04

（二）不同处理土壤氨挥发的动态变化

1. 对土壤氨挥发速率的影响

氨挥发是氮肥损失的重要途径，氮肥施入土壤后会迅速溶解成铵态氮，其中一部分以氨的形式挥发损失到大气中。本试验对黄瓜生长期间的每个追肥时期氨挥发速率的动态进行监测（图4-18），结果表明，每次追肥灌水后，各施氮处理氨挥发速率变化趋势表现相似，在施肥灌水后第 1~2d 达到最高峰，之后呈现逐渐降低趋势。不施氮对照由于土壤中铵态氮浓度相对较低，因此在整个监测期内氨挥发速率一直保持较低水平；常规水氮由于较高的氮输入，因而氨挥发速率相对较高，变化范围为 0.01~0.32kg/（hm²·d）；减氮控水的 R1 和 R2 氨挥发峰值均为 0.19kg/（hm²·d），施加 DCD 后，氨挥发峰值显著增加至 0.25kg/（hm²·d）和 0.35kg/（hm²·d），表明 DCD 在一定程度上增加了氨挥发损失的风险。

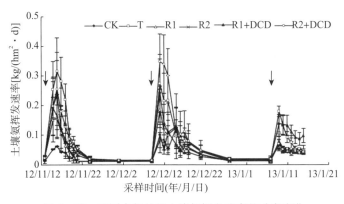

图 4 - 18　不同水氮处理土壤氨挥发速率的动态变化

2. 对土壤氨挥发损失量的影响

黄瓜追肥期间土壤氨挥发累积情况如表 4 - 11 所示，呈现出处理间及追肥时期的差异性。第一次追肥，施氮肥各处理氨挥发速率峰值均高于不施氮肥对照，常规水氮显著高于推荐水氮，推荐水氮配施 DCD 对氨挥发最大速率影响不显著；施氮各处理氨挥发累积量显著高于不施氮肥对照，常规水氮显著高于推荐水氮，推荐水氮配施 DCD 氨挥发累积量显著升高。第二次追肥，各处理氨挥发速率峰值差异不显著；施氮肥各处理氨挥发累积量均高于不施氮肥对照，推荐水氮配施 DCD 仍然促进氨挥发累积量显著升高。第三次追肥，T 和 R1+DCD 处理氨挥发速率峰显著高于其他处理，而其他处理之间差异不显著；施氮各处理氨挥发累积量均高于不施氮肥对照，推荐水氮配施 DCD 氨挥发累积量有升高趋势，R1+DCD 氨挥发累积量显著高于 R1。

综合分析黄瓜整个追肥期间土壤氨挥发累积排放量情况，结果表明，对照氨挥发累积量为 1.13kg/hm²，显著低于各施氮处理。常规水氮的氨挥发累积量为 3.09kg/hm²，显著高于 R1、R2 和 R1+DCD，但与 R2+DCD 差异不显著。R1 和 R2 氨挥发累积量分别为 1.70kg/hm² 和 1.71kg/hm²，施用 DCD 后氨挥发累积量显著增加至 2.59kg/hm² 和 2.86kg/hm²，分别增加了 34.3% 和 40.4% 的氨挥发损失。进一步分析表明，R1 和 R2 施入的氮素以氨挥发形式损失的量分别占总投入量的 0.46% 和 0.35%，施用 DCD 后这一比值增加至 1.17% 和 1.06%。

表 4-11 不同水氮处理土壤氨挥发损失量

处理	第一次追肥		第二次追肥		第三次追肥		追肥期	
	最大速率 [kg/(hm²·d)]	累积量 (kg/hm²)	最大速率 [kg/(hm²·d)]	累积量 (kg/hm²)	最大速率 [kg/(hm²·d)]	累积量 (kg/hm²)	氨挥发量 (kg/hm²)	氨挥发损失率 (%)
CK	0.06c	0.29e	0.11c	0.51e	0.07c	0.34c	1.13d	—
T	0.32a	1.34a	0.28ab	1.12b	0.18a	0.65b	3.09a	0.48
R1	0.16bc	0.61d	0.19bc	0.75d	0.07c	0.36c	1.70c	0.46
R1+DCD	0.24ab	0.82c	0.25ab	0.98c	0.14b	0.82a	2.59b	1.17
R2	0.19bc	0.76c	0.13c	0.59c	0.08c	0.37c	1.71c	0.35
R2+DCD	0.26ab	1.03b	0.35a	1.48a	0.07c	0.38c	2.86ab	1.06

二、水氮耦合配施 DCD 对土壤氮素迁移转化的影响

(一) 不同处理土壤表层无机氮的动态变化

1. 对土壤表层硝态氮的影响

由图 4-19 可见，各处理土壤硝态氮含量均呈现为先升高后降低的趋势，这可能由于一段时间后表层土壤中的硝态氮淋溶至深层。常规水氮的硝态氮含量显著高于其他处理，变化范围在 106.31~606.34kg/hm²；R1 与 R2 含量变化分别为 31.67~317.30kg/hm²、40.35~339.94kg/hm²；配施 DCD 显著（$P<0.05$）降低了土壤中的硝态氮含量，其中 R1+DCD 与 R2+DCD 含量变化分为分别为 34.48~150.27kg/hm²、36.20~149.78kg/hm²。

2. 对土壤表层铵态氮的影响

由图 4-20 可见，各处理土壤表层铵态氮含量随时间均呈逐渐降低的趋势，这可能由于铵态氮随时间逐渐转化成硝态氮。常规水氮铵态氮含量高于其他处理，在第二次追肥后表现尤为显著，最大含量达到 125.30kg/hm²；R1 与 R2 含量变化分别为 0.75~36.99kg/hm²、1.55~47.64kg/hm²；配施 DCD 增加了铵态氮含量，其中 R1+DCD 与 R2+DCD 含量变化分别为 4.60~55.12kg/hm²、2.25~60.43kg/hm²。

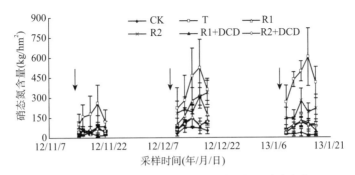

图 4-19　不同水氮处理表层土壤硝态氮的动态变化

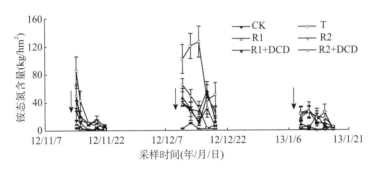

图 4-20　不同水氮处理表层土壤铵态氮的动态变化

（二）不同处理土壤剖面无机氮的动态变化

1. 对土壤剖面硝态氮的影响

各水氮处理 0～90cm 土层硝态氮分布如图 4-21 所示。土层深度影响了硝态氮的分布，各水肥处理均在不同土层出现硝态氮的累积峰，第一次追肥后累计峰值为 54.61～63.92mg/kg，出现在 30～60cm 土层，第二次追肥后累积峰值为 35.97～51.94mg/kg，出现在 60～90cm 土层。第三次出现在 0～30cm 土层。不同水氮管理影响了土壤硝态氮含量，施氮增加了土壤硝态氮含量，配施 DCD 有利于减少硝态氮的累积。减氮控水有利于降低 0～60cm 土壤剖面的硝态氮含量，其中在第一次追肥后和第二次追肥后降低幅度明显，表明相较于常规管理，减氮控水能够有效抑制硝态氮向下淋溶与表层硝态氮累积。再者配施 DCD 明显进一步降低了土壤中的硝态氮含量，但降低幅度不显著（$P>0.05$）。

2. 对土壤剖面铵态氮的影响

不同水氮 0～90cm 土层铵态氮分布如图 4-22 所示。各施氮土壤铵态氮含量显著（$P<0.05$）高于对照，且土壤铵态氮含量随土层的增加而降低，以根层土壤（0～30cm）铵态氮富集较多，含量范围集中在 1.76～8.48mg/kg 之间，这与铵态氮不易淋溶的特性有关。在 0～30cm 土层施氮土壤铵态氮随时间均呈现出先升高后降低，第一次追肥后达到高峰值，峰值居于 6.74～8.48mg/kg，30～90cm 土层铵态氮变化较小；配施 DCD 在 0～90cm 土层铵态氮含量高于其他水肥管理。第一次追肥后，0～30cm 土层 R1＋DCD 和 R2＋DCD 的铵态氮含量为 7.27～8.48mg/kg，较推荐水氮增加 7.35％和 18.88％；第二次追肥后，0～30cm 土层中 R1＋DCD 和 R2＋DCD 的铵态氮含量为 4.87～5.46mg/kg，

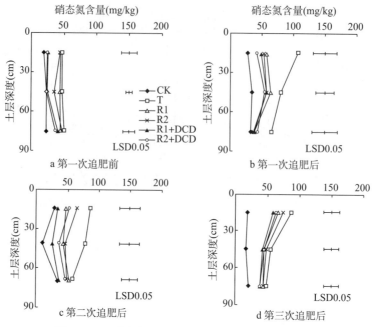

图 4-21　不同处理土壤剖面硝态氮含量的动态变化

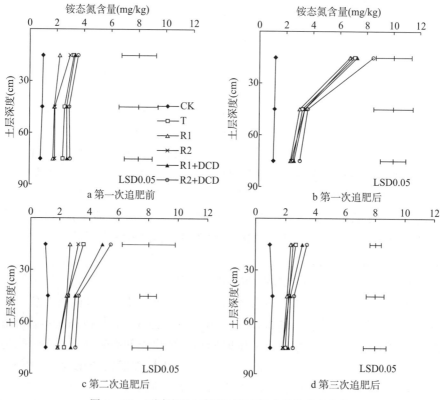

图 4-22　不同处理土壤剖面铵态氮含量的动态变化

较推荐水氮增加 44.27% 和 40.75%。由于 DCD 抑制了铵态氮的硝化作用，使土壤中积累了大量的铵态氮，为黄瓜的增产奠定了良好的基础。

（三）收获后不同处理土壤剖面硝态氮分布

黄瓜收获后硝态氮的剖面分布情况如图 4-23 所示，不同土层累积量总体呈现表层高于下层，其中在 0~30cm 与 90~120cm 土层出现两个峰。不同处理影响了各土层内硝态氮含量，主要表现为随施氮量的增加而增加，对照土壤剖面硝态氮含量处于较低水平，常规水氮在各土层均表现出较高水平，表层累积量显著高于其他处理。施加 DCD 有效降低了硝态氮含量，可见 DCD 有助于减少硝态氮的累积，其中对 0~30cm 根区硝酸盐淋洗抑制作用较为明显。

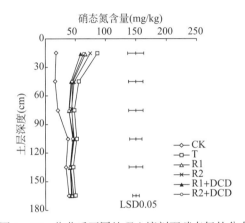

图 4-23　收获后不同处理土壤剖面硝态氮的分布

（四）不同处理土壤溶液无机氮的动态变化

1. 对土壤溶液硝态氮的影响

黄瓜追肥期间 90cm 和 180cm 土壤溶液硝态氮含量的动态变化如图 4-24 所示。在 90cm 土层中，各处理整体呈现先升高后降低的趋势，峰值出现在第三次追肥后（R1+DCD 出现在第二次追肥后），峰值分别为 311.15mg/L、342.98mg/L、332.38mg/L 和 302.53mg/L，R1 和 R1+DCD 高于其他施氮处理；R2 整体呈逐渐下降趋势，变化范围在 157.10~269.35mg/L。

在 180cm 土层中，各处理土壤硝态氮变化规律无明显的趋势。CK 和 R2+DCD 处理土壤溶液中硝态氮含量较低；施肥处理在整个生育期内均有两个峰值，出现在第二次追肥后和拉秧前。结果表明，追肥期间过量施氮和灌水增加了硝态氮向深层土壤的淋溶风险。

2. 对土壤溶液铵态氮的影响

90cm 和 180cm 土层中土壤溶液铵态氮含量动态变化如图 4-25 所示。在 90cm 土层中，对照土壤溶液铵态氮含量较低；除常规水氮和 R1 处理外，其他处理总体呈现先下降后上升的趋势，变化范围主要集中在 0~0.70mg/L；R1+DCD、R2 和 R2+DCD 均呈现先升高后降低的趋势，峰值范围处于 0.78~1.35mg/L，其中 R2+DCD 土壤溶液中的铵态氮含量高于其他减氮处理。而在 180cm 土层，CK、R1+DCD 和 R2+DCD 处理土壤溶液中铵态氮含量较低；T、R1 和 R2 均呈现先升高后降低的趋势，常规水氮峰值出现在第

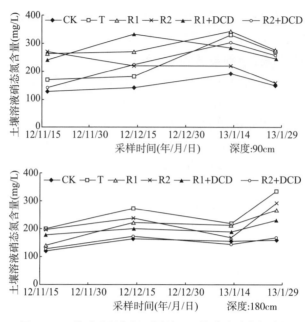

图 4-24 黄瓜追肥期间不同处理土壤溶液硝态氮含量

二次追肥后（0.70mg/L），R1 和 R2 峰值出现在第三次追肥后，分别为 1.05mg/L 和 0.70mg/L。整体来看，90cm 和 180cm 土壤溶液铵态氮含量均处于较低浓度下，表明铵态氮基本已经转化为硝态氮，土壤溶液中残留的铵态氮较少。

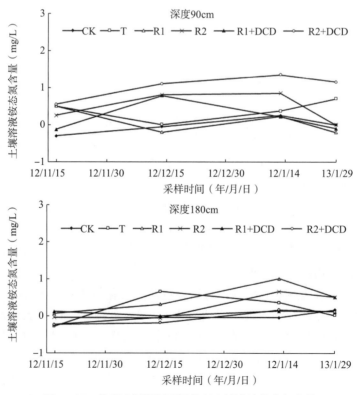

图 4-25 黄瓜追肥期间不同处理土壤溶液铵态氮含量

三、水氮耦合配施 DCD 对土壤氮素损失的相关影响

（一）土壤 N_2O 排放与表层土壤硝态氮的关系

黄瓜生育期内，土壤表层 N_2O 排放通量随着硝态氮含量增加而增加，二者成极显著正相关（图 4-26），相关系数达 0.765 4。这是因为过量施肥会造成硝态氮在土体内过量积累，为深层土壤反硝化作用提供充足的底物，导致大量 N_2O 气体在深层土体内蓄积，进而提高了 N_2O 排放的风险。

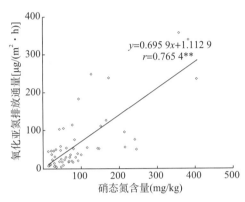

$y=0.695\ 9x+1.112\ 9$
$r=0.765\ 4**$

图 4-26　土壤 N_2O 排放与表层土壤硝态氮含量的相关关系

（二）土壤氨挥发速率与表层土壤铵态氮的关系

土壤表层氨挥发损失量随着铵态氮的投入量增加，二者成极显著正相关，相关系数达 0.657 6（图 4-27）。其主要原因是氮肥施入土壤后，在适宜的条件下会迅速溶解并水解成氨，造成土壤中氨在短时间内的大量积聚。

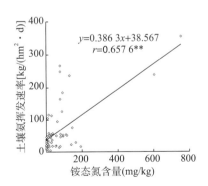

$y=0.386\ 3x+38.567$
$r=0.657\ 6**$

图 4-27　土壤 NH_3 挥发与表层土壤铵态氮含量的相关关系

（三）水氮耦合配施 DCD 对土壤氮损失的综合影响

黄瓜生育期内氮素损失情况如表 4-12 所示，在 0～30cm 土层中，常规水氮的氮素表观损失量与盈余量分别达到了 623.7kg/hm²、973.1kg/hm²，均显著高于其他处理。R1 和 R2 氮素盈余差异不显著，分别为 765.7kg/hm²、736.0kg/hm²，施用 DCD 后降低至 693.7kg/hm²、693.2kg/hm²，降低幅度分别达到了 9.40%、5.82%，由此表明施加

DCD能够有效提高氮素的利用率，减少土壤氮素盈余。常规水氮的氮素损失率为53.3%，高于其他处理；R1和R2的氮素损失率分别为52.6%和50.4%，施入DCD后分别降低至51.1%和46.6%，表明配施DCD可有效减少土壤氮素损失。

表4-12　设施黄瓜生育期的氮素损失量

处理	输入量（kg/hm^2）				输出量（kg/hm^2）		氮素表观损失	氮素盈余	氮损失率（%）
	种植前	肥料	灌溉	净矿化	作物吸收	土壤残留			
T	150.0	988.6	1.0	31.3	197.7	349.4	623.7a	973.1a	53.3
R1	150.0	709.4	0.7	31.3	125.7	296.7	468.9b	765.7b	52.6
R2	150.0	746.9	0.7	31.3	192.9	268.0	468.0b	736.0b	50.4
R1+DCD	150.0	709.4	0.7	31.3	197.6	238.1	455.6b	693.7b	51.1
R2+DCD	150.0	746.9	0.7	31.3	235.6	260.4	432.8b	693.2b	46.6

四、水氮耦合配施 DCD 促进设施黄瓜增产提质增效

（一）不同处理对黄瓜果实品质的影响

1. 对果实维生素 C 含量的影响

不同水氮配施 DCD 对显著影响了果实维生素 C 含量（图4-28）。与对照相比，施氮显著提高黄瓜果实维生素 C 含量，R1、R1+DCD 和 R2+DCD 最高，分别为 71.94mg/kg、72.27mg/kg 和 71.29mg/kg，显著高于常规与 R2 处理，常规与 R2 处理果实维生素 C 含量分别为 63.80mg/kg、67.71mg/kg。其中，R2+DCD 处理比常规施氮黄瓜果实维生素 C 含量显著提高 11.74%。结果表明，在黄瓜追肥期间，过量施氮会抑制果实维生素 C 合成，合理减氮并配施 DCD 有助于增加果实维生素 C 含量。

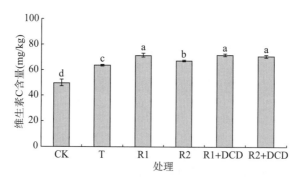

图4-28　不同水氮管理条件下氮肥与 DCD 配施对黄瓜果实维生素 C 含量的影响

2. 对果实可溶性固形物的影响

由图4-29所示，CK、T、R1、R2、R1+DCD 和 R2+DCD 处理果实可溶性固形物含量分别为 4.80%、5.27%、5.27%、5.23%、5.83% 和 5.50%，处理间差异不显著。

3. 对果实有机酸的影响

不同水肥管理措施对果实有机酸含量无显著影响，且均处于 0.06%～0.08%，如图4-30所示。表明减氮及减氮配施 DCD 在改善果实有机酸含量方面无显著效果。

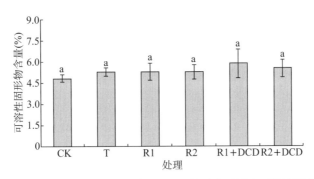

图 4-29 不同水氮管理条件下氮肥与 DCD 配施对黄瓜果实可溶性固形物的影响

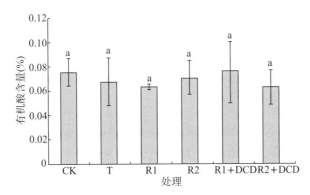

图 4-30 不同水氮管理条件下氮肥与 DCD 配施对黄瓜果实有机酸的影响

4. 对果实糖酸比的影响

CK、T、R1、R2、R1＋DCD 和 R2＋DCD 处理果实糖酸比分别为 64.45、83.09、83.18、76.33、81.92 和 89.90，差异不显著（表 4-13）。结果表明，减氮及减氮配施 DCD 在提高果实糖酸比方面无显著效果，对果实风味品质上无显著影响。

表 4-13 不同水氮管理下氮肥与 DCD 配施对黄瓜果实糖酸比的影响

处理	CK	T	R1	R2	R1＋DCD	R2＋DCD
糖酸比	64.45a	83.09a	83.18a	76.33a	81.92a	89.90a

（二）不同处理对黄瓜产量与收益的影响

1. 对黄瓜产量的影响

由图 4-31 可看出，各处理间黄瓜产量呈现为 R2＋DCD＞R2＞T＞R1＞R1＋DCD。常规小区产量为 144.6kg/plot，与 R1、R2 和 R1＋DCD 差异不显著，R2＋DCD 产量达 178.3kg/plot，比常规提高了 23.3%。说明在当地设施蔬菜种植条件下，适当减氮措施是切实可行的，可实现稳产，R2＋DCD 可起到明显的增产效果。

2. 对黄瓜经济效益的影响

减氮控水能有效降低投入成本，同时配施 DCD 能够进一步提高农民收益（表 4-14）。其中 R2＋DCD 经济效益最高，达到了每公顷 13.11 万元，较常规提高了

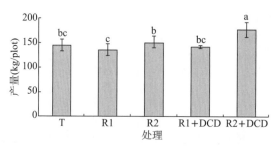

图 4 - 31　不同水氮管理条件下氮肥与 DCD 配施对黄瓜产量的影响

24.27%；其次为 R2，较常规提高了 5.88%。结果分析表明，在减氮控水条件下，采用 R2+DCD（15%N）的施肥管理措施能有效提高黄瓜种植体系的经济效益。

表 4 - 14　设施黄瓜生育期内经济效益分析

处理	氮素施用量（kg/hm²）	小区产量（kg/plot）	产量（kg/hm²）	增产率（%）	节氮（%）	节水（t/hm²）	每公顷节本（元）	每公顷增收（元）	每公顷经济效益（万元）
T	988.6	144.6bc	54 790.5bc	—	—	—	—	—	10.55
R1	709.4	135.4c	51 286.5c	−6.4	28.2	227.6	1 171.0	−7 008.1	9.97
R2	746.9	151.4b	57 338.9b	4.7	24.4	227.6	1 074.4	5 096.8	11.17
R1+DCD	709.4	142.1bc	53 841.5bc	−1.7	28.2	227.6	268.7	−1 897.9	10.39
R2+DCD	746.9	178.3a	67 532.5a	23.3	24.4	227.6	79.0	25 484.0	13.11

注：经济效益＝总产出－总投入（包括施肥成本、DCD 成本和灌溉成本）。

五、主要研究进展

1. 探明了设施黄瓜水氮耦合配施 DCD 对氮损失的防效

试验表明，设施黄瓜水氮耦合配施 DCD，可显著降低 N_2O 排放通量 74.30% 以上，显著增加氨挥发损失量 34.3% 以上。并且，N_2O 排放通量与土壤硝态氮含量成极显著正相关；氨挥发速率与土壤铵态氮成极显著正相关。

2. 揭示了设施黄瓜水氮耦合配施 DCD 对氮素迁移的影响

试验表明，设施黄瓜施氮配施 DCD 在各时期土壤铵态氮含量随土层深度增加而降低；减氮控水可显著降低 0～60cm 土壤剖面硝态氮与铵态氮含量，有效降低氮素盈量与氮损失量，配施 DCD 可进一步降低氮素盈余。

3. 明确了设施黄瓜水氮耦合配施 DCD 的产量与品质效应

试验表明，同常规水肥相比，推荐水氮配施氮量 15% 的 DCD（R2+DCD），可显著提高果实维生素 C 含量 11.74%，使黄瓜增产 23.3%，提高经济效益 24.27%。

第三节　设施茄子施氮损失的生化减氮与配施菌剂防控

已有研究表明，设施蔬菜施氮配施硝化抑制剂或微生物菌剂，能有效防控氮源气体排放、硝态氮淋失，促进蔬菜提质增效。针对将硝化抑制剂与菌剂结合提升作用效果，本研究以设施茄子减施氮肥增效为研究对象，以常用的硝化抑制剂和微生物菌剂为试材，首先采用室内恒温恒湿好气培养方法，通过不同种类和剂量的配比试验，探明硝化抑制剂（DCD、DMPP）、菌剂及其二者配施在设施茄子土壤中抑制氮素转化效果，筛选出硝化抑制剂最佳种类和菌剂最佳剂量。在此基础上，根据前期室内培养试验筛选出的最佳配比，采用田间原位跟踪测定和室内分析相结合的方法，研究了氮肥减量30%配施抑制剂与菌剂对设施茄子农学效益及环境效益的影响，构建设施茄子施氮减量增效的调控方案。

一、减氮配施硝化抑制剂与菌剂对土壤氮转化的影响

采用室内培养试验，共设置 14 个处理，分别为：空白对照 CK，不施氮；T 处理，常规施氮；R 处理，常规基础上减氮 30%；RD 处理，减氮＋20%DCD；RP 处理，减氮＋2%DMPP；RBL 处理，减氮＋低用量菌剂；RBM 处理，减氮＋中用量菌剂；RBH 处理，减氮＋高用量菌剂；RDBL 处理，减氮＋20%DCD＋低用量菌剂；RDBM 处理，减氮＋20%DCD＋中等用量菌剂；RDBH 处理，减氮＋20%DCD＋高用量菌剂；RPBL 处理，减氮＋2%DMPP＋低用量菌剂；RPBM 处理，减氮＋2%DMPP＋中等用量菌剂；RPBH 处理，减氮＋2%DMPP＋高用量菌剂。每个处理 3 次重复。其中，常规施氮量为 720kg/hm²，减施氮量为 504kg/hm²；配施胶质芽孢杆菌各处理用量均为 4.0×10^{13}CFU/hm²，配施枯草芽孢杆菌的低用量、中用量、高用量分别为 2.0×10^{12}CFU/hm²、2.0×10^{13}CFU/hm² 和 2.0×10^{14}CFU/hm²。

（一）减氮单独配施硝化抑制剂或菌剂对土壤无机氮的影响

1. 对土壤铵态氮的影响

由图 4-32 可看出，在减施氮基础上，单独配施硝化抑制剂或菌剂处理土壤铵态氮含量的动态变化。整个培养期间，不施氮处理 CK 土壤铵态氮的变化一直处于较低水平，在 3.05～14.46mg/kg。各施氮处理土壤铵态氮含量均表现为先急剧增加、后又逐渐下降、最后趋近于 CK 水平。常规施氮处理 T 土壤铵态氮含量，在培养的第 3d 达到峰值后急剧下降，并在第 7d 降至 CK 水平直至培养结束。R 和 RBL 土壤铵态氮含量表现出与 T 相类似的变化趋势；其他处理同样是在培养后的第 3d 到达峰值，后先缓慢下降，使土壤铵态氮在 14d 内保持在较高水平，随后降低至 CK 水平直至试验结束。由此可见，与 T 和 R 相比，施用硝化抑制剂或中、高用量菌剂可以使设施土壤铵态氮含量保持在较高水平，且维持的时间由 7d 延长到 14d，这将对作物吸收和利用氮素有利。在整个培养期间，T 土壤铵态氮平均含量为 75.94mg/kg，T 土壤铵态氮平均含量为 59.79mg/kg。与 T 相比，减氮基础上单施 DCD 的 RD 和减氮基础上单施 DMPP 的 RP 土壤铵态氮平均含量分别提高了 11.64%和 26.79%，差异达显著性水平（$P<0.05$）。RD 和 RP 土壤铵态氮平均含量则较 R 分别显著提高了 41.82%和 61.05%，且 DMPP 效果显著优于 DCD，在整个培养期间土壤铵态氮平均含量相对较高。与 T 相比，在减氮基础上单施菌剂的 RBL、RBM 和 RBH 三个处理来说，土壤铵态氮平均含量显著降低了 9.51%～25.85%（$P<0.05$）；但与 R 相比，RBM 和 RBH 可使土壤铵态氮平均含量分别显著提高 14.95%和 10.86%（$P<0.05$）。可见，减氮基础上单施中、高用量菌剂可有效减缓硝化作用过程，保持土壤铵态氮含量在较高水平。

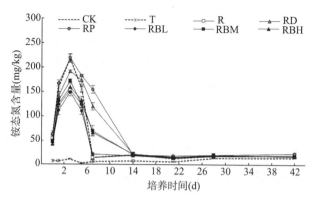

图 4-32　减氮单独配施硝化抑制剂或菌剂对土壤铵态氮含量的影响

2. 对土壤硝态氮的影响

由图 4-33 可看出在减施氮基础上单独配施硝化抑制剂或菌剂处理土壤硝态氮含量的动态变化。整个培养期间，不施氮处理 CK 土壤硝态氮含量的变化一直处于较低水平，在 114.90～226.42mg/kg。整个培养期间，各施氮处理土壤硝态氮含量随培养时间延长逐渐增加，呈现与土壤铵态氮含量变化相反的趋势。与 T 相比，单减氮、减氮基础上配施硝化抑制剂或菌剂的处理可使土壤硝态氮平均含量显著降低，降低率为 10.64%～33.29%（$P < 0.05$）。说明减氮或减氮基础上配施硝化抑制剂或菌剂均可有效减少土壤硝态氮含量。且 RD 和 RP 土壤硝态氮平均含量较 R 分别降低了 15.16% 和 19.41%（$P < 0.05$）。其中，RP 处理土壤硝态氮平均含量较低，仅为 352.48mg/kg。这说明，硝化抑制剂 DMPP 在降低土壤硝态氮含量方面效果较好。RBL、RBM 和 RBH 处理土壤硝态氮平均含量较 T 显著降低了 10.64%～19.48%。等氮条件下，与 R 相比，RBM 处理土壤硝态氮平均含量则显著降低，为 425.47mg/kg。可见，减氮基础上配施中用量菌剂在降低土壤硝态氮含量方面效果较优。

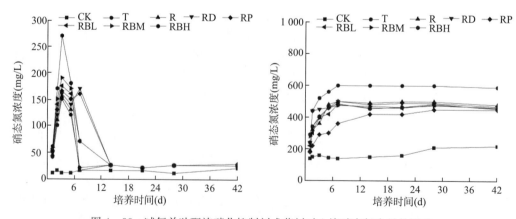

图 4-33　减氮单独配施硝化抑制剂或菌剂对土壤硝态氮含量的影响

（二）减氮同时配施硝化抑制剂与菌剂对土壤无机氮的影响

1. 对土壤铵态氮的影响

由图 4-34 可看出，在减氮基础上配施硝化抑制剂与菌剂处理土壤铵态氮含量的动态变化。整个培养期间，减氮基础上硝化抑制剂与菌剂配施对土壤铵态氮含量影响与减氮基础上单施硝化抑制剂表现趋势相似，均在培养后的第 3d 达到峰值后先缓慢下降，使土壤铵态氮在 14d 内保持较高水平，随后降低至与 CK 水平相似含量直至培养结束。由图4-34（a）可知，与 T 处理土壤铵态氮平均含量（75.94mg/kg）相比，RD 处理提高了11.64%（$P<0.05$），RDBL、RDBM 和 RDBH 处理则分别提高了 5.50%、16.30% 和12.38%，差异达显著水平（$P<0.05$）。等氮条件下，RD、RDBL、RDBM 和 RDBH 处理土壤铵态氮平均含量较 R 分别显著提高了 41.82%、34.01%、47.73% 和 42.74%。其中 RDBM 处理土壤铵态氮平均含量较高，与 RD、RDBL 和 RDBH 处理相比差异显著（$P<0.05$），为 88.32mg/kg。由图 4-34b 可知，与 T 相比，减氮基础上单施 DMPP 的RP 处理土壤铵态氮平均含量提高了 26.79%（$P<0.05$），减氮基础上 DMPP 与菌剂配施RPBL、RPBM 和 RPBH 处理土壤铵态氮平均含量则分别显著提高了 20.68%、36.03%和 29.96%（$P<0.05$）。等氮条件下，与 R 相比，RP、RPBL、RPBM 和 RPBH 土壤铵态氮平均含量分别显著提高了 61.05%、53.29%、72.79% 和 65.08%。其中，RPBM 处理土壤铵态氮平均含量较高，与 RP、RPBL 和 RPBH 处理相比差异显著（$P<0.05$），为103.31mg/kg。综上，相较而言，减氮基础上 DMPP 与中等水平菌剂配施效果明显高于减氮基础上 DCD 与中等水平菌剂配施。

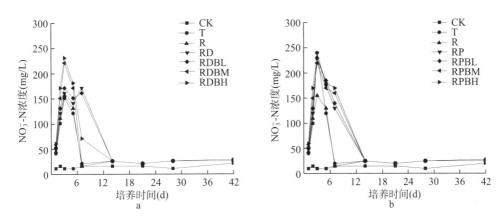

图 4-34　减氮基础上同时配施硝化抑制剂与菌剂对土壤铵态氮含量的影响

a. 减氮基础上 DCD 与菌剂配施　b. 减氮基础上 DMPP 与菌剂配施

2. 对土壤硝态氮的影响

由图 4-35 可看出，减氮基础上硝化抑制剂与菌剂配施处理土壤硝态氮含量的动态变化。整个培养期间，减氮基础上硝化抑制剂与菌剂配施对设施茄子土壤硝态氮含量影响与减氮基础上单施硝化抑制剂表现趋势相似，抑制土壤中铵态氮的硝化作用，延缓硝态氮的生成，且呈现随着培养时间延长逐渐增加的趋势。由图 4-35a 可知，与 T 处理土壤硝态氮平均含量（528.37mg/kg）相比，RD 处理降低了 29.77%（$P<0.05$），RDBL、RD-BM 和 RDBH 处理则分别降低了 15.93%、30.16% 和 22.67%，差异达显著性水平（$P<0.05$）。等氮条件下，RD、RDBM 和 RDBH 处理土壤硝态氮平均含量较 R 处理明显降低，降幅为 6.58%～15.63%（$P<0.05$）。其中，RDBM 处理土壤硝态氮平均含量较低，与 RD、RDBL 和 RDBH 处理相比差异显著（$P<0.05$），为 369.01mg/kg。由图 4-35b

可知，与 T 相比，RP 处理可使土壤硝态氮平均含量显著降低 33.29%（$P<0.05$），RP-BL、RPBM 和 RPBH 处理则可使土壤硝态氮平均含量分别显著降低 18.91%、33.11% 和 27.83%（$P<0.05$）。等氮条件下，RP、RPBM 和 RPBH 处理土壤硝态氮平均含量较 R 处理明显降低，降幅为 12.82%~19.19%（$P<0.05$）。其中，RPBM 处理土壤硝态氮平均含量较低，与 RP、RPBL 和 RPBH 处理相比差异显著（$P<0.05$），为 353.42mg/kg。综上，相较而言，减氮基础上 DMPP 与中等水平菌剂配施在降低土壤硝态氮含量的效果优于减氮基础上 DCD 与中等水平菌剂配施。

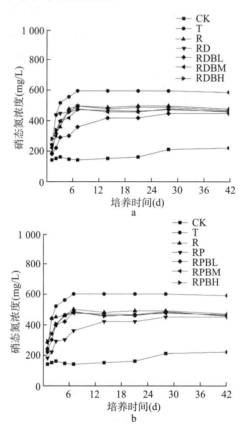

图 4-35　减氮基础上硝化抑制剂与菌剂配施对土壤硝态氮含量的影响
a. 减氮基础上 DCD 与菌剂配施　b. 减氮基础上 DMPP 与菌剂配施

（三）对硝化作用的影响

1. 对土壤表观硝化率的影响

表观硝化率常用于表征土壤中硝化作用的强度。由图 4-36 可见，整个培养期间，CK 土壤表观硝化率一直保持较高水平，变化范围在 94.24%~97.99%。然而，各施氮处理土壤表观硝化率则呈现在 1~3d 内先降低而后又逐渐升高，随后逐渐升高至与 CK 相近。由图 4-36a 可知，T 处理土壤表观硝化率在第 7d 后与 CK 持平。R 处理和 RBL 处理土壤表观硝化率则表现出与 T 相类似的变化趋势；然而其余处理在第 14d 左右土壤表观硝化率与 CK 持平，这与土壤铵态氮含量变化趋势一致。与 T 处理相比，RD 处理和 RP 处理在第 1~7d 时可使土壤表观硝化率分别降低 11.43%~21.90% 和 18.11%~27.76%，差异均达显著性水平（$P<0.05$）。等氮条件下，与 R 相比，RD 和 RP 在第 1～7d 时土壤表观硝化率明显降低，降低率分别为 12.25%～21.67% 和 20.21%～27.55%（$P<0.05$）。相较而言，RP 处理土壤表观硝化率较低，与 RD 处理相比差异达显著性水平（$P<0.05$）。与 T 相比，减氮基础上单施菌剂的 RBM 和 RBH 处理在第 5～7d 土壤表观硝化率显著降低，降幅可达 10.19%。与 R 处理相比，RBM 和 RBH 土壤表观硝化率降幅可达 9.92%，其中 RBM 处理与 R 处理间差异显著（$P<0.05$）。相较而言，减氮基础上单施中等用量菌剂效果较好。

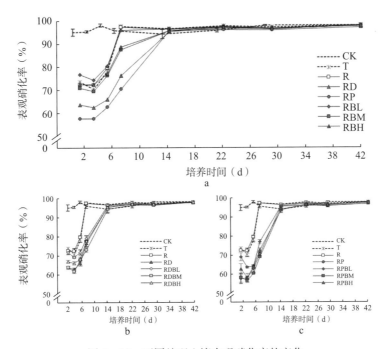

图 4 - 36　不同处理土壤表观硝化率的变化
a. 减氮基础上单施硝化抑制剂、菌剂　b. 减氮基础上 DCD 与菌剂配施　c. 减氮基础上 DMPP 与菌剂配施

由图 4 - 36b、图 4 - 36c 可看出，减氮基础上硝化抑制剂与菌剂配施处理对设施土壤表观硝化率的影响表现出与减氮基础上单施硝化抑制剂处理趋势相类似的变化趋势，均在一定程度上降低了土壤硝化作用。由图 4 - 36b 可知，培养后的第 5～7d 时，与 T 处理相比，RDBL 处理、RDBM 处理和 RDBH 处理可使土壤表观硝化率显著降低 8.55%～25.37%（$P<0.05$）。等氮条件下，与 R 处理相比，DCD 处理与菌剂配施后土壤表观硝化率降幅可达 25.15%（$P<0.05$）。其中，RDBM 处理土壤表观硝化率较低，与 RD 处理间无显著差异（$P>0.05$）；与 RDBL 处理和 RDBH 处理间差异显著（$P<0.05$）。由图 4 - 36c 可知，培养后的第 5～7d 时，与 T 相比，RPBL 处理、RPBM 处理和 RPBH 处理可使土壤表观硝化率明显降低，降幅为 18.28%～29.24%（$P<0.05$）。与 R 处理相比，DMPP 处理与菌剂配施后土壤表观硝化率降幅可达 29.03%（$P<0.05$）。其中，RPBM 处理土壤表观硝化率较低，与 RP 处理间无显著差异（$P>0.05$）；与 RPBL 处理和 RPBH 处理间差异显著（$P<0.05$）。总体来看，减氮基础上 DMPP 处理与中等水平菌剂配施在降低土壤表观硝化率的效果优于减氮基础上 DCD 与中等水平菌剂配施。

2. 对硝化抑制率的影响

由表4-15可看出不同处理土壤硝化抑制率随时间的变化趋势。整个培养期间，随着培养时间的延长，各处理土壤硝化抑制率整体呈下降趋势。在1~7d内，各处理土壤硝化抑制率处于较高水平，达到21.37%~57.20%，7d后，土壤硝化抑制率开始急剧下降。减氮基础上单施DCD的RD处理土壤硝化抑制率在3.75%~44.82%，平均值为38.95%；而减氮基础上DCD与菌剂配施的处理RDBL、RDBM和RDBH处理土壤硝化抑制率分别在1.83%~41.11%、4.24%~57.20%和2.08%~55.04%；相较而言，DCD与中等用量菌剂配施的RDBM处理较好。减氮基础上单施DMPP的RP处理土壤硝化抑制率在3.45%~48.55%，平均值为40.99%；而减氮基础上DMPP与菌剂配施的处理RPBL、RPBM和RPBH处理土壤硝化抑制率分别在2.48%~55.19%、4.99%~55.74%和4.54%~52.35%；相较而言，RPBM处理土壤硝化抑制率较高。这说明，减氮基础上硝化抑制剂与菌剂配施的处理中，配施中等用量菌剂效果相对较好。

表4-15　不同处理土壤硝化抑制率变化

处理	土壤硝化抑制率（%）							
	第1d	第3d	第5d	第7d	第14d	第21d	第28d	第42d
RD	43.41a	32.05ab	44.82a	35.52ab	12.65a	8.06a	4.28a	3.75ab
RP	46.44a	33.82ab	48.55a	35.16ab	10.74a	8.19a	6.95a	3.45ab
RDBL	39.75a	35.44ab	41.11a	25.49bc	6.34a	7.20a	7.40a	1.83b
RDBM	57.20a	35.31ab	50.94a	41.40a	13.16a	10.67a	9.61a	4.24a
RDBH	55.04a	40.71ab	47.92a	22.80bc	13.42a	10.92a	8.83a	2.08ab
RPBL	45.50a	27.38b	55.19a	21.37c	9.08a	5.52a	6.30a	2.48ab
RPBM	55.74a	43.21ab	54.85a	36.59ab	13.33a	10.28a	9.59a	4.99a
RPBH	52.35a	47.97a	41.12a	30.90abc	13.47a	10.83a	6.28a	4.54a

（四）对土壤氮矿化速率的影响

由表4-16可看出，整个培养期间，CK土壤无机氮净矿化速率一直维持在较低水平，变化范围在0.58~13.65mg/（kg·d），各施氮处理净矿化速率显著提高（$P<0.05$），表现出较强的氮矿化特征。整体趋势均表现为随培养时间延长，土壤无机氮净矿化速率逐渐下降。整个培养期间，与常规处理土壤净矿化速率均值〔77.80mg/（kg·d）〕相比，R、RD和RP处理分别降低了24.12%、38.38%和32.82%。等氮条件下，RD处理和RP处理土壤净矿化速率均值则较R处理分别降低了18.79%和11.46%。相较而言，RP处理土壤净矿化速率均值〔52.27mg/（kg·d）〕较高，与RD处理间差异达显著性水平（$P<0.05$）。整个培养期间，RBL、RBM、RBH处理土壤净矿化速率均值较T处理显著降低了46.46%~50.74%（$P<0.05$）。等氮条件下，RBL、RBM、RBH土壤净矿化速率均值则较R处理显著降低了29.44%~35.08%，但RBL、RBM、RBH处理间无显著性差异（$P>0.05$）。

在整个培养期间，与T处理相比，RD、RDBL、RDBM和RDBH处理土壤净矿化速率均值显著降低了35.46%~42.38%。等氮条件下，RDBM和RDBH处理土壤净矿化速率均值较 R 处理分别降低了 20.90% 和 24.07%，差异均达显著性水平（$P<0.05$）。这说明，减氮基础上 DCD 与中、高用量菌剂配施效果较优。RP、RPBL、RPBM 和 RPBH 处理土壤净矿化速率均值较 T 处理显著降低了 32.76%～34.74%。等氮条件下，与 R 相比，RP、RP-BL、RPBM 和 RPBH 处理土壤净矿化速率均值虽降低了 11.38%～14.00%。但均未达到显著性水平（$P>0.05$）。相较而言，减氮基础上 DMPP 与菌剂配施优于 DCD 与菌剂配施。

表 4-16 不同处理土壤氮净矿化速率变化

处理	土壤氮净矿化速率 [mg/（kg·d）]							
	第 1d	第 3d	第 5d	第 7d	第 14d	第 21d	第 28d	第 42d
CK	9.32d	13.65f	3.76g	0.86g	0.58d	1.28f	3.43f	2.58g
T	294.63a	146.11a	81.82a	43.77abcd	22.09a	14.86a	11.78a	7.34a
R	201.87b	104.83b	73.05b	41.20bcde	20.47ab	13.33ab	10.86ab	6.65ab
RD	154.28bc	91.41bcde	54.55de	38.24cde	17.10b	11.76bcd	10.01abcd	6.16bcd
RP	175.73bc	99.55bc	54.39de	43.50abcd	17.44b	11.42bcd	9.80bcd	6.29abc
RBL	126.34c	76.37e	42.21f	24.91f	12.79c	9.83de	8.89cde	5.25cdef
RBM	139.59c	82.45cde	41.99f	34.99e	12.89c	8.55e	8.10de	4.68f
RBH	128.13c	83.20cde	49.33ef	36.79de	12.95c	8.06e	7.48e	4.53f
RDBL	161.34bc	87.24cde	58.04cd	46.65ab	19.55ab	12.71bc	10.19bc	5.98bcde
RDBM	143.90c	96.92bcd	50.08def	39.79bcde	18.02b	11.32bcd	8.67cde	4.84ef
RDBH	135.03c	81.08de	52.81de	46.55ab	17.17b	10.87cd	9.45bcd	5.64bcdef
RPBL	155.65bc	107.93b	56.43de	50.11a	18.84b	12.74bc	10.23bc	6.55ab
RPBM	167.19bc	97.22bcd	54.94de	45.44abc	17.48b	11.07bcd	8.20de	4.61f
RPBH	163.24bc	92.61bcde	65.51c	47.16ab	18.14b	11.27bcd	9.08bcde	5.03def

二、设施茄子减氮配施硝化抑制剂与菌剂的农学效应

采用田间试验，共设 6 个处理，分别为：对照（CK），不施氮；T 处理，常规施氮，共施氮 720kg/hm²；R 处理，减量施氮，共施氮 504kg/hm²（常规基础上减氮 30%）；RP 处理，减氮 30% 基础上配施 DMPP，共施氮 504kg/hm²，DMPP 用量为纯氮量的 2%，为 10.08kg/hm²；RB 处理，减氮 30% 基础上配施菌剂，共施氮 504kg/hm²，枯草芽孢杆菌菌剂用量为 2.0×10^{13}CFU/hm²，胶质类芽孢杆菌菌剂用量为 4.0×10^{13}CFU/hm²；RPB 处理，减氮 30% 基础上 DMPP 与菌剂配施，共施氮 504kg/hm²，DMPP 用量为纯氮量的 2%，为 10.08kg/hm²，枯草芽孢杆菌菌剂用量为 2.0×10^{13}CFU/hm²，胶质类芽孢杆菌菌剂用量为 4.0×10^{13}CFU/hm²，每个处理 3 次重复。除空白处理 CK 和常规处理 T 外，其他各处理养分投入总量相同，磷（P_2O_5）、钾肥（K_2O）用量分别为 295kg/hm² 和 680kg/hm²。DMPP 和菌剂用量为前期培养试验筛选出来的最佳配比。其中，基肥 N、P_2O_5 和 K_2O 施用量分别为 340kg/hm²、145kg/hm²、198kg/hm²；硝化抑制剂 DMPP 的施用量为 4.76kg/hm²；枯草和胶质芽孢杆菌菌剂的用量分别为 1.0×10^{13}CFU/hm² 和 2.0×10^{13}CFU/hm²。

（一）对设施茄子生长发育的影响

株高、茎粗、叶面积是反映茄子生长发育的重要指标。由表4-17可看出，各处理设施茄子门茄瞪眼、对茄、四门斗三个关键期的株高、茎粗与叶面积的动态变化。结果表明，施氮可显著促进茄子植株生长发育，且对茄、四门斗生长迅速。对照CK处理株高在整个生长期间较低，各施氮处理株高显著增加（$P<0.05$）。与常规处理相比，减氮30%可保证茄子正常生长。等氮条件下，配施DMPP和菌剂的RP、RB、RPB处理各时期茄子株高较R均有所提高趋势，尤其是RPB茄子株高与R处理间差异达显著性水平（$P<0.05$）。由此可见，减氮30%基础上硝化抑制剂、菌剂单施或配施均可在一定程度上可促进茄子株高，且DMPP与菌剂配施在增加株高方面优于二者单施。

表4-17　不同生育时期设施茄子株高、茎粗、叶面积的变化

处理	株高（cm）			茎粗（cm）			叶面积（cm²）		
	门茄瞪眼	对茄	四门斗	门茄瞪眼	对茄	四门斗	门茄瞪眼	对茄	四门斗
CK	37.10± 1.83d	51.30± 5.11c	94.49± 6.30c	2.99± 0.11c	5.35± 0.20d	9.77± 0.42d	224.73± 12.27c	260.90± 10.05d	292.27± 20.06d
T	42.57± 0.91bc	61.27± 6.93b	107.27± 6.40b	3.50± 0.11a	5.85± 0.15c	10.92± 0.34bc	276.10± 6.80a	316.32± 16.79c	365.03± 26.80c
R	40.80± 0.79c	60.63± 4.96b	105.63± 5.96b	3.29± 0.07b	5.81± 0.22c	10.66± 0.42c	255.34± 13.13b	302.18± 19.26c	352.89± 29.62c
RP	41.40± 0.66bc	62.73± 4.31ab	108.07± 5.31b	3.30± 0.08b	6.01± 0.34bc	11.19± 0.42bc	262.92± 6.24ab	313.09± 16.42c	360.80± 24.27c
RB	43.03± 0.61ab	65.93± 4.90ab	111.66± 6.17ab	3.61± 0.06a	6.37± 0.16b	11.44± 0.36b	275.97± 10.11a	332.14± 17.50b	407.85± 27.05b
RPB	44.73± 0.97a	71.97± 4.35a	122.02± 5.65a	3.64± 0.12a	6.83± 0.13a	12.40± 0.33a	277.53± 12.22a	357.63± 19.10a	463.34± 28.01a

各施氮处理茄子茎粗较CK处理显著增加（$P<0.05$）。与T处理相比，R处理可以保证各时期茄子茎粗不减。等氮条件下，RP、RB和RPB处理各时期茄子茎粗较R处理有所提高，增幅分别为0.30%～4.97%、7.32%～9.73%和10.64%～16.32%。尤其RPB处理和RB处理差异达到显著性水平（$P<0.05$）。由此可见，减氮30%基础上硝化抑制剂、菌剂单施或配施均对茄子茎粗有一定促进作用。在对茄和四门斗，RPB处理茄子茎粗较RP处理和RB处理显著提高了10.81%～13.64%和7.22%～8.39%，这说明，硝化抑制剂与菌剂配施表现出明显的协同作用。

CK处理叶面积在监测期间较小，各施氮处理叶面积显著增加（$P<0.05$）。与T处理相比，R处理可以保证茄子叶面积不减。等氮条件下，RP、RB、和RPB处理各时期茄子叶面积较R处理均有所提高，增幅分别为2.24%～3.61%，8.08%～15.57%和8.69%～31.30%。尤其是DMPP与菌剂配施的RPB处理达到显著差异（$P<0.05$）。由此可见，减氮30%基础上硝化抑制剂、菌剂单施或配施均对茄子叶面积有一定促进作用。在对茄期和四门斗期，RPB处理茄子叶面积较RP和RB处理显著提高了14.22%～

28.42％和7.67％～13.61％。说明硝化抑制剂与菌剂配施表现出显著的协同作用。

综上所述，氮肥的施用显著促进了植株的生长发育，且减氮30％基础上DMPP与菌剂配施对植株促生效果显著，效果优于二者单施，表现出明显的协同作用。

（二）对设施茄子病株率的影响

根据对茄子病株情况的调查发现（表4-18），常规处理每公顷病株数为460株，病株率达2.41％。与T处理相比，减氮30％的R处理和减氮30％基础上单施DMPP的RP处理病株数均有所降低，病株率为1.62％；而减氮30％基础上单施菌剂的RB处理和减氮30％基础上DMPP与菌剂配施的RPB处理每公顷病株数均为0株。由此可知，菌剂的施用可以有效减少病株数，降低设施茄子病株率。

表4-18 不同处理对设施茄子病株率的影响

处理	每公顷种植株数（株）	每公顷病株数（株）	病株率（％）
CK	28 400	460	1.62
T	28 400	685	2.41
R	28 400	460	1.62
RP	28 400	460	1.62
RB	28 400	0	0
RPB	28 400	0	0

（三）对设施茄子产量品质的影响

1. 对茄子产量的影响

不同处理对茄子单果重和总产量的影响如图4-37所示。与CK处理相比，各施氮处理茄子单果重、果实数和产量分别提高了30.08％～51.98％、7.70％～19.24％和42.88％～81.00％。由图4-37可知，就单果重而言，T处理单果重为464.23g。与T相比，减氮可以保证茄子单果重；减氮30％基础上配施DMPP、菌剂后茄子单果重有所增加。其中，DMPP与菌剂配施的RPB处理与T处理差异达显著性水平。且等氮条件下，RPB处理较R处理茄子单果重显著增加了19.11％（$P<0.05$）。这说明，减氮30％基础上DMPP与菌剂配施可显著增加茄子单果重。对于果实数而言，与T处理相比，减氮可以保证茄子果实数；减氮30％基础上配施DMPP、菌剂后茄子果实数有所增加，其中，DMPP与菌剂配施的RPB处理增幅较大，果实数可达每公顷219.67×10³个。由此可知，减氮30％基础上配施DMPP、菌剂均可在一定程度上增加茄子单果重和果实数，DMPP与菌剂配施表现出一定的协同作用，但未达到显著水平。

由图4-37b可知，对于茄子产量而言，常规处理施氮量高达720kg/hm²，产量为92.07t/hm²。与T相比，R处理施氮量减少30％（504kg/hm²），但产量也达到了88.63kg/hm²，且二者之间无显著性差异。由此可见，适当减量施氮仍能保证茄子稳产。等氮条件下，施DMPP、菌剂均可显著提高茄子产量，RP、RB和RPB处理茄子产量较R处理分别增产12.68％、18.89％和26.68％（$P<0.05$），其中RP、RB和RPB处理间差异不显著（$P>0.05$）。综上可知，减氮30％基础上配施DMPP、菌剂均可有效提高茄子单果重和果实数，增产效果显著，且DMPP与菌剂配施的增产效果优于二者单施。

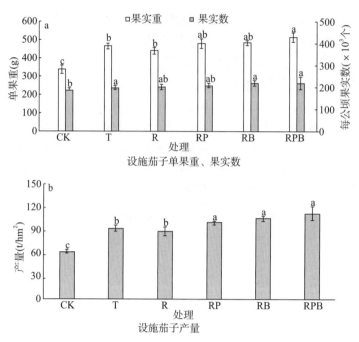

图 4-37 不同处理对设施茄子单果重、果实数和产量的影响

2. 对茄子品质的影响

横径、纵径和果实形状作为茄子主要的外在品质，与茄子产量密切相关。由表 4-19 可看出，常规处理横径、纵径分别为 12.96cm 和 11.53cm，果形指数为 0.89，果实形状为扁圆。参照《茄子种质资源描述规范》果形指数标准，果形指数为 0.90<H/D≤1.1（圆球），因此，T 处理果形指数较差。与 T 处理相比，减氮 30% 的 R 处理果实横纵径虽有所降低，但果形指数有所提高，为 0.90，未达到圆球形；而减氮 30% 基础上配施 DMPP、菌剂横纵径有所增加，果形指数为 0.91~0.94，为圆球形，符合果形指数标准。综上可知，减氮 30% 基础上 DMPP 与菌剂配施可以促进果实外在品质的改善和提高。

表 4-19 不同处理对设施茄子外在品质的影响

处理	横径（cm）	纵径（cm）	果形指数
CK	10.85±0.76c	9.01±0.95c	0.83±0.05a
T	12.96±0.88b	11.53±0.74b	0.89±0.02a
R	12.65±0.87b	11.35±0.70b	0.90±0.06a
RP	13.16±0.90ab	11.91±0.54b	0.91±0.10a
RB	13.73±0.43ab	12.45±0.96ab	0.91±0.04a
RPB	14.44±0.64a	12.57±0.84a	0.94±0.10a

蔬菜维生素 C、可溶性蛋白、可溶性糖含量是评价果蔬品质和成熟度的重要指标。由表 4-20 可知，各施氮处理均不同程度地改善茄子品质，减氮 30% 可保证茄子品质。对于维生素 C 含量而言，与 T 处理相比，RP、RB 以及 RPB 处理茄子维生素 C 含量显著增加了 17.87%~28.52%（$P<0.05$）。且等氮条件下，与 R 处理相比，RP、RB 以及 RPB 处理茄

子维生素 C 含量分别增加了 23.23%、30.47% 和 34.37%，但 RP、RB 和 RPB 处理间差异不显著。由此可见，菌剂可有效提高茄子维生素 C 含量，硝化抑制剂 DMPP 对茄子维生素 C 含量的提高有一定的促进作用，DMPP 与菌剂配施表现出一定的协同作用，但未达到显著水平。

表 4-20　不同处理对设施茄子营养品质的影响

处理	每 100g 果实维生素 C 含量（mg）	可溶性蛋白含量（mg/g）	可溶性糖含量（%）
CK	41.99±5.04c	0.66±0.03d	0.49±0.04d
T	69.85±5.91b	0.93±0.05bc	0.67±0.02c
R	66.81±3.39b	0.88±0.04c	0.63±0.05c
RP	82.33±9.43a	0.99±0.03abc	0.81±0.07b
RB	87.17±4.81a	1.00±0.08ab	0.80±0.05b
RPB	89.77±6.37a	1.06±0.06a	0.95±0.03a

对于可溶性蛋白含量而言，RP、RB 和 RPB 处理果实可溶性蛋白含量较 T 处理有所提高，增幅为 6.45%~13.98%，但未达到显著性水平。等氮条件下，与 R 处理相比，RP、RB 和 RPB 处理可溶性蛋白含量提高了 12.50%~20.45%。其中，RB 处理、RPB 处理可溶性蛋白含量与 R 处理达到显著差异水平（$P<0.05$），且二者间差异不显著。由此可知，菌剂可有效提高茄子可溶性蛋白含量，硝化抑制剂 DMPP 对茄子可溶性蛋白含量的提高有一定的促进作用，DMPP 和菌剂配施效果优于二者单施，表现出一定的协同作用。

T 处理茄子可溶性糖含量为 0.67%。与 T 处理相比，RP、RB 和 RPB 处理果实可溶性糖含量显著增加了 19.40%~41.79%。等氮条件下，RP、RB 和 RPB 处理较 R 处理显著提高了 26.98%~50.79%。且 RPB 处理可溶性糖含量较 RP 处理和 RB 处理分别提高了 17.28% 和 18.75%（$P<0.05$）。由此可见，DMPP 与菌剂配施表现出明显的协同作用。

3. 对茄子经济效益的影响

由表 4-21 可知，减氮 30% 仍可以保证产值和利润与常规相差不大。减氮 30% 基础上配施 DMPP、菌剂后产值可显著增加 12.67%~26.66%；每公顷可增收 1.56 万~3.88 万元。说明减量施氮仍能保证茄子经济效益，DMPP 或菌剂的添加可在一定程度上提高经济效益。且等氮条件下，与 R 处理相比，RB 处理和 RPB 处理可使产值增加 18.89%~26.68%；每公顷增收 3.63 万~3.88 万元（$P<0.05$）。相比而言，减氮 30% 基础上 DMPP 与菌剂配施的 RPB 处理产值和收益较大，优于 RP 处理和 RB 处理。由此可知，减氮 30% 可保证获得与常规施氮相当的经济效益，且等氮条件下 DMPP 与菌剂配施可显著增加经济效益。

表 4-21　设施茄子经济效益分析

处理	每公顷肥料支出（万元）	每公顷其他支出（万元）	每公顷产值（万元）	每公顷利润（万元）
T	1.73	2.95	27.62b	22.94ab
R	1.63	2.95	26.59b	22.01b
RP	3.44	2.95	29.96a	23.57ab
RB	3.03	2.95	31.61a	25.64a
RPB	4.84	2.95	33.68a	25.89a

注：茄子按每千克 3.0 元的平均市场价来计算收益，其他费用主要包括劳动力成本和灌水支出。

（四）对茄子植株氮吸收利用的影响

1. 对茄子植株吸氮量的影响

由表 4-22 可看出，不同处理对茄子各部位吸氮量的影响。结果表明，氮肥用量对茄子植株各部位的吸氮量影响较大。植株不同部位吸氮量均表现为：果实＞茎＞叶＞根。对于根和茎而言，与 T 处理相比，R 处理各部位吸氮量分别降低了 17.27％和 13.75％；减氮 30％基础上 DMPP 与菌剂配施处理则有所提高，根和茎部位吸氮量可达 16.78kg/hm² 和 61.95kg/hm²。等氮条件下，RP、RB 和 RPB 处理根部吸氮量较 R 处理有所提高，提高率为 9.23％～26.94％。其中 RPB 处理根部吸氮量较高，与 R 处理差异达显著性水平。由此可知，DMPP 与菌剂配施表现出一定的协同效果，优于二者单施。就叶和果实部位吸氮量而言，整体表现为 DMPP 与菌剂配施在促进植株对氮素吸收利用的效果优于二者单施。综上可知，DMPP 与菌剂配施效果优于二者单施，表现出一定的协同作用。

表 4-22　不同处理设施茄子各部位氮吸收量

处理	氮吸收量（kg/hm²）				
	根	茎	叶	果实	总和
T	15.98±0.82a	59.29±3.21ab	48.45±7.06a	125.22±7.57a	248.94±7.64ab
R	13.22±0.56b	51.14±4.11b	40.12±3.35a	119.20±9.77a	223.67±8.95b
RP	14.59±1.32ab	61.82±4.22a	40.98±7.37a	129.97±8.65a	247.36±9.62ab
RB	14.44±0.55ab	59.60±7.99ab	42.13±8.05a	128.42±8.00a	244.38±20.06ab
RPB	16.78±1.27a	61.95±5.40a	42.52±8.96a	138.41±13.64a	259.66±23.92a

2. 对氮肥利用效率的影响

由表 4-23 可知，与 T 处理氮肥表观利用率（13.12％）相比，R、RP、RB 和 RPB 处理对氮肥表观利用率均有所提高，提高率为 4.65％～59.07％，其中 RP、RB 和 RPB 处理差异达显著性水平（$P<0.05$）。且等氮条件下，与 R 处理相比，RP、RB 和 RPB 处理可使氮肥表观利用率分别提高 34.23％、31.61％、52.00％，差异均达显著性水平。这说明，减氮 30％基础上 DMPP、菌剂单施或配施均能有效提高氮肥表观利用率，且 DMPP 与菌剂配施表现出一定的协同作用，优于二者单施。另外，常规处理的氮肥农学效益仅为 41.72kg/kg。与 T 处理相比，R 处理氮肥农学效益有所提高，但差异未达到显著性水平。且等氮条件下，与 R 处理相比，RP、RB 和 RPB 处理显著提高了 42.25％、62.92％和 88.88％。其中，RPB 处理氮肥农学效益较优，较 RP 处理显著提高了 32.78％，但与 RB 处理间差异不显著。与 T 处理氮肥偏生产力相比，R、RP、RB 和 RPB 处理显著提高了 37.52％～74.21％，且等氮条件下，与 R 处理相比 RP、RB 和 RPB 处理氮肥偏生产力均有所提高，提高率分别为 12.68％、18.89％和 26.68％，差异均达到显著性水平（$P<0.05$），其中，RPB 处理氮肥偏生产力较高，较 RP 处理显著提高了 12.42％，较 RB 处理间差异不显著。由此可知，减氮 30％基础上 DMPP 与菌剂配施效果优于二者单施，表现出一定的协同作用。

表4-23 不同处理设施茄子氮素利用指标比较

处理	氮肥表观利用率（%）	氮肥农学效益（kg/kg）	氮肥偏生产力（kg/kg）
T	13.12b	41.72c	127.87d
R	13.73b	52.78c	175.85c
RP	18.43a	75.08b	198.15b
RB	18.07a	85.99ab	209.06ab
RPB	20.87a	99.69a	222.76a

三、设施茄子减氮配施硝化抑制剂与菌剂的环境效应

（一）对土壤氮源气体排放的影响

1. 对土壤 N_2O 排放通量的影响

设施茄子追肥期间，土壤 N_2O 排放通量动态变化情况如图4-38所示。从图中可看出，整个追肥期间，施氮处理的土壤 N_2O 排放通量均在施肥后第1～2d内达到峰值，峰值范围在1 253.21～2 507.68$\mu g/$（$m^2 \cdot h$），与CK处理差异显著（$P<0.05$），随后逐渐降低并在9d后与CK相差不大。与T处理相比，R、RP、RB和RPB处理土壤 N_2O 排放通量峰值减小了27.94%～50.03%，差异达显著性水平（$P<0.05$）；且等氮条件下，RP、RB和RPB处理土壤 N_2O 排放通量峰值较R处理分别显著降低了30.64%、24.41%和23.04%（$P<0.05$）。这说明，DMPP或菌剂均可以有效降低土壤 N_2O 排放通量峰值。整个监测期间，与T处理土壤 N_2O 排放平均通量［2 997.80$\mu g/$（$m^2 \cdot h$）］相比，R、RP、RB、RPB处理土壤 N_2O 排放平均通量分别显著降低了37.15%、55.89%、42.97%、58.06%（$P<0.05$）。等氮条件下，与R处理相比，RB处理土壤 N_2O 平均排放通量有所降低，但差异未达到显著水平；RP、RPB处理土壤 N_2O 平均排放通量则显著降低了33.26%～34.58%（$P<0.05$）。由此可见，DMPP能有效减少土壤 N_2O 排放，菌剂对土壤 N_2O 排放有一定抑制作用，且DMPP与菌剂配施表现出一定的协同作用，但未达到显著差异。

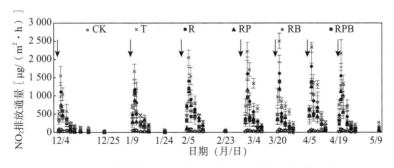

图4-38 设施茄子追肥期间土壤 N_2O 排放通量的变化

注：箭头代表施肥时期。

2. 对土壤 N_2O 累积排放量的影响

从图4-39可看出，整个茄子生长期间，土壤 N_2O 排放累积量随施氮量增加而增加，各处理土壤 N_2O 累积排放量表现为T处理（7.51kg/hm²）＞R处理（5.55kg/hm²）＞

RB 处理（5.28kg/hm²）＞RP 处理（3.77kg/hm²）＞RPB 处理（3.76kg/hm²）＞CK 处理（0.75kg/hm²）。与 T 处理相比，R、RP、RB 和 RPB 处理土壤 N_2O 累积排放量分别降低了 26.10％、49.80％、29.69％和 49.93％（$P<0.05$），说明，减氮 30％可以有效降低土壤 N_2O 排放。等氮条件下，配施 DMPP、菌剂的处理可减少土壤 N_2O 排放，RP、RB 和 RPB 处理累积排放量较 R 处理降低 32.07％、4.86％、32.25％。其中 RP 和 RPB 处理减排效果达显著性差异水平（$P<0.05$），但二者处理间差异不显著。由此可见，DMPP 在土壤 N_2O 减排方面效果显著，且 DMPP 与菌剂配施表现出一定的协同作用，但未达到显著差异。

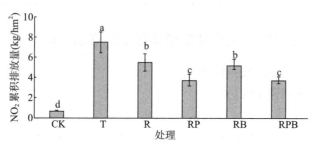

图 4-39　设施茄子生长期间土壤 N_2O 累积排放量

3. 土壤 N_2O 排放的影响因素分析

土壤无机氮和地温是影响 N_2O 排放和产生的重要因素。由表 4-24 可看出，各处理土壤 N_2O 排放通量和对应处理土壤表层（0～10cm）无机氮（硝态氮和铵态氮）含量及地温（5cm 和 10cm）的相关性分析。监测期间，CK 处理土壤 N_2O 排放通量与土壤表层硝态氮含量表现出极显著正相关关系（$P<0.01$），相关系数为 0.592**；与土壤表层铵态氮含量未表现出相关关系；与地温（5cm 和 10cm）表现出显著正相关关系（$P<0.05$）。T 处理和 R 处理土壤 N_2O 排放通量与土壤表层硝态氮含量和铵态氮含量均表现出极显著正相关关系（$P<0.01$）；与地温（5cm 和 10cm）表现出显著正相关关系（$P<0.05$）。RP 处理土壤 N_2O 排放通量与土壤表层硝态氮、铵态氮含量和 5cm 地温均表现出显著正相关关系（$P<0.05$）；与 10cm 地温表现出极显著正相关关系（$P<0.05$），相关系数为 0.434**。RB 处理和 RPB 处理土壤 N_2O 排放通量与土壤表层硝态氮含量表现出极显著正相关关系（$P<0.01$），相关系数分别为 0.418** 和 0.508**；与土壤表层铵态氮含量和 5cm 地温均表现出显著正相关关系（$P<0.01$）；与 10cm 地温表现出极显著正相关关系（$P<0.01$），相关系数分别为 0.407** 和 0.432**。

表 4-24　不同处理土壤 N_2O 排放通量与无机氮、地温的关系

处理	CK	T	R	RP	RB	RPB
硝态氮	0.592**	0.587**	0.584**	0.351*	0.418**	0.508**
铵态氮	0.305	0.396**	0.401**	0.331*	0.377*	0.377*
5cm 地温	0.321*	0.330*	0.322*	0.360*	0.382*	0.385*
10cm 地温	0.385*	0.382*	0.385*	0.434**	0.407**	0.432**

注：* 表示显著相关，** 表示极显著相关。

4. 土壤 NH_3 挥发累积量

由图 4-40 可知，整个茄子生长期内，整个追肥期间，各处理土壤 NH_3 挥发累积量表

现为：T 处理（16.38kg/hm²）＞RP 处理（13.88kg/hm²）＞RPB 处理（12.29kg/hm²）＞R 处理（11.27kg/hm²）＞RB 处理（10.68kg/hm²）＞CK 处理（2.72kg/hm²）。与 T 处理相比，R、RP、RB 和 RPB 处理土壤 NH_3 挥发累积量分别降低 31.20％、15.26％、34.80％和 24.97％，其中，R、RB、RPB 处理差异均达显著性水平（$P<0.05$）；等氮条件下，RP 和 RPB 处理土壤 NH_3 挥发累积量有所增加，增幅分别为 23.16％和 9.05％，但差异未达到显著水平；而 RB 处理有所降低，降幅为 5.24％（$P>0.05$）。由此可知，土壤 NH_3 挥发量随氮肥施用量的增加而增加，减少氮肥施用可显著降低 NH_3 挥发量。

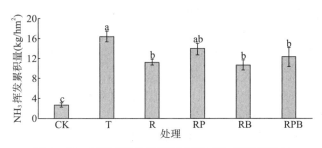

图 4-40 设施茄子追肥期间土壤 NH_3 挥发累积量

5. 土壤气态损失的累积量

由表 4-25 可看出，整个茄子追肥时期内，与 T 处理相比，减氮 30％和配施 DMPP、菌剂的处理均可以在不同程度上减少土壤 N_2O 排放和 NH_3 挥发。由表可知，T 处理土壤 N_2O 净损失率为 1.78％，与 T 相比，减氮 30％后土壤 N_2O 净损失率有所增加，增幅为 1.48％，但差异未达到显著水平。而等氮条件下，RP、RB 和 RPB 处理土壤 N_2O 净损失率均有所降低，降幅分别为 37.05％、5.65％和 37.21％。尤其是 RP 处理和 RPB 处理差异达显著性水平（$P<0.05$），但二者处理间差异不显著，由此可见，DMPP 可以有效降低土壤 N_2O 净损失率。与 T 处理土壤 NH_3 净损失率（3.60％）相比，R 处理虽有所降低，但未达到差异显著性水平。与 R 相比，RP 处理土壤 NH_3 净损失率显著增加了 30.49％；RB 处理和 RPB 处理土壤 NH_3 净损失率有所降低，降幅分别为 10.56％和 0.01％，但差异未达到显著水平。可见，DMPP 的施用有增加 NH_3 的风险，菌剂对土壤 NH_3 挥发有一定抑制作用，且 DMPP 与菌剂配施未表现出协同作用。与 T 相比，R、RP、RB 和 RPB 处理显著降低了 30.55％～38.83％土壤气态净损失量（$P<0.05$）。等氮条件下，RP、RB、RPB 处理间无显著差异（$P>0.05$）。

表 4-25 不同处理下土壤 N_2O 排放和 NH_3 挥发的损失率

处理	N_2O 累积排放量（kg/hm^2）	N_2O 净损失率（％）	NH_3 累积挥发量（kg/hm^2）	NH_3 净损失率（％）	气态净损失量（kg/hm^2）	气态净损失率（％）
T	7.51a	1.78±0.26a	16.38a	3.60±0.28ab	20.43±0.22a	5.38±0.06a
R	5.55b	1.81±0.32a	11.27b	3.22±0.17b	13.36±0.99b	5.02±0.37a
RP	3.77c	1.14±0.23b	13.88b	4.20±0.44a	14.19±1.77b	5.33±0.67a
RB	5.28b	1.70±0.23a	10.68b	2.99±0.30b	12.50±1.44b	4.70±0.54a
RPB	3.76c	1.13±0.06b	12.29b	3.60±0.76ab	12.58±2.19b	4.73±0.82a

（二）对土壤氮淋溶的影响

1. 不同时期土壤剖面硝态氮含量的变化

通过分析茄子不同追肥时期 0～120cm 土壤硝态氮含量动态变化（图 4 - 41）可看出，不施氮处理土壤剖面中的硝态氮含量最低。各施氮处理 0～30cm 土层中硝态氮含量在 60.79～124.50mg/kg，30～60cm 土层中硝态氮含量在 65.11～153.78mg/kg，60～90cm 土层中硝态氮含量在 71.37～172.00mg/kg，90～120cm 土层中硝态氮含量在 73.43～172.47mg/kg，各层土壤硝态氮含量整体基本表现为 T＞RB＞R＞RPB＞RP。随土层深度增加硝态氮含量整体也呈现增加的趋势，且明显向下层土壤淋洗。T 处理不同土层中硝态氮含量均显著高于其他处理，这与其施氮量过高有关。常规施肥使土壤中硝态氮含量大量累积，加之频繁的大水漫灌使土壤中的硝态氮向蔬菜根圈底层土壤迁移和累积，淋洗现象明显。第一次追肥前，常规处理硝态氮含量显著高于其他施氮处理。在 90～120cm 土层，T、R 和 RB 处理有明显的累积，而 RP 和 RPB 处理减少了土壤硝态氮含量，使硝态氮未淋洗到 90cm 以下。第二、三、四、五次追肥前，由于植株迅速生长，对氮素的需求量变大，使各施氮处理土壤硝态氮含量与上一追肥时期相比有所减少，在第五次追肥前达到追肥期间最低值，其中与 T 处理相比，RPB 处理土壤剖面中硝态氮含量显著降低了 22.52%（0～30cm）、39.35%（30～60cm）、32.20%（60～90cm）和 29.05%（90～120cm）。第六、七次追肥前和收获后，由于前期大量氮肥的投入及植株对于氮素的需求减少，使各施氮处理土壤剖面中硝态氮含量有所增加。

整个茄子追肥期间，T 处理 0～30cm、30～60cm、60～90cm、90～120cm 平均硝态氮含量分别为 118.02mg/kg、120.58mg/kg、149.28mg/kg 和 133.91mg/kg。与 T 处理相比，R、RP、RB、RPB 处理 0～120cm 土层平均硝态氮含量均有所降低，降幅分别为 13.97%～31.81%（0～30cm）、11.08%～33.29%（30～60cm）、13.60%～38.07%（60～90cm）和 12.97%～36.58%（90～120cm）。其中，R、RP、RPB 处理差异达显著性水平（$P < 0.05$）。等氮条件下，与 R 处理相比，RP 和 RPB 处理各土层平均硝态氮含量显著降低了 18.57%～18.64%（0～30cm）、17.28%～22.56%（30～60cm）、23.21%～26.04%（60～90cm）和 17.49%～21.98%（90～120cm），但二者差异不显著。综上可知，DMPP 有效降低硝态氮向土壤深层的迁移，且 DMPP 与菌剂配施表现出一定的协同作用，但未达到显著差异。

2. 不同时期土壤剖面铵态氮含量的变化

由图 4 - 42 可看出，茄子不同追肥时期 0～120cm 土壤铵态氮含量动态变化特征。不施氮 CK 处理土壤剖面中的铵态氮含量一直保持在较低水平，各施氮处理显著提高了土壤中铵态氮含量（$P < 0.05$），随土层深度增加铵态氮含量整体呈现降低的趋势，且随着施肥次数的增加，土壤剖面中的铵态氮有累积的趋势。与常规 T 处理相比，减氮 30% 和减氮 30% 基础上配施 DMPP、菌剂间差异未达到显著性水平。说明，DMPP 或菌剂在一定程度上可以提高土壤中铵态氮含量。第一次追肥前，各施氮处理铵态氮含量低于其余六次追肥。这表明土壤剖面中铵态氮含量随着追肥次数的增加不断累积。

追肥期间，与 T 处理相比，R、RP、RB、RPB 处理间，0～30cm 和 30～60cm 土层中铵态氮平均含量均表现为减氮 30% 基础上 DMPP 与菌剂配施的 RPB 处理较高

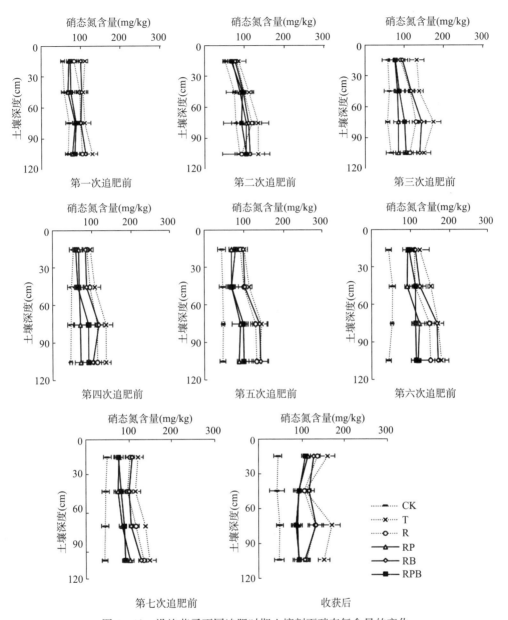

图 4-41 设施茄子不同追肥时期土壤剖面硝态氮含量的变化

（24.80～26.52mg/kg），其次为 RP 处理（24.67～26.10mg/kg）、RB 处理（18.54～20.22mg/kg），R 处理较低（18.52～20.21mg/kg），主要原因是 DMPP 抑制了硝化反应，使大量铵态氮在 0～30cm 土壤中累积。在 60～90cm 和 90～120cm 土层中铵态氮平均含量均表现为：RP（21.71～23.20mg/kg）＞RPB（21.70～22.86mg/kg）＞T（21.43～21.68mg/kg）＞RB（17.24～18.21mg/kg）＞R（16.52～17.30mg/kg）。其中，RP 处理差异达显著性水平（P＜0.05）；等氮条件下，与 R 处理相比，RP、RB 和 RPB 处理土层中铵态氮平均含量有所增加，增幅分别为 31.43%～34.05%、4.37%～5.22% 和 31.40%～32.10%。尤其 RP 和 RPB 处理差异达到显著性水平（P＜0.05），但二者处理间差异不显

著。综上可知，DMPP 有效增加土壤中铵态氮含量，且 DMPP 与菌剂配施表现出一定的协同作用，但差异不显著。

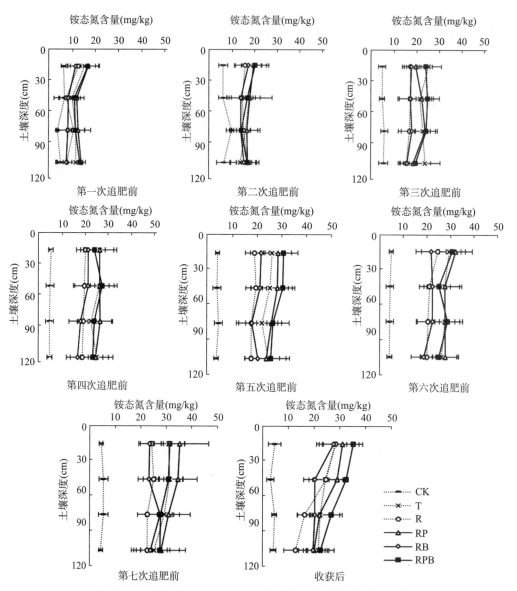

图 4 - 42　设施茄子不同追肥时期土壤剖面铵态氮含量的变化

3. 收获后土壤剖面硝态氮累积量

由图 4 - 43 可看出，茄子收获后 0～120cm 土壤剖面硝态氮累积量。以 60cm 作为评价土壤氮素淋失的界限。不施氮处理 0～120cm 土壤剖面中硝态氮累积量最低，仅为 499.94kg/hm² 。氮肥的施用明显促进了土壤剖面中硝态氮累积，较 CK 处理增加了 554.10～1 126.52kg/hm²（$P<0.05$）。与常规处理 0～120cm 土壤剖面中硝态氮累积量（1 626.46kg/hm²）相比，R、RP、RB、RPB 处理土壤硝态氮累积量分别降低了 17.47%、34.11%、17.57% 和 35.19%，均达到显著性差异水平。并且 RPB 处理土壤剖

面硝态氮累积量降低幅度较大，且累积量也仅为 1 054.04kg/hm²。由此可见，减氮 30%
和减氮 30% 基础上配施 DMPP、菌剂的处理能够有效降低土壤剖面硝态氮的累积。等氮
条件下，与 R 处理相比，RP 和 RPB 处理土壤剖面中硝态氮累积量分别降低了 20.16% 和
21.48%，差异达显著性水平（$P<0.05$），其中 RPB 处理效果较佳。各施氮处理 0～
60cm 土层硝态氮累积量分别占总累积量的 45.48%（T）、49.97%（R）、53.22%（RP）、
50.56%（RB）、52.93%（RPB）。与 T 处理相比，减氮 30% 和减氮 30% 基础上配施
DMPP、菌剂使土壤硝态氮多集中在 60cm 以上土层中，抑制了硝态氮的淋洗。其中 RP
和 RPB 处理效果在抑制氮素淋洗方面的效果较佳。这表明，单施菌剂对土壤剖面中硝态
氮累积量影响不显著，减氮 30% 基础上 DMPP 与菌剂配施可有效降低土壤各层硝态氮的
累积，并在一定程度上抑制硝态氮的淋洗。

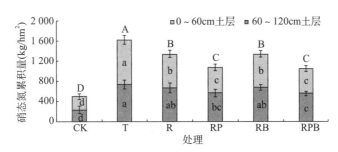

图 4-43　不同处理设施茄子收获后土壤剖面硝态氮累积量

4. 对氮素收支平衡的影响

0～60cm 土层氮素的输入项，主要包括施氮量、生物固氮量和灌溉水输入的氮，氮素输
入以施氮为主，占氮素输入的 87.85%～91.18%；而生物固氮量和灌溉水输入的氮仅占
8.83%～12.15%。氮素输出项，分为气态损失、作物吸收、淋溶损失三部分。将茄子根层
以下（60～120cm）土层无机氮总量认定为淋溶量。由表 4-26 可看出，氮素输出以淋溶损
失为主，占氮素输出的 64.56%～76.71%，其次为作物吸收量，占 21.53%～33.80%，而气
态损失最少，占比不足 2%。在设施茄子种植过程中，与 T 处理相比，RP、RB 和 RPB 处理
可以使氮素损失（气态损失和淋溶损失）减少 25.59%～43.96%。这说明，减氮 30% 基础
上配施 DMPP、菌剂可以减少氮素损失。等氮条件下，RP 和 RPB 处理氮素损失（气态损失
和淋溶损失）较 R 显著减少了 24.87%～25.85%。这表明，菌剂对环境无显著影响，DMPP
对环境更好。与 T 处理土壤氮盈余量（540.75kg/hm²）相比，减氮 30% 及其配施 DMPP、
菌剂的处理土壤氮盈余量降低了 35.27%～41.93%。等氮条件下，与 R 处理相比，RP、RB
和 RPB 处理氮盈余量分别减少了 6.77%、6.26% 和 10.28%。其中 RPB 处理氮盈余较低，
仅为 299.59kg/hm²，与 RP 和 RB 处理相比分别减少了 3.77% 和 4.29%。表明，减氮 30%
基础上 DMPP 与菌剂配施能进一步减少设施茄子种植中氮素盈余，表现出一定的协同作用。

表 4-26　设施茄子 0～60cm 土层氮素收支平衡分析

处理	氮素输入（kg/hm²）			氮素输出（kg/hm²）			氮盈余
	施氮量	生物固氮量	灌溉水输入氮	气态损失量	作物吸收	淋溶损失量	
T	720	62.67	7.02	20.43	248.94	887.03	540.75

（续）

处理	氮素输入（kg/hm²）			氮素输出（kg/hm²）			氮盈余
	施氮量	生物固氮量	灌溉水输入氮	气态损失量	作物吸收	淋溶损失量	
R	504	62.67	7.02	13.36	223.67	672.50	350.02
RP	504	62.67	7.02	14.19	247.36	501.12	326.33
RB	504	62.67	7.02	12.50	245.57	662.70	328.12
RPB	504	62.67	7.02	12.58	259.66	495.97	314.03

四、主要研究进展

1. 明确了硝化抑制剂与菌剂配施对土壤氮素转化的影响

试验表明，在减氮基础上配施硝化抑制剂、菌剂可以有效延缓铵态氮向硝态氮的转化；与常规施氮相比，减氮基础上硝化抑制剂与菌剂配施，可使土壤硝态氮含量显著降低15.93%～33.11%；其优化配施方案为减氮30%基础上配施纯氮量2%DMPP，2.0×10^{13}CFU/hm²枯草芽孢杆菌菌剂和4.0×10^{13}CFU/hm²胶质类芽孢杆菌菌剂。

2. 明确了设施茄子减氮30%配施硝化抑制剂与菌剂的农学效应

田间试验表明，减氮30%配施DMPP和菌剂，可促进设施茄子生长发育。与常规施氮相比，显著增产茄子8.47%～21.94%，使氮肥表观利用率、氮肥偏生产力至少分别提高37.76%和54.96%。同时改善茄子品质，分别显著提高茄子果实维生素C、可溶性糖含量17.87%～28.52%和20.00%～42.50%。

3. 明确了设施茄子减氮30%配施硝化抑制剂与菌剂的环境效应

田间试验表明，减氮30%基础上配施DMPP、菌剂可显著降低氮源气体排放污染。与常规施氮相比，减氮30%基础上配施DMPP、菌剂可使土壤N_2O累积排放量降低26.07%～49.89%，土壤NH_3挥发累积量降低15.26%～34.81%；可使土壤硝态氮多集中在60cm以上土层中，0～120cm土壤剖面硝态氮累积量降低17.32%～35.10%，有效控制硝态氮的淋溶损失。

第四节　设施黄瓜土壤氮磷淋失的有机无机减量配施防控

华北地区冬季黄瓜的经济价值较高，设施黄瓜的种植面积逐年加大。永清县作为全国优质设施栽培蔬菜基地，设施蔬菜种植面积达到2.08×10^4hm²，其中设施黄瓜面积为4.8×10^3hm²。目前，设施黄瓜生产盲目施肥比较普遍，已引起氮磷养分淋溶污染，迫切需要开展深入研究，减少养分淋溶损失，防控菜田面源污染，推进设施黄瓜产业绿色高质量发展。本研究以施肥量较大的越冬长茬黄瓜温室为研究对象，调研了设施黄瓜产区菜农的施肥特征以及不同年限设施黄瓜土壤中养分等理化性状的变化规律。采用田间小区试验，在棚龄11年、质地偏轻的温室1，设置5个处理：T1为不施肥对照，T2为500kg/hm²化肥氮＋500kg/hm²有机氮的推荐施氮量处理，T3为推荐施氮量＋30%化肥氮，T4为推荐施氮量＋30%有机氮，T5为1 300kg/hm²化肥氮＋1 100kg/hm²有机氮农民常规施氮量处理，其中T2、T3、T4均属于减量施肥处理，且化肥磷钾投入量均相同。同时，在棚龄22年、质地偏重的温室 2，设置 5 个处理：T1 为不施肥对照，T2 为 400kg/hm² 化肥氮＋400kg/hm² 有机氮的推荐施氮量处理，T3 为推荐施氮量＋30％化肥氮，T4 为推荐施氮量＋30％有机氮，T5 为 1 000kg/hm² 化肥氮＋600kg/hm² 有机氮的农民常规施氮量处理，其中 T2、T3、T4 均属于减量施肥处理，各处理施肥量见表 4-27。并且，每个处理 3 次重复。这样，深入研究了不同施肥处理下土壤剖面中硝态氮分布特征、土体硝态氮的累积特征、根层（35～40cm）和非根层（95～100cm）土壤溶液中硝态氮及 100cm 土体淋溶液中硝态氮、土壤溶液和土体淋溶液中总磷、TOC（总有机碳）的动态变化规律。

一、设施黄瓜有机无机减量配施的品质与产量效应

（一）不同施肥处理对黄瓜果实品质的影响

由表 4-27 可知，两个温室试验组的减量施肥处理与常规施肥处理之间黄瓜果实中维生素 C、可溶性糖、可溶性蛋白质含量差异均不显著，说明与常规施肥相比，减施氮量 50％不会降低黄瓜果实营养品质。

表 4-27　不同施肥处理及其对温室黄瓜果实品质的影响

试验组	处理	施化肥（kg/hm²）			施有机肥（kg/hm²）			维生素 C 含量（mg/kg）	可溶性糖（％）	可溶性蛋白质（mg/g）
		N	P₂O₅	K₂O	N	P₂O₅	K₂O			
温室 1	T1	0	0	0	0	0	0	102±10.3b	1.91±0.04a	4.18±0.87b
	T2	500	40	300	500	390	670	117±10.2a	1.92±0.08a	5.64±0.34ab
	T3	650	40	300	500	390	670	113±12.2ab	1.92±0.05a	6.09±0.65ab
	T4	500	40	300	650	390	670	113±9.07ab	1.96±0.06a	6.83±0.64a
	T5	1300	480	1 250	1 100	1 520	1 750	115±11.2a	1.93±0.14a	6.70±0.35a
温室 2	T1	0	0	0	0	0	0	98.0±9.39b	1.90±0.03a	5.43±0.46a
	T2	400	45	250	400	310	540	103±11.4ab	1.90±0.12a	6.23±0.12a
	T3	520	45	250	400	310	540	106±11.2a	1.91±0.02a	6.81±1.06a
	T4	400	45	250	520	310	540	104±9.08ab	1.91±0.08a	6.65±0.58a
	T5	1 000	550	1 600	600	1 250	1 100	105±12.2a	1.89±0.03a	6.45±0.46a

蔬菜硝酸盐含量是检验蔬菜质量安全的重要指标。土壤氮素水平是影响蔬菜硝酸盐积累的重要因素。由图 4-44 可看出，在温室 1 试验组，减量施肥处理黄瓜果实硝酸盐含量与常规施肥处理之间差异不显著；在温室 2 试验组，减量施肥处理黄瓜果实硝酸盐含量与常规施肥处理之间差异显著，可显著降低黄瓜果实硝酸盐含量。

（二）不同施肥处理对黄瓜产量与收益的影响

由表 4-28 可知，温室 1 中推荐施氮量＋30％有机氮处理的黄瓜产量最高，其次为常规施肥处理和推荐施氮量＋30％化肥氮处理，但是三者之间差异显著，这说明推荐的减量施肥并没有降低黄瓜的产量；从经济效益来分析，T2、T3、T4 处理产投比均比常规施肥处理高，其中 T4 处理比常规施肥处理高 2.41 倍，说明减量施肥尤其是推荐施氮量＋30％有机氮处理可以在保证黄瓜产量的基础上大大提高黄瓜的经济效益。综合分析黄瓜产量和经济效益可看出，温室 1 中推荐施氮量＋30％有机氮为最佳施肥方案。

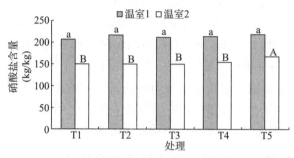

图 4-44　不同施肥处理对黄瓜硝酸盐含量的影响

　　温室 2 中常规施肥处理黄瓜产量虽然高于各减量施肥处理，但是与推荐施氮量处理、推荐施氮量＋30％有机氮处理相比差异并不明显，说明温室 2 中常规施肥处理尽管投入了大量有机肥和化肥，但是并没有明显增加黄瓜产量；T2、T3、T4 处理产投比均显著高于常规施肥处理，均在常规施肥处理的 3 倍以上，其中推荐施氮量处理是常规施肥处理的 3.56 倍，说明该推荐施氮量处理可大大提高黄瓜的经济效益。综合考虑，温室 2 推荐施氮量处理为最佳施肥方案。

表 4-28　不同施肥处理对温室黄瓜产量和经济效益的影响

试验组	处理	经济产量（kg/hm²）	产投比
温室 1	T1	90 076±17 669d	—
	T2	135 242±19 693c	15.0±2.19b
	T3	177 481±9 305bc	19.0±1.00ab
	T4	226 336±12 672a	22.5±1.26a
	T5	188 051±3 004ab	6.59±0.10c
温室 2	T1	169 077±2 880c	—
	T2	190 751±4 793ab	34.8±0.87a
	T3	182 434±4 036bc	30.5±0.67b
	T4	186 957±7 855ab	28.0±1.18b
	T5	201 294±4 642a	9.78±0.23c

二、设施黄瓜有机无机减量配施的氮损失污染效应

（一）不同施肥处理对土体硝态氮含量的影响

　　从表 4-29 可看出，黄瓜收获后，温室 1 中常规施肥处理土壤剖面各土层（每层 20cm）硝态氮残留量均显著高于减量施肥处理（T2、T3、T4）。各减量施肥处理中推荐施氮量＋30％有机氮处理 0～100cm 土壤剖面中的 0～20cm 土层硝态氮残留量最低。此外，各减量施肥处理 80～100cm 硝态氮残留量均高于其他土层，说明在质地偏轻的温室中硝态氮深层累积现象较为明显。

　　温室 2 中常规施肥处理 80～100cm 硝态氮残留量显著高于各减量施肥处理。各减量施肥处理中推荐施氮量＋30％有机氮处理 80～100cm 土层硝态氮残留量显著低于另外两

个处理。此外，各减量施肥处理 0～20cm 土层硝态氮残留量均高于其他土层，说明在质地偏重温室中硝态氮表层累积现象较为明显。

表 4－29　不同施肥处理对土壤剖面硝态氮残留量的影响

试验组	土层深度（cm）	硝态氮残留量（kg/hm²）				
		T1	T2	T3	T4	T5
温室 1	0～20	239±26.8cd	310±20.4bc	364±20.7b	307±37.1bc	1309±7.39a
	20～40	161±37.5c	288±44.5b	328±30.0b	285±47.4b	886±9.89a
	40～60	206±45.8c	304±23.8bc	345±19.6b	289±55.9bc	918±7.67a
	60～80	251±72.6b	309±40.4b	374±41.9b	295±31.8b	948±25.8a
	80～100	423±59.0b	452±60.7b	466±18.3b	411±30.8b	792±15.4a
温室 2	0～20	134±18.7a	309±25.9a	338±30.8a	285±44.7a	281±25.1a
	20～40	49.0±6.23c	189±25.4ab	203±2.51a	126±12.7abc	120±17.0bc
	40～60	60.4±5.7c	217±43.4a	181±13.4ab	127±33.1bc	226±6.90a
	60～80	38.8±10.3c	234±35.9ab	227±20.5ab	161±14.2b	292±15.8a
	80～100	42.4±12.7d	251±28.0b	223±4.95b	155±22.9c	362±25.1a

从黄瓜收获后 0～100cm 土体硝态氮的累积程度来看（图 4－45），质地较轻的温室 1 中常规施肥处理 0～100cm 土体硝态氮总累积量为 4 853kg/hm²，显著高于其他施肥处理（T2、T3、T4）（1 587～1 877kg/hm²），而各减量施肥处理间硝态氮累积量差异不显著，说明质地较轻温室中减量施肥可以有效减少 0～100cm 土体中硝态氮的累积量，降低氮淋失对环境的风险；质地较重的温室 2 中各处理 0～100cm 土层硝态氮累积量为常规施氮量处理（1 281kg/hm²）＞减量施肥处理（854～1 212kg/hm²），但差异并不显著。此外，两个温室中推荐施氮量＋30％有机氮处理 0～100cm 土体硝态氮累积量均低于其他减量施肥处理，说明黄瓜生育期施入一定比例的有机态氮素-氨基酸肥料在降低土体中硝态氮的累积起到一定的作用。

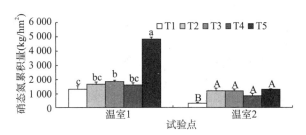

图 4－45　不同施肥处理对 0～100cm 土体硝态氮累积量的影响

从两个温室 0～100cm 土体中硝态氮的累积量来看，黄瓜收获后，质地较轻温室中各处理尤其是常规施肥处理硝态氮累积量均高于质地较重温室，分析原因可能是质地较轻温室常规施氮量要远高于质地较重温室，常年大量施氮造成了土体中硝态氮的累积。

（二）黄瓜根层和非根层土壤溶液硝态氮含量的变化

利用土壤溶液提取器在不同生育期采集黄瓜根层（35～40cm）和非根层（95～

100cm）不同深度的土壤溶液，其中硝态氮的动态变化见图4-46和图4-47。

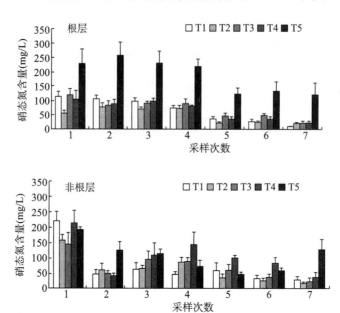

图4-46 温室1中根层、非根层土壤溶液硝态氮动态变化

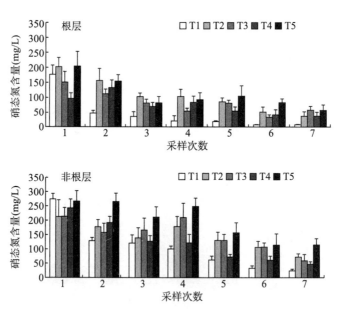

图4-47 温室2中根层、非根层土壤溶液硝态氮动态变化

整个黄瓜生长周期，温室1中常规施肥处理根层硝态氮浓度明显高于不施肥和减量施肥处理，而其他处理之间在黄瓜生长各时期硝态氮浓度差异不大，非根层土壤溶液中硝态氮浓度除常规施肥处理明显低于根层，其他处理根层、非根层硝态氮浓度差异不大，分析原因是温室1土体40～60cm土层沙粒比例较高，土体中氮素易随水移动，所以根层和非根层土壤溶液中硝态氮的浓度变化不明显。

温室 2 各处理非根层土壤溶液中各处理硝态氮浓度高于根层，分析原因是温室 2 中 $40 \sim 60cm$、$80 \sim 100cm$ 土层沙粒比例很低，而粉粒比例很高，从而导致土壤溶液中的氮素在随水下移的过程中受到缓冲，灌溉水在土体中下移需要较长时间，同时一部分氮素吸附在此土层中不易淋溶至 $100cm$ 土层外，未被黄瓜所吸收利用的盈余氮素被积累于非根层区域。

对根层和非根层土壤溶液中硝态氮含量的动态变化特征进行分析，根据图 4-46 所示，温室 1 中各处理在盛瓜期（第 5 次取样）根层土壤溶液中硝态氮浓度突然降低可能是因为黄瓜在盛瓜期需要吸收大量氮素供自身生长，造成土壤中硝态氮浓度降低。非根层土壤溶液中硝态氮浓度常规施肥处理除在黄瓜苗期（第 2 次取样）及拉秧期（第 7 次取样）明显高于其他四个处理，其他时期则与其他处理差异不大，分析原因可能是因为常规施肥处理施肥量过大，而在这两个时期黄瓜所需要的氮素营养又不高，从而使盈余的氮素发生淋溶。

如图 4-47 所示，温室 2 中各处理根层土壤溶液中硝态氮浓度除在黄瓜定植-缓苗期和苗期有较高水平外，其他时期变化幅度不大且趋于平稳，分析原因是黄瓜在定植-缓苗期灌溉水量较大，土壤中累积的氮素溶于水中，从而导致此阶段土壤溶液中硝态氮浓度较高；非根层土壤溶液中各处理硝态氮浓度在黄瓜盛瓜期（第 5 次取样）有一次明显的下降，这是因为黄瓜在此时期需要吸收大量的氮素供其生长，因此淋溶至非根层区域的氮素有所减少。

（三）不同施肥处理对土壤硝态氮和铵态氮淋失的影响

氮素是引起水体富营养化的重要元素之一。氮素淋溶不仅会造成肥料利用率下降，还会对地下水安全造成威胁。经过黄瓜整个生育期，$100cm$ 土体中土壤中氮素的淋失量见表 4-30 和表 4-31。温室 1 中铵态氮及硝态氮平均淋失量比温室 2 高出 9.92%。两个温室的土壤淋溶液中氮形态均以硝态氮为主，占铵态氮及硝态氮总淋失量的 $90.1\% \sim 99.4\%$。无论土壤的质地如何，两个温室不同施氮量处理间推荐施氮量 $+30\%$ 有机氮处理硝态氮淋失量均低于不施肥处理，可能是因为该处理施用了有机态氮素-氨基酸肥料，大大减少了硝态氮淋失量；与菜农常规施肥处理相比，温室 1 和温室 2 中推荐施氮量 $+30\%$ 有机氮处理硝态氮的淋失量分别减少了 47.1% 和 68.1%。

表 4-30　温室 1 不同施肥处理对黄瓜土体硝态氮和铵态氮淋失的影响

处理	铵态氮 （kg/hm^2）	硝态氮 （kg/hm^2）	铵态氮及硝态氮 （kg/hm^2）	硝态氮/（铵态氮＋硝态氮）
T1	$1.58 \pm 1.06a$	$48.9 \pm 11.9b$	$50.4 \pm 11.7b$	96.9%
T2	$4.27 \pm 2.39a$	$104.0 \pm 22.2a$	$108.0 \pm 21.1a$	96.1%
T3	$7.47 \pm 6.82a$	$67.8 \pm 9.91ab$	$75.3 \pm 11.9ab$	90.1%
T4	$3.29 \pm 1.57a$	$41.3 \pm 6.26b$	$44.6 \pm 7.81b$	92.6%
T5	$7.25 \pm 2.41a$	$78.1 \pm 9.98ab$	$85.3 \pm 9.02ab$	91.5%

表4-31 温室2不同施肥处理对黄瓜土体硝态氮和铵态氮淋失的影响

处理	铵态氮 （kg/hm²）	硝态氮 （kg/hm²）	铵态氮及硝态氮 （kg/hm²）	硝态氮/（铵态氮＋硝态氮）
T1	0.90±0.60a	70.1±8.83ab	71.0±8.82ab	98.7%
T2	0.57±0.57a	22.1±9.84b	22.6±9.35b	97.5%
T3	1.91±1.60a	104.0±26.1a	106.0±27.6a	98.2%
T4	2.28±2.00a	31.1±10.6b	33.3±12.5b	93.2%
T5	0.56±0.10a	97.4±18.8a	97.9±18.8a	99.4%

三、设施黄瓜有机无机减量配施的磷淋失污染效应

（一）黄瓜根层和非根层土壤溶液磷含量的变化

磷素也是引起水体富营养化的重要元素之一，长期大量施用磷肥会造成土壤中磷素的淋失，从而破坏地下水的生态平衡。黄瓜根层和非根层土壤溶液磷的含量动态变化见图4-48和图4-49。整个黄瓜生长周期，温室1根层土壤溶液中磷浓度各处理在黄瓜中前期（前3次取样）变化幅度较大，到中后期（第4～6次取样）表现出降低且平稳的趋势，随后有突然升高的趋势（第7次取样）；非根层土壤溶液常规施肥处理磷浓度除初期较低，其余黄瓜生长期均表现出较高的磷水平，其他处理各时期变化幅度较大。温室2根层和非根层各处理在各时期磷浓度变化幅度较大，分析原因可能是因为温室2土壤质地相对较黏，磷素在土壤中发生吸附-解吸的过程较复杂，各处理土壤溶液中的磷浓度并无明显的趋势走向。两个温室非根层土壤溶液磷浓度均低于根层，且温室1非根层土壤溶液中磷浓度明显低于温室2的非根层土壤溶液，一方面说明磷容易被土壤吸附固定，不易发生淋溶的特性；另一方面说明后者该区域原来残存的磷素较多，从而导致土壤溶液中磷浓度较前者高。

对不同部位土壤溶液中总磷含量的动态变化特征进行分析，温室1各处理在黄瓜中前期根层磷浓度变化幅度较大，可能是因为黄瓜在这一时期正处于定植和缓苗期，需要的灌溉水量较大，吸附在土壤中的磷素受水分因素的影响而变化幅度较大。在黄瓜拉秧期（第7次取样），各处理根层磷浓度均有升高的趋势，说明这一阶段黄瓜所需要吸收的养分较少，施入土壤中盈余的磷素残留于土壤表层（0～40cm）。非根层土壤溶液中磷浓度常规施肥处理除在黄瓜定植和缓苗期（第1次取样）浓度较低外，其余各时期相对其他处理均处于较高的磷水平，说明磷在土壤中发生的淋溶行为与施磷量存在一定的关系，在本研究中菜农常规施磷量要远高于其他处理，即当黄瓜温室土壤中施入过量的磷素时，土壤溶液中磷浓度也随之升高。

温室2中根层和非根层土壤溶液中磷浓度各处理在黄瓜生长各时期变化幅度均很大，而且无论是根层还是非根层土壤溶液磷浓度均高于温室1，分析原因：一方面是因为温室2土壤中原来残存的磷素高于温室1，另一方面可能是因为温室2土壤质地相对较黏，磷素能相对牢固地吸附在土壤颗粒上，不易随灌溉水发生淋溶。

（二）不同施肥处理对土壤总磷淋失量的影响

从图4-50、图4-51可看出，两个温室100cm土体的磷浓度都比较低，从黄瓜整个

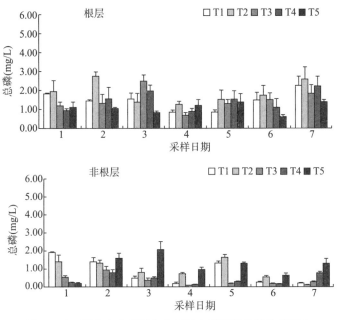

图 4 - 48　温室 1 中根层和非根层土壤溶液总磷动态变化

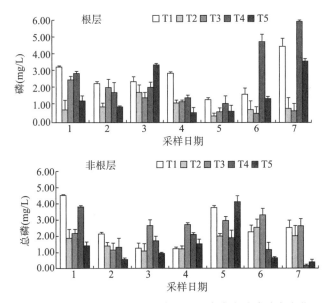

图 4 - 49　温室 2 中根层和非根层土壤溶液总磷动态变化

生育期看，两个温室土壤磷的淋失量分别为 1.49kg/hm²、2.46kg/hm²，温室 2 土壤磷淋失量比温室 1 高出 65.1%。

在温室 1 中，常规施肥处理淋溶液中磷浓度显著高于不施肥与减量施肥处理，而不施肥对照与减量施肥处理之间差异不明显（图 4 - 50）。从黄瓜整个生育期来看，常规施肥处理的土壤中磷淋失量显著高于其他处理（图 4 - 51），这是因为该温室已种植蔬菜 12 年，每年农民都投入大量的氮磷钾等养分，使其表层土壤中有效磷浓度超过了 200mg/kg。尽管土壤

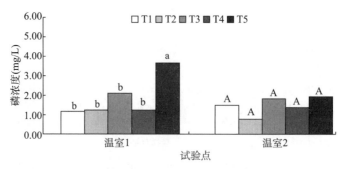

图 4 - 50　不同施肥处理对土壤淋溶液中总磷浓度的影响

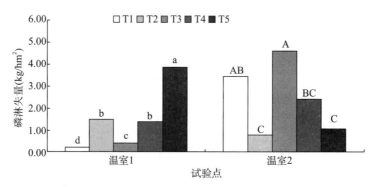

图 4 - 51　不同施肥处理对黄瓜整个生育期土壤总磷淋失量的影响

对磷素有较强的固定能力，但是当磷投入量过大时还是会造成淋溶液中磷浓度的增加，并最终导致常规施肥处理的磷淋失量急剧增加，达 3.88kg/hm²，分别为不施肥对照、减量施肥处理（T2、T3、T4）的 16.1 倍、2.57～8.85 倍。此外，T3 处理的土壤磷淋失量显著低于 T2、T4 处理，这是因为黄瓜整个生育期三个处理收集到的淋溶液的总体积依次分别为 16.6×10⁵L/hm²、56.6×10⁴L/hm²、15.9×10⁵L/hm²，T3 处理的淋溶液体积明显低于 T2 和 T4 处理，从而导致 T3 处理磷淋失量较低（0.44kg/hm²）。

温室 2 中各处理淋溶液中磷浓度差异不显著（图 4 - 50）。从黄瓜整个生育期来看，各处理土壤中磷的淋失量范围在 0.79～4.60kg/hm²。常规施肥处理磷素投入量高达 565kg/hm²（随鸡粪和牛粪进入土壤的磷素除外），比减量施肥处理高约 12.6 倍，但是磷淋失量却显著低于不施肥和 T3 处理（图 4 - 51）。结合考虑黄瓜整个生育期各处理收集到的淋溶液总量分别为 14.4×10⁵L/hm²、28.6×10⁴L/hm²、12.5×10⁵L/hm²、98.7×10⁴L/hm²、45.0×10⁴L/hm²，分析淋溶液渗漏量是影响温室 2 中磷淋失量的主要原因。

四、设施黄瓜有机无机减量配施的有机碳淋失效应

（一）黄瓜根层和非根层土壤溶液总有机碳含量的变化

总有机碳（TOC）淋失不仅会造成土壤中有机碳的损失，而且对地下水环境安全也会造成一定的威胁。因此，本研究对土壤溶液样品中 TOC 的含量进行了测定，以观察分析不同部位土壤溶液 TOC 的动态变化特征。

如图 4 - 52、图 4 - 53 所示，从整个黄瓜生长周期来看，温室 1 根层土壤溶液 TOC 浓

度除常规施肥处理在黄瓜盛瓜期和拉秧期（第 5 次和第 7 次取样）有两次明显升高外，其余处理各时期 TOC 浓度变化幅度不大，整个生育期各处理土壤溶液中 TOC 浓度范围为 12.1～35.0mg/L，最高浓度为常规施肥处理；各处理非根层土壤溶液 TOC 浓度各时期均无明显变化，整个生育期土壤溶液 TOC 浓度范围为 8.54～23.7mg/L，最高浓度仍来自常规施肥处理。温室 2 根层土壤溶液 TOC 浓度五个处理除在黄瓜定植-缓苗期（第 1 次取样）表现出较高水平外，其余各时期变化幅度不大，这与基施大量有机肥和大量灌定植水有关；非根层土壤溶液 TOC 浓度常规施肥处理在黄瓜整个生育期表现出较高的平稳趋势，减量施肥处理（T2、T3、T4）在整个黄瓜生育期土壤溶液中 TOC 浓度与常规施肥相比处于较低水平且变化幅度不大。

对根层和非根层土壤溶液中 TOC 含量的动态变化特征进行分析，温室 1 中，不施肥对照及减量施肥处理的根层土壤溶液中 TOC 浓度在盛瓜期（第 5 次取样）突然降低，是因为黄瓜在此生长期需要吸收大量的水分和养分，而常规施肥处理 TOC 在这一时期仍保持较高浓度，是因为菜农在这一时期施入了大量的有机肥。从末瓜期（第 6 次取样）到拉秧期（第 7 次取样），常规施肥处理土壤溶液中 TOC 浓度均高于其他处理，分析原因是黄瓜在此阶段所需要吸收的养分本来相对较少，而菜农在黄瓜生长期施入过量有机肥，导致大量有机质积累在根层区域，从而增加 TOC 向下淋失的风险。非根层土壤溶液中 TOC 浓度常规施肥处理明显高于其他处理，各处理在黄瓜各生育期变化趋势不大，这说明土壤中盈余的 TOC 已经随灌溉水淋溶至土体下层，造成养分浪费和对地下水的潜在危害。

温室 2 中各处理根层土壤溶液中 TOC 浓度在黄瓜生长初期有较高浓度，分析原因是在黄瓜定植前土壤耕层（0～40cm）残存的有机质含量较高（有机质含量为 2.03%，超过河北省温室菜地地力评价指标丰富范围），而在黄瓜定植和缓苗时灌溉水量较大，土壤中残存的有机质在此条件下被微生物分解为有机碳，因此导致这一阶段 TOC 浓度较高。温室 2 非根层常规施肥处理土壤溶液中 TOC 浓度在黄瓜初瓜期（第 4 次取样）有升高趋势，分析原因是菜农在此阶段施入大量有机肥，土壤中盈余的 TOC 随灌溉水淋溶至非根层。

（二）不同施肥处理对土壤 TOC 淋失量的影响

从图 4-54、图 4-55 可看出，两个温室淋溶液中 TOC 平均浓度分别为 15.9mg/L、22.7mg/L；两个温室土壤 TOC 的淋失量分别为 15.3kg/hm²、34.6kg/hm²，温室 2 土壤 TOC 淋失量比温室 1 高出 126%。结合考虑两个温室棚龄（分别为 11 年和 22 年）及黄瓜种植年限（分别为 1 年和 6 年），分析原因是温室 2 土体中原来残存的有机质较温室 1 多，从而温室 2 中淋溶液 TOC 浓度和淋失量均高于温室 1，这与两个温室根层和非根层土壤溶液中 TOC 浓度得出的结论是一致的。

温室 1 中各处理淋溶液 TOC 浓度范围为 15.4～16.4mg/L，各处理间差异并不显著（图 4-54）。整个黄瓜生长期，各处理土壤中 TOC 的淋失量在 6.55～28.2kg/hm²，减量施肥处理（T2）TOC 淋失量显著高于常规施肥处理（图 4-55）。结合整个黄瓜生育期五个处理收集到的淋溶液总量分别为 50.8×10⁴L/hm²、16.6×10⁵L/hm²、56.6×10⁴L/hm²、15.9×10⁵L/hm²、97.1×10⁴L/hm²，因此，可以发现渗漏的淋溶液体积是影响 TOC 淋溶量的主要因素。

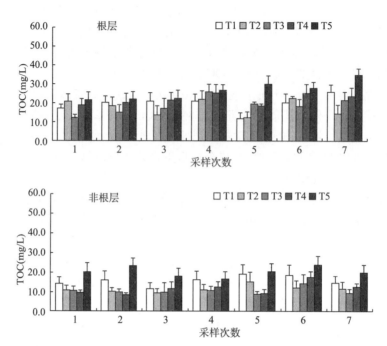

图 4-52　温室 1 根层和非根层土壤溶液中 TOC 含量的动态变化

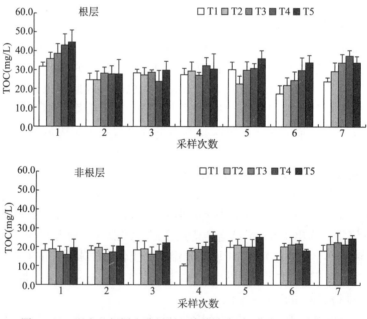

图 4-53　温室 2 根层和非根层土壤溶液中 TOC 含量的动态变化

温室 2 中常规施肥处理 TOC 浓度（38.8mg/L）显著高于不施肥对照（21.5mg/L）和减量施肥处理（T2、T3、T4）（10.9～21.7mg/L）（图 4-54），分析原因是菜农在黄瓜种植前基施有机肥过高。整个黄瓜生育期，土壤中 TOC 淋失量在 6.78～47.2kg/hm²，减量施肥处理（T3）与不施肥处理（T1）相比淋失量差异不显著，两者均显著高于其他施肥处理

（T2、T4、T5）（图4-55）。分析原因是不同处理间收集的淋溶液总量差异很大（五个处理整个生育期收集的淋溶液总量分别为$14.4×10^5$L/hm²、$90.6×10^4$L/hm²、$124×10^4$L/hm²、$98.69×10^4$L/hm²、$45.0×10^4$L/hm²），因此结论与温室1中TOC淋失量结果一致，黄瓜生长期渗漏的淋溶液体积是影响TOC淋溶量的主要因素。

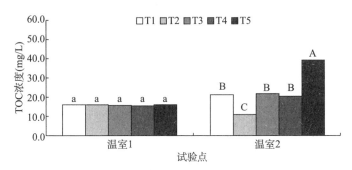

图4-54 不同施肥处理对土壤淋溶液中TOC浓度的影响

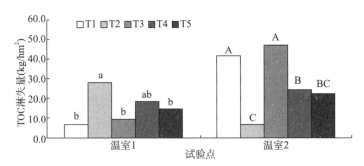

图4-55 不同施肥处理对黄瓜整个生育期土壤中TOC淋失的影响

五、主要研究进展

1. 探明了设施黄瓜有机无机减量配施的品质与产量效应

试验表明，与常规施肥相比，减施氮量50%不会显著降低黄瓜果实营养品质和产量，并且可使产投比提高3.41～4.56倍。

2. 明确了设施黄瓜有机无机减量配施对氮淋失的影响

黄瓜收获后，在质地偏轻的温室中，常规施肥处理0～100cm土体硝态氮总累积量为4 853kg/hm²，显著高于各减量施肥处理（1 587～1 877kg/hm²）；质地偏重温室中，0～100cm土层硝态氮累积量为常规施肥处理（1 281kg/hm²）＞减量施肥处理（854～1 212kg/hm²）。在整个黄瓜生育期，两个温室试验组铵态氮及硝态氮总淋失量分别为72.8kg/hm²、66.2kg/hm²，其中氮淋失形态以硝态氮为主；无论土壤的质地如何，不同施肥处理间硝态氮淋失量只有推荐施氮＋30%有机氮处理低于不施肥处理，与常规施肥处理相比，两个温室推荐施氮＋30%有机氮处理硝态氮淋失量分别减少47.1%和68.1%。

3. 明确了设施黄瓜有机无机减量配施对磷淋失的影响

两个温室各处理根层、非根层土壤溶液磷含量均很低，其中根层土壤溶液磷浓度分别为 0.57～3.71mg/L、0.37～5.89mg/L，非根层土壤溶液磷浓度分别为 0.06～2.02mg/L、0.17～4.55mg/L。整个黄瓜生育期，两个温室试验组土体淋溶液磷平均浓度分别为 1.83mg/L、1.46mg/L；土壤磷的淋失量分别为 1.49kg/hm²、2.46kg/hm²。

4. 明确了设施黄瓜有机无机减量配施对有机碳淋失的影响

质地较轻温室常规施肥处理土壤溶液 TOC 浓度均显著高于各减量施肥处理；质地较重温室常规施肥处理土壤溶液 TOC 略高于各减量施肥处理。其中，两个温室试验组土体淋溶液中 TOC 平均浓度分别为 15.9mg/L、22.7mg/L，土壤 TOC 淋失量分别为 15.3kg/hm²、34.6kg/hm²。

第五节 设施番茄土壤氮磷污染的微润灌溉精减水肥防控

水肥一体化是水肥耦合提高养分利用率、防控施肥氮磷淋失污染的有效措施，符合现代农业的发展方向。本研究以设施番茄土壤氮磷损失污染防控为研究对象，采用微润灌溉与减量施肥相结合的方法，开展设施番茄田间试验，共设 6 个处理，分别为传统灌溉＋常规施肥（CT）、传统灌溉＋减量施肥（CY）、微润灌溉＋减量施肥（WY）、微润灌溉＋减量施肥＋微生物菌剂（WYJ）、微润灌溉＋不施肥（CK）。传统灌溉为传统水分处理，主要依据农户习惯确定每次的灌溉时间和灌溉量，全生育期总用水量约为 323mm；微润灌溉采用微润灌溉设备调节土壤含水量，控制灌溉时间和灌溉量，全生育期总用水量约为 130mm；常规施肥的氮、磷、钾用量分别为 200kg/hm²、70kg/hm²、313kg/hm²；减量施肥的氮、磷、钾用量分别为 118kg/hm²、54kg/hm²、18kg/hm²；微生物菌剂用量为 15L/hm²。每个处理 3 次重复，共 18 个小区，每个小区面积 30m²，采用随机区组布置。供试番茄品种为普罗旺斯，供试肥料为生物有机肥（有机质含量≥40%，有效活菌数≥0.2 亿 CFU/g，N、P、K 含量可忽略不计）、冲利丰肥料（N-P_2O_5-K_2O，20-20-20）、冲利丰肥料（N-P_2O_5-K_2O，15-5-30）、微生物菌剂由河北润沃生物技术有限公司生产。采用土壤溶液提取器和土壤淋溶液收集桶等手段，系统研究减量施肥配施微生物菌剂和灌水因素对设施番茄土壤氮、磷累积与淋失的影响，分析土壤氧化亚氮排放特征，揭示微润灌溉-减量施肥阻控设施番茄土壤氮磷损失的效果，指导设施蔬菜节水减肥、绿色发展。

一、设施番茄微润灌溉与减量施肥阻控氮损失污染

（一）土壤剖面硝态氮的变化

由图 4-56 可看出，番茄花期不同处理土壤剖面硝态氮含量的变化。结果表明，这一时期设施番茄土壤硝态氮含量各处理之间存在不同程度的差异。从不同施肥处理看，CY 处理和 WY 处理减量施肥处理在 0～20cm 土壤硝态氮的含量分别为 169.47mg/kg、204.12mg/kg，CY 处理比常规施肥处理 CT 土壤硝态氮含量显著下降，降低 33.80%，而 WY 处理尽管减少氮投入 40% 但并未发现有明显差异。这可能与该时期作物植株长势较小需肥量不大且微润管通过润湿土壤供水过程中养分会积累在湿润区的边缘发生一定的表聚现象有关。在 20～40cm 土层，CY 与 WY 处理减量施肥处理土壤硝态氮含量分别为 95.69mg/kg、108.54mg/kg，CY 与 WY 处理硝态氮含量显著低于 CT 处理，比 CT 处理分别降低 42.24%、34.48%；在 40～60cm 土层，CY 与 WY 处理土壤硝态氮含量分别为

49.48mg/kg、60.45mg/kg，比 CT 处理分别显著降低 52.14％、41.54％；在 60～80cm 土层，CY 与 WY 处理土壤硝态氮含量分别为 81.50mg/kg、92.91mg/kg，比 CT 处理分别显著降低 41.90％、33.76％；在 80～100cm 土层，CY 与 WY 处理土壤硝态氮含量分别为 44.53mg/kg、53.86mg/kg，比 CT 处理分别显著降低 47.49％、36.49％。可见，在 0～100cm 剖面上的每个土层除了在微润灌处理时表层硝酸盐有一定的表聚积累外，无论微润灌还是传统灌溉的减量施肥处理均显著降低土壤中硝态氮的积累，微润灌减肥处理最高可降低硝态氮 41.54％，微润灌减肥处理最高可降低硝态氮 52.14％。可见，减量施肥可使土壤各层硝酸盐积累得到有效降低，阻碍了土壤硝酸盐淋溶。从不同灌溉方式来看，在减量施肥一致条件下，传统灌溉处理 CY 各土层土壤硝态氮含量与微润灌 WY 处理相比差异均不显著，说明在一季施肥试验条件下，尽管传统灌溉具有淋溶硝态氮进入深层土壤的趋势，但在土壤中积累的量还不足以达到显著水平，需长期定位试验才能充分说明两种不同灌溉模式下带来的显著影响。综合不同处理的表现可以看出，在 0～20cm 表层土壤硝态氮含量表现出 CY＜WY＜CT 的趋势，其余不同层次均表现出 CY≈WY＜CT 的特点。

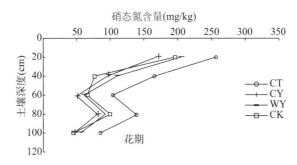

图 4-56　设施番茄花期 0～100cm 土壤剖面硝态氮含量变化

由图 4-57a 可见，设施番茄膨果期土壤剖面硝态氮含量的变化趋势。结果表明，这一时期设施番茄同一层土壤硝态氮含量各处理之间存在着不同程度的差异。从不同施肥角度看，0～20cm 减量施肥的 CY 与 WY 处理土壤硝态氮含量分别为 141.47mg/kg、183.79mg/kg，CY 与 WY 处理硝态氮含量显著低于 CT 处理，比 CT 处理降低 48.39％、32.95％，这时，与开花期规律相似，依然出现硝态氮表聚现象；在 20～40cm 土层减量施肥处理 CY 与 WY 土壤硝态氮含量分别为 98.48mg/kg、84.72mg/kg，比 CT 处理分别降低 36.82％、45.65％；在 40～60cm 土层 CY 与 WY 处理土壤硝态氮含量分别为 52.27mg/kg、62.11mg/kg，比 CT 处理分别降低 55.00％、46.54％；在 60～80cm 土层 CY 与 WY 处理土壤硝态氮含量分别为 77.28mg/kg、77.13mg/kg，比 CT 处理分别降低 38.05％、38.16％；在 80～100cm 土层减量施肥 CY、WY 土壤硝态氮含量与 CT 处理差异并未达显著水平。可见，与开花期规律相似，减量施肥使土壤各层硝酸盐积累得到了有效降低。从不同灌溉方式来看，在减量施肥一致条件下，0～20cm 土层土壤硝态氮含量传统灌溉处理 CY 比 WY 处理显著降低 29.92％，这可能与大水灌溉淋失硝态氮过多有关，其余各土层 CY 与 WY 处理差异均不显著。综上可以发现，在 0～20cm 表层土壤硝态氮含量表现出 CY＜WY＜CT 的特征；在 20～40cm、40～60cm 和 60～80cm 土层，土壤硝态氮含量均表现为 WY≈CY＜CT 的特点，而在 80～100cm 土层，土壤硝态氮含量各处理未表现出显著差异性。

由图 4 - 57（b）可见，设施番茄着色期土壤剖面硝态氮含量的变化特征。从不同施肥角度看，0～20cm 减量施肥的 CY 与 WY 处理土壤硝态氮含量分别为 140.22mg/kg、169.41mg/kg，比 CT 处理降低 53.12%、43.37%；20～40cm 土层 CY 与 WY 处理土壤硝态氮含量分别为 90.66mg/kg、104.17mg/kg，比 CT 处理分别降低 53.74%、46.84%；40～60cm 土层 CY 与 WY 处理土壤硝态氮含量分别为 62.46mg/kg、74.87mg/kg，比 CT 处理分别降低 57.54%、49.11%；60～80cm 土层 CY 与 WY 处理土壤硝态氮含量分别为 92.47mg/kg、96.70mg/kg，比 CT 处理分别降低 43.41%、40.82%；80～100cm 土层 CY 与 WY 处理土壤硝态氮含量分别为 72.21mg/kg、63.47mg/kg，比 CT 处理分别降低 51.51%、57.38%。从不同灌溉方式的角度，在减量施肥一致条件下，CY 与 WY 处理也表现为差异不显著。说明在减量纯氮 40% 情况下，通过一季试验的两种灌水模式对土壤硝酸盐积累的影响不是太明显，也间接反映了控制施肥量比降低灌水量对减少土壤硝酸盐积累更有效。综合来看，该期也表现出与开花期和膨果期一致的特征，在 0～20cm 表层土壤硝态氮含量为 CY＜WY＜CT；其余深层土壤均表现为 WY≈CY＜CT，传统灌溉施肥比其他两个处理对土壤硝态氮的积累表现更加突出。

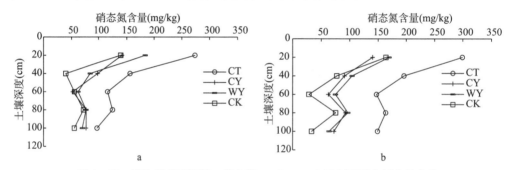

图 4 - 57　设施番茄膨果期、着色期 0～100cm 土壤剖面硝态氮含量变化

a. 膨果期　b. 着色期

通过番茄土壤硝态氮含量不同生育期与种植初期的比较分析，由表 4 - 32 可看出，CT 处理土壤硝态氮含量随着番茄生长呈现显著增加趋势。0～20cm 土层 CT 处理开花期、膨果期和着色期较番茄种植初期增长了 40.19%～63.82%；20～40cm 土层各时期提升了 51.30%～90.23%；40～60cm 提高 45.08%～93.91%；60～80cm 土层各时期增加 37.26%～79.82%；80～100cm 土层各时期增加 143.85%～328.12%。CY 处理土壤硝态氮含量随着番茄生长较种植初期基本呈现下降的趋势，而 40～60cm 却有增加趋势。0～20cm 土层 CY 处理开花期、膨果期和着色期较番茄种植初期降低 17.97%～32.13%；20～40cm 土层各时期降低 4.07%～11.66%；40～60cm 土层各时期却增加 1.29%～27.86%；60～80cm 土层各时期降低 10.26%～14.91%；80～100cm 土层开花期降低 24.49%，而在膨果期和着色期却增加 16.58%～24.49%。WY 处理土壤硝态氮含量随着番茄生长呈现的趋势与 CY 处理表现相似。0～20cm 土层 WY 处理开花期、膨果期和着色期较番茄种植初期降低 4.68%～20.89%；20～40cm 土层各时期降低 1.06%～22.77%；40～60cm 土层各时期却增加 17.52%～45.55%；60～80cm 土层各时期降低 7.70%～23.38%；80～100cm 土层各时期下降 16.77%～36.02%。对照处理各生育期之

间没有显著性变化，且与种植前均有明显降低。综上，通过各生育期减肥和节水作用基本上显著降低土壤硝态氮含量的进一步积累，仅在 40～60cm 多存在明显积累现象。

表 4-32 番茄土壤硝态氮含量不同生育期与种植初期的比较分析

土层深度（cm）	处理	开花期增幅（%）	膨果期增幅（%）	着色期增幅（%）
0～20	CT	40.19b	50.11ab	63.82a
	CY	−17.97a	−31.52a	−32.13a
	WY	−4.68a	−14.18b	−20.89b
	CK	−8.70a	−35.37b	−23.97b
20～40	CT	60.80b	51.30b	90.23a
	CY	−6.78a	−4.07a	−11.66a
	WY	−1.06a	−22.77b	−5.04a
	CK	−33.25a	−65.35a	−32.51a
40～60	CT	53.12b	93.91a	45.08b
	CY	1.29a	7.00a	27.86a
	WY	17.52a	20.74a	45.55a
	CK	−0.73a	−15.91a	−56.61b
60～80	CT	54.36b	37.26c	79.82a
	CY	−10.26b	−14.91b	1.82a
	WY	−7.7a	−23.38b	−3.93a
	CK	94.12a	−40.46b	−46.20b
80～100	CT	143.85b	179.76b	328.12a
	CY	−28.11b	24.49a	16.58a
	WY	−36.02a	−16.77a	−24.6a
	CK	−19.35a	−4.22a	−42.61a

注：小写字母表示同一土层同一处理不同时期在 0.05 水平的差异。

（二）土壤溶液硝态氮含量的变化

为进一步说明设施番茄不同处理土壤硝态氮的淋溶变化，通过在土壤 30cm、60cm 和 90cm 深处埋设土壤溶液提取器，动态监测了土壤溶液硝态氮的淋溶情况。如图 4-58 所示，在开花期，CY、WY、CT 处理 30cm 土壤溶液硝态氮含量分别为 179.20mg/L、174.25mg/L、226.80mg/L，且三者均未达到显著差异水平；60cm 土壤溶液硝态氮含量分别为 196.42mg/L、180.93mg/L、238.91mg/L，处理之间差异也不显著。这个时期 WY 处理也采集到了相应的水量，而且出现了与传统灌水差异不大的特点，可能与番茄定植保苗期灌水量较大带来的渗滤有关。在 90cm 土层只有 CT、CY 处理收集到了土壤溶液，硝态氮含量分别为 57.96mg/L、50.96mg/L，但差异仍然不显著，而 WY 处理比较符合微润灌溉理论，在土壤 90cm 深度并未采集到土壤溶液，说明微润灌溉处理上层土壤的水分和硝态氮无法淋溶至 90cm。

在膨果期，CY 处理在 30cm 土层的土壤溶液硝态氮含量为 174.44mg/L，比 CT 处理硝态氮含量（238.35mg/L）降低 26.81%；60cm 土层 CY 处理土壤溶液硝态氮含量

(166.25mg/L) 比 CT 处理硝态氮含量降低 31.79%；90cm 土层 CY 与 CT 处理之间差异并不显著。WY 处理在这一时期不同层次土壤均未采集到土壤溶液。

在膨果期着色期，CY 处理在 30cm 土层的土壤溶液硝态氮含量为 191.34mg/L，比 CT 处理硝态氮含量（254.49mg/L）降低 24.81%；60cm 土层 CY 处理土壤溶液硝态氮含量（157.78mg/L）比 CT 处理硝态氮含量降低 38.62%；90cm 土层 CY 与 CT 处理之间差异并不显著。WY 处理在这一时期不同层次土壤也同样未采集到土壤溶液。

综上可看出，在番茄全生育期，WY 处理除了开花期在 60cm 以上收集到部分土壤溶液外，其余均未收集到溶液，说明微润灌在阻控硝态氮淋失上起到了非常重要作用，而传统灌溉在不同土壤层次均收集到了土壤溶液，无论减量施肥还是常规施肥均会造成不同程度的硝态氮淋溶，而且减量施肥大幅降低土壤溶液硝态氮的含量，其降幅范围为 24.81%～38.62%，一定程度上降低硝态氮的淋失。

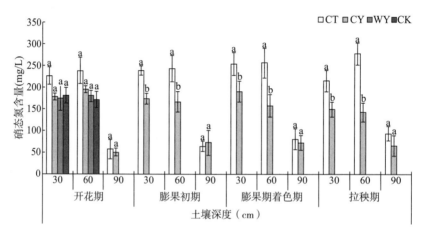

图 4-58　设施番茄土壤溶液硝态氮含量变化

注：小写字母表示同一时期同一土层不同处理在 0.05 水平的差异

（三）土壤 N_2O 排放通量的变化

在设施番茄种植过程中，施肥与灌溉也是影响 N_2O 排放的重要因素，不适宜的氮肥施用和灌水会提高 N_2O 的排放通量，引起氮损失。为此，分析了设施番茄不同处理土壤 N_2O 的排放特征。

1. 苗期土壤 N_2O 排放通量

由图 4-59a 可见，番茄苗期土壤 N_2O 的排放特征。在番茄苗期，土壤 N_2O 的排放通量呈现从峰值先迅速降低，然后缓慢降低最后趋于平稳的变化趋势。各处理 N_2O 排放高峰均集中在灌水后 1～3d，从第 5d 开始趋于平稳。苗期 CY、WY 处理 N_2O 的排放峰值比 CT 处理降低 10.28%、22.35%，WY 处理较 CY 处理降低 13.45%，之后各处理 N_2O 排放通量急速下降。

2. 花期土壤 N_2O 排放通量

番茄花期 N_2O 排放通量如图 4-59b 所示，在灌水施肥后采集样品，土壤 N_2O 出现明显的排放峰，在持续监测期间产生了较为明显的波动。土壤 N_2O 排放通量在追肥后明显增大，之后逐渐降低。CY、WY 处理 N_2O 的排放峰值比 CT 处理降低 12.06%、59.16%，WY

处理比 CY 处理降低 53.56%。由于正是冬季，施肥和灌水的间隔周期长，同时这一时期因为气温偏低，土壤养分充足，水分蒸发缓慢，所以施肥后 N_2O 的排放并没有在短时间内急速下降，而是在第 2～6d 内缓慢下降，直到第 9d 以后才达到平稳期。由于灌水量最多，CT 处理和 CY 处理 N_2O 排放通量最多，分别达到了 364.77μg/ $(m^2 \cdot h)$ 和 323.26μg/ $(m^2 \cdot h)$。综上所述，由于连续多年的传统水肥种植模式导致土壤本身肥力较高，此时控制土壤 N_2O 排放的因素依然以土壤含水量为主。因此，微润灌溉减少水分投入，可以有效减少设施菜田的土壤 N_2O 排放。

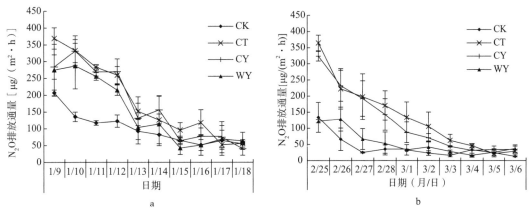

图 4-59　番茄苗期、花期土壤 N_2O 排放通量变化特征
a. 番茄苗期　b. 番茄花期

3. 膨果期土壤 N_2O 排放通量

设施番茄在膨果初期的土壤 N_2O 排放通量如图 4-60a 所示，这一时期番茄进入高产期，施肥量和灌水量达到全生育期较高水平，因为番茄需水量的增加，同时气温逐渐升高，蒸发量增大，因此为了确保土壤含水量在正常范围，保证番茄的正常生长，微润灌溉系统全部开启，同时还在监测中期补水一次。这一时期除第 1d 外，其他时间均表现为各施肥处理间 N_2O 排放通量大小顺序为 WY＜CY＜CT。第 1d 排放量最高的是 CY 处理，峰值达到了 365.79μg/ $(m^2 \cdot h)$。CT、WY 处理 N_2O 的排放峰值比 CY 处理降低 17.26%、44.50%，WY 处理比 CY 处理降低 32.92%。由于大棚温度升高而导致的蒸发量巨大，为土壤补充水分，因此在这次取样期的第 5d，也就是补充水分的第 2d，土壤 N_2O 排放出现了一个小的峰值，因为没有施肥的缘故，排放通量并没有取样期第 1d 高。这一时期的 N_2O 排放通量结果表明，高肥力土壤的 N_2O 排放，在土壤肥力没有明显差别的时候，N_2O 排放通量取决于土壤含水量，土壤含水量越高，N_2O 排放量越大，但这一结果并未表明温度对其的影响。

设施番茄在膨果期四穗果的土壤 N_2O 排放通量如图 4-60b 所示。这一时期依然是番茄高产期，施肥量与灌水量达到了全生育期最高水平，同时温度也进一步升高，各处理间 N_2O 排放通量都达到了全生育期最高水平。膨果期四穗果各处理间 N_2O 排放通量大小顺序为 WY＜CY＜CT。CT 处理在农户传统大水大肥的种植方式下 N_2O 排放达到了390.08μg/ $(m^2 \cdot h)$。这一时期 CY、WY 处理 N_2O 的排放峰值比 CT 处理降低 30.12%、33.01%，CY 与 WY 处理之间 N_2O 排放量差异并不显著（$P<0.05$）。由图可知，WY 处

理最先在第 7d 达到了整个设施番茄 N_2O 排放的最低背景值。分析认为，CY 处理与 WY 处理之间 N_2O 排放通量差异不显著的原因可能是经过长时间的差异化处理，土壤本身高肥力对施肥后各处理 N_2O 排放的影响逐渐降低，土壤含水量对 N_2O 排放的影响比重下降，减量施肥对 N_2O 排放的影响逐渐上升。结果证实，控水减肥可有效防控设施大棚传统水肥模式引起的环境污染。

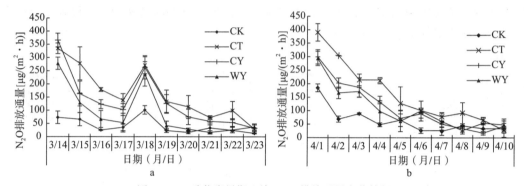

图 4-60　番茄膨果期土壤 N_2O 排放通量变化特征

a. 膨果初期　b. 膨果期四穗果

4. 着色期土壤 N_2O 排放通量

设施番茄在着色期的土壤 N_2O 排放通量如图 4-61 所示。这一时期番茄采摘量逐渐下降，根据作物生长特性，施肥次数减少，灌水量较膨果期下降，设施大棚内温度达到全生育期最大值，但是 N_2O 排放通量整体较上一时期降低。着色期设施番茄各处理间土壤 N_2O 排放通量大小顺序为 WY＜CY＜CT，N_2O 排放峰值在 CT 处理的第 1d 达到了 $333.01\mu g/$ $(m^2 \cdot h)$。CY、WY 处理 N_2O 的排放峰值比 CT 处理降低 26.39%、26.45%。CY 与 WY 处理差异不显著。推测原因可能是因为这一时期施肥量和土壤含水量对设施番茄土壤 N_2O 排放的影响达到了平衡。虽然着色期地温有所上升，导致土壤中硝化和反硝化反应更加活跃，但是温度上升所导致的土壤含水量下降，将这一趋势抵消，整体来看，着色期同较膨果期 N_2O 排放通量有所下降。

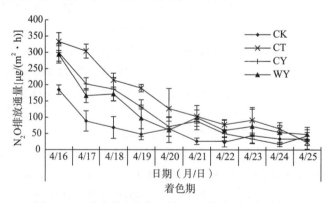

图 4-61　番茄着色期期土壤 N_2O 排放通量变化特征

综上所述，设施番茄种植过程 N_2O 排放通量在施肥和灌水后显著增加，达到排放峰值之后逐渐下降，在 7～10d 后降至 CK 处理水平。微润灌溉-减量施肥在设施番茄全生育

期 N_2O 排放通量均小于传统灌溉。说明微润灌溉-减量施肥措施可有效减少设施番茄土壤 N_2O 的排放。

（四）对土壤氮素损失的阻控效果

1. 对土壤硝态氮淋失量的阻控效果

为研究设施番茄全生育期不同处理土体硝态氮淋失量，在土壤 100cm 深度安装原位淋溶桶，进行了硝态氮淋溶液动态监测，结果如图 4-62 所示。可以发现，在设施番茄全生育期，只有传统灌溉的 CT、CY 两个处理收集到了淋溶液，通过测定淋溶液体积以及淋溶液硝态氮含量，计算出设施番茄 $0\sim100cm$ 土体土壤硝态氮淋失量。CT、CY 两个处理淋溶液中硝态氮浓度在 $26.17\sim64.80mg/L$，不同施肥处理后的硝态氮浓度差异较大，淋溶液硝态氮浓度从番茄开花期到着色期呈现出高-低-高-低的波状变化趋势。番茄全生育期，CT、CY 两个处理土体硝态氮淋失总量分别为 78.29、59.71kg/hm²，CY 处理比 CT 处理淋失量降低 23.73%，说明传统大水灌溉和过量施肥情况下土壤硝态氮淋失比较重。在各生育期中，CT、CY 两个处理硝态氮淋失量以开花期和膨果期三穗果时期表现最高，与这两个时期的灌水施肥量大密切相关，着色期硝态氮淋失量最低。全生育期微润灌溉处理与土壤溶液表现一致，未收集到淋溶液。因此，微润灌溉处理可有效控制土壤硝态氮淋失到深层土壤。

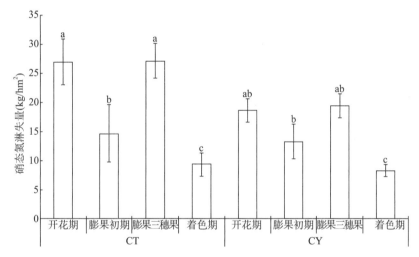

图 4-62 设施番茄各生育期不同处理土壤硝态氮淋失量

2. 对土壤 N_2O 排放通量的阻控效果

在设施番茄全生育期，通过安装静态箱进行了不同处理土壤 N_2O 排放通量的动态监测（表 4-33）。结果发现，番茄全生育期 CT、CY 和 WY 处理氧化亚氮排放量分别为 3.83kg/hm²、3.08kg/hm²、2.61kg/hm²，微润灌溉排放量最低，仅为 CT 处理排放的 68.15% 和 CY 处理排放的 84.74%。

3. 对土壤氮素损失量的阻控效果

通过土壤硝态氮淋失量与 N_2O 排放量的综合分析，研究两项总体的氮素损失量（表 4-33）发现，CT 处理氮素损失总量占纯氮投入量的 41.06%，CY 处理占纯氮投入量的 53.21%，而 WY 处理只有 N_2O 排放损失，仅占氮素投入量的 2.21%。

表4-33 设施番茄不同处理土壤氮素损失量分析

处理	硝态氮淋失量（kg/hm²）	N₂O排放量（kg/hm²）	氮素损失量（kg/hm²）
CT	78.29±8.50a	3.83±2.93a	82.12±11.43a
CY	59.71±9.54b	3.08±5.52b	62.79±15.06a
WY	0	2.61±4.34b	2.61±4.34b
CK	0	1.71±2.93b	1.71±2.93b

（五）对设施番茄产量的影响

通过不同处理设施番茄的产量分析（图4-63）可见，各处理间番茄产量差异并不显著，产量为101.42～113.21t/hm²。因此，微润灌溉-减量施肥处理并未引起设施番茄减产，却可有效降低土壤硝态氮淋失和氧化亚氮排放，大幅度减少土壤氮素损失，可作为水肥高投入区设施番茄阻控氮损失污染的有效措施。

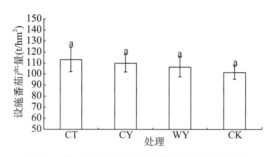

图4-63 不同处理对设施番茄产量的影响

二、设施番茄微润灌溉与减量施肥阻控磷淋失污染

（一）土壤剖面有效磷含量的变化

1. 不同处理土壤有效磷含量的变化

由图4-64可看出，在番茄开花期和膨果期，不同处理土壤有效磷含量的变化特征。试验结果表明，在番茄开花期，0～20cm的表土层，CT处理土壤有效磷均显著高于其他处理。CY、WY、WYJ处理土壤有效磷含量分别比CT处理降低22.48%、16.98%、26.55%。同时，WYJ处理比WY处理土壤有效磷含量降低11.39%，说明在土壤有效磷含量较高的条件下添加溶磷菌株不仅不能提高溶磷效果，反而使溶磷效果有所降低，可能与菌体对磷的吸附固定有关。可以说，微生物菌剂在表层土壤有效磷含量较高的情况下并未表现出有效的溶磷效果。在20～40cm土层，CY、WY、WYJ处理土壤有效磷含量同样比CT处理有显著降低，分别降低29.08%、25.51%、25.81%。说明减量施肥比节水灌溉（微润灌溉）对0～40cm土层有效磷的降低效果表现更加突出。在40～60cm土层，CT与CY处理之间差异不显著，但微润灌WY、WYJ处理比CT处理分别降低23.81%、22.69%，该结果发现尽管土壤磷的移动性较差，但传统灌溉比微润灌明显增强了淋溶深度，有效磷含量在40～60cm显著增加。在60～80cm土层，土壤有效磷含量在各处理间差异不显著，说明在开花期传统灌溉尚未使有效磷淋溶至80cm的深度。

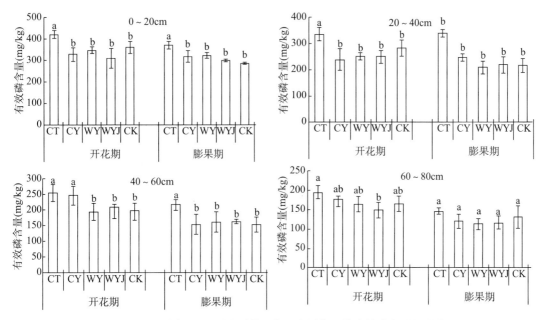

图 4 - 64 不同处理对设施番茄花期和膨果期土壤有效磷含量的影响

在番茄膨果期，WY、WYJ、CY 处理在 0～20cm 土壤有效磷含量分别比 CT 处理降低 13.04%、19.48%、13.73%。20～40cm 土层 CY、WY、WYJ 处理土壤有效磷含量比 CT 处理显著降低 27.35%、38.23%、29.41%；40～60cm 土层与 0～20cm 土层各处理表现出相似的规律，CY、WY、WYJ 处理比 CT 处理分别降低 28.67%、25.23%、24.62%，60～80cm 土层各处理间土壤有效磷含量差异均不显著。

综上所述，在番茄开花期和膨果期微润灌溉处理的节水减肥措施（WY 和 WYJ）可将土壤有效磷控制在 0～40cm 的根层土壤深度范围内，有效阻控了土壤有效磷向深层迁移。而传统灌溉的 CT 与 CY 处理则使土壤有效磷淋溶至 60cm 土壤深层，淋溶显著。同时，减量施肥处理均显著降低 0～60cm 深度土层的有效磷含量，有效阻控土壤中有效磷的淋失。可见，微润灌配合减量施肥处理能有效阻控土壤磷向深层淋溶。

2. 不同深度土层有效磷含量的变化

由图 4 - 64 可以看出，设施番茄不同处理土壤有效磷含量随不同深度的变化。结果表明，所有处理土壤有效磷含量均随着土层深度的加深呈现降低趋势。在番茄开花期，CT、CY、WY、WYJ 处理 0～20cm 土层有效磷含量较 60～80cm 土层升高了 53.25%、45.57%、52.93%、51.65%，20～40cm 土层较 60～80cm 土层升高了 41.89%、26.17%、34.94%、40.54%，40～60cm 土层较 60～80cm 分别升高了 21.83%、12.23%、14.39%、23.22%、14.94%。在番茄膨果期，CT、CY、WY、WYJ 处理 0～20cm 土层有效磷含量较 60～80cm 土层升高了 60.33%、65.17%、61.82%、57.29%，20～40cm 土层较 60～80cm 土层分别升高了 57.14%、58.71%、51.00%、49.53%，40～60cm 土层分别升高了 31.51%、27.27%、23.18%、21.24%。因此，各处理土壤有效磷主要富集在表层（0～40cm），尤其以传统灌溉＋常规施肥处理表现突出，40cm 以下土层其含量急剧下降。

（二）不同深度土壤溶液有效磷含量的变化

由表 4 - 34 可看出，设施番茄不同处理土壤溶液有效磷含量的变化。结果表明，在开花期，使用传统灌溉的 CT、CY 处理在 30cm、60cm 和 90cm 深度土层均收集到了土壤溶液，但两处理之间溶液有效磷的含量差异不显著，而微润灌处理 WY、WYJ 没有收集到溶液。在膨果期，CT、CY 两个处理也同样在 3 个土壤深度采集到了土壤溶液；在 30cm 深度土层 CY 处理比 CT 处理土壤溶液有效磷含量降低 15.29%；60cm 深度土层 CY 处理比 CT 处理土壤有效磷含量降低 4.1%，但差异并不显著；90cm 深度 CY 与 CT 处理差异不显著。综上所述，微润灌溉处理在 30cm 以下已采集不到土壤溶液，说明微润灌溉将水分保持在了 0～30cm 土层，并未向下淋溶，可有效阻止土壤有效磷向深层淋溶。

表 4 - 34　设施番茄不同生育期土壤溶液有效磷含量变化

深度（cm）	处理	花期有效磷含量（mg/L）	膨果期有效磷含量（mg/L）
	CT	428.29±10.04a	411.23±17.06a
	CY	389.15±16.4a	348.32±25.76b
30	WY	—	—
	WYJ	—	—
	CK	—	—
	CT	304.49±40.82a	318.88±22.42a
	CY	286.09±15.06a	305.83±34.8a
60	WY	—	—
	WYJ	—	—
	CK	—	—
	CT	186.71±12.3a	203.44±38.1a
	CY	217.49±13.6a	219.50±22.7a
90	WY	—	—
	WYJ	—	—
	CK	—	—

注：表中"—"代表未收集到土壤溶液。

（三）设施番茄全生育期土体磷淋失量的变化

通过计算设施番茄 0～100cm 土体土壤有效磷养分淋失量，结果表明，只有传统灌溉的 CT、CY 两个处理收集了淋溶液，番茄全生育期土体磷淋失量分别为 5.1kg/hm²、3.7kg/hm²，其中减量施肥比传统施肥的磷淋失量降低了 27.4%。土壤中的磷素虽然易被固定，但超过环境阈值的磷素依然会随水淋溶至下层土壤，所以 60～80cm 土层土壤有效磷含量差异并不显著，但表层土壤施入的未被土壤固定的磷肥依然会随土壤径流向下层淋溶，但土壤中有效磷的积累却并没有明显增加，这与土壤有效磷的移动性有关。而微润灌溉处理在整个生育期均未收集到土壤淋溶液，进一步证实了微润灌溉可以阻控土壤有效磷向深层淋溶的结果。

（四）不同处理对设施番茄产量的影响

设施番茄全生育期产量如图 4 - 65 所示。番茄全生育期平均产量为 108.4t/hm²，各处理产量之间差异并不显著。说明微润灌溉在阻控土壤磷淋溶的同时不影响番茄产量。

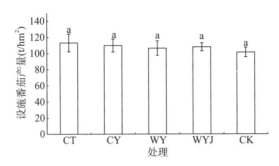

图 4-65　不同处理对设施番茄产量的影响

三、主要研究进展

1. 探明了设施番茄微润灌溉-减量施肥阻控氮损失污染的效果

在开花期、膨果期和着色期，0～20cm 表层土壤硝态氮含量表现出 CY（传统灌溉＋减量施肥）＜WY（微润灌溉＋减量施肥）＜CT（传统灌溉＋常规施肥）的趋势，20～100cm 土层表现出 WY≈CY＜CT 的趋势，CY 和 WY 分别比 CT 处理最高降低 53.74%、57.38%；设施番茄各生育期土壤 N_2O 排放通量均表现出 WY＜CY＜CT 的一致规律。在番茄各生育期，与传统水肥处理相比，CY 和 WY 处理 N_2O 的排放峰值显著降低，降幅最高可达 30.12% 和 59.16%；番茄全生育期 CT、CY 处理土体硝态氮淋失总量分别为 78.29kg/hm²、59.71kg/hm²，CY 处理比 CT 处理淋失量降低 23.73%，WY 处理无淋失。总体来看，微润灌溉-减量施肥处理并未引起设施番茄减产，却可有效阻控氮损失污染。

2. 明确了设施番茄微润灌溉-减量施肥阻控磷淋失污染的效果

番茄全生育期只有传统灌溉 CT、CY 两个处理收集到了淋溶液，CT、CY 处理土体磷淋失量分别为 7.96kg/hm²、5.82kg/hm²，传统灌溉减量施肥处理比常规施肥的磷淋失量降低 26.88%，进一步证实了微润灌溉-减量施肥处理可有效阻控土壤有效磷向土壤深层淋溶，但并不影响番茄产量。

第六节　设施甜瓜施氮损失的氮肥与纳米碳溶胶配施防控

近年来，将纳米碳粉加入肥料，生产出纳米碳增效肥，既可促进作物减肥增产，又可减少温室气体排放，开发应用前景十分广阔。本研究以设施甜瓜施氮损失防控为研究对象，以纳米碳溶胶为试材，开展设施甜瓜减氮配施纳米碳溶胶的田间试验，共设 6 个处理，分别为：空白对照（CK），不施氮肥；常规施肥（TN），总氮肥（N）施用量为 500kg/hm²；推荐施肥（ON），在常规施肥基础上减氮 30%，总氮肥（N）施用量为 350kg/hm²；推荐施肥＋120L/hm² 纳米碳溶胶（ONC1），总氮肥（N）施用量为 350kg/hm²，配施 120L/hm² 纳米碳溶胶；推荐施肥＋240L/hm² 纳米碳溶胶（ONC2），总氮肥（N）施用量为 350kg/hm²，配施 240L/hm² 纳米碳溶胶；推荐施肥＋360L/hm² 纳米碳溶胶（ONC3），总氮肥（N）施用量为 350kg/hm²，配施 360L/hm² 纳米碳溶胶。

纳米碳溶胶添加量根据产品推荐用量范围及课题组前期预试验筛选后设定。每处理设 3 次重复，随机区组排列，共 18 个小区。甜瓜种植方式为传统宽窄行起垄、一垄双行种植，垄高 20cm、宽 40cm，施肥区为两垄之间，宽 80cm，三垄为一小区，小区长 6.2m，宽 3.6m，面积为 22.32m^2；甜瓜株距 35cm，种植密度为每公顷 4.84 万株。本试验甜瓜于 2020 年 1 月 7 日定植，6 月 24 日拉秧。试验开始前普施微生物菌肥 1.5t/hm^2（有效菌种为解淀粉芽孢杆菌，有效活菌数多 0.2 亿 CFU/g），所有处理磷、钾肥施用量及施用方式相同，总磷肥（P$_2$O$_5$）施用量为 260kg/hm^2，总钾肥（K$_2$O）施用量为 650kg/hm^2，所有肥料的 40% 作基肥，在甜瓜定植前撒入土壤，根据甜瓜生长规律在伸蔓期、膨果期共追施 4 次，纳米碳溶胶根据追肥量随肥料分 4 次施入，具体施肥方案见表 4-35。每次施肥前将肥料溶于等量水后加纳米碳溶胶搅拌均匀，均匀洒入施肥沟后覆土后浇水，施肥深度为 10cm，其他田间管理措施与当地农民习惯一致。这样，研究了设施甜瓜施氮与纳米碳溶配施胶防控氮损失污染的效果，为指导设施甜瓜施肥生产提供科学依据。

表 4-35　设施甜瓜试验不同处理的施肥方案

施肥次数	施肥时期	施氮量（N）（kg/hm^2）						施磷量（P$_2$O$_5$）(kg/hm^2)	施钾量（K$_2$O）(kg/hm^2)
		CK	TN	ON	ONC1	ONC2	ONC3		
1	1 月 7 日基肥	0	200	140	140	140	140	104	260
2	3 月 21 日追肥	0	60	42	42	42	42	31.2	78
3	4 月 13 日追肥	0	80	56	56	56	56	41.6	104
4	5 月 20 日追肥	0	80	56	56	56	56	41.6	104
5	5 月 30 日追肥	0	80	56	56	56	56	41.6	104
总计	—	0	500	350	350	350	350	260	650

一、设施甜瓜减氮与纳米碳溶胶配施的生物效应

（一）对甜瓜产量因素影响

各处理甜瓜产量如表 4-36 所示。可以看出，与不施氮处理相比，施氮可显著提高甜瓜单果重及产量；具有增加甜瓜纵径及横径、减小果腔宽度、增加果肉厚度的趋势，但差异尚不显著。与常规施氮相比，推荐施氮处理、推荐施氮及配施纳米碳溶胶处理虽减氮 30%，但甜瓜产量并无显著差异。说明在常规施氮基础上减氮 30% 仍然可保证甜瓜的稳产；等氮条件下添加纳米碳溶胶对甜瓜增产有一定的促进作用，但差异尚不显著。

表 4-36　不同处理对设施甜瓜产量及产量因素的影响

处理	纵径（cm）	横径（cm）	果腔宽度（cm）	单果重（kg）	产量（t/hm^2）
CK	19.43±1.90a	6.86±0.73a	3.06±0.47a	0.25±0.04b	55.47±8.09b
TN	20.50±2.68a	7.77±0.23a	2.53±0.25a	0.37±0.02a	84.90±10.94a
ON	19.73±1.76a	7.30±1.06a	2.46±0.49a	0.34±0.06a	77.60±6.49a
ONC1	20.53±1.11a	7.50±0.75a	2.96±0.75a	0.39±0.04a	81.29±11.39a
ONC2	20.03±1.64a	7.00±0.21a	3.03±0.32a	0.38±0.02a	84.29±13.86a
ONC3	20.00±2.33a	7.03±0.72a	2.86±0.67a	0.38±0.03a	83.37±10.44a

（二）对甜瓜果实品质的影响

不同处理对甜瓜果实品质的影响如表 4-37 所示，不同处理下甜瓜维生素 C 含量明显不同。与对照相比，施氮可显著增加甜瓜果实维生素 C 含量，推荐施氮比常规施氮处理维生素 C 含量有所增加，说明合理施氮有利于甜瓜维生素 C 含量的增加。推荐施氮基础上添加纳米碳溶胶后，各处理维生素 C 含量较传统施氮均显著增加。由此可见，纳米碳溶胶添加有利于果实维生素 C 含量的增加。常规施氮果实可溶性固形物含量为 11.34%，推荐施氮基础上添加纳米碳溶胶比常规施氮处理可溶性固形物含量均显著增加（$P<$ 0.05），其中 ONC1 含量最高，达 13.55%。常规施氮处理可滴定酸含量为 0.17%，减少氮肥施用并配施纳米碳溶胶可在一定程度上降低甜瓜可滴定酸含量，降低其酸度。固酸比为可溶性固形物含量与可滴定酸含量的比值，果实固酸比越大表明果实品质越好。施氮处理甜瓜果实固酸比变化趋势与可溶性固形物相似，推荐施氮及推荐施氮基础上添加纳米碳溶胶比常规施氮固酸比均显著提高（$P<$0.05）。氮素作为合成蛋白质的重要原料之一，施氮可显著提高可溶性蛋白质含量，但推荐施氮处理与常规施氮相比对甜瓜果实可溶性蛋白质含量无显著影响。等氮处理中，添加纳米碳溶胶可在一定程度上提高可溶性蛋白质含量。推荐施氮与推荐施氮基础上添加纳米碳溶胶可在一定程度上改善甜瓜品质，显著提高维生素 C、可溶性固形物含量及固酸比。

表 4-37　不同处理设施甜瓜果实品质指标

处理	维生素 C（mg/kg）	可溶性固形物（%）	可滴定酸（%）	固酸比（%）	每 100 g 果实中可溶性蛋白质含量（mg）
CK	45.76±3.91c	11.43±0.53b	0.21±0.03a	57.14±4.52b	5.06±0.23b
TN	50.52±1.91c	11.34±0.26b	0.17±0.02ab	66.05±7.60b	5.74±0.13a
ON	52.61±4.12bc	13.38±0.47a	0.16±0.01b	85.70±7.14a	5.65±0.18a
ONC1	59.32±4.42b	13.55±0.37a	0.14±0.03b	96.77±19.16a	5.98±0.25a
ONC2	71.19±4.56a	13.24±0.59a	0.14±0.01b	94.86±7.28a	6.09±0.01a
ONC3	70.38±6.12a	13.26±0.58a	0.14±0.02b	93.49±10.31a	6.08±0.07a

（三）对甜瓜氮素吸收利用的影响

由表 4-38 可看出不同处理对甜瓜不同组织器官氮素吸收量的影响。对于各施氮处理来说，各部位氮素吸收量表现为：根<茎<叶<果实。对于根、茎、叶三个部位来说，推荐施氮添加纳米碳溶胶处理氮素吸收量则有所提高，尤其是根部氮素吸收量，纳米碳溶胶添加量在 120L/hm² 和 240L/hm² 时，差异达显著性水平，比常规施氮分别增加了 11.30%、18.56%。等氮条件下添加纳米碳溶胶处理可使甜瓜根的氮素吸收量分别增加 14.55%、22.02%、11.47%；使甜瓜叶的氮素吸收量分别显著增加 16.74%、18.49%、15.97%。

表 4-38　不同处理下设施甜瓜各器官氮素吸收量

处理	氮素吸收量（kg/hm²）				
	根	茎	叶	果实	总计
TN	2.13±0.06c	37.68±6.32a	77.44±9.77ab	129.04±20.61a	246.29±12.16a
ON	2.07±0.06c	30.88±5.09a	74.20±3.35b	127.89±17.65a	235.04±17.46a

（续）

处理	氮素吸收量（kg/hm²）				
	根	茎	叶	果实	总计
ONC1	2.37±0.10b	36.17±2.97a	86.63±6.23a	125.20±16.10a	250.36±15.46a
ONC2	2.52±0.08a	37.24±3.53a	87.93±7.04a	131.38±12.80a	259.07±10.92a
ONC3	2.30±0.09bc	37.01±6.15a	83.09±5.76a	126.84±14.24a	249.24±10.67a

由表 4-39 可看出不同处理对甜瓜氮素吸收利用的影响。常规施氮处理氮肥表观利用率最低，推荐施氮及其配施纳米碳溶胶处理氮肥表观利用率比常规施氮均显著提高了 15.44%、48.88%、61.83%和 47.22%（$P<0.05$）；等氮条件下，添加纳米碳溶胶后的氮肥表观利用率也显著增加，增加率分别为 28.96%、27.52%和 40.18%（$P<0.05$），但不同纳米碳添加量处理间差异不显著，可见添加纳米碳溶胶能有效提高甜瓜氮肥利用率，但并未表现出随纳米碳溶胶添加量增加而增加的趋势。另外，推荐施氮及其配施纳米碳溶胶处理比常规施氮处理氮肥偏生产力分别显著提高了 30.58%、36.78%、41.82%和 40.27%（$P<0.05$）；等氮条件下添加纳米碳溶胶处理氮肥偏生产力有所提高但未达显著性差异水平。推荐施氮和推荐施氮配施纳米碳溶胶均能在一定程度上提高氮肥农学效益，但只有当纳米碳添加量为 240L/hm² 时，提高效果显著。

表 4-39 不同处理设施甜瓜氮素吸收利用情况

处理	施氮量（kg/hm²）	氮肥表观利用率（%）	氮肥偏生产力（kg/kg）	氮肥农学效益（kg/kg）
TN	500	19.23±1.83c	169.80±13.88b	58.87±8.88b
ON	350	22.20±1.99b	221.72±15.60a	63.24±11.60b
ONC1	350	28.63±2.00a	232.26±9.67a	73.78±9.671ab
ONC2	350	31.12±3.83a	240.82±10.52a	82.34±10.52a
ONC3	350	28.31±2.33a	238.19±12.67a	79.71±10.67ab

二、设施甜瓜减氮与纳米碳溶胶配施的环境效应

（一）对土壤剖面氮素分布的影响

1. 对土体硝态氮分布的影响

对不同处理不同时期 0~120cm 土层剖面的硝态氮含量变化进行监测，结果如图 4-66 所示。第一次施肥后各处理间硝态氮含量差异不显著。出现这一现象的原因可能是该试验大棚的水肥管理措施一直以常规方式进行，大量的氮肥投入已超出作物生长的需求量，多年种植使土壤中积累了大量的硝态氮，并随灌水淋洗到了下部各层土壤。第二次追肥及后续追肥完成后，推荐施氮比常规施氮处理各土层硝态氮含量有不同程度降低，推荐施氮基础上配施纳米碳溶胶 3 个处理硝态氮含量低于常规施氮处理，在 30~60cm 和 60~90cm 土层表现最为显著。其中，ONC2、ONC3 减少硝态氮淋失效果较好。由此可见，过量氮素投入会以硝态氮的形式向下淋溶，且淋失量随施氮量的增加而增加，且有逐

渐向下层土壤迁移的趋势，而配施纳米碳溶胶则能有效减少土壤氮素向下层的淋溶，因此土壤剖面硝态氮含量也明显降低。

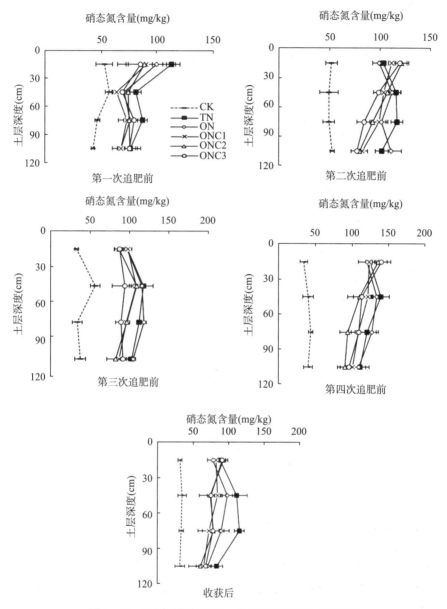

图 4-66　不同时期各处理土壤剖面硝态氮含量的变化

2. 对土体铵态氮分布的影响

由图 4-67 可看出不同时期各处理 0～120cm 土壤剖面铵态氮的变化。从图中可以看出，第二次、第三次追肥及收获后 0～30cm 土层中，ONC1、ONC2、ONC3 处理铵态氮含量高于推荐施氮处理；同等施氮量条件下，在 30cm 以下土层中，ONC1、ONC2、ONC3 处理的铵态氮含量相较推荐施氮处理有所增加。因此说明，减少氮肥施用量并且添加纳米碳溶胶后能够减缓铵态氮的向下迁移，表层土壤铵态氮含量有所增加。

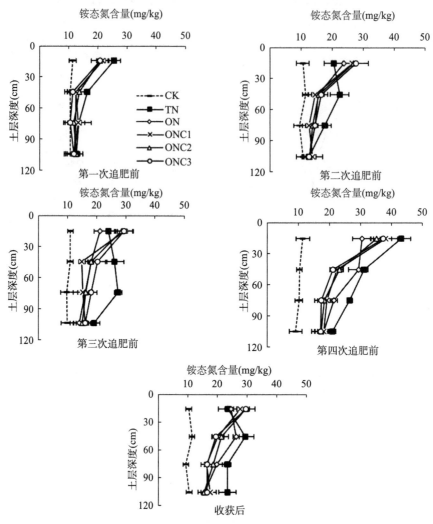

图 4-67　不同时期各处理土壤剖面铵态氮含量的变化

（二）对土壤硝态氮累积量的影响

收获后各处理 0～120cm 土体中各层硝态氮累积量如图 4-68 所示。土壤硝态氮累积量整体表现为 TN＞ON＞ONC3＞ONC1＞ONC2。说明施氮是土壤硝态氮累积的主要原因。与 TN 相比，推荐施氮 ON 土壤硝态氮累积量降低 12.82%，减氮配施纳米碳溶胶 ONC1、ONC2 和 ONC3 处理土壤硝态氮累积量分别显著降低 25.87%、27.53%、25.76%（$P < 0.05$）。等氮条件下，减氮配施纳米碳溶胶 ONC1、ONC2 和 ONC3 处理较 ON 分别显著降低 14.96%、16.87%、14.84%（$P < 0.05$），但配施纳米碳溶胶处理间无显著性差异。综上所述，减少氮肥施用以及配施纳米碳溶胶可有效增加表层土壤硝态氮累积量并且减少其向下层淋溶，降低土壤剖面中硝态氮累积量，ONC2 效果相对较好。

（三）对土壤氮源气体排放的影响

1. 对土壤 N_2O 排放通量的影响

在甜瓜全生育期进行了 4 次追肥，追肥期间土壤 N_2O 排放的动态变化见图 4-69。结

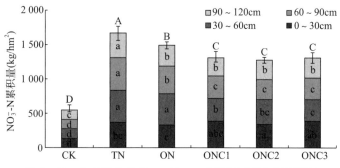

图 4-68　收获后各处理 0~120cm 土壤剖面硝态氮累积量

果表明，对土壤 N_2O 排放影响显著，且随着施氮量的增加而增加。各施氮处理土壤 N_2O 排放通量变化较为一致，峰值均出现在施肥后的第 2d，随后快速下降，并在第 9d 后与 CK 处理排放通量相近。各处理均在第 4 次追肥后达到最大值。在试验期内，各处理 N_2O 排放通量的大小为 TN＞ON＞ONC1＞ONC3＞ONC2＞CK。与 TN 相比，ON、ONC1、ONC2 和 ONC3 处理土壤 N_2O 平均排放通量分别显著降低了 32.13％、43.64％、50.76％ 和 50.45％（$P<0.05$）。等氮条件下，ONC1、ONC2 和 ONC3 较 ON［120.32μg/（m^2・h）］处理土壤 N_2O 平均排放通量分别显著降低了 16.96％、27.45％ 和 26.99％（$P<0.05$），添加纳米碳溶胶处理间无显著性差异。综上可知，土壤 N_2O 排放通量随施氮量的增加而升高，配施纳米碳溶胶可显著降低土壤 N_2O 排放通量。

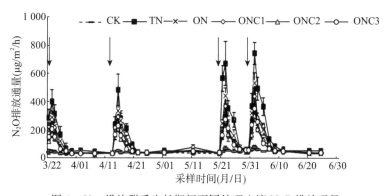

图 4-69　设施甜瓜生长期间不同处理土壤 N_2O 排放通量

2. 对土壤 N_2O 排放累积量的影响

由图 4-70 可以看出，整个试验期间，N_2O 累积排放量随施氮量的增加而增加，各处理土壤 N_2O 累积排放量表现为 TN＞ON＞ONC1＞ONC3＞ONC2＞CK。与 TN 处理相比，ON、ONC1、ONC2 和 ONC3 处理土壤 N_2O 累积排放量均显著降低（$P<0.05$），说明施肥是造成 N_2O 排放的主要原因。等氮条件下，添加纳米碳溶胶后表现为减少了土壤 N_2O 排放，ONC1、ONC2 和 ONC3 处理累积排放量较 ON 处理降低，其中 ONC2、ONC3 处理减排效果达显著性差异水平（$P<0.05$），添加纳米碳溶胶的各处理中 ONC2 处理土壤 N_2O 累积排放量最低。由此可见，减氮基础上添加纳米碳溶胶对于土壤 N_2O 的减排效果显著。

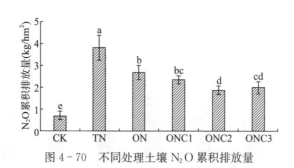

图 4-70　不同处理土壤 N_2O 累积排放量

3. 对土壤 NH_3 的挥发速率的影响

图 4-71 为不同处理甜瓜追肥期间 NH_3 挥发速率，历次追肥后所有试验处理 NH_3 挥发均表现出类似的变化趋势，在每次施肥后第 1~3d 迅速上升并达到峰值，随后逐渐下降并在第 6d 趋于稳定且与 CK 处理挥发速率接近，所有处理的 NH_3 挥发损失主要集中在施肥后一周内。在整个追肥期间，各施氮处理土壤 NH_3 挥发速率变化范围在 10.38~132.25mg/ $(m^2 \cdot d)$，其中常规施氮 TN 处理在第 4 次追肥后达到最高，各减氮处理在第 3 次追肥后最高。比较整个试验期内各处理 NH_3 挥发速率均值表现为 TN＞ON＞ONC3＞ONC1＞ONC2＞CK。施氮量对土壤 NH_3 挥发影响也较为显著，常规施氮 TN 处理 NH_3 挥发速率明显高于各推荐施氮处理，与 TN［$33.46mg/（m^2 \cdot d）$］相比，ON、ONC1、ONC2 和 ONC3 处理土壤 NH_3 挥发速率分别显著降低了 23.92％、33.90％、39.10％ 和 32.31％（$P < 0.05$）；等氮条件下，ONC1、ONC2 和 ONC3 较 ON［$25.45mg/（m^2 \cdot d）$］处理土壤 NH_3 挥发速率也分别降低了 13.12％、15.96％ 和 11.03％，差异达显著性水平（$P < 0.05$）。添加纳米碳溶胶的各处理中 ONC2 处理 NH_3 挥发速率最低，平均为 20.37mg/ $(m^2 \cdot d)$。综上，施氮可在较短时间内增大土壤 NH_3 挥发速率（1~3d），而减氮并配施纳米碳溶胶可显著降低土壤 NH_3 挥发速率。

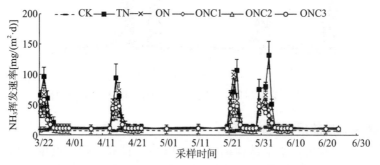

图 4-71　设施甜瓜生长期间不同处理土壤 NH_3 排放速率

4. 对土壤 NH_3 挥发累积量的影响

不同处理追肥期间 NH_3 挥发累积量如图 4-72 所示，可以看出，整个追肥期间，各处理土壤 NH_3 挥发累积量表现为：TN＞ON＞ONC1＞ONC3＞ONC2＞CK。ON、ONC1、ONC2 和 ONC3 各推荐施氮处理与常规施氮 TN 处理相比，土壤 NH_3 挥发累积量显著降低（$P < 0.05$）；等氮条件下，ONC1、ONC2 和 ONC3 处理土壤 NH_3 挥发累积

量较 ON 处理均降低其中 ONC2 处理与其达显著性差异水平（$P<0.05$），而减氮配施纳米碳溶胶处理间差异不显著。综上可知，土壤 NH_3 挥发量随氮肥施用量的增加而增加，减少氮肥施用可显著降低 NH_3 挥发量，在减氮基础上配施纳米碳溶胶可进一步减少 NH_3 挥发量。

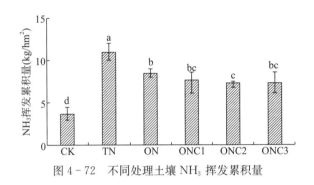

图 4-72　不同处理土壤 NH_3 挥发累积量

5. 土壤氮素气态损失排放系数及损失率

排放系数是评价不同管理措施减排效果的参考指标。从表 4-40 可看出，试验期间各处理气态损失（N_2O 和 NH_3 挥发）排放系数和净损失率。在甜瓜追肥期间，减氮配施纳米碳溶胶处理在减少土壤 N_2O 气体排放方面具有明显的效果，常规施氮处理以 N_2O 气体形式损失的氮素占追肥氮素投入量的 0.81%，由于推荐施氮比常规施氮处理减少 30% 的氮肥使用量，其 N_2O 排放系数为 0.82%，但二者无显著差异；添加纳米碳溶胶处理 N_2O 排放系数均显著低于未添加纳米碳溶胶处理处理。常规施氮、推荐施氮处理 N_2O 净损失率无显著差异，ONC1、ONC2 和 ONC3 比常规施氮处理分别显著降低 23.36%、43.93%、35.51%（$P<0.05$），较推荐施氮处理 N_2O 净损失率分别显著降低 16.33%、38.77%、29.59%（$P<0.05$）。

表 4-40　不同处理氮气态损失量及损失率

处理	追肥氮投入（kg/hm^2）	土壤 N_2O 排放		土壤 NH_3 挥发		氮气态损失总量（kg/hm^2）	总损失率（%）
		排放系数（%）	净损失率（%）	挥发系数（%）	净损失率（%）		
TN	300	0.81±0.05a	1.07±0.08a	3.00±0.15ab	2.49±0.14a	10.68±0.38a	3.56±0.13a
ON	210	0.82±0.03a	0.98±0.08a	3.32±0.20a	2.37±0.06a	7.04±0.46b	3.35±0.22a
ONC1	210	0.71±0.04b	0.82±0.09b	2.96±0.30ab	1.94±0.22b	5.80±0.66c	2.76±0.31b
ONC2	210	0.57±0.04c	0.60±0.08c	2.78±0.15b	1.71±0.11b	4.85±0.03c	2.31±0.02b
ONC3	210	0.62±0.03c	0.69±0.08bc	2.89±0.50ab	1.85±0.42b	5.33±1.19c	2.54±0.57b

在整个监测期间，常规施氮、推荐施氮处理 NH_3 挥发系数无显著差异，配施纳米碳溶胶处理中只有 ONC2 显著低于推荐施氮处理，其他处理间均未表现出显著性差异。就 NH_3 挥发净损失率而言，添加纳米碳溶胶处理 NH_3 挥发净损失率比常规施氮分别显著降低 22.09%、31.33%、25.70%（$P<0.05$），较推荐施氮处理分别显著降低 18.14%、27.85%、21.94%（$P<0.05$）。

综合评价，各施氮处理 NH_3 挥发系数和 NH_3 挥发净损失率均高于 N_2O 排放系数和 N_2O 净损失率，说明在甜瓜生长中，施氮气态损失主要以 NH_3 挥发形式存在。就氮气态损失总量来说，推荐施氮及其配施不同浓度纳米碳溶胶处理与常规施氮处理相比气态损失总量分别显著减少 34.13%、45.73%、54.58% 和 50.06%（$P<0.05$），ONC1、ONC2 和 ONC3 较 ON 处理气态损失总量分别显著减少 17.67%、31.09%、24.23%（$P<0.05$），添加纳米碳溶胶处理间无显著性差异。添加纳米碳溶胶后显著降低氮素气态总损失率，添加纳米碳溶胶处理间无显著性差异。综上可知，设施甜瓜土壤气态损失以 NH_3 挥发为主，适当减少氮肥用量可显著降低氮肥气态总损失量，在减氮基础上配施纳米碳溶胶能进一步减少其损失率，ONC2 在降低甜瓜土壤 N_2O 排放和 NH_3 挥发方面效果最好。

三、主要研究进展

1. 探明了设施甜瓜减氮配施纳米碳溶胶的生物效应

在河北省设施甜瓜种植区，氮素高效利用施肥模式为施用氮肥 $350kg/hm^2$，配施纳米碳溶胶 $240L/hm^2$，既可保证甜瓜稳产，又可显著改善甜瓜品质。与常规施氮相比，推荐施氮及推荐施氮基础上配施纳米碳溶胶可显著提高甜瓜维生素 C 和可溶性固形物含量、果实固酸比，提高率分别为 4.13%~40.91%、17.99%~19.45% 和 29.75%~46.51%；同时可显著提高氮肥表观利用率、氮肥偏生产力，提高率分别为 15.44%~61.83% 和 30.58%~41.82%。

2. 明确了设施甜瓜减氮配施纳米碳溶胶的环境效应

推荐施氮及配施纳米碳溶胶，既可显著降低氮素淋溶损失，又可减少氮源气体排放污染。与常规施氮相比，推荐施氮及推荐施氮基础上配施纳米碳溶胶可使 30~120cm 土壤剖面铵态氮含量降低 12.92%~32.70%，硝态氮含量降低 14.31%~20.92%，使 0~120cm 土壤硝态氮累积量降低 12.82%~27.53%。同时，可使土壤 N_2O 排放通量降低 32.13%~50.76%，N_2O 累积排放量减少 29.70%~51.05%，NH_3 挥发速率降低 23.92%~39.10%，NH_3 挥发累积量减少 22.75%~35.29%，氮素气态损失总量降低 34.13%~54.58%。

第五章 •••
蔬菜施用微生物肥料的效应

第一节　设施番茄施用微生物菌剂的肥料效应

我国是世界番茄种植面积最大、总产量最高的国家。根据 FAO 统计，我国番茄种植面积已达 108.7 万 hm²，年总产量 6 287.0 万 t。番茄在我国蔬菜产业中居重要战略地位。然而，菜农为追求高产增收，滥施肥料现象比较普遍，已引起菜田养分过剩、次生盐渍化、连作病害加剧、蔬菜品质下降、面源污染等一系列问题，严重威胁蔬菜食品安全和生态安全。河北永清是设施蔬菜生产大县，设施蔬菜种植面积高达 2.08×10^4 hm²，其中设施番茄为 2.42×10^3 hm²，在华北具有一定的典型性、代表性。微生物肥料是蔬菜绿色发展的优选肥料。施用微生物肥料对活化土壤养分、克服土传病害、改良次生盐渍化、防治面源污染有着十分重要的作用。通过前期研究，以巨大芽孢杆菌、胶冻样类芽孢杆菌、枯草芽孢杆菌等为有效菌，已研发登记不同剂型的农用微生物菌剂。本研究在永清国家现代农业园区进行，以棚室番茄为研究对象，以不同剂型的微生物菌剂为试材，采用田间试验，研究设施番茄施用微生物菌剂的适宜时期、用量和方法，创建其安全高效施肥技术，指导设施番茄绿色高质发展。

一、设施番茄施用微生物菌剂的适宜时期

本研究根据温室番茄的生育期共设 6 个处理（表 5 - 1），CK 为常规施肥，T1 为颗粒剂定植前沟施，T2 为液体剂定植时冲施，T3 为液体剂缓苗期冲施，T4 为液体剂膨果期冲施，T5 为颗粒剂与液体剂配合施用。每个处理 3 次重复，随机排列。小区供试面积为 57.6m²，常规氮用量（N）为 375kg/hm²，磷用量（P_2O_5）为 225kg/hm²、钾用量（K_2O）为 535kg/hm²，所有处理除微生物菌剂的施用时期不同外，其他田间管理措施均按常规管理进行，且每个处理微生物菌剂的有效活菌数为 1.5×10^{13} CFU/hm²，施用不同剂型的有效活菌数一致。其中，颗粒微生物菌剂有效活菌数 1.0×10^8 CFU/g，液态微生物菌剂有效活菌数 2.0×10^8 CFU/mL。

（一）不同施用时期对设施番茄生长发育的影响

从表 5 - 1 可看出，施用微生物菌剂对番茄生长发育有显著的促进作用，不同施用时期效果存在显著差异。液体菌剂缓苗水冲施（T3）、膨果期冲施处理（T4）分别显著提高了番茄株高 4.05%、5.60%，且膨果期冲施处理效果最好，均优于其他处理。液体菌剂定植时期、膨果期冲施处理分别提高了番茄茎粗 10.18%、21.84%，且 T3 处理比 T1、

T2、T4、T5 处理分别提高了 14.17%、10.58%、15.45%、18.90%。在番茄坐果数方面，颗粒菌剂定植前沟施（T1）和液体菌剂缓苗期（T3）冲施处理效果最好，分别比对照提高了 2.94%、7.35%。此外，除膨果期冲施处理外，其他处理均显著提高了番茄单果重。总体来看，液体菌剂缓苗水冲施处理和颗粒菌剂定植前沟施处理在促进番茄生长发育方面表现较好，其次为液体菌剂膨果期冲施处理和颗粒菌剂与液体菌剂配合施用处理。

表 5-1 不同时期施用微生物菌剂对番茄生长发育的影响

处理	株高 （cm）	茎粗 （cm）	坐果数 （个）	单果重 （kg）
CK	96.4±0.35cd	1.012±0.02c	6.8±0.46ab	0.19±0.001c
T1	97.1±0.81c	1.080±0.03bc	7.0±0.12a	0.28±0.02a
T2	95.1±0.17d	1.115±0.05b	6.1±0.17bc	0.26±0.004ab
T3	100.3±0.40b	1.233±0.02a	7.3±0.35a	0.25±0.003ab
T4	101.8±0.52a	1.068±0.01bc	6.1±0.17bc	0.18±0.007c
T5	95.5±0.40d	1.037±0.01bc	5.3±0.06c	0.23±0.003b

（二）不同施用时期对设施番茄产量及收益的影响

从图 5-1 可看出，施用微生物菌剂处理均显著提高番茄产量。其中，颗粒菌剂定植前沟施处理番茄产量最高，比对照增加了 34.11%；液体菌剂缓苗水冲施、膨果期冲施以及颗粒菌剂与液体菌剂配合施用处理分别提高了番茄产量 27.10%、22.43%、23.36%；液体菌剂定植水冲施处理提高了番茄产量 16.82%。同时，对番茄经济效益进行了分析（表 5-2），T1 处理每公顷促进增收 8.30 万元，效果最好，分别比 T2、T3、T4、T5 处理增收提高了 106.93%、25.70%、53.00%、47.41%；其次为 T3 处理，每公顷增收 6.60 万元，分别比 T2、T4、T5 处理增收提高了 64.56%、29.31%、24.18%。从菌剂增收的产投比来看，T3 处理比值最高，T1 处理次之，由此说明，液体菌剂缓苗水冲施处理番茄经济效益最高，其次为颗粒菌剂定植前沟施。

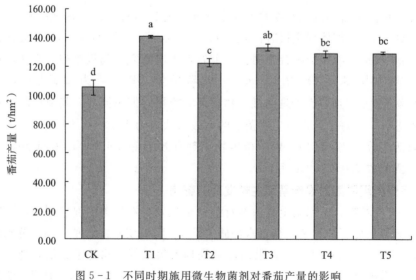

图 5-1 不同时期施用微生物菌剂对番茄产量的影响

表 5 - 2   不同时期施用微生物菌剂对番茄经济效益的影响

处理	每公顷菌剂投入 (万元)	产量 (t/hm²)	增产 (t/hm²)	增产率 (%)	每公顷增收 (万元)	增收/投入
CK	—	105.06	—	—	—	—
T1	0.3	140.89	35.83	34.11	8.30	27.67
T2	0.23	122.73	17.67	16.82	4.01	17.44
T3	0.23	133.53	28.47	27.10	6.60	28.71
T4	0.23	128.62	23.56	22.43	5.42	23.59
T5	0.26	129.60	24.54	23.36	5.63	21.66

（三）不同施用时期对设施番茄品质的影响

在番茄的盛果期，对番茄果实进行品质测定，如表 5 - 3 所示，结果发现颗粒菌剂和液体菌剂配合施用处理对于提高番茄果实中维生素 C 含量的效果最好，比对照显著提高了 51.68%，其次为液体菌剂定植时期冲施和缓苗期冲施处理，分别提高了番茄维生素 C 含量 25.33% 和 22.36%。此外，液体菌剂缓苗期冲施处理以及颗粒菌剂和液体菌剂配合施用处理显著提高了番茄可滴定酸含量；单独施用液体菌剂以及液体菌剂和颗粒菌剂配合施用处理均可显著提高番茄可溶性固形物含量；除液体菌剂膨果期施用处理外，其他微生物菌剂处理均可显著提高番茄可溶性糖含量。综上所述，施用微生物菌剂可不同程度地改善番茄品质，但不同时期施用微生物菌剂效果不同。总体来看，颗粒菌剂和液体菌剂配合施用处理对番茄品质的改善作用最好，其次为液体菌剂缓苗水冲施处理。

表 5 - 3   不同时期施用微生物菌剂对番茄品质的影响

处理	维生素 C 含量 (mg/kg)	蛋白质含量 (mg/g)	可滴定酸含量 (%)	可溶性固形物含量 (%)	可溶性糖含量 (%)
CK	33.67±1.76c	0.12±0.02a	31.86±3.19b	5.22±0.02d	1.12±0.03d
T1	39.67±2.63bc	0.14±0.02a	31.20±4.75b	5.25±0.04d	1.57±0.08c
T2	42.20±3.58b	0.14±0.02a	33.26±2.63b	5.63±0.04b	1.77±0.06b
T3	41.20±1.01b	0.15±0.01a	44.20±3.91a	5.87±0.01b	1.51±0.02c
T4	35.73±1.71bc	0.11±0.01a	23.90±3.13c	5.48±0.08c	1.09±0.04d
T5	51.07±1.28a	0.16±0.01a	46.22±3.58a	6.58±0.14a	2.63±0.03a

（四）不同施用时期对设施番茄土壤养分的影响

从表 5 - 4 可看出，不同时期施用微生物菌剂对其菜田土壤中硝态氮、铵态氮、有效磷和速效钾含量的影响。颗粒菌剂和液体菌剂配合施用处理在提高土壤养分含量方面效果最好，可提高土壤养分含量 27% 以上；其次为液体菌剂定植时期冲施和缓苗期冲施处理。此外，微生物菌剂提高了土壤磷钾养分含量，说明菌剂的有效菌巨大芽孢杆菌和胶冻样类芽孢杆菌能促进土壤难溶性磷钾的释放，从而将固定态磷钾转化为植物可以吸收利用的养分，促进植物生长。

表 5-4　不同时期施用微生物菌剂对番茄土壤氮磷钾的影响

处理	硝态氮 (mg/kg)	铵态氮 (mg/kg)	有效磷 (mg/kg)	速效钾 (mg/kg)
CK	80.42±0.35c	4.95±0.05c	199±8.48c	384±17.60c
T1	81.2±0.81c	5.06±0.05c	238±20.28bc	389±11.64c
T2	99.641.40b	5.65±0.09b	284±35.42ab	619±16.90a
T3	98.73±1.84b	5.13±0.06c	295±1.74ab	487±16.95b
T4	83.41±0.55c	4.92±0.08c	215±13.39c	441±35.09bc
T5	103.81±1.05a	6.34±0.23a	318±22.93a	630±28.06a

二、设施番茄施用微生物菌剂的适宜用量

(一) 施用颗粒微生物菌剂的适宜用量

设施番茄施用颗粒微生物菌剂，在前期研究基础上采用定植前沟施，设 4 个处理量：CK 为不施菌剂对照，T1、T2、T3 用量分别为 $75kg/hm^2$、$150kg/hm^2$、$450kg/hm^2$。每个处理 3 次重复，随机排列。小区供试面积为 $51m^2$，常规氮磷钾用量 $375kg/hm^2$（以 N 计）、$225kg/hm^2$（以 P_2O_5 计）、$535kg/hm^2$（以 K_2O 计）。

1. 不同施用量对设施番茄生长发育的影响

由表 5-5 可看出，不同施用量处理中，施用 $75kg/hm^2$ 和 $450kg/hm^2$ 处理可显著提高番茄株高 24.70% 和 29.55%，同时还提高番茄单果重 46.67%。另外，施用 $150kg/hm^2$ 处理可促进番茄坐果，提高坐果率 38.04%。不同施用量处理之间番茄茎粗差异不显著。综上所述，定植前施用颗粒微生物菌剂可以显著提高番茄的株高、坐果数以及单果重。

表 5-5　颗粒微生物菌剂施用量对设施番茄植株生长的影响

处理	株高 (cm)	茎粗 (cm)	坐果数 (个)	单果重 (kg)
CK	125.77±6.92b	0.9±0.03a	6.23±0.32b	0.15±0.017b
T1	156.83±5.46a	0.94±0.01a	6.53±0.44b	0.22±0.002a
T2	141.07±14.01ab	0.96±0.03a	8.60±0.06a	0.18±0.017ab
T3	162.93±1.97a	0.95±0.04a	6.50±0.46b	0.22±0.002a

2. 不同施用量对设施番茄产量及收益的影响

对番茄收获期总产量进行了详细记录，结果如图 5-2 所示，施用颗粒微生物菌可提高设施番茄产量，且不同用量之间差异显著。施用 $450kg/hm^2$ 处理产量最高，为 $90.61t/hm^2$，比对照提高了 18.54%，相比施用 $75kg/hm^2$、$150kg/hm^2$ 处理，产量分别提高了 9.17%、5.67%。此外，施用 $75kg/hm^2$、$150kg/hm^2$ 处理番茄产量较对照分别提高 8.58%、12.18%。这说明随着微生物菌剂施用量的增加，对设施番茄的增产效果也相应增加。在记录番茄产量的同时，对番茄的经济效益做了相应分析，结果如表 5-6 所示，颗粒微生物菌剂对番茄的增收效果表现为 $450kg/hm^2$ 处理（每公顷 2.50 万元）＞$150kg/hm^2$ 处理（每公顷 1.93 万元）＞$75kg/hm^2$ 处理（每公顷 1.42 万元）。从微生物菌剂促进增

收的产投比来看，75kg/hm^{2}处理最高，150kg/hm^{2}处理次之，即颗粒微生物菌剂定植前沟施75kg/hm^{2}对番茄的经济效益最大。

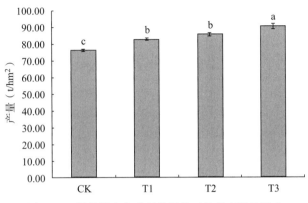

图 5-2 颗粒微生物菌剂施用量对番茄产量的影响

表 5-6 颗粒微生物菌剂施用量对番茄经济效益的影响

处理	每公顷菌剂投入（万元）	产量（t/hm^2）	增产（t/hm^2）	增产率（%）	每公顷增收（万元）	增收/投入
CK	0	76.44	—	—	—	—
T1	0.15	83	6.56	8.58	1.42	9.50
T2	0.3	85.75	9.31	12.18	1.93	6.45
T3	0.9	90.61	14.17	18.54	2.50	2.78

3. 不同施用量对设施番茄品质的影响

如表 5-7 所示，定植前沟施颗粒微生物菌剂可显著改善番茄品质，且随着施用量的增加，对番茄品质的改善程度也相应增加。施用 75kg/hm^2 菌剂使番茄可滴定酸含量显著提高 40.51%，对其他品质指标无显著影响。施用 150kg/hm^2 菌剂使番茄维生素 C、可滴定酸以及可溶性固形物含量显著提高 28.99%、57.78% 以及 33.92%。施用 450kg/hm^2 菌剂在改善番茄品质方面表现最好，分别使番茄维生素 C、蛋白质、可滴定酸以及可溶性糖含量显著提高 34.91%、87.50%、81.16%、30.15%。

表 5-7 颗粒微生物菌剂施用量对设施番茄品质的影响

处理	维生素 C 含量（mg/kg）	蛋白质含量（mg/g）	可滴定酸含量（%）	可溶性固形物含量（%）	可溶性糖含量（%）
CK	3.38±0.24c	0.08±0.01b	19.75±2.42c	3.39±0.09b	1.36±0.05b
T1	3.50±0.36bc	0.12±0.01ab	27.75±2.02b	3.50±0.1b	1.45±0.1ab
T2	4.36±0.09ab	0.14±0.02ab	31.16±0.94ab	4.54±0.14a	1.61±0.14ab
T3	4.56±0.32a	0.15±0.02a	35.78±0.84a	3.66±0.06b	1.77±0.14a

4. 不同施用量对设施番茄土壤养分的影响

对设施番茄收获后土壤氮磷钾养分含量的测定分析结果见表 5-8。结果表明，与常规施肥相比，施用 150kg/hm²、450kg/hm² 菌剂均显著提高了土壤养分含量，土壤硝态氮含量提高了 93.59%、94.06%，铵态氮含量提高了 49.59%、41.70%，有效磷含量提高了 60.90%、66.14%，速效钾含量提高了 53.79%、42.11%；同时，这两个施用量处理在提高土壤养分含量方面的效果显著优于施用 75kg/hm² 处理。而施用 75kg/hm² 菌剂的土壤养分含量与对照差异不显著。

表 5-8　颗粒微生物菌剂施用量对番茄土壤氮磷钾养分的影响

处理	硝态氮（mg/kg）	铵态氮（mg/kg）	有效磷（mg/kg）	速效钾（mg/kg）
CK	33.86±0.93b	4.82±0.14b	107.75±3.22b	333.79±29.99c
T1	37.04±1.39b	5.20±0.08b	128.42±9.93b	391.47±17.01bc
T2	65.55±1.46a	7.21±0.49a	173.37±8.20a	513.35±40.82a
T3	65.71±1.10a	6.83±0.25a	179.02±10.24a	474.36±44.45ab

（二）施用液体微生物菌剂的适宜施用量

设施番茄施用液体微生物菌剂，在前期研究基础上采用定植水冲施，设 4 个处理量：CK 为不施菌剂对照，T1、T2、T3 用量分别为 37.5L/hm²、75L/hm²、150L/hm²；每个处理 3 次重复，随机排列。小区供试面积为 51m²，常规氮（N）、磷（P₂O₅）、钾（K₂O）用量分别为 375kg/hm²、225kg/hm²、535kg/hm²。

1. 不同施用量对设施番茄生长发育的影响

从表 5-9 可看出，设施番茄随定植水冲施微生物菌剂可促进番茄生长发育。其中，施用 37.5L/hm² 和 75L/hm² 菌剂同对照相比，均显著提高株高和单果重；株高分别比对照提高 29.78%、32.20%，单果重分别比对照提高 13.33%、33.33%，且不同施用量之间单果重差异显著，施用菌剂 75L/hm² 处理单果重比 37.5L/hm² 处理提高 17.65%。但对番茄茎粗、坐果数，T1、T2 处理间及其与对照之间差异不显著。

表 5-9　液体微生物菌剂施用量对设施番茄生长发育的影响

处理	株高（cm）	茎粗（cm）	坐果数（个）	单果重（kg）
CK	125.77±6.92b	0.90±0.03a	6.23±0.32b	0.15±0.005c
T1	163.23±9.32a	0.94±0.01a	6.53±0.45b	0.17±0.005b
T2	166.27±6.70a	1.04±0.06a	7.53±0.61ab	0.20±0.004a
T3	137.00±0.92b	0.95±0.06a	8.50±0.67a	0.22±0.002a

2. 不同施用量对设施番茄产量及收益的影响

从图 5-3 可看出，番茄定植时期冲施微生物菌剂番茄产量与对照之间差异显著，可增产 28.48%~72.80%，其中冲施 75L/hm² 菌剂处理表现最好；进一步增加菌剂施用量，对番茄增产效果差异不显著。同时，从番茄的经济效益分析（表 5-10）来看，冲施 75L/hm² 菌剂番茄增收的产投比最高，说明冲施 75L/hm² 菌剂处理番茄经济效益最高；冲施 150L/hm² 菌剂处理次之，进一步增加微生物菌剂的用量，并不能增加番茄经济效益。

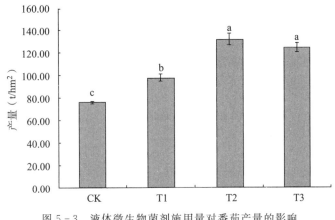

图 5-3 液体微生物菌剂施用量对番茄产量的影响

表 5-10 液体微生物菌剂施用量对番茄经济效益的影响

处理	每公顷菌剂投入 （万元）	产量 （t/hm²）	增产 （t/hm²）	增产率 （%）	每公顷增收 （万元）	增收/投入
CK	0	76.44	—	—	—	—
T1	0.11	98.21	21.77	28.48	5.11	46.49
T2	0.23	132.09	55.65	72.80	13.13	57.07
T3	0.45	125.06	48.62	63.60	11.22	24.93

3. 不同施用量对设施番茄品质的影响

由表 5-11 可知，番茄定植时期冲施微生物菌剂可显著改善番茄品质，且改善程度随着冲施量的增加也相应增加。不同施用量处理均显著提高番茄维生素 C、可滴定酸以及可溶性糖含量，增幅分别为 23.37%～50.30%、64.25%～81.72% 以及 25.00%～36.03%。其中，施用 75L/hm² 菌剂处理改善番茄维生素 C 含量效果最好，不同施用量处理对番茄其他品质指标的改善效果不显著。

表 5-11 液体微生物菌剂施用量对设施番茄品质的影响

处理	维生素 C 含量 （mg/kg）	蛋白质含量 （mg/g）	可滴定酸含量 （%）	可溶性固形物含量 （%）	可溶性糖含量 （%）
CK	3.38±0.24c	0.08±0.01a	19.75±2.42b	3.39±0.09a	1.36±0.05b
T1	4.17±0.29b	0.14±0.02a	32.44±1.11a	3.57±0.10a	1.70±0.09a
T2	5.08±0.07a	0.16±0.04a	32.55±0.39a	3.73±0.10a	1.85±0.05a
T3	4.66±0.17ab	0.14±0.02a	35.89±1.33a	3.70±0.20a	1.75±0.09a

4. 不同施用量对设施番茄土壤养分的影响

设施番茄收获后土壤氮磷钾养分含量的测定分析结果见表 5-12。结果表明，不同施用量处理均显著提高土壤硝态氮、铵态氮以及速效钾含量，增幅分别为 75.84%～95.60%、14.11%～60.79%、50.41%～106.18%；施用 75L/hm² 和 150L/hm² 菌剂处理还能显著提高土壤有效磷含量 82.56%～88.54%。其中，施用 75L/hm² 和 150L/hm² 菌剂处理提高土壤养分含量的效果优于施用 37.5L/hm² 菌剂处理，施用 75L/hm² 与 150L/hm² 菌剂处理差异不显著。

表 5-12   液体微生物菌剂施用量对番茄土壤氮磷钾养分的影响

处理	硝态氮 （mg/kg）	铵态氮 （mg/kg）	有效磷 （mg/kg）	速效钾 （mg/kg）
CK	33.86±0.93b	4.82±0.14c	107.75±3.22b	333.79±29.99c
T1	59.54±3.26a	5.50±0.09b	170.53±7.31b	502.04±45.29b
T2	66.23±1.87a	7.47±0.16a	203.15±7.12a	630.98±25.93a
T3	65.06±2.11a	7.75±0.15a	196.71±5.40a	688.22±16.73a

（三）颗粒菌剂与液体菌剂配合施用的适宜施用量

设施番茄施用液体微生物菌剂，在前期研究基础上采用定植前沟施颗粒菌剂＋定植水冲施液体菌剂，设 4 个处理量：CK，不施菌剂对照；T1，颗粒菌剂 37.5kg/hm² ＋液体菌剂 22.5L/hm²；T2，颗粒菌剂 75kg/hm² ＋液体菌剂 37.5L/hm²；T3，颗粒菌剂 225kg/hm² ＋液体菌剂 75L/hm²。每个处理 3 次重复，随机排列。小区供试面积为 51m²，常规氮（N）、磷（P_2O_5）、钾（K_2O）用量分别为 375kg/hm²、225kg/hm²、535kg/hm²。

1. 不同配合用量对设施番茄生长发育的影响

如表 5-13 所示，颗粒菌剂和液体菌剂配合施用可显著提高设施番茄的坐果率以及单果重。其中，T3 处理显著提高了番茄坐果数 42.86%，不同施用量之间在番茄单果重方面差异不显著。颗粒菌剂和液体菌剂配合施用对番茄株高和茎粗无显著影响。

表 5-13   颗粒菌剂和液体菌剂配合用量对设施番茄生长发育的影响

处理	株高 （cm）	茎粗 （cm）	坐果数 （个）	单果重 （kg）
CK	125.77±6.92a	0.90±0.03a	6.23±0.32b	0.15±0.006b
T1	145.33±7.63a	0.96±0.01a	5.93±0.24b	0.19±0.003a
T2	138.67±2.11a	0.97±0.18a	7.30±0.81ab	0.18±0.005a
T3	144.03±13.11a	1.03±0.02a	8.90±0.44a	0.20±0.007a

2. 不同配合用量对设施番茄产量及收益的影响

如图 5-4 所示，颗粒菌剂和液体菌剂配合施用可以显著提高设施番茄产量。其中，T2、T3 处理增产效果较好，番茄产量分别比常规施肥显著提高 83.27%、91.89%，相比 T1 处理分别提高番茄产量 17.73%、23.27%，T2 与 T3 处理番茄产量之间差异不显著；T1 处理显著提高番茄产量 55.66%。从对番茄的增收情况来看（表 5-14），T3 处理增收最高为每公顷 16.18 万元，分别比 T1、T2 处理增收提高 60.68%、7.72%，T2 处理比 T1 处理增收提高 49.16%。对番茄产投比进行分析，结果表明 T1 处理最高，T2 次之，T3 处理最低，即微生物菌剂颗粒菌剂和液体菌剂配合施用时，施用 37.5kg/hm² ＋ 22.5L/hm² 处理经济效益最高，其次为施用 75kg/hm² ＋37.5L/hm² 处理。

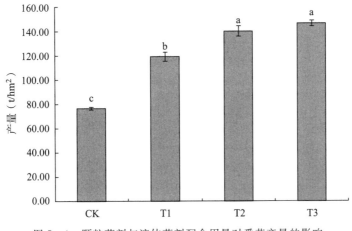

图 5-4 颗粒菌剂与液体菌剂配合用量对番茄产量的影响

表 5-14 颗粒菌剂与液体菌剂配合用量对番茄经济效益的影响

处理	每公顷菌剂投入（万元）	产量（t/hm²）	增产（t/hm²）	增产率（％）	每公顷增收（万元）	增收/投入
CK	0	76.44	—	—	—	—
T1	0.14	118.99	42.55	55.66	10.07	71.93
T2	0.26	140.09	63.65	83.27	15.02	57.76
T3	0.68	146.68	70.24	91.89	16.18	23.79

3. 不同配合用量对设施番茄品质的影响

由表 5-15 可看出，颗粒菌剂和液体菌剂配合施用可以显著改善设施番茄品质。不同配合用量处理均显著提高番茄维生素 C、蛋白质、可滴定酸和可溶性固形物等含量。同对照相比，其中番茄维生素 C 含量提高了 29.29％～52.07％，蛋白质含量提高了 87.50％～175.00％，可滴定酸含量提高了 66.63％～79.29％，可溶性固形物含量提高了 9.73％～17.70％。同时，T2、T3 处理显著提高了番茄可溶性糖含量 39.97％、47.79％，但 T1 处理可溶性糖含量与对照之间差异不显著。不同施用量处理对番茄品质的改善效果不显著。

表 5-15 颗粒菌剂和液体菌剂配合施用微生物菌剂施用量对设施番茄品质的影响

处理	维生素 C 含量（mg/kg）	蛋白质含量（mg/g）	可滴定酸含量（％）	可溶性固形物含量（％）	可溶性糖含量（％）
CK	3.38±0.24b	0.08±0.01b	19.75±2.42b	3.39±0.09b	1.36±0.05b
T1	4.37±0.11a	0.15±0.02a	32.91±1.08a	3.72±0.09a	1.56±0.09b
T2	5.14±0.26a	0.18±0.01a	35.13±1.14a	3.91±0.09a	1.89±0.11a
T3	5.10±0.37a	0.22±0.03a	35.41±1.40a	3.99±0.12a	2.01±0.10a

4. 不同配合用量对设施番茄土壤养分的影响

设施番茄收获后土壤氮磷钾养分含量的测定分析结果见表 5-16。结果表明，颗粒菌剂和液体菌剂配合施用显著提高了土壤硝态氮含量 63.32％～106.62％，土壤铵态氮含量 14.95％～

37.63%，土壤有效磷含量 59.26%～111.11%，速效钾含量 79.64%～116.77%；T2、T3 处理分别比 T1 处理显著提高了土壤硝态氮含量 26.51%、23.58%，铵态氮含量 15.10%、19.73%，有效磷含量 16.86%、32.56%。T2、T3 处理之间差异不显著。

表 5 - 16　颗粒菌剂和液体菌剂配合用量对番茄土壤养分的影响

处理	硝态氮（mg/kg）	铵态氮（mg/kg）	有效磷（mg/kg）	速效钾（mg/kg）
CK	33.86±0.93c	5.82±0.07c	108±3.22c	334±29.99c
T1	55.30±2.33b	6.69±0.20b	172±8.18b	600±51.30b
T2	69.96±2.90a	7.70±0.14a	201±9.39a	724±18.05a
T3	68.34±1.44a	8.01±0.13a	228±10.79a	651±34.05ab

三、设施番茄施用微生物菌剂的适宜方法

（一）颗粒微生物菌剂的适宜施用方法

在前期研究基础上，颗粒菌剂施用量采用 112.5kg/hm²，施用方法设 3 个处理：CK 为不施菌剂、T1、T2 分别为穴施、沟施处理，每个处理 3 次重复，随机排列。

1. 不同施用方法对设施番茄产量及收益的影响

如图 5 - 5 所示，颗粒微生物菌剂穴施处理显著提高番茄产量 22.77%，沟施处理与对照之间差异不显著。从经济效益方面看（表 5 - 17），穴施处理设施番茄每公顷增收 6.09 万元，相比沟施处理提高了 64.15%，且穴施处理经济效益（增收/投入）最高。说明颗粒微生物菌剂穴施促进设施番茄增产、增收效果更好。

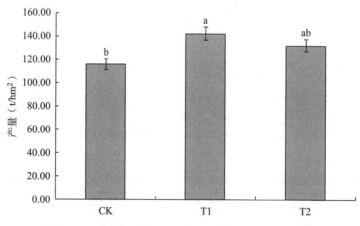

图 5 - 5　颗粒微生物菌剂施用方法对番茄产量的影响

表 5 - 17　颗粒微生物菌剂施用方法对番茄经济效益的影响

处理	每公顷菌剂投入成本（万元）	产量（t/hm²）	增产（t/hm²）	增产率（%）	每公顷增收（万元）	增收/投入
CK	0	115.65	—	—	—	—
T1	0.23	141.98	26.33	22.76	6.09	26.47
T2	0.23	132.08	16.43	14.21	3.71	16.14

2. 不同施用方法对设施番茄品质的影响

如表 5-18 所示，颗粒微生物菌剂不同施用方法均显著提高番茄维生素 C 含量，穴施和沟施增幅分别为 14.98% 和 18.04%；沟施处理还能显著提高番茄可滴定酸含量 28.35%。不同施用方法之间，沟施处理对于改善番茄品质效果更好。

表 5-18 颗粒微生物菌剂施用方法对设施番茄品质的影响

处理	维生素 C 含量 （mg/kg）	蛋白质含量 （mg/g）	可滴定酸含量 （%）	可溶性固形物含量 （%）	可溶性糖含量 （%）
CK	3.27±0.14b	0.13±0.02a	31.78±2.30b	4.84±0.10a	1.32±0.19a
T1	3.76±0.09a	0.19±0.03a	34.20±1.53b	5.02±0.17a	1.56±0.14a
T2	3.86±0.03a	0.18±0.03a	40.79±1.52a	4.93±0.20a	1.66±0.13a

3. 不同施用方法对设施番茄土壤养分的影响

如表 5-19 所示，颗粒微生物菌剂不同施用方法均显著提高土壤有效磷含量，穴施和沟施处理分别提高了 17.70% 和 13.72%；沟施处理显著提高土壤硝态氮含量 13.52%。

表 5-19 颗粒微生物菌剂施用方法对番茄土壤氮磷钾养分的影响

处理	硝态氮（N） （mg/kg）	铵态氮（N） （mg/kg）	有效磷 （mg/kg）	速效钾 （mg/kg）
CK	82.12±1.93b	4.92±0.09a	226±11.57b	541±55.36a
T1	84.56±2.96ab	5.25±0.12a	266±5.24a	609±36.04a
T2	93.22±2.99a	5.42±0.19a	257±5.91a	619±23.19a

（二）施用液体微生物菌剂的适宜方法

在前期研究基础上，液体菌剂施用量采用 45L/hm²，施用方法设 4 个处理：CK 为不施菌剂、T1、T2、T3 分别为蘸根、冲施、灌根处理。每个处理 3 次重复，随机排列。

1. 不同施用方法对设施番茄产量的影响

如图 5-6 所示，液体微生物菌剂不同施用方法均显著提高番茄产量。其中，灌根产量最高，同对照相比增产 44.07%。从经济效益方面看（表 5-20），灌根增收效果最好，番茄每公顷增收 12.09 万元，经济效益最高（增收/投入）；其次为蘸根，每公顷增收 8.71 万元；随水冲施增收最低，为每公顷 6.10 万元。

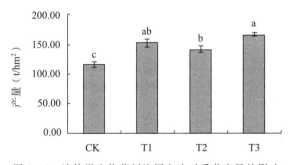

图 5-6 液体微生物菌剂施用方法对番茄产量的影响

表 5-20　液体微生物菌剂施用方法对番茄经济效益的影响

处理	每公顷菌剂投入（万元）	产量（t/hm²）	增产（t/hm²）	增产率（%）	每公顷增收（万元）	增收/投入
CK	0	115.65				
T1	0.14	152.53	36.88	31.89	8.71	62.23
T2	0.14	141.67	26.02	22.50	6.10	43.60
T3	0.14	166.62	50.97	44.07	12.09	86.38

2. 不同施用方法对设施番茄品质的影响

如表 5-21 所示，液体微生物菌剂不同施用方法对提高设施番茄品质均有一定的改善作用。其中灌根效果最好，同对照相比，分别显著提高番茄维生素 C 含量 23.85%，蛋白质含量 92.31%，可滴定酸含量 41.32%，可溶性固形物含量 18.60%，可溶性糖含量 40.91%。其次为蘸根施用方法，可显著提高番茄维生素 C、可溶性固形物以及可溶性糖含量。

表 5-21　液体微生物菌剂施用方法对设施番茄品质的影响

处理	维生素 C 含量（mg/kg）	蛋白质含量（mg/g）	可滴定酸含量（%）	可溶性固形物含量（%）	可溶性糖含量（%）
CK	3.27±0.14c	0.13±0.02b	31.78±2.30b	4.84±0.10c	1.32±0.19b
T1	3.74±0.05ab	0.21±0.03ab	43.161±1.59ab	5.38±0.12b	1.73±0.06a
T2	3.46±0.11bc	0.19±0.02ab	37.25±1.181bc	4.97±0.06c	1.56±0.05ab
T3	4.05±0.11a	0.25±0.01a	44.91±1.82a	5.74±0.05a	1.86±0.06a

3. 不同施用方法对设施番茄土壤速效养分的影响

如表 5-22 所示，液体微生物菌剂蘸根和灌根施用均可显著提高土壤硝态氮、铵态氮养分含量，增幅分别为 18.10% 和 30.19%、10.37% 和 13.82%；灌根施用还可显著提高土壤有效磷含量 17.70%。总体来看，灌根施用对于活化土壤速效养分效果最好。

表 5-22　液体微生物菌剂施用方法对番茄土壤速效氮磷钾养分的影响

处理	硝态氮（N）（mg/kg）	铵态氮（N）（mg/kg）	有效磷（mg/kg）	速效钾（mg/kg）
CK	82.12±1.93c	4.92±0.09c	226±11.57b	541±55.36a
T1	96.98±6.06ab	5.43±0.11ab	251±9.09ab	610±72.55a
T2	91.94±3.09bc	5.15±0.16bc	245±10.77ab	613±17.07a
T3	106.91±5.04a	5.60±0.16a	266±6.58a	661±52.82a

四、主要研究进展

1. 明确了设施番茄施用微生物菌剂的适宜时期

试验结果表明，番茄缓苗期冲施液体微生物菌剂，可使番茄增产 27.10%，每公顷增收 6.60 万元；番茄定植时期沟施颗粒微生物菌剂，可使番茄增产 34.11%，每公顷增收

8.30 万元；颗粒菌剂（定植沟施）和液体菌剂（缓苗期＋膨果期）配合施用，可使番茄增产 23.36％，每公顷增收 5.63 万元。同时，颗粒菌剂和液体菌剂配合施用可显著提高番茄果实维生素 C、蛋白质、可滴定酸、可溶性固形物、可溶性糖含量，可提高土壤硝态氮、铵态氮、土壤有效磷和速效钾含量。其中，设施番茄施用颗粒微生物菌剂和液体微生物菌剂的适宜时期，分别为番茄定植期和缓苗期。

2. 明确了设施番茄施用微生物菌剂的适宜用量

结果表明，液体微生物菌剂以 75L/hm² 为宜，可使番茄增产 72.80％、每公顷增收 13.13 万元。颗粒微生物菌剂以 150kg/hm² 为宜，可使番茄增产 12.18％、每公顷增收 1.93 万元。二者配合施用以液体菌剂 37.5L/hm²＋颗粒菌剂 75kg/hm² 为宜，可使番茄增产 83.27％、每公顷增收 15.02 万元。其中，配合施用效果最佳。

3. 明确了设施番茄施用微生物菌剂的适宜方法

结果表明，液体菌剂冲施可使番茄增产 22.50％、每公顷增收 6.10 万元，活化土壤养分效果显著，对番茄生长发育和番茄品质有显著促进作用；液体菌剂灌根可使番茄增产 44.07％、每公顷增收 12.09 万元，可使番茄果实维生素 C、蛋白质、可溶性糖含量分别提高 23.85％、92.31％和 40.91％。颗粒菌剂穴施可使番茄增产 22.77％、每公顷增收 6.09 万元；颗粒菌剂沟施促进番茄增产、增收和经济效益方面的效果次之。从经济收益考虑，液体菌剂和颗粒菌剂分别以灌根和穴施为佳；从施用简便考虑，分别以冲施和沟施为宜。

第二节 设施黄瓜施用巨大芽孢杆菌的肥料效应

黄瓜（*Cucumis sativus* L.）是世界上普遍栽培的瓜菜作物，在全球蔬菜供应中居举足轻重的地位。根据 FAO 统计，2020 年我国黄瓜种植面积已达 127.1 万 hm²，年总产量 7 336.0 万 t，均居世界第一。在华北蔬菜主产区，设施黄瓜连作是常规种植模式。随着黄瓜连作年限的增加，大量施用农家粪肥、化学肥料，设施土壤已出现磷钾养分过剩、次生盐渍化、酸化板结以及微生物区系失调，导致根系生长发育不良、对养分吸收利用率低、黄瓜产量与品质下降等问题。巨大芽孢杆菌是微生物肥料的常用菌种。已有研究表明，它既能溶磷解钾，促进土壤养分高效利用，还能分泌一些抗生素和植物生长素类物质，破除连作障碍促进作物增产增收。本研究在河北省设施黄瓜特优区，以不同连作年限设施黄瓜为研究对象，以巨大芽孢杆菌菌剂为试材，分别选用连作 15 年、仅种植 2 年的黄瓜棚室开展田间试验，研究了施用巨大芽孢杆菌活化土壤磷钾、促进黄瓜生长、调控根区土壤微生物群落的效应特征及其作用机制。

一、连作棚室黄瓜施用巨大芽孢杆菌菌剂的作用效果

本研究连续开展两年田间试验，第一年试验处理为：常规施肥为对照（CON），在常规施肥的基础上配施微生物菌剂（CON＋BM），在常规施肥基础上减施 10％化肥磷和 10％化肥钾配施微生物菌剂（CON＋BM-PK1），在常规施肥基础上减施 20％化肥磷和 20％化肥钾配施微生物菌剂（CON＋BM-PK2），其中常规施肥中，基施有机肥为干鸡粪 60t/hm²（含 25g/kg N、26g/kg P₂O₅、16g/kg K₂O），氮（N）、磷（P₂O₅）、钾（K₂O）肥施用量为 438kg/hm²、397kg/hm²、438kg/hm²。第一年试验的研究结果表明在常规施

肥基础上减施 20%化肥磷和 20%化肥钾配施微生物菌剂处理（CON＋BM-PK2）与在常规施肥的基础上配施微生物菌剂处理（CON＋BM）相比，黄瓜产量显著降低了 11.2%，所以在第二年对试验处理进行了相应调整，调整为 CON、CON＋BM、CON＋BM-PK1（常规施肥基础上减施 10%化肥磷和 5%化肥钾配施微生物菌剂）、CON＋BM-PK2（常规施肥基础上减施 20%化肥磷和 10%化肥钾配施微生物菌剂）。第二年试验中常规氮（N）、磷（P_2O_5）、钾（K_2O）肥施用量为 412kg/hm²、311kg/hm²、468kg/hm²，有机肥的施用量和施用方法与第一年一致。两年试验中，黄瓜整个生育期分两次施用含巨大芽孢杆菌的微生物菌剂，第一次于黄瓜定植时随水冲施 30L/hm²，第二次于黄瓜定植后 80d（盛瓜期）随水冲施 45L/hm²。每个处理 3 次重复，共 12 个小区，所有小区随机排列分布，试验日常田间管理按照当地常规管理模式进行。

（一）施用巨大芽孢杆菌在土壤中的定殖能力

由图 5-7 可见，在第二年试验中，菌剂施用后 16d 内，不施用菌剂的 CON 中，巨大芽孢杆菌的基因拷贝数一直保持相对较低水平，为 $3.80 \times 10^2 \sim 1.03 \times 10^2$ CFU/g，与 CON 相比，施用菌剂显著提高了黄瓜根区土壤巨大芽孢杆菌基因拷贝数。从巨大芽孢杆菌基因拷贝数随时间的动态来看，菌剂施用后 1～2d，巨大芽孢杆菌基因拷贝数保持相对稳定，为 $5.85 \times 10^3 \sim 1.02 \times 10^4$ CFU/g。菌剂施用后 4～8d，根区土壤中巨大芽孢杆菌的数量迅速增加，并在第 8 天达到最高 3.28×10^4 CFU/g，之后呈现下降趋势，降幅为 33.2%～58.9%。说明巨大芽孢杆菌可以有效地在黄瓜根区土壤中定殖。

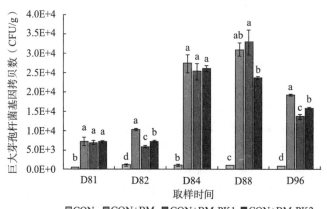

图 5-7 不同处理土壤巨大芽孢杆菌的基因拷贝数

（二）巨大芽孢杆菌对黄瓜产量和品质的影响

从图 5-8 中可以看出，连续两年试验中，CON＋BM 处理黄瓜产量均为最高，第一年、第二年产量分别达到了 295t/hm²、266t/hm²。与对照相比，分别增产 15.2%和 11.8%；在第一年试验中，CON＋BM-PK2 处理黄瓜产量为 262t/hm²，相比 CON＋BM 处理黄瓜产量显著降低了 11.2%，而在第二年试验中对化肥钾施用量进行调整后，该处理黄瓜产量未显著降低。这说明了施用巨大芽孢杆菌菌剂可促进减施 10%～20%化肥磷和 5%～10%化肥钾投入，而不降低黄瓜产量，进而达到微生物菌剂促进化肥减施增效的目的。在连续两季试验中，虽然黄瓜品质 CON＋BM 处理与对照之间差异不显著，但是

CON＋BM 处理黄瓜品质表现较好（表 5 - 23）。与对照相比，CON＋BM-PK1 和 CON＋BM-PK2 处理均未显著降低黄瓜品质。

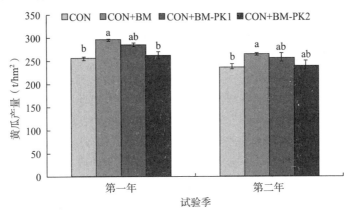

图 5 - 8 不同处理对黄瓜产量的影响

表 5 - 23 不同处理对黄瓜品质的影响

处理	第一年			第二年		
	维生素 C 含量 （mg/kg）	可溶性蛋白含量 （mg/g）	可溶性糖含量 （％）	维生素 C 含量 （mg/kg）	可溶性蛋白含量 （mg/g）	可溶性糖含量 （％）
CON	121±4.33a	1.44±0.05a	1.95±0.11a	117±2.57a	1.31±0.05a	2.08±0.13a
CON＋BM	129±2.62a	1.50±0.05a	1.97±0.10a	126±1.31a	1.40±0.05a	2.11±0.12a
CON＋BM-PK1	124±6.10a	1.45±0.05a	1.95±0.05a	121±5.02a	1.32±0.04a	2.08±0.06a
CON＋BM-PK2	123±2.67a	1.46±0.05a	1.95±0.03a	119±5.02a	1.35±0.07a	2.10±0.01a

（三）巨大芽孢杆菌对黄瓜植株干重的影响

通过黄瓜植株干重的测定分析（表 5 - 24）。结果表明，与对照相比，CON＋BM 处理显著提高黄瓜果实、根系的干重，增幅分别为 16.2％、13.0％和 21.4％、16.1％，同时第一年试验中 CON＋BM 处理还显著提高了黄瓜茎叶的干重，增幅为 10.86％。在第一年试验中，与 CON＋BM 处理相比，CON＋BM-PK1 处理并未显著降低黄瓜植株果实、茎叶以及根系的干重，而 CON＋BM-PK2 处理显著降低了黄瓜果实和根系干重 12.1％和 7.98％。在第二年试验中对化肥钾的施用量进行调整后，CON＋BM-PK1 和 CON＋BM-PK2 处理均未显著降低黄瓜植株不同组织的干重。

表 5 - 24 不同处理对黄瓜植株干重的影响

处理	第一年			第二年		
	果实 （t/hm²）	茎叶 （kg/hm²）	根系 （kg/hm²）	果实 （t/hm²）	茎叶 （kg/hm²）	根系 （kg/hm²）
CON	13.5±0.25c	7967±56.9b	610±9.06b	11.2±0.26c	6814±364a	639±13.5b
CON＋BM	15.7±0.12a	8832±82.3a	689±9.30a	13.6±0.87a	7232±563a	742±22.8a
CON＋BM-PK1	15.5±0.37ab	8892±230a	647±13.7ab	13.0±0.41ab	6887±605a	679±30.6ab
CON＋BM-PK2	13.8±0.65bc	8278±235ab	634±10.6b	11.8±0.54bc	7630±164a	700±12.6ab

（四）巨大芽孢杆菌对连作设施黄瓜土壤磷钾有效性的影响

在连续两年试验中，黄瓜收获后 CON＋BM 处理与对照之间土壤 pH、AP、AK、TP、TK 差异不显著。然而，与 CON＋BM 相比，CON＋BM-PK1 和 CON＋BM-PK2 处理并未显著降低土壤中磷钾的养分含量。说明施用巨大芽孢杆菌可以提高土壤中磷钾养分的有效性（表 5-25）。植物体内营养元素的含量或吸收量可以代表土壤中该养分的植物有效性，分析了黄瓜果实、茎叶、根系以及整株黄瓜对磷、钾养分的吸收量（表 5-26）。与对照相比，CON＋BM 处理显著提高了黄瓜果实、根系以及整个植株中磷钾养分的吸收量；另外，与 CON＋BM 处理相比，CON＋BM-PK2 处理显著降低了黄瓜果实、根系中磷养分的吸收量，对钾的施用量进行调整后，第二年试验中，CON＋BM-PK2 处理并未显著降低黄瓜植株不同组织中磷养分，以及植株中钾养分的吸收量。综上所述，巨大芽孢杆菌菌剂的施用促进了黄瓜植株不同组织对磷、钾养分的吸收，提高了土壤中磷、钾养分的生物有效性。

表 5-25　不同处理对土壤磷钾养分以及 pH 的影响

试验年	处理	AP（mg/kg）	AK（mg/kg）	TP（g/kg）	TK（g/kg）	pH
第一年	CON	454±15.3a	903±65.2a	3.71±0.08a	18.7±0.35a	7.36±0.08a
	CON＋BM	453±21.4a	919±25.8a	3.37±0.11a	19.3±0.35a	7.46±0.08a
	CON＋BM-PK1	453±11.6a	953±28.6a	3.46±0.15a	19.0±0.55a	7.35±0.13a
	CON＋BM-PK2	465±29.3a	956±46.3a	3.30±0.34a	18.5±0.20a	7.55±0.01a
第二年	CON	492±15.4a	902±11.3b	4.22±0.06a	19.8±0.35a	7.22±0.08b
	CON＋BM	542±118.8a	937±5.11b	4.18±0.08a	20.4±0.17a	7.46±0.06ab
	CON＋BM-PK1	571±7.2a	993±8.42a	4.06±0.13a	20.0±0.47a	7.52±0.05a
	CON＋BM-PK2	523±34.5a	935±16.5b	4.11±0.18a	20.0±0.19a	7.44±0.03ab

注：AP 表示有效磷；TP 表示全磷；AK 表示有效钾；TK 表示全钾。下同。

表 5-26　不同处理对黄瓜植株磷钾养分吸收量的影响

试验年	处理	养分吸收	果实	茎叶	根系	全植株
第一年	CON	P（kg/hm²）	88.0±5.37b	120±6.14a	8.90±0.04c	217±4.89b
	CON＋BM		112±4.20a	136±6.28a	13.0±0.26a	262±10.7a
	CON＋BM-PK1		102±2.65ab	137±1.18a	11.7±0.63ab	251±2.29ab
	CON＋BM-PK2		92.9±3.13b	124±9.43a	10.6±0.76bc	227±10.8ab
	CON	K（kg/hm²）	568±11.1b	458±11.4a	18.2±0.69b	1 044±22.7b
	CON＋BM		678±1.61a	544±11.0a	26.4±0.38a	1 248±10.7a
	CON＋BM-PK1		662±1.90a	528±17.6a	24.8±1.21a	1 215±15.9a
	CON＋BM-PK2		575±25.6b	500±34.5a	23.6±1.07a	1 098±32.3b

（续）

试验年	处理	养分吸收	果实	茎叶	根系	全植株
第二年	CON	P（kg/hm²）	98.3±4.21a	104±8.22a	6.01±0.02b	209±12.1a
	CON+BM		119±3.54a	109±12.1a	7.82±0.27a	237±10.4a
	CON+BM-PK1		117±5.00a	109±14.1a	7.07±0.26a	233±15.2a
	CON+BM-PK2		103±6.12a	119±5.70a	7.44±0.16a	229±10.0a
	CON	K（kg/hm²）	489±15.1b	291±24.9a	15.7±0.40b	796±19.0a
	CON+BM		604±2.72a	332±34.5a	18.5±0.39a	954±37.4a
	CON+BM-PK1		552±17.6ab	291±72.0a	16.8±0.82ab	859±78.0a
	CON+BM-PK2		511±28.8b	337±21.2a	18.1±0.52ab	866±43.8a

（五）巨大芽孢杆菌对连作设施黄瓜土壤微生物群落多样性的影响

常规施肥基础上施用微生物菌剂，在第20d、第40d、第60d、第80d、第100d、第120d、第246d取样，分别记作D20、D40、D60、D80、D100、D120、D246。其中，在D20、D40、D120以及D246时CON+BM处理显著提高了土壤细菌群落ACE指数，增幅为6.10%～14.12%，但是对Shannon指数无显著影响（表5-27）。在真菌群落中，每一次施用菌剂后40d内CON+BM处理均可显著提高土壤ACE指数，增幅为9.61%～39.3%。

设施黄瓜土壤施用巨大芽孢杆菌菌剂既可以提高土壤中磷钾养分含量，也可以提高土壤微生物群落多样性指数，那么土壤中磷钾养分含量与微生物群落多样性之间是否存在相关关系，需要进一步验证，因此对土壤细菌和真菌群落多样性指数与土壤化学性质进行Spearman相关性分析。结果表示，土壤细菌群落Shannon和ACE指数均与土壤pH呈现显著正相关关系，与土壤AK、TP和TK呈现显著负相关关系，而土壤AP只与Shannon指数呈显著负相关关系，ACE指数不受土壤有效磷水平的影响（表5-28）。这说明设施黄瓜连续单作引起的土壤酸化和磷钾养分过剩会降低土壤细菌群落多样性；在土壤真菌群落中，除ACE指数与土壤pH呈现显著正相关关系外，土壤真菌群落多样性指数与土壤化学性质之间不存在显著相关关系。说明土壤酸化同样也会引起土壤真菌群落丰富度的降低，也说明pH是影响土壤微生物群落多样性的敏感环境因素。

表5-27 巨大芽孢杆菌对土壤细菌、真菌群落多样性的影响

取样时间	处理	细菌		真菌	
		Shannon	ACE	Shannon	ACE
D20	CON	5.56±0.13	1 806±84.6	2.05±0.08	94.5±8.83
	CON+BM	5.87±0.11	2 061±27.4*	1.99±0.08	106±5.93*
D40	CON	6.02±0.07	2 049±44.6	1.97±0.07	86.8±5.07
	CON+BM	6.03±0.05	2 174±6.82*	2.19±0.03*	106±4.35*
D60	CON	5.87±0.04	2 190±66.8	1.85±0.14	83.4±1.45
	CON+BM	5.94±0.02	2 156±90.7	1.70±0.24	81.5±0.79

（续）

取样时间	处理	细菌		真菌	
		Shannon	ACE	Shannon	ACE
D80	CON	5.98±0.04	2 194±31.9	1.98±0.24	88.6±6.66
	CON+BM	6.05±0.07	2 292±46.8	2.14±0.07	106±14.1
D100	CON	6.03±0.02	2 230±4.62	1.90±0.08	87.6±3.21
	CON+BM	6.11±0.05	2 331±40.4	2.20±0.11	106±5.36*
D120	CON	6.07±0.02	2 205±37.5	1.88±0.07	78.9±8.3
	CON+BM	6.11±0.03	2 358±23.4*	1.92±0.06	110±6.86*
D246	CON	6.04±0.02	2 227±24.8	2.06±0.07	93.1±3.09
	CON+BM	6.15±0.11	2 383±49.0*	1.93±0.03	113±5.16*

表 5-28　土壤细菌、真菌群落多样性指数与土壤性质的相关性分析

土壤性质	细菌		真菌	
	Shannon	ACE	Shannon	ACE
pH	0.51**	0.43**	0.15	0.44**
AP	−0.38*	−0.17	−0.06	0.03
AK	−0.62**	−0.54**	0.19	−0.23
TP	−0.42**	−0.53**	0.30	−0.17
TK	−0.57**	−0.40**	0.07	−0.19

（六）巨大芽孢杆菌对连作设施黄瓜土壤微生物群落组成的影响

从图 5-9 可看出，在土壤细菌群落中，主要的优势菌门（相对丰度＞1%）为：变形菌门（Proteobacteria）（20.8%～29.3%）、厚壁菌门（Firmicutes）（13.4%～23.5%）、放线菌门（Actinobacteria）（9.88%～19.5%）、酸杆菌门（Acidobacteria）（6.86%～17.9%），相对丰度占整个细菌群落的 67.0% 以上，其次为绿湾菌门（Chloroflexi）（6.52%～8.68%）、浮霉菌门（Planctomycetes）（3.85%～7.42%）、拟杆菌门（Bacteroidetes）（2.51%～9.70%）、芽单胞菌门（Gemmatimonadetes）（3.40%～4.33%）以及硝化螺旋菌门（Nitrospirae）（0.50%～2.64%）（图 5-9a）。从整个生长期来看，土壤 Actinobacteria 和 Bacteroidetes 的相对丰度呈逐渐下降趋势，Acidobacteria 的相对丰度呈逐渐增加趋势。土壤细菌群落组成中，CON+BM 处理主要的优势菌门的相对丰度与对照相比差异不显著。然而，施用巨大芽孢杆菌菌剂却改变了土壤细菌群落中一些有益菌属的相对丰度（图 5-10）。施用菌剂后 40d 内（D20，D40，D100 以及 D120）CON+BM 处理显著增加了厚壁菌门中的芽孢杆菌属（Bacillus）（5.76%～12.6%）的相对丰度，增幅为 25.4%～51.7%。相似的，施用菌剂后 40d 内，CON+BM 处理显著增加了放线菌门中具有促生和拮抗功能的类诺卡氏属（Nocardioides）（1.17%～2.60%）和链霉菌属（Streptomyces）（0.58%～2.42%）的相对丰度，增幅分别为 35.2%～75.2%和 51.9%～110%。另外，施用巨大芽孢杆菌菌剂也降低了拟杆菌门中 Chryseolinea 的相对丰度，降幅为 26.7%～

64.3%，以及变形菌门中致病菌黄单胞菌属（*Xanthomonas*）的相对丰度，降幅为 57.8%～67.0%。说明巨大芽孢杆菌菌剂施用后可以促进土壤中具有促生和拮抗病原菌功能的有益微生物生长，同时能抑制有害微生物生长。

在真菌群落中，主要的优势菌门为子囊菌门（Ascomycota）（94.9%～98.5%），其相对丰度占整个真菌群落的 94.0% 以上，其次为壶菌门（Chytridiomycota）（0.06%～0.54%）和担子菌门（Basidiomycota）（0.01%～0.68%）（图 5-9b）。施用菌剂并未显著影响土壤真菌群落中主要优势菌门的相对丰度。然而，施用菌剂却改变了主要优势菌目（相对丰度＞1%）的相对丰度，这些菌目均属于子囊菌门（图 5-11）。菌剂施用后 40d 内，CON＋BM 处理显著增加了具有拮抗功能的粪壳菌目（Sordariales）（44.0%～60.9%）和肉座菌目（Hypocreales）（3.79%～9.00%）的相对丰度，增幅分别 13.2%～30.5% 和 29.3%～67.9%。同时，在 D20、D246 时，CON＋BM 处理显著降低了中囊菌目（Microascales）（1.83%～8.32%）的相对丰度，降幅为 35.9%～53.4%。

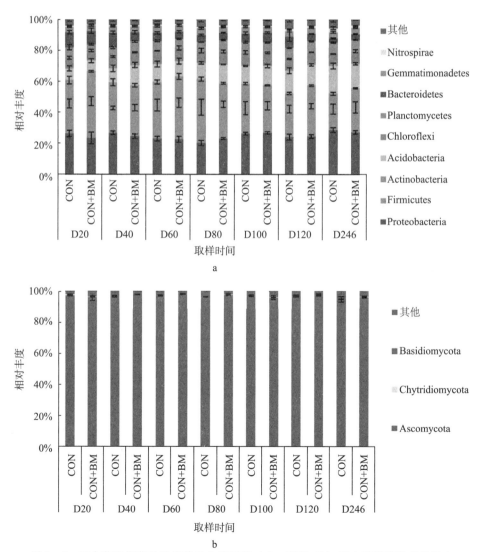

图 5-9　巨大芽孢杆菌对设施黄瓜土壤细菌（a）、真菌（b）门水平群落组成的影响

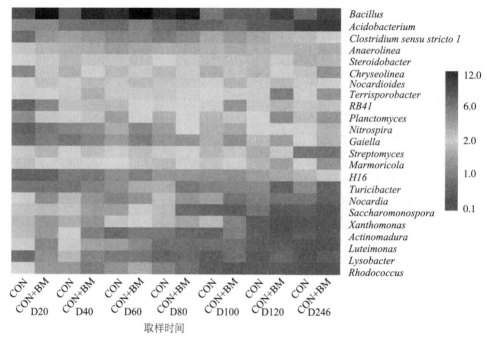

图 5-10 巨大芽孢杆菌对设施黄瓜土壤细菌属水平群落组成的影响

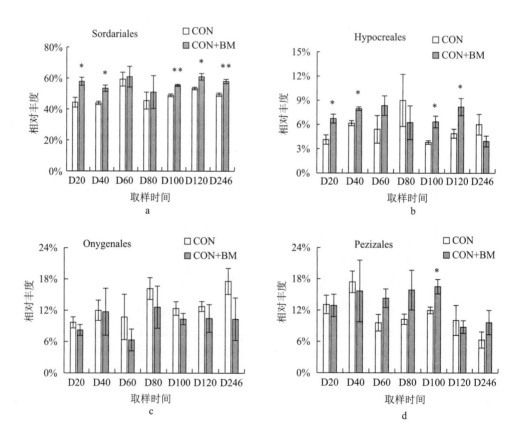

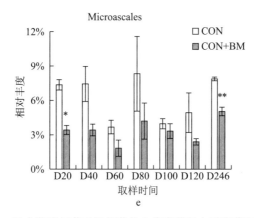

图 5-11 巨大芽孢杆菌对设施黄瓜土壤真菌目水平群落组成的影响

（七）连作设施黄瓜土壤微生物变化的影响因子

已证明施用巨大芽孢杆菌菌剂会改变土壤微生物群落结构，那么这些变化是否与土壤化学性质有关需要进一步验证。另外，巨大芽孢杆菌既是产酸菌，又是溶磷解钾菌，因此选用土壤 pH、AP、AK、TP、TK 作为环境因子，采用冗余分析（RDA）研究设施黄瓜土壤微生物群落与土壤性质之间的关系。在细菌群落中，所选取的土壤环境因子解释了土壤整个细菌群落变化的 37.5%：分别为 34.5%（RDA1）和 3.04%（RDA2）（图 5-12a）。此外，除土壤 AP 外，所选取的土壤环境因子均显著影响了土壤细菌群落，影响系数分别为 pH：0.445，AK：0.366，TP：0.516，TK：0.388（表 5-29）；在真菌群落中，所选取的土壤环境因子解释了土壤整个真菌群落变化的 37.7%，即 36.2%（RDA1）和 1.5%（RDA2）。除土壤 AP 外，所选取的土壤环境因子均显著影响了土壤真菌群落，其中土壤 AK 和 TK 是最主要的影响因子，影响系数分别为 0.233 和 0.254（表 5-29）。这说明设施黄瓜土壤微生物整个细菌和真菌群落的变化，与土壤中磷钾养分过剩有关。进而，施用巨大芽孢杆菌菌剂对土壤磷钾生物有效性的改善也会调控土壤微生物群落。

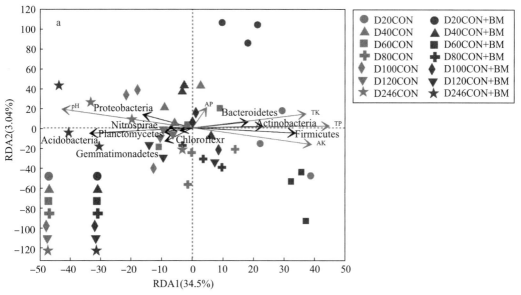

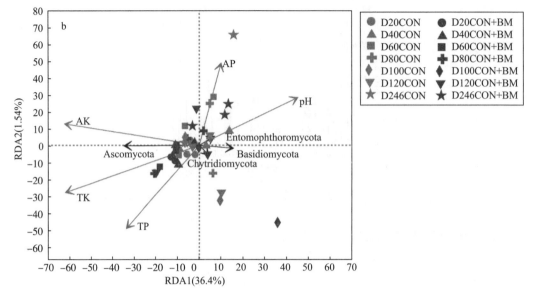

图 5-12　土壤细菌（a）和真菌（b）群落与土壤环境因子之间关系的 RDA 分析

表 5-29　土壤环境因子对土壤细菌和真菌整个群落的影响系数

菌群	pH	AP	AK	TP	TK
细菌	0.445**	0.028	0.366**	0.516**	0.388**
真菌	0.147*	0.094	0.233**	0.157*	0.254**

二、新建棚室黄瓜施用巨大芽孢杆菌菌剂的作用效果

本研究连续开展两年试验研究，第一年试验主要探究巨大芽孢杆菌菌剂的施用量对黄瓜生长、土壤磷钾养分生物有效性以及巨大芽孢杆菌在土壤中的定殖情况，试验处理菌剂用量为：$0L/hm^2$、$37.5L/hm^2$、$75L/hm^2$、$150L/hm^2$、$300L/hm^2$，分别记作 CK、37.5BM、75BM、150BM、300BM，在黄瓜定植时灌根施用。常规施肥基施有机肥为干鸡粪 $42.5t/hm^2$［含氮（N）22g/kg、磷（P_2O_5）17g/kg、钾（K_2O）30g/kg］，氮（N）、磷（P_2O_5）、钾（K_2O）肥施用量为 $309kg/hm^2$、$149kg/hm^2$、$234kg/hm^2$。第一年试验结果发现定植时期施用巨大芽孢杆菌菌剂 $75L/hm^2$ 可提高黄瓜产量、活化土壤固定态磷钾和改善土壤有益微生物活性。在此基础上，开展第二年田间小区试验，探索巨大芽孢杆菌菌剂施用时期对黄瓜生长及土壤细菌群落特征的影响，试验处理：CK（不施用菌剂），BM1（黄瓜定植时施用），BM2（黄瓜盛瓜期之前施用），BM1+BM2（黄瓜定植时期+盛瓜期之前施用）。菌剂施用量为 $75L/hm^2$。第二年试验常规施氮（N）、磷（P_2O_5）、钾（K_2O）肥施用量为 $350kg/hm^2$、$197kg/hm^2$、$254kg/hm^2$，有机肥的施用量和施用方法与第一年一致。两年田间小区试验，每个处理均设置 3 次重复，小区面积为 $14.4m×1.4m=20.2m^2$，所有小区按随机排列分布，试验日常田间管理按照当地常规管理模式进行。

（一）施用巨大芽孢杆菌在土壤中的定殖能力

如图 5-13 所示，巨大芽孢杆菌菌剂施用后 16d 内，不施用菌剂的对照中，巨大芽孢杆菌的基因拷贝数一直保持相对较低水平，为 $5.35\times10^3\sim2.08\times10^4$ CFU/g。与对照相比，不同菌剂施用量处理均显著提高了黄瓜根区土壤巨大芽孢杆菌的基因拷贝数。从巨大芽孢杆菌基因拷贝数随时间的动态来看，菌剂施用后 1d（D1），75BM 处理巨大芽孢杆菌基因拷贝数达到最高为 9.38×10^4 CFU/g，说明菌剂施用后，巨大芽孢杆菌能迅速在土壤中定殖。随后，在施用菌剂后 2~8d（D2、D4、D8），巨大芽孢杆菌的基因拷贝数保持相对稳定，为 $1.33\times10^4\sim4.64\times10^4$ CFU/g，表明巨大芽孢杆菌在土壤中可以在一段时间内保持动态平衡。在施用菌剂后第 16 天时（D16），其数量下降到 10^3 CFU/g 左右，相比 D1，降幅为 74.8%~92.9%。试验结果表明，巨大芽孢杆菌施用后可以迅速在黄瓜根区土壤固定并繁殖。

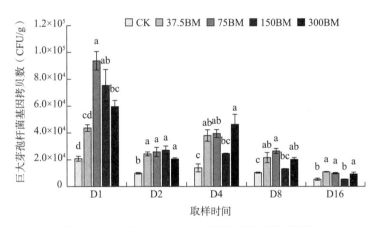

图 5-13　不同处理中巨大芽孢杆菌的基因拷贝数

（二）巨大芽孢杆菌对黄瓜产量和品质的影响

如图 5-14 所示，在第一年试验中，施用巨大芽孢杆菌 75L/hm²、150L/hm² 和 300L/hm² 处理黄瓜产量最高，分别达到了 142t/hm²、141t/hm² 和 142t/hm²，分别比对照显著增加了 6.71%、6.18% 和 6.71%。施用菌剂 37.5L/hm² 处理与对照之间黄瓜产量差异不显著。在第二年试验中，黄瓜定植时期施用菌剂处理黄瓜产量为 137t/hm²，相比对照显著提高了黄瓜产量 9.28%。黄瓜盛瓜期之前施用菌剂处理、定植时期+盛瓜期前施用菌剂处理与对照之间黄瓜产量差异不显著。综上所述，黄瓜定植时期施用巨大芽孢杆菌菌剂 75L/hm² 对于提高黄瓜产量效果最好。

在黄瓜品质方面，与对照相比，300BM 处理显著提高了黄瓜维生素 C 和可溶性蛋白质含量，增幅分别为 13.3% 和 19.2%，75BM 和 150BM 处理提高了黄瓜维生素 C 含量，增幅分别为 1.79% 和 8.04%（表 5-30）。不同施用量处理之间黄瓜可溶性糖含量差异不显著。在第二年试验中，与 CK 相比，BM1 处理显著提高了黄瓜可溶性蛋白质含量 13.5%。另外，与 BM1+BM2 处理相比，BM1 处理分别显著提高了黄瓜可溶性蛋白质含量以及可溶性糖含量，增幅分别为 15.4% 和 15.7%。BM1 处理相比 BM2 处理还显著提高了黄瓜可溶性糖含量，增幅为 15.1%。综上所述，黄瓜定植时期施用 75L/hm² 巨大芽孢杆菌菌剂对于改善黄瓜品质效果最好。

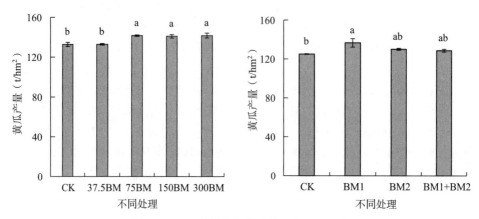

图 5 – 14　巨大芽孢杆菌对黄瓜产量的影响

表 5 – 30　巨大芽孢杆菌对黄瓜品质的影响

试验季	处理	维生素 C 含量（mg/kg）	可溶性蛋白质含量（mg/g）	可溶性糖含量（%）
第一年	CK	112±4.72b	1.25±0.04b	1.77±0.03a
	37.5BM	105±4.68ab	1.31±0.03b	1.81±0.06a
	75BM	114±6.81ab	1.46±0.05a	1.94±0.05a
	150BM	121±3.43ab	1.43±0.04a	1.98±0.11a
	300BM	127±3.88a	1.49±0.01a	2.01±0.12a
第二年	CK	109±8.87a	1.19±0.03b	1.68±0.05ab
	BM1	128±9.86a	1.35±0.03a	1.84±0.06a
	BM2	120±5.22a	1.28±0.05ab	1.83±0.05a
	BM1+BM2	106±5.91a	1.17±0.05b	1.59±0.03b

（三）巨大芽孢杆菌对黄瓜植株干重的影响

除了黄瓜产量（鲜重）以外，黄瓜果实以及不同组织的干重也能反映黄瓜的生长状况，因此分析了黄瓜不同组织的干重（表 5 – 31）。在第一年试验中，与 CK 相比，75BM 和 300BM 处理显著提高了黄瓜果实 CFU 茎叶以及根系的干重，增幅分别为 8.66%、4.75%、16.1% 和 7.50%、5.18%、12.93%，同时，150BM 处理显著提高了黄瓜果实的干重，增幅为 5.54%。与 37.5BM 处理相比，75BM 和 300BM 处理显著提高了黄瓜果实以及茎叶的干重，增幅分别为 6.86%、5.04% 和 5.54%、5.47%。37.5BM 处理与 CK 之间黄瓜植株不同组织的干重差异不显著。75BM、150BM 和 300BM 处理之间黄瓜植株不同组织的干重差异也不显著。在第二年试验中，BM1 处理显著提高了黄瓜果实、根系以及茎叶的干重，增幅分别为 40.3%、4.86% 以及 5.03%。同时，BM2 和 BM1＋BM2 处理显著提高了黄瓜果实的干重，增幅分别为 21.9% 和 23.9%。另外，BM1 处理相比 BM2 和 BM1＋BM2 处理显著提高了黄瓜果实的干重，增幅分别为 15.1% 和 13.3%。综上所述，黄瓜定植时期施用 75L/hm² 巨大芽孢杆菌菌剂对于提高黄瓜植株不同组织干重效果最好。

表 5-31 巨大芽孢杆菌对黄瓜植株干重的影响

试验季	处理	果实	茎叶	根系
第一年	CK	5 759±85.6c	5 853±34.7b	317±5.74b
	37.5BM	5 866±55.8bc	5 837±35.4b	338±1.65ab
	75BM	6 258±37.3a	6 131±78.3a	368±16.4a
	150BM	6 078±35.8ab	6 058±30.2ab	348±6.52ab
	300BM	6 191±23.9a	6 156±80.7a	358±6.33a
第二年	CK	4 380±15.0c	5 119±38.4b	517±3.30b
	BM1	6 146±197a	5 368±36.7a	543±7.54a
	BM2	5 341±42.4b	5 231±21.4ab	520±4.36ab
	BM1+BM2	5 425±57.1b	5 189±93.1ab	522±6.13ab

(四)巨大芽孢杆菌对新建设施黄瓜土壤磷钾有效性的影响

第一年试验中，巨大芽孢杆菌菌剂施用后 2～8d（D2、D4、D8），75BM 和 300BM 处理显著提高了土壤 AP 含量，增幅分别为 11.9%～21.0% 和 15.3%～26.8%（表 5-32）。相似的，菌剂施用后 8～16d（D8、D16），75BM、150BM 和 300BM 显著提高了土壤 AK 含量，增幅分别为 16.1%～47.2%、11.3%～20.4% 和 19.2%～19.5%。此外，与 CK 相比，75BM 分别显著提高了黄瓜收获后（D134）土壤 AP 和 AK 含量，增幅分别为 22.4% 和 23.2%，150BM 和 300BM 处理显著提高了黄瓜收获后（D134）土壤 AP 含量，增幅分别为 19.8% 和 20.6%。在不同施用量处理之间，与 37.5BM 相比，菌剂施用后第 4d（D4），75BM、150BM 和 300BM 显著提高了土壤 AP 含量，增幅分别为 13.8%、7.8% 和 19.2%。菌剂施用后第 8 天（D8），与 37.5BM 相比，75BM、150BM 和 300BM 显著提高了土壤 AK 含量，增幅分别为 17.6%、12.6% 和 20.5%，第 16d 时（D16），75BM 处理显著提高了土壤 AK 含量 26.9%。巨大芽孢杆菌菌剂不同施用量处理与对照之间，土壤 pH、TP 和 TK 差异不显著。在第二年试验中，巨大芽孢杆菌菌剂不同施用时期处理与对照之间土壤 pH、AP、AK、TP 及 TK 差异不显著（表 5-33）。综上所述，在种植 2 年黄瓜的新棚中施用巨大芽孢杆菌菌剂可以显著提高土壤中有效磷钾养分含量。

表 5-32 第一年试验中巨大芽孢杆菌对不同时期土壤化学性质的影响

取样时间	处理	pH	AP（mg/kg）	TP（mg/kg）	AK（mg/kg）	TK（mg/kg）
D1	CK	8.01±0.10a	186±2.62a	1.50±0.07a	440±18.6a	19.5±0.31a
	37.5BM	8.13±0.06a	188±11.9a	1.62±0.04a	443±17.9a	20.1±0.10a
	75BM	7.88±0.04a	187±2.78a	1.60±0.02a	467±4.59a	19.4±0.42a
	150BM	8.01±0.03a	183±4.78a	1.54±0.06a	466±11.6a	19.7±0.30a
	300BM	7.89±0.04a	192±8.06a	1.7±0.02a	462±28.0a	20.1±0.17a

（续）

取样时间	处理	pH	AP (mg/kg)	TP (mg/kg)	AK (mg/kg)	TK (mg/kg)
D2	CK	7.92±0.08ab	176±3.44b	1.56±0.04a	448±20.0a	19.8±0.35a
	37.5BM	8.17±0.10a	192.4±3.51ab	1.56±0.02a	414±2.39a	19.5±0.36a
	75BM	7.80±0.03b	197±6.47a	1.50±0.04a	456±15.4a	19.0±0.17a
	150BM	7.99±0.03ab	194±3.92ab	1.51±0.06a	456±30.1a	19.0±0.24a
	300BM	7.87±0.01b	203±3.76a	1.52±0.03a	483±20.5a	19.0±0.51a
D4	CK	7.97±0.03ab	157±3.11c	1.50±0.03a	401±5.42a	19.0±0.23a
	37.5BM	8.13±0.06a	167±1.23c	1.42±0.01a	401±19.5a	19.0±0.29a
	75BM	8.06±0.01a	190±2.59ab	1.47±0.03a	451±30.4a	18.6±0.28a
	150BM	8.05±0.04a	180±1.35b	1.48±0.03a	408±11.3a	19.0±0.12a
	300BM	7.81±0.01b	199±2.40a	1.43±0.01a	429±5.89a	18.8±0.16a
D8	CK	7.81±0.04a	167±11.6b	1.43±0.03a	428±5.08b	18.7±0.21a
	37.5BM	7.78±0.03a	192±1.98ab	1.49±0.06a	423±6.69b	19.1±0.08a
	75BM	7.87±0.02a	197±2.83a	1.39±0.02a	497±9.80a	18.9±0.20a
	150BM	7.90±0.03a	184±4.06ab	1.37±0.04a	476±9.47a	19.1±0.10a
	300BM	7.91±0.03a	203±3.95a	1.40±0.02a	510±15.8a	19.2±0.58a
D16	CK	8.00±0.04a	154±2.69a	1.39±0.01a	339±18.3c	19.0±0.24a
	37.5BM	8.14±0.01a	154±1.49a	1.41±0.04a	393±7.48bc	18.9±0.14a
	75BM	7.92±0.08a	167±1.02a	1.34±0.01a	499±6.05a	18.9±0.57a
	150BM	8.04±0.05a	159±8.40a	1.34±0.03a	408±15.2b	18.9±0.69a
	300BM	7.97±0.01a	168±0.49a	1.32±0.02a	405±5.85b	18.9±0.34a
D134	CK	8.01±0.06a	116±5.17b	1.50±0.06ab	233±4.51b	19.8±0.12ab
	37.5BM	7.94±0.04a	128±1.03ab	1.58±0.05a	276±14.8a	20.0±0.28a
	75BM	7.90±0.06a	142±5.66a	1.23±0.05b	287±10.7a	20.0±0.13a
	150BM	8.09±0.03a	139±2.50a	1.39±0.12ab	247±3.73ab	18.9±0.25b
	300BM	7.92±0.05a	140±6.93a	1.47±0.07ab	263±3.82ab	20.2±0.28a

表 5-33　第二年试验中巨大芽孢杆菌对不同时期土壤化学性质的影响

取样时间	处理	pH	AP (mg/kg)	TP (mg/kg)	AK (mg/kg)	TK (mg/kg)
D20	CK	7.43±0.07a	197±13.3a	1.57±0.02a	549±19.5a	20.2±0.06a
	BM1	7.41±0.02a	186±7.7a	1.55±0.03a	566±9.84a	19.9±0.11a
	BM2	7.41±0.03a	198±10.5a	1.59±0.05a	575±12.7a	19.7±0.35a
	BM1+BM2	7.49±0.03a	163±8.17a	1.62±0.01a	523±27.4a	20.0±0.12a
D40	CK	7.61±0.03a	208±6.58a	1.55±0.03a	574±32.7a	19.7±0.30a
	BM1	7.59±0.03a	228±14.9a	1.55±0.02a	560±12.5a	19.9±0.19a
	BM2	7.44±0.05a	217±9.63a	1.58±0.01a	560±10.7a	20.0±0.17a
	BM1+BM2	7.47±0.02a	213±6.51a	1.59±0.02a	599±8.12a	20.0±0.28a

（续）

取样时间	处理	pH	AP （mg/kg）	TP （mg/kg）	AK （mg/kg）	TK （mg/kg）
D60	CK	7.78±0.02a	205±6.22a	1.55±0.01a	508±25.0a	19.4±0.41a
	BM1	7.70±0.01a	240±14.3a	1.54±0.02a	545±21.6a	19.5±0.29a
	BM2	7.75±0.02a	219±12.4a	1.54±0.02a	510±26.1a	19.2±0.28a
	BM1+BM2	7.66±0.02a	239±13.7a	1.54±0.02a	557±31.3a	19.2±0.20a
D80	CK	7.65±0.07a	214±5.58a	1.53±0.01a	494±21.0a	19.3±0.27a
	BM1	7.73±0.09a	238±6.76a	1.50±0.01a	496±11.6a	19.2±0.20a
	BM2	7.56±0.05a	205±13.3a	1.49±0.01a	442±9.66a	19.2±0.18a
	BM1+BM2	7.61±0.05a	199±8.49a	1.50±0.01a	485±15.1a	19.1±0.12a
D118	CK	7.77±0.04a	185±3.67a	1.45±0.11a	480±24.4a	19.1±0.85a
	BM1	7.75±0.03a	198±15.4a	1.41±0.03a	501±29.7a	19.9±0.63a
	BM2	7.79±0.03a	210±6.96a	1.44±0.05a	474±9.72a	19.2±0.23a
	BM1+BM2	7.68±0.01a	193±11.5a	1.45±0.03a	502±22.4a	19.1±0.28a

如表 5-34 所示，第一年试验中，与 CK 相比，75BM、150BM 和 300BM 显著提高了黄瓜根系中磷养分的吸收量，增幅分别为 56.1%、45.9% 和 29.1%，150BM 处理显著提高了黄瓜茎叶中磷养分的吸收量 53.7%，37.5BM 处理显著提高了黄瓜根系中磷养分的吸收量 40.3%。75BM、150BM 和 300BM 显著提高了黄瓜植株中磷养分的吸收量，增幅分别为 22.4%、32.0% 和 23.3%。此外，150BM 处理和 300BM 处理显著提高了黄瓜茎叶、根系中钾养分的吸收量，增幅分别为 29.0%、35.3% 和 26.7%、29.4%，75BM 处理显著提高了黄瓜根系中钾养分的吸收量 47.3%。150BM 处理和 300BM 处理提高了黄瓜植株中钾养分的吸收量，增幅分别为 22.4% 和 21.0%。在不同施用量处理中，与 37.5BM 处理相比，150BM 处理显著提高了黄瓜茎叶中磷养分的吸收量 30.7%，同时显著提高了黄瓜植株中磷养分的吸收量 22.2%；BM150 处理和 BM300 处理显著提高了黄瓜茎叶中钾养分的吸收量，增幅分别为 30.9% 和 28.5%，BM75 处理显著提高了黄瓜根系中钾养分的吸收量 25.0%。

表 5-34　巨大芽孢杆菌对黄瓜植株磷钾养分吸收量的影响

试验年	处理	养分吸收	果实	茎叶	根系	全植株
第一年	CK		33.7±1.27a	39.5±1.91b	1.96±0.10b	75.1±2.41c
	37.5BM		32.3±1.27a	46.0±4.97b	2.75±0.17a	81.1±5.50bc
	75BM	磷（kg/hm²）	38.0±1.70a	50.8±3.35ab	3.06±0.07a	91.9±1.73ab
	150BM		35.6±1.43a	60.7±5.17a	2.86±0.13a	99.1±6.31a
	300BM		37.9±1.63a	52.1±4.62ab	2.53±0.10a	92.6±2.94ab
	CK		252±6.74a	264±5.24b	6.79±0.07c	523±9.60b
	37.5BM		279±4.47a	261±14.3b	7.95±0.45bc	548±14.6ab
	75BM	钾（kg/hm²）	314±4.88a	294±11.3ab	10.0±0.70a	618±8.42ab
	150BM		290±21.2a	341±23.0a	9.15±0.12ab	640±40.5a
	300BM		289±20.2a	335±8.43a	8.78±0.04ab	633±21.0a

（续）

试验年	处理	养分吸收	果实	茎叶	根系	全植株
第二年	CK	磷（kg/hm²）	39.3±1.58b	71.3±1.05b	4.87±0.12b	115±2.37c
	BM1		58.4±3.08a	81.9±1.69a	5.98±0.24a	146±2.28a
	BM2		48.1±2.32ab	78.2±1.93ab	5.01±0.14b	131±4.17ab
	BM1+BM2		51.1±4.44ab	81.3±2.92a	5.17±0.06b	138±2.22b
	CK	钾（kg/hm²）	213±9.83c	301.9±6.3a	11.8±0.28b	526±13.3b
	BM1		301±2.15a	322.9±16.1a	13.9±0.27a	638±15.1a
	BM2		253±4.12bc	329.6±7.1a	12.5±0.22b	595±8.28a
	BM1+BM2		274±16.4ab	302.0±22.1a	12.9±0.37ab	589±6.39a

在第二年试验中，BM1 处理显著提高了黄瓜果实、茎叶以及根系中磷养分的吸收量，增幅分别为 48.6%、14.9%以及 22.5%，BM1＋BM2 处理显著提高了黄瓜茎叶中磷养分的吸收量 14.0%。BM1、BM2 及 BM1＋BM2 处理显著提高了黄瓜植株中磷养分的吸收量，增幅分别为 26.1%、13.9%以及 19.2%。此外，BM1 处理显著提高了黄瓜果实和根系中钾养分的吸收量，增幅分别为 41.8%和 17.8%，BM1＋BM2 处理显著提高了黄瓜果实中钾养分的吸收量 29.1%。BM1、BM2 以及 BM1＋BM2 处理显著提高了黄瓜植株中钾养分的吸收量，增幅分别为 21.3%、13.1%以及 12.0%。在不同施用时期处理中，BM1 处理分别比 BM2 处理和 BM1＋BM2 处理显著提高了黄瓜根系中磷养分的吸收量，增幅分别为 20.0%和 15.4%。BM1 处理相比 BM1＋BM2 处理显著提高了黄瓜植株中磷养分的吸收量 6.33%。此外，BM1 处理相比 BM2 处理显著提高了黄瓜茎叶，根系中钾养分的吸收量，增幅分别为 19.1%、11.2%。综上所述，在种植 2 年黄瓜的新棚中施用巨大芽孢杆菌菌剂可以显著提高黄瓜植株不同组织以及植株中磷钾养分的吸收量，且定植时期施用 75L/hm² 处理表现效果最好，提高了土壤磷钾养分的生物有效性。

Spearman 相关性分析研究了黄瓜产量与黄瓜植株不同组织中磷钾养分吸收量的关系（表 5－35）。结果表明，第一年试验中，黄瓜产量与黄瓜果实和植株中磷养分的吸收量呈现显著正相关关系，同时与黄瓜果实、茎叶、根系以及植株中钾养分的吸收量呈现显著正相关关系（P<0.05）。在第二年试验中，黄瓜产量与黄瓜果实，根系以及植株中磷钾养分的吸收量均呈现显著正相关关系（P<0.05）。由此可见，巨大芽孢杆菌菌剂施用后促进黄瓜产量提高与该菌剂促进黄瓜果实、根系以及植株中磷钾养分的吸收密切相关。

表 5－35　黄瓜产量与黄瓜植株磷钾养分吸收量的相关性分析

养分吸收	不同组织	产量（t/hm²）	
		第一年	第二年
磷	果实	0.73**	0.79**
	茎叶	0.51	0.42
	根系	0.51	0.62*
	整个植株	0.67**	0.71*

（续）

养分吸收	不同组织	产量（t/hm²）	
		第一年	第二年
钾	果实	0.69**	0.80**
	茎叶	0.69**	0.31
	根系	0.69**	0.62*
	整个植株	0.82**	0.78**

（五）巨大芽孢杆菌对新建设施黄瓜土壤细菌群落多样性的影响

已有结果显示，黄瓜定植时期施用巨大芽孢杆菌菌剂 75L/hm² 可以显著提高黄瓜产量以及土壤磷钾生物有效性。因此在第二年试验中，选择 BM1 处理与 CK 用于探究施用巨大芽孢杆菌菌剂对土壤微生物群落的影响。在所有样品中，共获得了 1 386 205 条高质量序列，每个样品的序列数为 36 658～54 771 条，平均长度为 396bp。研究发现，巨大芽孢杆菌菌剂施用后 60d 内（D20、D40、D60），BM1 处理显著提高了土壤细菌群落 ACE 指数，增幅分别为 5.66%～8.83%（图 5-15a）。然而，BM1 处理与 CK 之间土壤细菌群落 Shannon 指数差异不显著（图 5-15b）。说明巨大芽孢杆菌菌剂施用后一段时间内，可以提高新建设施黄瓜土壤细菌群落丰富度指数。进一步相关性分析表明，ACE 指数与土壤 pH 呈现显著正相关关系，与土壤 AK、TK 呈现显著负相关关系（表 5-36）。说明随着种植年限的延长，土壤酸化以及土壤中钾养分过剩可能会降低土壤细菌群落的丰富度。

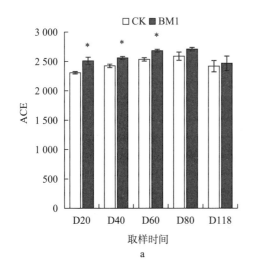
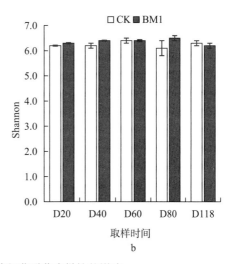

图 5-15　巨大芽孢杆菌对土壤细菌群落多样性的影响

表 5-36　土壤细菌群落多样性与土壤性质之间的相关关系

多样性指数	pH	AP	AK	TP	TK
Shannon	0.32	−0.11	−0.31	−0.08	−0.06
ACE	0.37*	−0.14	−0.43*	−0.24	−0.32

（六）巨大芽孢杆菌对新建设施黄瓜土壤细菌群落组成的影响

从图5-16中可以看出，在细菌群落中，主要的优势菌门为变形菌门（Proteobacteria）（31.3%～41.2%）、拟杆菌门（Bacteroidetes）（9.31%～17.9%）、放线菌门（Actinobacteria）（7.96%～14.3%）、酸杆菌门（Acidobacteria）（8.68%～17.7%），其相对丰度占整个细菌群落的67.0%以上，其次为厚壁菌门（Firmicutes）（3.62%～10.3%）、浮霉菌门（Planctomycetes）（4.25%～8.26%）、绿弯菌门（Chloroflexi）（3.55%～8.18%）以及芽单胞菌门（Gemmatimonadetes）（1.69%～3.46%）。从黄瓜整个生长期来看，Proteobacteria和Bacteroidetes的相对丰度呈逐渐降低的趋势，而酸杆菌门的相对丰度呈逐渐增加趋势。巨大芽孢杆菌菌剂施用后显著影响了土壤中主要优势菌门的相对丰度。与CK相比，菌剂后施用80d内（D20、D40、D60、D80）BM1处理显著提高了Firmicutes的相对丰度，增幅为34.7%～65.1%。相似的，除D40以外，BM1处理提高了黄瓜整个生长期内Actinobacteria的相对丰度，增幅为23.8%～45.3%。此外，在D20时，BM1处理使Bacteroidetes的相对丰度显著提高了18.0%。

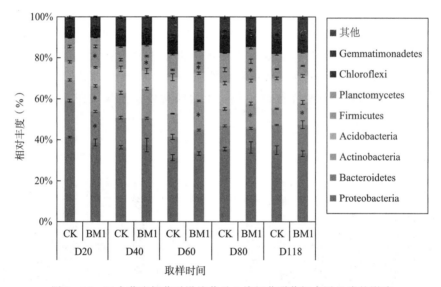

图5-16　巨大芽孢杆菌对设施黄瓜土壤细菌群落门水平组成的影响

巨大芽孢杆菌菌剂施用后也显著改变了土壤细菌群落中主要菌属的相对丰度（图5-17）。研究发现，菌剂施用后80d内（D20，D40，D60，D80）BM1处理显著提高土壤中厚壁菌门中芽孢杆菌属（Bacillus）（2.28%～5.28%）的相对丰度，增幅为35.2%～87.8%（$P < 0.05$），这可能是因为巨大芽孢杆菌施入土壤后定殖。相似的，BM1处理显著提高了变形菌门中具有拮抗功能的溶杆菌属（Lysobacter）（2.06%～4.63%）和具有促生功能的假单胞菌属（Pseudomonas）（0.48%～4.26%）的相对丰度，增幅分别为53.9%～115%和56.5%～255%（$P < 0.05$）。BM1处理显著提高了拟杆菌门中具有促生功能的黄杆菌属（Flavobacterium）（0.25%～2.68%）的相对丰度，增幅为47.7%～225%。相反的，在D60和D80时，BM1处理降低了酸杆菌门中的酸杆菌属（Acidobacterium）（5.90%～11.8%）的相对丰度，降幅为26.1%～30.6%。菌剂施用后80d

内 BM1 处理显著降低了变形菌门中致病菌黄单胞菌属（*Xanthomonas*）（0.94%～3.56%）的相对丰度，降幅为 32.4%～40.5%。说明巨大芽孢杆菌菌剂施用后可以促进土壤中具有促生和拮抗病原菌功能的有益微生物生长，同时能抑制有害微生物生长。

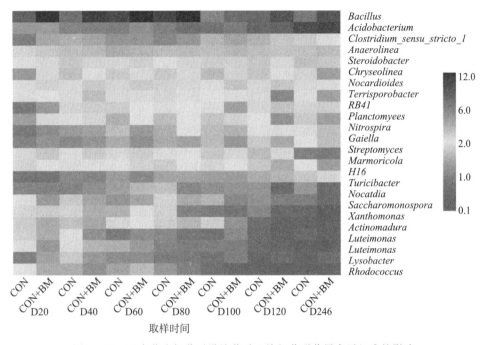

图 5-17　巨大芽孢杆菌对设施黄瓜土壤细菌群落属水平组成的影响

（七）巨大芽孢杆菌对新建设施黄瓜土壤细菌群落结构的影响

采用 PCoA 对土壤细菌群落结构进行了分析，从图 5-18 中可以看出，前两个主成分分别解释了整个细菌群落变化的 50.5%（PC1）、10.2%（PC2）（PERMANOVA：$R^2=0.716$，$P=0.001$）。从不同取样时间来看，土壤细菌群落沿着 PC1 轴分开，D20 土壤主要分布在 PC1 轴的右侧部分，D118 土壤主要分布在 PC1 轴的左侧部分，说明黄瓜不同生长时期土壤细菌群落结构不同。另外，在 D20 和 D80 时，BM1 处理土壤细菌群落与 CK 沿着 PC2 轴显著分开。由此可见，在种植 2 年设施黄瓜中，土壤细菌群落结构既受施用巨大芽孢杆菌菌剂的影响，也受到了黄瓜不同生长时期的影响，结合两个主坐标轴的解释度来看，土壤细菌群落结构受黄瓜不同生长期的影响要大于巨大芽孢杆菌菌剂的影响。

（八）新建设施黄瓜土壤微生物变化的影响因子

采用 RDA 分析了土壤细菌群落与土壤性质之间的相关关系。如图 5-19 所示，所选取的土壤环境因子（pH、AP、AK、TP、TK）解释了整个细菌群落变化的 47.6%：分别为 44.4%（RDA1）和 3.17%（RDA2）。在所有环境因子中，土壤 pH（$R^2=0.54$，$P=0.001$）和土壤 AK（$R^2=0.33$，$P=0.005$）是影响土壤细菌群落的两个主要因子。这说明设施黄瓜土壤整个细菌群落的变化与土壤中钾养分过剩以及土壤酸化有关。进而，施用巨大芽孢杆菌对土壤中钾养分生物有效性的改善也会调控土壤细菌群落。

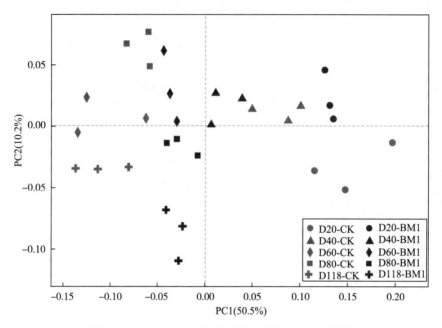

图 5-18　巨大芽孢杆菌对土壤细菌群落结构的影响

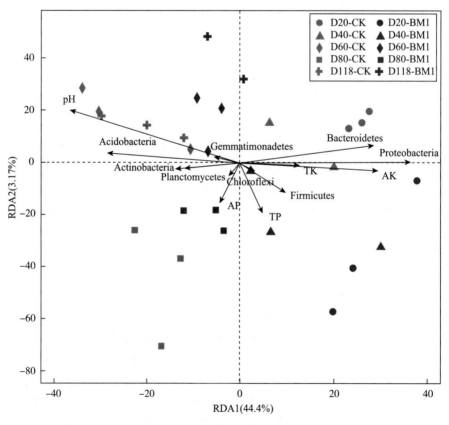

图 5-19　土壤细菌群落与土壤环境因子之间关系的 RDA 分析

进一步对土壤细菌群落组成与土壤性质进行 Spearman 相关性分析。结果表明，在门水平上，除了 Actinobacteria 以外，土壤细菌群落主要的优势菌门均与所选土壤环境因子呈显著相关关系（表 5-37）。Bacteroidetes 的相对丰度与土壤 AK 和 TK 呈显著正相关关系，与土壤 pH 呈显著负相关关系，而 Planctomycetes 和 Chloroflexi 正好相反。Acidobacteria 和 Gemmatimonadetes 的相对丰度与土壤 AK 呈显著负相关关系，与土壤 pH 呈显著正相关关系。Proteobacteria 和 Firmicutes 与土壤 pH 呈显著负相关关系。说明在土壤细菌群落主要的优势菌门中 Bacteroidetes，Planctomycetes 和 Chloroflexi 受土壤 pH 以及土壤中钾养分调控较强。在属水平上，有显著差异变化的细菌属均与所选的土壤环境因子存在显著相关关系（表 5-37）。Pseudomonas 的相对丰度与土壤 AK 呈显著正相关关系，与土壤 pH 呈显著负相关关系，而 Xanthomonas 和 Acidobacterium 正好相反。Lysobacter 与土壤 AP 呈显著负相关，Flavobacterium 与土壤 pH 呈显著负相关关系，与土壤 TK 呈显著正相关关系。Bacillus 与土壤 pH 呈显著负相关关系。土壤细菌群落中主要的优势菌门与菌属均与土壤 TP 不存在显著相关关系。综上所述，设施黄瓜土壤中有效磷钾养分过剩以及土壤酸化都会影响土壤细菌群落组成。

表 5-37　土壤性质与细菌群落组成之间的 Spearman 相关性分析

门组成	属组成	pH	AP	AK	TP	TK
Proteobacteria		−0.53**	−0.11	0.31	0.12	0.25
	Pseudomonas	−0.56**	−0.16	0.58**	0.27	0.30
	Lysobacter	−0.07	−0.43*	0.06	−0.27	0.02
	Xanthomonas	0.57**	0.16	−0.52**	−0.29	−0.39*
Bacteroidetes		−0.60**	−0.06	0.50**	0.18	0.44*
	Flavobacterium	−0.40*	−0.32	0.35	−0.04	0.54**
Actinobacteria		−0.08	0.00	0.34	0.12	0.04
Acidobacteria		0.73**	0.07	−0.45*	−0.17	−0.34
	Acidobacterium	0.59**	0.03	−0.53**	−0.19	−0.34
Firmicutes		−0.50**	−0.22	0.26	0.10	−0.08
	Bacillus	−0.41*	−0.24	0.25	0.08	−0.14
Planctomycetes		0.55**	0.10	−0.63**	−0.22	−0.43*
Chloroflexi		0.49**	0.25	−0.45*	−0.09	−0.38*
Gemmatimonadetes		0.58**	0.07	−0.42*	−0.15	−0.29

三、主要研究进展

1. 明确了连作 15 年设施黄瓜土壤施用巨大芽孢杆菌菌剂对黄瓜生长及土壤微生物群落的作用效应

试验结果表明，与常规施肥相比，配施菌剂可增产黄瓜 11.8% 以上，黄瓜果实和根系中磷钾养分吸收量至少增加 27.5% 和 17.8%。同时，常规施肥基础上减施 10%～20% 化肥磷以及 5%～10% 化肥钾并配施巨大芽孢杆菌菌剂并未降低黄瓜产量、品质及磷钾生物利用性。巨大芽孢杆菌可在土壤中定殖，显著提高土壤细菌和真菌群落的丰富度，但施用菌剂并未显著改变土壤细菌群落中变形菌门、酸杆菌门、放线菌门、厚壁菌门以及真菌群落中子囊菌门等优势菌门的相对丰度。其中，显著增加土壤细菌群落中具有促生和拮抗功能的类诺卡氏属和链霉菌属以及真菌群落中具有拮抗功能的粪壳菌目和肉座菌目的相对丰度，降低了致病菌黄单胞菌属的相对丰度。PCoA 分析表明，巨大芽孢杆菌菌剂施用后20d 内会显著影响土壤细菌和真菌群落结构，其中引起土壤 pH、AK、TP、TK 变化是影响土壤细菌群落变化的主要因子，引起土壤 AK、TK 变化是影响土壤真菌群落变化的主要因子。

2. 明确了仅种植 2 年设施黄瓜土壤施用巨大芽孢杆菌菌剂黄瓜生长及土壤微生物群落的作用效应

试验结果表明，菌剂施用后巨大芽孢杆菌可快速在根区土壤中定殖。黄瓜定植时施用巨大芽孢杆菌菌剂 75L/hm^2 为最适施用方式，可促进黄瓜至少增产 6.71%，土壤有效磷钾含量至少提高 11.6% 和 16.3%，以及黄瓜植株中磷钾的吸收量至少增加 14.9% 和17.8%，其活化土壤磷钾、促进黄瓜生长和吸收磷钾的效应明显。并且，施用菌剂显著提高了土壤细菌群落的丰富度，还提高了土壤细菌群落中具有拮抗功能的放线菌门、厚壁菌门以及溶杆菌属的相对丰度以及具有促生功能的假单胞菌属和黄杆菌属的相对丰度，显著降低了致病菌黄单胞菌属的相对丰度。因此，施用巨大芽孢杆菌菌剂可显著改变土壤细菌群落结构，其中引起土壤 pH、AK 变化是影响土壤细菌群落的主要因子。

第三节 设施甜瓜施用巨大芽孢杆菌与生根粉的效应

近年来，我国甜瓜（*Cucumis melo* L.）种植面积不断扩大，在果蔬作物生产中占有重要地位。根据 FAO 统计，我国甜瓜种植面积已达 39.4 万 hm^2，产量高达 1 355.7 万 t，均居世界首位。随着甜瓜市场需求量不断扩大，菜农追求施肥增产增收，长期大量施用化学肥料，已导致土壤养分失衡、肥效锐减、面源污染等一系列严峻问题，直接制约甜瓜产业可持续健康发展。巨大芽孢杆菌作为农用微生物菌剂的主要有效菌，能活化土壤养分，促进作物生长，提高作物产量，改善产品品质。生根粉作为植物生长调节剂，能够促进细胞分裂，提高植株根系活力。已有研究表明，农作物施用微生物菌剂配施生根粉具有显著的增产效果，但尚缺乏它们对土壤培肥、甜瓜促生等方面的研究报道。本研究针对微生物菌剂与生根粉复合，研制新型微生物菌剂，以设施甜瓜菜田培肥改良为研究对象，以巨大芽孢杆菌菌剂和生根粉为试材，研究其单施或混施对甜瓜生长、产量品质、土壤养分、酶活性以及土壤微生物数量的影响，为设施甜瓜的安全高效生产、混合生物菌剂的研发与应用提供科技支撑。

一、甜瓜施用巨大芽孢杆菌与生根粉的生物效应

本研究中主要包括室内培养试验和田间试验两部分。室内培养试验部分施用的巨大芽孢杆菌菌悬液有效活菌数为 $3.8×10^5$ CFU/mL，生根粉浓度为 100mg/L。种子萌发试验设 3 个处理，分别为巨大芽孢杆菌菌悬液处理（BM）、生根粉处理（S）及二者混合液处理（BMS），每个处理重复 4 次，并以无菌水做对照（CK），每皿 20 粒甜瓜种子。逐日记

录发芽进度至第 7d，计算种子的各项萌发指标。在种子萌发第 4d 测定种子的发芽势，第 7d 测定发芽率及发芽指数。对盆栽甜瓜幼苗生长试验设 3 个处理，每个处理 3 次重复。将配好的菌液与基质混匀后装入 25 孔穴盘，每穴盘放 300g 基质，每盘基质加 30mL 配制的菌液或混合液，将预先处理好的甜瓜种子每 3 粒置于一个穴孔内，待出苗后进行间苗，保留一株幼苗使其生长。在甜瓜幼苗生长期间，每天保持基质的湿润度。并于播种后 45d 收取幼苗洗净后称取植株鲜重，105℃杀青 30min，75℃烘干至恒重，称取地上部和地下部干重。

田间试验设 3 个处理、3 次重复，以不施用巨大芽孢杆菌菌剂和生根粉做对照，具体处理为：施用巨大芽孢杆菌菌剂（BM）处理，用量为 37.5L/hm² 定植前兑水沟施；施用生根粉（S）处理，用量为 300g/hm² 定植前兑水沟施；施用巨大芽孢杆菌菌剂与生根粉混合（BMS）处理，用量为巨大芽孢杆菌菌剂 37.5L/hm²＋生根粉 300g/hm²，定植前兑水沟施。各处理与对照所施基肥、后期田间管理情况相同。

（一）巨大芽孢杆菌与生根粉对甜瓜种子萌发的影响

种子萌发试验表明，巨大芽孢杆菌和生根粉可促进甜瓜种子的萌发，有助于种子发芽（表 5-38）。与对照相比，生根粉处理甜瓜种子的发芽势显著提高 36.17%（$P<0.05$），发芽率和发芽指数有增加的趋势，但与对照均无显著差异。巨大芽孢杆菌和生根粉混合处理甜瓜种子的发芽势、发芽率和发芽指数有增加的趋势，分别高于对照 25.53%、9.09%、6.89%，但是各发芽指标与对照均无显著差异。生根粉可促进组织分化和细胞分裂，巨大芽孢杆菌代谢产物中可能含有的激素类物质可以促进细胞的分裂，适宜浓度的巨大芽孢杆菌和生根粉处理甜瓜种子后，可提高甜瓜种子的发芽势、发芽指数以及发芽率。

表 5-38　不同处理对甜瓜种子萌发的影响

处理	发芽势（%）	发芽指数	发芽率（%）
CK	58.75±11.09b	18.14±6.20a	68.75±7.50a
BM	57.50±11.90b	17.99±6.26a	68.75±7.50a
S	80.00±12.25a	26.00±6.01a	81.25±12.50a
BMS	73.75±2.50ab	19.39±1.18a	75.00±0.00a

（二）巨大芽孢杆菌与生根粉对甜瓜植株生长的影响

1. 对甜瓜幼苗生长的影响

盆栽试验结果表明，单独施用巨大芽孢杆菌菌剂、生根粉以及二者混合施用在一定程度上促进甜瓜幼苗的生长（表 5-39）。与对照相比，巨大芽孢杆菌菌剂处理甜瓜幼苗地上部干重显著增加（$P<0.05$），比对照提高 25.96%；生根粉处理以及巨大芽孢杆菌菌剂和生根粉混合处理甜瓜幼苗地上部干重与对照之间差异不显著。与对照相比，生根粉处理甜瓜植株地下部干重显著增加 12.57%（$P<0.05$），巨大芽孢杆菌菌剂处理甜瓜植株地下部干重与对照相比有增加的趋势，但与对照差异不显著。巨大芽孢杆菌菌剂和生根粉混合处理甜瓜植株地下部干重显著低于对照。巨大芽孢杆菌菌剂和生根粉在一定程度上均能促进甜瓜幼苗的生长，而二者混合应用植株生物量低于对照，可能是因为基质中生根粉和巨大芽孢杆菌分泌物质过度饱和，从而抑制了植株的生长。

表 5 - 39　不同处理对甜瓜幼苗干重的影响

处理	单株地上干重（mg）	单株地下干重（mg）
CK	341.79±57.92ab	22.68±0.25b
BM	430.52±47.82a	23.02±0.12b
S	336.27±60.14b	25.53±0.22a
BMS	294.02±22.91b	17.38±0.78c

2. 对甜瓜植株生长的影响

单独施用巨大芽孢杆菌菌剂、生根粉或将二者混合施用均可以促进苗期甜瓜植株的生长发育（表 5 - 40）。与对照相比，单独施用巨大芽孢杆菌菌剂、生根粉及二者混合施用后，甜瓜苗期植株株高与对照相比有增加的趋势，分别高于对照 25.86%、10.14%、14.55%，但各处理与对照均无显著差异。单独施用生根粉后，植株叶片数显著高于对照 10.64%（$P<0.05$），单独施用巨大芽孢杆菌菌剂以及巨大芽孢杆菌菌剂和生根粉混合施用后植株叶片数与对照相比有增加的趋势，分别高于对照 4.55%、6.09%，但与对照均无显著差异。

表 5 - 40　不同处理对苗期甜瓜植株生长的影响

处理	株高（cm）	茎粗（mm）	叶片数（片）
CK	29.00±2.68a	8.56±0.66a	11.00±0.44b
BM	36.50±4.68a	8.89±0.21a	11.50±0.29ab
S	31.94±5.35a	8.88±0.18a	12.17±0.73a
BMS	33.22±3.04a	8.53±0.30a	11.67±0.17ab

3. 对甜瓜植株生理代谢的影响

叶绿素是植物进行光合作用的主要色素，其含量的高低直接影响叶片的光合作用以及光合产物的合成累积，SPAD 是衡量植物叶绿素的相对含量或者说代表植物绿色程度的一个参数。研究表明，SPAD 与叶绿素含量呈显著的正相关关系，研究上常用 SPAD 来表征叶片叶绿素含量。本研究结果表明，与对照相比，单独施用生根粉叶片的 SPAD 提高 11.89%（$P<0.05$），巨大芽孢杆菌菌剂、巨大芽孢杆菌菌剂和生根粉混合处理后叶片的 SPAD 与对照无显著差异（图 5 - 20）。上述结果表明生根粉增加了植株叶片 SPAD，有助于提高叶片的光合作用。

光合速率是以单位时间、单位光合机构固定的 CO_2 或释放的 O_2 或积累的干物质的数量，在光照时间一定的条件下，净光合速率越大，净光合产物合成的数量越多。巨大芽孢杆菌菌剂和生根粉单施或混施在一定程度上均提高叶片净光合速率（图 5 - 21）。与对照相比，单独施用巨大芽孢杆菌菌剂叶片净光合速率显著提高 59.88%（$P<0.05$），与其他处理相比有增加的趋势，但是差异不显著。与对照相比，单独施用生根粉、巨大芽孢杆菌菌剂和生根粉混合施用叶片净光合速率有增加的趋势，分别比对照高 39.92%、45.29%、

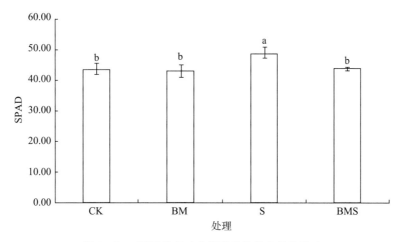

图 5-20 不同处理对苗期甜瓜植株生长的影响

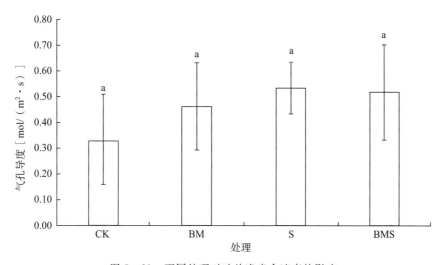

图 5-21 不同处理对叶片净光合速率的影响

但与对照均无显著差异。上述结果表明,生根粉和巨大芽孢杆菌菌剂单施或混施均能够提高甜瓜植株叶片的净光合速率,有利于光合产物的形成。

气孔导度表示气孔张开的程度,影响光合作用和蒸腾作用,反映植物生理活性的强弱。巨大芽孢杆菌菌剂和生根粉单施或混施在一定程度上增加了叶片的气孔导度(图 5-22)。与对照相比,单独施用巨大芽孢杆菌菌剂、生根粉以及二者混合应用后,叶片气孔导度分别增加对照 39.39%、60.61%、57.58%,但与对照均无显著差异。说明巨大芽孢杆菌菌剂、生根粉单施或混施均可以提高甜瓜植株的生理活性,促进植株生理代谢。

蒸腾速率是指植物在一定时间内单位叶面积蒸腾的水量,与光合速率和气孔导度密切相关。巨大芽孢杆菌菌剂和生根粉单施或混施在一定程度上提高了叶片的净光合速率(图 5-23)。与对照相比,单独施用巨大芽孢杆菌菌剂、生根粉以及二者混合应用后,叶片蒸腾速率分别提高 42.71%、46.18%、39.76%($P<0.05$),且差异显著。

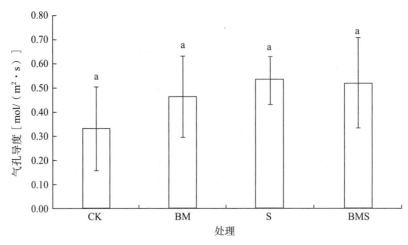

图 5-22 不同处理对叶片气孔导度的影响

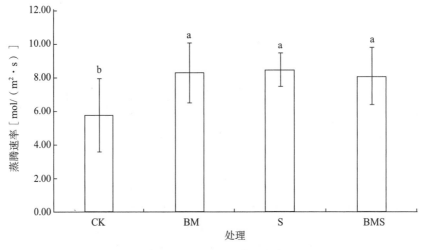

图 5-23 不同处理对叶片蒸腾速率的影响

（三）巨大芽孢杆菌与生根粉对甜瓜产量品质的影响

1. 对甜瓜品质的影响

品质是衡量果蔬质量的一个重要标准，而果实中可溶性糖、蛋白及维生素 C 含量是衡量果蔬品质的重要标准。田间试验表明，单独施用巨大芽孢杆菌菌剂、生根粉以及二者混合应用一定程度上改善了甜瓜的品质（表 5-41）。与对照相比，单独施用巨大芽孢杆菌菌剂、生根粉以及二者混合应用后，甜瓜果实中可溶性蛋白质含量分别提高 21.09%、25.00%、35.94%，但是与对照之间均无显著差异。与对照相比，单独施用巨大芽孢杆菌菌剂、生根粉及二者混合施用，果实中维生素 C 含量有增加的趋势，分别高于对照 24.86%、3.78%、70.27%，但各处理与对照无显著差异。巨大芽孢杆菌菌剂处理甜瓜果实可溶性糖含量与对照相比有增加的趋势，高于对照 13.96%，但与对照差异不显著。

表 5 - 41　不同处理对甜瓜品质的影响

处理	可溶性蛋白质含量（mg/g）	每 100g 果实中维生素 C 含量（mg）	可溶性糖含量（%）
CK	1.28±0.46a	1.85±0.46a	5.66±0.13a
BM	1.55±0.44a	2.31±1.00a	6.45±0.33a
S	1.60±0.65a	1.92±0.58a	4.16±0.91ab
BMS	1.74±0.59a	3.15±0.58a	3.12±1.24b

2. 对甜瓜产量的影响

产量是衡量施肥管理好坏的最直接的指标。施用巨大芽孢杆菌菌剂和生根粉后收获期甜瓜果实生长及产量情况如下。巨大芽孢杆菌菌剂和生根粉单施或混施均提高了甜瓜单瓜重和产量（表 5 - 42）。与对照相比，单独施用巨大芽孢杆菌菌剂、生根粉以及二者混合，施用后收获期甜瓜果实单瓜重和产量均显著高于对照，其中巨大芽孢杆菌菌剂处理甜瓜果实单瓜重和产量分别高于对照 31.71% 和 31.53%（$P<0.05$），生根粉处理后单瓜重和产量分别高于对照 6.71% 和 6.96%（$P<0.05$），巨大芽孢杆菌菌剂和生根粉混合施用后，单瓜重和产量分别提高 10.98% 和 11.12%（$P<0.05$）。

对甜瓜效益分析结果表明，单独施用巨大芽孢杆菌菌剂、生根粉及二者混合施用在一定程度上均可以提高甜瓜经济效益，甜瓜增产 3.39～18.81 t/hm²，甜瓜每公顷效益提高 0.32 万～1.79 万元。说明巨大芽孢杆菌菌剂、生根粉及二者混合施用可以促进甜瓜果实的生长，提高甜瓜产量和经济效益。

表 5 - 42　不同处理甜瓜产量和效益分析

处理	单瓜重（kg）	产量（t/hm²）	每公顷节本（万元）	增产（t/hm²）	增产率（%）	每公顷增收（万元）	每公顷效益（万元）
CK	1.64±0.04c	62.77±1.61c	0.024～0.12	—	—	—	—
BM	2.16±0.03a	82.56±1.20a	−0.09	18.81	29.51	1.88	1.79
S	1.75±0.09b	67.14±2.42b	−0.024	3.39	5.32	0.34	0.32
BMS	1.82±0.06b	69.75±3.36b	−0.12	6.00	9.41	0.60	0.48

二、甜瓜施用巨大芽孢杆菌与生根粉的效应机制

（一）巨大芽孢杆菌与生根粉对土壤养分的影响

1. 对有效磷的影响

田间试验表明，单独施用巨大芽孢杆菌菌剂、生根粉以及二者混合施用，在一定程度上均可以提高土壤中有效磷含量（图 5 - 24）。与对照相比，单独施用巨大芽孢杆菌菌剂、生根粉以及二者混合施用后，土壤中有效磷含量为 209.39mg/kg、195.54mg/kg、211.28mg/kg，分别高于对照 24.09%、15.88%、25.21%，但各处理与对照之间均无显著差异。此外，巨大芽孢杆菌菌剂和生根粉混合应用后土壤有效磷含量高于其他处理，其次是巨大芽孢杆菌菌剂处理，但各处理之间差异不显著。

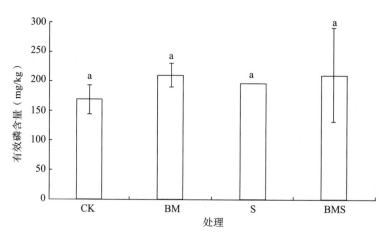

图 5-24 不同处理对土壤有效磷含量的影响

2. 对速效钾的影响

单独施用巨大芽孢杆菌菌剂、生根粉以及二者混合施用，在一定程度上均可以提高土壤中速效钾含量（图 5-25）。单独施用巨大芽孢杆菌菌剂、生根粉以及二者混合施用，土壤中速效钾含量分别为 267.24mg/kg、220.57mg/kg、214.18mg/kg，与对照相比有增加的趋势，分别高于对照 27.43%、5.18%、2.13%，但各处理与对照之间均无显著差异。

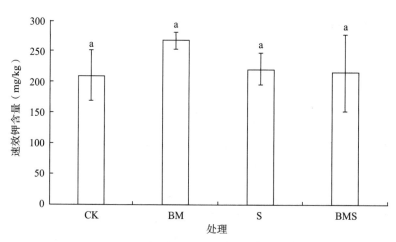

图 5-25 不同处理对土壤速效钾含量的影响

3. 对 pH 的影响

土壤酸碱度直接影响土壤性质，在土壤中最直接的反映是土壤 pH，影响土壤的生物活性、各元素的释放、迁移和固定。巨大芽孢杆菌通过自身代谢可以分泌有机酸类物质，会对土壤 pH 产生一定的影响。单独施用巨大芽孢杆菌菌剂、生根粉以及二者混合施用均降低了土壤 pH（图 5-26）。单独施用巨大芽孢杆菌菌剂、生根粉以及二者混合施用后收获期土壤 pH 分别为 8.03、7.97、8.06，与对照相比分别降低了 2.90%、3.63%、2.54%。说明巨大芽孢杆菌菌剂、生根粉单施或混施均可以改善土壤酸碱度，调节碱性土壤酸碱度。

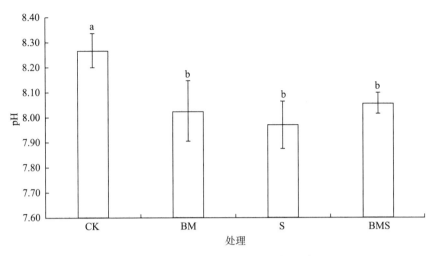

图 5 - 26　不同处理对土壤 pH 的影响

（二）巨大芽孢杆菌与生根粉对土壤酶活性的影响

1. 对碱性磷酸酶活性的影响

土壤酶主要是土壤中有机物质在腐解的过程中所释放出来的游离酶、胞内酶和胞外酶，其活性的高低是表征土壤肥力的生物指标，土壤中几乎所有的生化反应都有酶参加。酶在土壤有机物质的转化及营养元素的活化过程中起重要的作用，是土壤的重要组成部分。土壤磷酸酶活性的高低决定土壤中有机磷的脱磷速度，表征土壤中有效性磷素含量以及土壤的生物活性，在土壤磷元素的循环转化过程中起重要的作用，能提高土壤中磷元素的供应量。巨大芽孢杆菌菌剂和生根粉单施或混施在一定程度上提高了土壤碱性磷酸酶的活性（图 5 - 27）。与对照相比，单独施用巨大芽孢杆菌菌剂、生根粉及二者混合施用后土壤中碱性磷酸酶活性分别提高 42.86%、34.29%、36.19%，但与对照均无显著差异。

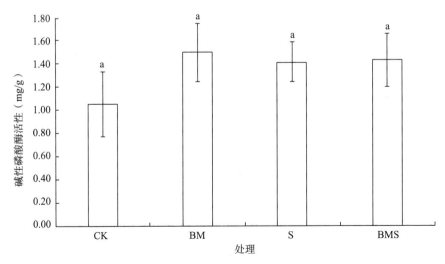

图 5 - 27　不同处理对土壤碱性磷酸酶活性的影响

2. 对过氧化氢酶活性的影响

过氧化氢酶主要来自土壤中微生物在代谢过程中释放的物质及植物根系吸收营养物质时释放的物质，土壤中腐殖质的合成及过氧化氢的分解都与过氧化氢酶有关，同时还可以减少过氧化氢对其他物质的毒害，是土壤中重要的氧化还原酶，其活性的高低反映土壤中生化过程的强弱。巨大芽孢杆菌菌剂和生根粉单施或混施在一定程度上提高了土壤过氧化氢酶的活性（图 5 - 28）。与对照相比，单独施用巨大芽孢杆菌菌剂、生根粉及二者混合施用后土壤过氧化氢酶活性分别提高 20.18%、19.30%、17.54%，但与对照均差异不显著。

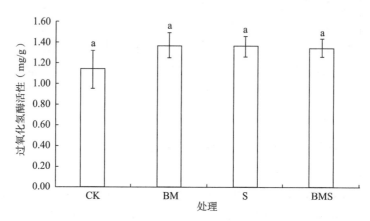

图 5 - 28　不同处理对土壤过氧化氢酶活性的影响

3. 对脲酶活性的影响

脲酶是一种水解酶，具有很强的专一性，能将有机含氮化合物转化为无机含氮化合物供植物吸收利用，促进植物根系对氮素的同化利用。巨大芽孢杆菌菌剂和生根粉单施或混施提高土壤脲酶的活性（图 5 - 29）。与对照相比，巨大芽孢杆菌菌剂和生根粉混合施用显著提高了土壤中脲酶活性 50.00%（$P < 0.05$）。与对照相比，单独施用巨大芽孢杆菌菌剂和生根粉后收获期土壤中脲酶活性有上升的趋势，分别高于对照 42.86%、33.33%，但与对照均无显著差异。

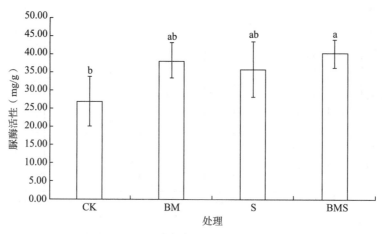

图 5 - 29　不同处理对土壤脲酶活性的影响

（三）巨大芽孢杆菌与生根粉对土壤微生物数量的影响

1. 对细菌数量的影响

土壤细菌是一类单细胞、无完整细胞核的生物，占土壤微生物数量的比例最大，能促进土壤中养分的循环转化。巨大芽孢杆菌菌剂、生根粉单施或混施土壤中细菌数量变化见图 5-30，巨大芽孢杆菌菌剂处理、生根粉处理土壤中细菌数量分别为 3.97×10^6 CFU/g、3.74×10^6 CFU/g，与对照相比有上升的趋势，分别高于对照 32.78%、25.08%，巨大芽孢杆菌菌剂和生根粉处理土壤中细菌数量为 2.75×10^6 CFU/g，低于对照 8.03%，但各处理与对照均无显著差异。

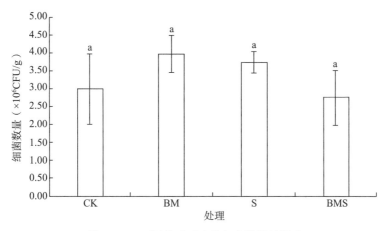

图 5-30 不同处理对土壤细菌数量的影响

2. 对放线菌数量的影响

土壤放线菌是土壤中呈革兰氏阳性的丝状单细胞原核生物，生存在土壤中，有利于土壤有机物质的分解，同时还可以产生抗生素，对土壤肥力、有机化合物的转化及植物病害防治有重要的作用。巨大芽孢杆菌菌剂、生根粉单施或混施土壤中放线菌数量见图 5-31。巨大芽孢杆菌菌剂和生根粉混合施用后放线菌数量与对照相比有上升的趋势，高于对照 10.68%，但与对照差异不显著，而单独施用巨大芽孢杆菌菌剂和生根粉后土壤中放线菌数量低于对照 41.59%、49.77%。

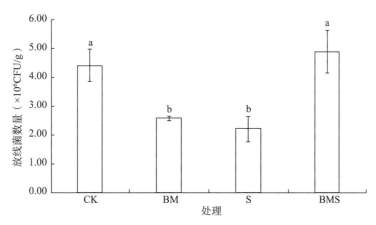

图 5-31 不同处理对土壤放线菌数量的影响

3. 对真菌数量的影响

土壤真菌是指生活在土壤中，菌体成分支状、具真正细胞核的一类微生物，由于连年种植，土壤中病原真菌的数量不断增多，而有益微生物的数量逐渐减少。单独施用巨大芽孢杆菌菌剂或生根粉以及二者混合应用均降低了土壤中真菌数量（图 5-32）。与对照相比，单独施用巨大芽孢杆菌菌剂或生根粉后土壤中真菌数量分别低于对照 45.26%、51.98%（$P<0.05$）。巨大芽孢杆菌菌剂和生根粉混合施用土壤中真菌数量有下降的趋势，低于对照 10.76%，但与对照之间无显著差异。上述结果表明，巨大芽孢杆菌菌剂、生根粉单施或混施一定程度上可以降低土壤中真菌数量，减少植物真菌病害的发生。

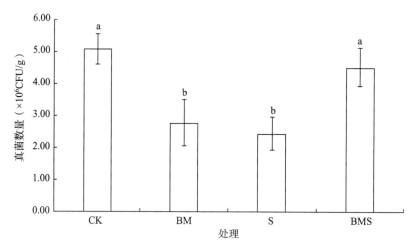

图 5-32　不同处理对土壤真菌数量的影响

三、主要研究进展

1. 探明了设施甜瓜施用巨大芽孢杆菌和生根粉的生物效应

设施甜瓜施用巨大芽孢杆菌菌剂的适宜用量为 37.5L/hm²，生根粉的适宜用量为300g/hm²，二者单用或混用，甜瓜定植前沟施，可促进甜瓜的生长发育，增产甜瓜6.96%～31.53%，改善果实品质，每公顷提高收益 0.32 万～1.79 万元。巨大芽孢杆菌和生根粉单用或混用对甜瓜种子的萌发不会产生抑制作用。

2. 揭示了设施甜瓜施用巨大芽孢杆菌和生根粉的效应机制

施用巨大芽孢杆菌和生根粉可提高土壤细菌或放线菌数量、减少真菌数量，增强土壤碱性磷酸酶、过氧化氢酶和脲酶活性，降低土壤 pH，提高土壤中有效磷、速效钾含量，提高叶片 SPAD、净光合速率、气孔导度以及蒸腾速率，促进光合产物的积累。从而，起到促进甜瓜生长发育、增产增收的作用。

第四节　设施茄子施用微生物菌剂与氨基酸的肥料效应

茄子（*Solanum melongena* L.）是我国四大设施蔬菜之一，在蔬菜产业中占重要地位。根据 FAO 统计，2020 年我国茄子种植面积已达 77.9 万 hm²，产量高达 3 694.3 万 t，分别占全世界的 42.2% 和 65.6%，是世界茄子第一生产大国。近年来，菜农为追求设施茄子高产，过量施用化肥，导致茄子品质下降、生态环境污染等一系列问题，引起了广泛关注。微生物菌剂是一种绿色环保型肥料，在蔬菜生产上应用越来越广泛。氨基酸具有调节植物生长、快速吸收养分等作用。以氨基酸为主要原料制成的氨基酸水溶肥，可有效刺激作物生长发育，提高作物体内酶活力，增强抗病抗逆能力，产生生根、保花、保果等功效。本研究针对氨基酸与微生物菌剂复合，研制新型复合微生物肥料，以设施茄子为研究对象，以巨大芽孢杆菌和氨基酸为试材，通过室内和田间试验结合，研究不同氨基酸强化巨大芽孢杆菌对茄子幼苗发挥促生和提升养分利用的作用效果，探索设施茄子不同生育期施用氨基酸水溶肥和微生物菌剂的肥料组合效应，为指导设施茄子绿色生产奠定科技基础。

一、巨大芽孢杆菌与氨基酸配施对茄子幼苗的促生效应

（一）巨大芽孢杆菌在茄子幼苗根际的定殖能力

由于磷素在土壤中的移动性较小，功能菌株在土壤中释放的磷必须在植物根系可以吸收的根际范围内才能被吸收利用。因此，菌株在土壤中的定殖能力越强，分泌的促生物质越丰富，在根际发挥的效果越明显。本研究通过盆栽沙培试验，以有效活菌数为 2.0×10^8 CFU/mL 的巨大芽孢杆菌为试材，每盆盛装 200g 灭菌蛭石以及 50g 苗盘基质，接菌量为每盆 2mL，研究了巨大芽孢杆菌在茄子幼苗根际的定殖能力（图 5-33）。试验结果表明，在限菌沙培体系中，通过设置接种巨大芽孢杆菌（B）与不接种菌（CK）处理，相同初始浓度条件下培养 4d 后，B 处理与 CK 处理之间差异显著，茄子幼苗根际的活菌数达 2.1×10^8 CFU/g，超过对照处理 9.65 倍，证实巨大芽孢杆菌在茄子幼苗根际能够定殖，说明定殖在幼苗根际的巨大芽孢杆菌会通过代谢促生物质对植株生长起到重要作用。

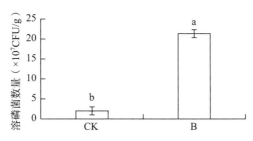

图 5-33　巨大芽孢杆菌在茄苗根际定殖情况

（二）氨基酸对巨大芽孢杆菌分泌生长素 IAA 的影响

通过 19 种氨基酸对巨大芽孢杆菌分泌 IAA 的影响研究（图 5-34）。在巨大芽孢杆菌的培养基上，以 500mg/L 浓度分别添加了 19 种氨基酸 10mL，巨大芽孢杆菌菌株 IAA 的分泌量范围为 3.19～13.52μg/mL。试验结果表明，色氨酸、蛋氨酸、谷氨酸、脯氨酸、苏氨酸和胱氨酸 6 种氨基酸对菌株分泌 IAA 的含量与对照差异显著（$P<0.05$）。在这 6 种氨基酸之中，色氨酸、苏氨酸、胱氨酸处理分别与其他 5 种氨基酸处理之间差异显著（$P<0.05$），蛋氨酸、谷氨酸、脯氨酸处理之间差异不显著，但与其他 3 种氨基酸差异显著。其中，色氨酸对巨大芽孢杆菌分泌生长素 IAA 的促进效果表现最为突出，显著高于

其他处理，比未添加氨基酸的对照处理增加 1.18 倍。其次是蛋氨酸、谷氨酸、脯氨酸，再次是苏氨酸，分别比对照处理提高了 55.92%、41.72%、40.24%、38.47%；胱氨酸处理显著抑制了巨大芽孢杆菌分泌生长素 IAA，比对照降低了 48.52%；其余氨基酸处理与对照之间差异不显著，对巨大芽孢杆菌分泌生长素 IAA 作用不显著。可见，添加色氨酸、蛋氨酸、谷氨酸、脯氨酸和苏氨酸 5 种氨基酸对巨大芽孢杆菌分泌生长素 IAA 具有促进作用。总体来看，氨基酸对巨大芽孢杆菌分泌生长素 IAA 的影响为：色氨酸＞蛋氨酸、谷氨酸、脯氨酸＞苏氨酸＞胱氨酸。

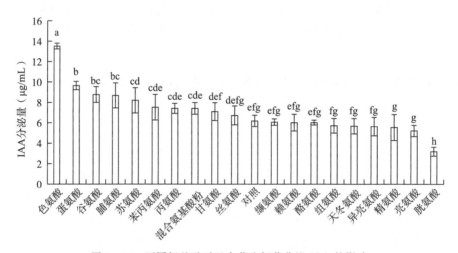

图 5-34　不同氨基酸对巨大芽孢杆菌分泌 IAA 的影响

（三）巨大芽孢杆菌与氨基酸组合对茄子幼苗生长的影响

在研究氨基酸促进巨大芽孢杆菌分泌生长素 IAA 的基础上，选择 4 种提高分泌 IAA 40% 以上的氨基酸作代表性试材，采用盆栽试验，分别添加 500mg/L 的色氨酸（Trp）、蛋氨酸（Met）、谷氨酸（Glu）、脯氨酸（Pro）10mL，分别记作处理 Trp、Met、Glu、Pro，接菌量 1% 的巨大芽孢杆菌记作处理 B，种植茄子记作处理 P。这样，研究了巨大芽孢杆菌与氨基酸配合对茄子幼苗生长的影响。由图 5-35 至图 5-37 可看出，在接种巨大芽孢杆菌基础上添加这 4 种不同的氨基酸培养 10d 后，4 种氨基酸不同程度地增强菌株对幼苗的促生作用。在根重方面，与 P 处理相比，Trp+B+P、Pro+B+P 处理显著促进了茄子幼苗的根系发育，分别提高了 54.57% 和 40.84%，但对地上部生物量没有显著影响；在叶绿素方面，Trp+B、Pro+B、Glu+B 处理分别显著增加了 11.27%、10.73% 和 10.53%。与 B 处理相比，Trp+B+P、Pro+B+P 处理的幼苗根重显著提高了 36.45% 和 29.08%，但对地上部生物量没有显著影响。其中，色氨酸和脯氨酸在强化巨大芽孢杆菌大幅提升幼苗根重及叶绿素方面表现突出。

（四）茄子配施氨基酸对巨大芽孢杆菌分泌 IAA 的促生影响

为深入揭示巨大芽孢杆菌与氨基酸配施促进茄子幼苗生长的促生机制，在促进茄子幼苗生长试验基础上，针对氨基酸配施促进巨大芽孢杆菌分泌 IAA，开展了巨大芽孢杆菌与氨基酸配施的二因素水培茄子试验，采用主副处理试验方案，以巨大芽孢杆菌接菌量 1% 的试验组和不接菌的对照组作主处理，试验组主处理记作 B；以分别添加色氨酸、蛋

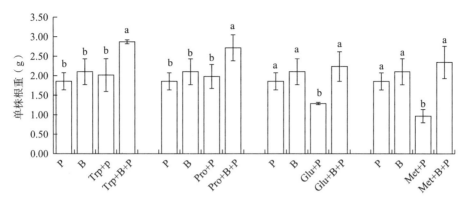

图 5-35 不同处理对茄子幼苗根重的影响

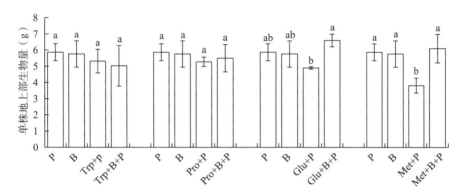

图 5-36 不同处理对茄子幼苗地上部生物量的影响

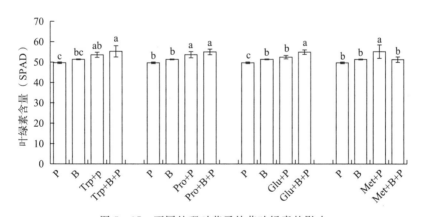

图 5-37 不同处理对茄子幼苗叶绿素的影响

氨酸、谷氨酸、脯氨酸 4 种氨基酸和不添加氨基酸的对照作副处理组，副处理组记作 A，其中，氨基酸的添加量分别为 50mL，浓度 500mg/L，分别记作副处理 Trp、Met、Glu、Pro；以茄子作供试植物。同时，接菌主处理试验组设不种茄子的对照组，接菌不种茄子记作 CK1、不接菌种茄子记作 CK2、接菌种茄子记作 CK3；通过试验处理对比，研究了巨大芽孢杆菌与氨基酸配施促进 IAA 分泌、协同促进茄子幼苗生长的效应机制，如图 5-38 所示。

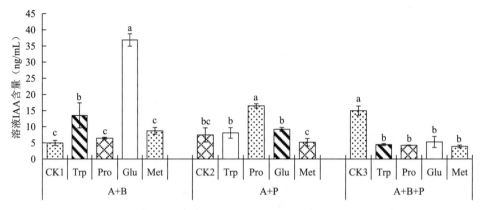

图 5-38　不同氨基酸与根系结合巨大芽孢杆菌水溶液中 IAA 含量

在不种茄子的试验组（A＋B），Glu、Trp 处理 IAA 含量与其对照 CK1 差异显著，巨大芽孢杆菌分泌 IAA 含量分别比 CK1 提高了 641％、172％，但 Pro、Met 处理 IAA 含量与其对照 CK1 差异不显著。总体来看，促进巨大芽孢杆菌分泌 IAA 的效果为：谷氨酸＞色氨酸＞甲硫氨酸、脯氨酸。

在种茄子的对照组（A＋P），Pro 处理 IAA 含量与其对照 CK2 差异显著，提高了 121％，其余处理与对照差异不显著，这可能由于脯氨酸不仅能作为微生物的碳氮源，还可成为被植物吸收的营养物，刺激茄子根系代谢分泌 IAA。

在种茄子的试验组（A＋B＋P），各配施氨基酸的 Trp、Pro、Glu 和 Met 处理 IAA 含量与其对照 CK3 之间差异显著，分别比对照 CK3 降低了 70.17％、71.72％、64.84％和 74.12％，但添加 4 种氨基酸的各处理之间并不显著。结合上述 4 种氨基酸促进巨大芽孢杆菌分泌 IAA 的效果试验，说明氨基酸促进巨大芽孢杆菌分泌的生长素 IAA，在促进茄子生长过程中被消耗。

综上所述，氨基酸既可显著促进巨大芽孢杆菌分泌 IAA 从而促进茄子幼苗生长发育，也可刺激茄子幼苗根系代谢 IAA 促进生长。

二、巨大芽孢杆菌与氨基酸配施对茄子的溶磷促生效应

本研究利用盆栽茄子试验，以土壤外源添加难溶性磷的卵磷脂为试材，每盆卵磷脂添加量为 2g，每盆氨基酸用量为 0.308g，每盆巨大芽孢杆菌接菌量为 2mL，开展了巨大芽孢杆菌与氨基酸配施的溶磷促生效应试验，其中，CK2、YPA、YPB 和 YPAB 分别代表难溶性磷、难溶性磷＋氨基酸、难溶性磷＋菌液、氨基酸＋难溶性磷＋菌液 4 个处理。

（一）对茄子幼苗生长的影响

从图 5-39 可看出，各处理间茄子幼苗生物量和根重变化趋势一致，巨大芽孢杆菌与氨基酸配施的 YPAB 处理生物量、根重显著高于其他处理。其中，生物量分别比 CK2 对照、单施氨基酸处理、单接菌处理提高 46.12％、43.26％、83.99％，根量分别比 CK2 对照、单施氨基酸 YPA 处理、单接菌 YPB 处理提高 49.19％、53.31％和 50.02％；难溶性磷 CK2、难溶性磷＋氨基酸 YPA、难溶性磷＋菌液 YPB 处理之间生物量和根重差异不显著。可见，单施氨基酸和单施菌剂处理与 CK2 之间茄苗生物量和根重均差异不显著，

说明添加难溶态磷条件下，只添加氨基酸或菌剂难以促进植物的生长发育，巨大芽孢杆菌与氨基酸配施溶磷促生效果显著。

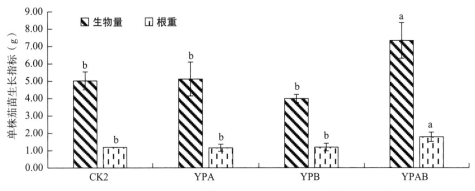

图 5-39　添加难溶性磷条件下不同处理间茄子幼苗生长变化

（二）对根系及其根际土 IAA 含量的影响

通过添加难溶性磷条件下不同处理间根系 IAA 含量和根际土 IAA 含量的测定分析（表 5-43）。结果表明，根系及其根际土 IAA 含量在各处理间均差异不显著。原因可能是菌株在对难溶性卵磷脂进行酶解时会分泌胆碱，与 IAA 有机酸有可能发生中和作用，降低了生长介质中的 pH，导致根际土中 IAA 含量降低，缩小了与其他处理之间的差距。

表 5-43　添加有机磷条件下不同处理根系及其根际土 IAA 含量

处理	根系 IAA（ng/g）	根际土 IAA（ng/g）
CK2	246.05±14.08a	10.33±0.66a
YPA	216.82±15.41a	10.60±0.15a
YPB	232.25±15.81a	10.47±1.03a
YPAB	216.60±32.06a	10.43±0.61a

（三）对茄子植株吸收磷的影响

由图 5-40 可看出，YPAB 处理、YPB 处理茄子植株磷的吸收量与其对照 CK2 之间差异显著，且 YPAB 处理与 YPB 处理之间差异显著，YPA 处理与其对照 CK2 之间差异不显著。其中，植株磷的吸收量 YPAB 处理比对照提高了 59.75%，比 YPB 处理提高了 161.63%；YPB 处理比对照降低了 39.02%。说明在难溶性磷条件下巨大芽孢杆菌与氨基酸配施的溶磷促生效果远远强于单施菌剂，氨基酸和菌剂组合处理因活化有效磷促进茄苗生长比 IAA 显得更加重要。

由图 5-41 可看出，仅 YPAB 处理土壤有效磷含量与其对照 CK2 之间差异显著，YPB 处理、YPA 处理分别与其对照 CK2 之间差异不显著，促进土壤磷有效性的作用效果趋势为：YPAB＞YPB、YPA。同 CK2、YPB、YPA 处理相比，YPAB 处理分别显著增加了 45.87%、33.91% 和 103.11%，说明二者配施更能有效促进难溶性磷活化，氨基酸

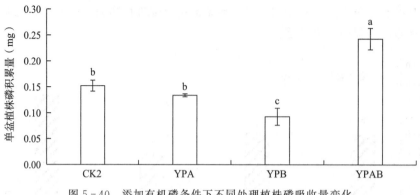

图 5-40 添加有机磷条件下不同处理植株磷吸收量变化

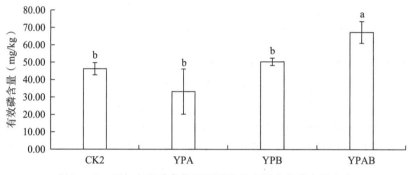

图 5-41 添加有机磷条件下不同处理土壤有效磷含量变化

在促进菌株发挥溶磷效果中起到了必不可少的作用。

由图 5-42 可看出，YPB 处理、YPA 处理土壤碱性磷酸酶活性分别与其对照 CK2 之间差异显著，YPAB 处理土壤碱性磷酸酶活性与其对照 CK2 之间差异不显著。说明在添加难溶性磷环境下，加入巨大芽孢杆菌能显著提升土壤碱性磷酸酶活性。其中，YPB 处理土壤碱性磷酸酶活性比对照 CK2 处理提高了 6.83%，但 YPA 处理土壤碱性磷酸酶活性比对照 CK2 处理降低了 11.66%。经过 Pearson 相关分析表明，难溶性磷条件下，土壤有效磷含量和碱性磷酸酶活性二者之间呈现了极显著正相关关系，相关系数为 0.843** （$P < 0.01$）。可见，巨大芽孢杆菌提升土壤碱性磷酸酶活性是提高土壤磷有效性的一条重要途径。

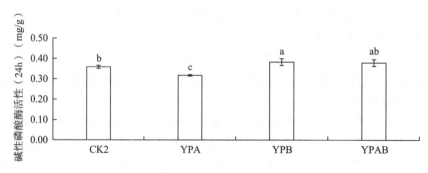

图 5-42 添加有机磷条件下不同处理土壤碱性磷酸酶活性变化

三、设施茄子施用微生物菌剂与氨基酸复合的农学效应

（一）设施茄子施用微生物菌剂的促生效应

1. 设施茄子施用微生物菌剂的产量与品质效应

在茄子产量方面，由表 5-44 可看出，M2 处理茄子产量与对照、M1 处理之间差异显著，分别比对照和 M1 处理提高 11.72% 和 10.15%，而 M1 处理茄子产量与对照之间差异不显著。说明施用适量的菌剂可显著提高茄子经济产量，对于不同蔬菜种类施用适宜的菌剂量非常重要。

表 5-44 微生物菌剂用量处理对茄子产量的影响

处理	微生物菌剂施用量（L/hm²）	经济产量（kg/hm²）
CK	0	56 565±1 661b
M1	75	57 366±1 625b
M2	150	63 192±2 703a

在茄子品质方面，由表 5-45 可看出，茄子果实可溶性糖各处理呈现出 M1＞M2＞CK 的变化特征，M1、M2 处理可溶性糖含量分别比对照处理增加了 56.04%、16.48%，说明施用 75L/hm²、150L/hm² 的菌剂均能够有效提高茄子果实可溶性糖含量，并以低剂量菌剂处理效果最佳；在硝酸盐含量方面，各处理未表现出显著的差异，范围为 227.67～234.73mg/kg，均符合茄果类蔬菜和食品的国家标准（$NO_3^- \leqslant 440mg/kg$）。在茄子果实蛋白质和维生素 C 含量方面，各处理均呈现出 M2＞M1＞CK 的特征。与对照相比，M2、M1 处理茄子可溶性蛋白质含量分别增加了 65.00%、35.00%，M2、M1 的维生素 C 含量分别提高了 53.85%、34.07%，说明了两种剂量菌剂均可显著提高茄子果实蛋白质和维生素 C 含量。

表 5-45 微生物菌剂用量处理对茄子品质的影响

处理	可溶性糖含量（%）	硝酸盐含量（mg/kg）	可溶性蛋白质含量（mg/g）	维生素 C 含量（mg/100g）
CK	0.91±0.01c	234.73±7.25a	0.60±0.06c	0.91±0.05c
M1	1.42±0.05a	227.67±18.67a	0.81±0.04b	1.22±0.09b
M2	1.06±0.06b	234.26±6.98a	0.99±0.01a	1.40±0.10a

2. 对土壤养分的影响

茄子拉秧后测定了土壤全氮、有效磷、速效钾的含量（表 5-46）。土壤全氮含量变化范围为 0.38～0.45g/kg，处理之间差异不明显；土壤速效钾各处理也差异不显著。从土壤有效磷的变化来看，施加菌剂的处理 M1、M2 的有效磷含量显著高出对照处理 36.37%、23.05%，说明菌剂确实有助于活化土壤磷养分，从而补充植物所需的磷。然而，高、低剂量菌剂对土壤有效磷的促进效果并未达到显著差异。

表 5 - 46　不同处理下土壤全氮、有效磷、速效钾的变化特征

处理	全氮含量（g/kg）	有效磷含量（mg/kg）	速效钾含量（mg/kg）
CK	0.38±0.02a	40.31±2.40b	180.73±5.98a
M1	0.45±0.02a	54.97±3.81a	189.14±1.99a
M2	0.41±0.05a	49.60±1.43a	189.14±15.96a

3. 对土壤酶活性的影响

如图 5 - 43、图 5 - 44 所示，CK、M1、M2 三个处理的脲酶活性（24h）分别为 0.55mg/g、0.60mg/g、0.65mg/g，无显著性差异。与对照处理 CK 相比，施用菌剂 M1、M2 处理均显著提高了碱性磷酸酶活性，比对照分别增加了 40.80%、35.27%，表明菌剂在提高设施茄子土壤碱性磷酸酶活性方面具有较大优势。由图 5 - 45 可看出，各菌剂处理土壤蔗糖酶活性的变化与碱性磷酸酶活性表现较为一致，比对照显著提高了 50.77%、41.85%。可见，高、低剂量微生物菌剂处理均可以有效提高土壤碱性磷酸酶和蔗糖酶活性，而对脲酶活性无显著影响。

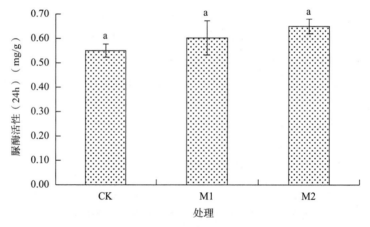

图 5 - 43　微生物菌剂处理下土壤脲酶活性的变化特征

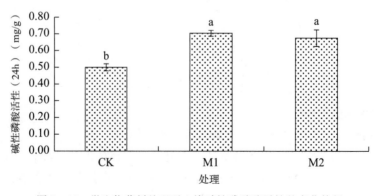

图 5 - 44　微生物菌剂处理下土壤碱性磷酸酶活性的变化特征

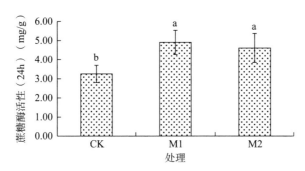

图 5 - 45　微生物菌剂处理下土壤蔗糖酶活性的变化特征

4. 对土壤微生物多样性的影响

不同微生物菌剂处理下土壤中微生物多样性 Alpha 变化特征如表 5 - 47 所示。结果表明，不同处理下微生物群落丰富度差异较大，ACE、Chao1 指数呈现出 M2、M1＞CK 的特征，M1、M2 处理的丰富度指数比对照处理增加了 0.60%～2.50%。Shannon 多样性指数表明，不同处理之间的多样性从大到小的顺序表现为 CK＞M2、M1，M1、M2 处理的多样性指数比对照处理降低了 0.83%～47.64%。说明菌剂处理可有效提高茄子土壤微生物丰富度，但多样性有所降低。这主要归于菌剂中有益微生物的补充使土壤微生物的均匀性与对照相比有所降低，导致了多样性略有下降。

表 5 - 47　土壤微生物多样性 4 种指数结果

处理	Shannon 数	Simpson 指数	ACE	Chao1
CK	6.846 82a	0.002 12c	2 442.73b	2 489.60b
M1	6.789 06b	0.003 13a	2 501.76a	2 509.05a
M2	6.789 92b	0.002 85b	2 503.70a	2 504.44a

由图 5 - 46 PCOA 分析可知，横、纵坐标为引起处理间差异的两个最大特征，PC1、PC2 变量分别为 75.02%、13.28%，总变量 88.22%。可看出，菌剂处理的 M1 和 M2 距离较小，远离对照。这一结果说明两种剂量的菌剂处理使土壤微生物种群结构变化相似，而与对照相比产生了较大的差异。

图 5 - 47 为 CK、M1、M2 的 OTU Venn 图，共有 OTU 数目为 2386。M1、M2 处理与对照 CK 共有 OTU 分别为 2395、2397，M1 和 M2 共有 OTU 数目为 2484，远高于与对照处理共有的 OTU 数目。进一步解释了 M1、M2 菌剂处理的微生物菌群结构较为相似，而与对照差异较大的原因，从而也说明了这两个处理在土壤微生物多样性和丰富度方面表现较为一致的特征。

在茄子方面，高低剂量菌剂处理 M1、M2 对茄子生长、土壤化学指标和土壤生物指标的作用效果表现突出。与对照 CK 相比，M2 处理茄子产量提高了 11.72%；茄子可溶性糖、蛋白质和维生素 C 含量增加了 16.48%～65.00%；土壤有效磷含量提高 23.05%～36.37%；土壤碱性磷酸酶和蔗糖酶活性分别提高了 35.27%～40.80%、41.85%～50.77%；土壤微生物丰富度指数（ACE、Chao1）提高了 0.60%～2.50%，多样性指数（Shannon、Simpson）降低 0.83%～47.64%，与对照处理的菌群分布和 OTU 数目形成

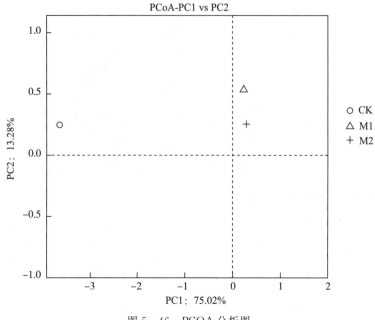

图 5 - 46 PCOA 分析图

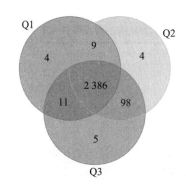

图 5 - 47 OTU Venn 分析图

注：图中的 Q1 为 CK，Q2 为 M1，Q3 为 M2。

较大差异。由此分析，施用高低剂量菌剂均可有效提高茄子产量、品质和土壤各指标，并且由于茄子生长期较长，需肥量较大，高剂量菌剂相较于低剂量菌剂处理效果更好。

综上所述，施加 $150L/hm^2$ 菌剂在提高茄子产量、品质（可溶性蛋白质、维生素 C）、土壤有效磷、酶活性（碱性磷酸酶、蔗糖酶）和微生物多样性等方面均表现出了良好效果，而施用 $75L/hm^2$ 菌剂时仅在可溶性糖、酶活性（碱性磷酸酶、蔗糖酶）和微生物多样性等方面有较好的表现。因此，添加适量菌剂可在不同程度上促进植物生长、改善土壤质量。

（二）设施茄子微生物菌剂与氨基酸配施的促生效应

1. 对设施茄子产量的影响

从表 5 - 48 可看出，微生物菌剂与氨基酸配施处理茄子产量呈现 AM1＞A＞F、AM2

的特征，说明减施化肥配施含氨基酸水溶肥和低剂量菌剂处理 AM1、减施化肥配施含氨基酸水溶肥处理 A 均可以显著提高茄子的产量。与常规施肥处理 F 相比，AM1、A 处理分别提高了 21.34％、8.26％，以减施化肥配施含氨基酸水溶肥和低剂量菌剂处理 AM1 的产量在所有处理中表现最高。AM1 处理虽比常规处理 F 降低了 42.22％的氮磷钾用量，但利用氨基酸氮替代了 5％化肥氮，增施菌剂，使该处理增产效果显著。

另外，减施化肥配施含氨基酸水溶肥处理 A 以及在前期研究的高剂量菌剂处理 M2 对茄子增产均有一定促进作用，但二者组合后的 AM2 处理产量却最低，推测是由于含氨基酸水溶肥与高剂量菌剂配施可能会造成过量的菌株与植株争夺含氨基酸水溶肥中的养分，不利于植物生长，从而导致了茄子的产量降低。

表 5 - 48　微生物菌剂和氨基酸不同配施肥处理对茄子产量的影响

处理编号	经济产量（kg/hm²）
A	63 784±3 611b
AM1	71 493±2 946a
AM2	54 688±3 708c
F	58 918±2 304bc

注：常规施肥，不施用氨基酸氮（F）；减施化肥配施含氨基酸水溶肥（A），比常规减施 42.22％氮磷钾；减施化肥配施低剂量菌剂和含氨基酸水溶肥（AM1），在 A 处理施肥基础上增施菌剂 75L/hm²；减施化肥配施高剂量菌剂和含氨基酸水溶肥（AM2），在 A 处理基础上增施菌剂 150L/hm²。

2. 设施茄子品质的影响

在茄子果实可溶性糖和硝酸盐方面（表 5 - 49），各处理差异不显著；在茄子果实蛋白质方面，各施肥处理呈现出 AM1≈F≈AM2＞A 的特点。与对照处理 A 相比，AM1、F、AM2 处理的蛋白质含量分别增加了 27.63％、26.31％、25.00％，说明了施用菌剂的两个配施处理及常规处理均可显著提高茄子蛋白质的含量；在茄子果实维生素 C 方面，各施肥处理表现出 AM1＞AM2≈F≈A 的变化趋势，以配施 AM1 处理的维生素 C 最高，相比常规处理 F，AM1 处理的维生素 C 含量增幅为 42.31％。可见，配施处理 AM1 在减施化肥配施低剂量菌剂和含氨基酸水溶肥的双重作用下有助于提升茄子维生素 C 含量，显著高于 AM2 和常规施肥。

综上所述，减施化肥配施低剂量菌剂和含氨基酸水溶肥的处理 AM1 在比常规处理 F 减施了 42.22％的氮磷钾养分基础上，利用氨基酸氮替代了 5％的化肥氮，并施以菌剂，使其产量比常规处理 F 增加了 21.34％，维生素 C 含量提高了 42.31％，充分证明了减施化肥配施低剂量菌剂和含氨基酸水溶肥是可行的。

表 5 - 49　微生物菌剂和氨基酸不同配施肥处理对茄子品质的影响

处理	可溶性糖含量（％）	硝酸盐含量（mg/kg）	可溶性蛋白质含量（mg/g）	维生素 C 含量（mg/100g）
A	1.27±0.05a	234.73±7.35a	0.76±0.04b	1.27±0.05b
AM1	1.14±0.07a	244.64±1.27a	0.97±0.04a	1.85±0.14a
AM2	1.26±0.07a	242.57±18.56a	0.95±0.03a	1.41±0.09b
F	1.32±0.14a	242.93±7.68a	0.96±0.05a	1.30±0.15b

3. 对设施茄子土壤养分的影响

由表 5-50 可看出，各处理土壤有效磷以配施处理 AM2 最高，显著高于 AM1 处理 24.03％，说明施入高剂量菌剂对提高有效磷含量效果高于低剂量菌剂；以配施处理 AM1 和常规处理 F 的土壤速效钾含量最高，与未施菌剂的 A 处理相比，AM1 处理的土壤速效钾含量显著高出 13.11％，说明低剂量菌剂可有效提高土壤速效钾含量；土壤全氮在各施肥处理均差异不显著。可见，AM2、AM1 处理在减施磷钾养分后配以微生物菌剂和氨基酸水溶肥，使有效磷、钾含量显著提升，且与常规处理 F 差异不显著，充分发挥了菌剂溶磷解钾的作用。

表 5-50　微生物菌剂和氨基酸不同配施肥处理土壤养分的变化

处理	全氮含量（g/kg）	有效磷含量（mg/kg）	速效钾含量（mg/kg）
A	0.39±0.06a	63.70±2.39ab	190.14±1.00b
AM1	0.34±0.04a	55.59±3.37b	215.07±11.97a
AM2	0.41±0.10a	68.95±2.22a	184.15±1.00b
F	0.43±0.13a	63.93±7.63ab	219.06±7.98a

在茄子盛果后期、八面风期、拉秧期采集 A、AM1、AM2、F 处理土壤溶液测定了硝态氮含量。图 5-48 结果表明，在 40cm 与 100cm 深度的土壤溶液硝态氮含量均呈现出 F＞AM2≈AM1≈A 的变化趋势。在 40cm 深度的土壤硝态氮方面，综合各施肥处理三个时期的硝态氮含量的平均值表明，与 F 处理相比，A、AM1、AM2 处理均降幅较大，三个处理差异不显著，平均降幅范围为 42.37％～55.50％。由此说明，减施化肥配施含氨基酸水溶肥的三个处理 A、AM1、AM2 相比常规处理 F 均可显著降低 40cm 土层硝态氮含量。

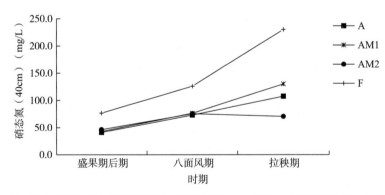

图 5-48　微生物菌剂和氨基酸不同配施肥处理下 40cm 深度土壤溶液硝态氮含量的变化

由图 5-49 可知，各施肥处理 100cm 深度的土壤硝态氮的变化规律与上述 40cm 土层变化规律基本一致。综合各施肥处理三个时期的硝态氮含量的平均值表明，与 F 处理相比，A、AM1、AM2 处理降幅差异不显著，平均降幅范围为 46.56％～63.77％，且显著低于常规施肥。说明了减施化肥配施含氨基酸水溶肥的三个处理 A、AM1、AM2 相比常规处理 F 可显著降低 100cm 深度的土壤硝态氮含量。

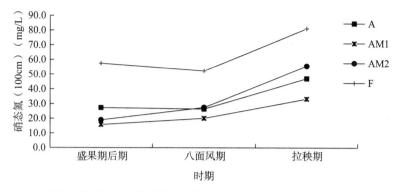

图 5-49　微生物菌剂和氨基酸不同配施肥处理下 100cm 深度土壤溶液硝态氮的变化

总体来说，在 40cm 与 100cm 深度的土壤中，常规处理 F 硝态氮含量最高，而利用减施化肥配施含氨基酸水溶肥和菌剂处理可大幅降低硝态氮含量，从而减轻了化肥的淋溶损失。

4. 对设施茄子土壤酶活性的影响

图 5-50 至图 5-52 可看出，A、AM1、AM2 和 F 处理的土壤脲酶活性（24h）分别为 0.64mg/g、0.62mg/g、0.71mg/g、0.60mg/g，处理之间无显著性差异。土壤碱性磷酸酶活性在处理中以 AM2 表现最高，显著高于常规处理 32.20％，表明 AM2 在提高土壤碱性磷酸酶活性方面有较大优势。A、AM1、AM2 处理的土壤蔗糖酶活性显著高于常规处理，分别提高了 33.74％、28.37％、33.74％。可见，配施处理 AM2 在提高土壤碱性磷酸酶和蔗糖酶活性方面表现最佳，显著高于常规处理。

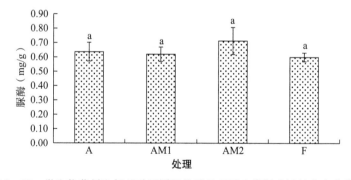

图 5-50　微生物菌剂和氨基酸不同配施肥处理下土壤脲酶活性的变化特征

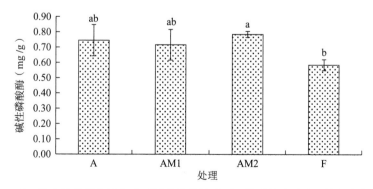

图 5-51　微生物菌剂和氨基酸不同配施肥处理下土壤碱性磷酸酶活性的变化特征

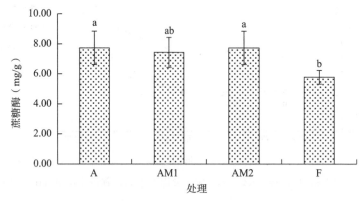

图 5-52 微生物菌剂和氨基酸不同施肥处理下土壤蔗糖酶活性的变化特征

5. 对设施茄子土壤微生物多样性的影响

不同施肥处理下土壤中微生物多样性变化特征如表 5-51 所示。ACE、Chao1 指数表明，在不同施肥处理下群落丰富度差异较大。在两个丰富度指数中均呈现 AM2≈A＞AM1＞F 的特征，A、AM1、AM2 显著高于常规处理，这三个处理的两个指数比常规处理提高 0.47%～0.73%、0.38%～0.83%，说明施用含氨基酸水溶肥和菌剂的三个处理均可以有效提高群落丰富度。相反地，传统施肥模式 F 在丰富度指数表现最低，这一结果可以证实，长期过量施用化肥会导致土壤微生物结构特征发生改变，土壤质量受到影响。

表 5-51 微生物菌剂和氨基酸不同配施肥土壤微生物多样性 4 种指数

处理	Shannon 指数	Simpson 指数	ACE	Chao1
A	6.761 06b	0.003 22b	2 500.55a	2 508.11a
AM1	6.707 37c	0.003 27b	2 494.26b	2 496.91b
AM2	6.795 85a	0.002 82c	2 500.61a	2 506.50a
F	6.680 60d	0.003 35a	2 482.51c	2 487.48c

Shannon 多样性指数表明，不同处理之间的多样性从大到小的顺序表现为 AM2＞A＞AM1＞F。与 ACE、Chao1 指数规律表现基本一致。与常规处理相比，三个处理的 Shannon 提高了 0.40%～1.73%，Simpson 指数降低了 2.39%～15.82%，说明了施用含氨基酸水溶肥和菌剂的三个处理可以有效地提高群落多样性。

综合四个指数发现，常规施肥处理模式 F 不仅降低了土壤微生物种群丰富度又损害了种群多样性，而且减施化肥并配以含氨基酸水溶肥和菌剂的组合处理可以提高土壤微生物种群丰富度和多样性。

由图 5-53 PCOA 分析可知，横、纵坐标为引起处理间差异的两个最大特征，PC1、PC2 变量分别为 75.02%、13.20%，总变量为 88.22%。可看出，施用含氨基酸水溶肥和菌剂的 A、AM1 和 AM2 处理距离相对较小，与常规施肥 F 处理相距较远，表明施用含氨基酸水溶肥和菌剂后的土壤微生物种群结构较为相似，与常规处理形成较大差异。

综上所述，AM1 施肥模式对茄子生长、土壤化学指标和土壤生物指标的作用效果表

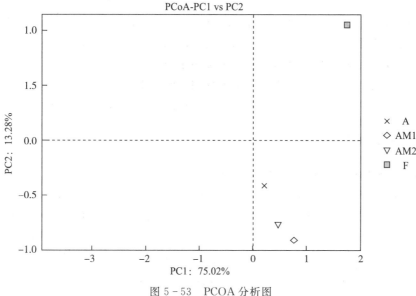

图 5 - 53　PCOA 分析图

现突出。与常规施肥相比，茄子产量、维生素 C 含量分别提高了 21.34％、42.31％，土壤微生物丰富度指数提高了 0.47％、0.38％，多样性指数也提高了 3.93％、2.39％，菌群结构与常规处理形成较大差异，土壤硝态氮淋溶下降 42.37％～63.77％，且在总养分投入降低 42.22％情况下，土壤酶活性、有效磷、速效钾及全氮含量均与常规处理差异不明显。由此推荐 AM1 施肥方案在设施茄子上应用是可行的。

（三）设施茄子微生物菌剂与氨基酸水溶肥配施的适宜时期

图 5 - 54 反映了与氨基酸水溶肥配合时设施茄子不同生育期施用微生物菌剂对设施茄子产量的影响。结果表明，不同生育期施用微生物菌剂处理茄子产量均显著高于 CK 处理，微生物菌剂施用时期不同，对产量的影响也存在一定差异。在设施茄子定植期（T1）、门茄期（T2）、对茄期（T3）、四门斗期（T4）和全生育期（T5）施用微生物菌剂的亩产量为 1 225～1 520kg，其中 T3 和 T5 差异不显著，且施用效果最高。

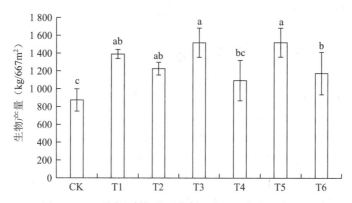

图 5 - 54　不同生育期施用菌剂对茄子生物产量的影响

与 T6（推荐施肥）处理相比，T1、T2、T3 和 T5 产量分别提高了 18.49％、4.40％、

29.37%和29.51%，尤其T3和T5提高显著。这一结果说明了施用菌剂能满足茄子在对茄期阶段对土壤养分大量的需求，可能两种功能菌在根部扩繁分泌了各种植物激素类物质，促进了茄子生长，因此，在氨基酸水溶肥施用基础上增施菌剂使茄子产量高于推荐施肥处理，且在对茄期和全生育期两种模式下施用菌剂效果最好。

综上所述，基于微生物菌剂在实际生产施用中的可操作性，全生育期施用可增加劳动力成本，与氨基酸水溶肥配合时推荐对茄期作为设施茄子施用菌剂的适宜时期。

四、主要研究进展

1. 优选出促进巨大芽孢杆菌分泌生长素的氨基酸

从19种氨基酸优选了可显著促进巨大芽孢杆菌分泌IAA的五种氨基酸，分别为色氨酸、蛋氨酸、谷氨酸、脯氨酸、苏氨酸，促进巨大芽孢杆菌分泌IAA含量，可分别比对照显著提高118%、55.92%、41.72%、40.24%和38.47%。氨基酸对巨大芽孢杆菌分泌生长素IAA的影响顺序为：色氨酸＞蛋氨酸、谷氨酸、脯氨酸＞苏氨酸＞胱氨酸。其中，胱氨酸抑制巨大芽孢杆菌分泌生长素IAA，比对照显著降低39.02%。

2. 探明了设施茄子巨大芽孢杆菌与氨基酸配施的生物效应

田间试验表明，设施茄子施用150L/hm² 巨大芽孢杆菌菌剂显著增产茄子11.72%。同时，与常规施肥相比，AM1施肥模式使茄子产量、维生素C含量分别显著提高21.34%、42.31%；土壤硝态氮含量下降42.37%～63.77%；土壤多样性提高3.93%、2.39%，菌群结构形成较大差异。该菌剂与氨基酸水溶肥配施的适宜时期为对茄期。

3. 揭示了设施茄子巨大芽孢杆菌与氨基酸配施的促生机制

水培试验表明，在优选出的氨基酸中，色氨酸和脯氨酸具有提升茄子幼苗根重及叶绿素含量的作用；谷氨酸、色氨酸和蛋氨酸显著促进巨大芽孢杆菌IAA的分泌，比单接菌提高了641%、172%和74.99%；脯氨酸显著促进了茄子根系IAA的分泌，与单种植物相比提高了121%。盆栽试验表明，在难溶态磷条件下，与对照相比，巨大芽孢杆菌与氨基酸配施处理可显著提高土壤有效磷45.87%、碱性磷酸酶活性5.69%、植株吸磷量59.75%；与单独接菌相比，可显著提高茄子生物量83.99%、根重50.02%；土壤有效磷33.91%、植株磷吸收量161.63%，表现出显著的溶磷促生效果。

第五节　草酸青霉菌溶磷能力及其对蔬菜的生物效应

通过前期研究，我们从小麦农田土壤分离筛选到一种草酸青霉菌（*Penicillium oxalicum*）HB1。初步试验表明，这种草酸青霉菌能产生草酸和柠檬酸（2-羟基-1,2,3-丙烷三羧酸）等低分子有机酸类物质，在无机磷固体培养基上生长良好，能产生明显的透明圈，溶解磷酸钙的有效磷含量高达945mg/L。本研究针对溶磷微生物菌种的开发，以草酸青霉菌的溶磷能力为研究对象，以草酸青霉菌HB1为试材，首先采用固体平板培养的方法对其溶解难溶性矿物态磷的能力进行定性鉴定；对其溶解4种矿物态磷源的能力进行定量研究；进而通过土壤培养试验探究草酸青霉菌HB1在两种磷水平土壤中的溶磷特性；最后，研究草酸青霉菌HB1对蔬菜种子发芽、幼苗生长及其改善土壤生物学性状的影响。

一、草酸青霉菌 HB1 对不同难溶性磷源的溶磷能力

（一）草酸青霉菌 HB1 溶磷能力的初步鉴定

溶磷圈直径（D）、菌落生长直径（d）及其比值（D/d）是表征溶磷菌的相对解磷能力的一个指标，可初步确定其溶磷效果。由图 5 - 55 可看出，草酸青霉菌 HB1 在磷酸钙、磷矿粉、磷酸铁、磷酸铝 4 种难溶性磷源的固体培养基上均可正常生长，其溶磷圈和菌落直径测定结果如表 5 - 52 所示。

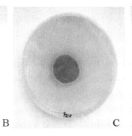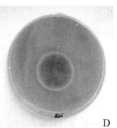

图 5 - 55　草酸青霉菌 HB1 在琼脂培养基上的生长情况
A. 磷酸钙　B. 磷矿粉　C. 磷酸铁　D. 磷酸铝

表 5 - 52　草酸青霉菌 HB1 在琼脂培养基上的溶磷能力

天数 (d)	溶磷圈 D（cm）				菌落 d（cm）				D/d			
	A	B	C	D	A	B	C	D	A	B	C	D
3	1.73	2.03	1.88	2.23	1.40	1.70	1.73	2.08	1.23	1.22	1.09	1.07
4	1.88	2.60	2.48	2.53	1.55	2.45	2.28	2.43	1.21	1.06	1.09	1.04
5	2.64	3.63	2.97	3.03	2.20	3.48	2.73	2.87	1.20	1.04	1.09	1.06
6	3.76	4.53	3.37	3.40	3.22	4.40	3.25	3.25	1.17	1.03	1.04	1.05
7	4.70	4.90	3.88	3.83	4.20	4.87	3.77	3.70	1.13	1.01	1.03	1.04
8	5.16	5.77	4.03	4.12	4.70	5.67	3.90	4.02	1.10	1.02	1.03	1.03

注：A 代表磷酸钙，B 代表磷矿粉，C 代表磷酸铁，D 代表磷酸铝。

在供试磷源为磷酸钙的固体培养基上，HB1 菌培养 8d 时其溶磷圈和菌落直径分别比第 3d 时增加了 199%、236%，其 D/d 的范围为 1.10～1.23；在供试磷源为磷矿粉的固体培养基上，培养 3～8d HB1 菌周围透明圈直径的增长速率为 27.89%～183.67%，菌落直径的增长速率为 44.12%～233.35%，其 D/d 的范围为 1.01～1.22；在以磷酸铁为磷源的固体平板上，其溶磷圈直径和菌落直径均在第 8d 达到最大值，与第 3d 相比分别增加了 114%、125%，其 D/d 范围为 1.03～1.09；在供试磷源为磷酸铝的琼脂培养基上，菌落和其周围透明圈的直径也随时间的增加而不断增大，其增长速率分别为 13.43%～84.37% 和 16.80%～92.85%，D/d 范围为 1.03～1.07。另外，从表 5 - 52 可以看出，草酸青霉菌 HB1 培养 3d 时其菌落周围均出现透明的溶磷圈，且 HB1 菌的溶磷圈、菌落均随着培养天数的增加逐渐增大，以磷矿粉的溶磷圈最大，但按其 D/d 大小关系则是磷酸钙最大，磷矿粉次之，磷酸铁第三，磷酸铝最小。

有研究报道，草酸青霉菌属菌株在以磷酸钙为磷源的培养基上可良好生长，且具有较高的溶磷效果，其中草酸青霉菌 P8 在以磷酸钙为磷源的固体培养基上培养 5d 的 D/d 为 1.26，草酸青霉菌株 P22、P29 和 P36 的 D/d 为 1.22～1.29。本研究草酸青霉菌 HB1 在磷酸钙为供试磷源的琼脂培养基上培养 3d 时 D/d 为 1.23，与前人研究结果相比 HB1 菌溶解磷酸钙的能力较好；另外，草酸青霉菌株 P36 在固体平板上溶解磷矿粉的 D/d 为 1.00，而草酸青霉菌 HB1 溶解磷矿粉 D/d 最大达到 1.22，因此 HB1 菌溶解磷矿粉的能力也较好；范丙全研究草酸青霉菌 P8 和 Pn1 时发现两株菌株在磷酸铁为磷源的琼脂培养基上 D/d 分别为 1.07 和 1.08，HB1 菌在以磷酸铁为供试磷源时其 D/d 达到 1.09，说明三个草酸青霉菌株对磷酸铁的溶解能力相似。由此可见，HB1 菌在固体平板上溶解难溶性磷源的能力较好。

（二）草酸青霉菌 HB1 溶解磷酸钙的能力分析

1. 溶磷能力

在液体培养条件下对 HB1 溶解磷酸钙的能力进行了测定。结果表明，与 CK、接灭活菌液相比，接种 HB1 菌的发酵液中有效磷含量均显著增加（图 5-56），且不同氮源对 HB1 菌的溶磷作用的影响不同。

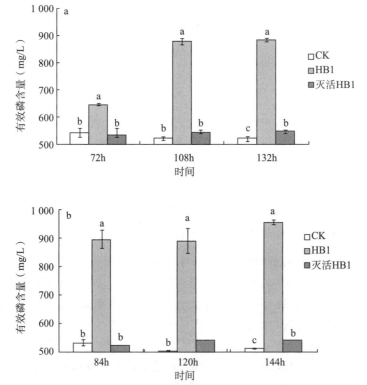

图 5-56　草酸青霉菌 HB1 溶解磷酸钙的能力
a. 铵态氮　b. 硝态氮
注：不同小写字母表示同时间不同处理间的差异显著（$P<0.05$），下同。

铵态氮为氮源条件下（图 5-56a），接种 HB1 菌的发酵液中有效磷含量在 132h 达到最大值，为884mg/L，比72h的有效磷含量显著增加了36.45%（$P<0.05$），与108h的有效磷含量差异不显著；相同培养时间内，接种HB1菌的发酵液有效磷含量均显著高于对照（$P<0.05$），分别增高了19.29%、68.39%、69.47%；相同培养时间内，接种HB1菌的发酵液有效磷含量也均显著高于接灭活菌处理（$P<0.05$），分别增高了20.92%、61.07%、61.01%。

硝态氮为氮源时（图5-56b），HB1菌处理的发酵液有效磷含量在144h达到最大值，为945mg/L，分别比84h、120h增加了6.54%、7.31%，但差异不明显；相同培养时间内，接种HB1菌的发酵液有效磷含量均显著高于对照（$P<0.05$），分别增高68.15%、76.96%、85.91%；同时，接HB1菌处理的发酵液有效磷含量也均显著高于接灭活菌处理（$P<0.05$），分别增高71.32%、64.27%、76.14%。

在两种氮源条件下，HB1菌均能不同程度地溶解磷酸钙，且在两种氮源条件下的溶磷能力都较好。

2. HB1溶解磷酸钙过程中pH的变化及其与有效磷的关系

分别以硫酸铵、硝酸钠为氮源，接种草酸青霉菌HB1，测定了摇瓶中培养液的pH（表5-53）。

表5-53　磷酸钙为磷源时草酸青霉菌HB1培养液中pH的变化

不同处理	$(NH_4)_2SO_4$			$NaNO_3$		
	72h	108h	132h	84h	120h	144h
CK	6.59±0.01a	6.49±0.02a	6.64±0.09a	6.38±0.01a	6.34±0.04a	6.29±0.01a
HB1	5.74±0.09c	5.26±0.06c	5.46±0.06c	6.19±0.03b	6.14±0.06b	6.09±0.06b
灭活HB1	6.19±0.01b	6.13±0.03b	6.18±0.03b	6.06±0.02c	6.05±0.02b	6.02±0.02b

注：同列数据后不同字母表示不同处理间差异显著（$P<0.05$）。

供应铵态氮时，培养72h后，接种HB1菌后溶液的pH显著降低（$P<0.05$），分别比对照和灭活菌处理降低了12.89%和7.27%；培养108h，其上清液的pH分别比对照和灭活菌处理降低了18.95%和14.19%，且差异也分别达到了显著水平（$P<0.05$）；培养132h，HB1菌处理分别与对照和灭活菌处理相比，降低了17.77%和11.65%，差异均显著（$P<0.05$）。在本次研究中发现，HB1菌液的pH与其有效磷含量之间存在极显著负相关关系（图5-57a）（$r=-0.83^{**}$），说明随着pH的降低HB1菌溶解磷酸钙的能力逐渐增大。也就是说草酸青霉菌HB1在磷酸钙为磷源的培养基中生长的过程中，向外分泌氢质子或有机酸导致pH降低，pH降低促进了磷酸钙的溶解。分析发酵液并没有发现有机酸的存在，因此，可能是HB1菌在生长过程中分泌的氢质子所致。供应硝态氮时，培养84h，HB1菌的上清液pH比对照显著降低了2.97%（$P<0.05$）；培养120h，接种HB1菌的菌液pH与对照之间差异显著（$P<0.05$），低于对照3.15%，但与接灭活菌处理之间差异不显著；培养144h，HB1菌液的pH仍然显著低于对照（$P<0.05$），比对照降低了3.18%，但与灭活菌处理相比差异仍不显著。且在本次试验中，HB1发酵液的pH和有效磷含量之间没有显著的负相关关系（图5-57b）。

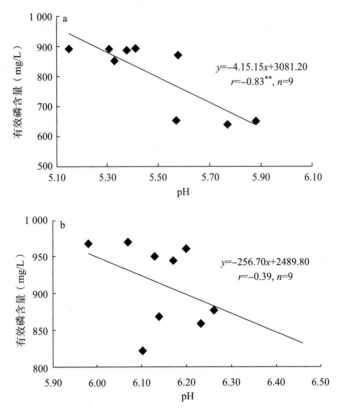

图 5 - 57　草酸青霉菌 HB1 溶解磷酸钙的过程中有效磷含量与 pH 之间的关系

a. 铵态氮　b. 硝态氮

（三）草酸青霉菌 HB1 溶解磷矿粉的能力分析

1. 溶磷能力

供试菌株草酸青霉菌 HB1 在以磷矿粉为唯一磷源的液体培养基生长过程中能够有效地溶解、转化磷矿粉中的难溶磷并为自身所用（图 5 - 58）。

氮源为铵态氮条件下（图 5 - 58a），接种 HB1 菌的发酵液中有效磷含量在 132h 达到最大值，比 72h 显著增加了 330%（$P<0.05$），比 108h 显著增加了 19.63%（$P<0.05$）。相同培养时间内，接种 HB1 菌的发酵液有效磷含量均显著高于对照和接灭活菌处理（$P<0.05$），分别增加了 77.63 倍和 42.68 倍、350 倍和 98.01 倍、189 倍和 900 倍。

供试氮源为硝态氮时（图 5 - 58b），HB1 菌处理的发酵液有效磷含量在 144h 达到最大值，比 84h 显著增加了 83.82%（$P<0.05$），与 120h 的有效磷含量差异不显著。培养 84h，分别与对照和接灭活菌处理相比，接种 HB1 菌的发酵液有效磷含量与两者的差异均显著（$P<0.05$），是对照的 23.07 倍，是灭活菌处理的 9.95 倍；培养 120h，HB1 菌处理的发酵液有效磷含量显著高于对照（$P<0.05$），为对照的 52.18 倍，同时也显著高于灭活菌处理（$P<0.05$），是它的 12.23 倍；培养 144h，也是 HB1 菌处理的有效磷含量最高，差异显著（$P<0.05$），是对照和灭活菌处理的 161 倍和 12.02 倍。

　　在两种氮源条件下，HB1 菌均能不同程度地溶解磷矿粉，但在铵态氮条件下的溶磷能力要显著高于硝态氮，是它的 7.14 倍（$P<0.01$）。

　　另外，HB1 菌在溶解矿粉过程中，无论是使用哪种氮源，随着培养时间的增加，有效磷的浓度也一直处于增高趋势，这说明 HB1 菌的溶磷能力比较稳定，其在自身的生长过程中不会降低培养液的有效磷浓度。

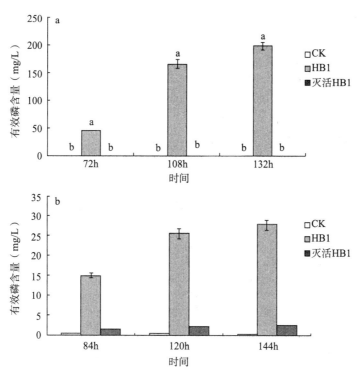

图 5-58　草酸青霉菌 HB1 溶解磷矿粉的能力

a. 铵态氮　　b. 硝态氮

2. HB1 溶解磷矿粉过程中 pH 的变化及其与有效磷的关系

　　以磷矿粉为供试磷源，接种草酸青霉菌 HB1，测定摇瓶中培养液的 pH（表 5-54）。供应铵态氮时，培养 72h 后，HB1 菌处理液 pH 分别比对照和灭活菌降低了 32.19% 和 30.12%，差异均达到显著水平（$P<0.05$）；培养 108h，HB1 菌处理的 pH 也低于对照和灭活菌处理，降低了 35.24%、34.37%；培养 132h，HB1 菌处理的 pH 仍最低，比对照低 36.04%，比灭活菌处理低 35.35%，差异均显著（$P<0.05$）。但是 HB1 菌培养期间 pH 变化不显著。同时发现，其 pH 与有效磷含量之间也存在极显著负相关关系（$r=-0.94**$）（图 5-59a），其溶磷机理可能和溶解磷酸钙一样，吸收铵态氮从而向外分泌氢质子，使 pH 下降，进而溶解磷矿粉。

　　供应硝态氮时，接种 HB1 菌处理的发酵液 pH 也显著低于对照和灭活菌处理（$P<0.05$）；培养 84h、120h、144h，HB1 菌处理的 pH 分别比对照和灭活菌处理降低了 20% 和 18.87%、21.18% 和 19.30%、21.48% 和 19.61%。HB1 菌培养期间内其 pH 变化不明显，而且其 pH 与有效磷含量之间也没有显著的负相关关系（图 5-59b）。

表 5-54　磷源为磷矿粉时草酸青霉菌 HB1 培养液中 pH 的变化

不同处理	(NH₄)₂SO₄			NaNO₃		
	72h	108h	132h	84h	120h	144h
CK	7.58±0.03a	7.52±0.10a	7.52±0.03a	7.20±0.01a	7.27±0.05a	7.31±0.04a
HB1	5.14±0.03c	4.87±0.05b	4.81±0.02b	5.76±0.04c	5.73±0.01c	5.74±0.02c
灭活 HB1	7.37±0.02b	7.42±0.05a	7.44±0.04a	7.09±0.04b	7.10±0.01b	7.14±0.02b

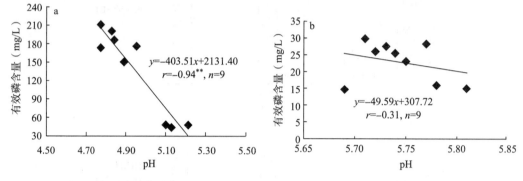

图 5-59　草酸青霉菌 HB1 溶解磷矿粉的过程中有效磷含量与 pH 之间的关系
a. 铵态氮　b. 硝态氮

（四）草酸青霉菌 HB1 溶解磷酸铁的能力分析

1. 溶磷能力

在我国南方，大部分土壤的 pH 都较低，土壤中的有效磷多被 Fe、Al 等金属离子吸附固定，以铁铝磷酸盐的形式存在。因此，针对此类现象，探究了 HB1 菌对磷酸铁的溶解效果（图 5-60）。

结果表明，供应铵态氮时，在 72h 接种 HB1 菌的发酵液中有效磷含量达到最高，比 108h 的有效磷含量高出 30.69%，但差异不显著；比 132h 的有效磷含量高出 46.96%，差异达到显著水平（$P<0.05$）。相同培养期间内，HB1 菌处理的有效磷含量始终显著高于对照（$P<0.05$），在 72h 时，接种 HB1 菌的发酵液中有效磷含量是对照的 2.56 倍；在 108h 时，接种 HB1 菌的发酵液中有效磷含量是对照的 1.97 倍；在 132h，接种 HB1 菌的发酵液中有效磷含量是对照的 1.84 倍；在相同培养期间内，HB1 菌处理的有效磷含量也始终显著高于灭活菌处理（$P<0.05$），分别为灭活菌处理的 2.01 倍、2.49 倍和 2.32 倍。

供应硝态氮时，HB1 菌处理的有效磷含量在 84h 达到最高，比 120h 显著高出 11.61%（$P<0.05$），但与 144h 的有效磷含量差异不显著。相同培养时间内，HB1 菌的有效磷含量显著高于对照和灭活菌处理，在 84h，接种 HB1 菌的发酵液中有效磷含量分别是对照和接灭活菌处理的 1.78 倍和 1.25 倍，差异均达到显著水平（$P<0.05$）；在 120h，是对照和接灭活菌处理的 1.82 倍和 2.00 倍，差异均显著（$P<0.05$）；在 144h，分别是对照和接灭活菌处理的 1.84 倍和 1.80 倍，差异均达到显著水平（$P<0.05$）。

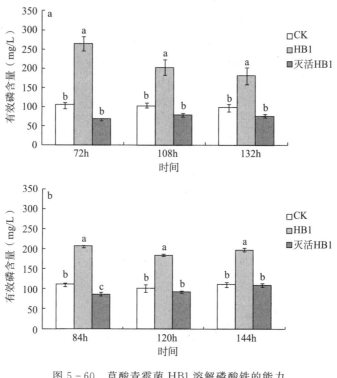

图 5-60　草酸青霉菌 HB1 溶解磷酸铁的能力

a. 铵态氮　b. 硝态氮

综合比较 HB1 菌在两种氮源条件下的溶磷能力，供应铵态氮时发酵液有效磷含量和供应硝态氮时差异不显著。

2. HB1 溶解磷酸铁过程中 pH 的变化及其与有效磷的关系

由表 5-55 可知，供应铵态氮时，培养 72h、108h、132h，接种 HB1 菌后溶液的 pH 也显著低于对照和接灭活菌处理（$P<0.05$），分别比对照和灭活菌处理降低 33.55％和 27.38％、21.92％和 17.19％、2.41％和 14.89％，且培养液 pH 与有效磷含量之间呈极显著负相关性（$r=-0.85^{**}$）（图 5-61a）。其溶磷机理同样也是草酸青霉菌 HB1 在磷酸铁为磷源的培养基中生长的过程中，向外分泌氢质子导致 pH 降低，pH 降低促进了磷酸铁的溶解。

表 5-55　磷源为磷酸铁时草酸青霉菌 HB1 培养液中 pH 的变化

不同处理	$(NH_4)_2SO_4$			$NaNO_3$		
	72h	108h	132h	84h	120h	144h
CK	4.59±0.10a	4.38±0.17a	4.64±0.12a	4.53±0.02b	4.47±0.02b	4.57±0.02b
HB1	3.05±0.19b	3.42±0.28b	3.60±0.15b	5.51±0.15a	5.63±0.13a	5.75±0.13a
灭活 HB1	4.20±0.01a	4.13±0.06a	4.23±0.09a	4.14±0.02c	4.14±0.02c	4.15±0.00c

供应硝态氮时，培养 84h、120h、144h，接种 HB1 菌处理的 pH 与对照和灭活菌处

理相比显著升高了（$P < 0.05$），分别比对照和灭活菌处理升高了 21.63% 和 33.09%、25.95% 和 35.99%、25.82% 和 38.55%，其原因是因为供应氮源为硝态氮，HB1 菌在生长和溶磷过程中吸收硝态氮，而硝态氮又主要是和 H^+ 协同被吸收，所以使溶液中 OH^- 数量增多，进一步导致培养液的 pH 升高。分析培养液 pH 与有效磷含量之间的关系，发现二者之间没有显著的负相关关系（图 5 - 61b）。

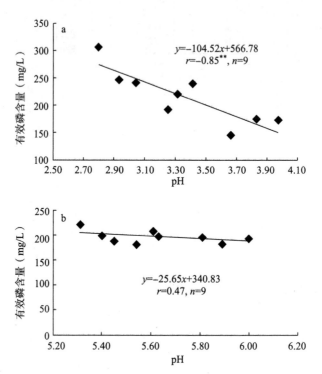

图 5 - 61　草酸青霉菌 HB1 溶解磷酸铁的过程中有效磷含量与 pH 之间的关系
a. 铵态氮　b. 硝态氮

（五）草酸青霉菌 HB1 溶解磷酸铝的能力分析

1. 溶磷能力

图 5 - 62 为草酸青霉菌 HB1 溶解磷酸铝时培养液有效磷含量的变化情况。

供应铵态氮时，培养 72h、108h、132h，接种 HB1 菌的发酵液中有效磷含量之间无显著差异，但却显著高于对照和灭活菌处理（$P < 0.05$），分别高于对照和灭活菌处理 2.10 倍和 3.87 倍、2.17 倍和 4.00 倍、2.06 倍和 3.69 倍。

供应硝态氮时，培养期间 HB1 菌的有效磷含量差异不显著。在 84h，HB1 菌处理的有效磷含量显著高于对照和灭活菌处理（$P < 0.05$），分别是其 3.69 倍和 8.01 倍；在 120h，HB1 菌处理的有效磷含量也显著高于对照和灭活菌处理（$P < 0.05$），分别是对照和接灭活菌处理的 4.07 倍和 3.89 倍；在 144h，HB1 菌处理的有效磷含量分别高于对照和灭活菌处理，是它的 3.99 倍和 6.84 倍，差异均显著（$P < 0.05$）。

HB1 溶解磷酸铝的能力在硝态氮条件下大于铵态氮（$P < 0.01$），最大为它的 3.29 倍。所以，磷源为磷酸铝时，最好的供试氮源是硝态氮。

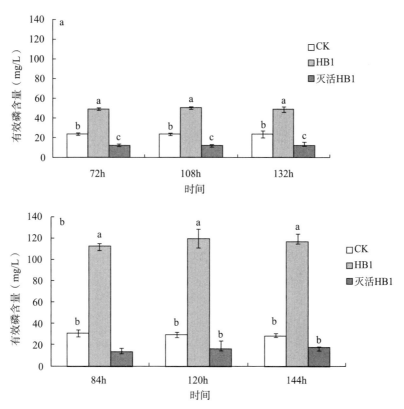

图 5 - 62　草酸青霉菌 HB1 溶解磷酸铝的能力
a. 铵态氮　b. 硝态氮

2. HB1 溶解磷酸铝过程中 pH 的变化及其与有效磷的关系

由表 5 - 56 可知，供应铵态氮时，培养期间 pH 关系始终为：HB1 菌处理＜灭活菌处理＜对照，HB1 菌处理的 pH 分别比对照和灭活菌处理降低了 43.26％和 38.02％、42.65％和 35.83％、40.73％和 32.22％，差异均显著（$P<0.05$）。但培养液 pH 与有效磷含量之间没有显著的负相关关系（图 5 - 63a）。

表 5 - 56　磷源为磷酸铝时草酸青霉菌 HB1 培养液中 pH 的变化

不同处理	$(NH_4)_2SO_4$			$NaNO_3$		
	72h	108h	132h	84h	120h	144h
CK	6.75±0.12a	6.87±0.02a	6.85±0.02a	6.46±0.10a	6.46±0.12a	6.46±0.09a
HB1	3.83±0.11c	3.94±0.09c	4.06±0.06c	5.03±0.09c	4.91±0.04c	4.96±0.04c
灭活 HB1	6.18±0.12b	6.14±0.07b	5.99±0.12b	6.00±0.02b	6.03±0.04b	5.98±0.02b

供应硝态氮时，培养 84h、120h、144h，接种 HB1 菌处理的 pH 显著低于对照和灭活菌处理（$P<0.05$），分别降低了 22.14％和 16.17％、23.99％和 18.57％、23.22％和 17.06％，且培养液 pH 与有效磷含量之间也没有显著的负相关关系（图 5 - 63b）。

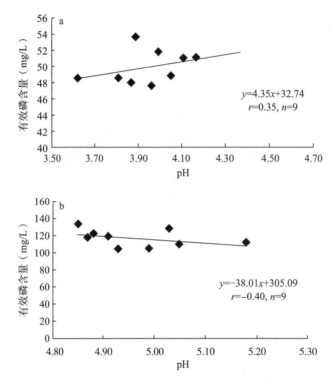

图 5-63　草酸青霉菌 HB1 溶解磷酸铝的过程中有效磷含量与 pH 之间的关系
a. 铵态氮　b. 硝态氮

草酸青霉菌 P8 溶解磷酸钙的有效磷浓度最高达 31.11mg/L，草酸青霉菌 C′溶解磷酸钙的有效磷浓度最高达 642mg/L，本研究中，草酸青霉 HB1 菌在两种氮源条件下溶解磷酸钙的有效磷浓度分别为 884mg/L 和 945mg/L，由此可见 HB1 菌的溶磷能力较好。

二、草酸青霉菌 HB1 对两种磷水平土壤的溶磷能力

（一）两种磷水平土壤中添加草酸青霉菌 HB1 后 pH 的变化

各处理土壤中 pH 的动态变化如表 5-57 所示。在低磷土壤中，培养 21d，与对照相比，添加草酸青霉菌 HB1 的土壤 pH 虽有所下降，但差异不显著（$P > 0.05$）；在第 37d 时，与对照相比，低磷土壤的 pH 差异显著（$P < 0.05$），降低了 8.13%。

表 5-57　添加 HB1 对低磷和高磷土壤中 pH 变化的影响

天数 (d)	低磷土		高磷土	
	CK	HB1	CK	HB1
1	7.64±0.03c	7.67±0.09ab	7.09±0.08abc	7.19±0.02a
3	8.21±0.05ab	7.90±0.16ab	7.32±0.19a	7.07±0.04ab
5	8.21±0.01ab	8.10±0.11a	7.00±0.07bc	6.89±0.07b

（续）

天数	低磷土		高磷土	
(d)	CK	HB1	CK	HB1
7	8.03±0.19abc	7.61±0.19ab	6.91±0.05bcd	6.89±0.05b
10	7.88±0.09bc	7.78±0.06ab	6.66±0.09d	6.48±0.10a
14	7.84±0.03bc	7.55±0.29b	6.80±0.10cd	6.63±0.06a
21	8.00±0.28abc	7.79±0.05ab	7.03±0.06abc	6.97±0.04b
37	8.36±0.05a	7.68±0.11ab*	7.15±0.02ab	7.08±0.01ab*

注：同列数据后不同字母表示不同培养时间同处理间差异显著（$P<0.05$），＊表示相同培养时间不同处理间差异显著（$P<0.05$）。下同。

在高磷土壤中，培养21d，添加草酸青霉菌HB1的土壤pH与对照相比，也有不同程度地下降，但差异也不显著（$P>0.05$）；而在第37d时，接HB1菌的高磷土壤pH比对照显著降低了0.98%（$P<0.05$）。

（二）草酸青霉菌HB1在两种磷水平土壤中的定殖情况

菌株在土壤中的定殖情况直接影响着菌株在土壤中发挥溶磷作用，其中溶磷菌能否在作物根际土壤成功定殖至关重要。一般而言，溶磷菌株在土壤中的定殖能力越强，代谢分泌物越多，其功能就越显著。菌株在土壤中的定殖能力是衡量菌株溶磷能力的一种有效方法。因此，本研究采用了平板计数法来探究草酸青霉菌HB1在不同磷水平土壤中的定殖情况，将菌株HB1接种到两种不同有效磷水平土壤中，结果表明，菌株HB1在土壤中均能很好的定殖（图5-64）。

在低磷土壤中（图5-64a），培养到第3d时，HB1菌的菌数数量达到最大，为1.30×10^8 CFU/g，超过初始数量的9.77倍，之后开始逐渐下降，到第37d时，菌株基本全部消亡。

在高磷土壤中（图5-64b），HB1菌接入土壤后的第1d菌数数量就迅速增加，达到1.60×10^8 CFU/g，高于初始数量12.03倍。虽然在之后的培养时间内菌株数量开始呈下降的趋势，在第37d时菌数数量达到最低值，但其仍旧高于初始数量，为初始数量的1.19倍。

综上，说明HB1菌可以很好地在低磷土壤和高磷土壤中定殖。

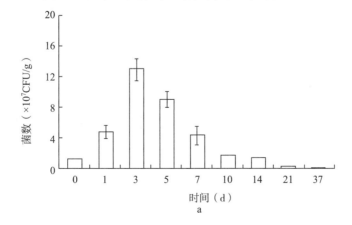

a

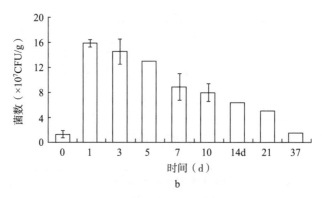

图 5-64 草酸青霉菌 HB1 在土壤中的定殖情况

a. 低磷土　b. 高磷土

（三）草酸青霉菌 HB1 对两种磷水平土壤有效磷含量变化的影响

从图 5-65 可以看出，在两种磷水平土壤中，与对照相比，接种菌株 HB1 的土壤有效磷含量随着培养时间的增加均呈升高趋势，这说明草酸青霉菌 HB1 具有较好的溶磷效果。

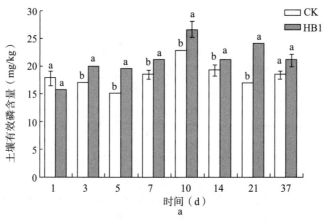

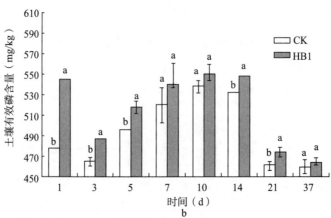

图 5-65 草酸青霉菌 HB1 对土壤有效磷含量的影响

a. 低磷土　b. 高磷土

在低磷土壤中（图 5-65a），接种 HB1 菌的土壤有效磷含量在第 10d 达到最大值。培养 3～21d 内，比对照增加了 17.44%～45.00%，且差异显著（$P<0.05$），溶磷效果明显；在第 37d 时两者之间的差异虽不显著，但土壤有效磷含量仍比对照增加了 14.28%。

在高磷土壤中（图 5-65b），从培养时间的第 1d 开始，接种 HB1 菌土壤的有效磷含量就得到了显著提升，至培养时间结束，其土壤有效磷含量也一直高于对照，较对照增加了 0.96%～14.17%。

另外，在培养期间，对照土壤的有效磷含量也有一定增加，是因为土壤微生物系中也有一定的溶磷菌在发挥作用。

综上可知，HB1 菌在溶解难溶性磷源时，培养介质的 pH 会有所下降。此现象与 HB1 菌的溶磷机理有关，它在溶磷过程中会分泌或产生一些致酸物质从而导致难溶性磷的溶解。

三、草酸青霉菌 HB1 对种子萌发及幼苗生长的影响

（一）草酸青霉菌 HB1 发酵液对 3 种蔬菜种子发芽率的影响

由图 5-66 可知，HB1 菌不同梯度浓度发酵液处理（10^4、10^5、10^6）黄瓜种子第 8d 发芽率分别为 86.49%、92.50%、100.00%，分别是对照的 1.02 倍、1.09 倍、1.18 倍；经计算，HB1 菌不同梯度浓度发酵液处理（10^4、10^5、10^6）黄瓜种子发芽指数分别为 39.21、44.72、53.80，分别是对照的 1.74 倍、1.98 倍、2.38 倍。其中，经 HB1 菌 10^6 倍发酵液稀释液处理的种子发芽率和发芽指数达到最高，但和其他处理之间差异不显著（$P>0.05$）。

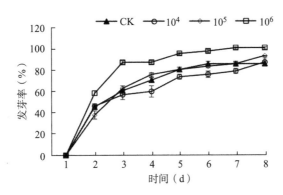

图 5-66 草酸青霉菌 HB1 对黄瓜种子发芽率随时间的变化情况

由图 5-67 可知，HB1 菌不同梯度浓度发酵液处理（10^4、10^5、10^6）辣椒种子第 14d 发芽率分别 94.67%、95.95%、98.67%，分别是对照的 1.00 倍、1.02 倍、1.05 倍；经计算，HB1 菌不同梯度浓度发酵液处理（10^4、10^5、10^6）辣椒种子发芽指数分别为 82.01、78.58、84.91，分别是对照的 1.03 倍、0.99 倍、1.07 倍。其中经 HB1 菌 10^6 倍发酵液稀释液处理的种子发芽率和发芽指数达到最高，但和其他处理之间差异不显著（$P>0.05$）。

由图 5-68 可知，HB1 菌不同梯度浓度发酵液处理（10^4、10^5、10^6、10^7）白菜种子第 7d 发芽率分别为 86.00%、90.00%、90.00%、92.00%，分别是对照的 0.95 倍、

0.99 倍、0.99 倍、1.01 倍；经计算，HB1 菌不同梯度浓度发酵液处理（10^4、10^5、10^6、10^7）大白菜种子，发芽指数分别为 100.44、114.91、107.12、113.64，分别是对照的 0.87 倍、1.00 倍、0.93 倍、0.98 倍。其中经 HB1 菌 10^7 倍发酵液稀释液处理的种子发芽率达到最高，但和其他处理之间差异不显著（$P > 0.05$）。

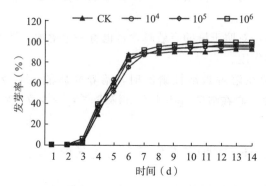

图 5-67　草酸青霉菌 HB1 对辣椒种子发芽率随时间的变化情况

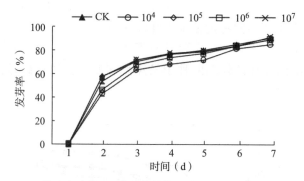

图 5-68　草酸青霉菌 HB1 对大白菜种子发芽率随时间的变化情况

（二）草酸青霉菌 HB1 发酵液对蔬菜幼苗地上部生长的影响

一般情况下采用相对幼苗高度（RSH）来表示植株幼苗地上部的生长情况，表 5-58 表示草酸青霉菌 HB1 对 3 种蔬菜相对幼苗高度的影响。随着草酸青霉菌 HB1 发酵液稀释倍数的增加，3 种蔬菜的相对幼苗高度均呈现逐渐增加的趋势，说明草酸青霉菌 HB1 低浓度的发酵液可以不同程度上促进黄瓜、辣椒及大白菜幼苗地上部的生长。其中 10^6 倍稀释液对促进黄瓜幼苗地上部生长的效果最好，相对幼苗高度为 194.43%，相比于 10^4 倍稀释液处理和 10^5 倍稀释液处理分别增加 48.85 和 36.27 个百分点，但处理之间差异不显著（$P > 0.05$）；10^6 倍稀释液对促进辣椒幼苗地上部生长的效果也最好，相对幼苗高度为 173.72%，相比于 10^4 倍稀释液处理和 10^5 倍稀释液处理分别增加 49.93 和 25.05 个百分点，且 10^6 倍稀释液处理与 10^4 倍稀释液处理之间差异显著（$P < 0.05$）；10^7 倍稀释液对促进大白菜幼苗地上部生长的效果最好，相对幼苗高度为 140.50%，相比于 10^4 倍稀释液处理、10^5 倍稀释液处理和 10^6 倍稀释液处理分别增加 48.85、38.25 和 25.85 个百分点，且 10^7 倍稀释液处理与其余 3 个处理之间差异均显著（$P < 0.05$）。

表 5-58　草酸青霉菌 HB1 对 3 种蔬菜相对幼苗高度的影响

处理	稀释倍数			
	10^4	10^5	10^6	10^7
黄瓜	145.58±0.17a	158.16±0.26a	194.43±0.48a	—
辣椒	123.79±0.11b	148.67±0.12ab	173.72±0.13a	—
大白菜	91.65±0.04c	102.25±0.05bc	114.65±0.04b	140.50±0.06a

注：同列数据后不同字母表示不同处理间差异显著（$P<0.05$）。

（三）草酸青霉菌 HB1 发酵液对蔬菜幼苗根耐性指数的影响

蔬菜幼苗根耐性指数是指处理根长与对照根长的百分比，用于表征不同浓度梯度草酸青霉菌 HB1 发酵液处理下对蔬菜幼苗根系伸长的影响。表 5-59 表示草酸青霉菌 HB1 对 3 种蔬菜根耐性指数的影响。由表 5-59 可知，3 种蔬菜的幼苗根耐性指数也均随着草酸青霉菌 HB1 发酵液稀释倍数的增加呈现逐渐增加的趋势。发酵液稀释倍数越大，促进效果越明显。由此说明，草酸青霉菌 HB1 发酵液的高倍数稀释液可以在很大程度上促进黄瓜、辣椒及大白菜幼苗根系的伸长。其中 10^4 倍稀释液对 3 种蔬菜幼苗根系的伸长效果最差，10^6 倍稀释液对黄瓜幼苗根系的伸长效果最好，但处理之间差异均不显著（$P>$0.05）；10^6 倍稀释液对辣椒幼苗根系的伸长效果也最好，但处理之间差异也均不显著（$P>0.05$）；10^7 倍稀释液对促进大白菜幼苗根系的伸长效果最好，相比 10^4 倍稀释液处理、10^5 倍稀释液处理和 10^6 倍稀释液处理分别增加 73.36、63.77 和 36.70 个百分点，且 10^7 倍稀释液处理与 10^4 倍稀释液处理、10^5 倍稀释液处理之间差异显著（$P<0.05$），与 10^6 倍稀释液处理之间差异不显著（$P>0.05$）。

表 5-59　草酸青霉菌 HB1 对 3 种蔬菜根耐性指数的影响

处理	稀释倍数			
	10^4	10^5	10^6	10^7
黄瓜	101.92±0.23a	105.94a±0.12a	125.62±0.11a	—
辣椒	102.85±0.19a	103.86a±0.19a	104.90±0.19a	—
大白菜	71.09±0.06b	80.68b±0.13b	107.75±0.12ab	144.45±0.23a

种子萌发是一个非常复杂的生理过程，各种内在、外在因素均对种子的萌发产生一定的影响。草酸青霉菌 HB1 发酵液稀释液对黄瓜、辣椒及大白菜 3 种蔬菜种子萌发的影响因蔬菜种类的不同而不一样。从其对蔬菜种子发芽率、相对幼苗高度及根耐性指数的影响综合来看，草酸青霉菌 HB1 低浓度的稀释菌液有助于提高种子的发芽率，促进蔬菜幼苗的生长，其中在 10^6 倍稀释液处理下，黄瓜和辣椒种子的生长最好；在 10^7 倍稀释液处理下，大白菜种子生长最好。

四、草酸青霉菌 HB1 对土壤供磷及大白菜生长的影响

（一）草酸青霉菌 HB1 对土壤磷有效性的影响

1. 对土壤有效磷含量的影响

图 5-69a 为土壤培养试验土壤有效磷含量。从图中可以看出，+秸秆处理的土壤有

效磷含量与对照相比降低了 16.24%，且二者之间差异显著（$P<0.05$），此外，＋秸秆＋HB1 处理的土壤有效磷含量与＋HB1 处理相比也显著降低了 17.72%（$P<0.05$）。这说明在没有种植植物的土壤培养过程中添加小麦秸秆不利于土壤固定态磷的释放，可能是因为草酸青霉菌 HB1 具有分解纤维素和溶解土壤磷的双重功能所致。此外 HB1 添加并没有明显影响土壤中有效磷的水平。

图 5-69b 为大白菜培养试验中土壤有效磷含量。从图中可以看出，＋秸秆处理的土壤有效磷含量比对照显著降低了 45.13%（$P<0.05$）；而且＋秸秆＋HB1 处理比＋HB1 处理也显著降低了 13.69%（$P<0.05$）。这说明在种植大白菜的情况下，添加秸秆降低了土壤的有效磷含量。但是在添加秸秆的同时再添加 HB1 菌，土壤有效磷的含量提高了 45.22%，且差异达到显著水平（$P<0.05$）。此结果进一步明确了在秸秆还田条件下，种植白菜施用草酸青霉菌 HB1 可以促进土壤中磷素的释放。

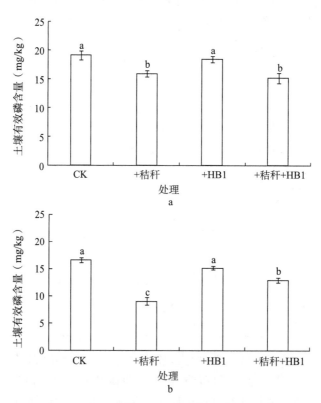

图 5-69　草酸青霉 HB1 对土壤有效磷含量的影响
a. 土壤培养试验　b. 大白菜培养试验

2. 对大白菜磷吸收量的影响

通过大白菜磷吸收量来表征土壤磷素被活化的供给能力。如表 5-60 所示，从地上部磷吸收量来看，＋秸秆处理、＋HB1 处理的磷吸收量与 CK 相比分别增加了 59.59%、76.68%；而＋秸秆＋HB1 处理的磷吸收量与＋秸秆处理、＋HB1 处理相比减少了 64.29%、67.74%，且处理之间的差异均达到显著水平（$P<0.05$）。由此说明，单施 HB1 菌增加了大白菜地上部磷的吸收量，而秸秆还田条件下施用 HB1 菌则显著降低了大

白菜地上部植株磷吸收量。这是因为该处理大白菜生物量最低造成的。

表 5 – 60　草酸青霉菌 HB1 对大白菜磷吸收量的影响

处理	单盆地上部磷吸收量（mg）	单盆根部磷吸收量（mg）	单盆大白菜磷总吸收量（mg）
CK	1.93±0.97ab	0.14±0.04c	2.07±0.97bc
＋秸秆	3.08±1.31a	0.20±0.04bc	3.27±1.32ab
＋HB1	3.41±0.34a	0.34±0.06a	3.76±0.37a
＋秸秆＋HB1	1.10±0.22b	0.23±0.04b	1.33±0.26c

从根部磷吸收量来看，＋HB1 处理的磷吸收量与 CK 相比增加了 60.58%，且二者之间差异显著（$P<0.05$）；＋秸秆＋HB1 处理比＋秸秆处理的磷吸收量增加了 15.00%，这进一步验证了试验结果，添加 HB1 菌有助土壤有效磷的增加，从而促进了大白菜根系对磷的吸收。

从大白菜磷总吸收量来看，与 CK 相比，＋HB1 处理的磷总吸收量增加了 81.64%，两者之间差异显著（$P<0.05$）。但＋秸秆＋HB1 处理与＋HB1 处理相比减少了 64.63%，且二者之间的差异达到显著水平（$P<0.05$）。由此说明，单施草酸青霉菌 HB1 不仅促进了大白菜的生长，而且明显促进了土壤中难溶性磷的释放，这进一步肯定了在种植植物的情况下施用草酸青霉菌 HB1 提高了土壤磷素的活化能力。但是，对于施用秸秆和草酸青霉菌 HB1 的处理，二者配施虽然促进了土壤磷的释放，促进了根中磷的累积，但是该处理增加的微生物数量与大白菜竞争土壤有效养分的程度也加强了，严重抑制了大白菜的生长，其生物量最低，因此大白菜植株对磷的累积最少。

（二）草酸青霉菌 HB1 对土壤酶活性的影响

1. 对土壤碱性磷酸酶活性的影响

土壤磷酸酶能将有机磷酯水解成无机磷酸盐，在植物吸收利用土壤有效磷过程中起着重要的作用，其活性可作为土壤供磷能力的重要指标之一。而且土壤的磷酸酶活性会对溶磷菌溶解难溶性无机磷产生影响。本试验供试土壤的 pH 呈碱性，因此针对性测定了不同处理情况下土壤碱性磷酸酶活性。

从图 5 – 70a 可看出，与对照相比，＋秸秆、＋HB1、＋秸秆＋HB1 三个处理的土壤碱性磷酸酶活性都高于对照，提高幅度分别为 37.64%、10.62%、27.11%，且＋秸秆处理、＋秸秆＋HB1 处理的土壤碱性磷酸酶活性与对照相比，其差异达到显著水平（$P<0.05$）。由此可见，添加小麦秸秆有助于土壤碱性磷酸酶活性的提高。这是由于秸秆中的磷为有机磷源，添加后会促使土壤碱性磷酸酶激活而分解有机态磷，从而导致碱性磷酸酶活性增高。有研究发现，施用降解菌种使秸秆还田，5 年后土壤中碱性磷酸酶活性比对照提高 4.35 倍。因此，秸秆还田有助于土壤碱性磷酸酶活性提高。

从图 5 – 70b 可看出，土壤的碱性磷酸酶活性在不同处理间差异均不显著。因此，在大白菜培养试验中，小麦秸秆和草酸青霉菌 HB1 的添加对土壤的碱性磷酸酶活性无明显影响。但是种植大白菜的土壤碱性磷酸酶活性高于不种植大白菜的土壤，这也说明在种植植物的情况下，大白菜根系分泌物缓解了秸秆和草酸青霉菌对土壤中碱性磷酸酶活性的影响。

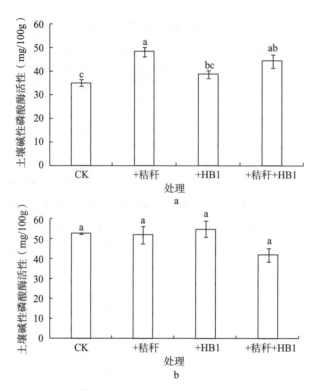

图 5-70　草酸青霉 HB1 对土壤碱性磷酸酶活性的影响

a. 土壤培养试验　　b. 大白菜培养试验

2. 对土壤纤维素酶活性的影响

前期研究发现，草酸青霉菌 HB1 能增强纤维素酶的活性，从而能高效分解纤维素，促进秸秆腐解。因此，本试验进一步探究 HB1 菌在秸秆还田条件下溶解土壤难溶性磷的同时，其对秸秆的分解能力。

图 5-71a 为土壤培养试验中不同处理土壤纤维素酶的活性。与对照相比，+HB1 处理的纤维素酶活性显著提高了 56.41%（$P<0.05$）；而其他处理与对照之间无显著差异。可见，添加草酸青霉菌 HB1 能够显著地提高土壤纤维素酶的活性。

从图 5-71b 可以看出，在种植大白菜的条件下，+HB1、+秸秆处理的土壤纤维素酶活性与对照相比，有小幅度的升高，但差异不显著；+秸秆+HB1 处理的土壤纤维素酶活性最高，与对照之间差异显著（$P<0.05$）。因此，在种植大白菜时，单纯加入秸秆或草酸青霉菌 HB1 不会引起土壤的纤维素酶活性大幅度变化，而同时加入秸秆和 HB1 能够有效提高土壤纤维素酶活性。土壤磷酸酶能将有机磷酯水解成无机磷酸盐，在植物吸收利用土壤有效磷过程中起着重要的作用，其活性可作为评估土壤供磷能力的重要指标之一。而土壤的磷酸酶活性会对溶磷菌溶解难溶性无机磷产生影响。本试验供试土壤的 pH 呈碱性，因此针对性测定了不同处理情况下土壤碱性磷酸酶活性。

（三）草酸青霉菌 HB1 对大白菜幼苗生物量的影响

接种草酸青霉菌 HB1 30d 后大白菜生物量如图 5-72 所示，对照（CK）、添加秸秆处理（+秸秆）和添加草酸青霉菌 HB1 处理（+HB1）之间的大白菜鲜重没有显著性差异，

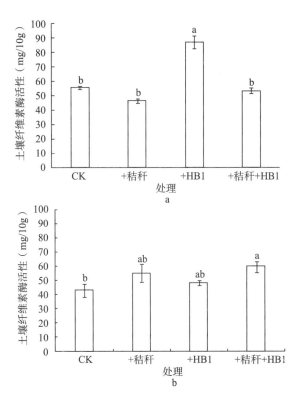

图 5-71　草酸青霉 HB1 对土壤纤维素酶活性的影响

a. 土壤培养试验　b. 大白菜培养试验

但均显著高于添加秸秆和菌剂处理（＋秸秆＋HB1）（$P<0.05$），增幅分别为 107.40％，83.44％和 152.21％；虽然＋秸秆处理、＋HB1 处理与 CK 相比大白菜鲜重差异性不显著，但前者减少了 11.55％，后者则增加了 21.61％。由此可见，加入 HB1 菌株促进了大白菜的生长，生物量增加了 20％以上。但小麦秸秆的施用对大白菜的生长无促进作用，且在秸秆还田条件下施用 HB1 菌后，大白菜的生长最差，生物量最低，这可能是由于草酸青霉菌 HB1 具有分解纤维素和溶解土壤磷的双重功能，加入 HB1 后，促进了小麦秸秆的腐解，参与小麦腐解的微生物数量增加，增加的微生物会和大白菜幼苗竞争土壤中的养分，从而抑制了大白菜的生长。

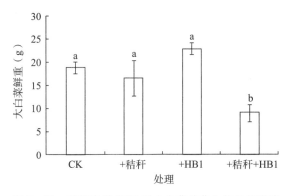

图 5-72　草酸青霉 HB1 对大白菜幼苗生物量的影响

五、主要研究进展

1. 初步明确了草酸青霉菌 HB1 溶解不同难溶性矿物态磷的能力

草酸青霉菌 HB1 在以磷酸钙、磷矿粉、磷酸铁、磷酸铝为磷源的固体培养基上的 D/d 值分别 $1.10\sim1.23$、$1.01\sim1.22$、$1.03\sim1.09$、$1.03\sim1.07$，按照 D/d 初步确定 HB1 溶解难溶性矿物态磷的大小为：磷酸钙＞磷矿粉＞磷酸铁＞磷酸铝。

2. 探明了草酸青霉菌 HB1 对四种难溶性磷矿物的溶磷能力

供应铵态氮，草酸青霉菌 HB1 溶解 $Ca_3（PO_4）_2$、磷矿粉、$FePO_4$、$AlPO_4$ 的有效磷含量分别为 $884mg/L$、$199mg/L$、$265mg/L$、$51.01mg/L$；供应硝态氮，草酸青霉菌 HB1 溶解 $Ca_3（PO_4）_2$、磷矿粉、$FePO_4$、$AlPO_4$ 的有效磷含量分别为 $954mg/L$、$27.86mg/L$、$206mg/L$、$120mg/L$；由此，HB1 菌溶解磷酸钙的能力最好；供试氮源为铵态氮，供试磷源为磷酸钙、磷矿粉、磷酸铁，HB1 菌培养液 pH 与其有效磷含量之间存在极显著负相关关系（$r=-0.83^{**}$、$r=-0.94^{**}$、$r=-0.85^{**}$）。

3. 明确了草酸青霉菌 HB1 在两种磷水平土壤中的溶磷能力

草酸青霉菌 HB1 在两种磷水平土壤中均可以很好地定殖。在低磷土壤中，第 3d 时 HB1 菌的菌数数量达到最大值，为 $1.30\times10^8CFU/g$，并且为初始数量的 9.77 倍；在高磷土壤中，HB1 菌在第 1d 菌数数量就达到最大值，为 $1.60\times10^8CFU/g$，是初始数量的 12.03 倍；草酸青霉菌 HB1 在两种磷水平土壤中均展现出了较好的溶磷效果，但是土壤磷水平不同其溶磷效果存在差异。其中，在低磷土壤中，HB1 菌处理的土壤有效磷含量比对照显著增加了 45.00%（$P<0.05$）；在高磷土壤中，HB1 菌处理的土壤有效磷含量比对照也显著增加了 14.17%（$P<0.05$）。因此，草酸青霉菌 HB1 在低磷土壤中的溶磷效果较好。

4. 研究了草酸青霉菌 HB1 对蔬菜种子发芽及幼苗生长的影响

低浓度的稀释菌液有助于提高种子的发芽率，促进蔬菜幼苗的生长，其中在 10^6 倍稀释液处理下，黄瓜和辣椒种子发芽率最高且幼苗生长最好；在 10^7 倍稀释液处理下，大白菜种子发芽率最高且幼苗生长最好。施用草酸青霉菌 HB1 可活化土壤中难溶性磷素，提高大白菜磷的吸收量，提高幅度为 81.64%，增加白菜生物量，其增幅达到 21.61%，促生效果显著。

第六节　冀北坝上蔬菜施用微生物菌剂的肥料效应

冀北坝上具有独特的冷凉气候及洁净的水土资源，能为我国大中城市提供错季优质蔬菜，已成为我国第五大蔬菜生产基地。冀北坝上土壤类型主要是栗钙土，养分含量较低，保肥供肥性能较弱，水资源短缺，针对蔬菜绿色生产，安全高效施肥显得尤为重要。通过前期研究，以巨大芽孢杆菌、胶冻样类芽孢杆菌为有效菌，研发出具有溶磷解钾功效的液态菌剂。本研究在冀北坝上地区，选取叶菜（大白菜、娃娃菜）、果菜（西葫芦、南瓜）、根菜（胡萝卜、洋葱）作为供试作物，以液态菌剂为试材，开展了田间试验，共设 4 个处理，菌剂用量为 $0L/hm^2$、$30L/hm^2$、$60L/hm^2$、$90L/hm^2$，分别记作 T0、T1、T2、T3 处理，每个处理 3 次重复。其中，菌剂有效菌为巨大芽孢杆菌和胶冻样类芽孢杆菌（配比

1∶1），有效菌含量 $2.0×10^8 CFU/mL$，在蔬菜定植时随灌溉冲施。这样，研究不同种类蔬菜施用微生物菌剂对其产量、品质、土壤养分的影响，明确了菌剂的应用效果，为冀北坝上蔬菜施用微生物菌剂提供技术指导。

一、叶菜类蔬菜施用微生物菌剂的肥料效果

（一）微生物菌剂对叶菜类蔬菜产量的影响

微生物菌剂可以提高叶菜类蔬菜产量（图 5-73），且不同施用量之间差异显著。与不施菌剂（T0）相比，施用 $30L/hm^2$ 菌剂（T1）显著降低了娃娃菜和大白菜产量，分别降低了 19.5% 和 12.5%，可能是因为菌剂中微生物进入土壤后需要吸收土壤中的养分，与作物形成竞争关系，从而导致作物产量降低。而施用 $60L/hm^2$ 菌剂（T2）、$90L/hm^2$ 菌剂（T3）均显著提高了娃娃菜和大白菜产量，分别提高了 9.41%、13.6% 和 13.12%、17.9%，主要是因为大量微生物进入土壤后其溶磷解钾能力增强，释放的磷钾养分大于其自身繁殖的需要，土壤中多余的养分被植物吸收利用，进而提高作物产量。

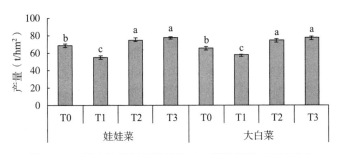

图 5-73　微生物菌剂不同用量对叶菜类蔬菜产量的影响

（二）微生物菌剂对叶菜类蔬菜品质的影响

施用不同量的微生物菌剂改善了娃娃菜和大白菜的品质，随着菌剂用量的增加娃娃菜和大白菜中维生素 C 含量、可溶性蛋白质含量和可溶性糖含量均呈增加趋势（表 5-61）。与不施用菌剂相比，施用菌剂 $90L/hm^2$ 娃娃菜维生素 C、可溶性蛋白质和可溶性糖含量分别提高了 29.9mg/100g（285%）、0.77mg/g（208%）、24%，且差异显著；大白菜维生素 C、可溶性蛋白质和可溶性糖含量分别提高了 22.4mg/100g（213%）、1.05mg/g（202%）、19%，且差异显著。综上，微生物菌剂在一定程度上改善了叶菜类蔬菜的品质，且菌剂用量为 $90L/hm^2$ 时叶菜类蔬菜品质提升效果最明显。

表 5-61　微生物菌剂不同用量对叶菜类蔬菜品质的影响

蔬菜种类	处理	菌剂用量（L/hm²）	每 100g 果实维生素 C 含量（mg）	可溶性蛋白质含量（mg/g）	可溶性糖含量（%）
娃娃菜	T0	0	10.5±1.49b	0.37±0.03d	2.17±0.01c
	T1	30	23.9±3.95ab	0.66±0.05c	2.26±0.02b
	T2	60	26.9±2.59ab	0.87±0.05b	2.28±0.01b
	T3	90	40.4±10.36a	1.14±0.04a	2.41±0.01a

（续）

蔬菜种类	处理	菌剂用量（L/hm²）	每 100g 果实维生素 C 含量（mg）	可溶性蛋白质含量（mg/g）	可溶性糖含量（%）
大白菜	T0	0	10.5±1.49c	0.52±0.07c	1.98±0.01d
	T1	30	12.0±1.49c	0.93±0.12bc	2.04±0.01c
	T2	60	22.4±5.18b	1.11±0.06ab	2.12±0.01b
	T3	90	32.9±1.49a	1.57±0.27a	2.17±0.01a

（三）微生物菌剂对土壤有效磷含量的影响

施用不同量的微生物菌剂在一定程度上改变了土壤中有效磷含量，在施用菌剂后第 20d（D20）与第 40d（D40）均表现为施用菌剂 90L/hm² 显著提高了土壤有效磷含量，施用菌剂 60L/hm² 土壤有效磷变化不明显，施用菌剂 30L/hm² 土壤有效磷含量有降低的趋势（图 5-74）。在娃娃菜施用菌剂后第 20d，与不施用菌剂相比，施用菌剂 60L/hm² 与 90L/hm² 均显著提高了土壤有效磷含量，分别提高了 19.1% 和 24.7%，而施用菌剂 30L/hm² 土壤有效磷含量减少 13.2%，但是与不施菌剂之间无显著差异。在娃娃菜施用菌剂后第 40d，与不施用菌剂相比，施用菌剂 90L/hm² 土壤有效磷含量提高了 42.4%，且差异显著；施用菌剂 60L/hm² 和 30L/hm² 土壤有效磷含量与不施用菌剂相比无显著差异。在大白菜施用菌剂后第 20d，与不施用菌剂相比，施用菌剂 90L/hm² 土壤有效磷含量提高了 33.0%，且差异显著；施用菌剂 60L/hm² 和 30L/hm² 土壤有效磷含量与不施用菌剂相比无显著差异。在大白菜施用菌剂后第 40d，与不施用菌剂相比，施用菌剂 60L/hm² 与 90L/hm² 均显著提高了土壤有效磷含量，分别提高 26.2% 和 50.2%。由此可以看出施用 90L/hm² 菌剂对土壤有效磷活化效果最好，分析收获后土壤发现，娃娃菜和大白菜菜地土壤有效磷分别增加 42.4% 和 50.2%。

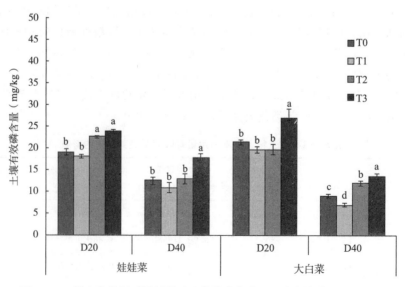

图 5-74 微生物菌剂不同用量对叶菜类蔬菜菜地土壤有效磷含量的影响

（四）微生物菌剂对土壤速效钾含量的影响

施用不同量的微生物菌剂一定程度上改变了土壤中速效钾含量，在施用菌剂后第20d（D20）与第40d（D40）均表现为施用菌剂 $60L/hm^2$ 和 $90L/hm^2$ 均显著提高了土壤速效钾含量，施用菌剂 $30L/hm^2$ 降低了土壤速效钾含量（图5-75）。在娃娃菜施用菌剂后第20d，与不施用菌剂相比，施用菌剂 $60L/hm^2$ 与 $90L/hm^2$ 均显著提高了土壤速效钾含量，分别提高了7.70%、20.3%，而施用菌剂 $30L/hm^2$ 土壤速效钾含量减少24.2%，且差异显著。在娃娃菜施用菌剂后第40d，与不施用菌剂相比，施用菌剂 $60L/hm^2$ 与 $90L/hm^2$ 均显著提高了土壤速效钾含量，分别提高了23.1%、57.0%，而施用菌剂 $30L/hm^2$ 土壤有效磷含量减少28.3%，且差异显著。在大白菜施用菌剂后第20d，与不施用菌剂相比，施用菌剂 $90L/hm^2$ 土壤速效钾含量提高了19.0%，且差异显著；施用菌剂 $30L/hm^2$ 土壤速效钾含量与不施用菌剂相比降低了26.9%，且显著差异；施用菌剂 $60L/hm^2$ 土壤速效钾含量与不施用菌剂相比无显著差异。在大白菜施用菌剂后第40d，与不施用菌剂相比，施用菌剂 $60L/hm^2$ 与 $90L/hm^2$ 均显著提高了土壤速效钾含量，分别提高了11.0%、34.3%；施用菌剂 $30L/hm^2$ 土壤速效钾含量与不施用菌剂相比降低了25.9%，且显著差异。综上土壤速效钾含量增加最显著的为菌剂用量 $90L/hm^2$（34.3%~57.0%），可以增加娃娃菜和大白菜菜地土壤速效钾57.0%和34.3%。

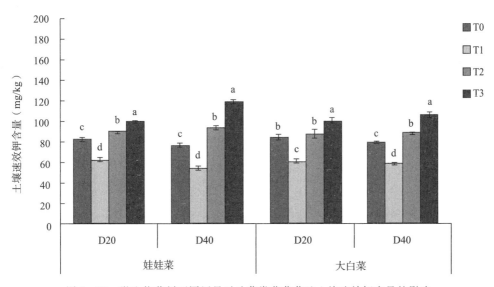

图5-75　微生物菌剂不同用量对叶菜类蔬菜菜地土壤速效钾含量的影响

（五）微生物菌剂对土壤碱性磷酸酶活性的影响

图5-76显示两个叶菜类蔬菜不同处理下土壤中碱性磷酸酶活性的变化。可以明显看出两个叶菜类蔬菜土壤碱性磷酸酶活性的变化趋势相同，与不施用菌剂相比，施用 $30L/hm^2$、$60L/hm^2$ 和 $90L/hm^2$ 菌剂均显著提高了娃娃菜和大白菜土壤中碱性磷酸酶活性，分别提高了61.9%、61.5%、79.0%和67.1%、66.3%、81.9%，且施用菌剂 $90L/hm^2$ 土壤碱性磷酸酶活性显著高于 $30L/hm^2$ 和 $60L/hm^2$。因此菌剂的施用可以提高土壤中碱性磷酸酶的活性，而碱性磷酸酶在土壤磷的有效化过程中起重要作用。

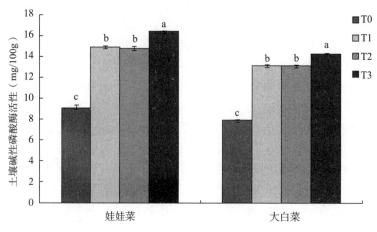

图 5-76 微生物菌剂不同用量对叶菜类蔬菜菜地土壤碱性磷酸酶活性的影响

二、果菜类蔬菜施用微生物菌剂的肥料效果

(一) 微生物菌剂对果菜类蔬菜产量的影响

施用微生物菌剂在一定程度上提高了果菜类蔬菜西葫芦与南瓜的产量,且随菌剂用量的增加呈增加的趋势 (图 5-77)。与不施用菌剂相比,施用菌剂 60L/hm² 和 90L/hm² 显著提高了果菜类蔬菜的产量,其中西葫芦产量分别提高了 11.3％ 和 14.7％,南瓜产量分别提高了 7.7％ 和 15.1％。施用菌剂 30L/hm² 对西葫芦和南瓜产量均无显著影响。综上可以发现果菜类蔬菜施用菌剂用量为 90L/hm² 时,增产效果最显著,分别为 14.7％、15.1％。

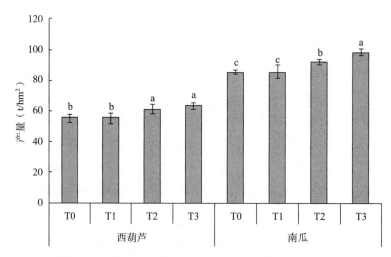

图 5-77 微生物菌剂不同用量对果菜类蔬菜产量的影响

(二) 微生物菌剂对果菜类蔬菜品质的影响

表 5-62 显示果菜类蔬菜西葫芦与南瓜的三个品质指标随菌剂用量的增加呈现增加趋势,且与不施菌剂相比,菌剂用量在 90L/hm² 时都达到差异显著水平。与不施菌剂相比,西葫芦菌剂用量在 90L/hm² 时维生素 C、可溶性蛋白质和可溶性糖含量分别提升

35.8mg/100g（341%）、2.21mg/g（186%）、12%；与不施菌剂相比南瓜菌剂用量在
90L/hm² 时维生素 C、可溶性蛋白质和可溶性糖含量分别提升 54.8mg/100g（58.2%）、
7.12mg/g（140%）、19%。而菌剂用量在 30L/hm²、60L/hm² 时各品质指标无显著增
加。由此可以发现果菜类蔬菜三个品质指标随着菌剂用量的增加而增加，菌剂用量为
90L/hm² 时品质提升效果最显著。

表 5-62　微生物菌剂不同用量对果菜类蔬菜品质的影响

菜种	处理	菌剂用量 （L/hm²）	每 100g 果实含 维生素 C（mg）	可溶性蛋白质含量 （mg/g）	可溶性糖含量 （%）
西葫芦	T0	0	10.5±1.49b	1.19±0.12b	1.88±0.01c
	T1	30	20.9±1.49b	2.46±0.5a	1.91±0.04bc
	T2	60	23.9±1.49b	3.33±0.26a	1.97±0.01ab
	T3	90	46.3±7.91a	3.4±0.29a	2.00±0.02a
南瓜	T0	0	94.2±7.77b	5.08±0.11d	1.75±0.02d
	T1	30	117±6.85b	8.3±0.41c	1.81±0.01c
	T2	60	144±11.3a	10.3±0.19b	1.86±0.01b
	T3	90	149±3.95a	12.2±0.54a	1.94±0.01a

（三）微生物菌剂对土壤有效磷含量的影响

施用不同量的微生物菌剂在一定程度上改变了西葫芦与南瓜土壤中有效磷含量（图5-
78）。与不施用菌剂相比，施用菌剂 60L/hm² 与 90L/hm² 显著提高了西葫芦各生育期土
壤有效磷含量，且施用菌剂 90L/hm² 土壤有效磷含量显著高于施用菌剂 60L/hm²，而施
用菌剂 30L/hm² 土壤有效磷含量与不施用菌剂之间无显著差异。除 D60 外，施用菌剂南
瓜其他生育期土壤有效磷含量变化趋势与西葫芦基本一致。综合四个时期土壤有效磷含量

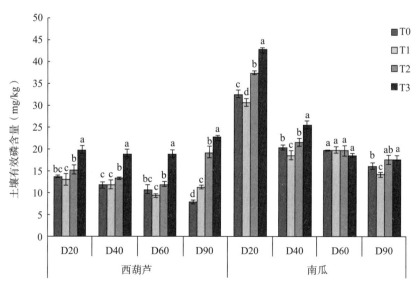

图 5-78　微生物菌剂不同用量对果菜类蔬菜菜地土壤有效磷含量的影响

变化分析菌剂用量与土壤有效磷的关系可以发现，与不施菌剂相比，西葫芦每个时期施用30L/hm²、60L/hm²、90L/hm²菌剂土壤有效磷含量分别平均提高 3.13%、35.9%、81.6%，南瓜平均提高−6.19%、8.57%、18.3%。综上，施用菌剂 90L/hm² 土壤有效磷含量增加最多，其中西葫芦土壤增加 42.8%～190%，南瓜土壤增加 10.6%～31.9%。

（四）微生物菌剂对土壤速效钾含量的影响

施用不同量的微生物菌剂在一定程度上改变了西葫芦与南瓜土壤中速效钾含量（图5−79）。与不施菌剂相比，施用菌剂 60L/hm² 与 90L/hm² 显著提高了西葫芦各生育期土壤速效钾含量，且施用菌剂 90L/hm² 土壤速效钾含量显著高于施用菌剂 60L/hm²，而施用菌剂 30L/hm²，除 D90 外，土壤速效钾含量显著低于不施用菌剂。南瓜施用菌剂后土壤速效钾含量变化趋势与西葫芦一致。综合四个时期土壤速效钾含量变化分析菌剂用量与土壤速效钾的关系，可以发现，与不施菌剂相比，西葫芦每个时期施用 30L/hm²、60L/hm²、90L/hm² 菌剂土壤速效钾含量分别平均增长−10.3%、23.8%、45.1%，南瓜平均增长−18.2%、9.21%、25.0%。综上，施用菌剂 90L/hm² 土壤速效钾含量增加最多，其中西葫芦整个生育期内土壤速效钾含量增加 31.6%～57.0%，南瓜土壤速效钾含量增加 16.2%～36.4%。

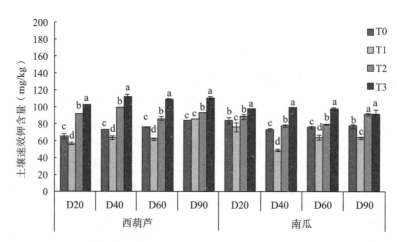

图 5−79　微生物菌剂不同用量对果菜类蔬菜菜地土壤速效钾含量的影响

（五）微生物菌剂对土壤碱性磷酸酶活性的影响

图 5−80 显示两个果菜类蔬菜不同处理下土壤中碱性磷酸酶活性的变化。可以明显看出两个果菜类蔬菜土壤碱性磷酸酶活性的变化趋势基本一致，与不施菌剂相比，施用菌剂 60L/hm²、90L/hm² 均显著提高了西葫芦和南瓜土壤中碱性磷酸酶活性，分别提高了17.9%、19.1%和13.3%、61.4%；施用菌剂 30L/hm² 显著降低了西葫芦土壤碱性磷酸酶活性，低于不施加菌剂土壤 7.59%，但是对南瓜土壤碱性磷酸酶活性无显著影响。微生物菌剂的施用可以显著提升土壤中碱性磷酸酶的活性，其中施用菌剂 90L/hm² 土壤碱性磷酸活性最高，西葫芦与南瓜土壤碱性磷酸酶活性分别提高了 19.1%和 61.4%。

三、根菜类蔬菜施用微生物菌剂的肥料效果

（一）微生物菌剂对根菜类蔬菜产量的影响

施用微生物菌剂一定程度上提高了根菜类蔬菜胡萝卜与洋葱的产量，且随菌剂用量的

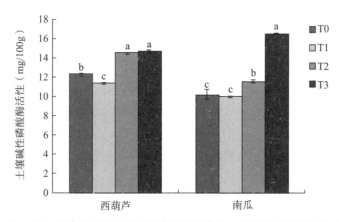

图 5-80　微生物菌剂不同用量对果菜类蔬菜菜地土壤碱性磷酸酶活性的影响

增加呈增加的趋势（图 5-81）。与不施用菌剂相比，施用菌剂 60L/hm² 和 90L/hm² 显著提高了根菜类蔬菜的产量，其中胡萝卜产量分别提高了 6.48% 和 15.5%，洋葱产量分别提高了 9.07% 和 16.5%。施用菌剂 30L/hm² 对胡萝卜与洋葱产量均无显著影响。综上，根菜类蔬菜与叶菜类和果菜类相同，施用菌剂 90L/hm² 时增产效果最为显著，其分别增产 15.5%、16.5%。

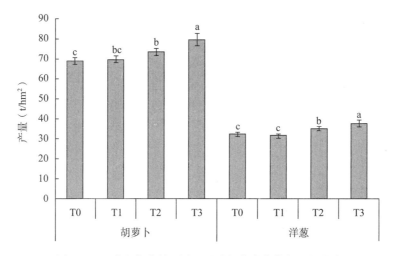

图 5-81　微生物菌剂不同用量对根菜类蔬菜产量的影响

（二）微生物菌剂对根菜类蔬菜品质的影响

表 5-63 为根菜类蔬菜胡萝卜与洋葱的三个品质指标，且随菌剂用量的增加呈现增加趋势。与不施菌剂相比，施用菌剂 90L/hm² 显著提高了胡萝卜维生素 C、可溶性蛋白质和可溶性糖含量，分别提高了 8.93mg/100g（120%）、3mg/g（146%）、36%；与不施菌剂相比，施用菌剂 90L/hm² 显著提高了洋葱维生素 C、可溶性蛋白质和可溶性糖含量，分别提高了 34.4mg/100g（384%）、1.23mg/g（124%）、48%。而施用菌剂 30L/hm²、60L/hm² 对根菜类蔬菜品质无显著影响。由此可以发现，菌剂用量达到一定值后可以激发根菜类蔬菜提升品质，本试验中菌剂用量为 90L/hm² 时根菜类蔬菜品质提升效果最好。

表 5 - 63　微生物菌剂不同用量对果菜类蔬菜品质的影响

菜种	处理	菌剂用量 （L/hm²）	每100g果实 维生素 C 含量（mg）	可溶性蛋白质含量 （mg/g）	可溶性糖含量 （%）
胡萝卜	T0	0	7.47±1.49c	2.01±0.04d	6.74±0.02d
	T1	30	10.5±1.49bc	2.83±0.24c	6.88±0.01c
	T2	60	15.0±1.49ab	4.13±0.12b	6.99±0.02b
	T3	90	16.4±1.49a	5.01±0.15a	7.10±0.01a
洋葱	T0	0	8.97±2.59c	0.99±0.09d	7.81±0.10b
	T1	30	16.4±3.95c	1.47±0.1c	8.15±0.03a
	T2	60	28.4±2.99b	1.76±0.01b	8.18±0.01a
	T3	90	43.4±2.99a	2.22±0.1a	8.29±0.01a

（三）微生物菌剂对土壤有效磷含量的影响

施用不同量的微生物菌剂一定程度上改变了胡萝卜与洋葱土壤中有效磷含量（图 5 - 82）。与不施用菌剂相比，施用菌剂 60L/hm² 与 90L/hm² 显著提高了胡萝卜各生育期土壤有效磷含量，且施用菌剂 90L/hm² 土壤有效磷含量显著高于施用菌剂 60L/hm²，而施用菌剂 30L/hm² 土壤有效磷含量与不施用菌剂之间无显著差异。施用菌剂洋葱各生育期土壤有效磷含量的变化趋势与胡萝卜基本一致。综合四个时期土壤有效磷含量变化分析菌剂用量与土壤有效磷的关系，可以发现，与不施菌剂相比，胡萝卜每个时期施用菌剂 30L/hm²、60L/hm²、90L/hm² 土壤有效磷含量平均增长-12.7%、35.4%、50.0%，洋葱平均增长 3.13%、35.9%、81.6%。综上，随着菌剂用量的增加土壤有效磷含量呈增加趋势，整个生育期施用菌剂 90L/hm²，胡萝卜土壤有效磷含量增加 43.3%～135%，洋葱土壤有效磷含量增加 41.3%～129%。

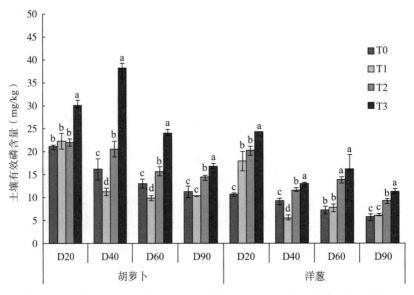

图 5 - 82　微生物菌剂不同用量对根菜类蔬菜菜地土壤有效磷含量的影响

（四）微生物菌剂对土壤速效钾含量的影响

施用不同量的微生物菌剂一定程度上改变了胡萝卜与洋葱土壤中速效钾含量（图5-83）。与不施用菌剂相比，施用菌剂60L/hm²与90L/hm²显著提高了胡萝卜各生育期土壤速效钾含量，且施用菌剂90L/hm²土壤速效钾含量显著高于施用菌剂60L/hm²，而施用菌剂30L/hm²，除D90外，土壤速效钾含量显著低于不施用菌剂。

由图5-83可以发现，两个根菜类蔬菜胡萝卜与洋葱施用菌剂后土壤速效钾含量的变化趋势相同，在根菜类蔬菜每个生育期土壤速效钾含量随菌剂用量的增加而增加，且胡萝卜土壤速效钾含量增加量大于洋葱。与不施菌剂相比，施用菌剂60L/hm²、90L/hm²增加了两个根菜类蔬菜各生育期土壤速效钾含量，其中不同菌剂用量下胡萝卜土壤速效钾含量分别增加了23.3%、40.6%；洋葱菜地土壤速效钾含量分别增加了13.0%、19.1%。综上，施用菌剂90L/hm²时对土壤钾素活化效果最为显著，其中胡萝卜全生育期土壤速效钾含量提高了29.3%～90.1%，洋葱全生育期土壤速效钾含量提高了6.51%～27.4%。

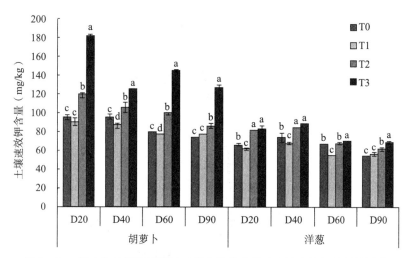

图5-83　微生物菌剂不同用量对根菜类蔬菜菜地土壤速效钾含量的影响

（五）微生物菌剂对土壤碱性磷酸酶活性的影响

图5-84显示两个根菜类蔬菜胡萝卜与洋葱不同处理下土壤中碱性磷酸酶活性的变化。可以明显看出两个根菜类蔬菜土壤碱性磷酸酶活性的变化趋势相同。与不施菌剂相比，施用菌剂90L/hm²显著提高了胡萝卜和洋葱土壤中碱性磷酸酶活性，分别提高了27.7%和17.0%；施用菌剂30L/hm²显著降低了胡萝卜和洋葱土壤碱性磷酸酶活性，分别降低了17.4%和26.1%；施用菌剂60L/hm²对胡萝卜和洋葱土壤中碱性磷酸酶活性无显著影响。综上，施用菌剂90L/hm²可显著提高根菜类蔬菜胡萝卜和洋葱土壤碱性磷酸活性，分别提高了27.7%和17.0%。

四、主要研究进展

1. 明确了冀北坝上蔬菜施用微生物菌剂的肥料效应

冀北坝上栗钙土区蔬菜施用微生物菌剂的适宜用量为90L/hm²，能显著提高各类蔬菜产量。其中，娃娃菜、大白菜、西葫芦、南瓜、洋葱、胡萝卜产量分别显著提高

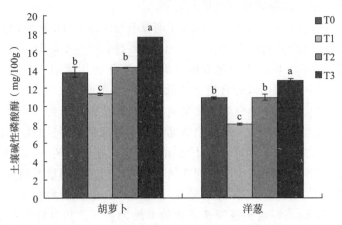

图 5-84　微生物菌剂不同用量对根菜类蔬菜菜地土壤碱性磷酸酶活性的影响

13.6%、17.9%、14.7%、15.1%、15.5%、16.5%。同时，改善各类蔬菜品质，可提高蔬菜维生素 C 含量 8.93~54.8mg/100g、可溶性蛋白质含量 0.77~3.00mg/g、可溶性糖含量 12%~48%。

2. 初步揭示了蔬菜施用微生物菌剂的肥料效应机制

巨大芽孢杆菌与胶质芽孢杆菌均可以在高养分含量土壤和低养分含量土壤中定殖，通过酶解和酸解发挥溶磷解钾作用，且在低养分含量土壤中，溶磷解钾作用更有利于作物的生长发育。

第六章 ···
菜田有机培肥与障碍改良

第一节　农业废弃物微生物促腐效果及其肥料效应

近年来，随着我国蔬菜产业和养殖业的快速发展，大量尾菜秧秸和畜禽粪便已引起农业面源污染，严重制约我国种植业、养殖业的可持续发展。通过尾菜秧秸和畜禽粪便等农业废弃物的肥料化高效利用，可实现农业的良性循环发展。然而，尾菜秧秸与其他农业废弃物相比，含水量高，抑制堆腐进程，还携带某些病原菌加重土传病害。同时，畜禽粪便堆肥存在发酵周期长、氮素流失严重、易产生臭气等问题。本研究以番茄秸秆和鸡粪为试材，通过添加3种促腐剂和秸秆炭、泥炭、沸石等调理剂，开展了添加促腐剂堆腐、添加调理剂堆腐及其肥效试验。通过试验筛选适宜蔬菜残株降解的微生物组合，推荐最优调理剂及最佳输入比例，探明外源物质添加对蔬菜残株堆肥性质的影响，为秸秆肥料化高效利用提供科学依据。

一、番茄秸秆与鸡粪用促腐剂的堆腐效应

采用泡沫塑料箱模拟堆腐试验，共设4个处理，分别为FYJ，番茄秸秆＋玉米秸秆＋鸡粪；FYJM1，番茄秸秆＋玉米秸秆＋鸡粪＋促腐剂1；FYJM2，番茄秸秆＋玉米秸秆＋鸡粪＋促腐剂2；FYJM3，番茄秸秆＋玉米秸秆＋鸡粪＋促腐剂3。每个处理3次重复。其中，供试的3种促腐剂菌剂1（M1）为ProradixPLUS＋trichostar，菌剂2（M2）为ProradixPLUS＋RhizoVital42.1，菌剂3（M3）为北京某生物公司的有机物料腐熟剂。促腐剂添加量为堆肥量的0.3%，与堆肥物料均匀混合，调节含水量至60%，物料混合均匀后装入塑料袋，再装入发酵箱。堆肥时间为37d，每隔5d翻堆一次。

（一）促腐剂对堆腐理化指标的影响

1. 对堆温的影响

温度是影响堆肥工艺的重要因素，它既是微生物活动的结果，又决定着微生物的活动过程。堆体的温度受到各种理化参数如堆肥原料、有机质含量、碳氮比、通气性、含水量等的影响。不同种类微生物的生长对温度有不同要求：嗜温菌发酵最适合的生长温度为30～40℃，嗜热菌发酵最适合的生长温度是45～60℃。一般认为嗜热菌对有机物的降解效率高于嗜温菌，高温好氧堆肥正是利用这一特点，实现有机物的快速降解。

由图6-1可见，堆肥过程中，堆体温度具有明显的变化规律。在堆肥初期，堆料中小分子物质被微生物快速降解消化，同时释放出大量热量，使得堆料温度快速上升，此时不耐高温的酵母菌、霉菌及硝化细菌等的活性受到抑制并大量死亡，而嗜热菌大量繁殖。堆肥各处理在开始2～4d后即迅速升温达到能杀灭病原菌的高温阶段，高温维持了5～7d

后，堆体温度开始稳定而持续地下降。随着堆肥的进行，堆体温度与环境温度的差值越来越小，堆肥进入腐熟阶段。在腐熟过程中，高温期尚未分解的易降解有机物及难降解有机物转化成腐殖质和有机酸等比较稳定的物质，得到完全熟化的产品。分析不同促腐剂添加下堆体温度变化过程发现，添加促腐剂的处理最高温度可达 52.7℃，堆体处于高温长达 9d，从最高温度和高温持续时间上都处于优势地位。

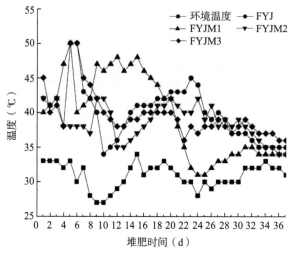

图 6-1　不同处理堆体温度的变化

2. 对 pH 的影响

环境 pH 是影响微生物生长的重要因素之一。一般认为 pH 在 7.5～8.5 时，可获得最大的堆肥速率。pH 太高或太低都会影响堆肥的效率。从图 6-2 看出，堆肥初期，堆肥原料中有机物被微生物降解生成了小分子有机酸和 CO_2，使得 pH 有所下降，随着堆肥过程的推进，由于有机物的降解速率下降和蛋白质分解造成的氨挥发速率下降等因素，堆体 pH 缓慢上升。整个堆肥过程中，各处理的 pH 基本在 6.5～9.0 区间变化，这一范围对于微生物的正常生长和堆肥的腐熟比较有利。由图 6-2 分析得出，添加外源微生物促腐剂对各处理物料的 pH 变化影响不大，同时也说明微生物有调节和稳定堆肥环境的作用，可以促进微生物在堆体内的快速生长繁殖，加速堆体内大分子物质的降解和转化。

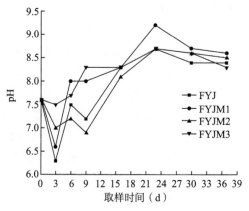

图 6-2　不同处理物料 pH 的变化

3. 对物料养分和有机质含量的影响

如图6-3所示，堆肥过程中各处理堆肥物料总氮浓度呈增加趋势，这可能是由于在堆肥过程中有机物的矿化分解，二氧化碳的损失及物料水分的蒸发引起干物质的减少而造成的浓缩效应所致。堆肥后期，各堆肥处理的总氮含量不断提高，可能是物料中存在的固氮菌发挥了固氮作用。堆肥结束时，全氮含量与初始相比，不同处理全氮含量至少增幅50％以上，添加促腐剂的3个处理保氮效果并不明显。

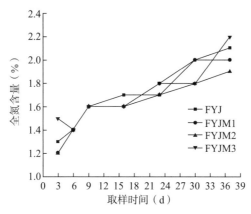

图6-3　不同处理物料全氮含量的变化

在堆肥初期，各处理的全磷含量都呈现了一定的上升趋势，这可能是由于堆肥初期微生物大量繁殖，有机物大量降解，伴随着堆体温度的上升，堆体含水量下降，即产生堆肥的浓缩效应，从而使全磷含量在一定程度上表现为上升趋势（图6-4）。堆肥的中后期，各处理全磷含量基本趋于稳定。堆肥中后期，各处理间无显著性差异。堆肥结束时，4个处理全磷含量依次为1.77％、1.63％、1.62％和1.87％，可以看出，添加促腐剂3的处理全磷含量高于其他处理，说明接种促腐剂3较明显地促进了有机物的降解，使全磷相对含量增加。

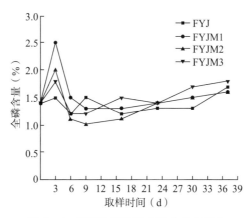

图6-4　不同处理物料全磷含量的变化

图6-5表明，堆肥过程中所有处理全钾含量呈现增加的趋势。原因可能是添加促腐剂处理增强了微生物活性，加速有机物料降解，而且堆肥过程中没有渗滤液伴随产生，又随着堆体温度的升高，水分流失，堆体质量减小的浓缩效应加剧，成为样品全钾含量增加的主要

原因。至堆肥结束，各处理增加的全钾含量分别为 1.29%、1.13%、1.04%，1.08%。未添加促腐剂的处理全钾含量最高，添加促腐剂对于提高全钾含量的作用不大。

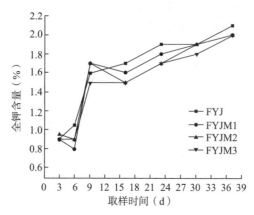

图 6-5　不同处理物料全钾含量的变化

　　堆料中的碳素物质是降解微生物赖以生存和繁殖的碳源，因此，有机质的变化在一定程度上能够反映堆肥的进程。如图 6-6 所示，随着堆肥的进行，堆料中有机质含量缓慢降低，可以看出，添加促腐剂的各处理有机质降解效果总体优于未添加促腐剂的对照处理。由此可以认为，在堆肥物料中添加促腐剂可以提升有机质的降解效果。

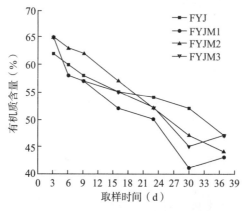

图 6-6　不同处理物料有机质含量的变化

　　如图 6-7 所示，本试验中，各处理硝态氮含量在堆肥初期，随着温度升高硝化作用加剧，硝态氮含量逐渐增加，到达高温期后，高温、高 pH 和高浓度氨抑制了硝化微生物活性，硝态氮难以增加。降温期，随着温度的降低硝化微生物活性增加，从而堆肥硝态氮含量又缓慢上升，说明在番茄秸秆、玉米秸秆和鸡粪混合堆肥中添加促腐剂对于堆肥中硝态氮含量的增加效果不明显。

　　图 6-8 可见，堆肥各处理的铵态氮浓度在 6～9d 内快速增加并达到最大值，而后迅速下降。堆肥的升温期及高温期，pH 较高，氨化作用占主导，因此，铵态氮浓度的增加主要由含氮有机物的氨化作用引起，有机氮在微生物酶的作用下通过氨化作用转化为简单的含氮有机物，再转化为氨气，由于堆料的含水量较高，生成的氨则主要溶于水，以铵态

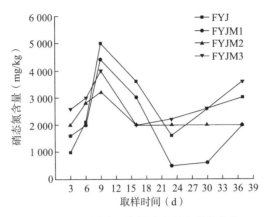

图 6-7 不同处理物料硝态氮含量的变化

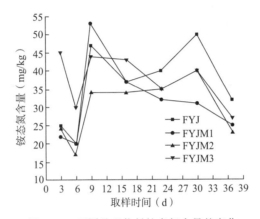

图 6-8 不同处理物料铵态氮含量的变化

氮的形式存在于堆料中，使铵态氮的含量不断增加。堆肥 9d 以后，即堆肥高温阶段中后期，各处理铵态氮浓度均稳定持续下降。堆肥物料铵态氮浓度的降低可能由于氨挥发损失、转化为硝态氮或被微生物固定为有机态氮所致。

（二）促腐剂对堆腐生物指标的影响

1. 对种子发芽指数的影响

种子发芽指数（GI）可以检测堆肥样品中植物毒性水平，是反映堆肥腐熟度的重要指标之一。在本试验中，从 GI 的变化曲线来看（图 6-9），新鲜鸡粪及未堆肥混合堆料的初始发芽指数非常低，说明未经堆肥处理的物料直接施用，对植物有较大毒害作用。随着堆肥进程的推移，堆肥对种子发芽抑制作用逐渐减弱，表现为种子发芽指数稳步增长。堆肥进行 30d 后，堆肥处理浸出液的 GI 达到 50% 以上，表明堆肥已基本达到腐熟，消除了对生物的毒害作用。而堆肥进行到第 37d 时，各处理 GI 均达到 80% 以上，表明堆肥完全腐熟，且对种子的萌发有促进作用。添加促腐剂加快了植物毒性物质的降解进程，促进了堆肥的腐熟。

2. 对细菌数量的影响

在堆肥过程中，细菌是降解有机物和产热的主要微生物类群（至少有 80%～90% 的

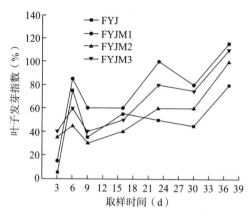

图 6-9 不同处理种子发芽指数的变化

微生物活动产生于细菌），它可以利用多种酶对有机物进行化学分解。由图 6-10 可知，各处理细菌总数变化基本相似，呈现先上升后下降的趋势。

分析不同添加促腐剂处理可见（图 6-10），促腐剂的添加可使堆肥内细菌数量迅速上升，在第 6 天时显著高于其他处理。分析其原因，一方面可能是在一定的温湿条件下促腐剂繁殖能力高于其他微生物菌体；另一方面促腐剂中微生物对堆肥中有机物的降解能力较强，从而为堆体内其他微生物提供大量可利用的有机碳，诱导堆体内原有降解微生物繁殖力增强。高温期过后，在第 15d 细菌总数急剧下降，原因可能是高温将大部分嗜温菌灭杀，而以耐高温微生物占主体。

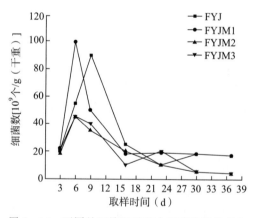

图 6-10 不同处理堆肥过程中细菌数量的变化

3. 对真菌数量的影响

图 6-11 分析表明，在整个堆肥过程中，真菌数量的变化规律呈现先升高后降低的趋势。堆肥升温期，嗜温真菌大量繁殖，使真菌总数增长迅速；进入高温期，真菌数量迅速下降，可见高温对真菌有较强的杀灭作用，因有外源促腐剂的添加对堆体微生物的调节和活化作用，第 16 天时，添加促腐剂处理真菌数量仍显著高于对照；在堆肥后期真菌数量无较大变化。综上，添加促腐剂处理的真菌数量显著高于未添加促腐剂的对照，接种促腐剂显著增加堆体高温期真菌数量。

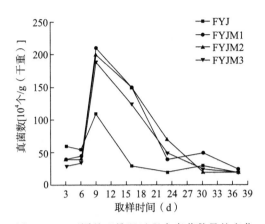

图 6-11　不同处理堆肥过程中真菌数量的变化

4. 对放线菌数量的影响

由图 6-12 可知，堆肥过程中，放线菌总数的变化和细菌、真菌总数的变化规律基本相似，均呈低—高—低的趋势，但放线菌的数量比细菌总数量低 5～6 个数量级。堆肥前 9d，随着堆体温度的上升，放线菌大量繁殖，数量迅速增加，添加促腐剂的处理上升速度高于对照，由于高温期有机氮分解产生大量铵态氮，抑制放线菌生长，导致放线菌数量逐渐下降。综上，接种促腐剂可显著增加堆体高温期放线菌数量。

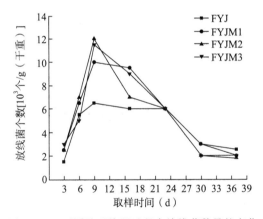

图 6-12　不同处理堆肥过程中放线菌数量的变化

二、番茄秸秆与鸡粪用调理剂的堆腐效应

采用泡沫塑料箱模拟堆腐试验，共设 7 个处理，分别为：As，番茄秸秆＋鸡粪＋秸秆炭 1%；Ap，番茄秸秆＋鸡粪＋泥炭 1%；Az，番茄秸秆＋鸡粪＋沸石 1%；Bs1，番茄秸秆＋鸡粪＋FYJM1＋秸秆炭 1%；Bs3，番茄秸秆＋鸡粪＋FYJM1＋秸秆炭 3%；Bs5，番茄秸秆＋鸡粪＋FYJM1＋秸秆炭 5%；Bs7，番茄秸秆＋鸡粪＋FYJM1＋秸秆炭 7%。详见表 6-1。其中，处理代号中：T 代表番茄秸秆，C 代表鸡粪，S 代表秸秆炭，P 代表泥炭，Z 代表沸石，FYJM1 代表番茄秸秆＋玉米秸秆＋鸡粪＋促腐剂 1 的腐熟物料。

（一）调理剂对堆腐理化指标的影响

1. 对温度的影响

堆体温度升高是微生物代谢所产生热量累积的结果，反过来也影响微生物的代谢活性。一般来说，堆肥温度变化分为4个明显的阶段，即升温阶段、高温阶段、降温阶段和变化稳定阶段。由堆肥温度的变化图（图6-13）可知，各处理在堆肥开始3d后迅速升温，高温维持了4～5d后，堆体温度开始稳定而持续的下降。由表6-1不同处理堆体温度特性分析，番茄秸秆＋鸡粪＋1%秸秆炭的处理无论在堆体最高温度还是延长高温持续时间上都优于添加泥炭和沸石的处理。添加1%秸秆炭处理的堆体最高温度可达50.3℃，高温期持续4d，效果较其他3个处理更好。添加了腐熟堆肥，堆体温度提前1d达到40℃高温，最高温度提高了4℃，说明腐熟堆肥的加入有助于快速启动好氧堆肥反应，加速堆肥进程，快速杀灭发酵物料中的病原菌、寄生虫卵，消除对植物生长不利的有毒物质，使其达到无害化要求，从而有利于堆肥的快速腐熟。

表6-1 不同处理及其堆体温度变化特征

编号	处理	到达40℃所需时间（d）	最高温度（℃）	堆肥高温期（＞40℃）持续时间（d）
As	T＋C＋1%S	5	46.3	5
Ap	T＋C＋1%P	4	42.0	5
Az	T＋C＋1%Z	5	44.7	4
Bs1	T＋C＋FYJM1＋1%S	4	50.3	4
Bs3	T＋C＋FYJM1＋3%S	4	46.8	5
Bs5	T＋C＋FYJM1＋5%S	5	44.2	5
Bs7	T＋C＋FYJM1＋7%S	5	44.3	4

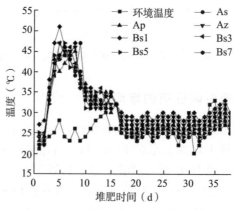

图6-13 不同处理堆体温度的变化

2. 对 pH 的影响

pH 是影响堆肥进程的重要因素，它对微生物活动和氮元素的保存有重要影响。整个堆肥过程中，各处理的 pH 基本在 6.5～9.0，这一范围对于微生物的正常生长和堆肥的腐熟比较有利。堆肥第 6～9d，所有处理的 pH 均呈上升趋势，这可能是由于堆肥中的含氮有机物降解产生了氨累积作用。堆肥 9d 后，堆肥各处理的 pH 均呈现出下降趋势，这可能是由于一方面堆体中的微生物活动产生了大量的有机酸，另一方面硝态氮形成并积累引起堆体 pH 的下降（图 6 - 14）。

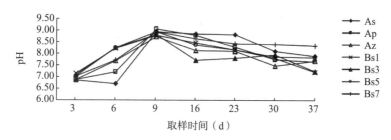

图 6 - 14　不同处理物料 pH 的变化

3. 对物料养分和有机质含量的影响

氮是有机肥中肥力最活跃的因素之一，也是衡量肥料养分的一个重要指标。由图 6 - 15 可见，整个堆肥过程中，不同处理全氮含量总体呈上升趋势，即在堆肥物料中添加 1% 秸秆炭、1% 泥炭以及 FYJM1＋1% 秸秆炭有利于番茄秸秆和鸡粪混合堆肥全氮含量的提高。这可能是由于堆肥中有机物的矿化分解、二氧化碳的损失和物料水分的蒸发引起干物质减少而造成了浓缩效应。到堆肥结束，3 个处理的全氮含量增幅分别为 10.06%、0.35% 和 0.35%，表明秸秆炭能够起到固氮作用，此种调理剂的添加更有利于氮的保存。添加沸石的处理中全氮含量总体呈下降趋势，原因可能是随着堆肥中大量微生物的快速生长和繁殖，消耗氮素的速率明显大于总干物质的下降速率，使得全氮含量迅速下降。这表明秸秆炭的添加比例也会影响堆肥的全氮含量，1% 是此次堆肥试验中秸秆炭添加的最适比例。

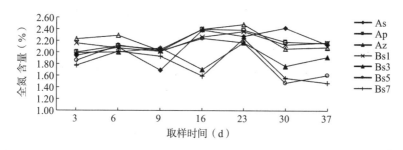

图 6 - 15　不同处理物料全氮含量的变化

堆肥过程中磷相对稳定，不会挥发损失，仅是不同形态的磷在相互转化。但是通过微生物的发酵作用，挥发性有机物的分解和转化，堆肥体积和重量会减少，堆肥中磷的相对含量会升高。如图 6 - 16 所示，至堆肥结束时，处理 As、Ap、Az 的全磷含量都表现出不同程度的增加,增幅分别达到 52.36%、29.02%、31.49%,其中添加 1%秸秆炭的处理 As 全磷含量增幅最大。而处理 Bs1、Bs3、Bs5、Bs7 都添加了腐熟堆肥 FYJM1,结果显示全磷含量增幅都较小,其中处理 Bs1 和 Bs3 的全磷含量在堆肥结束时都有所减少。综合比较,处理 As 在促进有机物质的降解,增加全磷含量上效果最佳,表明在堆肥中添加 1%的秸秆炭有助于全磷含量的增加。

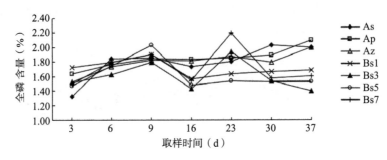

图 6-16　不同处理物料全磷含量的变化

钾是易迁移的元素,它的变化极易受堆肥条件的影响。由图 6-17 可见,堆肥过程中,各处理全钾含量总体呈现上升趋势,原因可能是随着堆体温度的升高、水分流失、堆体质量减小的浓缩效应,导致钾的相对含量增加。其中,对比 As、Ap、Az 这 3 个处理,到堆肥结束时,添加泥炭的处理 Ap 全钾含量最高,这是因为调理剂本身的含钾水平差异造成的,泥炭本身全钾含量高,较秸秆炭和沸石有一定优势。

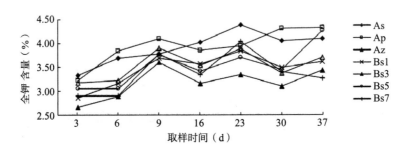

图 6-17　不同处理物料全钾含量的变化

随着微生物对堆肥物料中有机物质的分解,各处理的有机质含量均呈现出逐渐降低的趋势(图 6-18)。堆肥进行到 30d 后,大部分易降解的有机物质都已被降解,并且随着温度的降低,微生物活动逐渐减弱,降解速率趋于稳定。整个堆肥进程中,各处理的有机质含量分别从堆肥初始的 51.19%、51.64%、43.10%、42.24%、43.20%、46.94%、49.85%降至堆肥结束时的 28.05%、28.61%、23.54%、23.24%、23.79%、29.79%、29.95%。从降解率上看,未添加腐熟堆肥 FYJM1 的各处理降解效果更佳。在添加不同比例秸秆炭的 4 个处理 Bs1、Bs3、Bs5、Bs7 中,添加 1%秸秆炭的堆肥处理 Bs1 有机质降解效果优于其他比例秸秆炭添加的处理。从堆肥调理剂的本身性质来看,秸秆炭的有机质含量最高,因此本身有机质含量高的调理剂添加的处理在堆肥过程中有机质下降不明显。

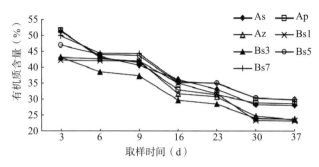

图 6-18　不同处理物料有机质含量的变化

硝化细菌属于嗜温菌，对高温尤其敏感。一般认为温度高于 40℃ 时，硝化作用将受到严重抑制。如图 6-19 所示，堆肥前期 3～6d，各处理硝态氮含量较低。原因可能是该阶段堆体温度逐渐超过 40℃，高温、高 pH 条件抑制了硝化微生物的活性，使大多数堆肥处理的硝化作用受到抑制，硝态氮含量难以增加，随着堆肥温度的降低，尤其到堆肥后期，硝化微生物活性加强，硝态氮含量也随之迅速增加。比较整个堆肥过程中各处理硝态氮含量变化，处理 As（T+C+1％S）的硝态氮含量增幅最大，这表明在番茄秸秆和鸡粪的混合堆肥中添加 1％秸秆炭有利于堆肥硝态氮的保留。

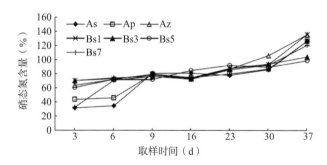

图 6-19　不同处理物料硝态氮含量的变化

堆肥物料中铵态氮的产生和转化趋势主要取决于温度、pH、氨化细菌和硝化细菌活性。铵态氮浓度的增加主要由含氮有机物的氨化作用引起，有机氮在微生物酶的作用下通过氨化作用转化为简单的含氮有机物，再转化为氨气。由于堆料的含水率较高，生成的氨则主要溶于水，以铵态氮的形式存在于堆料中，因而堆肥中铵态氮的含量不断增加。如图 6-20 所示，堆肥的升温期及高温期，pH 较高，氨化作用占主导。因此，在堆肥前期 3～6d，处理 As、Az、Bs1 的水溶性铵态氮含量呈上升趋势，自第 6d 至堆肥结束，各处理水溶性铵态氮含量总体呈逐渐下降的趋势。各处理的水溶性铵态氮降低幅度分别为 71.96％、85.31％、86.26％、83.10％、94.55％、90.72％、93.11％，故处理 As（T+C+1％S）表现出最好的保氮效果。

（二）调理剂对种子发芽指数的影响

种子发芽指数（GI）是评价有机固体废弃物堆肥腐熟度的有效指标，可以快速判定出植物抑制性物质的降解情况。如图 6-21 所示，各处理的初始发芽指数都非常低，说明未经堆肥处理的混合物料直接施用，会对植物产生毒害作用。堆肥进行到第 23d，各处理的发芽指

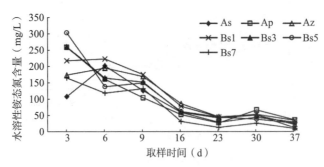

图 6 - 20　不同处理物料水溶性铵态氮含量的变化

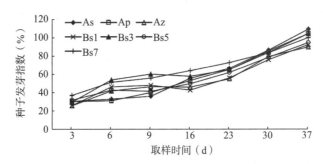

图 6 - 21　不同处理种子发芽指数的变化

数均达到 50％，说明各处理已基本腐熟。堆肥结束时，各处理种子发芽指数均达到 80％以上，堆肥完全腐熟。至堆肥结束时，处理 As 的种子发芽指数较其他处理要高，说明在番茄秸秆和鸡粪中添加 1％秸秆炭能加快植物毒性物质的降解，促进堆肥腐熟。

（三）不同堆肥调理剂表面结构分析

由图 6 - 22、图 6 - 23 可以看出三种调理剂堆肥前后横截面的形态。其中，秸秆炭是一种多孔性质的材料，横截面上分布着大量孔隙和间隔，并且内壁较为光滑；沸石多为平整的平面，孔隙少；泥炭也由一定的孔隙组成，但与秸秆炭相比，其孔隙度显著降低。经过堆肥处理后，秸秆炭表面及孔洞内壁附着了大量微生物体，多以椭圆形微生物为主；经堆肥后沸石调理剂表面多以球状微生物为主；泥炭在堆肥降解过程中产生大量絮状物，这些絮状物成为降解过程中微生物的复合体。因此，在堆肥过程中添加不同调理剂使腐熟堆肥元素含量呈现不同的结果。

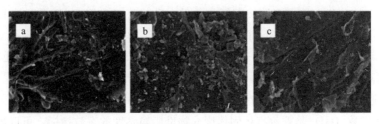

图 6 - 22　堆肥前调理剂横截面扫描电镜照片
a. 秸秆炭　b. 沸石　c. 泥炭

图 6-23　堆肥后调理剂横截面扫描电镜照片

a. 秸秆炭　b. 沸石　c. 泥炭

三、番茄秸秆与鸡粪腐熟物料的肥料效应

通过盆栽试验，按照等氮量的方法进行肥料配比，每盆的氮（N）、磷（P_2O_5）、钾（K_2O）肥施用量为 0.2g、0.08g、0.15g，供试有机肥由上述应用促腐剂和调理剂的腐熟物料，包括传统堆肥处理 FYJ（有机质含量 46.59%，全氮 2.1%，全磷 1.77%，全钾 2.15%）；用促腐剂的最优处理 FYJM1（有机质含量 42.23%，全氮 2.02%，全磷 1.63%，全钾 1.99%）；用调理剂的最优处理 T+C+1‰S（有机质含量 28.05%，全氮 2.14%，全磷 2.00%，全钾 4.09%）。化肥采用尿素、过磷酸钙和硫酸钾。试验设 8 个处理，分别为：Tr，传统堆肥（FYJ）；Bm，最优促腐剂堆肥（FYJM1）；Ba，最优调理剂堆肥（T+C+1‰S）；Fe，化肥；Af，传统堆肥（FYJ）；Bf，最优促腐剂堆肥（FYJM1）；Ff，最优调理剂堆肥（T+C+1‰S）；CK，不施肥空白对照。每个处理 3 次重复。

（一）对油菜生长的影响

1. 对株高的影响

由图 6-24 可见，随着油菜生长的加速，油菜株高呈现逐渐增加的趋势，与对照相比，不同有机堆肥配比处理均能显著增加油菜的株高，油菜生长 45d 后，对照处理株高显著降低，到收获时仅为 16.4cm，显著低于调理剂堆肥+化肥配比和单独调理剂堆肥处理，表明肥料的施用有利于蔬菜的生长。有研究表明，竹炭及其他类型生物质炭的施用均能够显著促进植物的生长，其原因可能在于有机堆肥能够促进植物对养分的吸收。

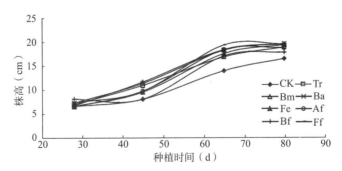

图 6-24　不同处理对油菜株高的影响

2. 对叶绿素的影响

叶绿素是植物进行光合作用的主要色素，其含量的高低直接影响植物正常的光合作用

甚至影响植物正常的新陈代谢。由图 6-25 可知，随着油菜的生长，叶片叶绿素含量逐渐增加，45d 后因植株逐渐成熟，叶绿素合成速率降低，进而导致叶绿素含量有所下降。与对照相比，虽然各施肥处理油菜叶绿素含量变化有差异，但 45d 后均显著高于对照处理，说明施肥利于油菜进行光合作用，增强了其生长能力。各施肥处理中尤以调理剂堆肥＋化肥和促腐剂堆肥＋化肥较高；收获时，单独施用有机肥处理油菜叶绿素含量下降速率显著高于有机肥和化肥混施处理，因此选择有机肥和化肥的合理配比是保证油菜高产的基础。

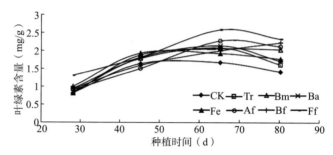

图 6-25　不同处理对油菜叶绿素含量的影响

3. 对植株养分含量的影响

硝态氮是蔬菜吸收的主要氮素形态，在氮素用量适当时，蔬菜吸入的硝态氮会很快被还原转化，但在过量施用氮肥的情况下，蔬菜吸收的硝态氮不能及时还原，便累积在体内。有研究表明，施肥尤其是施用氮肥是蔬菜硝酸盐含量超标的重要原因之一，通过合理的施肥措施可以减少蔬菜体内硝酸盐含量的累积。通过图 6-26 可以看出，施用不同配比肥料明显改变了油菜体内的硝态氮含量，取样时间不同，硝态氮含量不同。与对照相比，各施肥处理蔬菜硝态氮含量显著增加（$P < 0.05$）；未追施氮肥的处理中，由于有机肥氮素养分释放缓慢，随着油菜的生长叶片硝态氮含量缓慢下降；施用化肥处理油菜叶片硝态氮含量波动较大，生长早期由于速效养分的大量供应导致叶片硝态氮含量较高，随着油菜的生长速效营养能力下降，从而叶片中硝态氮含量缓慢降低，45d 后追肥至第三次取样时，油菜叶片硝态氮含量有所上升，之后随着油菜生物量增加，叶片硝态氮缓慢下降；有机肥与化肥配施处理，由于少量速效肥料的加入，油菜叶片硝态氮含量较单独施用有机肥处理略有增高，除调理剂＋化肥处理在 45d 有一个明显的吸收峰外，其他处理条件下均随

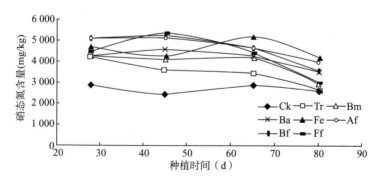

图 6-26　不同处理对油菜叶片硝态氮含量的影响

着油菜生物量的增加缓慢下降。收获时，除对照和传统堆肥处理下油菜硝态氮含量明显较低外，其他处理硝态氮含量变化不大，与油菜生物量综合研究，有机肥与化肥配施保持了充足的氮素养分供应，有利于油菜生长，其中以调理剂堆肥＋化肥处理最佳。

研究表明，与对照相比，施用肥料能够显著提高油菜叶片氮素含量。由图6-27分析表明，除单独施用化肥处理外，其他处理油菜全氮含量呈现先增高后降低的趋势，而单独施用化肥处理油菜全氮含量呈现先降低后增加再降低的变化，可能与该处理中尿素追肥导致油菜全氮显著增高有关，其他有机肥与化肥配施的处理中虽然也有一定波动，总体随着油菜的生长缓慢下降。由于化肥为速效肥料，在油菜生长的第一个月内，植株氮含量较其他处理略高。随着油菜生长，速效养分供应不足，导致化肥处理条件下油菜全氮含量明显下降。分析不同施肥配比下油菜全氮含量可见，与单独施用有机肥处理相比，有机肥与化肥配施对油菜全氮的增加有一定贡献，尤其在油菜生长中后期调理剂堆肥＋化肥、促腐剂堆肥＋化肥处理条件下油菜叶片全氮含量明显高于其他处理，因此有机肥与化肥配施能显著提高油菜对氮的吸收。

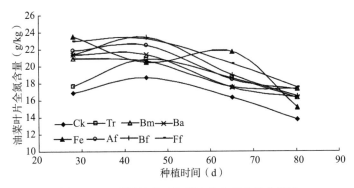

图6-27　不同处理对油菜叶片全氮含量的影响

由图6-28可以看出，施用肥料能显著改变油菜植株全磷含量（$P<0.05$）。不同的施肥配比下，油菜收获后有机肥与化肥配施处理全磷含量明显高于单独有机肥和化肥处理（$P<0.05$），其中以促腐剂堆肥＋化肥处理全磷含量最高，达到5.66g/kg，可见化肥和有机肥配施有利于绿叶蔬菜磷素的积累。

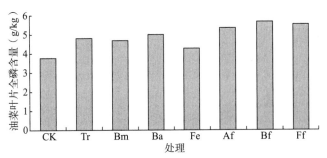

图6-28　不同处理对油菜叶片全磷含量的影响

由图6-29分析表明，施用肥料能显著改变油菜植株全钾含量。不同的施肥配比下，收获后有机肥与化肥配施处理油菜全钾含量明显高于其他处理，其中以调理剂堆肥＋化肥处理全钾含量最高，达到 17.79g/kg，可见有机肥和化肥配施有利于绿叶蔬菜钾素的积累。

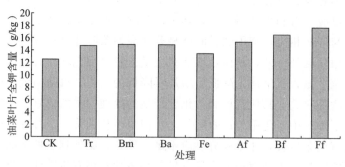

图 6-29　不同处理对油菜叶片全钾含量的影响

（二）对土壤养分含量的影响

油菜生长期间土壤全氮含量变化如图 6-30 所示，种植早期，植株矮小，吸收养分能力弱，土壤全氮含量较高，以速效化肥施用处理最高，随着油菜对养分的需求增加，各处理土壤氮素含量迅速降低，由于第二次采样后追施过氮肥，化肥和配施处理中土壤氮素在65d 有小幅度增加，随后缓慢降低，化肥及有机肥＋化肥配施处理土壤氮素显著高于对照和有机肥各处理。

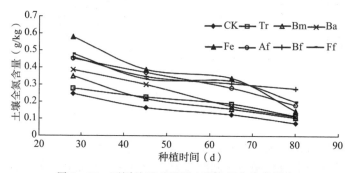

图 6-30　不同处理对根际土壤全氮含量的影响

油菜土壤硝态氮各处理变化趋势与土壤全氮相似，即随着油菜的生长，土壤硝态氮整体缓慢下降（图 6-31）。各施肥处理土壤硝态氮含量显著高于对照，且 28d 取样时，化肥处理土壤硝态氮含量显著高于其他处理，因此化肥的高投入可增加土壤硝态氮淋失风险。

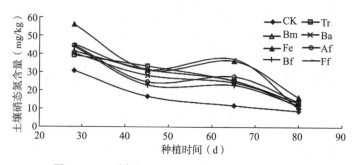

图 6-31　不同处理对根际土壤硝态氮含量的影响

不同肥料配施对油菜土壤磷钾含量见表 6-2，肥料种类及配施条件对土壤磷素有一定影响，施肥处理土壤磷素含量高于对照，且以有机肥与化肥配施条件表现得比较明显，这与油菜体内磷素含量表现一致。油菜土壤钾含量与磷略有不同，虽然肥料施用对土壤钾含量有一定影响，对照处理中钾含量不是最低，可能与该处理油菜植株矮小对养分需求量降低有关。而有机肥与化肥配施处理土壤速效钾含量低于单独施用有机肥处理，可能由植株生长代谢旺盛对土壤养分活化吸收能力强所致。

表 6-2 不同处理对土壤磷钾含量的影响

处理	全磷含量（g/kg）	全钾含量（g/kg）	有效磷含量（mg/kg）	速效钾含量（mg/kg）
CK	0.14	7.73	14.88	64.3
Tr	0.17	7.11	24.56	57.5
Bm	0.19	7.57	26.33	68.2
Ba	0.17	7.82	27.89	62.8
Fe	0.13	6.79	18.88	60.9
Af	0.22	7.94	24.31	62.2
Bf	0.23	7.81	30.05	60.8
Ff	0.25	8.12	33.34	63.8

四、主要研究进展

1. 探明了番茄秸秆与鸡粪堆腐应用促腐剂的效应

试验结果表明，促腐剂 1 可作为蔬菜残株堆肥的促腐剂。添加促腐剂 1 处理堆温最高可达 52.7℃，高温持续时间长；种子发芽指数增长速度最快；有机质降解率达 34.99%。堆腐过程中，堆体内细菌、真菌、放线菌数量均呈现先上升后下降的趋势，只出现一个峰值。原因可能是本次试验堆体温度多处于中温阶段（<55℃），堆肥中以嗜温菌为主，嗜温菌、嗜热菌的演替现象不明显。

2. 明确了番茄秸秆与鸡粪堆腐应用调理剂的效应

试验结果表明，添加 1% 秸秆炭的处理，全氮含量增加 10.06%，全磷含量增加 52.36%，硝态氮含量增幅最大，水溶性铵态氮降低幅度最低。从氮素保留、磷、钾养分和种子发芽指数变化来看，在番茄秸秆和鸡粪混合堆肥中添加 1% 秸秆炭堆肥效果最佳。从秸秆炭、泥炭、沸石三种调理剂堆肥前后横截面的形态可以看出，秸秆炭较其他两种调理剂孔隙度高，能附着大量微生物体，这可能也是其作为调理剂提升堆肥效果的原因。

3. 初步揭示了番茄秸秆与鸡粪腐熟物料的肥料效应

试验结果表明，有机肥和化肥配施可满足油菜对氮磷钾养分的需求，提高油菜的叶绿素含量，增加油菜产量。其中，促腐剂堆肥、调理剂堆肥较传统堆肥与化肥配施均可使油菜产量增加，土壤氮磷钾养分充足，可以兼顾经济效益和环境效益。

第二节　油菜施用沼液配方肥的生物效应及环境效应

近年来，随着我国农业的快速发展，农业面源污染问题突显，菜田面源污染尤为突出，蔬菜产品受到污染，危及人体健康。沼液配方肥是一种液态速效肥料，可用于农作物追肥，快速补充需肥高峰期作物所需的养分物质，具有增强植物抗旱、抗寒、抗病等抗逆性，促进作物稳产高产，改善营养品质，利用废弃资源，改善生态环境等优点。本研究针对沼液配方肥的开发利用，以油菜为研究对象，采用温室盆栽试验，在等施氮量条件下，进行了沼液配方肥（A）和无机复混肥（B）的肥效对比，各设 4 个处理水平，分别为施氮量 0.48g/kg、0.96g/kg、1.44g/kg、1.92g/kg，分别记作沼液配方肥处理 A1、A2、A3、A4 和无机复混肥处理 B1、B2、B3、B4。同时，设不施肥的对照（CK），每个处理 3 次重复。这样，研究了沼液配方肥和无机复混肥的肥效特点，及其对油菜生长、品质及土壤质量的影响，为蔬菜安全高效生产筛选优质肥料和优化施肥组合，为沼肥的安全应用提供科学依据。

一、油菜施用沼液配方肥的生物效应

（一）对油菜生长发育的影响

1. 对油菜生物量的影响

由图 6-32 可看出沼液配方肥和无机复混肥的不同施氮量对油菜干重的影响。与不施氮肥对照相比，沼液配方肥中氮肥用量为 0.48g/kg、0.96g/kg、1.44g/kg 和 1.92g/kg 处理的油菜干重分别增加 18.05％、19.78％、28.09％和 27.72％，且均与不施氮处理差异显著（$P<0.05$）；无机复合肥中氮肥用量为 0.48g/kg、0.96g/kg、1.44g/kg 和 1.92g/kg，分别增加 6.67％、13.18％、20.75％和 20.52％，与不施氮肥差异显著。在等施氮量下，施用沼液配方肥的油菜干重均呈现高于无机复混肥处理的趋势，但差异不显著。两种肥料的油菜干重均表现为随着施氮量的增加而增加的趋势。

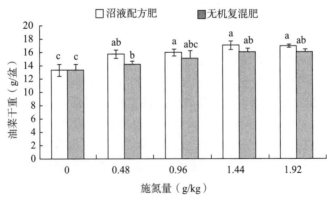

图 6-32　不同施氮量对油菜干重的影响

由图 6-33 可看出，沼液配方肥和无机复混肥的不同施氮量对油菜鲜重的影响。与不施氮肥对照相比，沼液配方肥中氮肥用量为 0.48g/kg、0.96g/kg、1.44g/kg 和

1.92g/kg 处理的油菜干重分别增加 16.90%、20.89%、28.44% 和 28.19%，且均与不施氮处理达显著差异（$P<0.05$）；无机复混肥中氮肥用量为 0.48g/kg、0.96g/kg、1.44g/kg 和 1.92g/kg，分别增加 11.43%、16.68%、20.26% 和 20.23%，后两个处理与不施氮肥达显著差异水平。在等施氮量下，施用沼液配方肥的油菜鲜重均呈现高于无机复混肥处理的趋势，但差异不显著。两种肥料的油菜鲜重均表现为随着施氮量的增加而增加的趋势。

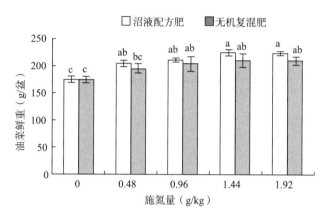

图 6-33　不同施氮量对油菜鲜重的影响

2. 对地下部根干重的影响

油菜根干重见图 6-34。根干重的顺序为：A3＞B3＞CK＞A4＞A2＞B4＞A1＞B2＞B1。在等施氮量下，施用沼液配方肥的根干重均比无机复混肥的高，A1 比 B1 增加 22.90%，A2 比 B2 增加 15.60%，A3 比 B3 增加 18.11%，A4 比 B4 增加 12.57%。沼液肥可以显著提高油菜的根干重，但油菜根干重并不是随着氮素施用量的增加而增加，当氮素施用量为 1.92g/kg（A3、B4 处理）时，油菜根干重呈降低趋势。

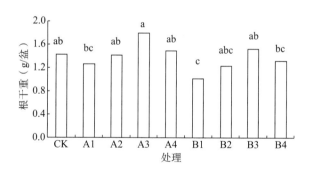

图 6-34　不同施肥处理对油菜根干重的影响

3. 对根冠比的影响

根冠比是指植物地下部分与地上部分鲜重的比值。由图 6-35 可见，油菜根冠比的顺序为：CK＞A3＞B3＞A2＞A4＞B4＞B2＞A1＞B1。对照处理的根冠比最大，其次为 A3 处理。在等施氮量下，施用沼液配方肥的根冠比均比施用无机复混肥要高，A1 比 B1 增加 10.94％，A2 比 B2 增加 9.42％，A3 比 B3 增加 11.23％，A4 比 B4 增加 6.48％。沼液配方肥可以显著提高油菜的根冠比，但根冠比并没有随着氮素施用量的增加而增加，当氮素施用量为 1.92g/kg（A3、B4 处理）时，油菜根冠比呈降低趋势。因此，适宜的沼液用量有助于油菜根冠比指标的优化。

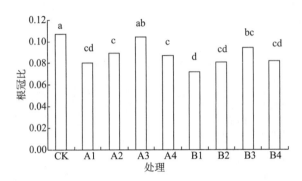

图 6-35　不同施肥处理对油菜根冠比的影响

（二）对油菜品质的影响

1. 对硝酸盐含量的影响

沼液配方肥中含有 Mn、Mo 和稀有元素，有利于增强硝酸还原酶 NR 的活性，使硝酸盐可以迅速还原转化为氨和氨基酸等营养物质，从而有效降低蔬菜硝酸盐含量。如图 6-36 所示，在等施氮量下，油菜中硝酸盐含量随施氮量的增加而增加，无机复混肥分别比 CK 显著增加 54.37％、62.49％、75.60％和 84.90％；沼液配方肥比 CK 分别下降了 5.61％、10.36％、17.42％和 5.85％，除 A3 处理外，其他处理与对照差异不显著。在等施氮量下，施用沼液配方肥显著降低油菜硝酸盐含量，分别降低 38.85％、44.83％、52.97％、49.08％，且处理间差异显著；在施氮量为 1.44g/kg 时，硝酸盐含量最低为 456.76mg/kg。

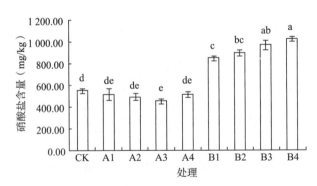

图 6-36　不同施肥处理对油菜硝酸盐含量的影响

2. 对维生素 C 含量的影响

蔬菜中维生素 C 含量是表征蔬菜品质的重要指标。由表 6-3 可看出，与对照相比，施用沼液配方肥与无机复混肥对油菜维生素 C 含量均有提高，分别提高 29.80％、

57.53％、81.14％、66.65％、4.41％、16.00％、30.23％、24.57％，且均与对照差异显著。但油菜维生素 C 含量并不是随施肥量的增加而增加，在施氮量为 1.42g/kg（A3）时，维生素 C 含量最高，为 41.88mg/kg。在等施氮量下，施用沼液配方肥的油菜的维生素 C 含量均呈现高于无机复混肥的趋势，A1 比 B1 增加 24.32％，A2 比 B2 增加 35.79％，A3 比 B3 增加 39.09％，A4 比 B4 增加 33.78％，且差异显著。

3. 对还原糖含量的影响

还原糖是光合作用的初级产物，由它形成其他的化合物淀粉、纤维素、蛋白质、脂肪等。由表 6-3 可看出，油菜还原糖含量的变化趋势基本与维生素 C 含量变化趋势一致。与对照相比，施用沼液配方肥与无机复混肥的还原糖含量均有提高，分别提高19.66％、37.62％、68.86％、25.57％、12.01％、18.92％、39.21％、16.79％，且均达显著差异。在等施氮量下，施用沼液配方肥的还原糖含量均呈现高于无机复混肥的趋势，A1 与 B1 差异不显著，A2 比 B2 增加 15.73％，A3 比 B3 增加 21.30％，A4 比 B4 增加 7.64％。

表 6-3　不同处理对油菜品质的影响

处理	维生素 C 含量（mg/kg）	增加率（％）	还原糖含量（％）	增加率（％）
CK	23.12e	—	9.41d	—
A1	30.01c	29.80	11.26c	19.66
A2	36.42b	57.53	12.95b	37.62
A3	41.88a	81.14	15.89a	68.86
A4	38.53ab	66.65	11.83bc	25.72
B1	24.14de	4.41	10.54cd	12.01
B2	26.82cd	16.00	11.19c	18.92
B3	30.11c	30.23	13.10b	39.21
B4	28.80c	24.57	10.99cd	16.79

（三）对油菜养分含量的影响

1. 对全氮含量的影响

通过对油菜全氮含量的分析（图 6-37），与对照相比，沼液配方肥处理的 A1 处理差异不显著，其他处理的全氮含量分别增加 49.26％、88.84％和 68.00％；无机复混肥处理B3、B4 分别显著增加 49.78％和 29.56％。油菜全氮含量并未随施氮量的增加而增加，当施氮量为 1.92g/kg（A4、B4 处理）时，油菜全氮含量下降。在等施氮量的条件下，除施氮量为 0.48g/kg 的处理差异不显著外，A2 比 B2 增加 26.00％，A3 比 B3 增加 26.08％，A4 比 B4 增加 29.68％。

2. 对全磷含量的影响

通过对油菜全磷含量的分析（图 6-38），与对照相比，沼液配方肥处理的油菜全磷含量分别增加 5.13％、7.69％、8.97％和 3.85％，无机复混肥处理分别增加 3.85％、

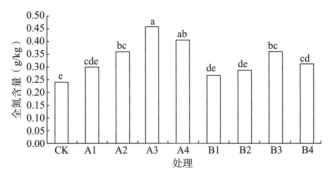

图 6-37　不同施肥处理对油菜全氮含量的影响

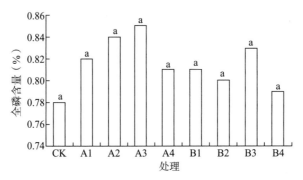

图 6-38　不同施肥处理对油菜全磷含量的影响

2.56％、6.41％和1.28％，与对照均未达显著差异水平（$P<0.05$）。在等施氮量下，沼液配方肥的油菜全磷量均呈现高于无机复混肥处理的趋势。

3. 对全钾含量的影响

通过对油菜全钾吸收的分析（图 6-39），与对照相比，沼液配方肥处理的油菜全钾含量分别增加21.57％、33.00％、39.88％和23.81％，与对照均达显著差异水平（$P<0.05$）；无机复混肥处理中的 B1 处理与对照差异不显著，其他三个处理分别显著增加15.59％、21.79％和17.05％。在等施氮量下，沼液配方肥的油菜全钾量均呈现高于无机复混肥处理的趋势，A1 比 B1 增加10.29％，A2 比 B2 增加15.06％，A3 比 B3 增加14.85％，处理 A4 比 B4 增加5.78％。

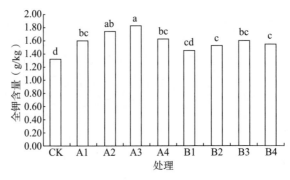

图 6-39　不同施肥处理对油菜全钾含量的影响

（四）对油菜氮素吸收利用的影响

如表 6-4 所示，与对照相比，沼液配方肥与无机复混肥处理对油菜的吸氮和利用均呈增加趋势。在施氮量相同条件下，施氮量为 1.44g/kg（A3）时，氮素吸收量最大，为每盒 458.34mg，且沼液配方肥处理与对照差异显著，无机复混肥处理 B3、B4 与对照达显著差异水平。沼液配方肥处理的油菜吸氮量均高于无机复混肥，且 A2 与 B2、A3 与 B3、A4 与 B4 之间均达显著差异水平。在等施氮量下，沼液配方肥处理的氮肥利用率均高于无机复混肥，在施氮量为 1.44g/kg（A3）时，氮肥利用率最高为 59.90%，与无机复混肥处理 B3 相比，高出 26.34%，且 A1 与 B1、A2 与 B2、A3 与 B3 之间均达显著差异水平。

表 6-4　不同处理的油菜氮素吸收量与氮肥利用率

处理	单盒施氮量（mg）	单盒吸氮量（mg）	氮肥利用率（%）
CK	0	242.71e	—
A1	120	299.46cde	47.29ab
A2	240	362.27bc	49.82ab
A3	360	458.34a	59.90a
A4	480	407.76ab	34.39bc
B1	120	268.66de	21.63c
B2	240	287.5de	18.66c
B3	360	363.52bc	33.56bc
B4	480	314.44cd	14.94c

二、油菜施用沼液配方肥的环境效应

（一）对土壤 pH 和 EC 值的影响

由表 6-5 所示，沼液配方肥可降低土壤 pH，分别比对照显著降低 9.82%、10.66%、11.25% 和 11.73%；无机复混肥土壤 pH 随施肥量的增加呈现上升趋势。沼液配方肥可不同程度的降低土壤 pH，防止了土壤盐渍化，其中改善程度明显的为 A4，与对照及无机复混肥处理相比均达显著差异。

表 6-5　不同施肥处理对土壤 pH 和 EC 值的影响

处理	pH	比 CK（%）	位次 由小到大	EC 值（mS/cm）	比 CK（%）	位次 由小到大
CK	8.35a	—	9	1.049c	—	9
A1	7.53b	−9.82	4	0.988c	−5.82	4
A2	7.46b	−10.66	3	0.978c	−6.77	3

（续）

处理	pH	比CK（%）	位次由小到大	EC值（mS/cm）	比CK（%）	位次由小到大
A3	7.41b	−11.25	2	0.959c	−8.58	2
A4	7.37b	−11.73	1	0.942b	−10.20	1
B1	8.40a	0.60	5	1.088ab	3.72	5
B2	8.42a	0.84	6	1.116a	6.39	6
B3	8.47a	1.44	7	1.118a	6.58	7
B4	8.49a	1.68	8	1.122a	6.96	8

与对照相比，沼液配方肥可降低土壤EC值，分别下降了5.82%、6.77%、8.58%和10.20%，处理A4与对照差异显著。土壤EC值随无机复混肥的增加而增加，增幅为3.72%～6.96%，与对照达显著差异。沼液配方肥对EC值的降低效果明显优于无机复混肥，以A4降低最明显，为0.942mS/cm。

（二）对土壤养分的影响

1. 对土壤硝态氮含量的影响

通过对土壤硝态氮含量的分析（图6-40），施沼液配方肥与无机复混肥的处理在土壤硝态氮变化上趋势一致，随施氮量的增加，硝态氮含量均呈增加趋势；两种肥料的所有处理均在第30d出现最大值。随着生育期的延长，土壤中硝态氮含量开始下降，在油菜生长到第46d即油菜成熟时，土壤中硝态氮的含量又呈上升趋势。在施氮量相同条件下，施用沼液配方肥土壤中硝态氮要明显低于无机复混肥。

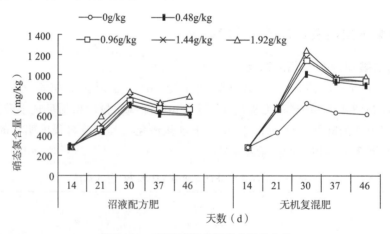

图6-40 不同时期土壤硝态氮的含量

2. 对土壤碱解氮含量的影响

如图6-41所示，在等施氮量下，与对照相比，追施沼液配方肥与无机复混肥土壤碱解氮均有所提高，增加幅度为5.37%～30.71%，处理A4增加最大，即当沼液配方肥施氮量为 1.92g/kg 时，碱解氮含量达到最大值。在等施氮量条件下，沼液配方肥要明显优于无机复混肥，沼液配方肥的土壤碱解氮含量均呈高于无机复混肥处理的趋势。

3. 对土壤有效磷含量的影响

如图 6-41 所示，土壤有效磷的变化没有土壤碱解氮与土壤速效钾变化明显。与对照相比，沼液配方肥土壤有效磷含量与无机复混肥均随施肥量的增加略有增加。在等施氮量条件下，沼液配方肥土壤有效磷含量均呈高于无机复混肥处理的趋势，分别高出 6.68%、11.62%、10.46% 和 9.30%，各处理均未达显著差异（$P<0.05$）。

4. 对土壤速效钾含量的影响

如图 6-41 所示，土壤速效钾含量的变化趋势与土壤碱解氮一致。在等施氮量条件下，与对照相比，施用沼液配方肥的处理和无机复混肥对土壤速效钾的含量均随追肥量的增加而增加，沼液配方肥分别增加 20.30%、36.75%、41.07% 和 49.08%，无机复混肥分别增加了 5.91%、9.21%、17.83% 和 24.62%。在等施氮量条件下，沼液配方肥的土壤速效钾含量均呈高于无机复混肥处理的趋势，以处理 A4 最为明显。

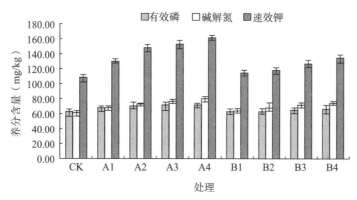

图 6-41　不同施肥处理对土壤养分含量的影响

（三）土壤氮素的表观平衡

假定不施肥处理的氮素表观损失为 0.00，由此计算出油菜土壤氮的表观矿化为每盆 112.61mg，并将此数值用于各施氮处理氮素平衡的计算。由表 6-6 可知，随着施氮量的增加，氮素盈余随之增加。沼液配方肥的氮素盈余分别为每盆 62.19mg、117.60mg、139.71mg、312.84mg；无机复混肥处理的氮素盈余分别为每盆 88.98mg、188.44mg、230.09mg、400.64mg。在等施氮量下，沼液配方肥的作物吸氮量高，同时残留在土壤中的无机氮较低，氮素盈余明显低于无机复混肥处理，降低 28.07%~64.69%。

表 6-6　不同施肥处理下油菜-土壤体系氮素表观平衡

处理	单盆氮素投入（mg）			单盆氮素输出（mg）		单盆氮素盈余（mg）
	起始土壤 N_{min}	肥料投入氮素	土壤矿化氮量	土壤残留 N_{min}	作物吸收	
CK	112.61	0	139.05	8.95	242.71	0
A1	112.61	120	139.05	10.01	299.46	62.19
A2	112.61	240	139.05	11.79	362.27	117.60

（续）

处理	单盆氮素投入（mg）			单盆氮素输出（mg）		单盆氮素盈余（mg）
	起始土壤 N_{min}	肥料投入氮素	土壤矿化氮量	土壤残留 N_{min}	作物吸收	
A3	112.61	360	139.05	13.61	458.34	139.71
A4	112.61	480	139.05	11.06	407.76	312.84
B1	112.61	120	139.05	14.02	268.66	88.98
B2	112.61	240	139.05	15.72	287.5	188.44
B3	112.61	360	139.05	18.05	363.52	230.09
B4	112.61	480	139.05	16.58	314.44	400.64

三、主要研究进展

1. 探明了油菜施用沼液配方肥的生物效应

在等施氮量下，油菜施用沼液配方肥对其生长发育的影响优于无机复混肥。与无机复混肥相比，施用沼液配方肥可使油菜干物重增加 5.82%～10.67%，可使油菜鲜重增加 3.61%～10.81%，可使根干重增加 12.57%～22.90%；沼液配方肥可改善油菜品质，显著提高维生素 C 含量 24.32%～39.09%、还原糖含量 6.81%～21.32%，显著降低硝酸盐含量 38.85%～52.97%；沼液配方肥可使油菜氮磷钾全量分别提高 29.68%、8.97% 和 15.06%，提高氮素利用率至 59.90%。随追施沼液配方肥量的增加，油菜的干重和鲜重呈先升高后降低的规律，拐点为施氮量 1.44g/kg。

2. 揭示了油菜施用沼液配方肥的环境效应

与无机复混肥相比，沼液配方肥可显著降低土壤 pH 和土壤 EC 值，防治土壤盐渍化；在等施氮量下，油菜施用沼液配方肥的吸氮量高，同时残留在土壤中的无机氮较低，氮素盈余明显低于无机复混肥处理，降低 28.07%～64.69%。

第三节　露地辣椒有机肥与菌剂配施的培肥效果

辣椒（*Capsicum annuum* L.）是备受人们喜爱的茄科蔬菜之一，在我国饮食当中具有特殊的重要地位。根据 FAO 统计，2020 年我国辣椒种植面积已达 81.4 万 hm^2，年总产量 1 960.0 万 t，分别占全世界的 40.7% 和 49.9%。长期以来，菜农盲目追求施肥增产，在辣椒生产中也不例外。已有资料表明，全国主要蔬菜氮磷钾养分平均用量为 1 092kg/hm^2，是其他农作物的 3.3 倍。过量施肥已引起肥效锐减、辣椒品质降低、口味变差、硝酸盐超标等问题，当前生产亟待开辟绿色发展的道路。微生物肥料和有机肥是发展绿色农业、有机农业的首选肥料。本研究面向蔬菜产业绿色发展，针对微生物肥料和有机肥的开发应用，在辣椒非连作区和连作区（种植 10 年），开展露地辣椒田间施肥试验，探索基施有机肥部分替代化肥并配施溶磷解钾微生物菌剂对露地辣椒生长、品质和土壤理化性状的影响，及其减肥增效的潜力，建立辣椒安全高效施肥技术模式。

一、辣椒非连作区有机肥配施菌剂的减肥增效

在望都辣椒新种植区，共设 8 个处理，分别为：T1，推荐施肥（化肥），该处理的养分投入全部由化肥提供；T2，推荐施肥（化肥）＋菌剂，在 T1 处理的基础上配施微生物菌剂；T3，推荐施肥（化肥＋生物有机肥），该处理的养分投入一部分由生物有机肥作为基肥提供，一部分由化肥提供；T4，推荐施肥（化肥＋生物有机肥）＋菌剂，在 T3 处理的基础上配施微生物菌剂；T5，推荐施肥（化肥＋牛粪），该处理的养分投入一部分由腐熟牛粪作为基肥提供，一部分由化肥提供；T6，推荐施肥（化肥＋牛粪）＋菌剂，在 T5 处理的基础上配施菌剂；T7，常规施肥；T8，常规施肥＋菌剂。其中，T1～T6 处理氮磷钾投入的推荐量，根据土壤养分含量状况和辣椒目标产量测算，N、P_2O_5、K_2O 分别为 225kg/hm^2、90kg/hm^2、225kg/hm^2。T7～T8 处理的氮磷钾投入量为农民的常规用量，N、P_2O_5、K_2O 分别为 248kg/hm^2、185kg/hm^2、311kg/hm^2。微生物菌剂施用量：固体颗粒基施并撒施 225kg/hm^2，液体菌剂随定植水冲施 45L/hm^2，门椒膨大期 60L/hm^2。生物有机肥用量为 1 800kg/hm^2，全部基施；牛粪用量为 1 800kg/hm^2，全部基施。磷素全部基施，氮素基追比为 3∶7，钾素基追比为 4∶6，分别在初花期、门椒膨大期、盛果期各追肥一次，用量均为追施总量的 1/3，随水冲施。各处理灌溉按常规统一管理。每个处理设 3 次重复。

（一）有机肥配施菌剂对辣椒生长的影响

如图 6-42 所示，初花期，施用微生物菌剂可促进辣椒地上部生长，其中 T4 处理（化肥＋生物有机肥＋菌剂）和 T6 处理（化肥＋牛粪＋菌剂）促生效果显著。此外，T1 处理（推荐施肥）辣椒植株茎粗显著高于 T7 处理（常规施肥）26.9%，辣椒株高和叶绿素 SPAD 值在 T1 和 T7 处理之间差异不显著。T6 处理辣椒开花数量显著高于 T5 处理（未配施菌剂）和 T7 处理，增幅分别为 65.2% 和 90.0%。

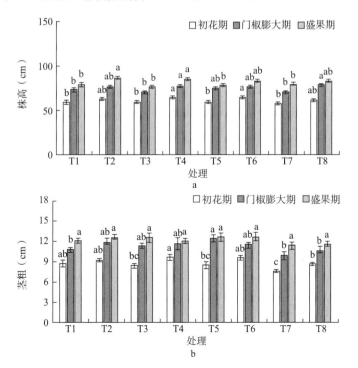

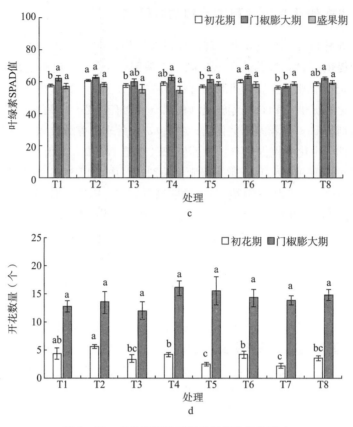

图 6 - 42　有机肥配施菌剂对辣椒生长的影响
a. 株高　b. 茎粗　c. 叶绿素含量　d. 开花数量

门椒膨大期，施用微生物菌剂和牛粪促进辣椒植株地上部生长，其中 T4 处理（化肥＋生物有机肥＋菌剂）和 T5 处理（化肥＋牛粪）促生效果显著，T4 处理辣椒植株株高较 T7 处理提高了 10.4％（图 6 - 42a），T5 处理辣椒植株茎粗较 T7 处理增加了 20.0％（图 6 - 42b），此外 T8 处理辣椒植株株高高于 T7 处理 10.7％（图 6 - 42a）。除 T3 处理外，其他各施肥处理均显著增加辣椒叶片叶绿素 SPAD 值，较 T7 处理提高 7.58％～10.79％（图 6 - 42c）。与 T1 相比，施用微生物菌剂和牛粪处理增加了辣椒开花数量（图 6 - 42d）。

盛果期，T2 处理（化肥＋菌剂）和 T4 处理（化肥＋生物有机肥＋菌剂）辣椒植株株高显著高于其他处理，其中 T2 处理辣椒植株株高较 T1、T7 处理分别提高了 8.31％、9.22％，T4 处理辣椒植株株高较 T1、T3、T7 分别增加了 7.00％、12.6％和 7.68％，说明施用微生物菌剂显著促进辣椒地上部生长（图 6 - 42a）。各处理间的辣椒茎粗和叶绿素 SPAD 值在该时期表现比较稳定，没有较大波动，但施用有机肥料和菌剂有增加茎粗的趋势。

综上所述，推荐施肥情况下，有机肥（生物有机肥、腐熟牛粪）配施微生物菌剂可促进不同生育期辣椒的生长，尤其是在初花期配施微生物菌剂对辣椒的促生效果最为明显。

（二）有机肥配施菌剂对辣椒产量与收益的影响

如图6-43所示，各处理鲜椒产量为9 600~12 500kg/hm²，干椒产量为3 070~4 260kg/hm²，鲜椒和干椒产量在各处理间变化趋势一致。施用生物有机肥、微生物菌剂、腐熟牛粪均显著提高了辣椒产量，其中T5处理（化肥＋牛粪）辣椒产量最高，与T7处理（农民常规施肥）相比提高了20.0%，且差异显著。然后是T4（化肥＋生物有机肥＋菌剂）、T6（化肥＋腐熟牛粪＋菌剂）和T8（常规施肥＋菌剂）处理，但是与T5处理差异不显著，原因可能是T1~T6处理是根据目标产量和测土施肥相结合推荐的氮磷钾肥用量，且不同处理氮磷钾的投入量一致。T1~T6处理氮磷钾的推荐用量比农民常规施肥低9.09%、51.2%和7.5%，但是与常规施肥相比，产量有增加的趋势，这说明推荐施肥有利于提高肥料的利用效率。这一点从肥料偏生产力的结果得到验证（图6-44）。T7、T8（常规施肥处理）的肥料偏生产力显著低于T1~T6（推荐施肥处理），说明推荐施肥的肥料偏生产力显著高于农民常规施肥。在推荐施肥情况下，生物有机肥部分替代化肥的处理（T3）与单施化肥的处理（T1）间肥料偏生产力差异不显著，但是牛粪替代部分化肥处理（T5）的肥料偏生产力比单施化肥处理（T1）增加了30.4%，说明辣椒基肥施用时牛粪部分替代化肥有利于提高肥料的生产效率；配施微生物菌剂的各个处理与不施菌剂的处理之间肥料偏生产力差异不显著。T5（化肥＋牛粪）处理肥料偏生产力最高为250kg/kg，较农民常规施肥处理（T7）提高了125%，但与T4和T6间肥料利用率差异不显著。T6（化肥＋牛粪＋菌剂）处理较T7提高78.4%，从肥料偏生产力来看，推荐施肥下牛粪部分替代化肥、牛粪部分替代化肥配施菌剂、生物有机肥部分替代化肥配施菌剂处理的肥料偏生产力处于较高水平。

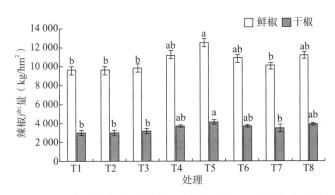

图6-43 有机肥配施菌剂对辣椒产量（鲜椒、干椒）的影响

由表6-7可知，T5（化肥＋牛粪＋菌剂）、T6（化肥＋牛粪＋菌剂）处理辣椒纯收益显著高于T7处理（常规施肥），分别增加了28.1%、68.6%，与农民常规施肥＋菌剂处理（T8）相比，T5、T6处理辣椒纯收益提高了19.2%、57.0%，说明牛粪部分替代化肥和牛粪部分替代化肥配施菌剂在保证辣椒产量的基础上提高了辣椒的经济效益。与农民常规施肥处理（T7）相比，T5、T6处理显著提高了产投比，分别高于T7处理51.1%、42.1%，T5、T6处理较农民常规施肥＋菌剂处理（T8）产投比提高了79.6%、68.9%。对辣椒的经济效益进行综合分析结果表明，T5（化肥＋牛粪）和T6（化肥＋牛粪＋菌剂）处理表现最佳。

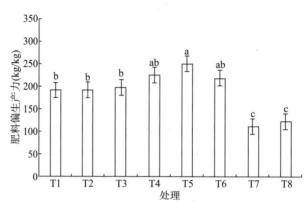

图 6-44　有机肥配施菌剂对肥料偏生产力的影响

表 6-7　有机肥配施菌剂对辣椒经济效益的影响

处理	每公顷肥料成本 （元）	每公顷管理成本 （元）	每公顷产值 （元）	每公顷纯收益 （元）	产投比 （元/元）
T1	5 120	6 300	61 492	50 072b	5.38b
T2	8 945	6 300	62 606	47 360b	4.11bc
T3	4 820	6 300	65 222	54 103b	5.87b
T4	8 645	6 300	75 475	60 531b	5.05bc
T5	3 020	6 300	85 128	75 808a	9.13a
T6	8 420	6 300	75 295	99 798a	8.59a
T7	5 430	6 300	70 922	59 192b	6.05b
T8	9 255	6 300	79 129	63 574a	5.09bc

注：产投比＝辣椒产值/投入成本，下同。

（三）有机肥配施菌剂对辣椒品质的影响

营养品质是衡量果蔬品质的一项重要指标，辣椒即可鲜食也可风干后备用，如表 6-8 所示，本研究以辣椒素、维生素 C 和可溶性蛋白作为营养品质指标，T6（化肥＋牛粪＋菌剂）处理辣椒素、二氢辣椒素含量以及辣椒素总量均表现为最高，较 T5 处理（化肥＋牛粪）显著提高约 73.0%，其他处理间辣椒素含量差异不显著。二氢辣椒素含量显著低于辣椒素，T5 处理二氢辣椒素含量显著低于 T3、T6～T8 处理；T6 处理辣椒素总量最高，显著高于 T5 和 T7 处理，与其他处理之间差异不显著。各处理辣椒果实维生素 C 每 100g 含量为 34.9～41.6mg，可溶性蛋白每 100g 含量变幅为 1.45～1.81mg。上述结果表明，推荐施肥条件下部分牛粪替代化肥和菌剂配施可以促进辣椒果实中辣椒素的累积。因此，在辣椒种植区可根据对辣椒果实辣度的不同需求推荐不同的施肥模式，在辣度需求较低的辣椒种植区推荐牛粪与化肥配施，在辣度需求较高的种植区推荐牛粪＋化肥＋菌剂施肥模式。

表 6-8　有机肥配施菌剂对辣椒经济效益的影响

处理	辣椒素含量（g/kg）	二氢辣椒素含量（g/kg）	辣椒素总量（g/kg）	维生素 C 含量（mg/100g）	可溶性蛋白质含量（mg/g）
T1	3.71±0.69ab	1.51±0.27ab	5.81±1.06ab	40.7±1.38a	1.45±0.28a
T2	3.64±0.53ab	1.51±0.22ab	5.72±0.83ab	41.6±0.45a	1.63±0.14a
T3	3.57±0.54ab	1.56±0.15a	5.70±0.77ab	38.9±0.81a	1.54±0.16a
T4	3.65±0.23ab	1.46±0.07ab	5.68±0.32ab	40.6±1.18a	1.66±0.19a
T5	2.52±0.58b	1.03±0.18b	3.94±0.85b	38.5±1.54a	1.81±0.13a
T6	4.34±0.28a	1.79±0.08a	6.81±0.35a	36.6±0.61a	1.80±0.01a
T7	4.04±0.73ab	1.61±0.19a	6.28±1.01a	34.9±2.32a	1.72±0.07a
T8	3.83±0.15ab	1.67±0.13a	6.11±0.20ab	38.9±3.28a	1.74±0.12a

（四）有机肥配施菌剂对辣椒吸收累积养分的影响

辣椒植株各器官养分积累量表现出，全氮累积量茎叶＞果实＞根，T2（化肥＋菌剂）处理和 T5（化肥＋牛粪）处理的全氮累积量较高，较 T1 分别提高了 19.2％和 18.9％，较 T3 分别提高了 19.9％和 19.6％，说明施用微生物菌剂和牛粪促进辣椒植株全氮累积量（图 6-45）；全磷累积量在植物体内积累处理间差异不显著，表现为茎叶＞果实＞根，T2 和 T5 处理全磷累积量较高；各处理辣椒全钾累积量表现为茎叶＞果实＞根，T5（化肥＋牛粪）全钾累积量最高，较 T1 推荐施肥（化肥）、T7（农民常规施肥）处理分别显著提高了 43.2％和 44.8％。综上所述，施用牛粪部分替代化肥能显著提高辣椒植株氮、钾养分累积。

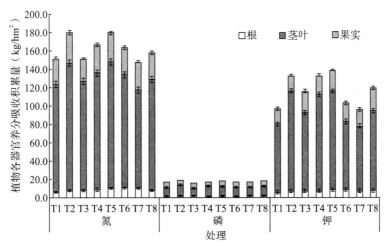

图 6-45　有机肥配施菌剂对辣椒吸收积累养分的影响

（五）有机肥配施菌剂对土壤理化性状的影响

1. 对土壤 pH、EC 值和有机质含量的影响

如表 6-9 所示，0～20cm 农民常规施肥处理（T7）的土壤 pH 最低，T4 处理（化肥＋生物有机肥＋菌剂）的土壤 pH 最高，且二者间差异显著，T7 的土壤 pH 比 T4 降低

0.12 个单位；0～20cm 土层的 T5 处理土壤 EC 值比 T7 提高了 $14.5\mu s/cm$。对土壤有机质含量来说，不同施肥处理，辣椒田土壤有机质随土层深度的增加而降低，但相同土层不同施肥处理之间土壤有机质含量差异不显著。说明有机肥配施微生物菌剂经过一季辣椒种植并没有明显影响土壤的 pH、土壤 EC 值和有机质含量。

表 6-9 有机肥配施菌剂对土壤 pH、土壤 EC 值、有机质含量的影响

土层	处理	pH	EC 值（$\mu s/cm$）	有机质含量（g/kg）
0～20cm	T1	8.08±0.04ab	93.6±5.10ab	17.5±1.08a
	T2	8.07±0.01ab	87.7±2.98ab	18.9±0.28a
	T3	8.13±0.07ab	89.3±3.60ab	15.1±3.78a
	T4	8.15±0.02a	88.3±2.08ab	19.1±2.91a
	T5	8.05±0.04ab	96.2±6.62a	18.3±1.75a
	T6	8.13±0.01ab	89.7±2.10ab	18.5±1.67a
	T7	8.03±0.00b	81.7±4.30b	19.0±0.27a
	T8	8.05±0.05ab	86.2±5.69ab	16.7±3.03a
20～40cm	T1	8.24±0.02a	105±8.27a	8.50±0.32a
	T2	8.24±0.02a	91.1±2.73a	9.17±0.54a
	T3	8.19±0.04ab	97.9±2.83a	13.1±1.97a
	T4	8.27±0.02a	87.4±3.52a	10.0±1.58a
	T5	8.19±0.05a	107±8.06a	9.04±0.55a
	T6	8.19±0.02ab	108±5.63a	10.3±1.13a
	T7	8.19±0.02ab	87.1±1.44a	11.8±0.96a
	T8	8.13±0.05b	96.3±6.03a	13.2±3.63a

注：表中方差分析是同一土层不同处理之间的比较，$P<0.05$，下同。

2. 对土壤硝态氮和铵态氮含量的影响

如表 6-10 所示，不同施肥处理土壤硝态氮随辣椒生长时期的推进而逐渐降低，尤其是收获期最低。初花期，T5、T6 处理土壤硝态氮含量较 T2 处理分别降低了 25.5%、41.8%，且差异显著。在门椒膨大期、盛花期和收获期，土壤硝态氮含量在各处理之间差异均不显著，但是与 T7（农民常规施肥）相比，T1～T6 处理土壤硝态氮含量有降低的趋势。说明推荐施肥情况下，施用腐熟牛粪、腐熟牛粪和菌剂配施都有利于早期辣椒植株对表层土壤硝态氮的吸收利用。

与土壤硝态氮表现趋势相同，不同施肥处理下土壤铵态氮含量随辣椒生长的推进而逐渐降低（表 6-11）。门椒膨大期，0～20cm 土层，与 T7（农民常规施肥）处理相比，T1、T5、T6、T8 处理降低了土壤铵态氮含量，分别降低了 21.4%、21.4%、23.6%、22.0%。在盛果期，0～20cm 土层，与 T5（化肥＋牛粪）处理相比，T6（化肥＋牛粪＋菌剂）处理土壤铵态氮含量降低了 28.3%，说明有机肥和菌剂配施有利于土壤铵态氮的吸收利用。

表 6-10　有机肥配施菌剂对土壤硝态氮含量的影响

土层	处理	初花期硝态氮含量（mg/kg）	门椒膨大期硝态氮含量（mg/kg）	盛果期硝态氮含量（mg/kg）	收获期硝态氮含量（mg/kg）
0～20cm	T1	10.5±0.65a	7.64±0.77a	6.29±0.95a	4.19±1.59a
	T2	12.0±0.47a	9.44±0.94a	6.32±0.35a	2.29±0.10a
	T3	8.33±0.79bc	6.41±0.98a	7.46±1.25a	2.94±0.15a
	T4	7.71±0.53bc	8.90±1.13a	7.77±0.34a	2.99±0.78a
	T5	8.94±0.30bc	7.99±1.59a	7.90±1.09a	3.78±0.72a
	T6	6.99±0.88c	7.90±1.36a	8.26±0.67a	4.08±0.30a
	T7	5.91±0.83c	9.60±1.64a	8.08±0.45a	3.70±0.35a
	T8	9.22±0.83b	9.28±1.12a	8.28±0.91a	3.87±0.25a
20～40cm	T1	7.80±1.17a	7.80±1.17a	7.84±1.38ab	2.81±0.49ab
	T2	7.14±1.62ab	7.14±1.62ab	6.71±1.57b	1.67±0.58b
	T3	9.12±1.35a	9.12±1.35a	10.37±1.13a	3.53±0.94a
	T4	3.70±1.66b	3.70±1.66b	5.92±0.46b	2.29±0.25ab
	T5	6.22±0.83ab	6.22±0.83ab	9.25±0.65ab	3.70±0.14a
	T6	6.83±0.68ab	6.83±0.68ab	8.18±1.78ab	3.23±0.11a
	T7	6.44±1.42ab	6.44±1.42ab	6.34±0.72b	2.61±0.08ab
	T8	7.40±1.74ab	7.40±1.74ab	5.42±0.27b	3.24±0.49a

表 6-11　有机肥配施菌剂对土壤铵态氮含量的影响

土层	处理	初花期铵态氮含量（mg/kg）	门椒膨大期铵态氮含量（mg/kg）	盛果期铵态氮含量（mg/kg）	收获期铵态氮含量（mg/kg）
0～20cm	T1	5.04±0.42a	4.92±0.53b	8.98±0.59ab	5.94±0.32a
	T2	5.62±0.35a	5.06±0.17ab	10.2±0.78ab	6.18±0.21a
	T3	4.90±0.50a	5.22±0.31ab	10.3±0.28ab	5.99±0.69a
	T4	5.51±0.26a	5.82±0.79ab	9.22±0.64ab	5.49±0.06a
	T5	5.73±0.13a	4.92±0.26b	10.8±0.82a	5.82±0.16a
	T6	5.23±0.21a	4.78±0.23b	7.74±0.75bc	6.42±0.39a
	T7	5.38±0.24a	6.26±0.49a	6.43±0.29c	6.18±0.72a
	T8	5.56±0.16a	4.88±0.10b	8.47±0.52b	5.91±0.06a
20～40cm	T1	4.60±0.22a	4.36±0.65a	8.74±0.19a	3.46±0.33a
	T2	5.05±0.40a	4.90±0.35a	9.67±0.42a	2.30±0.22a
	T3	4.96±0.25a	5.35±0.62a	8.09±0.67a	3.40±0.49a
	T4	4.66±0.21a	4.68±0.20a	9.37±0.96a	3.54±0.39
	T5	5.17±0.20a	4.36±0.29a	8.57±0.55a	3.23±0.28a
	T6	4.92±0.21a	4.77±0.66a	5.00±0.48b	3.73±0.24a
	T7	4.90±0.07a	4.97±0.53a	5.66±0.46b	2.72±0.29a
	T8	5.21±0.14a	4.54±0.51a	4.99±0.50b	2.90±0.21a

3. 对土壤有效磷含量的影响

如表 6-12 所示，不同施肥处理土壤有效磷随着土层深度的增加而降低。0～20cm 土层，农民常规施肥（T7）处理土壤有效磷含量显著高于各推荐施肥处理，这与农民常规施肥磷素投入量大有关。0～20cm 土层，初花期，T3（化肥＋生物有机肥）和 T6（化肥＋牛粪＋菌剂）处理的土壤有效磷含量最低，T3 处理土壤有效磷含量较 T7 处理降低了 60.2%。门椒膨大期，与农民常规施肥（T7）相比，T4、T6 的土壤有效磷显著降低 31.8%、36.5%。收获期，与 T7 农民常规施肥相比，T3、T4、T6 的土壤有效磷分别降低 50.4%、49.9%、32.6%。盛果期，与 T7 农民常规施肥相比，T6（化肥＋牛粪＋菌剂）处理降低了 20～40cm 土层土壤有效磷含量，较 T7 处理降低了 43.7%。综上所述，与常规施肥相比，推荐施肥减少了磷素在土壤中的累积，减少了磷素流失的环境风险。

表 6-12　有机肥配施菌剂对土壤有效磷含量的影响

土层	处理	初花期有效磷含量（mg/kg）	门椒膨大期有效磷含量（mg/kg）	盛果期有效磷含量（mg/kg）	收获期有效磷含量（mg/kg）
0～20cm	T1	15.2±1.39cd	25.1±1.81bc	9.84±2.73d	18.3±2.59bc
	T2	15.4±2.04d	19.6±1.53cd	12.00±2.30cd	22.3±2.50ab
	T3	12.3±1.20d	21.0±0.18c	12.22±1.10cd	14.0±2.85c
	T4	19.9±1.59c	14.7±1.97d	14.49±2.63cd	14.2±1.04bc
	T5	18.2±1.85cd	16.8±1.76cd	11.79±1.70cd	23.1±1.16ab
	T6	12.7±0.66d	13.7±1.03d	17.42±1.92c	19.1±2.28bc
	T7	30.9±1.24b	21.56±1.24bc	27.81±0.76b	28.3±0.90a
	T8	36.1±1.73a	32.0±2.62a	36.91±1.74a	20.4±2.49b
20～40cm	T1	6.98±1.37a	5.91±1.61ab	2.74±0.66b	3.14±0.95c
	T2	4.42±1.12ab	4.53±0.93b	1.12±0.28bc	4.34±0.98ab
	T3	1.75±0.75b	5.17±1.74ab	1.72±0.76bc	7.09±1.29a
	T4	6.87±1.67a	5.06±1.15ab	0.47±0.09c	3.38±0.52b
	T5	4.26±0.83ab	6.23±0.21ab	1.93±0.94bc	3.38±0.84b
	T6	7.30±1.02ab	5.49±0.11ab	2.37±0.78b	5.89±1.38ab
	T7	5.59±0.83ab	7.40±0.56ab	4.21±0.06a	6.97±0.32a
	T8	6.02±0.74a	8.36±1.59a	5.72±0.71a	4.76±0.79ab

4. 对土壤速效钾含量的影响

如表 6-13 所示，不同施肥处理辣椒田土壤速效钾随土层深度的增加而降低。每个时期土壤耕层速效钾的含量变化规律为农民常规施肥显著高于各推荐施肥处理，这是因为农民常规施肥方式投入钾量较大，使钾素在土壤中累积。0～20cm 土层，初花期，与 T7 处理相比，T1、T2、T3、T4、T5、T6 处理均降低了土壤速效钾含量，分别降低了 39.0%、27.8%、40.7%、13.8%、31.0%、27.8%。T2（化肥＋菌剂）处理土壤速效钾含量较 T1 推荐施肥（化肥）处理提高了 18.4%，T4（化肥＋生物有机肥＋菌剂）处理土壤速效钾含量较 T3（化肥＋生物有机肥）处理增加了 45.2%，T6 处理土壤速效钾含量较 T5 处理增加了 4.59%。说明配施微生物菌剂提高了土壤中钾的有效性。门椒膨大期，T1、T2、T3、T4、T5、T6 处理土壤速效钾含量较 T7 处理分别降低了 21.7％、25.2％、21.7％、17.2％、19.0％、14.4％，这是因为在定植时施用的菌剂到了门椒膨大期其作用减弱，没有出现促进土壤中固定态钾释放的现象。收获期，T2（化肥＋菌剂）处理土壤速效钾含量比 T1 处理降低了 20.3％，且差异显著。20～40cm 土层，与 T7 相比，收获期 T1、T2 处理显著降低了土壤速效钾含量，分别降低了 13.3％、26.3％，T2处理土壤速效钾含量比 T1 处理降低了 15.1％。在不同生育期，土壤速效钾含量在单施化肥处理和有机肥部分替代化肥处理之间变化不显著，定植时配施菌剂在初花期可促进土壤中固定态钾的释放。

表 6-13　有机肥配施菌剂对土壤速效钾含量的影响

土层	处理	初花期速效钾含量（mg/kg）	门椒膨大期速效钾含量（mg/kg）	盛果期速效钾含量（mg/kg）	收获期速效钾含量（mg/kg）
0～20cm	T1	75.0±1.15d	71.6±3.67b	91.4±3.28b	76.9±4.06a
	T2	88.8±1.64c	68.4±1.08b	84.5±1.77bc	61.3±5.96b
	T3	73.0±1.51d	71.6±4.59b	73.7±2.70c	77.4±5.16a
	T4	106±1.42b	75.7±4.96b	81.2±3.99bc	61.6±5.69b
	T5	84.9±1.80c	74.0±4.09b	83.7±0.59bc	78.3±1.31a
	T6	88.8±1.04c	78.2±1.06b	85.7±7.25bc	88.6±2.98a
	T7	123±2.18a	91.4±4.37a	100±5.55ab	86.9±3.64a
	T8	118±5.48a	92.2±3.07a	108±9.71a	86.3±5.57a
20～40cm	T1	64.1±3.69b	54.3±1.71b	71.5±4.56a	68.3±4.44b
	T2	76.5±1.96a	60.2±2.57ab	67.9±2.28a	58.0±0.83c
	T3	64.2±1.48b	59.9±2.61ab	75.0±1.22a	63.9±1.95bc
	T4	68.0±5.71ab	61.8±2.50a	68.3±1.12a	78.5±3.97a
	T5	64.9±1.81b	60.4±1.25ab	71.1±3.61a	80.3±4.23a
	T6	65.8±3.09b	64.1±4.40a	70.9±3.96a	69.3±2.83b
	T7	61.8±3.72b	65.7±1.64a	76.5±1.78a	78.7±0.34a
	T8	66.5±3.75ab	63.5±1.79a	75.7±2.97a	82.9±2.22a

二、辣椒连作区有机肥与菌剂配施的减肥增效

在鸡泽辣椒连作区，共设 8 个处理，与望都非连作区一致，但其中 T1～T6 处理根据土壤养分含量和辣椒目标产量计算的氮磷钾投入的推荐量不同，N、P_2O_5、K_2O 分别为225kg/hm²、60kg/hm²、120kg/hm²；T7～T8 处理的氮磷钾投入量为农民的常规用量，N、P_2O_5、K_2O 分别为 510kg/hm²、248kg/hm²、278kg/hm²。菌剂施用量、用法及灌溉管理与非连作区相同。每个处理设 3 次重复。

（一）有机肥配施菌剂对辣椒生长的影响

如图 6-46 所示，盛花期施用微生物菌剂促进辣椒地上部的生长，其中 T2 处理（化肥＋菌剂）和 T6 处理（化肥＋牛粪＋菌剂）对辣椒的促生效果显著（图 6-46a），T2 处理（化肥＋菌剂）辣椒植株株高较 T1 推荐施肥（化肥）、T7 农民常规施肥处理分别提

高了 6.56%、14.3%，差异显著；T6（化肥＋牛粪＋菌剂）处理辣椒植株株高最高，较 T1、T7 处理分别增加 16.29%、24.76%，差异显著。说明施用微生物菌剂配施腐熟牛粪促进辣椒地上部生长。此外，T2 处理辣椒植株株高较 T5 处理增加了 8.53%，说明配施微生物菌剂对辣椒植株生长有一定的促进作用。盛花期 T1、T2 处理辣椒植株茎粗较农民常规施肥处理（T7）茎粗分别提高了 16.8% 和 15.1%（图 6-46b），T6 处理叶片叶绿素 SPAD 比 T1 处理提高了 3.50%，T8 处理叶片叶绿素 SPAD 比 T7 提高了 2.04%（图 6-46c）。盛花期各施肥处理开花数量均高于农民常规处理（T7），与 T7 农民常规施肥相比，施用菌剂的 T2、T4、T6 处理开花数量分别提高了 51.2%、48.8%、50.0%（图 6-46d），T6 处理较 T5 处理开花数量提高了 33.7%，差异显著。

门椒膨大期，施用微生物菌剂和牛粪促进辣椒地上部生长，其中 T4 处理（化肥＋生物有机肥＋菌剂）和 T5 处理（化肥＋牛粪）对辣椒的促生效果显著，T4 和 T5 处理辣椒植株株高较 T7 处理分别提高 21.1%、14.7%，T4 处理辣椒植株茎粗较 T7 处理增加了 20.7%（图 6-46a、b）。T2 处理叶片叶绿素 SPAD 值比 T7 处理高出 4.11%（图 6-46c）。T6（化肥＋牛粪＋菌剂）处理辣椒开花数量较 T1、T4 处理分别提高了 75.0% 和 66.7%（图 6-46d），且差异显著。

盛果期，与 T7 农民习惯施肥相比，推荐施肥处理辣椒植株株高增加 4.57%～21.54%，其中，T4、T5、T6 处理辣椒植株株高较 T7 处理分别增加 16.2%、1.96%、21.5%，且差异显著。叶片叶绿素 SPAD 随着辣椒的生长而逐渐降低，T4、T5、T6 处理叶片叶绿素 SPAD 值较 T1 处理分别提高 0.65%、4.00%、3.50%。

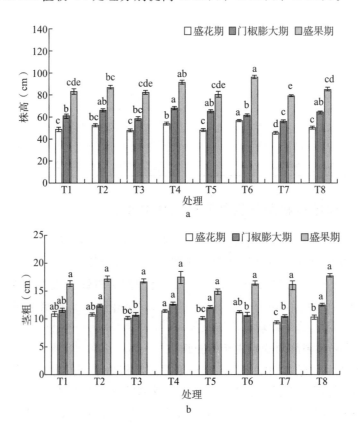

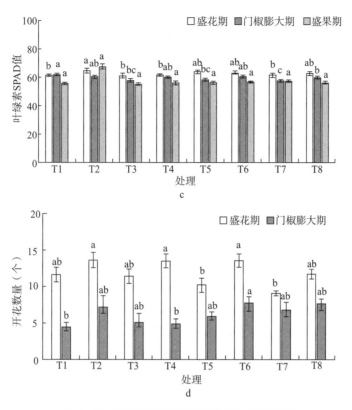

图 6-46　有机肥配施菌剂对辣椒生长的影响

a. 株高　b. 茎粗　c. 叶绿素含量　d. 开花数量

综上所述，施用有机肥和微生物菌剂能够有效增加辣椒株高、茎粗、叶绿素 SPAD 值和开花数量，促进辣椒地上部的生长。

（二）有机肥配施菌剂对辣椒产量与收益的影响

如图 6-47 所示，各处理鲜椒产量为 21 700～25 200kg/hm²，施用生物有机肥、腐熟牛粪部分替代部分化肥及配施溶磷解钾微生物菌剂对产量提升有促进作用，其中 T6 处理（化肥＋牛粪＋菌剂）辣椒产量最高。与常规施肥相比，推荐施肥中降低氮、磷、钾用量（分别为常规用量的 44.0%、24.0% 和 43.0%），但是各推荐施肥处理鲜椒产量没有降低，说明推荐施肥有利于提高肥料的利用效率。

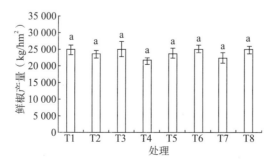

图 6-47　有机肥配施菌剂对辣椒产量（鲜椒）的影响

如图 6-48 所示，氮、磷、钾分别减施 56%、76%、57%并没有降低辣椒的产量。推荐施肥与农民常规施肥相比肥料偏生产力提高 1.96～2.24 倍，常规施肥处理（T7、T8）的肥料偏生产力低于推荐施肥处理（T1～T6），T1～T6 处理肥料偏生产力较 T7 处理提高了 196%～244%，说明推荐施肥情况下，有机肥和菌剂配施提高了肥料偏生产力。

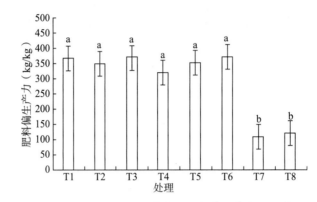

图 6-48 有机肥配施菌剂对肥料偏生产力的影响

如表 6-14 所示，T5（化肥＋牛粪）、T6（化肥＋牛粪＋菌剂）处理辣椒纯收益较高，与 T7 和 T8 处理相比，T5、T6 处理辣椒纯收益分别提高了 31.4%、67.7%和 30.9%、67.1%，说明牛粪部分替代化肥和牛粪部分替代化肥配施菌剂在保证辣椒产量的基础上显著提高了经济效益。从产投比来看，推荐施肥情况下配施菌剂处理因为增加了菌剂的成本，所以产投比均有所降低。与 T7 和 T8 处理相比，T5、T6 处理产投比分别提高了 70.4%、52.8%和 98.7%、78.2%，综合分析辣椒的经济效益，T5、T6 处理表现最佳。

表 6-14 有机肥配施菌剂对辣椒经济效益的影响

处理	每公顷肥料成本（元）	每公顷管理成本（元）	每公顷产值（元）	每公顷纯收益（元）	产投比
T1	3 459	5 520	39 823	30 844a	4.44a
T2	7 284	5 520	37 835	25 031ab	2.96cd
T3	4 430	5 520	40 127	30 176a	4.03b
T4	8 255	5 520	34 693	20 918b	2.52d
T5	2 630	5 520	38 205	30 055a	4.69a
T6	6 455	5 520	40 269	38 361a	4.20a
T7	7 545	5 520	35 938	22 873b	2.75cd
T8	11 370	5 520	39 845	22 955b	2.36d

（三）有机肥配施菌剂对辣椒品质的影响

如表 6-15 所示，T6（化肥＋牛粪＋菌剂）处理的辣椒素、二氢辣椒素和辣椒素总量均表现为最高，其次为 T5 处理（化肥＋牛粪），且显著高于其他施肥处理。与 T1 推荐施肥（化肥）、T7（农民常规施肥）处理相比，T6 处理辣椒素总量分别提高了

97.4%、191.6%，且差异显著，说明化肥＋牛粪＋菌剂在辣椒连作区同样可以促进辣椒素在果实中的累积。有机肥部分替代化肥（T3、T5）或者有机肥部分替代化肥配施菌剂（T4、T6）均显著提高了辣椒果实中维生素 C 的含量（$P<0.05$），与农民常规施肥 T7 处理和 T1 处理相比，T3、T4、T5、T6 处理辣椒果实维生素 C 含量分别提高了71.5%、88.3%、86.6%、71.1% 和 70.1%、86.7%、85.1%、69.7%，且差异显著。说明施用生物有机肥、腐熟牛粪并分别配施微生物菌剂可以提高辣椒果实中维生素 C 的含量。可溶性蛋白质含量在辣椒果实中含量较少，范围在 1.33～1.59mg。

表 6-15　有机肥配施菌剂对辣椒品质的影响

处理	辣椒素含量（g/kg）	二氢辣椒素含量（g/kg）	辣椒素总量（g/kg）	维生素 C 含量（mg/100g）	可溶性蛋白质含量（mg/g）
T1	1.62±0.21b	0.44±0.08b	2.29±0.32b	24.1±2.63b	1.35±0.08a
T2	1.40±0.37b	0.30±0.08b	1.88±0.50b	28.8±2.89b	1.59±0.11a
T3	1.07±0.04b	0.21±0.01b	1.42±0.04b	41.0±2.04a	1.48±0.21a
T4	1.59±0.49b	0.40±0.14b	2.22±0.71b	45.0±1.51a	1.33±0.11a
T5	2.08±0.44ab	0.55±0.16b	2.93±0.66ab	44.6±1.40a	1.47±0.09a
T6	3.14±0.68a	0.94±0.21a	4.52±0.99a	40.9±0.02a	1.45±0.01a
T7	1.10±0.24b	0.29±0.09b	1.55±0.36b	23.9±0.65b	1.33±0.05a
T8	1.84±0.16b	0.53±0.07b	2.64±0.21b	25.1±1.94b	1.33±0.13a

（四）有机肥配施菌剂对辣椒吸收累积养分的影响

如图 6-49 所示，辣椒植株体内养分积累量表现为氮＞钾＞磷，在辣椒生长发育的各个阶段，辣椒植株各器官养分积累量均表现为茎叶＞果实＞根。T8（农民常规施肥＋菌剂）处理辣椒植株全氮积累量最高，显著高于 T1 推荐施肥（化肥）处理 32.10%，其中茎叶全氮积累量显著高于 T1 处理 42.12%，与其他处理差异不显著。全磷累积量

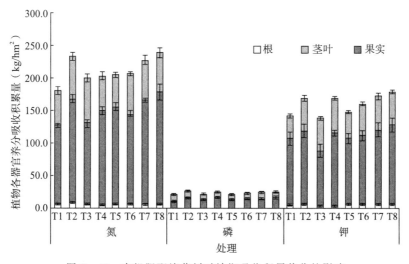

图 6-49　有机肥配施菌剂对辣椒吸收积累养分的影响

在植物体内积累处理间差异不显著，T2（化肥＋菌剂）全磷累积量含量最高。T8（化肥＋菌剂）处理辣椒植株全钾累积量最高，较 T1 推荐施肥（化肥）和 T3（化肥＋生物有机肥）处理相比，分别增加 25.8％和 29.4％，且差异显著。综上所述，有机肥配施菌剂配施能显著提高辣椒植株氮、钾养分累积促进辣椒植株的吸收利用。

（五）有机肥配施菌剂对土壤理化性状的影响

1. 对土壤 pH、土壤 EC 值和有机质含量的影响

如表 6 - 16 所示，不同施肥处理土壤 pH 随着土层深度增加而增高。0～20cm 土层，T2（化肥＋菌剂）处理土壤 pH 最低，T3 处理（化肥＋生物有机肥）土壤 pH 最高，且处理间差异显著，T2 处理土壤 pH 比 T3 处理降低 0.25 个单位，T6 处理比 T3 处理降低了 0.19 个单位，说明推荐施肥情况下牛粪配施菌剂可以调节土壤酸碱度。0～20cm 土层 EC 值的变化范围为 97.8～160μs/cm，总体处于较低水平，但各处理间存在显著差异。0～20cm 土层，T5 处理 EC 值低于 T2、T3 处理，分别降低了 25.2％、23.8％。与 T8 相比，除 T1、T2、T6 外，其他推荐施肥处理降低了 20～40cm 土层土壤 EC 值，分别降低了 19.9％～22.9％。不同施肥处理辣椒田土壤有机质含量随着土层深度的增加而降低，与 T1 相比，T3 处理下 0～20cm、20～40cm 土层有机质含量分别提高了 10.5％和 62.0％。说明有机肥配施微生物菌剂在辣椒连作种植上提高土壤有机质含量并降低土壤 pH 和土壤 EC 值。

表 6 - 16　有机肥配施菌剂对土壤 pH、土壤 EC、有机质的影响

土层	处理	土壤 pH	土壤 EC（μS/cm）	有机质含量（g/kg）
0～20cm	T1	8.10±0.05ab	148±2.80ab	15.3±0.47b
	T2	7.96±0.02b	163±5.83a	14.5±0.46b
	T3	8.21±0.13a	160±10.3a	16.9±2.36a
	T4	8.10±0.02ab	122±10.4b	24.8±1.75b
	T5	8.18±0.06ab	122±4.22b	16.0±1.39b
	T6	8.02±0.01b	144±5.51ab	16.3±0.46b
	T7	8.10±0.03ab	97.8±6.05b	16.8±1.39b
	T8	8.11±0.06ab	130±3.18ab	15.7±1.06b
20～40cm	T1	8.25±0.01a	182±9.91ab	10.0±0.74b
	T2	8.20±0.02ab	207±10.8ab	9.76±1.31b
	T3	8.25±0.04a	167±10.0b	16.2±2.17a
	T4	8.25±0.05a	149±10.4b	13.2±3.20ab
	T5	8.18±0.02ab	148±1.54b	11.3±0.48b
	T6	8.16±0.02b	189±12.8ab	10.8±0.37b
	T7	8.21±0.02ab	157±15.2b	9.52±0.17b
	T8	8.15±0.02b	236±11.5a	10.6±0.35b

2. 对土壤硝态氮和铵态氮含量的影响

如表 6 - 17 所示，不同施肥处理土壤硝态氮含量随着辣椒生长时期的推进而逐渐降低。盛花期，0～20cm 土层，土壤硝态氮含量 13.2～32.3mg/kg，其中农民常规施肥的（T7）处理土壤硝态氮含量最高，T1 推荐施肥（化肥）、T4（化肥＋生物有机肥＋菌剂）、T5（化肥＋牛粪）处理分别较 T7 显著降低了 59.1%、57.3%、52.3%，这说明推荐施肥情况下，施用生物有机肥和牛粪替代部分化肥都有利于表层土壤硝态氮的吸收利用，减少了表层土壤硝态氮的累积和淋溶（20～40cm 土壤硝态氮含量 T7 也最高）。门椒膨大期和盛果期中间有两次追肥，因此这两个时期土壤硝态氮含量是由氮素施用和辣椒对氮素的吸收之间的平衡决定的。0～20cm 土层，盛果期，与 T4 处理相比，T5 处理土壤硝态氮含量显著降低了 60.0%。收获期 T2 处理土壤硝态氮含量较 T1、T7 处理分别提高了 56.1%、74.8%，且差异显著；T5 处理土壤硝态氮含量较 T6 处理显著降低了 37.0%。

如表 6-18 所示，不同施肥处理土壤铵态氮含量随辣椒生长时期的推进而逐渐升高，到收获期降低。盛花期，在 0～20cm 土层中，T4、T5 处理土壤铵态氮含量比 T2 处理分别降低了 20.8%、23.2%，施用生物有机肥＋菌剂、腐熟牛粪效果显著，说明有机肥和菌剂配施有利于土壤铵态氮的吸收，同时抑制铵态氮的转化。门椒膨大期、盛果期和收获期，0～20cm 土层土壤铵态氮含量差异不显著。收获期，20～40cm 土层 T5 处理比 T6 处理土壤铵态氮含量显著降低了 11.09%。

表 6-17　有机肥配施菌剂对土壤硝态氮含量的影响

土层	处理	盛花期硝态氮含量（mg/kg）	门椒膨大期硝态氮含量（mg/kg）	盛果期硝态氮含量（mg/kg）	收获期硝态氮含量（mg/kg）
0～20cm	T1	13.2±1.79b	14.8±1.59ab	34.4±5.05ab	16.2±2.41c
	T2	21.2±4.56a	24.9±2.06a	20.7±6.98ab	36.9±1.95a
	T3	29.4±4.01a	14.6±4.61b	25.2±6.47ab	14.8±3.46c
	T4	13.8±1.81b	15.3±2.58ab	30.5±6.86a	15.1±5.65c
	T5	15.4±0.78b	26.6±1.74ab	12.2±4.24b	16.5±3.41c
	T6	28.3±3.16a	27.0±5.13ab	24.4±2.36ab	26.2±3.03b
	T7	32.3±3.31a	18.3±3.47ab	17.4±4.13ab	9.3±2.21c
	T8	25.6±4.31a	26.7±4.34ab	26.9±7.36b	17.9±1.03bc
20～40cm	T1	10.2±4.15a	14.1±2.26a	20.9±6.40ab	12.8±1.39ab
	T2	19.0±3.27a	15.2±5.56a	15.2±5.56ab	19.7±4.23a
	T3	12.4±0.82a	15.6±4.16a	20.3±1.58ab	11.5±4.55ab
	T4	9.09±3.16a	22.1±5.83a	23.1±6.71ab	14.4±1.79ab
	T5	13.2±4.76a	8.94±3.55a	12.2±4.24ab	9.89±1.01ab
	T6	17.1±4.23a	9.84±1.42a	10.8±0.59b	18.7±2.69a
	T7	26.8±1.44a	11.0±5.19a	17.4±4.13ab	6.81±0.93b
	T8	16.6±2.79a	7.70±1.80a	26.9±2.82a	9.21±1.29ab

表 6-18　有机肥配施菌剂对土壤铵态氮含量的影响

土层	处理	盛花期铵态氮含量（mg/kg）	门椒膨大期铵态氮含量（mg/kg）	盛果期铵态氮含量（mg/kg）	收获期铵态氮含量（mg/kg）
0～20cm	T1	4.95±0.64ab	4.93±0.02a	7.01±0.27a	17.33±0.45a
	T2	5.14±0.09a	5.61±0.31a	6.72±0.30a	17.47±0.80a
	T3	4.50±0.50ab	4.92±0.24a	6.86±0.32a	16.33±0.22a
	T4	4.07±0.12b	7.58±0.54a	7.17±0.30a	16.30±0.36a
	T5	3.95±0.13b	4.54±0.10a	7.47±0.69a	16.14±0.70a
	T6	4.48±0.11ab	4.66±0.35a	7.77±0.41a	17.41±0.22a
	T7	4.42±0.09ab	5.49±0.62a	7.89±0.73a	17.43±0.93a
	T8	4.42±0.25ab	8.36±0.96a	8.04±0.92a	17.58±0.45a
20～40cm	T1	4.57±0.41a	5.36±0.22b	6.37±0.53a	17.04±0.45ab
	T2	4.31±0.24ab	5.96±0.82b	5.77±0.26a	18.21±0.53ab
	T3	3.80±0.10b	4.70±0.19b	6.45±0.34a	16.61±0.38b
	T4	4.09±0.41b	5.19±0.30b	7.25±0.66a	16.97±0.37ab
	T5	3.78±0.17a	4.84±0.58b	9.19±1.28a	16.35±0.25b
	T6	4.67±0.11ab	4.63±0.27b	6.77±0.16a	18.39±0.80a
	T7	4.18±0.19ab	6.22±1.01b	8.03±0.64a	17.38±0.80ab
	T8	4.27±0.13ab	11.67±0.71a	7.10±0.93a	17.83±0.51ab

3. 对土壤有效磷含量的影响

如表 6-19 所示，不同施肥处理有效磷随着土层深度的增加而降低。盛花期，在 0～20cm 土层中 T4（化肥＋生物有机肥＋菌剂）处理土壤有效磷含量最低，较 T6 处理显著降低了 47.2%；盛果期，T5（化肥＋牛粪）处理土壤有效磷较 T4 处理降低了 16.6%；收获期，0～20cm 各处理土壤有效磷含量差异不显著，但各处理均比 T7 农民常规施肥低，其中 T5 处理土壤有效磷含量最低。门椒膨大期，与 T8 处理相比，T2 处理增加了 20～40cm 土层土壤有效磷含量，提高了 64.0%；与 T2 相比，T5 处理收获期 20～40cm 土层土壤有效磷含量降低了 79.4%。综上所述，推荐施肥与常规施肥相比减少了磷素在土壤中的累积，促进了植物对磷的吸收利用，减少了磷素流失的环境风险。在推荐施肥情况下有机肥部分替代化肥并没有明显降低或升高土壤有效磷的含量水平，配施菌剂在一定程度上促进了土壤磷的释放。

表 6-19　有机肥配施菌剂对土壤有效磷含量的影响

土层	处理	盛花期有效磷含量（mg/kg）	门椒膨大期有效磷含量（mg/kg）	盛果期有效磷含量（mg/kg）	收获期有效磷含量（mg/kg）
0～20cm	T1	36.8±7.09ab	41.3±7.00a	39.1±12.04ab	31.2±9.62a
	T2	37.3±6.25ab	47.1±8.38a	50.8±7.96ab	23.3±20.93a
	T3	33.0±5.66ab	33.6±8.69a	43.9±11.92ab	25.6±14.94a
	T4	28.2±7.50b	40.1±5.99a	37.8±8.40b	44.2±16.62a
	T5	30.4±1.66ab	28.3±3.31a	31.5±2.93a	22.4±4.96a
	T6	53.4±0.19a	43.2±5.07a	46.8±0.92ab	38.5±16.14a
	T7	39.0±3.32ab	45.7±8.65a	58.2±2.29a	45.5±17.57a
	T8	60.0±7.12ab	34.6±7.12a	56.8±19.89ab	34.6±15.89a

（续）

土层	处理	盛花期有效磷 含量（mg/kg）	门椒膨大期有效磷 含量（mg/kg）	盛果期有效磷 含量（mg/kg）	收获期有效磷 含量（mg/kg）
20～40cm	T1	14.3±2.94a	10.4±5.39ab	12.0±9.26b	11.6±0.62ab
	T2	12.7±1.11a	10.4±5.90b	17.2±6.27ab	16.3±1.97a
	T3	12.7±3.89a	7.94±4.09ab	20.6±4.49ab	15.1±2.21ab
	T4	14.8±4.88a	10.1±3.95ab	13.7±3.67b	12.1±0.58ab
	T5	9.32±2.26a	4.63±0.53ab	3.88±1.90b	3.36±0.58b
	T6	39.0±2.96a	14.6±5.08ab	33.8±1.88a	15.0±2.64ab
	T7	27.0±5.24a	12.3±4.27ab	10.3±1.29ab	9.8±2.26ab
	T8	16.1±6.19a	6.34±4.33a	8.65±5.91b	10.0±4.75ab

4. 对土壤速效钾含量的影响

如表6-20所示，不同施肥处理辣椒田土壤速效钾随着土层深度的增加而降低。在每个时期，土壤耕层速效钾的含量变化规律为农民常规施肥高于推荐施肥的处理，主要是因为农民常规施肥方式投入钾量较大造成了钾素在土壤中的累积。盛花期，T6（化肥＋牛粪＋菌剂）处理提高了0～20cm土层土壤速效钾含量，与T1、T2、T3、T4、T5处理相比，分别提高了39.7%、46.9%、82.3%、44.4%、39.7%，差异显著。这说明腐熟牛粪和微生物菌剂配施促进土壤中固定态钾的释放，提高了土壤钾的有效性。

表6-20　有机肥配施菌剂对土壤速效钾含量的影响

土层	处理	盛花期速效钾 含量（mg/kg）	门椒膨大期速效钾 含量（mg/kg）	盛果期速效钾 含量（mg/kg）	收获期速效钾 含量（mg/kg）
0～20cm	T1	184±17.5b	213±21.4a	160±21.5a	231±24.1a
	T2	175±13.6b	209±20.2a	153±20.8a	256±22.9a
	T3	141±10.3b	185±10.4a	140±20.2a	186±7.34a
	T4	178±9.14b	219±17.9a	147±25.8a	269±17.3a
	T5	184±14.4b	188±8.40a	163±12.1a	204±16.3a
	T6	257±11.9a	207±5.46a	208±14.0a	285±1.10a
	T7	214±13.8ab	257±20.3a	153±13.8a	230±26.4a
	T8	216±13.6ab	180±22.1a	161±18.8a	215±24.5a
20～40cm	T1	119±15.3a	110±9.05a	102±2.44a	145±8.76a
	T2	96.1±4.53a	109±2.61a	96.7±5.13a	158±8.00a
	T3	96.9±2.99a	93.6±6.26a	77.4±7.61a	169±6.70a
	T4	121±16.13a	116±19.7a	106±11.9a	154±8.60a
	T5	108±14.3a	103±9.58a	91.6±9.76a	151±8.84a
	T6	131±19.3a	138±24.2a	118±7.73a	174±14.3a
	T7	121±17.0a	126±18.0a	95.5±8.91a	151±17.2a
	T8	112±7.34a	102±7.50a	95.9±8.08a	155±10.6a

三、主要研究进展

1. 探明了辣椒非连作区有机肥配施菌剂减肥增效的施肥模式

基施牛粪替代部分化肥（化肥＋牛粪）或基施牛粪替代部分化肥并配施菌剂（化肥＋牛粪＋菌剂）对辣椒生长有显著促进作用。推荐施肥与农民常规施肥相比，化肥＋牛粪处理、化肥＋牛粪＋菌剂处理减施氮、磷、钾养分 9.09%、51.2%、7.50%，辣椒分别增产 20.0% 和 6.17%，肥料偏生产力提高 125%、78.4%，纯收益和产投比分别提高 28.1%、57.0% 和 51.1%、68.9%；此外，化肥＋牛粪＋菌剂处理的果实中辣椒素含量最高，与化肥＋牛粪相比增加 73.0%。因此，在辣椒种植区可根据对辣椒果实辣度的不同需求推荐施肥，在需求辣度较低的辣椒种植区推荐牛粪与化肥配施，在需求辣度较高的种植区推荐牛粪＋化肥＋菌剂施肥模式。

2. 探明了辣椒连作区有机肥配施菌剂减肥增效的施肥模式

辣椒连作区的土壤 pH 和土壤 EC 值均偏高，有机质含量偏低，平均为 17.5g/kg，有效磷钾养分在土壤中呈富集状态。化肥＋牛粪＋菌剂的施肥模式可显著促进辣椒的生长，且开花数量增加。推荐施肥与农民常规施肥相比，减施氮、磷、钾养分 56%、76%、57%，辣椒产量并没有发生明显变化，而肥料偏生产力提高了 196%～224%。化肥＋牛粪处理、化肥＋牛粪＋菌剂处理的纯收益、产投比和果实辣椒素含量分别比常规施肥、常规施肥＋菌剂增加了 31.4%、67.7% 和 30.9%、67.1%，70.4%、52.8% 和 98.7%、78.2%，89.1%、185.5% 和 13.0%、70.7%。因此，在辣椒连作种植区适宜的安全高效施肥模式是化肥＋牛粪或者化肥＋牛粪＋菌剂。

第四节　辣椒连作障碍的成因解析及其生物效应

辣椒（*Capsicum annuum* L.）具有较高的经济价值，且其营养价值高，深受消费者和农户的喜爱，是我国重要的经济作物之一。河北省邯郸市鸡泽县是我国"三都一泽"辣椒主产区，因多年连作种植，辣椒病害频发，抗病性下降，辣椒产量降低，已形成连作障碍，严重制约鸡泽辣椒产业的发展。前期研究初步表明，该区域辣椒连作土壤障碍主要有自毒物质积累、土壤微生物区系紊乱、土壤养分不平衡等方面的原因，但对辣椒连作障碍的主要成因仍不十分清楚。因此，本研究在国家特色农产品优势区，以河北省邯郸市鸡泽县辣椒连作 10 年有连作障碍的土壤（CC）为试材，以未种植过辣椒的非连作障碍土壤做对照（CK），通过盆栽试验对比研究抗性不同辣椒品种对连作土壤障碍的响应效应；并通过土壤培养试验以及水培试验从土壤微生物群落特征、土壤酶活性和根系分泌物等方面，探究了辣椒连作造成土壤障碍的成因，为解决辣椒连作土壤障碍提供科技支撑。

一、辣椒对其连作土壤障碍的农学响应

（一）辣椒植株长势对连作障碍的响应

辣椒在生长初期出现叶片卷曲现象，按照长势分级标准计算辣椒植株健康指数，来判断植株的生长情况。其中，健康指数（%）＝100－∑（各级株数×各级代表值）/

（调查总株树×最高级别代表值）×100。由图 6-50 可看出，在辣椒连作 10 年的土壤中，杭椒 8 号（HJ8）和杭椒 5 号（HJ5）植株健康指数分别比对照显著降低 45.81% 和 40.71%（$P<0.05$）。这说明连作土壤存在障碍影响辣椒植株正常生长。

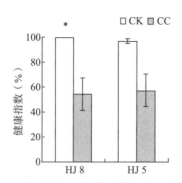

图 6-50　连作土壤对苗期不同品种辣椒种植健康指数的影响

植株在花期由营养生长转为生殖生长，此时期植株生长的情况直接关系到辣椒产量。由表 6-21 可看出，在辣椒连作 10 年土壤，杭椒 HJ8 植株的株高、茎粗、地上部、地下部植株干物质积累量分别比对照显著降低 42.59%、22.10%、51.09%、51.38%（$P<0.05$）；杭椒 HJ5 植株株高、地上部、地下部干物质积累量分别比对照降低 36.35%、49.91%、48.51%（$P<0.05$）。说明连作土壤对两辣椒品种植株的生长均出现抑制，并且杭椒 HJ5 品种连作土壤中受抑制程度比杭椒 HJ8 小。

表 6-21　连作土壤对花期不同品种辣椒植株生长情况的影响

处理		株高（cm）	茎粗（mm）	地上部干重（g）	地下部干重（g）
HJ8	CK	22.00±1.14*	4.66±0.40*	4.58±0.60*	1.44±0.19*
	CC	12.63±3.05	3.63±0.69	2.24±0.73	0.70±0.21
HJ5	CK	26.63±2.98*	4.43±0.56	5.51±0.62*	1.34±0.15*
	CC	16.95±5.64	3.75±0.96	2.76±0.88	0.69±0.19

（二）辣椒连作植株抗氧化酶系统酶的响应

植株在生长过程中会受到活性氧的逆境胁迫，植株抗氧化酶系统活性可以反映植株的抗逆境能力。在辣椒花期测定了植株叶片丙二醛（MDA）含量、过氧化物酶（POD）、超氧化物歧化酶（SOD）以及过氧化氢酶（CAT）活性（图 6-51）。对照土壤处理 HJ8 叶片 MDA 含量、CAT 酶活性比连作土壤处理降低 42.47%、8.11%（$P>0.05$），POD 酶、SOD 酶活性分别比连作土壤显著提高 47.52%、68.26%（$P<0.05$）。并且，在非连作土壤，HJ8 植株叶片 MDA 含量比 HJ5 显著降低 18.82%；在连作土壤，HJ5 植株叶片 SOD 酶活性比 HJ8 显著提高 39.39%。说明在连作土壤，HJ5 植株膜质氧化程度较 HJ8 严重，连作土壤环境引起植株抗氧化酶系统紊乱，植株受到逆境胁迫；HJ5 号植株调节植株 SOD 酶活性抗逆境胁迫的能力比 HJ8 强。

（三）辣椒连作对土壤养分含量的影响

土壤速效养分是植株生长过程中直接的养分来源，在辣椒花期测定了土壤 pH、有

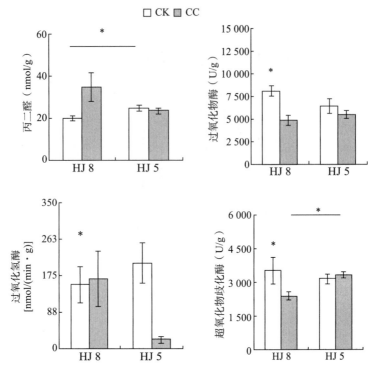

图 6-51 连作土壤对花期不同品种辣椒植株叶片酶活性、MDA 含量的响应

机质以及土壤速效养分含量（表 6-22），连作土壤养分显著高于非连作土壤。在连作土壤，HJ8 土壤硝态氮、有效磷以及速效钾含量分别是对照的 8.36 倍、2.13 倍、1.69 倍（$P<0.05$）；HJ5 各养分含量分别是对照的 8.76 倍、1.91 倍、1.54 倍（$P<0.05$）。土壤 pH、有机质含量表现出非连作土壤显著高于连作土壤，其中 HJ8 连作土壤 pH 比对照降低了 0.27 个单位，HJ5 比对照降低了 0.14 个单位（$P<0.05$）；在连作土壤条件下，两个辣椒品种土壤有机质分别比对照降低 15.14%、25.09%（$P<0.05$）。说明连作土壤速效养分含量出现明显的积累现象，同时长期连作会导致土壤 pH、有机质含量下降。

表 6-22　辣椒花期土壤 pH、有机质和养分含量

处理		pH	有机质含量（g/kg）	硝态氮含量（mg/kg）	铵态氮含量（mg/kg）	有效磷含量（mg/kg）	速效钾含量（mg/kg）
HJ8	CK	7.67±0.03*	13.41±0.23	12.31±4.87	4.86±0.28	14.70±1.73	156.42±2.67
	CC	7.40±0.03	11.38±1.31	102.94±32.25*	4.86±0.94	31.29±2.49*	264.62±17.12*
HJ5	CK	7.56±0.02*	13.23±0.55*	10.79±5.31	4.81±0.44	14.57±1.85	168.92±6.30
	CC	7.42±0.04	9.91±0.38	94.57±81.41*	5.35±0.41	27.79±1.33*	260.62±18.18*

（四）辣椒连作对植株养分含量的影响

连作土壤中速效养分含量出现明显积累现象，为判断是否由于养分积累导致植株养分吸收能力差，造成植株生长出现差异，故测定了植株全量养分含量（表 6-23），并计算植株养分积累量（表 6-24）。从表 6-23 可看出，在连作土壤中，HJ8 植株地下部氮、

磷、钾养分含量分别比对照高 74.77%、66.67%、87.77%（$P<0.05$）；植株地上部氮含量比对照高 24.03%（$P<0.05$）。HJ5 地下部氮、钾含量比对照高 40.89%、39.04%（$P<0.05$）；地上部钾含量比对照高 35.79%（$P<0.05$）。通过比较辣椒植株养分积累量发现（表 6-24），由于连作障碍显著降低了植株的干物质积累，即使 HJ8 辣椒品种在连作土壤条件下植株养分含量显著高于对照，但是植株养分积累两者之间并无显著差异；HJ5 辣椒品种在连作土壤条件下地上部氮、磷积累量显著比对照降低 55.19%、53.06%。说明在连作土壤条件下植株养分吸收能力并未变差，植株养分积累量低主要由于植株生长量小，干物质积累量低造成的。

表 6-23　辣椒花期植株养分含量（g/kg）

养分	植株部位	HJ8		HJ5	
		CK	CC	CK	CC
氮	根	2.14±0.13	3.74±0.67*	2.25±0.15	3.17±0.13*
	茎	3.87±0.27	4.80±0.20*	4.35±0.37	4.88±0.20
磷	根	0.15±0.02	0.25±0.02*	0.21±0.05	0.24±0.04
	茎	0.32±0.02	0.27±0.04	0.28±0.02	0.27±0.03
钾	根	16.41±1.41	30.80±3.44*	15.65±0.49	21.76±1.54*
	茎	39.83±2.79	40.25±3.62	34.31±1.26	46.59±2.00*

表 6-24　辣椒花期植株养分积累量（mg/kg）

养分	植株部位	HJ8		HJ5	
		CK	CC	CK	CC
氮	根	29.66±2.34	23.54±5.85	29.14±2.11	21.04±5.42
	茎	82.55±8.22	50.56±15.79	113.25±16.38*	50.75±16.28
磷	根	2.09±0.30	1.93±0.71	2.79±0.73	1.86±0.61
	茎	7.05±1.00	3.32±1.38	7.18±0.93*	3.37±1.27
钾	根	226.65±21.36	181.39±35.89	207.51±20.30	138.96±33.74
	茎	852.66±88.62	445.80±152.56	882.10±85.29	498.06±159.01

（五）辣椒连作对土壤酶活性的影响

酶活性高低可反映土壤中物质循环转化的能力。过氧化氢酶与土壤有机质含量密切相关；土壤蔗糖酶活性可以反映土壤肥力水平，对增加土壤中营养物质有重要作用。脲酶与磷酸酶则分别参与土壤中氮、磷的转化。从图 6-52 可看出，连作土壤过氧化氢酶、蔗糖酶、脲酶、酸性磷酸酶以及碱性磷酸酶活性均低于非连作对照土壤，且两个辣椒品种规律一致。与对照相比，HJ8 连作土壤中过氧化氢酶、蔗糖酶、脲酶以及酸性磷酸酶、碱性磷酸酶活性分别降低了 15.51%、27.72%、11.54%、12.80%、21.20%（$P<0.05$）；HJ5 连作土壤中过氧化氢酶、蔗糖酶、脲酶以及酸性磷酸酶、碱性磷酸酶活性分别降低了 27.95%、13.45%、6.35%、20.28%、26.97%（$P<0.05$）。同一土壤环境，两辣椒品种酶活性差异不显著。说明连作会降低土壤酶活性，影响土壤养分循环。

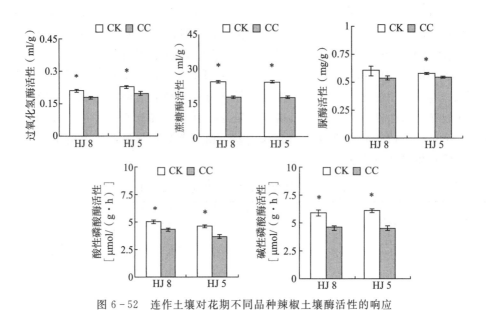

图 6-52　连作土壤对花期不同品种辣椒土壤酶活性的响应

二、土壤微生物对辣椒连作障碍的响应

(一) 辣椒连作的根际土壤中微生物区系特征

研究结果表明，长期连作会使土壤微生物群落比例失衡。在连作土壤条件下，HJ8 土壤中细菌、真菌、放线菌数量分别比对照土壤降低 39.64％、40.49％、53.43％，其中土壤放线菌数量差异显著（$P < 0.05$）。通过分析土壤微生物总数发现，HJ8 和 HJ5 两个辣椒品种连作土壤微生物总数均低于非连作对照土壤，降幅分别为 39.75％、19.23％。

B/F 为土壤中细菌、真菌比值，可以反映土壤中微生物比例情况。研究表明，土壤 B/F 越高，土壤抑病能力越强。HJ8 与 HJ5 品种土壤的 B/F 均比对照降低 13.48％、22.59％，这说明连作障碍会使土壤中微生物总量和土壤 B/F 下降，并且放线菌数量显著下降，造成土壤微生物区系比例失衡，土壤微生物向真菌型转化。

表 6-25　连作土壤对花期不同抗性辣椒品种土壤微生物数量的影响

处理	HJ8		HJ5	
	CK	CC	CK	CC
细菌（10^7CFU/g）	5.55±1.15	3.35±0.43	3.89±0.39	3.15±0.39
真菌（10^3CFU/g）	14.4±4.57	8.57±2.04	9.69±3.16	6.28±0.49
放线菌（10^4CFU/g）	9.77±1.29*	4.55±1.17	8.21±1.60	5.10±0.92
B/F（$×10^3$）	6.38±1.62	5.52±1.55	6.86±2.27	5.31±0.95
微生物总数（10^7）	5.56±1.15	3.35±0.35	3.90±0.4	3.15±0.40

(二) 辣椒连作的根际土壤中主要病原菌丰度的 qPCR 分析

为探究土壤中病原菌数量变化，选取连作土壤中差异菌属中可能存在的病原菌以及可以引起辣椒连作障碍的 5 种病原菌，对辣椒种植前后土壤中尖孢镰刀菌、立枯丝核菌、织球壳菌、青枯菌、辣椒疫病病原菌的丰度进行实时荧光定量 PCR 分析，土壤中只有尖孢镰刀菌、立枯丝核菌扩增成功（图 6-53）。种植辣椒之前，连作土壤尖孢镰刀菌的数量（基因拷贝数）比对照高 2.59 倍（$P>0.05$），种植辣椒之后两种土壤尖孢镰刀菌的数量（基因拷贝数）均低于未种之前（$P>0.05$）。与未种植辣椒之前相比，对照土壤种植一季辣椒之后土壤中立枯丝核菌相对丰度显著升高，HJ8 和 HJ5 分别较种之前升高 78.35%、104.18%（$P<0.05$），连作土壤种植一季辣椒之后，土壤中立枯丝核菌丰度变化不显著。以上说明土壤种植辣椒之后会造成土壤中病原菌丰度增加。

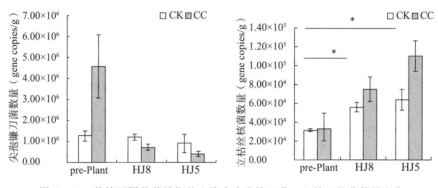

图 6-53　种植不同品种辣椒的土壤中尖孢镰刀菌、立枯丝核菌数量变化

（三）辣椒连作根际土壤微生物 α 多样性分析

α 多样性指数反映微生物群落的多样性以及丰富度，Chao、Ace、Sobs 指数反映群落物种丰富度，Shannon 和 Simpson 指数可以反映群落物种多样性。其中 Chao、Ace、Sobs、Shannon 指数越大，群落丰富度、多样性越高；而 Simpson 指数越小，群落多样性越高。通过分析土壤中细菌、真菌多样性指数发现（表 6-26、表 6-27），在连作土壤条件下，HJ8 和 HJ5 生长的土壤中细菌的 Sobs 指数分别高出对照 4.56%、11.06%（$P<0.05$）。HJ8 生长的土壤中细菌的 Simpson 指数比对照高 40%（$P<0.05$），HJ5 生长的土壤中细菌的 Ace、Chao 分别比对照高 10.52%、11.86%（$P<0.05$）；土壤真菌 α 多样性指数各处理之间并无显著性差异。综上，在连作土壤条件下，HJ8 土壤细菌群落多样性显著降低于非连作土壤，HJ5 土壤细菌群落丰富度显著高于非连作土壤。说明航椒 5 号可通过调节土壤中细菌群落来适应在连作土壤条件下的土壤障碍，土壤细菌群落对于连作障碍的响应较真菌更敏感。

表 6-26　不同抗性辣椒品种花期土壤中细菌多样性指数

处理		Sobs	Shannon	Simpson	Ace	Chao
HJ8	CK	2 586.33±5.61	6.36±0.01	0.005±0.000 2	3 300.97±15.94	3 329.99±30.54
	CC	2 704.33±22.56*	6.35±0.02	0.007±0.000 4*	3 422.00±58.71	3 432.62±52.63
HJ5	CK	2 533.67±34.45	6.32±0.03	0.005±0.000 5	3 181.86±66.37	3 161.27±57.92
	CC	2 814.00±25.24*	6.37±0.03	0.007±0.001 3	3 516.75±53.76*	3 536.31±60.62*

表 6-27　不同抗性辣椒品种花期土壤真菌多样性指数

处理		Sobs	Shannon	Simpson	Ace	Chao
HJ8	CK	334.00±20.03	3.62±0.15	0.07±0.01	347.52±23.75	346.89±22.95
	CC	346.67±13.35	3.62±0.39	0.08±0.04	363.83±10.32	373.33±4.00
HJ5	CK	334.67±11.70	3.67±0.05	0.06±0.01	350.64±17.23	358.85±17.22
	CC	343.67±7.69	3.33±0.19	0.11±0.04	364.70±7.91	361.93±8.41

（四）辣椒连作的根际土壤微生物群落组成的分析

通过各处理土壤细菌 OTU 水平 PCoA 分析发现（图 6-54a），主 PC1 轴和 PC2 轴总贡献率为 64.28%，PC1 轴贡献率为 48.63%，PC2 轴贡献率为 15.65%。连作土壤与对照土壤样品细菌群落存在差异且沿 PC1 轴分离，但不同辣椒品种间并未分离。这说明连作土与非连作土细菌群落结构有明显差异，这种差异并没有受辣椒品种的影响。

在门水平，不同辣椒品种土壤细菌群落组成的研究结果表明（图 6-54b），在各处理中放线菌门（Actinobacteriota）、变形菌门（Proteobacteria）、绿弯菌门（Chloroflexi）、酸杆菌门（Acidobacteriota）、厚壁菌门（Firmicutes）、芽单胞菌门（Gemmatimonadota）、拟杆菌门（Bacteroidota）为主要菌群，占比达到 90% 以上，其相对丰度分别为 27.50%～29.49%、20.15%～25.85%、14.05%～17.37%、9.85%～14.55%、3.53%～5.41%、3.48%～4.44%、2.05%～2.57%；其次是黏菌门（Myxococcota）、蓝细菌门（Cyanobacteria）、厌氧甲烷菌门（Methylomirabilot）、浮霉菌门（Planctomycetota）、Patescibacteria 其相对丰度分别为 1.36%～1.77%、0.69%～3.24%、1.13%～1.54%、0.67%～1.58%、0.76%～1.16%。在连作土壤条件下，HJ8 生长的土壤中细菌黏菌门（Myxococcota）比对照土壤低 23.08%（$P<0.05$）。

通过处理间真菌 OTU 水平 PCoA 分析（图 6-54c）发现，PC1 轴和 PC2 总贡献率为 67.98%，PC1 轴贡献率为 53.32%，PC2 轴贡献率为 14.66%。连作土壤与对照土壤样品真菌群落存在差异，且沿 PC1 轴分离，不同品种间真菌群落物种组成相似，差异不显著，这说明辣椒连作使土壤真菌群落的结构发生了显著性变化。

真菌在门水平上，其群落组成如图 6-54d 所示，子囊菌门（Ascomycota）、被孢霉菌门（Mortierellomycota）、油壶菌门（Olpidiomycota）为主要菌门占比达到 90% 以上，其相对丰度分别为 70.28%～83.00%、4.72%～13.64%、0.09%～14.33%，其次是担子菌门（Basidiomycota）、壶菌门（Chytridiomycota）、球囊菌门（Glomeromycota）、捕虫霉门（Zoopagomycota），占比分别达到 0.82%～7.31%、1.40%～2.73%、0.20%～1.41%、0.34%～1.23%。对比各处理相对丰度>1% 的菌门丰度发现，在连作土壤条件下，HJ8 生长的土壤中真菌油壶菌门（Olpidiomycota）相对丰度是对照的 44.84 倍（$P<0.05$），油壶菌是一种传毒介体，可以传播多种植物病毒引起甜瓜、烟草等植物的病毒病，说明 HJ8 生长的连作土壤中存在病原菌富集的情况。

对比各处理细菌属水平丰度排名前 15 的属发现，壤红杆菌属（Solirubrobacter）、节杆菌属（Arthrobacter）、芽孢杆菌属（Bacillus）、Gaiella 在连作土壤与非连作土壤之间存在显著差异（图 6-55a）。在连作土壤条件下，HJ8 生长的土壤中分解有机物质的节杆菌属比对照高 133.32%，芽孢杆菌属、壤红杆菌、Gaiella 相对丰度分别比对照降低

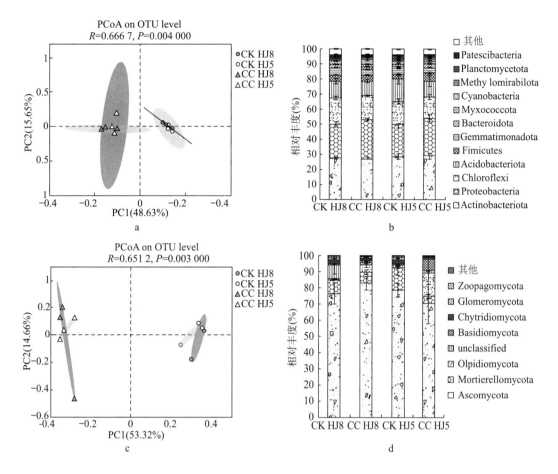

图 6-54 不同抗性辣椒品种对花期土壤微生物群落组成分析
a. 各处理细菌 OTU 水平 PCoA 分析 b. 各处理土壤细菌门水平群落组成
c. 各处理真菌 OUT 水平 PCoA 分析 d. 各处理土壤真菌门水平群落组成

43.96%、31.42%、26.14%（$P<0.05$）；HJ5 生长的土壤中可以分解土壤有毒物质，帮助植物抵抗病原菌的鞘氨醇单胞菌属（*Sphingomonas*）比对照高 40.36%（$P<0.05$）。两品种间优势菌属丰度并无显著差异。

对比各处理真菌属水平丰度排名前 15 的属发现，油壶菌属（*Olpidium*）、镰刀菌属（*Fusarium*）、*Gibberella*、光黑壳属（*Preussia*）、裂壳属（*Schizothecium*）、葡萄状穗霉属（*Stachybotrys*）、毛壳菌（*Chaetomium*）、拟棘壳孢菌属（*Pyrenochaetopsis*）在连作以及非连作土壤间存在差异（图 6-55b）。在连作土壤条件下，HJ8 和 HJ5 生长的土壤中病原菌属拟棘壳孢菌属、有益菌属葡萄状穗霉属、裂壳属分别比对照降低 99.64%、99.23%、71.71%、71.01%、68.12%、57.76%；拮抗菌毛壳菌丰度分别是对照的 9.37 倍、18.85 倍；HJ5 连作土壤中病原菌油壶菌属（*Olpidium*）相对丰度是对照的 44.84 倍；植物内生菌光黑壳属（*Preussia*）和镰刀菌属（*Fusarium*）相对丰度比对照降低 72.92%、54.89%。说明连作土壤中拮抗细菌、有益真菌属相对丰度下降，病原真菌属相对丰度增加，并且在土壤长期连作在根系分泌物的影响下，土壤中也会相对富集分解土壤中有机物质的节杆菌属和提升作物抗性的鞘氨醇单胞菌属以及毛壳菌属。

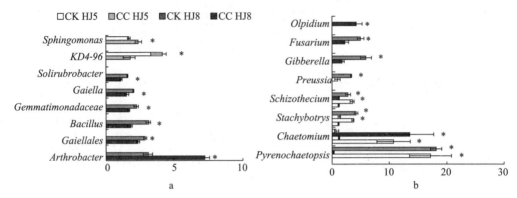

图 6-55　不同抗性辣椒品种花期土壤微生物属水平物种差异分析

注：a，b 不同品种土壤细菌、真菌优势菌属物种差异分析。

（五）辣椒连作的根际土壤细菌群落属水平组成与环境因子相关性分析

通过 RDA 分析了连作过程土壤微生物群落结构与土壤环境因子的关系，其中环境因子包括土壤硝态氮、铵态氮、有效磷（AP）、速效钾（AK）、有机质（OM）、土壤 pH 以及土壤脲酶（UA）、蔗糖酶（SUC）、过氧化氢酶（CAT）、酸性磷酸酶活性（ACP）、碱性磷酸酶活性（AKP）（图 6-56）。结果表明，所有的环境因子解释了细菌群落变化的 74.64%，RDA1 轴和 RDA2 轴分别解释了总变化的 47.97%、26.67%。其中土壤 AK、pH、硝态氮、AP、CAT、SUC、AKP、ACP 对细菌群落结构的影响达到显著水平；所有环境因子解释了真菌群落变化的 59.56%，RDA 一轴和 RDA 二轴分别解释了总变化的 35.02%、24.54%。其中土壤 AK、pH、硝态氮、AP、CAT、SUC、AKP、ACP、OM 显著影响了土壤真菌群落结构。

通过细菌丰度与环境因子的 Pearson 分析（图 6-56），分析了来自放线菌门、变形菌门、绿弯菌门、芽单胞菌门、厚壁菌门以及酸杆菌门的前 15 种优势菌属与环境因子的相关性。对照土壤中的优势菌属壤红杆菌、Gaiella 以及 Gaiellales 某属、芽单胞菌科某属与土壤 pH、CAT、SUC、AKP、ACP 活性显著正相关，与土壤 AK、硝态氮、AP 含量显著负相关。连作土壤中优势菌属节杆菌属、鞘氨醇单胞菌丰度与土壤 CAT、SUC、ACP 活性呈显著负相关，与土壤 AK、硝态氮、AP 含量呈正相关。土壤真菌相对丰度排名前 15 的属与环境因子相关性分析（图 6-56d）发现，在对照土壤中富集的优势菌属，光黑壳属、裂壳属、拟棘壳孢属、葡萄穗霉属与 pH、CAT、SUC、AKP、ACP、OM 呈显著正相关，与土壤 AK、硝态氮、AP 呈显著负相关；在连作土壤中富集的优势菌属子囊菌门中毛壳菌属与 pH 土壤酶活性以及 OM 呈显著负相关，与土壤肥力因子呈显著正相关。说明土壤酶活性的生物学指标与土壤营养指标可以作为两类指标，它们是区分连作土壤与对照土壤的敏感指标。

为了分别反映连作土壤以及非连作土壤中细菌、真菌群落间的相互关系，绘制了连作土壤以及非连作土壤的细菌、真菌微生物群落 OUT 水平共现性网络图（图 6-56e、f）。非连作土壤细菌网络图的平均度（average degree）以及图密度（graphdensity）分别为

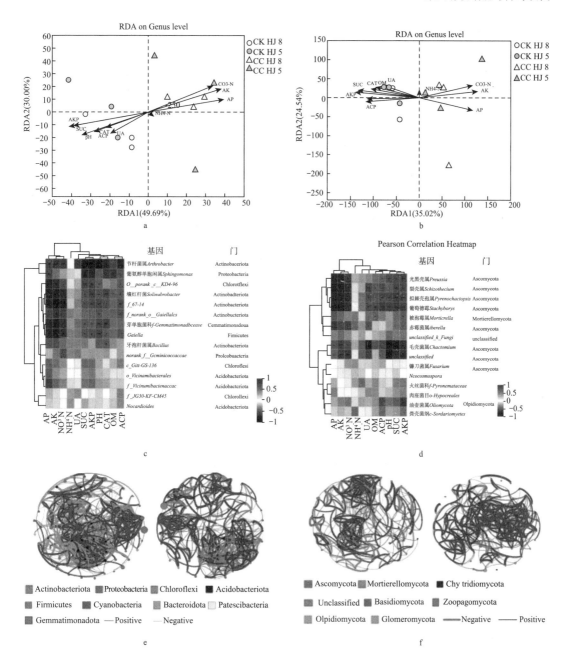

图 6 - 56　不同抗性辣椒品种花期土壤微生物环境因子关联分析与模型预测分析

注：（a，b）细菌、真菌属水平 RDA 分析；（c，d）优势菌属与环境因子相关性分析，＊代表在 5％水平上差异显著，＊＊代表在 1％水平显著，＊＊＊代表在 0.1％水平显著；（e，f）连作土壤与非连作土壤细菌、真菌单因素相关性网络图，左边为非连作土壤，右边为连作土壤，圆形节点大小代表物种丰度高低，物种间连线颜色，红色代表物种间正相关关系，绿色代表物种间负相关关系。

12.26 和 0.124，较连作土壤高（连作土壤细菌的网络平均度以及图密度为 9.06 和 0.092），非连作土壤物种间正相关比例为 54.49％，连作土壤物种间正相关比例为 58.4％，说明非连作土壤细菌间的联系更紧密，物种相互间的关联性较连作土壤强，细菌相关性关系正负基本平衡。非连作土壤中真菌网络平均度以及图密度为 6.74 和 0.068，低于连作土壤（连作土壤真菌的网络平均度以及图密度为 7.08 和 0.072）。非连作土壤中真菌间物种正相关比例为 58.16%，正负相关关系基本平衡，而连作土壤真菌间多为正相关关系，物种间正相关比例达到 86.44%。这说明连作土壤真菌联系较紧密且真菌间物种关系多为便利型的正相关关系，拮抗型负相关关系较少。

三、辣椒根系分泌物主要自毒成分解析

（一）辣椒根系分泌物成分的 GC-MS 测定

根系分泌物成分及其含量与植株生长密不可分。苗期是植株生长旺盛时期，花期是植株由营养生长转为生殖生长的时期，选这两个时期测定植株根系分泌物。其中，苗期和花期分别检测出 11 种和 17 种根系分泌物（表 6 - 28）。根系分泌物主要有长链脂肪酸棕榈酸、硬脂酸；酚酸类物质有肉桂酸、4-羟基苯甲酸，有机酸有乳酸、琥珀酸，酯类物质邻苯二甲酸二异丁酯、邻苯二甲酸二辛酯，糖类物质有 D-果糖、D-阿拉伯糖、β-塔罗吡喃糖。此外，花期根系分泌物检出成分较苗期多 6 种，分别为乙胺、脂肪酸类化合物琥珀酸；芳香族化合物 4-羟基苯甲酸、邻苯二甲酸二辛酯；糖类化合物 D-阿拉伯糖以及萜类化合物角鲨烯。苗期分泌物中占主要成分的自毒物质为邻苯二甲酸二异丁酯、硬脂酸、棕榈酸、肉桂酸其含量分别为 7.67%、16.78%、6.67%、2.34%，花期分泌物中主要自毒物质有 4-羟基苯甲酸、肉桂酸、硬脂酸、邻苯二甲酸二辛酯其含量分别为 3%、2.97%、8.33%、3.84%。花期，D-果糖、D-阿拉伯糖含量总组分较苗期分别提高了 29.77%、5.4%。

表 6 - 28　辣椒不同时期根系分泌物组分及其相对含量

化合物名称	保留时间	苗期相对含量（%）			花期相对含量（%）		
		酸性	中性	碱性	酸性	中性	碱性
乙胺	4.678	—	—	—	1.09	—	—
乳酸	5.17	13.65	—	—	12.40	—	—
丙三醇	5.86	11.83	—	16.9	—	—	12.65
琥珀酸	6.746	—	—	—	13.68	—	—
碳酰胺	6.254	—	4.66	—	—	—	—
4-羟基苯甲酸	8.814	—	—	—	—	3	—
肉桂酸	8.322	—	2.34	—	—	2.97	—
叔十六硫醇	9.208	—	0.69	—	—	0.55	—
D-果糖	9.799	—	6.58	25.26	5.89	10.96	24.47
D-阿拉伯糖	9.996	—	—	—	3.51	1.89	—
1,5-脱水己醇	10.292	—	1.44	—	3.54	—	—
β-塔罗吡喃糖	10.193	—	—	19.88	—	—	5.42
邻苯二甲酸二异丁酯	10.686	3.91	3.76	—	—	—	—
硬脂酸	11.966	2.74	7.56	6.48	—	5.77	2.56

（续）

化合物名称	保留时间	苗期相对含量（%）			花期相对含量（%）		
		酸性	中性	碱性	酸性	中性	碱性
棕榈酸	11.079	—	6.67	—	—	—	—
角鲨烯	14.921	—	—	—	—	0.59	—
邻苯二甲酸二辛酯	13.246	—	—	—	—	—	3.84

（二）辣椒根系分泌物中酚酸类自毒物质分析

由图 6-57 可见，在辣椒苗期与花期检测到的酚酸类自毒物质有：没食子酸、对羟基苯甲酸、邻苯二甲酸、丁香酸、阿魏酸、肉桂酸和香豆酸。在苗期根分泌物中主要以对羟基苯甲酸、香豆酸为主，其含量分别为每株 12.75μg 和每株 60.20μg，花期以阿魏酸、肉桂酸、没食子酸以及香豆酸为主，其含量分别为每株 19.80μg、每株 10.73μg、每株 13.22μg 和每株 133.72μg，花期根系分泌物中没食子酸、邻苯二甲酸、阿魏酸、肉桂酸、香豆酸含量显著高于苗期。苗期根系分泌物中对羟基苯甲酸、丁香酸含量分别是花期的 3.08 倍、1.78 倍（$P < 0.05$）。花期根系分泌物中没食子酸、香豆酸、邻苯二甲酸、阿魏酸、肉桂酸含量分别是苗期的 3.71 倍、2.22 倍、9.59 倍、4.44 倍、3.73 倍（$P < 0.05$）。香豆酸在土壤酚酸类物质检测中并未检出，在根系分泌物中属于主要酚酸类物质，这可能是由于香豆酸容易被土壤微生物分解。

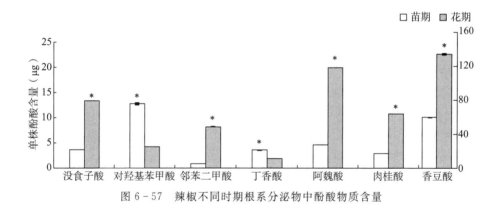

图 6-57 辣椒不同时期根系分泌物中酚酸物质含量

四、连作土壤微生物对辣椒栽培的影响

本研究采用土培试验，在灭菌非连作土壤中加入未灭菌（S1）与灭菌（S2）的连作土壤浸提液，同时以添加无菌水为对照（CK），每盆加入量为 100mL/d，探究了土壤微生物在连作障碍中的作用。

（一）连作土壤微生物组对辣椒生长的影响

由表 6-29 可看出，灭菌土壤浸提液处理 S2 显著降低了植株株高、叶片数，比对照（CK）、S1 处理分别降低了 26.24%、20.21% 和 15.63%、13.63%（$P < 0.05$）；S2 处理地上部干、鲜重显著降低于 CK 处理 69.57%、62.98%（$P < 0.05$）。S1 处理与 CK 间植株生长情况差异不显著。连作土壤的浸提液灭菌后灌溉辣椒显著抑制了植株的生长。这是

因为连作浸提液灭菌后加入土壤使土壤中存在抑制植株生长的物质。

表 6-29　连作土壤微生物组对辣椒生长状况的影响

处理	株高（cm）	叶片数（片）	茎粗（mm）	地上部鲜重（g）	地上部干重（g）
CK	9.26±0.79a	16.00±0.60a	0.30±0.02a	2.08±0.50a	0.23±0.06a
S1	8.56±0.67a	15.63±0.82a	0.25±0.02ab	1.42±0.25ab	0.16±0.03ab
S2	6.83±0.41b	13.50±0.38b	0.21±0.01b	0.77±0.11b	0.07±0.01b

（二）连作土壤微生物对辣椒叶片抗氧化物酶的响应

对辣椒叶片抗氧化物酶（丙二醛含量、过氧化物酶、超氧化物歧化酶、过氧化物酶）活性进行测定。结果表明，S1 处理叶片丙二醛含量低于其他两个处理，但处理间差异不显著。S2 处理叶片超氧化物歧化酶、过氧化物酶活性高于 S1、CK 处理但差异不显著（表 6-30）。说明连作土壤浸提液的加入对辣椒植株抗氧化物酶系统影响并不显著。

表 6-30　连作土壤微生物组对植株叶片酶活性的影响

处理	丙二醛（$\mu mol/g$）	过氧化氢酶（U/g）	超氧化物歧化酶（U/g）	过氧化物酶（U/g）
CK	31.76±4.22	28.18±12.64	3.12±0.71	3 296.15±600.23
S1	24.29±2.39	25.71±2.46	3.76±0.20	3 607.68±1 493.73
S2	30.85±7.72	14.61±3.25	5.51±1.21	4 158.23±1 496.32

（三）连作微生物组对土壤酶活性的影响

酶是土壤中物质转化的催化剂，酶活性高低可以反映土壤中微生物发挥功能的强弱，脲酶、蔗糖酶、酸性磷酸酶、碱性磷酸酶可以反映土壤中养分循环的能力。从表 6-31 可看出，土壤浸提液处理 S1 土壤蔗糖酶、碱性磷酸酶活性高于 CK、S2 处理，较 CK 处理分别高 94.51%、17.65%（$P<0.05$）；土壤蔗糖酶活性显著较 S2 处理高 76.01%（$P<0.05$）。蔗糖酶能酶促土中蔗糖水解成葡萄糖和果糖，说明连作土壤的微生物组的加入显著提高了土壤中的养分循环与转化，改善了土壤中养分的供应能力。

表 6-31　连作土壤微生物组对土壤酶活性的影响

处理	脲酶活性（mg/g）	蔗糖酶活性[mg/（g·h）]	过氧化氢酶活性（mL/g）	酸性磷酸酶活性[μmol/（g·h）]	碱性磷酸酶活性[μmol/（g·h）]
CK	1.22±0.04a	6.74±0.82b	0.21±0.01a	3.17±0.30a	3.23±0.04b
S1	1.25±0.01a	13.11±1.94a	0.24±0.02a	2.81±0.17a	3.80±0.20a
S2	1.44±0.21a	7.85±0.89b	0.23±0.02a	3.12±0.14a	3.64±0.10a

（四）连作土壤微生物组对土壤酚酸含量的影响

已有研究表明，土壤中酚酸物质积累是造成连作障碍的一个主要成因。通过测定各处理土壤酚酸物质含量可看出（表 6-32），S1 处理土壤中对羟基苯甲酸、丁香酸含量显著降低于 S2 处理，分别较 S2 低 12.73%、5.62%。S1 处理土壤中丁香酸含量显著降低于 CK 处理，比 CK 降低了 4.67%（$P<0.05$）。说明连作土壤微生物组可显著降低土壤中

丁香酸、对羟基苯甲酸含量。

表 6 - 32　连作土壤微生物组对土壤酚酸含量的影响

处理	没食子酸含量 （μg/g）	对羟基苯甲酸含量 （μg/g）	香草酸含量 （μg/g）	丁香酸含量 （μg/g）	阿魏酸含量 （μg/g）	肉桂酸含量 （μg/g）
CK	0.05±0.002a	0.757±0.008b	0.710±0.057a	2.763±0.015a	19.352±0.374a	0.263±0.085a
S1	0.1±0.026a	0.727±0.023b	0.640±0.054a	2.634±0.054b	21.200±1.131a	0.255±0.023a
S2	0.09±0.018a	0.833±0.011a	0.714±0.051a	2.791±0.028a	21.637±0.352a	0.257±0.022a

（五）连作土壤微生物组对土壤微生物区系的影响

连作土壤微生物群落结构的变化是导致连作障碍产生的主要原因之一。通过稀释平板法测定了土壤中细菌、真菌、放线菌数量以及计算土壤中 B/F 的值（图 6 - 58）。从结果中可看出，S1 处理显著降低了土壤中真菌含量，较 CK、S2 处理分别低 78.24%、69.39%（$P<0.05$）；S1 处理 B/F 是 CK、S2 处理的 6.64 倍、3.97 倍（$P<0.05$）。说明连作土壤微生物组的加入显著改善了土壤微生物区系。

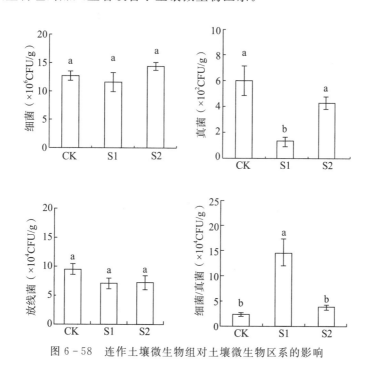

图 6 - 58　连作土壤微生物组对土壤微生物区系的影响

（六）连作土壤微生物组加入对土壤微生物 α 多样性分析

微生物 α 多样性可以反映土壤微生物的多样性、丰富度，从表 6 - 33、表 6 - 34 可看出，S1 处理土壤细菌 Sobs、Ace 指数较 S2 分别高 13.16%、10.60%（$P<0.05$），S1、S2 处理土壤真菌 Shannon 指数分别较 CK 低 37.15%、43.65%，S2 处理土壤 Simpson 指数是 CK 的 4 倍（$P<0.05$），这说明灭菌连作土壤浸提液的加入显著降低了土壤细菌的丰富度，降低了土壤真菌的多样性。

表 6-33   连作土壤微生物对土壤细菌 α 多样性的影响

处理	Sobs	Shannon	Simpson	Ace	Chao
CK	989.00±17.21ab	5.03±0.07a	0.02±0.006a	1 201.39±12.81ab	1 203.09±5.15a
S1	1 000.67±28.87a	4.99±0.08a	0.02±0.001a	1 267.22±29.98a	1 254.00±30.42a
S2	884.33±43.41b	4.81±0.12a	0.02±0.003a	1 145.73±49.15b	1 156.17±46.48a

表 6-34   连作土壤微生物对土壤真菌 α 多样性的影响

处理	Sobs	Shannon	Simpson	Ace	Chao
CK	257.00±7.00a	3.23±0.15a	0.11±0.01b	264.93±6.66a	266.63±7.01a
S1	172.67±52.12a	2.03±0.08b	0.33±0.01ab	181.91±57.00a	182.03±56.05a
S2	149.00±28.45a	1.82±0.52b	0.44±0.15a	157.90±33.61a	161.96±35.60a

（七）连作土壤微生物组对土壤微生物群落组成的影响

通过各处理 OTU 水平聚类分析发现（图 6-59a），S1 处理细菌群落明显与 CK、S2 处理分离。说明，未灭菌的连作土壤浸提液的加入改变了土壤微生物的群落结构。在细菌门水平上，不同处理土壤细菌群落组成的研究结果表明（图 6-59b），在各处理中变形菌门（Proteobacteria）、拟杆菌门（Bacteroidota）、放线菌门（Actinobacteriota）、绿弯菌门（Chloroflexi）、Patescibacteria、酸杆菌门（Acidobacteriota）为主要菌门，占比达到 90% 以上，其相对丰度分别为 55.12%～62.27%、11.48%～13.96%、7.35%～8.820%、3.85%～9.17%、2.82%～3.82%、2.24%～4.20%；其次是芽单胞菌门（Gemmatimonadota）、疣微菌门（Verrucomicrobiota）、厚壁菌门（Firmicutes）、蓝细菌门（Cyanobacteria）相对丰度分别为 1.87%～2.36%、0.82%～1.71%、0.15%～1.70%、0.50%～1.12%。

S1 处理变形菌门相对丰度较 CK 高 12.97%，S1、S2 处理绿弯菌门相对丰度分别较 CK 低 58.02%、40.46%（$P < 0.05$）。

在真菌的门水平上，不同处理土壤真菌群落组成如图 6-59c 所示，各处理间子囊菌门（Ascomycota）、壶菌门（Chytridiomycota）、Unclassified 是主要菌门，占比达到 96% 以上，其相对丰度分别为 21.36%～95.90%、0.62%～71.78%、1.39%～13.84%，其次是罗兹菌门（Rozellomycota）、担子菌门（Basidiomycota）、被孢霉菌门（Mortierellomycota）占比分别为 0.28%～1.30%、0.18%～1.26%、0.28%～0.86%。

S2 处理子囊菌门丰度较 S1、CK 分别高 349.13%、20.28%；S1 处理壶菌门相对丰度较 S2、CK 分别高 114.76 倍、27.1 倍，担子菌门相对丰度较 CK 低 85.71%（$P < 0.05$）。说明，连作土壤浸提液的加入显著改变了土壤的微生物群落。

如图 6-60 所示，通过分析各处理细菌排名前 15 的优势菌属物种差异发现，鞘氨醇单胞菌属（Sphingomonas）、Microvirge、马赛菌属（Massilia）、红细菌属（Rhodobacter）、Sphingoaurantiacus、Ellin6055、厌氧黏细菌属（Flavisolibacter）7 个菌属在处理间存在显著差异。S1 处理土壤中 Sphingoaurantiacus、马赛菌属、Microvirge 细菌分别较 S2 处理低 92.45%、67.77%、87.14%；较 CK 处理低 94.67%、63.21%、92.94%

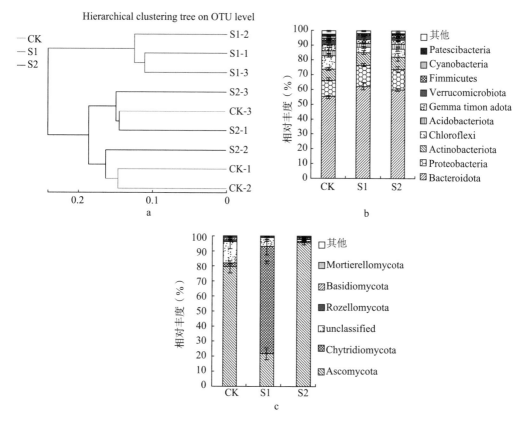

图 6-59　连作土壤微生物组对土壤微生物组成的影响
a. 各处理细菌 OTU 水平聚类分析　b. 各处理土壤细菌门水平群落组成图
c. 各处理土壤真菌门水平群落组成图

（$P<0.05$）；S2 处理厌氧黏细菌属分别较 CK、S1 高 41.30%、36.70%，S1 处理中有益细菌属鞘氨醇单胞菌属、红细菌属较 S2 高 147.98%、113.93%；较 CK 处理高 326.38%、117.30%（$P<0.05$）。

各处理真菌排名前 15 的优势菌属物种差异如图 6-60b 所示，*Leucothecium*、曲霉属（*Aspergillus*）、链格孢属（*Alternaria*）、镰刀菌属（*Fusarium*）在处理间存在差异，CK 处理土壤中有益真菌 *Leucothecium*、曲霉属（*Aspergillus*）属真菌相对丰度较 S1 处理高 3.83 倍、11.44 倍，较 S2 处理高 3.11 倍、7.10 倍（$P<0.05$）；S2 处理中病原菌属链格孢属（*Alternaria*）、镰刀菌属（*Fusarium*）相对丰度较 S1 高 3.79 倍、17.36 倍；较 CK 处理高 2.23 倍、4.75 倍（$P<0.05$）。说明未灭菌土壤浸提液可以增加土壤中有益细菌丰度，而灭菌土壤浸提液的加入导致土壤中病原真菌丰度增加。

（八）土壤微生物与环境因子关联分析及真菌功能预测

根据土壤细菌物种属水平与环境因子（土壤脲酶、蔗糖酶、酸性磷酸酶、碱性磷酸酶、有效磷、硝态氮）的冗余分析发现（图 6-61a，图 6-61b），RDA1 与 RDA2 两轴共解释了物种变化的 70.37%，其中 RDA1 轴解释了 48.94%，RDA2 轴解释了 21.43%。土壤中蔗糖酶活性显著影响了土壤细菌群落；土壤真菌物种属水平 RDA 分析，RDA1 与

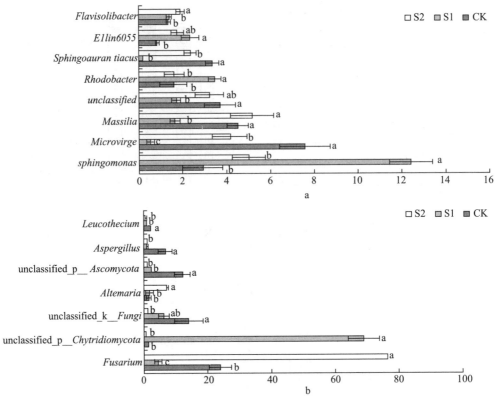

图 6-60　连作土壤微生物组对土壤优势菌属的影响

a、b. 不同品种土壤细菌、真菌优势菌属物种差异分析

RDA2 两轴共解释了物种变化的 96.50%，其中 RDA1 轴解释了 78.95%，RDA2 轴解释了 17.95%，土壤硝态氮、有效磷、过氧化氢酶以及碱性磷酸酶活性显著影响了土壤真菌群落。

　　基于 FUNGuild 预测三个处理土壤真菌的营养型（图 6-61c），土壤中真菌营养型分为病理型、腐生型、共生型 3 种，以及病理-腐生-共生型、病原-腐生-共生型、病理-腐生型、病理-共生型、腐生-共生型 5 种过渡型。从图中可看出，土壤中真菌的营养型以病理型、病理-腐生-共生型、腐生型 3 种为主。CK 处理真菌营养型以病理-腐生-共生型为主，腐生营养型次之，S1、S2 处理真菌营养型均以病理-腐生-共生型为主、病理型次之。病理营养型真菌在 CK、S1、S2 处理中分别占比为 15.44%、6.60%、3.77%，病理-腐生-共生型占比分别为 28.69%、7.48%、87.45%，腐生营养型占比分别为 17.68%、5.62%、3.54%。S1 处理腐生型、病理-腐生型真菌丰度分别较 CK 处理低 68.17%、82.14%（$P<0.05$）；S2 处理腐生型、病理-腐生型、病理-共生型真菌丰度分别较 CK 处理低 79.92%、91.07%、85.39%（$P<0.05$）；S2 处理病理-腐生-共生型真菌在三个处理中占比最高，分别较 CK、S1 高 2.04 倍、10.69 倍（$P<0.05$），腐生-共生型真菌在三者间差异不显著。

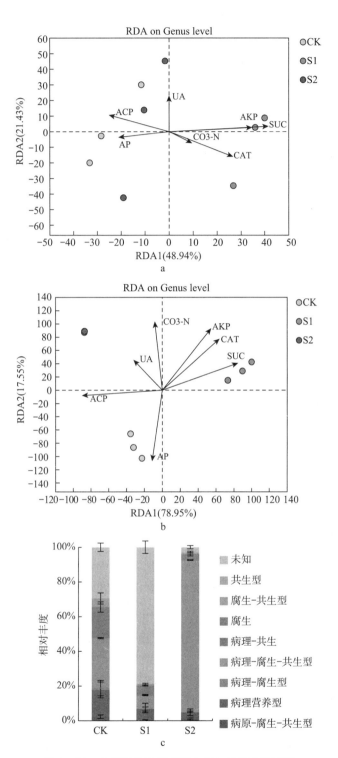

图 6-61　土壤环境因子关联分析与真菌功能预测
a. 细菌 RDA 分析　b. 真菌 RDA 分析　c. 土壤真菌功能预测

五、主要研究进展

1. 明确了不同辣椒品种对连作障碍的响应

不同辣椒品种间因分泌物不同会导致对连作障碍响应不同。辣椒连作会显著改变土壤的微生物群落结构，导致细菌丰富度下降，土壤有益菌以及拮抗菌丰度下降，土壤细菌共现性网络简化，养分循环变差，造成植株叶片抗氧化酶系统酶活性下降，使辣椒生长缓慢。然而，辣椒长期连作土壤中节杆菌属、鞘氨醇单胞菌、毛壳菌属富集，有助于抑菌土壤的产生。

2. 揭示了辣椒连作障碍的主要成因

在苗期和花期分别检测出 11 种和 17 种根系分泌的自毒物质。其中，苗期根系分泌物主要有长链脂肪酸棕榈酸、硬脂酸；酚酸类物质有肉桂酸、4-羟基苯甲酸，有机酸有乳酸、琥珀酸，酯类物质邻苯二甲酸二异丁酯、邻苯二甲酸二辛酯，糖类物质有 D-果糖、D-阿拉伯糖、β-塔罗吡喃糖；花期根系分泌物比苗期多 6 种，分别为乙胺、脂肪酸类化合物琥珀酸；芳香族化合物 4-羟基苯甲酸、邻苯二甲酸二辛酯；糖类化合物 D-阿拉伯糖以及萜类化合物角鲨烯。这些自毒物质吸引病原菌在根际定殖，使土壤中病理营养型真菌增多；当连作达到一定年限，会导致微生物群落结构失衡。这是形成辣椒连作障碍的主要成因。

第五节　设施蔬菜连作土壤轻度盐渍化的有机改良

土壤盐渍化是设施菜田土壤一个主要障碍性问题。由于设施菜田施肥量大，尤其施用畜禽粪便带有大量盐分、大水漫灌等易导致土壤次生盐渍化，主要表现为土壤表层覆盖大量青苔，干旱时会出现红霜、白霜且土壤板结，严重影响蔬菜根系的发育，导致植株生长受阻、根弱、花少，易出现早衰。本研究在永清和青县两个蔬菜主产县，以土壤盐渍化改良为研究对象，首先在永清县新苑阳光科技园、青县羊角脆甜瓜特优区，分别调查了土壤与灌溉水中盐分含量特征及土壤盐渍化程度。在此基础上，通过田间小区试验和室内盆栽试验，研究了有机物料配施微生物菌剂对设施辣椒菜田轻度盐渍化土壤的改良效果，以及施加不同有机物料对设施甜瓜轻度盐渍化土壤的改良效果，为修复菜田轻度盐渍化土壤提供技术指导。

一、设施菜田阴离子型轻度盐渍化土壤的有机改良

经调查发现，廊坊市永清县新苑阳光农业科技园区土壤 EC 值为 2.13mS/cm，土壤水溶性盐总量为 3.20g/kg，根据土壤盐化程度分级标准，其土壤已达到轻度盐渍化水平，其中 HCO_3^- 为 461mg/kg，SO_4^{2-} 为 422mg/kg。经过对灌溉水取样分析发现 HCO_3^-、SO_4^{2-} 含量分别为 1 119mg/L 和 451mg/L，远远高于其他盐分离子含量，结合土壤中盐分离子含量情况分析土壤为轻度阴离子型次生盐渍化土壤。选取了牛粪和生物炭两种物料进行改良效果研究，为明确配施微生物菌剂的改良效果，共设五个处理，分别为 CK、单施牛粪、牛粪配施菌剂、单施生物炭、生物炭配施菌剂，其中，牛粪为腐熟牛粪，用量 6t/hm²；生物炭为杏壳生物炭，用量 1.5t/hm²；菌剂为 2.0×10^9 CFU/mL 枯草芽孢杆菌菌剂，用量 75L/hm²；2×10^9 CFU/mL 巨大芽孢杆菌和胶质类芽孢杆菌的复合菌剂，用量为 75L/hm²。以辣椒为研究对象，来探究生物炭/牛粪配施菌剂对该种类型设施次生盐渍化土壤改良效果。

（一）有机物料配施菌剂对土壤 pH 的影响

在辣椒整个生育期，表层（0～20cm）土壤 pH 整体表现出先降低后增高再降低的趋势，但是对照与各处理间土壤 pH 差异不显著（图 6-62）。这说明基施生物炭或牛粪配施菌剂对土壤 pH 的影响不明显。

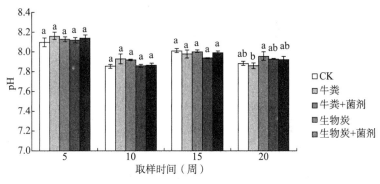

图 6-62 不同处理对土壤 pH 的影响

（二）有机物料配施菌剂对土壤 EC 值及土壤水溶性盐总量的影响

1. 有机物料配施菌剂对土壤 EC 值的影响

由图 6-63 可见，施用不同有机物料在整个生育期对土壤 EC 值的影响。施加不同有机物料 5 周和 10 周后，单施牛粪、牛粪配施菌剂处理与对照相比均显著降低土壤 EC 值，降幅分别为 17.7%、18.8% 和 17.5%、24.1%（$P < 0.05$），但牛粪是否配施菌剂对于降低土壤 EC 值的影响不大；施加有机物料 15 周后，与对照相比，单施牛粪、牛粪配施菌剂、生物炭配施菌剂均能显著降低土壤 EC 值，分别降低了 9.60%、13.2%、10.5%（$P < 0.05$），这一时期也未发现单施牛粪与牛粪配施菌剂在土壤降盐效果上的差异；施加有机物料 20 周后，牛粪配施菌剂对于降低土壤 EC 值有一定的效果，但是降低程度有限，只有 4.47%（$P < 0.05$）。总之，通过各物料处理在各个时期对土壤 EC 值的影响分析，发现单施牛粪、牛粪配施菌剂两处理均能显著降低土壤 EC 值，但单施牛粪与牛粪配施菌剂对于降低土壤 EC 值的效果差异不显著（$P > 0.05$）。然而，到了生育期后期（施用有机物料后 20 周），这种降低土壤 EC 值的效果减弱，各个处理与对照之间的差异趋于平缓且变化不大，这可能是随着辣椒的生长及使用时间的延长，施加的有机物料在土壤中经过微生物的作用，逐渐被分解所致。

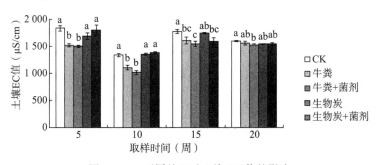

图 6-63 不同处理对土壤 EC 值的影响

2. 有机物料配施菌剂对土壤水溶性盐总量的影响

由图 6-64 可见施用不同有机物料在整个生育期对土壤水溶性盐总量的影响。施加不同有机物料 5 周和 15 周后，单施牛粪、牛粪配施菌剂处理与对照相比均显著降低土壤水溶性盐总量，降幅分别为 16.8%、14.5% 和 17.9%、16.9%（$P<0.05$），可见单施牛粪和牛粪配施菌剂较生物炭和生物炭配施菌剂降低土壤水溶性盐总量的效果较好，但牛粪是否配施菌剂对于降低土壤水溶性盐总量影响不大；施加有机物料 10 周和 20 周后，与对照相比，牛粪配施菌剂显著降低土壤水溶性盐总量，分别降低了 18.3% 和 14.2%（$P<0.05$），这一时期单施牛粪和牛粪配施菌剂对于降低土壤水溶性盐总量效果差异不显著（$P>0.05$）；施加有机物料 20 周后，与对照相比，生物炭配施菌剂处理显著降低土壤水溶性盐总量，降幅为 12.7%（$P<0.05$）。

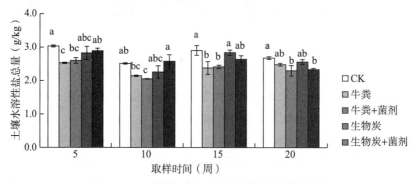

图 6-64 不同处理对土壤水溶性盐总量的影响

对辣椒整个生育期表层（0~20cm）土壤 EC 值与土壤水溶性盐总量进行相关性分析，发现土壤 EC 值与土壤水溶性盐总量之间呈极显著的正相关关系（$r=0.859$，$P<0.01$）（图 6-65）。

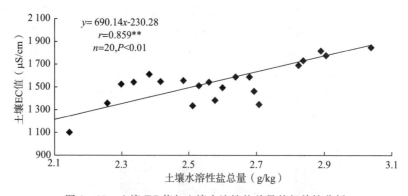

图 6-65 土壤 EC 值与土壤水溶性盐总量的相关性分析

（三）有机物料配施菌剂对土壤水溶性盐分阳离子的影响

1. 对土壤水溶性钾离子含量的影响

由图 6-66 可见，施用不同有机物料在整个生育期对土壤水溶性 K^+ 含量的影响。随着生育期和施用时间的延长土壤水溶性含量整体呈下降趋势，处理 10 周后，只有牛粪配施菌剂处理与对照相比显著降低土壤水溶性 K^+ 含量，降幅为 25.1%（$P<0.05$），其他处理在整个生育期与对照间差异不显著。

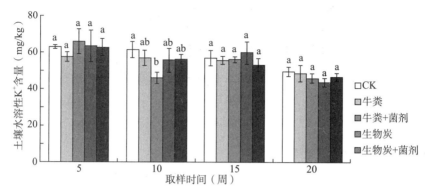

图 6-66　不同处理对土壤水溶性 K^+ 含量的影响

2. 对土壤水溶性钠离子含量的影响

由图 6-67 可见施用不同有机物料在整个生育期对土壤水溶性 Na^+ 含量的影响。施加不同有机物料 10 周、15 周和 20 周后，牛粪配施菌剂与对照相比均显著降低土壤水溶性 Na^+ 含量，降幅分别为 4.47%、13.2% 和 24.1%（$P<0.05$）；施加有机物料 15 周和 20 周后，单施牛粪与对照相比显著降低土壤水溶性 Na^+ 含量，降幅分别为 9.60% 和 17.5%（$P<0.05$）；施加有机物料 15 周后，与对照相比生物炭配施菌剂显著降低土壤水溶性 Na^+ 含量，降幅为 10.5%（$P<0.05$）；单施生物炭处理在整个生育期与对照间差异不显著。

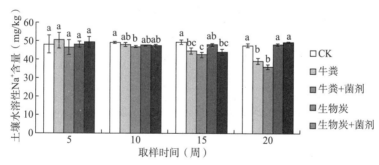

图 6-67　不同处理对土壤水溶性 Na^+ 含量的影响

3. 对土壤水溶性钙离子含量的影响

由图 6-68 可见施用不同有机物料在整个生育期对土壤水溶性 Ca^{2+} 含量的影响。随着施用时间的延长土壤水溶性 Ca^{2+} 含量整体呈下降趋势，施加不同有机物料 5 周、10 周和 15 周后，单施牛粪与对照相比均能显著降低土壤水溶性 Ca^{2+} 含量，降幅分别为 18.0%、18.2% 和 28.4%（$P<0.05$）；施加有机物料 5 周、15 周和 20 周后，与对照相比牛粪配施菌剂均能显著降低土壤水溶性 Ca^{2+} 含量，降幅分别为 28.5%、37.3% 和 18.8%（$P<0.05$）；施加有机物料 5 周和 20 周后，与对照相比单施生物炭处理均能显著降低土壤水溶性 Ca^{2+} 含量，降幅分别为 19.7% 和 16.6%（$P<0.05$）。

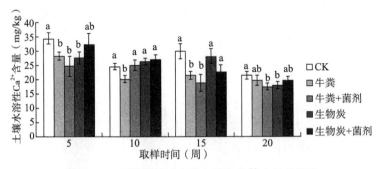

图 6-68　不同处理对土壤水溶性 Ca^{2+} 含量的影响

4. 对土壤水溶性镁离子含量的影响

由图 6-69 可见施用不同有机物料在整个生育期对土壤水溶性 Mg^{2+} 含量的影响。施加有机物料 10 周和 15 周后，单施牛粪处理与对照相比能显著的降低土壤水溶性 Mg^{2+} 的含量，降幅分别为 17.2% 和 8.61%（$P<0.05$）；施加有机物料 10 周、15 周和 20 周后，牛粪配施菌剂处理与对照相比均能显著的降低土壤水溶性 Mg^{2+} 的含量，降幅分别为 24.3%、14.0% 和 14.0%（$P<0.05$）；施加有机物料 15 周和 20 周后，生物炭配施菌剂均能显著的降低土壤水溶性 Mg^{2+} 的含量，降幅分别为 7.50% 和 11.8%（$P<0.05$）；施加有机物料 20 周后，与对照相比，单施生物炭处理能显著降低土壤水溶性 Mg^{2+} 的含量，降幅为 7.86%（$P<0.05$）。

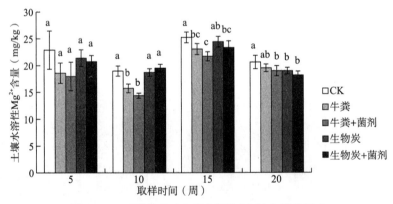

图 6-69　不同处理对土壤水溶性 Mg^{2+} 含量的影响

（四）有机物料配施菌剂对土壤水溶性盐分阴离子的影响

1. 对土壤水溶性碳酸氢根离子含量的影响

前期调查结果表明，该土壤因为 HCO_3^- 浓度较高而发生轻度次生盐渍化，施入有机物料后不同时期对土壤水溶性 HCO_3^- 的变化如图 6-70，在施加有机物料 5 周后，单施生物炭处理与对照相比显著降低土壤 HCO_3^- 的浓度，降幅为 13.2%（$P<0.05$），在施加有机物料 15 周后，单施牛粪与对照相比显著降低 15.4%（$P<0.05$）；施加有机物料 10 周后，牛粪配施菌剂处理显著提高 HCO_3^- 的浓度，增幅为 20.1%（$P<0.05$），其他处理与对照相比不显著，施加有机物料 20 周后，与对照间差异不显著。

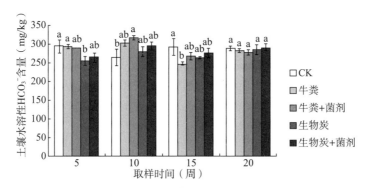

图 6-70 不同处理对土壤水溶性 HCO_3^- 含量的影响

2. 对土壤水溶性氯离子含量的影响

由图 6-71 可见施用不同有机物料在整个生育期对土壤水溶性 Cl^- 含量的影响。随施用时间的延长土壤水溶性 Cl^- 含量整体呈下降趋势，处理 15 周后，只有单施牛粪处理与对照相比显著降低土壤水溶性 Cl^- 含量，降幅为 15.6%（$P<0.05$），其他处理在整个生育期与对照间差异不显著。

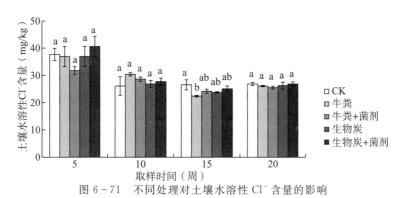

图 6-71 不同处理对土壤水溶性 Cl^- 含量的影响

3. 对土壤水溶性硫酸根离子含量的影响

由图 6-72 可见施用不同有机物料在整个生育期对土壤水溶性 SO_4^{2-} 含量的影响。随施用时间的延长，土壤水溶性 SO_4^{2-} 含量整体呈先缓慢升高再缓慢降低的趋势，其中在处理 15 周后达到最大值，但施加不同有机物料处理在整个生育期与对照间差异不显著。

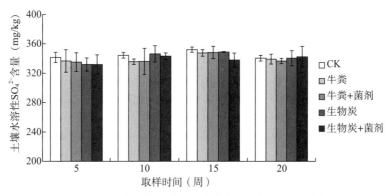

图 6-72 不同处理对土壤水溶性 SO_4^{2-} 含量的影响

（五）有机物料配施菌剂对土壤有机质、氮磷钾含量的影响

1. 对土壤有机质含量的影响

由图 6-73 可见施用不同有机物料在整个生育期对土壤有机质含量的影响。施加有机物料 5 周和 10 周后，单施牛粪、牛粪配施菌剂与对照相比均显著增加土壤有机质的含量，增幅分别为 11.6%、14.9% 和 16.3%、20.2%（$P<0.05$）；施加有机物料 15 周和 20 周后，各有机物料处理与对照间差异不显著。

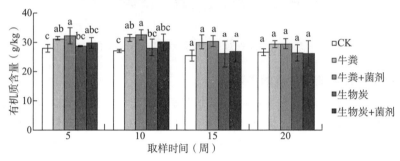

图 6-73　不同处理对土壤有机质的影响

2. 对土壤速效氮含量的影响

由图 6-74 可看出施用不同有机物料在整个生育期对土壤碱解氮含量的影响。施加有机物料 5 周和 10 周后，与对照相比，单施牛粪、牛粪配施菌剂均显著增加了土壤中碱解氮的含量，增幅分别为 14.8%、18.1% 和 15.4%、24.8%（$P<0.05$）；施加有机物料 10 周后，与对照相比，生物炭配施菌剂显著增加土壤碱解氮的含量，增幅为 14.3%（$P<0.05$）。施加有机物料 15 周和 20 周后，各有机物料处理与对照间差异不显著。

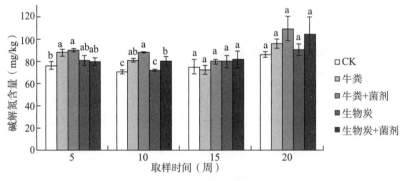

图 6-74　不同处理对土壤碱解氮的影响

3. 对土壤有效磷含量的影响

由图 6-75 可看出施用不同有机物料在整个生育期对土壤有效磷含量的影响。施加有机物料 5 周和 10 周后，单施牛粪处理与对照相比显著增加土壤中有效磷的含量，增幅分别为 13.1% 和 13.4%（$P<0.05$）；施加有机物料 5 周、10 周和 15 周后，牛粪配施菌剂处理均显著增加土壤有效磷含量，增幅分别为 16.1%、26.2%、20.2%；施加有机物料 10 周后，与对照相比，生物炭配施菌剂处理能显著增加土壤中有效磷的含量，增幅为 11.5%（$P<0.05$）。

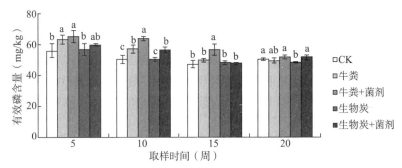

图 6-75　不同处理对土壤有效磷的影响

4. 对土壤速效钾含量的影响

由图 6-76 可看出施用不同有机物料在整个生育期对土壤速效钾含量的影响。施加有机物料 5 周、10 周、15 周和 20 周后，牛粪配施菌剂处理与对照相比显著增加土壤中速效钾的含量，增幅分别为 7.77%、5.82%、12.7% 和 6.08%（$P<0.05$）；施加有机物料 10 周后，单施牛粪处理与对照相比能显著增加土壤速效钾含量，增幅为 4.90%（$P<0.05$）。

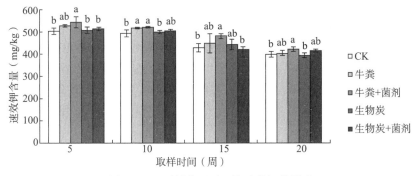

图 6-76　不同处理对土壤速效钾的影响

（六）有机物料配施菌剂对辣椒生长的影响

1. 对辣椒株高的影响

由图 6-77 可看出施用不同有机物料在整个生育期对辣椒株高的影响。施加有机物料 10 周后，单施牛粪、牛粪配施菌剂、单施生物炭、生物炭配施菌剂处理与对照相比辣椒株高均显著增高，分别增高 10.4%、16.0%、14.2% 和 15.4%（$P<0.05$）；其他时期各有机物料处理与对照间差异不显著。

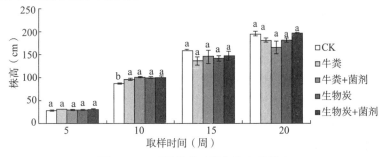

图 6-77　不同处理对辣椒株高的影响

2. 对辣椒茎粗的影响

由图 6-78 可看出施用不同有机物料在整个生育期对辣椒植株茎粗的影响。施加有机物料 5 周后，单施牛粪处理与对照相比显著增加辣椒植株茎粗，增幅为 12.1%（$P < 0.05$）；施加有机物料 10 周后，单施生物炭和生物炭配施菌剂处理与对照相比均显著增加了辣椒植株的茎粗，增幅分别为 19.5% 和 21.3%（$P < 0.05$）；其他时期各有机物料处理与对照间差异不显著。

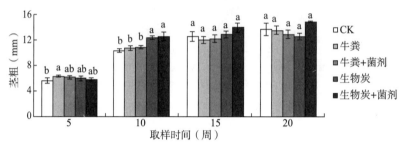

图 6-78 不同处理对辣椒植株茎粗的影响

3. 对辣椒叶片叶绿素含量的影响

由图 6-79 可看出施用不同有机物料在整个生育期对辣椒植株叶片叶绿素含量的影响。施加有机物料 5 周后，单施生物炭处理与对照相比显著增加辣椒植株叶片叶绿素含量，增幅为 10.8%（$P < 0.05$）；施加有机物料 15 周后，生物炭配施菌剂处理与对照相比显著增加辣椒植株叶片叶绿素含量，增幅为 14.0%（$P < 0.05$）；其他时期各有机物料处理与对照间差异不显著。

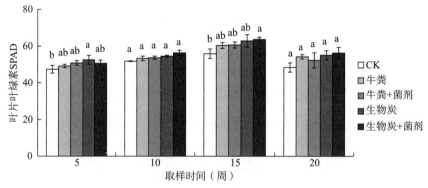

图 6-79 不同处理对辣椒植株叶片叶绿素含量的影响

4. 对辣椒生物量的影响

由图 6-80 可见施用不同有机物料在整个生育期对辣椒生物量的影响。除牛粪配施菌剂处理的辣椒生物量略低于对照外，单施牛粪、单施生物炭与生物炭配施菌剂处理的辣椒生物量均高于对照处理，但并不显著。

5. 对辣椒根冠比的影响

由图 6-81 可见施用不同有机物料在整个生育期对辣椒根冠比的影响。除牛粪配施菌剂处理的根冠比略高于对照外，单施牛粪、单施生物炭与生物炭配施菌剂处理的根冠比均低于对照处理，但并不显著。

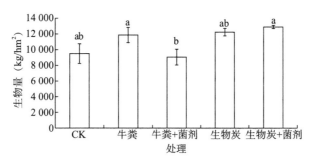

图 6-80　不同处理对辣椒生物量的影响

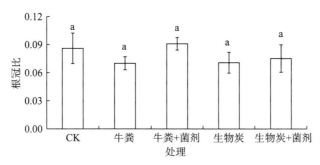

图 6-81　不同处理对辣椒根冠比的影响

二、设施菜田阳离子型轻度盐渍化土壤的有机改良

经过调查发现，青县曹寺乡齐营村根枝叶蔬菜种植专业合作社 80％的大棚达到轻度盐渍化程度，且盐分离子组成以阳离子为主，是阴离子的 2.65～5.44 倍，其中 Na^+ 为主要盐分离子，通过对灌溉水的调查发现灌溉水中 Na^+ 也为主要盐分离子，确定该区域大棚土壤是由灌溉水引起的次生盐渍化，本试验选取阳离子含量最高的 4 年甜瓜种植年限大棚土壤为供试土壤，设计了不同有机物料的改良效果试验，以甜瓜为研究对象，研究了牛粪、生物炭、生物有机肥处理对阳离子型轻度盐渍化设施菜田土壤的有机改良效果。

（一）有机物料对土壤溶液 EC 值及土壤 EC 值的影响

1. 对土壤溶液 EC 值的影响

本研究在处理 2～8 周后，每周抽取一次土壤溶液测定其 EC 值（图 6-82）。生物有机肥处理 2 周和 8 周后土壤溶液 EC 值显著低于对照，降幅分别为 7.13％和 15.6％（$P<$0.05）。其他生长阶段对照和生物有机肥处理的土壤溶液 EC 值之间差异不显著。牛粪处理的土壤溶液 EC 值在 5 周和 7 周后与对照相比差异不显著，但是，该处理在其他生长阶段（2 周、3 周、4 周、6 周、8 周后）均显著降低土壤溶液 EC 值，降幅分别为 17.2％、12.9％、20.7％、18.6％、33.6％（$P<0.05$）。在生物炭处理 2～8 周后均显著降低土壤溶液 EC 值，降幅在 16.0％～34.4％（$P<0.05$）。由此可见，本试验中甜瓜生长季降低土壤溶液 EC 值的效果最好且稳定的有机物料为生物炭，其次为牛粪。

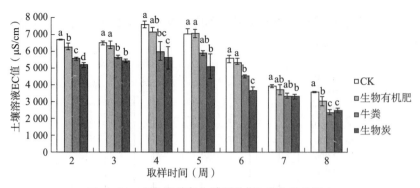

图 6-82　有机物料对土壤溶液 EC 值变化的影响

2. 对土壤 EC 值的影响

由图 6-83 可看出施用不同有机物料在整个生育期对土壤 EC 值的影响。生物有机肥处理 8 周后土壤 EC 值显著低于对照外，降幅为 17.9%（$P<0.05$），其他生长阶段对照和生物有机肥处理的土壤 EC 值之间差异不显著；牛粪处理的土壤 EC 值在 4 周和 8 周后显著低于对照，降幅分别为 12.5% 和 17.9%（$P<0.05$），其他生长阶段对照和牛粪处理的土壤 EC 值之间差异不显著；在生物炭处理 2~8 周后均显著降低土壤 EC 值，降幅在 13.7%~25.0%（$P<0.05$）。由此可见，在本试验甜瓜生长季降低土壤 EC 值的效果最好且稳定的有机物料为生物炭，其次为牛粪。

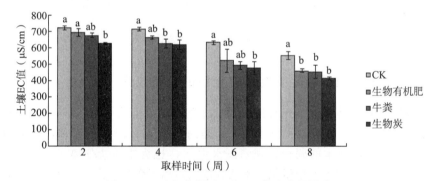

图 6-83　有机物料对土壤 EC 值变化的影响

对土壤溶液 EC 值与土壤 EC 值进行相关性分析，发现土壤溶液 EC 值与土壤 EC 值之间成极显著的正相关关系（$r=0.915$，$P<0.01$）（图 6-84）。

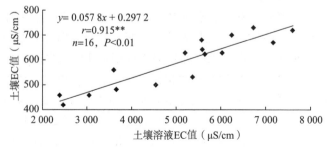

图 6-84　土壤溶液 EC 值与土壤 EC 值的相关性分析

（二）有机物料对土壤水溶性阳离子的影响

1. 对土壤水溶性钾离子含量的影响

由图 6-85 可看出施用不同有机物料在整个生育期对土壤水溶性 K^+ 含量的影响。随施用时间的延长，土壤水溶性 K^+ 含量整体呈下降趋势，生物有机肥处理在 6 周和 8 周后土壤水溶性 K^+ 含量显著降低，降幅分别为 11.9% 和 14.0%（$P < 0.05$），其他生长阶段对照和生物有机肥处理的土壤水溶性 K^+ 含量之间差异不显著；牛粪处理 2～8 周后均显著降低土壤水溶性 K^+ 含量，降幅在 9.74%～20.0%；生物炭处理的土壤水溶性 K^+ 含量在 4 周后与对照相比差异不显著，但是，该处理在其他生长阶段（2 周、6 周、8 周后）均显著降低土壤水溶性 K^+ 含量，降幅分别为 12.2%、11.9%、14.0%（$P < 0.05$）。

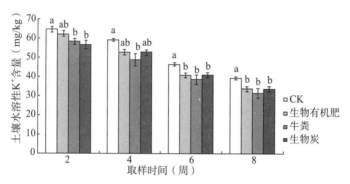

图 6-85　有机物料对土壤水溶性 K^+ 含量的影响

2. 对土壤水溶性钠离子含量的影响

前期调查的结果显示，该土壤因为 Na^+ 浓度较高而形成轻度盐渍化，施入有机物料后不同时期土壤中水溶性 Na^+ 的变化如图 6-86 所示，生物有机肥处理 6 周后与对照相比差异不显著，但是，该处理在其他生长阶段（2 周、4 周、8 周后）均显著降低土壤水溶性 Na^+ 含量，降幅分别为 12.9%、14.6%、11.9%（$P < 0.05$）；牛粪处理 2 周后与对照相比差异不显著，但是，该处理在其他生长阶段（4 周、6 周、8 周后）均显著降低土壤水溶性 Na^+ 含量，降幅分别为 15.4%、13.7%、13.1%（$P < 0.05$）；生物炭处理 2～8 周后均显著降低土壤水溶性 Na^+ 含量，降幅在 10.3%～23.4%（$P < 0.05$）。

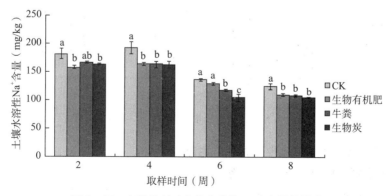

图 6-86　有机物料对土壤水溶性 Na^+ 含量的影响

3. 对土壤水溶性钙离子含量的影响

由图 6-87 可看出土壤水溶性 Ca^{2+} 含量的变化。随施用时间的延长，土壤水溶性 Ca^{2+} 含量整体呈下降趋势，生物有机肥处理和牛粪处理 8 周后与对照相比差异不显著。但是，生物有机肥处理和牛粪处理在其他生长阶段（2 周、4 周、6 周后）均显著降低土壤水溶性 Ca^{2+} 含量，降幅分别为 8.30%、25.7%、13.1%和 15.2%、10.6%、11.8%（$P<0.05$）；生物炭处理 2 周和 6 周后显著降低土壤水溶性 Ca^{2+} 含量，降幅分别为 15.2%和 11.9%（$P<0.05$），其他生长阶段对照和生物炭处理的土壤水溶性 Ca^{2+} 含量之间差异不显著。

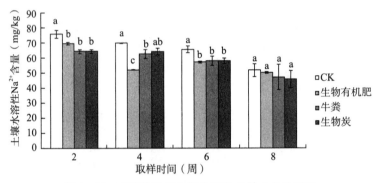

图 6-87　有机物料对土壤水溶性 Ca^{2+} 含量的影响

4. 对土壤水溶性镁离子含量的影响

由图 6-88 可见土壤水溶性 Mg^{2+} 含量的变化。随施用时间的延长，土壤水溶性 Mg^{2+} 含量整体呈下降趋势，生物炭处理 2 周后土壤水溶性 Mg^{2+} 含量显著低于对照，降幅为 19.5%（$P<0.05$），其他生长阶段对照和生物炭处理的土壤水溶性 Mg^{2+} 含量之间差异不显著；在整个生长阶段对照与生物有机肥处理、牛粪处理的土壤水溶性 Mg^{2+} 含量之间差异不显著。

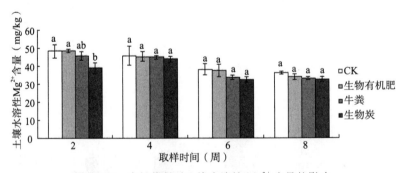

图 6-88　有机物料对土壤水溶性 Mg^{2+} 含量的影响

（三）有机物料对土壤水溶性阴离子的影响

1. 对土壤水溶性氯离子含量的影响

由图 6-89 可见土壤水溶性 Cl^- 含量的变化。随施用时间的延长，土壤水溶性 Cl^- 含量整体呈下降趋势，生物有机肥处理 8 周后与对照相比差异不显著，但是，生物有机肥处理在其他生长阶段（2周、4周、6周后）均显著降低土壤水溶性 Cl^- 含量，降幅分别为 22.7％、12.5％、14.3％（$P<0.05$）；在牛粪处理和生物炭处理 2～8 周后均显著降低土壤水溶性 Cl^- 含量，降幅在 17.2％～19.6％和 12.5％～22.7％（$P<0.05$）。

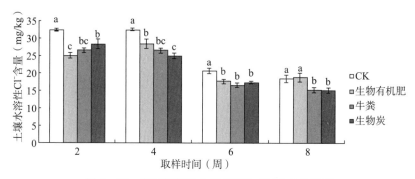

图 6-89　有机物料对土壤水溶性 Cl^- 含量的影响

2. 对土壤水溶性碳酸氢根离子含量的影响

由图 6-90 可见土壤水溶性 HCO_3^- 含量的变化。随施用时间的延长，土壤水溶性 HCO_3^- 含量整体呈先降低后增高再降低的趋势，但不同有机物料处理在整个生育期与对照间差异不显著。

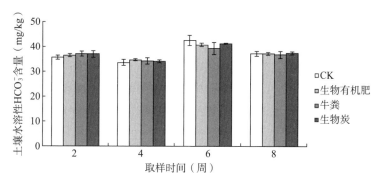

图 6-90　有机物料对土壤水溶性 HCO_3^- 含量的影响

3. 对土壤水溶性硫酸根离子含量的影响

由图 6-91 可见土壤水溶性 SO_4^{2-} 含量的变化。随施用时间的延长，土壤水溶性 SO_4^{2-} 含量整体呈先降低后增高的趋势，生物炭处理 2 周后显著降低土壤水溶性 SO_4^{2-} 含量，降幅为 21.1％（$P<0.05$），其他生长阶段对照和生物炭处理的土壤水溶性 SO_4^{2-} 含量之间差异不显著；生物有机肥处理 8 周后显著降低土壤水溶性 SO_4^{2-} 含量，降幅为 19.5％（$P<0.05$），其他生长阶段对照和生物有机肥处理的土壤水溶性 SO_4^{2-} 含量之间差异不显著；在整个生长阶段对照与牛粪处理的土壤水溶性 SO_4^{2-} 含量之间差异不显著。

（四）有机物料对土壤有机质、氮磷钾含量的影响

1. 对土壤有机质的影响

由图 6-92 可见土壤有机质含量的变化。牛粪处理 8 周后与对照相比差异不显著，但牛粪处理在其他生长阶段（2周、4周、6周后）均显著增加了土壤有机质含量，增幅分

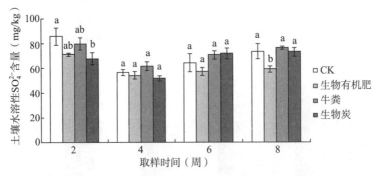

图 6-91 有机物料对土壤水溶性 SO_4^{2-} 含量的影响

别为 5.79%、11.8%、6.70%（$P<0.05$）；在整个生长阶段对照与生物有机肥处理和生物炭处理的土壤有机质含量之间差异不显著。

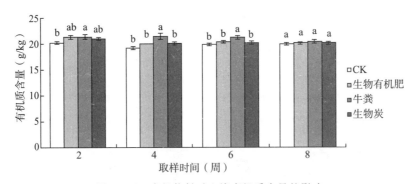

图 6-92 有机物料对土壤有机质含量的影响

2. 对土壤碱解氮的影响

由图 6-93 可见土壤碱解氮含量的变化。生物炭处理 6 周后，与对照相比显著降低土壤碱解氮的含量，降幅为 6.63%（$P<0.05$）。其他生长阶段对照和生物炭处理的土壤碱解氮含量之间差异不显著；在整个生长阶段对照与生物有机肥处理和牛粪处理的土壤碱解氮含量之间差异不显著。

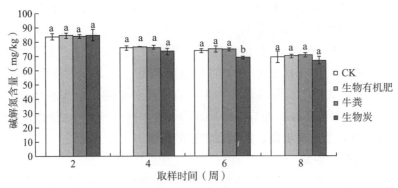

图 6-93 有机物料对土壤碱解氮含量的影响

3. 对土壤有效磷的影响

由图 6-94 可见土壤有效磷含量的变化。生物有机肥处理 4 周和 8 周后，土壤有效磷含量显著增加，增幅分别为 7.90% 和 17.0%（$P<0.05$），其他生长阶段对照和生物有机肥处理的土壤有效磷含量之间差异不显著。牛粪处理 2 周和 8 周后土壤有效磷含量显著增加，增幅分别为 9.72% 和 15.5%（$P<0.05$），其他生长阶段对照和牛粪处理的土壤有效磷含量之间差异不显著。生物炭处理 6 周后显著增加了土壤有效磷含量，增幅为 17.1%（$P<0.05$），其他生长阶段对照和生物炭处理的土壤有效磷含量之间差异不显著。

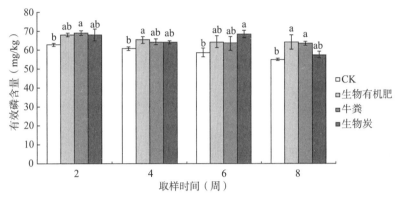

图 6-94 有机物料对土壤有效磷含量的影响

4. 对土壤速效钾的影响

由图 6-95 可见土壤速效钾含量的变化。生物有机肥处理 4 周后，土壤速效钾含量显著增加，增幅为 9.68%（$P<0.05$），其他生长阶段对照和生物有机肥处理的土壤速效钾含量之间差异不显著。牛粪处理、生物炭处理 6 周和 8 周后土壤速效钾含量显著增加，增幅分别为 10.8%、13.2% 和 6.50%、7.31%（$P<0.05$），其他生长阶段对照和牛粪处理、生物炭处理的土壤速效钾含量之间差异不显著。

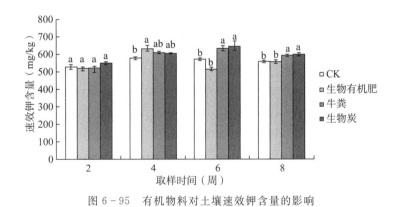

图 6-95 有机物料对土壤速效钾含量的影响

（五）有机物料对辣椒生长指标的影响

1. 对甜瓜株高的影响

图 6-96 可见施用不同有机物料在整个生育期对甜瓜植株株高的影响。随施用时间的

延长，甜瓜植株株高在前 4 周缓慢增长，从第 5 周开始甜瓜植株株高迅速增加。生物有机肥处理、生物炭处理 6 周和 7 周后，甜瓜植株株高显著增加，增幅分别为 12.4%、14.1% 和 12.4%、14.1%（$P<0.05$），其他生长阶段对照和生物有机肥处理、生物炭处理的甜瓜植株株高之间差异不显著；在整个生长阶段对照与牛粪处理的甜瓜植株株高之间差异不显著。

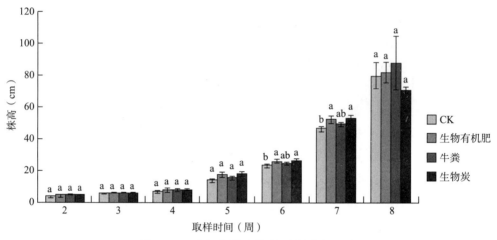

图 6-96　有机物料对甜瓜植株株高的影响

2. 对甜瓜茎粗的影响

由图 6-97 可见施用不同有机物料在整个生育期对甜瓜植株茎粗的影响。牛粪处理、生物炭处理 6 周后，甜瓜植株茎粗显著增加，增幅分别为 16.0% 和 11.3%（$P<0.05$），其他生长阶段对照和牛粪处理、生物炭处理的甜瓜植株茎粗之间差异不显著；在整个生长阶段对照与生物有机肥处理的甜瓜植株茎粗之间差异不显著。

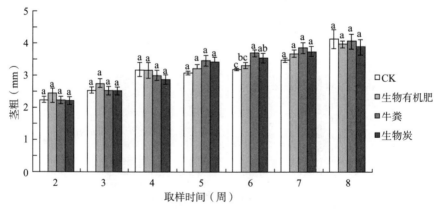

图 6-97　有机物料对甜瓜植株茎粗的影响

3. 对甜瓜叶片叶绿素含量的影响

由图 6-98 可见施用不同有机物料在整个生育期对甜瓜叶片叶绿素含量的影响。随施用时间的延长，甜瓜叶片叶绿素含量呈先增高后降低的趋势，生物有机肥处理和生物炭处理 3 周、5 周、6 周、7 周后，甜瓜叶片叶绿素含量显著增加，增幅分别为 19.6%、13.3%、8.92%、11.5% 和 15.6%、12.9%、10.2%、11.2%（$P < 0.05$），其他生长阶段对照和生物有机肥处理、生物炭处理的甜瓜叶片叶绿素含量之间差异不显著；牛粪处理 2 周和 8 周后与对照相比差异不显著，但是，牛粪处理在 3～7 周后均显著增加了甜瓜叶片叶绿素含量，增幅为 8.98%～16.6%（$P < 0.05$）。

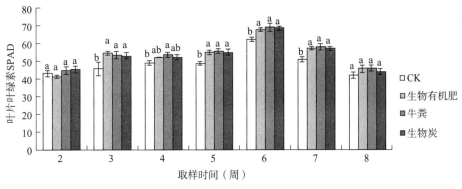

图 6-98　有机物料对甜瓜叶片叶绿素的影响

4. 对甜瓜植株生物量的影响

由图 6-99 可看出施用不同有机物料在整个生育期对甜瓜植株生物量的影响。牛粪和生物炭处理 2 周后，甜瓜植株生物量显著增加，增幅分别为 67.9% 和 54.3%（$P < 0.05$），其他生长阶段对照和牛粪、生物炭处理的甜瓜植株生物量之间差异不显著；在整个生长阶段，对照与生物有机肥处理的甜瓜植株生物量之间差异不显著。图 6-100 表明在整个生育期施用不同有机物料对甜瓜植株地上部鲜重的影响。牛粪和生物炭处理 2 周后，甜瓜植株地上部鲜重显著增加，增幅分别为 69.2% 和 55.1%（$P < 0.05$），其他生长阶段对照和牛粪、生物炭处理的甜瓜植株地上部鲜重之间差异不显著；在整个生长阶段对照与生物有机肥处理的甜瓜植株生物量之间差异不显著。图 6-101 表明在整个生育期施用不同有机物料对甜瓜植株根系鲜重的影响。在整个生长阶段，对照与不同有机物料处理的甜瓜植株根系鲜重之间差异不显著。

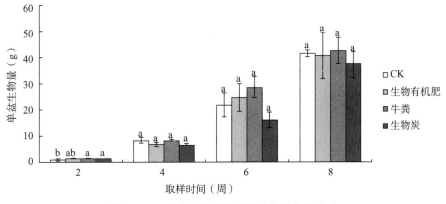

图 6-99　有机物料对甜瓜植株生物量的影响

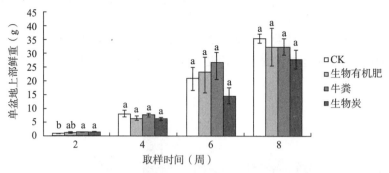

图 6-100　有机物料对甜瓜植株地上部鲜重的影响

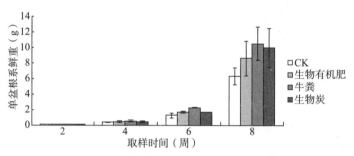

图 6-101　有机物料对甜瓜根系鲜重的影响

5. 对甜瓜的根冠比的影响

由图 6-102 可看出施用不同有机物料在整个生育期对甜瓜植株根冠比的影响。随施用时间的延长，甜瓜植株根冠比呈先降低后增高的趋势，但在整个试验期各处理间差异不显著。在整个生长阶段对照与不同有机物料处理的甜瓜植株根冠比之间差异不显著。图 6-103 表明在整个生育期，施用不同有机物料对甜瓜根长的影响，生物有机肥处理、牛粪处理和生物炭处理 4 周后甜瓜根长显著增加，增幅分别为 17.0%、11.8% 和 14.1%（$P<0.05$），其他生长阶段对照和不同有机物料处理的甜瓜根长之间差异不显著。

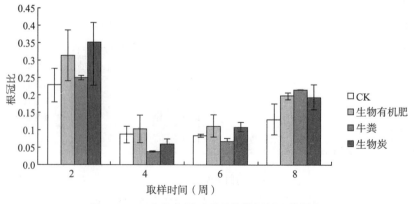

图 6-102　有机物料对甜瓜植株根冠比的影响

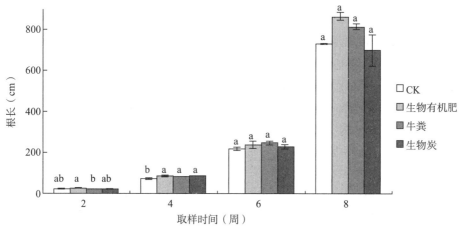

图 6-103　有机物料对甜瓜根长的影响

三、主要研究进展

1. 探明了轻度盐渍化土壤有机改良的关键技术措施

设施菜田阴离子型轻度盐渍化土壤有机改良以腐熟牛粪为宜，适宜用量 6.00t/hm²；设施菜田阳离子型轻度盐渍化土壤有机改良以杏壳生物炭为宜，适宜用量 1.50t/hm²。并且，单施 6.00t/hm² 牛粪或牛粪配施 75L/hm² 菌剂均能显著降低土壤 EC 值和水溶性盐总量。

2. 明确了轻度盐渍化菜田应用有机物料的改良效果

施用 6.00t/hm² 的牛粪或生物有机肥、1.50t/hm² 的生物炭均能显著降低土壤 EC 值，此外三种有机物料均可增加甜瓜株高、茎粗和叶片叶绿素含量，且在伸蔓期显著促进根系生长。此外，牛粪和生物炭处理在苗期能显著提高甜瓜植株的生物量。从降低土壤盐渍化和促生效果来看，效果较好且稳定的有机物料为生物炭，其次为牛粪。

第六节　设施蔬菜连作土壤盐渍化的微生物改良

长期以来，华北设施菜田普遍存在高肥投入、大水漫灌等现象，导致磷、钾元素在土壤中大量累积、次生盐渍化问题突现，致使蔬菜品质下降。同时，土壤中丰富的磷、钾养分多以磷灰石和铝硅酸盐等矿物形态存在，难以被作物直接吸收利用。在前期研究中，从土壤中分离筛选出巨大芽孢杆菌、胶质芽孢杆菌等具有溶磷解钾功能的微生物菌株。它们自身分泌低分子有机酸、荚膜多糖等可以破坏土壤矿物晶格结构，可活化土壤养分促进作物吸收利用。本研究以设施番茄、甜瓜、西瓜菜田盐渍化改良为研究对象，针对其适用微生物菌剂的研发，以巨大芽孢杆菌和胶质芽孢杆菌为试材，研究了不同盐分浓度胁迫对其菌株活性的影响，明确其最大抗耐盐分浓度，通过提纯复壮优选抗耐高盐菌株，并探明它们在不同盐分浓度下的溶磷解钾能力；此外研究了不同溶氧发酵条件下的厌氧能力及其溶磷解钾能力；还研究明确设施蔬菜施用其微生物菌剂在轻度盐渍化上的作用效果，为设施菜田盐渍化改良提供科技支撑。

一、不同盐浓度胁迫对功能菌生长发育的影响

(一)不同盐分浓度对溶磷、解钾功能菌活性的影响

1. 盐分胁迫对胶质芽孢杆菌活性的影响

由表 6-35 可知,采用牛肉膏-蛋白胨培养基(含有 0.5% NaCl),在不同盐分浓度(NaCl)条件下,30℃培养 48h。随着培养基 NaCl 浓度的增大,胶质芽孢杆菌的有效活菌数呈显著下降趋势。在添加 0% NaCl 时(CK),胶质芽孢杆菌的有效活菌数最大,达 1.59×10^8 CFU/mL;在添加 10% NaCl 时,胶质芽孢杆菌的有效活菌数最小,达 0.49×10^8 CFU/mL;而当添加 12% NaCl 时,受到盐分的抑制作用功能菌不再生长。由此可看出,当功能菌生长所需的盐分浓度超过其适宜盐分浓度后,添加的盐分会对功能菌生长产生抑制作用,使其活性随盐分浓度增加逐渐减弱,直至不再生长。胶质芽孢杆菌最适宜生长的盐分浓度为 0.5% NaCl,其最大耐受盐浓度为 10.5% NaCl。

表 6-35 不同盐分浓度对胶质芽孢杆菌活性的影响

添加 NaCl 浓度(%)	菌落(个)	有效活菌数($\times 10^8$ CFU/mL)
0.0	159	1.59a
2.5	124	1.24b
5.0	104	1.04c
7.0	89	0.89d
10.0	49	0.49e
12.0	0	0.00f

2. 盐分胁迫对巨大芽孢杆菌活性的影响

由表 6-36 可知,采用牛肉膏-蛋白胨培养基(含有 0.5% NaCl),在不同盐分浓度(NaCl)条件下 30℃培养 48h。随着培养基 NaCl 浓度的变化,巨大芽孢杆菌的有效活菌数呈现出与胶质芽孢杆菌不同的趋势。在添加 2.5% NaCl 时,巨大芽孢杆菌的有效活菌数最大,达 7.3×10^8 CFU/mL,与无外源 NaCl 添加相比,差异不显著($P > 0.05$),但明显高于其他盐分处理;在添加 5.0% NaCl 时,巨大芽孢杆菌的有效活菌数与对照相比差异并不显著,这说明巨大芽孢杆菌在外源添加 5.0% NaCl 时并没有抑制其生长,相反,在添加 2.5% NaCl 的培养基上生长最好;在添加 10% NaCl 时,巨大芽孢杆菌的有效活菌数最小,达 4.3×10^8 CFU/mL;而当添加 12% NaCl 时,受到盐分的抑制作用功能菌不再生长。由此可看出,巨大芽孢杆菌的最适宜生长的盐分浓度为 3.0% NaCl,其最大耐受盐浓度为 10.5% NaCl。

表 6-36 不同盐分浓度对巨大芽孢杆菌活性的影响

添加 NaCl 浓度(%)	菌落(个)	有效活菌数($\times 10^8$ CFU/mL)
0.0	70	7.0ab
2.5	73	7.3a
5.0	67	6.7b

（续）

添加 NaCl 浓度（%）	菌落（个）	有效活菌数（×10^8 CFU/mL）
7.0	56	5.6c
10.0	43	4.3d
12.0	0	0.0e

3. 盐分胁迫对混合菌活性的影响

由表 6-37 可知，巨大芽孢杆菌和胶质芽孢杆菌在相同环境中共生，二者对盐分胁迫的耐受程度。采用牛肉膏-蛋白胨培养基（0.5% NaCl），在不同盐分浓度（NaCl）条件下，30℃培养 48h。随着培养基 NaCl 浓度的增大，混合菌有效活菌数呈显著下降趋势。在添加 0%NaCl 时，混合菌的有效活菌数最大，达 7.7×10^8CFU/mL；在添加 10% NaCl 时，混合菌的有效活菌数最小，达 0.4×10^8CFU/mL；而当添加 12% NaCl 时，受到盐分的抑制作用混合菌不再生长。因此，当胶质芽孢杆菌和巨大芽孢杆菌按 1:1 的比例加入相同的含有不同浓度 NaCl 的培养基中培养，其有效活菌数明显高于胶质芽孢杆菌单独培养，且在添加≤5.0% NaCl 的培养基巨大芽孢杆菌单独培养或与胶质芽孢杆菌共同培养的情况下，有效活菌数差异不大。这说明当培养基的盐分浓度≤5.0% NaCl 时，胶质芽孢杆菌和巨大芽孢杆菌可以在相同的培养基上共同培养。混合菌最适宜生长的盐分浓度为 0.5%～3.0% NaCl，其最大耐受盐浓度为 10.5% NaCl。

表 6-37　不同盐分浓度对混合菌活性的影响

添加 NaCl 浓度（%）	菌落（个）	有效活菌数（×10^8CFU/mL）
0.0	77	7.7a
2.5	69	6.9b
5.0	52	5.2c
7.0	17	1.7d
10.0	4	0.4e
12.0	0	0.0e

（二）经受盐分胁迫的溶磷解钾功能菌在正常培养基上的活性状况

1. 胶质芽孢杆菌在正常培养基上的生长情况观察

分别将添加 NaCl 浓度为 0%、5%、7%、10%的固体培养基上保存的胶质芽孢杆菌菌株接种到 NaCl 浓度为 0.5%的正常培养基上有效活菌数的生长情况如表 6-38 所示，在未经盐胁迫条件下，胶质芽孢杆菌的有效活菌数达 2.05×10^8CFU/mL，经过 NaCl 浓度为 5%、7%、10%胁迫的菌株在正常培养基上胶质芽孢杆菌的有效活菌数分别为 1.95×10^8CFU/mL、1.90×10^8CFU/mL 和 1.80×10^8CFU/mL，差异不显著（$P>0.05$）。这说明经过盐分胁迫的菌株能够耐受盐分、适应环境而存活下来，经复壮后仍然保持相当高的活性。

表 6-38 不同盐分浓度下胶质芽孢杆菌菌株在正常培养基上的有效活菌数

添加 NaCl 浓度（%）	菌落（个）	有效活菌数（$\times 10^8$ CFU/mL）
0.0	41	2.05a
5.0	39	1.95ab
7.0	38	1.90ab
10.0	36	1.80b

2. 巨大芽孢杆菌在正常培养基上的生长情况观察

分别将添加 NaCl 浓度为 0%、5%、7%、10% 的固体培养基上保存的巨大芽孢杆菌菌株接种到 NaCl 浓度为 0.5% 的正常培养基上培养，有效活菌数的生长情况如表 6-39 所示，在未经盐胁迫条件下，巨大芽孢杆菌的有效活菌数达 1.15×10^8 CFU/mL，经过 NaCl 浓度为 5%、7%、10% 胁迫的菌株在正常培养基上巨大芽孢杆菌的有效活菌数分别为 1.05×10^8 CFU/mL、0.90×10^8 CFU/mL 和 1.00×10^8 CFU/mL，差异不显著（$P >$ 0.05）。这说明经过盐分胁迫的菌株能够耐受盐分且适应环境而存活下来，经复壮后仍然保持相当高的活性。

表 6-39 不同盐分浓度下菌株在正常培养基上巨大芽孢杆菌的有效活菌数

添加 NaCl 浓度（%）	菌落（个）	有效活菌数（$\times 10^8$ CFU/mL）
0.0	23	1.15a
5.0	21	1.05a
7.0	18	0.90a
10.0	20	1.00a

二、不同盐浓度对功能菌溶磷解钾能力的影响

（一）不同盐分浓度对胶质芽孢杆菌解钾能力的影响

在功能菌生长所需营养成分的培养基中，添加菌体适宜的盐分含量能够起到维持菌体细胞渗透压平衡的作用。当盐分含量过高时，会使菌体受到盐分胁迫作用的影响，导致功能菌活性降低，自身代谢产物减少，分解矿物的能力也会随之降低，甚至使功能菌不再生长。

由图 6-104 可知，在相同成分的液体培养基中，分别添加不同浓度的盐分培养胶质芽孢杆菌，研究该菌株在受到不同盐分胁迫条件下表现的解钾、解硅能力。对照组（不添加胶质芽孢杆菌）添加 0%、2.5%、5%、7%、10%、12% NaCl，各盐分处理间速效钾含量差异不显著（$P > 0.05$），速效钾含量范围变化为 30.99～31.73mg/L；添加胶质芽孢杆菌的处理组，添加 0%、2.5%、5%、7%、10%、12% NaCl 的不同处理之间胶质芽孢杆菌解钾作用，随着添加 NaCl 浓度的增大而呈现逐渐下降的趋势，说明 NaCl 含量的增加对胶质芽孢杆菌产生抑制作用，溶解出的速效钾含量在 44.75～76.33mg/L。当添加 0% NaCl 时，胶质芽孢杆菌解钾作用最强，处理组和对照组中速效钾含量分别为 76.33mg/L 和 31.21mg/L，处理组比对照组增加了 45.12mg/L，解钾能力为 144.57%；当 NaCl 浓度为 12% 时，胶质芽孢杆菌解钾作用最弱，处理组和对照组中速效钾含量分别

为 44.75mg/L 和 31.17mg/L，处理组比对照组增加了 13.58mg/L，仍能表现出一定的解钾能力，解钾能力为 43.56%。

由此可看出，胶质芽孢杆菌受到盐分胁迫作用的影响，导致活性降低，代谢产物减少，分解矿物的能力减弱，解钾能力降低。

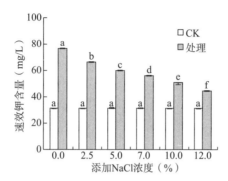

图 6-104　不同盐浓度对胶质芽孢杆菌解钾能力的影响

（二）不同盐分浓度对巨大芽孢杆菌溶磷能力的影响

在相同成分的液体培养基中，分别添加不同浓度的盐分培养巨大芽孢杆菌，研究该菌株在受到不同盐分胁迫条件下表现出来的溶磷能力（图 6-105）。在添加 NaCl 浓度为 0%、2.5%、5%、7%、10%、12%，对照组中有效磷含量差异不显著（$P > 0.05$），有效磷含量范围变化为 32.86～33.69mg/L；而添加 NaCl 浓度为 0%、2.5%、5%、7%、10%、12%，不同处理对巨大芽孢杆菌溶磷能力无显著影响，说明 NaCl 含量的增加对巨大芽孢杆菌产生一定的胁迫作用，但抑制效果不显著，有效磷含量范围变化为 34.81～39.53mg/L。由此可看出，巨大芽孢杆菌受到盐分胁迫作用的影响不大，不同盐分浓度处理下有效磷的含量变化不大。

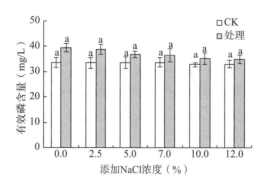

图 6-105　不同盐浓度对巨大芽孢杆菌溶磷能力的影响

（三）不同盐分浓度对混合菌溶磷解钾能力的影响

在相同成分的液体培养基中，分别添加不同浓度的盐分，培养胶质芽孢杆菌和巨大芽孢杆菌的混合菌，研究混合菌在受不同盐分胁迫条件下表现出来的溶磷解钾能力（图 6-106）。不加菌的对照，在添加 0%、2.5%、5%、7%、10%、12% NaCl 对速效钾含量没有显著影响，差异不显著（$P > 0.05$），速效钾含量范围变化为 77.37～

78.94mg/L；对于添加胶质芽孢杆菌和巨大芽孢杆菌的处理而言，0%、2.5%、5%、7%、10%、12% NaCl 的胁迫下，不同盐分浓度处理之间混合菌解钾作用，随着添加 NaCl 浓度的增大而呈现逐渐下降的趋势，差异显著（$P < 0.05$），说明 NaCl 含量增加对混合菌产生抑制作用。当添加 0% NaCl 时，混合菌解钾作用最强，处理组和对照组中速效钾含量分别为 139.51mg/L 和 78.4mg/L，处理组比对照组增加了 61.11mg/L，解钾能力为 77.94%；当添加 NaCl 浓度为 12% 时，混合菌解钾作用最弱，处理组和对照组中速效钾含量分别为 118.11mg/L 和 77.37mg/L，处理组比对照组增加了 40.74mg/L，仍能表现出一定的解钾能力，解钾能力为 52.65%。

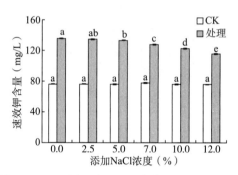

图 6-106　不同盐浓度对混合菌解钾能力的影响

由图 6-107 可看出，在添加 NaCl 浓度为 0%、2.5%、5%、7%、10%、12%，对照组中有效磷含量差异不显著（$P > 0.05$），有效磷含量范围变化为 194.34～200.55mg/L；而添加 NaCl 浓度为 0%、2.5%、5%、7%、10%、12%，不同处理之间混合菌溶磷作用，随着添加 NaCl 浓度的增大而呈现逐渐下降的趋势，说明 NaCl 含量的增加对混合菌产生一定的胁迫作用，但抑制效果不明显。当添加 NaCl 浓度为 0% 时，混合菌溶磷作用最强，处理组和对照组中有效磷含量分别为 295.33mg/L 和 200.55mg/L，处理组比对照组增加了 94.78mg/L，溶磷能力为 47.26%；当添加 5%、7%、10%、12% NaCl 时，四者之间溶磷水平差异不显著，有效磷含量范围 210.06～295.33mg/L。当添加 NaCl 浓度为 12% 时，混合菌溶磷作用最弱，处理组和对照组中有效磷含量分别为 210.06mg/L 和 196.88mg/L，处理组比对照组仅增加了 13.18mg/L，溶磷能力为 6.69%。

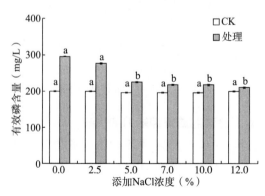

图 6-107　不同盐浓度对混合菌溶磷能力的影响

三、不同溶氧发酵条件对功能菌的厌氧性培育

（一）不同溶氧发酵条件下胶质芽孢杆菌的厌氧性

装液量是微生物培养过程中影响溶解氧高低的一个重要因素。随装液量的增加，溶解氧减少，环境对厌氧菌和耐氧菌生长比较有利，反之亦然。在 250mL 三角瓶中添加不同体积的培养基，依培养基体积按比例（5%）接种供试菌剂，研究不同溶解氧水平对供试菌分解矿物能力的影响。在不同装液量下，胶质芽孢杆菌均表现出一定的解钾能力。

由图 6-108 可看出，没有添加菌的对照，不同装液量之间速效钾含量没有差异，且远低于添加胶质芽孢杆菌的溶钾量。胶质芽孢杆菌在不同装液量下表现出的解钾能力差异显著（$P<0.05$），在装液量为 20mL、40mL 时，解钾能力较强，加菌处理组比不加菌对照组中速效钾含量分别增长 106.10%、95.9%，随着装液量的逐渐增大，胶质芽孢杆菌的解钾能力降低。当装液量为 100mL 时，解钾能力最低，处理组和对照组中速效钾含量分别为 48.89mg/L 和 28.78mg/L，处理组中速效钾含量比对照组增加了 69.90%。说明胶质芽孢杆菌属于好氧菌或兼性厌氧菌，对氧的需求量较大，相对缺氧的环境会抑制其解钾能力。

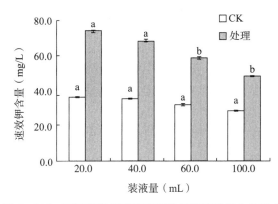

图 6-108　不同溶解氧对胶质芽孢杆菌解钾能力的影响

（二）不同溶氧发酵条件下巨大芽孢杆菌的厌氧性

由图 6-109 可看出，在不同装液量下，巨大芽孢杆菌均表现出一定的溶磷能力，说明该菌不属于专性厌氧或专性好氧微生物。巨大芽孢杆菌在不同装液量下表现出的溶磷能力差异显著（$P<0.05$）。在装液量为 20mL 时，溶磷能力最强，加菌处理组和不加菌对照组中有效磷含量分别为 593.11mg/L 和 384.24mg/L，处理组中有效磷含量比对照组增加了 54.36%。随着装液量的逐渐增大，巨大芽孢杆菌的溶磷能力降低。当装液量为 100mL 时，溶磷能力最低。处理组和对照组中有效磷含量分别为 445.08mg/L 和 375.37mg/L，处理组中有效磷含量比对照组增加了 18.57%。说明巨大芽孢杆菌属于好氧菌或兼性厌氧菌，对氧的需求量较大，相对缺氧的环境会抑制其溶磷能力。

（三）不同溶氧发酵条件下混合菌的厌氧性

由图 6-110 可看出，在不同装液量下，混合菌均表现出一定的解钾、解硅能力，说明该菌不是专性厌氧或专性好氧微生物。混合菌在不同装液量下表现出的解钾能力差异显

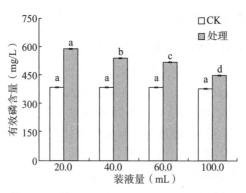

图 6-109　不同溶解氧对巨大芽孢杆菌溶磷能力的影响

著（$P<0.05$）。在装液量为 20mL 时，解钾能力最强，处理组和对照组中速效钾含量分别为 417.01mg/L 和 241.02mg/L，处理组中速效钾含量比对照组增加了 73.02%。随着装液量的逐渐增大，混合菌的解钾能力降低。当装液量为 100mL 时，解钾能力最低，处理组和对照组中速效钾含量分别为 295.60mg/L 和 231.40mg/L，处理组中速效钾含量比对照组增加了 27.74%。说明胶质芽孢杆菌和巨大芽孢杆菌属于好氧菌或兼性厌氧菌，对氧的需求量较大，比较适合溶氧条件较好的环境，相对缺氧的环境会抑制其解钾能力。

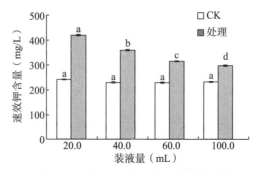

图 6-110　不同溶解氧对混合菌解钾能力的影响

　　由图 6-111 可看出，在不同的装液量下，混合菌均表现出一定的溶磷能力，说明该菌不是专性厌氧或专性好氧微生物。混合菌在不同装液量下表现出的溶磷能力差异显著（$P<0.05$），在装液量为 20mL 时，溶磷能力最强，处理组和对照组中有效磷含量分别为 394.27mg/L 和 267.31mg/L，处理组中有效磷含量比对照组增加了 47.50%；随着装液量的逐渐增大，混合菌的溶磷能力降低，当装液量为 100mL 时，溶磷能力最低，处理组和对照组中有效磷含量分别为 321.51mg/L 和 289.77mg/L，处理组中有效磷含量比对照组增加了 10.95%。说明胶质芽孢杆菌和巨大芽孢杆菌属于好氧菌或兼性厌氧菌，对氧的需求量较大，比较适合溶氧条件较好的环境，相对缺氧的环境会抑制其溶磷能力。

四、设施菜田盐渍化土壤应用菌剂的改良效果

　　由图 6-112 可看出，前期胶质芽孢杆菌和巨大芽孢杆菌的菌株拮抗试验显示，两菌

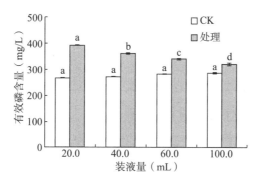

图 6 - 111　不同溶解氧对混合菌溶磷能力的影响

种之间不存在拮抗作用，这为研发混合菌剂奠定了基础。此外，前期研究还发现单菌种培养下，胶质芽孢杆菌最大解钾量约为 80mg/L，巨大芽孢杆菌最大溶磷量约为 40mg/L，当两种功能菌混合培养时，最大解钾量和最大溶磷量分别约为 140mg/L 和 300mg/L。这说明胶质芽孢杆菌和巨大芽孢杆菌可以制成混合菌剂产品在农业生产中应用和示范推广。因此，该部分针对含有胶质芽孢杆菌和巨大芽孢杆菌的微生物菌剂产品，对其在不同设施蔬菜上的应用效果开展了研究。选择的设施番茄、西瓜和甜瓜试验田，均为多年大水大肥连作、出现盐渍化的田块，能较好地评价经耐盐和耐盐驯化微生物菌株的施用效果。

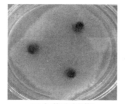

巨大芽孢杆菌　　　　　　胶质芽孢杆菌

图 6 - 112　巨大芽孢杆菌和胶质芽孢杆菌的拮抗试验结果

（一）施用微生物菌剂对设施菜田蔬菜品质及产量的影响

1. 施用微生物菌剂对番茄品质及产量的影响

施用微生物菌剂处理的番茄叶片大而肥厚，叶色浓绿，茎秆增粗，植株健壮；果实整齐、果面光滑，色泽鲜艳，口感好，畸形果少，商品性状好。从番茄果实品质指标来看（表 6 - 40），除蛋白质以外，处理组维生素 C 含量、可滴定酸含量、可溶性固形物和可溶性糖含量较对照分别提高了 73.53%、100.00%、12.27% 和 2.66%，差异显著（$P <$ 0.05）；对照组单果重 0.15kg，处理组的单果重 0.20kg，比对照组增加了 33.33%，每亩增产 104.81%，差异显著（$P <$ 0.05）（表 6 - 41）。

表 6 - 40　施用微生物菌剂对番茄品质的影响

处理	维生素 C 含量（mg/kg）	蛋白质含量（mg/g）	可滴定酸含量（%）	可溶性固形物（%）	可溶性糖含量（%）
CK	0.34b	0.18a	15.75b	3.75b	1.50b
T	0.59a	0.04b	31.50a	4.21a	1.54a

表 6 - 41　施用微生物菌剂对番茄单果重和产量的影响

处理	单果重（kg）	亩产量（kg）	增产（%）
CK	0.15b	5 111b	—
T	0.20a	10 468a	104.81

2. 施用微生物菌剂对甜瓜品质及产量的影响

施用微生物菌剂处理的甜瓜苗所有叶片的叶色浓绿，生长正常，而未施微生物菌剂的对照棚室甜瓜老叶出现叶脉间失绿黄化的现象，且施用微生物菌剂的棚室甜瓜花期提前1周左右。同时施用微生物菌剂处理的甜瓜甘甜、酥脆，对照组的甜瓜甜度稍差且硬度较大。从甜瓜果实品质指标来看（表 6 - 42），除维生素 C 和可滴定酸含量外，微生物菌剂处理的甜瓜果实的蛋白质含量、可溶性固形物和可溶性糖含量比对照分别提高 7.41%、2.97%、35.99%，差异显著（$P<0.05$）；施用微生物菌剂处理的甜瓜平均单果重为 2.82kg，对照的甜瓜平均单果重 2.53kg，比对照组增加了 11.46%，每亩增产 24.20%，差异显著（$P<0.05$）（表 6 - 43）。

表 6 - 42　施用微生物菌剂对甜瓜品质的影响

处理	维生素 C 含量（mg/kg）	蛋白质含量（mg/g）	可滴定酸含量（%）	可溶性固形物含量（%）	可溶性糖含量（%）
CK	0.59±0.09a	0.27±0.07b	13.50±0.16a	11.80±0.46b	6.28±0.46b
T	0.25±0.03b	0.29±0.06a	11.25±0.13a	12.15±0.11a	8.54±0.56a

表 6 - 43　施用微生物菌剂对甜瓜单果重和产量的影响

处理	单果重（kg）	亩产量（kg）	增产（%）
CK	2.53b	3 673b	—
T	2.82a	4 562a	24.20

3. 施用微生物菌剂对西瓜品质及产量的影响

施用微生物菌剂后，可促进西瓜缓苗和壮苗，瓜秧长势好，抗病性增强，使开花结瓜提前 7～10d。以往冷棚西瓜存在裂瓜现象，而施用微生物菌剂处理的西瓜没有发现裂瓜现象。从果实品质指标来看（表 6 - 44），除可滴定酸含量和可溶性固形物两指标变化不大外，施用微生物菌剂，可显著提高维生素 C、蛋白质和可溶性糖含量，尤其维生素 C 含量提高 1 倍，差异显著（$P<0.05$）；对照棚西瓜单果重 4.02kg、每亩产量为 3 360kg，施用微生物菌剂 1 次、2 次的西瓜单果重为 5.10kg 和 6.04kg，每亩产量分别为 4 333kg 和 4 833kg，增产分别为 28.96% 和 43.84%，差异显著（$P<0.05$）（表 6 - 45）。

表 6 - 44　施用微生物菌剂对西瓜果实品质的影响

处理	维生素 C 含量（mg/kg）	蛋白质含量（mg/g）	可滴定酸含量（%）	可溶性固形物（%）	可溶性糖含量（%）
CK	0.25c	0.34b	11.25a	10.2a	5.87c
T1	0.40a	0.36a	11.20a	10.0a	6.15b
T2	0.51b	0.37a	11.25a	9.95a	6.62a

表 6 - 45　施用微生物菌剂对西瓜抗病、裂瓜和产量的影响

处理	病株率（%）	裂瓜率（%）	单果重（kg）	亩产量（kg）	增产率（%）
CK	2.50a	2.25	4.02c	3360c	—
T1	0.85b	0	5.10b	4333b	28.96
T2	0.63b	0	6.04a	4833a	43.84

（二）施用微生物菌剂对设施菜田土壤 pH 的影响

施用微生物菌剂对不同设施蔬菜土壤 pH 的影响差异各不相同（图 6 - 113）。在种植番茄的菜地，对照组土壤 pH 为 8.05，施用微生物菌剂处理的土壤 pH 为 8.07，比对照组增加 0.25%，但差异不显著（$P>0.05$）。在种植甜瓜菜地，对照组土壤 pH 为 8.37，施用微生物菌剂的处理土壤 pH 为 8.39，比对照组增加 0.21%，差异不显著（$P>0.05$）。在种植西瓜菜地，对照组处理的土壤 pH 为 8.22，冲施一次微生物菌剂处理的土壤 pH 为 8.11，比对照组减少 1.32%；冲施两次微生物菌剂的处理土壤 pH 为 7.97，比对照组减少 1.75%，处理组与对照组均差异不显著（$P>0.05$）。综上所述，微生物菌剂施用后，经过一个生长季，并没有对设施菜田土壤 pH 造呈显著影响。

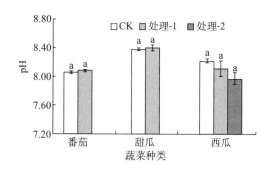

图 6 - 113　微生物菌剂对设施菜田土壤 pH 的影响

（三）施用微生物菌剂对设施菜田土壤 EC 值的影响

土壤电导率（EC 值）是测定土壤水溶性盐的指标，而土壤水溶性盐的高低是评价土壤盐渍化的重要依据。施用微生物菌剂对不同设施蔬菜土壤 EC 值的影响差异各不相同（图 6 - 114）。种植番茄土壤 EC 值为 440.00μS/cm，经冲施微生物菌剂肥料后，处理组的土壤 EC 值比对照组增加 11.14%，处理组 EC 值为 489.00μS/cm，差异显著（$P<0.05$）。种植甜瓜土壤 EC 值为 261.22μS/cm。经冲施微生物菌剂肥料后，处理组土壤 EC 值为 249.89μS/cm，比对照组减少 4.34%，差异不显著（$P>0.05$）。种植西瓜土壤 EC 值为 220.53μS/cm。第一次大棚外冲施微生物菌剂肥料后，处理组土壤 EC 值为 304.67μS/cm，比对照组增加 38.15%；第二次大棚外冲施微生物菌剂肥料后，处理组土壤 EC 值为 351.22μS/cm，比对照组增加 59.26%，处理组与对照组均差异不显著（$P>0.05$）。综上所述，除了种植番茄土壤 EC 值有所增加，微生物菌剂施用后经过一个生长季，并没有对甜瓜、西瓜菜田土壤 EC 值造呈显著影响。

（四）施用微生物菌剂对设施菜田土壤微生物数量的影响

在施用微生物菌剂后，种植番茄的土壤中细菌、真菌、放线菌的有效活菌数变化如

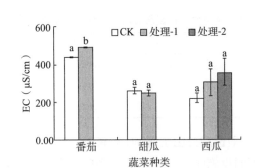

图 6-114　微生物菌剂对设施菜田土壤 EC 值的影响

图 6-115 所示。在施用微生物菌剂处理的土壤菌群的有效活菌数比对照组的土壤菌群有效活菌数有一定增长。处理组中功能菌有效活菌数为 $1.56×10^8$ CFU/g，比对照组增长了 24.46%，差异显著（$P<0.05$）；真菌有效活菌数为 $1.52×10^4$ CFU/g，比对照组增长了 82.47%，差异显著（$P<0.05$）；放线菌有效活菌数为 $4.19×10^6$ CFU/g，比对照组增长了 25.91%，差异显著（$P<0.05$）。说明微生物菌肥能够改变土壤的微域环境，对土壤中的真菌、放线菌有益，有助于土壤微生物的生长繁殖。

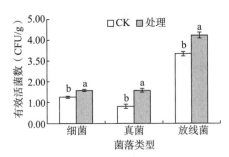

图 6-115　微生物菌剂对番茄菜田土壤微生物数量的影响

注：纵坐标有效活菌数单位，细菌×10^8 CFU/g，真菌×10^4 CFU/g，放线菌×10^6 CFU/g。

在施用微生物菌剂后，种植甜瓜的土壤中细菌、真菌、放线菌的有效活菌数变化（图 6-116），经过冲施微生物液体菌肥处理后的土壤菌群的有效活菌数均比对照组（不

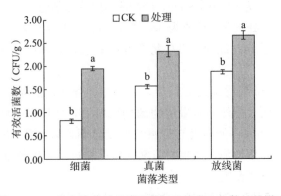

图 6-116　微生物菌剂对甜瓜菜田土壤微生物数量的影响

注：纵坐标有效活菌数单位，细菌×10^8 CFU/g，真菌×10^4 CFU/g，放线菌×10^5 CFU/g。

施用液体菌肥）的土壤菌群有效活菌数有一定增长。处理组中细菌有效活菌数为 $1.94 \times 10^8 CFU/g$，比对照组增长了 135.42%，差异显著（$P < 0.05$）；说明微生物菌剂施入甜瓜地后，菌剂里的细菌能够适应当下的土壤环境条件，仍能正常生长繁殖，并保持一定活性。真菌有效活菌数为 $2.30 \times 10^4 CFU/g$，比对照组增长了 48.78%，差异显著（$P < 0.05$）；放线菌有效活菌数为 $2.67 \times 10^5 CFU/g$，比对照组增长了 42.71%，差异显著（$P < 0.05$）。以上结果说明微生物菌肥能够改变土壤的微域环境，对土壤中的真菌、放线菌有益，促进土壤微生物生长繁殖。

在施用微生物菌剂后，种植西瓜的土壤中细菌、真菌、放线菌的有效活菌数变化如图 6-117 所示。经过第一次棚外冲施微生物液体菌肥和第二次棚外冲施微生物液体菌肥处理后的土壤菌群的有效活菌数均比对照（不施用液体菌肥）的土壤菌群有效活菌数有一定增长。处理组第一次棚外冲施液体菌肥后土壤中的细菌有效活菌数为 $1.13 \times 10^8 CFU/g$，真菌有效活菌数为 $1.37 \times 10^4 CFU/g$，放线菌有效活菌数为 $1.55 \times 10^6 CFU/g$，分别比对照组增长了 34.53%、45.46%、44.06%；第二次棚外冲施液体菌肥后土壤中的细菌有效活菌数为 $1.28 \times 10^8 CFU/g$，真菌有效活菌数为 $2.17 \times 10^4 CFU/g$，放线菌有效活菌数为 $1.87 \times 10^6 CFU/g$，分别比对照组增长了 52.57%、130.34%、74.28%。从图 6-117 可看出，处理 1 与处理 2 中细菌的有效活菌数差异不显著，而与对照相比均差异显著，说明微生物菌剂施入西瓜地后，菌剂里的细菌能够适应当下的土壤环境条件，仍能正常生长繁殖，并保持一定活性。处理 1 与处理 2 中真菌、放线菌的有效活菌数分别与对照相比均差异性显著（$P < 0.05$）。说明微生物菌肥能够改变土壤的微域环境，对土壤中的真菌、放线菌有益，促进土壤微生物生长繁殖。

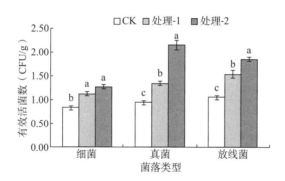

图 6-117　微生物菌剂对西瓜菜田土壤微生物数量的影响

注：纵坐标有效活菌数单位，细菌 $\times 10^8 CFU/g$，真菌 $\times 10^4 CFU/g$，放线菌 $\times 10^6 CFU/g$

（五）施用微生物菌剂对设施菜田土壤有效磷、速效钾的影响

番茄收获后，测定了土壤中有效磷、速效钾的含量，结果表明，菌剂处理与对照相比提高了有效磷和速效钾的含量（表 6-46），提高的幅度分别为 98.18% 和 93.75%。

表 6-46　番茄温室土壤中有效磷、速效钾含量的变化

处理	有效磷含量（mg/kg）	速效钾含量（mg/kg）
CK	$106.02 \pm 11.7b$	$320.11 \pm 0.05b$
T	$210.11 \pm 32.5a$	$620.22 \pm 0.04a$

甜瓜收获后，测定了土壤中有效磷及速效钾的含量，结果表明，菌剂处理与对照相比提高了有效磷、速效钾的含量（表6-47），提高的幅度分别为30.60%和7.69%。

表6-47 甜瓜温室土壤中有效磷、速效钾含量的变化

处理	有效磷含量（mg/kg）	速效钾含量（mg/kg）
CK	121.06±10.91b	260.21±0.02b
T	158.11±14.13a	280.22±0.07a

西瓜收获后，测定了微生物菌剂的不同施用次数对土壤有效磷、速效钾含量的影响。由表6-48可看出，施用微生物菌剂明显增加了土壤中有效磷、速效钾的含量，与对照相比增加幅度分别为131.97%和123.95%；并且随着施用次数的增加，西瓜收获后土壤有效磷、速效钾的呈逐渐增加的趋势，与施用微生物菌剂1次的处理相比，施用微生物菌剂2次土壤有效磷、速效钾含量的增加幅度分别为65.09%和71.96%。

表6-48 微生物菌剂的不同施用次数对土壤有效磷、速效钾含量的影响

处理	有效磷含量（mg/kg）	速效钾含量（mg/kg）
CK	105.34±9.52c	129.11±0.04c
T1	244.36±8.36b	289.14±0.03b
T2	403.42±9.72a	497.20±0.05a

总之，在设施番茄、甜瓜和西瓜上施用微生物菌剂，可以增加土壤中有效磷和速效钾的含量，说明以胶质芽孢杆菌和巨大芽孢杆菌为有效菌的微生物菌剂在设施蔬菜生产过程中促进了土壤固定态磷钾的释放，从生产实践中验证了其溶磷、解钾能力。

五、主要研究进展

1. 明确了胶质芽孢杆菌、巨大芽孢杆菌的抗耐盐分特性

它们最适生长的盐分（NaCl）浓度分别为0.5%、3.0%，最大耐受盐浓度均为NaCl10.5%；当培养基的NaCl盐分浓度≤5.0%时，胶质芽孢杆菌和巨大芽孢杆菌可以在相同的培养基上共同培养，混合菌最适生长的NaCl盐分浓度为0.5%～3.0%，其最大耐受NaCl盐浓度为10.5%。经受5%、7%、10%浓度胁迫的胶质芽孢杆菌、巨大芽孢杆菌菌株，在正常培养基上复壮活化后，依然保持较高的活菌数。

2. 探明了不同盐分浓度胁迫对功能菌溶磷解钾能力的影响

胶质芽孢杆菌受到盐胁迫作用的影响，解钾能力随着添加盐分浓度的增高而呈现降低趋势，当生长介质中NaCl浓度为0.5%时，解钾能力最强，比对照显著提高144.57%；当添加NaCl浓度为12%时，解钾能力最弱，比对照显著提高43.56%。巨大芽孢杆菌受到盐胁迫时，不同盐分浓度对其溶磷能力的影响不大。混合菌受到盐胁迫作用的影响，解钾和溶磷能力随着添加盐分浓度的增高而呈现降低趋势，当生长介质中NaCl浓度为0.5%时，溶磷、解钾能力最强，分别比对照显著提高47.26%和77.94%；当添加NaCl浓度为12%时，溶磷、解钾能力最弱，分别比对照显著提高6.69%和52.65%。

3. 揭示了不同溶氧发酵条件下溶磷解钾功能菌的厌氧性

胶质芽孢杆菌在装液量为20mL时，解钾能力最强，为106.10%；在装液量为

100mL 时，解钾能力最弱，为 69.90%；巨大芽孢杆菌在装液量为 20mL 时，溶磷能力最强，为 54.36%；在装液量为 100mL 时，溶磷能力最弱，为 18.57%；混合菌在装液量为 20mL 时，溶磷、解钾能力最强，分别为 47.50% 和 73.02%；在装液量为 100mL 时，溶磷、解钾能力最弱，分别为 10.95% 和 27.74%。

4. 明确了设施蔬菜施用溶磷解钾菌剂的应用效果

田间试验表明，施用溶磷解钾菌剂，在改善设施番茄、甜瓜和西瓜果品品质及增产方面效果显著；种植番茄、甜瓜、西瓜的菜田土壤细菌、真菌、放线菌有效活菌数均显著增多，促进其设施菜田土壤磷、钾的释放；但对不同菜田土壤 pH、EC 值的影响不同，种植番茄、甜瓜、西瓜的菜田土壤 pH 差异均不显著，种植番茄的菜田土壤 EC 值显著增高，种植甜瓜、西瓜的菜田土壤 EC 值差异均不显著。

第七节　辣椒连作障碍的木醋液-生物炭-益生菌复合改良

已有研究表明，木醋液和生物炭作为活性炭制造的副产品，将其和有益菌复配后应用于具有连作障碍的农田，有利于推进农林业生物质废弃物的资源化利用。本研究以辣椒连作土壤为研究对象，针对木醋液和生物炭的开发利用，以活性炭的副产品木醋液、生物炭以及前期筛选的有益菌枯草芽孢杆菌 BX1 和草酸青霉菌 HB1 为试材，设 6 个处理、3 次重复，分别为：单施生物炭的 BC 处理，生物炭＋枯草芽孢杆菌 BX1 的 BC＋BX1 处理，生物炭＋木醋液＋枯草芽孢杆菌 BX1 的 BC＋WV＋BX1 处理，生物炭＋草酸青霉菌 HB1 的 BC＋HB1 处理，生物炭＋木醋液＋草酸青霉菌 HB1 的 BC＋WV＋HB1 处理，空白对照 CK 处理。通过盆栽辣椒试验，研究了单施生物炭、生物炭负载益生菌、生物炭与木醋液混合后负载益生菌对辣椒生长及连作土壤化学和微生物学特性的影响，为辣椒连作土壤障碍改良提供科技支撑。

一、木醋液-生物炭-益生菌复合施用对辣椒生长发育的影响

（一）对辣椒株高的影响

由图 6-118 可见，生物炭-木醋液-枯草芽孢杆菌复合施用可显著增加辣椒株高。其中，在幼苗期，单施生物炭处理、生物炭＋枯草芽孢杆菌 BX1 处理使辣椒株高显著增高 34.93% 和 26.71%；开花期，单施生物炭、生物炭＋枯草芽孢杆菌 BX1、生物炭＋木醋液＋枯草芽孢杆菌 BX1 三个处理辣椒株高显著增加，分别比对照增高 39.24%、42.20% 和 28.68%；到结果期，各处理辣椒株之间差异不显著。说明不同处理可影响辣椒生长发育的快慢。

由图 6-119 可见，生物炭-木醋液-草酸青霉菌复合施用可显著增加辣椒株高。其中，幼苗期，单施生物炭处理、生物炭＋木醋液＋草酸青霉菌 HB1 处理可使辣椒株高显著增高 34.93% 和 19.86%；开花期，单施生物炭、生物炭＋草酸青霉菌 HB1、生物炭＋木醋液＋草酸青霉菌 HB1 三个处理辣椒株高显著增加，分别比对照增高 39.24%、48.24% 和 36.89%；结果期，各处理辣椒株高之间差异不显著。说明不同处理可影响辣椒生长发育的快慢。

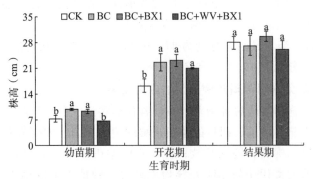

图 6-118　生物炭-木醋液-枯草芽孢杆菌 BX1 复配对辣椒株高的影响

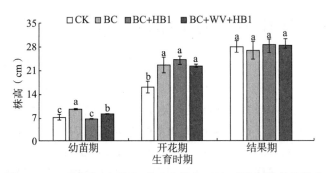

图 6-119　生物炭-木醋液-草酸青霉菌 HB1 对辣椒株高的影响

（二）对辣椒茎粗的影响

由图 6-120 可见，生物炭-木醋液-枯草芽孢杆菌复合施用，各个处理辣椒茎粗之间差异不显著。从图 6-121 来看，生物炭-木醋液-草酸青霉菌复合施用，各个处理对幼苗期和结果期辣椒茎粗无显著影响；在开花期，加草酸青霉菌 HB1 的两个处理的茎粗显著增加，增幅分别为 39.60% 和 27.07%，说明草酸青霉菌 HB1 对开花期的辣椒茎粗生长有促进作用。

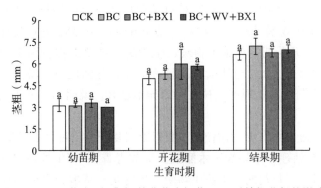

图 6-120　生物炭-木醋液-枯草芽孢杆菌 BX1 对辣椒茎粗的影响

（三）对辣椒地上部生物量的影响

由图 6-122 可看出，生物炭-木醋液-枯草芽孢杆菌复合施用，在幼苗期，生物炭＋

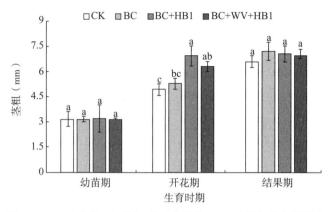

图 6-121　生物炭-木醋液-草酸青霉菌 HB1 对辣椒茎粗的影响

木醋液＋枯草芽孢杆菌 BX1 处理的辣椒地上部干物重与对照相比显著降低，单施生物炭和生物炭＋枯草芽孢杆菌 BX1 处理的辣椒地上部干物重与对照相比差异不显著；开花期，单施生物炭、生物炭＋枯草芽孢杆菌 BX1 和生物炭＋木醋液＋枯草芽孢杆菌 BX1 处理的辣椒地上部干物重均显著高于对照；结果期，生物炭＋木醋液＋枯草芽孢杆菌 BX1 处理的辣椒地上部干物重与对照相比显著降低，单施生物炭处理和生物炭＋枯草芽孢杆菌 BX1 处理的辣椒地上部干物重与对照相比差异不显著。

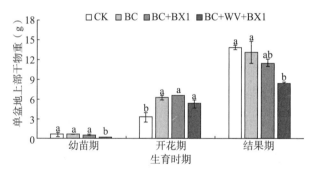

图 6-122　生物炭-木醋液-枯草芽孢杆菌 BX1 对辣椒地上部干物重的影响

　　由图 6-123 可看出，生物炭-木醋液-草酸青霉菌复合施用，在幼苗期，生物炭＋草酸青霉菌 HB1 处理的地上部干物重与对照相比显著降低；在开花期，单施生物炭、生物炭＋草酸青霉菌 HB1 和生物炭＋木醋液＋草酸青霉菌 HB1 处理的辣椒地上部干物重均显著高于对照，但三个处理间差异不显著；在结果期，单施生物炭、生物炭＋草酸青霉菌 HB1 和生物炭＋木醋液＋草酸青霉菌 HB1 处理的辣椒地上部干物重与对照相比差异均不显著。

（四）对辣椒根系生物量的影响

　　由图 6-124 和图 6-125 来看，两组试验处理对辣椒根系生物量的影响一致。幼苗期，辣椒根系生物量在各处理之间及其与对照之间差异不显著；开花期，各个处理辣椒根系干物重均显著高于对照；结果期，单施生物炭处理辣椒根系生物量与对照相比显著降低，其余处理与对照差异不显著。说明生物炭-木醋液-益生菌复合施用主要促进花期根系生长。

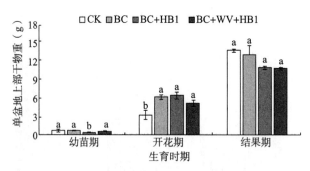

图 6-123　生物炭-木醋液-草酸青霉菌 HB1 对辣椒地上部干物重的影响

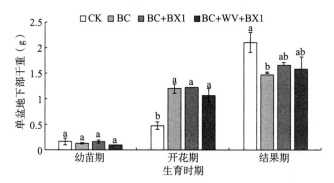

图 6-124　生物炭-木醋液-枯草芽孢杆菌 BX1 对辣椒根系干物重的影响

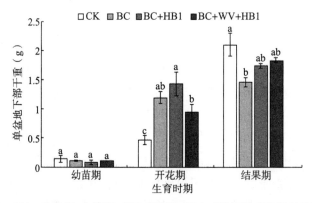

图 6-125　生物炭-木醋液-草酸青霉菌 HB1 对辣椒根系干物重的影响

（五）对辣椒根冠比的影响

根冠比是指植物地下部分与地上部分的鲜重或干物重的比值，它的大小反映了植物地下部分与地上部分的相关性。从图 6-126 和图 6-127 来看，与对照相比，施用生物炭、生物炭＋益生菌和生物炭＋木醋液＋益生菌，对开花期辣椒根冠比产生了显著影响，但对幼苗期和结果期辣椒根冠比的影响不显著。在开花期，单施生物炭处理、生物炭＋枯草芽孢杆菌 BX1 处理和生物炭＋木醋液＋枯草芽孢杆菌 BX1 处理的辣椒根冠比，分别比对照显著增加 30.65%、40.21% 和 42.51%；施用生物炭＋草酸青霉菌 HB1 处理的根冠比比对照显著增加 70.29%。

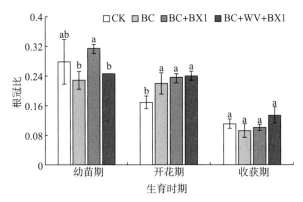

图 6-126　生物炭-木醋液-枯草芽孢杆菌 BX1 对辣椒根冠比的影响

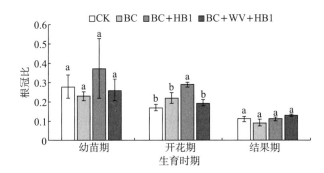

图 6-127　生物炭-木醋液-草酸青霉菌 HB1 对辣椒根冠比的影响

（六）对辣椒开花结果的影响

从表 6-49 和表 6-50 可看出，益生菌的加入对辣椒开花、结果时间产生了影响，生物炭处理、生物炭＋枯草芽孢杆菌 BX1 处理、生物炭＋木醋液＋枯草芽孢杆菌 BX1 处理使辣椒的开花时间和结果时间提前，生物炭＋草酸青霉菌 HB1 处理和生物炭＋木醋液＋草酸青霉菌 HB1 使辣椒的开花时间和结果时间延后。施用生物炭、生物炭＋枯草芽孢杆菌 BX1、生物炭＋木醋液＋枯草芽孢杆菌 BX1、生物炭＋草酸青霉菌 HB1 可显著增加辣椒花朵数，分别比对照增加 233.43%、414.28%、214.29% 和 271.43%，生物炭＋木醋液＋草酸青霉菌 HB1 处理的花朵数比对照多 128.57%。

表 6-49　生物炭-木醋液-枯草芽孢杆菌 BX1 对辣椒开花结果的影响

处理	开花时间	结果时间	花朵数
CK	9.14	9.24	$3.50 \pm 1.66b$
BC	9.10	9.19	$11.67 \pm 2.60a$
BC＋BX1	9.9	9.17	$18.00 \pm 0.00a$
BC＋WV＋BX1	9.8	9.18	$11.00 \pm 3.03a$

表 6 - 50　生物炭-木醋液-草酸青霉菌 HB1 对辣椒开花结果的影响

处理	开花时间	结果时间	花朵数
CK	9.14	9.24	3.50±1.66b
BC	9.10	9.19	11.67±2.60a
BC+HB1	9.17	9.17	13.00±2.00a
BC+WV+HB1	9.26	9.26	8.00±0.71ab

（七）对辣椒单果重的影响

从图 6-128、图 6-129 可看出单施生物炭、生物炭＋益生菌和生物炭＋木醋液＋益生菌对辣椒单果重的影响。同对照相比，单施生物炭、生物炭＋枯草芽孢杆菌 BX1 处理辣椒单果重分别显著增加了 33.94% 和 70.12%；其余各处理与对照之间辣椒单果重差异不显著。

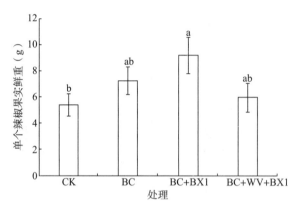

图 6-128　生物炭-木醋液-枯草芽孢杆菌 BX1 对辣椒单果重的影响

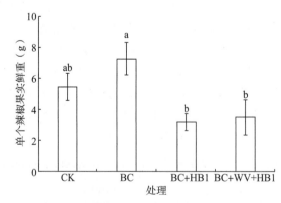

图 6-129　生物炭-木醋液-草酸青霉菌 HB1 对辣椒单果重的影响

（八）对辣椒果实维生素 C 含量的影响

由图 6-130 可看出，生物炭-木醋液-枯草芽孢杆菌 BX1 复合施用，各处理辣椒果实维生素 C 含量与对照之间差异不显著。由图 6-131 可看出，单施生物炭、生物炭＋草酸青霉菌 HB1 和生物炭＋木醋液＋草酸青霉菌 HB1 的处理中，辣椒果实维生素 C 含量与对照相比显著降低；并且生物炭＋草酸青霉菌 HB1 和生物炭＋木醋液＋草酸青霉菌 HB1 处理与单施生物炭处理相比也显著降低。

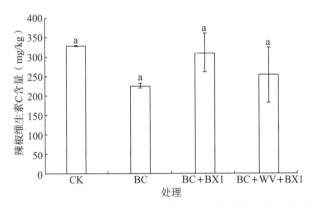

图 6-130　生物炭-木醋液-枯草芽孢杆菌 BX1 对辣椒维生素 C 含量的影响

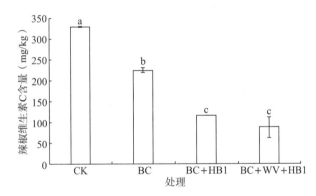

图 6-131　生物炭-木醋液-草酸青霉菌 HB1 对辣椒维生素 C 含量的影响

二、生物炭-木醋液-益生菌复合施用对连作土壤肥力因子的影响

（一）对土壤 pH 的影响

由图 6-132 可看出，生物炭-木醋液-枯草芽孢杆菌 BX1 复合施用，在幼苗期，生物炭＋枯草芽孢杆菌 BX1 处理、生物炭＋木醋液＋枯草芽孢杆菌 BX1 处理的土壤 pH 与对照相比均显著降低，单施生物炭处理的土壤 pH 与对照相比差异均不显著。在开花期和结果期，生物炭＋木醋液＋枯草芽孢杆菌 BX1 处理的土壤 pH 与单施生物炭处理之间差异显著，同单施生物炭相比可使土壤 pH 降低；其余各处理之间及其与对照之间差异不显著。枯草芽孢杆菌代谢产生有机酸是土壤 pH 降低的主导因素，另外木醋液呈酸性，也可能对土壤 pH 产生一定的影响。

由图 6-133 可看出，生物炭-木醋液-草酸青霉菌 HB1 复合施用，在幼苗期，生物炭＋草酸青霉菌 HB1 处理的土壤 pH 与对照和单施生物炭相比显著降低；在结果期，生物炭＋木醋液＋草酸青霉菌 HB1 处理的土壤 pH 与对照和单施生物炭相比显著降低；在开花期，各处理之间及其与对照之间差异不显著。草酸青霉菌代谢产生有机酸，是土壤

pH 降低的主导因素。另外木醋液呈酸性，也可能对土壤 pH 产生一定的影响。

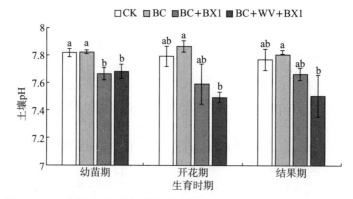

图 6 - 132　生物炭-木醋液-枯草芽孢杆菌 BX1 对连作土壤 pH 的影响

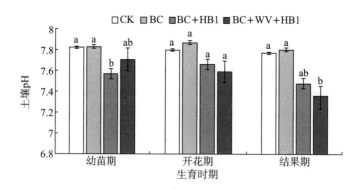

图 6 - 133　生物炭-木醋液-草酸青霉菌 HB1 对连作土壤 pH 的影响

（二）对土壤无机氮含量的影响

由图 6 - 134 和图 6 - 135 可看出，在幼苗期和结果期，各处理土壤硝态氮含量与对照之间差异不显著。在开花期，与对照相比，各处理土壤硝态氮含量显著降低。

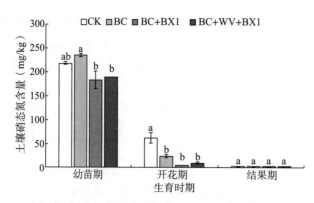

图 6 - 134　生物炭-木醋液-枯草芽孢杆菌 BX1 对连作土壤硝态氮含量的影响

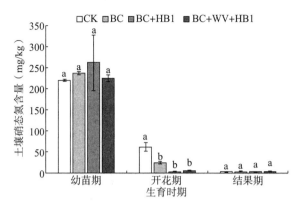

图 6-135　生物炭-木醋液-草酸青霉菌 HB1 对连作土壤硝态氮含量的影响

由图 6-136 可看出，在幼苗期，生物炭＋枯草芽孢杆菌 BX1 处理和生物炭＋木醋液＋枯草芽孢杆菌 BX1 处理土壤铵态氮含量与对照相比显著增加 34.01％和 38.69％；在开花期，生物炭＋枯草芽孢杆菌 BX1 处理的土壤铵态氮含量与对照相比显著增加 38.52％；在结果期，各处理对土壤铵态氮含量无明显影响。由图 6-137 可看出，生物炭-木醋液-草酸青霉菌 HB1 复合施用，在幼苗期和开花期，各处理对土壤铵态氮含量无明显影响；在结果期，生物炭＋草酸青霉菌 HB1 处理和生物炭＋木醋液＋草酸青霉菌 HB1 处理的土壤铵态氮含量与对照相比分别显著增加 16.08％和 29.44％。

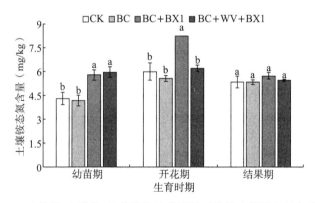

图 6-136　生物炭-木醋液-枯草芽孢杆菌 BX1 对连作土壤铵态氮含量的影响

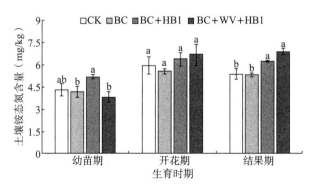

图 6-137　生物炭-木醋液-草酸青霉菌 HB1 对连作土壤铵态氮含量的影响

（三）对土壤有效磷含量的影响

由图 6-138 可看出，在幼苗期和结果期，生物炭＋枯草芽孢杆菌 BX1 处理的土壤有效磷含量分别显著增加 12.36％和 19.03％；在开花期，生物炭＋枯草芽孢杆菌 BX1 处理与生物炭＋木醋液＋枯草芽孢杆菌 BX1 处理的土壤有效磷含量显著增加。由图 6-139 可看出，在幼苗期，生物炭＋草酸青霉菌 HB1 处理的土壤有效磷含量显著增加 17.34％；在开花期，各处理之间及其与对照之间差异不显著；在结果期，单施生物炭处理的土壤有效磷含量显著增加 7.73％。生物炭＋草酸青霉菌 HB1 处理土壤有效磷含量显著降低。

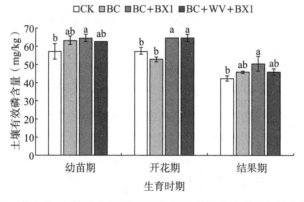

图 6-138　生物炭-木醋液-枯草芽孢杆菌 BX1 对连作土壤有效磷含量的影响

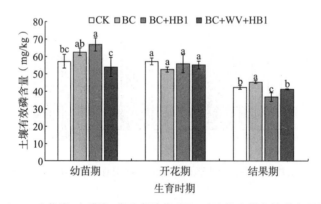

图 6-139　生物炭-木醋液-草酸青霉菌 HB1 对连作土壤有效磷含量的影响

（四）对土壤有机质含量的影响

由图 6-140 和图 6-141 可看出，单施生物炭处理、生物炭＋益生菌处理和生物炭＋木醋液＋益生菌处理土壤有机质含量与对照相比均显著增加。其中，单施生物炭、生物炭＋枯草芽孢杆菌 BX1、生物炭＋木醋液＋枯草芽孢杆菌 BX1 使幼苗期、开花期和结果期土壤有机质含量分别比对照显著增加 120％～130％、80.8％～119％、102％～143％；单施生物炭、生物炭＋草酸青霉菌 HB1、生物炭＋木醋液＋草酸青霉菌 HB1 使幼苗期、开花期和结果期土壤有机质含量分别显著增加了 128.71％～133.13％、68.09％～118.64％、102.20％～143.24％。

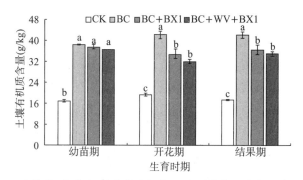

图 6-140　生物炭-木醋液-枯草芽孢杆菌 BX1 对连作土壤有机质含量的影响

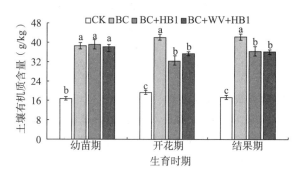

图 6-141　生物炭-木醋液-草酸青霉菌 HB1 对连作土壤有机质含量的影响

三、生物炭-木醋液-益生菌复合施用对连作土壤酚类含量的影响

（一）对土壤总酚含量的影响

连作土壤中的化感物质多为酚类物质，土壤总酚含量可用作表征土壤连作障碍的程度。从图 6-142 和图 6-143 可看出，在幼苗期，生物炭＋枯草芽孢杆菌 BX1 处理土壤总酚含量比对照显著增加。在开花期，生物炭＋枯草芽孢杆菌 BX1 处理、生物炭＋草酸青霉菌 HB1 处理后，土壤总酚含量分别比对照显著增加。在结果期，生物炭＋木醋液＋草酸青霉菌 HB1 处理的土壤总酚含量比对照显著降低。其余各处理土壤总酚含量之间差异不显著。

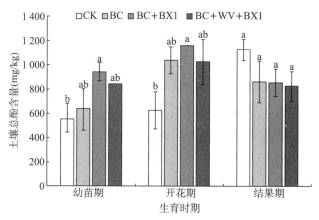

图 6-142　生物炭-木醋液-枯草芽孢杆菌 BX1 对连作土壤总酚含量的影响

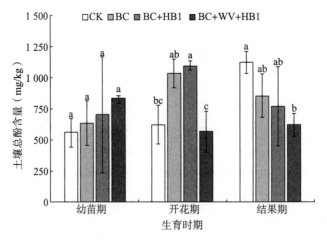

图 6-143　生物炭-木醋液-草酸青霉菌 HB1 对连作土壤总酚含量的影响

（二）对土壤复合态酚含量的影响

由图 6-144 和图 6-145 可看出，在三个生育期，单施生物炭处理、生物炭＋益生菌处理和生物炭＋木醋液＋益生菌处理的土壤复合态酚含量与对照相比差异均不显著，说明三个处理对土壤复合态酚无明显影响。

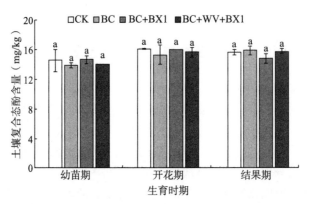

图 6-144　生物炭-木醋液-枯草芽孢杆菌 BX1 对连作土壤复合态酚含量的影响

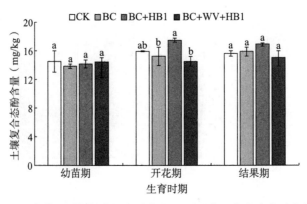

图 6-145　生物炭-木醋液-草酸青霉菌 HB1 对连作土壤复合态酚含量的影响

四、生物炭-木醋液-益生菌复合施用对连作土壤菌群结构的影响

（一）对土壤细菌数量的影响

由图6-146和图6-147可看出，随着生育期的变化，连作辣椒根际土壤细菌数量呈增加趋势。从图6-146可看出，单施生物炭处理、生物炭＋枯草芽孢杆菌BX1处理和生物炭＋木醋液＋枯草芽孢杆菌BX1处理对连作辣椒根际土壤的细菌数量无明显影响。从图6-147可看出，在开花期，单施生物炭、生物炭＋草酸青霉菌HB1处理和生物炭＋木醋液＋草酸青霉菌HB1处理使根际土壤细菌数量减少；到结果期，生物炭＋草酸青霉菌HB1的根际土壤细菌数量显著增加79.02％。

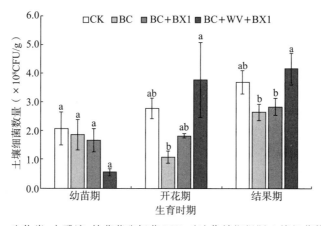

图6-146　生物炭-木醋液-枯草芽孢杆菌BX1对连作辣椒根际土壤细菌数量的影响

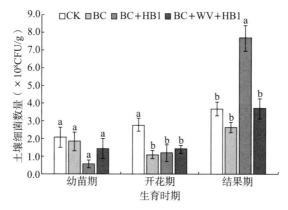

图6-147　生物炭-木醋液-草酸青霉菌HB1对连作辣椒根际土壤细菌数量的影响

如图6-148所示，在幼苗期和开花期，单施生物炭处理、生物炭＋枯草芽孢杆菌BX1处理、生物炭＋木醋液＋枯草芽孢杆菌BX1处理对非根际土壤细菌数量无明显影响；在结果期时，单施生物炭处理的细菌数量显著增加48.48％。

如图6-149所示，在幼苗期，各处理对非根际土壤细菌数量无明显影响；开花期，生物炭＋草酸青霉菌HB1处理的非根际土壤细菌数量显著降低；在结果期，单施生物炭处理的非根际土壤细菌数量显著增加48.48％。

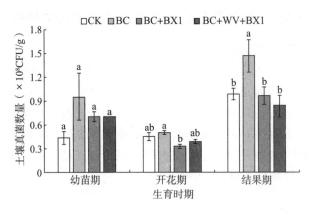

图 6-148　生物炭-木醋液-枯草芽孢杆菌 BX1 对连作辣椒非根际土壤细菌数量的影响

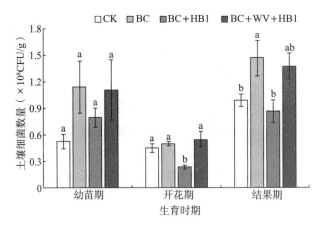

图 6-149　生物炭-木醋液-草酸青霉菌 HB1 对连作辣椒非根际土壤细菌数量的影响

（二）对土壤真菌数量的影响

从图 6-150 可看出，在幼苗期，单施生物炭处理和生物炭＋枯草芽孢杆菌 BX1 的处理土壤真菌数量显著增加；在开花期，生物炭＋木醋液＋枯草芽孢杆菌 BX1 的处理土壤真菌数量显著减少了 66.73%；在结果期，生物炭＋木醋液＋枯草芽孢杆菌 BX1 处理的土壤真菌数量显著增加。从图 6-151 可看出，在幼苗期，单施生物炭处理、生物炭＋草酸青霉菌 HB1 处理和生物炭＋木醋液＋草酸青霉菌 HB1 处理的土壤真菌数量显著增加；在开花期，生物炭＋草酸青霉菌 HB1 处理的真菌数量显著降低了 65.58%，单施生物炭处理和生物炭＋木醋液＋草酸青霉菌 HB1 处理的真菌数量与对照相比有所减少，但差异未达到显著性水平；在结果期，生物炭＋木醋液＋草酸青霉菌 HB1 的土壤真菌数量显著增加，其他处理对土壤真菌数量无明显影响。

从图 6-152 可看出，在幼苗期，生物炭＋木醋液＋枯草芽孢杆菌 BX1 处理的非根际土壤真菌数量显著增加；在开花期和结果期，生物炭＋木醋液＋枯草芽孢杆菌 BX1 处理的真菌数量分别显著降低了 56.50% 和 55.58%，单施生物炭、生物炭＋枯草芽孢杆菌 BX1 处理中土壤真菌数量无明显影响。

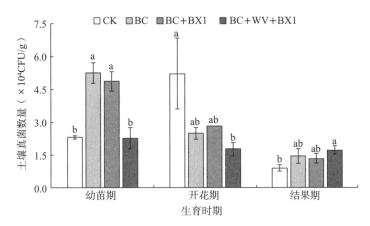

图 6-150 生物炭-木醋液-枯草芽孢杆菌 BX1 对连作辣椒根际土壤真菌数量的影响

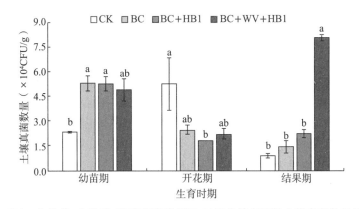

图 6-151 生物炭-木醋液-草酸青霉菌 HB1 对连作辣椒根际土壤真菌数量的影响

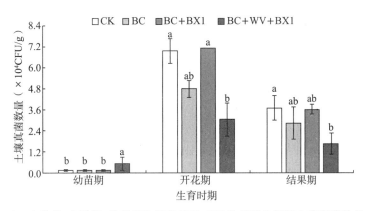

图 6-152 生物炭-木醋液-枯草芽孢杆菌 BX1 对连作辣椒非根际土壤真菌数量的影响

从图 6-153 可看出，在幼苗期和开花期，单施生物炭处理、生物炭＋草酸青霉菌 HB1 处理和生物炭＋木醋液＋草酸青霉菌 HB1 处理的非根际土壤真菌数量分别显著降低了 39.28%～54.28% 和 31.50%～69.80%。

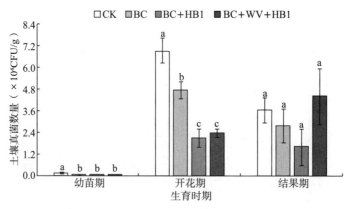

图 6-153　生物炭-木醋液-草酸青霉菌 HB1 对连作辣椒非根际土壤真菌数量的影响

（三）对土壤放线菌数量的影响

如图 6-154 和图 6-155 所示，总体来说，在开花期，单施生物炭处理、生物炭＋益生菌处理、生物炭＋木醋液＋益生菌处理的土壤放线菌数量与对照相比显著增加，在幼苗期和结果期，各处理与对照差异不显著。从图 6-154 可看出，在幼苗期和结果期，单施生物炭处理、生物炭＋枯草芽孢杆菌 BX1 处理、生物炭＋木醋液＋枯草芽孢杆菌 BX1 处理对根际土壤放线菌数量无明显影响；在开花期，单施生物炭、生物炭＋枯草芽孢杆菌 BX1 与生物炭＋木醋液＋枯草芽孢杆菌 BX1 处理使土壤放线菌数量显著增加 159.68%～325.81%。从图 6-155 可看出，在开花期，单施生物炭、生物炭＋草酸青霉菌 HB1 和生物炭＋木醋液＋草酸青霉菌 HB1 处理的根际土壤放线菌数量显著增加 159.68%～240.32%；在幼苗期和结果期，各处理对根际土壤放线菌数量无明显影响。

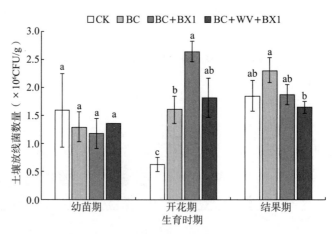

图 6-154　生物炭-木醋液-枯草芽孢杆菌 BX1 对连作辣椒根际土壤放线菌数量的影响

如图 6-156 和图 6-157 所示，总体来说，在开花期，单施生物炭处理、生物炭＋益生菌处理和生物炭＋木醋液＋益生菌处理显著增加了非根际土壤放线菌数量；在幼苗期和结果期时，各处理的非根际土壤放线菌数量与对照相比无明显差异。这说明生物炭-木醋液-益生菌促进连作辣椒非根际土壤的放线菌的繁殖。从图 6-156 可看出，在开花期，单

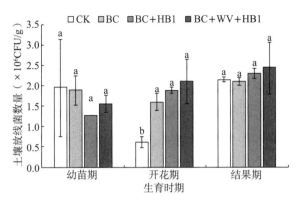

图 6-155　生物炭-木醋液-草酸青霉菌 HB1 对连作辣椒根际土壤放线菌数量的影响

施生物炭处理、生物炭＋枯草芽孢杆菌 BX1 处理和生物炭＋木醋液＋枯草芽孢杆菌 BX1 处理的非根际土壤放线菌数量显著增加了 385.48％～730.64％；在幼苗期和结果期，三个处理对非根际土壤放线菌数量无明显影响。从图 6-157 可看出，在开花期，单施生物炭处理、生物炭＋草酸青霉菌 HB1 处理和生物炭＋木醋液＋草酸青霉菌 HB1 处理的非根际土壤放线菌数量显著增加了 240.32％～730.64％；在幼苗期和结果期，三个处理对非根际土壤放线菌数量无明显影响。

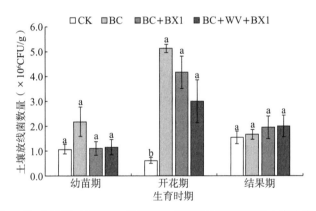

图 6-156　生物炭-木醋液-枯草芽孢杆菌 BX1 对连作辣椒非根际土壤放线菌数量的影响

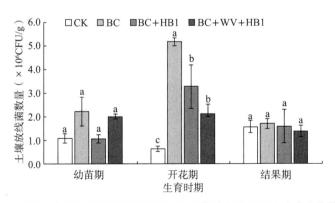

图 6-157　生物炭-木醋液-草酸青霉菌 HB1 对连作辣椒非根际土壤放线菌数量的影响

（四）对土壤细菌与真菌结构的影响

土壤连作易导致土壤微生物群落结构改变，使土壤细菌数量减少，病原真菌数量增多，由细菌型向真菌型转变，一般认为细菌/真菌值越大，土壤越健康。如图 6-158 所示，在幼苗期，生物炭＋枯草芽孢杆菌 BX1 处理的根际土壤细菌/真菌值显著升高；在开花期和结果期，各处理对根际土壤细菌/真菌值无明显影响。

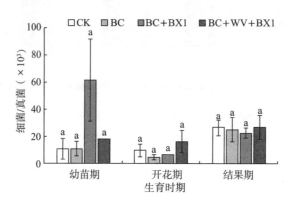

图 6-158　生物炭-木醋液-枯草芽孢杆菌 BX1 对连作辣椒根际土壤细菌/真菌值影响

如图 6-159 所示，在开花期和结果期，单施生物炭、生物炭＋草酸青霉菌 HB1 处理和生物炭＋木醋液＋草酸青霉菌 HB1 处理对根际土壤细菌/真菌值无明显影响；在幼苗期，生物炭＋草酸青霉菌 HB1 使根际土壤细菌/真菌值显著降低。原因可能是生物炭的加入使土壤原有环境发生改变，影响了连作土壤中病原微生物的生长，同时有益微生物的加入抑制了病原菌的生长，木醋液具有一定的抑菌性，会限制病原微生物的生长。

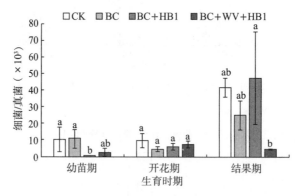

图 6-159　生物炭-木醋液-草酸青霉菌 HB1 对连作辣椒根际土壤细菌/真菌值的影响

如图 6-160 所示，在幼苗期，生物炭＋枯草芽孢杆菌 BX1 的非根际土壤细菌/真菌值显著升高 275.54%，单施生物炭和生物炭＋木醋液＋枯草芽孢杆菌 BX1 对非根际土壤细菌/真菌值无明显影响；在开花期，三个处理对非根际土壤细菌/真菌值无明显影响；在结果期，生物炭＋木醋液＋枯草芽孢杆菌 BX1 处理的细菌/真菌值显著升高 229.92%。

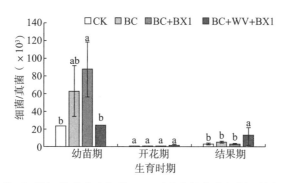

图 6-160　生物炭-木醋液-枯草芽孢杆菌 BX1 对连作辣椒非根际土壤细菌/真菌值的影响

如图 6-161 所示，在幼苗期，生物炭＋草酸青霉菌 HB1 处理和生物炭＋木醋液＋草酸青霉菌 HB1 处理的细菌/真菌值显著升高 500.86％和 578.11％，单施生物炭处理对细菌/真菌值无明显影响；在开花期，生物炭＋木醋液＋草酸青霉菌 HB1 处理的非根际土壤细菌/真菌值显著升高 219.15％，单施生物炭和生物炭＋草酸青霉菌 HB1 处理的非根际土壤细菌/真菌值无明显影响，在结果期，三个处理对非根际土壤细菌/真菌值无明显影响。

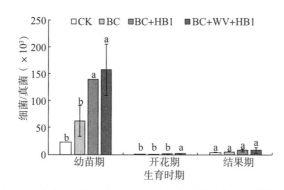

图 6-161　生物炭-木醋液-草酸青霉菌 HB1 对连作辣椒非根际土壤细菌/真菌值的影响

五、主要研究进展

1. 探明了生物炭-木醋液-益生菌复合施用对辣椒生长发育的促进作用

生物炭＋益生菌、生物炭＋木醋液＋益生菌可显著增加开花期辣椒的株高、茎粗、生物量、花朵数、根冠比和单果重，其中，生物炭＋枯草芽孢杆菌的处理对辣椒的促生效果较好，使辣椒单果重显著增加 70.09％，且加入枯草芽孢杆菌可使辣椒的开花和结果时间提前。

2. 明确了生物炭-木醋液-益生菌复合对辣椒连作障碍的改良效果

单施生物炭、生物炭＋益生菌、生物炭＋木醋液＋益生菌处理的土壤有机质含量显著增加了 68.09％～143.24％；生物炭＋益生菌、生物炭＋木醋液＋益生菌处理显著降低了土壤 pH，增加了土壤有效磷含量。生物炭＋木醋液＋草酸青霉菌 HB1 处理可以降低连作土壤总酚含量，结果期土壤总酚含量显著降低 44.63％。单施生物炭、生物炭＋益生菌、生物炭＋木醋液＋益生菌处理可显著增加开花期根际和非根际土壤放线菌数量，分别增加 157.97％～324.44％和 239.34％～726.66％，生物炭＋有益菌、生物炭＋木醋液＋有益菌增加非根际土壤细菌/真菌值，其中生物炭＋枯草芽孢杆菌使土壤细菌/真菌值显著增加 229.92％。

第八节　土壤污染修复适用改性秸秆表面性能改良

镉（Cd）是毒性最强的重金属之一，已被联合国环境规划署列为全球性意义危害化学物质之首。它具有化学活性高、毒性大、不可降解等特点。土壤镉污染通过植物吸收富集进入食物链，危害人类生命健康，能引发骨痛病、肾功能不全等严重疾病。在我国，2014 年《全国土壤污染状况调查公报》土壤镉超标率 7.0％，已出现"镉菜""镉米""镉水果"等污染，严重危及农产品食用安全。有机染料结晶紫（CV）、亚甲基蓝（MB）具有较强的致癌性。早在 20 世纪，在一些印染企业周边，这类有机物污染物已随污水进入农田，危及食品安全和生态安全。加强土壤镉和有机污染修复，已迫在眉睫。

国内外已有大量研究，针对土壤镉污染和结晶紫（CV）、亚甲基蓝（MB）等污染修复，开发纳米材料、活性炭、天然吸附材料等土壤改良剂。其中，纳米材料表现出对土壤污染物的高吸附能力和快速的吸附动力学特性，但因制备方法复杂、反应条件苛刻、生产成本高，作为土壤改良剂应用受到局限。活性炭（AC）已成功用作土壤污染改良剂，因其生产成本较低，被视为纳米材料的替代品，但其生产过程需高温热解，能耗高，产生的温室气体排放污染环境，而受到制备生产限制。并且活性炭作为改良剂施入土壤难降解，长期大量施用将改变土壤特性，使土壤质量下降。热解炭化技术普遍采用的炭化工艺是在惰性气体下的高温炭化炉干馏工艺，热解反应需要在 500℃以上的高温条件下进行。在此方面，已取得一些专利技术，例如，CN 105536700A 公开了利用秸秆制备生物炭的方法，将秸秆原料颗粒置于三价铁盐溶液中，三价铁盐与秸秆原料颗粒质量比为（1～10）:1，浸渍 20～240min 后，在惰性气体吹扫下，以 2～10℃/min 升温速率加热至炭化温度 500～900℃，保温 20～180min。过高的炭化温度不仅影响生物质炭的产量，且炭化过程消耗能量多，生产成本高。为了降低能源消耗，研究人员做了大量工作。如 CN 201310643730.9 中，将风干粉碎后的秸秆在 300～500℃的条件下进行缺氧干馏分解，制得生物炭。再如 CN201610650186.4 公开了一种水葫芦生物炭的制备方法，将粉碎、干燥后的水葫芦在 200～400℃低温限氧环境下热解 4～8h。CN 107364860A 中涉及将经过干燥和粉碎细化后的植物秸秆放入反应釜中，再加入纤维素酶催化酶和占植物秸秆质量 3％～12％的酰胺塑化剂，并将混合物在 25～40℃温度条件下充分搅拌 2h 后，以氮气高压送入流化床，在缺氧和 300～400℃高温条件下塑化植物秸秆。CN 108262009A 中公开了一种高粱秸秆生物炭的制备方法，将高粱秸秆粉碎烘干过筛后，与高氯酸钾、碳酸钠拌匀后加盖放入马弗炉中，在 350～550℃高温条件下煅烧。可见，热解炭化技术需要的温度较高，且碳化物产率低，不利于节约能源。另外，由农林废弃物等生物质在缺氧条件下炭化制得的生物炭脱除了大量水和 CO_2，均为碱性，且亲水性较差。CN201510410635.3 涉及一种以烟草废弃物为原料，经过水热反应将烟草废弃物转变为生物炭的处理工艺。CN 109233880A、CN 109233881A 和 CN109336082 A 中分别描述了秸秆与亚铁盐或铁盐溶液混合，通过加入稀硫酸调节 pH 后，滴加过氧化氢溶液，或高锰酸盐溶液，或次氯酸盐溶液，或过硫酸盐溶液，并在250～270℃温度下进行水热反应2～4h，炭化制成生物炭的方法。这些方法在酸性介质中利用氧化剂氧化生物质，所得生物炭的酸性基团含量较高，用于重金属土壤的修复成效显著。与缺氧或无氧环境下低温裂解生产生物炭相比，水热炭化技术生物炭产出率较高，产品的亲水基团较多，亲水性较强；但是需要的反应时间长，且需要大量的热容较大的水作为介质，这就意味着该反应需要消耗的能量越多；且滤除的水也会带来环境污染。

已有研究表明，通过吸附材料的Langmuir和Freundlich模型吸附等温线、伪一级和伪二级模型动力学，结合标准自由能变化、标准焓变化、标准熵热力学分析起始pH和离子强度，可研究改性材料对土壤污染物的吸附固定作用机理，但对结构-性能关系作用机理研究，特别是对比表面积、有效电子数、表面官能团密度和物理性能稳定性等重要因子的作用机理研究不够深入。例如，Alam等报道了Ni（Ⅱ）和Zn（Ⅱ）的吸附主要通过生物炭表面的质子活性羧基（COOH）和羟基（OH）进行。Harvey等提出生物炭的C＝C在镉离子吸附过程中可以作为π供体。

秸秆是一类丰富的生物质原料。在传统生活中，秸秆主要作为牲畜饲料和生活燃料，但随着农村新能源开发利用，农作物秸秆被大量丢弃在田间或露天焚烧。不仅造成生物质资源浪费，而且引起严重的环境污染。近年来，本创新团队研发了一种控氧改性方法，用作物秸秆制成改性秸秆吸附材料，能耗低、成本低、无污染。制备的改性秸秆为天然吸附材料，形成大量的酸性、碱性官能团，施入土壤对污染物吸附性能较强，开发利用前景广阔。

本研究以小麦秸秆为试材，采用低温部分氧化法对其进行改性，以代表性的无机、有机污染物镉（Cd）和结晶紫（CV）、亚甲基蓝（MB）为研究对象，开展间歇吸附试验。通过线性回归分析污染物吸附量与表面官能团密度之间的结构-性能关系，揭示改性麦秸的吸附性能，结合表征技术数据分析，揭示改性秸秆表面吸附固定的化学机制。

一、不同处理温度对改性麦秸热重及其产率的影响

麦秸原料取自河北省保定市郊区。麦秸收割并日光干燥后采用DF-50-A型水冷双级高速齿轮传动粉碎机（温岭市林大机械有限公司制造，中国，浙江）粉碎，后过筛，得60～80目原料，保存在广口塑料瓶中，密封保存待用。热重分析（TGA）和微分热重量分析（DTG）在TGA8000（Perkin Elmer）仪器上进行，程序加热速率为5℃/min，O_2为60mL/min。低温氧化工艺在自制间歇式旋转炉中进行，内容积约为5L（长16cm，直径20cm）。将100g麦秸原料放入旋转炉中，以100mL/min通入纯氧气流，3×300W红外线石英管加热环绕炉腔加热到目标温度，保温3h后，打开炉门自然冷却至室温，得改性麦秸。

通过测量O_2条件下麦秸随热处理温度升高的TGA、DTG和产率变化曲线（图6-162）。可见，麦秸受热是一个多阶段热降解过程：在50～200℃，麦秸水分蒸发引起轻微失重，为3.6％。这是由于麦秸含有一定的水分，在这个温度范围麦秸水分损失而引起失重较少。在200～300℃改性麦秸快速失重，在300～500℃改性麦秸缓慢失重。这是由于温度的不断升高分别引起麦秸中的纤维素、半纤维素和木质素的热分解挥发，从而使热重曲线出现明显变化。这与DTG曲线一致，DTG曲线在280℃有一个"低谷"，在433℃有

一个较小的"低谷"。当温度高于475℃时,其质量分数趋于稳定,灰分含量为其初始麦秸质量的14.0%,麦秸的热分解基本完成。在麦秸改性过程中,随着温度的升高,改性麦秸的产率不断降低。在O_2流量为100mL/min和3h的热处理时间下,改性麦秸产率从140℃的90.3%下降到260℃的41.3%(图6-162b),这与TGA的变化趋势一致。说明低温处理制备改性秸秆,既可提高改性秸秆产品的产率,又可降低温室气体排放。

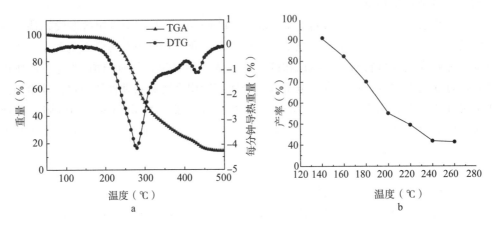

图6-162 不同热处理温度对改性麦秸热重和产率的影响

a. 热重分析和微分热重量分析曲线 b. 改性秸秆产率变化曲线

麦秸样品的颜色如图6-163a、b所示,原始麦秸从淡黄色转化为180℃改性麦秸的深棕色。原始麦秸和改性麦秸相应表面的微观形貌见图6-163c、d,从图中可看出,控氧处理并未造成麦秸表面大的破坏,仅有少部分表面有不规则的突起或凹痕。因此,控氧处理能较好地保持麦秸原有的生物结构。

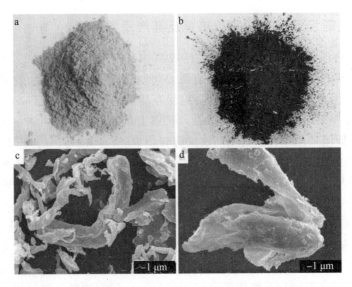

图6-163 原始麦秸与改性麦秸样品颜色与电镜扫描(SEM)照片

a. 原始麦秸颜色照片 b. 180℃改性麦秸颜色照片

c. 原始麦秸电镜扫描照片 d. 180℃改性麦秸电镜扫描照片

二、不同改性麦秸对不同污染物吸附量的影响规律

（一）改性麦秸对不同污染物吸附量的影响

鉴于改性麦秸产率与温度之间的关系，选择处理温度 140～260℃ 的改性麦秸，采用原子吸收法，研究了改性麦秸对 Cd（Ⅱ）和 CV、MB 吸附量的影响。首先，分别配制 40mg/L CV 溶液、30mg/L MB 溶液和 2mmol/L Cd（Ⅱ）溶液。然后，选用不同温度处理的改性麦秸，每种样品设 CV、MB 和 Cd（Ⅱ）吸附 3 个处理、3 次重复。各称取 0.20g 样品，将其加入 100mL 离心管中，分别加入 40mg/L CV 溶液、30mg/L MB 溶液和 2mmol/L Cd（Ⅱ）溶液 25.00mL，放在摇床上，室温 25℃、每分钟 180 转震荡吸附 24h，静置分离，取上清液稀释后，分别用原子吸收分光光度计、紫外分光光度计测定剩余 Cd（Ⅱ）含量和 CV、MB 含量，从而测算改性麦秸对 Cd（Ⅱ）和 CV、MB 的吸附量。

从图 6-164 可看出，随改性处理温度的提高，形成的改性秸秆对污染物吸附量呈抛物线型变化。改性麦秸对污染物的吸附固定效果，主要取决于麦秸改性的处理温度。通过改性麦秸的吸附试验发现，不同温度制备的改性麦秸对 Cd（Ⅱ）和 CV、MB 吸附量的差异显著。240℃ 时，改性麦秸 Cd（Ⅱ）的吸附量最高，可达 32.3mg/g，比原始麦秸的吸附量 13.9mg/g 提高了 18.4mg/g，提高了 1.3 倍，该温度可作为吸附固定修复镉污染的最佳温度。但同时 CV 和 MB 的吸附量分别降至 11.8mg/g 和 26.0mg/g，比原始麦秸的 CV 吸附量 29.1mg/g、MB 吸附量 28.4mg/g 分别降低了 10.7% 和 58.5%，可引起改性麦秸对有机污染物吸附量的急剧减少。在 160℃ 和 180℃ 的低温条件下，改性麦秸的 CV 和 MB 吸附量分别达到最高 62.0mg/g 和 48.9mg/g，分别比原始麦秸提高了 11.31% 和 72.2%，可作为吸附固定修复 CV 和 MB 污染的最佳温度。在改性麦秸产率和能耗方面，适于 CV 和 MB 的低温氧化改性麦秸呈现了明显优势，产率高达 82% 和 70%，而活性炭和生物炭的产率通常低于 30%，但温度需达 400℃ 以上，能耗较大。

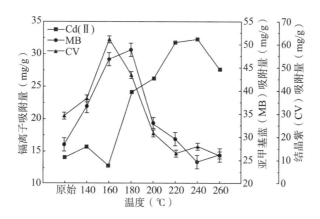

图 6-164　不同温度改性麦秸对 Cd（Ⅱ）、CV 和 MB 吸附量的影响

为深入了解改性麦秸的吸附性能，采用 SEM、BET 对改性麦秸进行了表征。从图 6-163a、b 可看出，改性麦秸的颜色从原始麦秸的浅黄色变化成深棕色，而生物炭和活性炭的颜色是黑色的。通过 SEM 对原始麦秸和改性麦秸表面形貌进行了表征（图 6-163c、 d），显然两种样品表面纹理均较为粗糙，尺寸和形状分布不规则，说明改性麦秸颗粒主要保留了原有的形态。以 N_2 为吸附气体，用 V-sorb 2800P 分析仪（Gold APP，China）在 77K 下测定了改性麦秸的比表面积，原始麦秸和改性麦秸的 BET 比表面积都很小（$<4m^2/g$）。可见，改性麦秸引起污染物吸附量的变化，并不取决于它们之间的 BET 比表面积差异。这与缺氧环境下制作的生物炭形成对比，在缺氧环境下，高吸附性能和高比表面积之间存在很强的相关性。此外，同样温度下，纯 N_2 条件下处理样品对 Cd（Ⅱ）和 CV、MB 的吸附量均低于 O_2 气氛下处理样品。表明改性麦秸对污染物吸附量的增强，可能与 O_2 气氛处理改变的麦秸表面含氧官能团有关。因此，需要进一步研究麦秸改性前后官能团的变化，及其对污染物吸附性能的影响。

（二）改性麦秸对土壤镉吸附固定关键因素的影响

以镉含量 1.2mg/kg 的自然污染土壤为对象，以一般改性秸秆、氢氧化钾改性麦秸、氨水改性麦秸为试材，分别设 0.3％、0.6％和 1.2％三个添加量。采用三因素、三水平处理方案：设处理 1（R-0.3），添加 0.3％改性麦秸；处理 2（R-0.6），添加 0.6％改性麦秸；处理 3（R-1.2），添加 1.2％改性麦秸；处理 4（K-0.3），添加 0.3％氢氧化钾改性麦秸；处理 5（K-0.6），添加 0.6％氢氧化钾改性麦秸；处理 6（K-1.2），添加 1.2％氢氧化钾改性麦秸；处理 7（A-0.3），添加 0.3％氨水改性麦秸；处理 8（A-0.6），添加 0.6％氨水改性麦秸；处理 9（A-1.2），添加 1.2％氨水改性麦秸；处理 10，添加原始麦秸的对照（CK）。这样，共设 10 个处理、3 次重复。将改性麦秸加入土壤混匀后加水使土壤含水率保持田间持水量的 60％，放入聚乙烯塑料袋中，避光在室温 25℃条件下培养 20d 测定。

土壤有效镉含量是反映土壤镉吸附固定效果的关键指标。从图 6-165a 可看出，添加一般改性麦秸处理的土壤有效态镉含量比添加原始麦秸的对照显著下降（$P<0.05$）；土壤有效态镉含量与改性麦秸添加量成极显著负相关（-0.685**）。随着改性麦秸添加量的增加，土壤有效镉含量逐渐降低，添加 1.2％改性麦秸的处理比对照有效态镉降低 0.638mg/kg，比对照降低 54.3％。同时，土壤有效态镉含量分别与氢氧化钾改性麦秸、氨水改性麦秸添加量呈极显著的负相关，单相关系数分别为-0.898** 和-0.975**。三种改性麦秸对土壤有效态镉的影响趋势一致，但效果存在显著差异。对土壤有效镉的吸附固定效果：一般改性麦秸＞氢氧化钾改性麦秸＞氨水改性麦秸。

土壤 pH 是直接影响土壤镉吸附固定的一项重要指标。从图 6-165b 可看出，除添加 1.2％氢氧化钾改性麦秸外，添加改性麦秸比添加原始麦秸土壤 pH 显著降低。通过单相关性分析，土壤 pH 与 240℃改性麦秸（pH=4.76）添加量呈显著负相关（-0.803**），可能是由于改性麦秸中羧基（—COOH）、羟基（—OH）电离出大量 H^+ 导致土壤 pH 下降。而氢氧化钾改性麦秸（pH=7.79）由于其本身显碱性，未对土壤 pH 产生显著影响。氨水改性麦秸（pH=7.53）与土壤 pH 显著负相关，这是由于 NH_4^+ 与改性麦秸中的羧基（—COOH）发生反应产生的强酸弱碱盐，使其在土壤中电离大量 H^+ 降低了土壤 pH。

土壤电导率（EC 值）是反应影响土壤镉吸附固定强弱的一项重要指标。从图 6-165c 可看出，改性麦秸以及氢氧化钾、氨水改性麦秸均能显著降低土壤 EC 值，使 EC 值从 789μS/cm 降至 500μS/cm。同时，土壤电导率与改性麦秸、氢氧化钾改性麦秸添加量呈显著负相关（-0.616*、-0.678*）。这可能与改性麦秸通过物理及化学吸附对镉离子吸附有关。

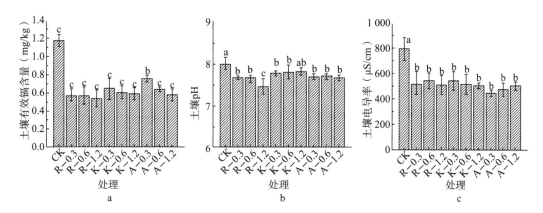

图 6-165　改性麦秸对土壤有效镉含量及其相关因素的影响

a. 对镉吸附富集的影响　b. 对土壤 pH 的影响　c. 对土壤电导率的影响

三、改性麦秸吸附污染物性能改良的表面化学机制

（一）不同改性温度对麦秸表面官能团的影响

采用 Boehm 滴定法，利用 ZDJ-4B 雷磁 pH 滴定，测定了不同改性麦秸样品表面酸性和碱性官能团。从表 6-51 可看出，同原始麦秸相比，在 O_2 条件下不同温度处理的改性麦秸表面基团总量显著提高。随改性处理温度的提高，表面酸性官能团总量、碱性基团总量及其官能团总量分别呈抛物线型变化规律，在 240℃ 时分别达到最高量 3.25mmol/g、0.85mmol/g 和 4.10mmol/g。其中，随改性处理温度的提高，酸性官能团的酚基、内酯基、总酸值也呈抛物线型变化，而羧基出现 S 形曲线变化，分别在 220℃ 和 240℃ 时达到最高量 1.85mmol/g、0.85mmol/g 和 0.68mmol/g。然而，在 240℃ 以上的高温改性，将导致表面基团数量下降，主要是含 O 官能团的丢失。说明改性麦秸不仅能提高秸秆官能团总量，而且提高的主要是酚基、内酯基和羧基等酸性官能团，可大大增强改性秸秆对污染物的吸附性能。

表 6-51　不同温度改性麦秸表面官能团含量的变化

处理温度 （℃）	酸性基团（mmol/g）				碱性基团 （mmol/g）	官能团总量 （mmol/g）
	酚基	内酯基	羧基	总酸值		
原始	0.65	0.39	0.45	1.49	0.37	1.86
140	0.76	0.87	0.25	1.88	0.11	1.99
160	1.17	0.84	0.42	2.43	0.09	2.52
180	1.59	1.03	0.36	2.98	0.30	3.28
200	1.67	0.71	0.75	3.13	0.46	3.59
220	1.85	0.77	0.64	3.26	0.66	3.92
240	1.72	0.85	0.68	3.25	0.85	4.10
260	1.51	0.75	0.37	2.63	0.83	3.46

（二）改性麦秸官能团变化对污染物吸附量的影响

通过红外光谱可分析改性麦秸表面的化学组成。在 Nicolet 380 漫反射红外傅立叶变换光谱仪（DRIFTS，美国 ThermoFisher Scientific）上测量了 $400 \sim 4\,000cm^{-1}$ 范围内的 FT-IR 光谱。如图 6-166 所示，原始麦秸在 $3\,000 \sim 3\,600cm^{-1}$、$2\,915cm^{-1}$、$1\,732cm^{-1}$、$1\,630cm^{-1}$、$1\,238cm^{-1}$ 和 $1\,034cm^{-1}$ 处的红外吸收峰分别为 O-H 伸缩、脂肪族 C-H 伸缩、C-O 伸缩、C-C 伸缩、C-O 伸缩和 C-O-C 伸缩。波数在 $3\,000 \sim 3\,600cm^{-1}$ 为 -OH 伸缩振动峰。一般含有 -OH 的化合物在 $3\,000 \sim 3\,600cm^{-1}$ 范围内有一个至数个吸收峰，-OH 以化合物的形式存在于纤维素分子链上。随着化合物结构的物理状态不同，峰的位置和峰形都呈现出规律的变化。波数 $2\,915\,cm^{-1}$ 为甲基（$-CH_3$）与亚甲基（$-CH_2$）的对称伸缩或反对称伸缩峰。C-O 键（酯、醚、醇类）的极性很强，故强度强。聚合物纤维素、半纤维素和木质素是作物的主要生物质组分，其光谱与之相似。$1\,732cm^{-1}$ 处是因酯羰基 C=O 键的伸缩振引起的吸收峰。有氧处理后，O-H 伸缩、脂肪族 C-H 伸缩和 C-O 伸缩的红外吸光度下降，羧基和内酯基 C=O 相关波段的相对强度增加。这种现象表明，脂肪族的 C-H、O-H 和 C-O 向羧基和内酯基转化。麦秸主要含有木质素、半纤维素和纤维素。木质素位于纤维素和纤维素之间，起到强化和保护的作用，可溶于强碱溶液中。半纤维素易被碱和酸溶液水解，而纤维素难溶于水、稀酸、稀碱和有机溶剂等。木质素是以芳香醇为单元构成的一类物质，含有多种活性官能团。纤维素由葡萄糖组成，分子之间存在氢键。半纤维素由几种不同类型的五碳糖和六碳糖构成，单体之间以共价键、氢键、醚键和酯键连接。木质素、纤维素和半纤维素之间以氢键、醚键、酯键相互联结成一个有机体。

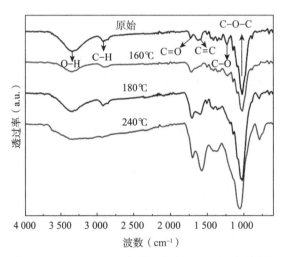

图 6-166　不同处理温度改性麦秸的 FT-IR 光谱分析

通过 XPS（ESCALAB 250Xi，ThermoScientific，USA）测定分析了改性麦秸表面元素组成和键合信息。数据处理和曲线拟合使用 CasaXPS 和 OriginPro 软件完成，以 C1s 为 285.0eV 校准结合能。经 XPS 光谱分析（图 6-167）表明，麦秸原始样品的表面主要由 74.8% 的 C、22.8% 的 O 和分别 1.0% 左右的 N、Si 组成。C1s 区的主峰拟合在 285.0eV、286.6eV、288.1eV 和 289.3eV 的峰结合能上，可以分别归属于 C-C、C-O/

C-N、C=O 和羧基 COO。原始麦秸和改性麦秸表面结构组成见表 6-52。一般而言，改性后 C-C 和 COO 的原子比例增加，而 C-O/C-N 和 C=O 的原子比例降低。240℃的改性麦秸 C-O/C-N 的比例由 34.9% 下降到 13.2%，而 COO 的比例由 3.5% 上升到 7.2%。改性麦秸表面酸性含 O 官能团密度的增加与 FTIR 分析一致。因此，改性后形成大量的活性官能团，增加了改性秸秆表面的吸附位点。

关于秸秆热解反应的机理，司耀辉等采用非等温积分法分析了秸秆的燃烧动力学特性表明，农作物秸秆易着火、易燃尽，燃烧过程主要包括 200~360℃ 挥发分燃烧和 360~500℃ 固定炭燃烧。动力学分析表明，秸秆的挥发分较易析出，所需活化能较小，低于 100kJ/mol，而固定炭的燃烧较难，活化能大于 150kJ/mol。Gil 等人通过非等温热重分析法研究煤和松木屑以及两种混合物燃烧的特性和动力学参数表明，生物质的燃烧出现两个峰值，一是 200~360℃ 区间内的挥发分燃烧阶段，二是 360~490℃ 区间内的固定炭燃烧阶段。然而煤的燃烧只有一个特征阶段在 315~615℃ 范围内。Lopez-Gonzalez 等人利用热重质谱联用仪研究木质纤维成分和生物质的燃烧特性表明，生物质的燃烧分为 2 个主要步骤即为挥发分燃烧阶段和固定炭燃烧阶段。升温速率越高，分解温度也越高，生物质的失重率随着温度梯度的增大而升高。纤维素的活化能最高。燃烧产生的主要成分为 CO、CO_2 和 H_2O，此外还生成了少量的 CH_4 和 C_2H_5。生成的氮化合物比硫化合物比例高，且主要以伯胺和氮氧化物形式释放出来。

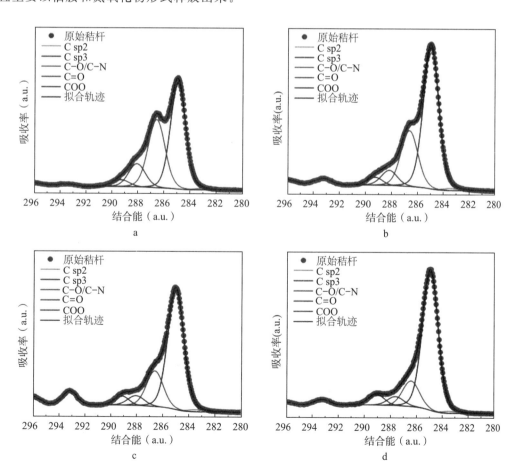

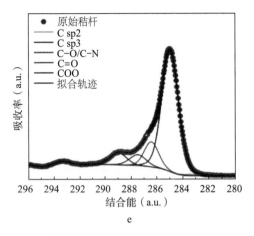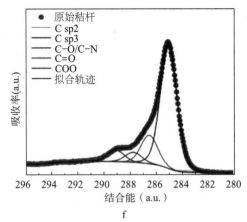

图 6 - 167　原始秸秆和改性麦秸吸附 Cd（Ⅱ）的碳原子 1s 轨道电子的 XPS 光谱

a. 原始秸秆　b. 160℃改性麦秸　c. 180℃改性麦秸　d. 220℃改性麦秸　e. 240℃改性麦秸　f. ＞240℃改性麦秸

表 6 - 52　不同改性麦秸表面碳 1s 结合状态及其相对原子百分率

不同热处理麦秸	表面碳 1s 结合状态及其相对原子百分率（％）			
	C - C	C - O/C - N	C＝O	COO
原始麦秸	49.6	34.9	11.9	3.5
160℃改性麦秸	68.7	20.9	5.8	4.6
180℃改性麦秸	68.7	19.1	5.9	6.4
200℃改性麦秸	74.7	14.4	5.2	5.7
240℃改性麦秸	72.9	13.2	6.7	7.2
＞240℃改性麦秸	71.1	16.5	5.9	6.5

（三）改性麦秸表面吸附位点的甄别解析

利用 XPS 光谱分析，研究了 240℃改性麦秸吸附 Cd（Ⅱ）前后的表面性能（图 6 - 168）。通过观察镉 3d 的结合能，表明改性后的麦秸材料成功吸附了 Cd（Ⅱ）。改性麦秸吸附 Cd（Ⅱ）后，碳在 240℃的原子百分率由 72.9％提高到 77.3％，氧的原子百分率由 21.6％下降到 19.6。表明吸附 Cd（Ⅱ）后可用的含 O 官能团较少，C1s 的高分辨光谱进一步阐明了 Cd（Ⅱ）的吸附机理。从表 6 - 52 可看出，改性麦秸吸附 Cd（Ⅱ）后，C＝O 和 COO 的比例分别由 6.7％降至 5.9％、由 7.2％降至 6.5％，而 C - O 的峰面积则由 13.2％上升至 16.5％。说明吸附过程中大量羧基被消耗。此外，有报道称，碱性基团如含 N 基团和芳香结构也参与了吸附过程。吸附 Cd（Ⅱ）后，酰胺或氨基 400.0eV 的峰面积比从 1.5％下降到 1.0％，证实了含 N 基团的贡献。环状芳香族结构可以作为 π 给体促进 Cd 与 C＝C 之间形成 Cd-π 结合。可以说，Cd（Ⅱ）可以与 s 轨道形成常见的 σ 键，d 轨道可将电子密度反向贡献给改性麦秸中 C＝C 双键的 π-反键轨道。可见，改性麦秸主要是改善表面化学结构，增加表面含 O 酸性官能团的数量，促进这些官能团对 Cd（Ⅱ）离子的吸附固定，从而揭示了改性麦秸表面吸附镉性能改良的化学机制。

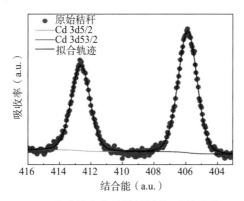

图 6-168　240℃改性麦秸吸附镉原子 3d 轨道的 XPS 光谱

555 为进一步探究改性麦秸表面的最佳吸附位点，进行了 240℃改性麦秸污染物吸附量与表面官能团数量线性拟合的决定系数分析。从表 6-53 可以看出，240℃改性麦秸 Cd（Ⅱ）吸附量与其表面官能团总量相关性的 R^2 为 0.901 8。其中，与碱性官能团总量、酸性官能团总量及其酚基相关性的 R^2 分别为 0.727 8、0.725 0 和 0.792 1。说明改性麦秸表面这些官能团数量增加，对增强吸附固定镉的性能起到了决定性作用。240℃改性麦秸 CV 吸附量、MB 吸附量与其表面官能团总量相关性的 R^2 分别为 0.319 5 和 0.097 4。其中，碱性官能团总量相关性的 R^2 分别为 0.756 0 和 0.610 6。说明对改性麦秸吸附固定 CV 和 MB 性能改良起关键作用主要是碱性官能团的增加。

表 6-53　改性麦秸污染物吸附量与表面官能团数量线性拟合的决定系数

表面官能团	决定系数 R^2		
	Cd（Ⅱ）吸附量	CV 吸附量	MB 吸附量
酚基	0.792 1	0.185 7	0.017 0
内酯基	0.071 7	0.101 5	0.308 7
羧基	0.378 4	0.256 4	0.195 0
总酸值	0.725 0	0.118 0	0.002 9
内酯＋羧基	0.497 7	0.059 5	0.010 6
总碱值	0.727 8	0.756 0	0.610 6
酸值＋碱值	0.901 8	0.319 5	0.097 4

注：决定系数 R^2 越接近 1，起相关作用的显著性越强。

四、主要研究进展

1. 研发了吸附固定土壤无机、有机污染的改性麦秸

改性麦秸对不同污染物吸附固定效果，主要取决于麦秸改性的处理温度。随改性处理温度的提高，改性秸秆对污染物吸附量呈抛物线型变化。其中，240℃改性麦秸 Cd（Ⅱ）的吸附量最高，可比原始麦秸的吸附量提高 1.3 倍；160℃改性麦秸结晶紫（CV）吸附量、180℃改性麦秸亚甲基蓝（MB）吸附量分别达到最高，比原始麦秸分别提高 113.1%和 72.2%。针对修复土壤 CV、MB、Cd 污染对象，分别选用 160℃、180℃和 240℃的改

性秸秆为宜。

2. 明确了改性麦秸吸附固定土壤镉污染的效应规律

随着改性麦秸添加量的增加，土壤有效镉含量逐渐降低、吸附固定能力增强。土壤有效态镉含量与改性麦秸添加量成极显著负相关（-0.685^{**}）。同时，土壤有效态镉含量分别与氢氧化钾改性麦秸、氨水改性秸秆添加量成极显著的负相关（-0.898^{**}、-0.975^{**}）。三种改性麦秸对土壤有效态镉的影响趋势一致，但对土壤有效镉的吸附固定效果存在显著差异：一般改性秸秆＞氢氧化钾改性秸秆＞氨水改性秸秆。同时，改性麦秸可降低土壤 pH 和土壤电导率（EC 值），促进对土壤污染物（Cd、CV、MB）的吸附固定。

3. 揭示了改性麦秸表面吸附性能改良的化学机制

改性秸秆通过改善表面酸性与碱性官能团，改良其吸附无机、有机污染物的能力。在 O_2 条件下不同温度处理的改性麦秸表面基团总量显著提高。随改性处理温度的提高，表面酚基、内酯基等酸性官能团总量、碱性基团总量及其官能团总量分别表现出抛物线型变化规律，240℃改性秸秆分别达到最高量，超过 240℃ 的高温改性麦秸表面含 O 官能团数量将大幅下降。对改性麦秸吸附固定 Cd（Ⅱ）性能改良起关键作用的是表面酸性官能团总量的增加，特别是酚基的增加；而对吸附固定 CV 和 MB 性能改良起关键作用的是碱性官能团的增加。

参 考 文 献

杜佳燕，2020. 木醋液-生物炭-益生菌复配对辣椒连作土壤的作用效应［D］. 保定：河北农业大学.

范俊，2016. 解磷、解钾功能菌的耐盐性和耐淹性研究［D］. 保定：河北农业大学.

高珊，2019. 硝化抑制剂对温室番茄施氮损失的影响及微生物效应研究［D］. 保定：河北农业大学.

高夕彤，2018. 不同镉积累型番茄品种对土壤镉吸收差异研究［D］. 保定：河北农业大学.

管培彬，2019. 有机物料对轻度盐渍化设施土壤修复效果研究［D］. 保定：河北农业大学.

郭娇，2020. 温室黄瓜减氮配施硝化抑制剂与菌剂对氮损失的调控效应［D］. 保定：河北农业大学.

郭艳杰，2008. 印度芥菜富集土壤 Cd、Pb 的特性研究［D］. 保定：河北农业大学.

郭艳杰，2012. 温室菜田施氮损失的双氰胺控制效应规律研究［D］. 保定：河北农业大学.

韩晓莉，2012. 沼液配方肥对油菜生长、品质及土壤质量的影响［D］. 保定：河北农业大学.

何迪，2018. 草酸青霉菌 HB1 溶磷能力及其生物效应研究［D］. 保定：河北农业大学.

吉艳芝，2010. 填闲作物阻控设施蔬菜土壤硝态氮累积和淋失的研究［D］. 保定：河北农业大学.

纪宏伟，2016. 枯草芽孢杆菌对土壤镉污染的钝化效应研究［D］. 保定：河北农业大学.

贾娟，2018. 施用菌剂和氨基酸对蔬菜产量、品质及土壤生物化学性质的影响［D］. 保定：河北农业大学.

贾莹，2010. 接种微生物对油菜吸收 Cd 效果的影响［D］. 保定：河北农业大学.

金美玉，2007. 四种矿物材料修复土壤镉、铅污染的规律研究［D］. 保定：河北农业大学.

李丽丽，2011. 黑曲霉（30582）对 Cd、Zn 污染土壤的原位修复效应研究［D］. 保定：河北农业大学.

李青梅，2017. 棚室甜瓜施用巨大芽孢杆菌与生根粉的效应研究［D］. 保定：河北农业大学.

李硕，2019. 氨基酸强化巨大芽孢杆菌对茄子促生机制研究［D］. 保定：河北农业大学.

李晓雪，2021. 辣椒对土壤连作障碍的响应及其成因研究［D］. 保定：河北农业大学.

李新博，2009. 印度芥菜-苜蓿间作对镉胁迫的生态响应［D］. 保定：河北农业大学.

李玉涛，2015. 温室番茄配施氮肥和双氰胺对氮淋失及氧化亚氮排放和氨挥发的影响［D］. 保定：河北农业大学.

刘建霞，2014. 黄瓜温室土壤氮磷和总有机碳淋溶特征及其调控机制研究［D］. 保定：河北农业大学.

卢金海，2016. 设施黄瓜土壤重金属镉限值及安全施肥技术研究［D］. 保定：河北农业大学.

卢小军，2010. 低分子有机酸对土壤镉纵向迁移的影响［D］. 保定：河北农业大学.

马理，2017. 设施番茄微生物菌剂配套施用技术研究及示范［D］. 保定：河北农业大学.

聂文静，2012. 氮肥与双氰胺配施对棚室黄瓜生长的影响及其环境效应研究［D］. 保定：河北农业大学.

任翠莲，2012. 填闲作物吸收棚室菜田土壤氮能力的研究［D］. 保定：河北农业大学.

田晓楠，2020. 设施茄子施氮减量增效关键技术研究［D］. 保定：河北农业大学.

王赫，2019. 露地辣椒有机肥与菌剂配施减肥增效研究［D］. 保定：河北农业大学.

王凌，2018. 华北设施黄瓜-土壤系统氮、磷行为微生物调控机制及其作用效应［D］. 保定：河北农业大学.

王伟，2009. EDTA 络合诱导土壤 Cd 的纵向迁移转化规律研究［D］. 保定：河北农业大学.

王小敏，2016. 巨大芽孢杆菌对印度芥菜富集土壤镉的影响研究［D］. 保定：河北农业大学.

王晓娟，2011. 畜禽粪便高温堆肥促腐菌剂的应用及肥效研究［D］. 保定：河北农业大学.

魏欢，2020. 设施番茄微润灌溉——减量施肥阻控土壤氮磷损失研究［D］. 保定：河北农业大学.

杨华，2005. 潮褐土镉、铅污染的有机调控机制及其修复途径研究［D］. 保定：河北农业大学.

杨榕，2013. 胶质芽孢杆菌促进印度芥菜富集土壤镉的效应研究 [D]. 保定：河北农业大学.

杨威，2013. 氮肥与双氰胺配施对温室番茄生长及氮素损失的影响研究 [D]. 保定：河北农业大学.

杨迎，2020. 河北省设施甜瓜施氮的纳米碳溶胶调控技术研究 [D]. 保定：河北农业大学.

杨卓，2009. Cd、Pb、Zn 污染潮褐土的植物修复及其强化技术研究 [D]. 保定：河北农业大学.

张津，2013. 菌剂和调理剂对番茄秸秆与鸡粪堆腐性能及肥效的影响研究 [D]. 保定：河北农业大学.

张琳，2014. 不同调控措施对设施菜田土壤氮素损失的影响 [D]. 保定：河北农业大学.

张敏硕，2019. 冀北坝上蔬菜施用溶磷解钾菌剂效果及其作用机制 [D]. 保定：河北农业大学.

赵洪，2016. 设施番茄菜地土壤重金属镉污染预测与安全施肥研究 [D]. 保定：河北农业大学.

赵英男，2021. 设施黄瓜施用巨大芽孢杆菌对土壤微生物群落影响及其促生效应机制 [D]. 保定：河北农业大学.

周晓丽，2017. 设施蔬菜施氮损失生化调控的农学及环境效应分析 [D]. 保定：河北农业大学.

Fu Yusheng, Li Xiangyu, Yang Zhixin, et al., 2021. Increasing straw surface functionalities for enhanced adsorption property [J]. Bioresource Technology, 320：124393.

Guo Yanjie, Di Hongjie, Keith C. Cameron, et al., 2013. Effect of 7-year application of a nitrification inhibitor, dicyandiamide (DCD), on soil microbial biomass, protease and deaminase activities, and the abundance of bacteria and archaea in pasture soils [J]. Journal of Soils and Sediments, 13 (4)：753-759.

Guo Yanjie, Di Hongjie, Keith C. Cameron, et al., 2014. Effect of application rate of a nitrification inhibitor, dicyandiamide (DCD), on nitrification rate, and ammonia-oxidizing bacteria and archaea growth in a grazed pasture soil：An incubation study [J]. Journal of Soils and Sediments, 14 (5)：897-903.

Guo Yanjie, Li Bowen, Di Hongjie, et al., 2012. Effects of dicyandiamide (DCD) on nitrate leaching, gaseous emissions of ammonia and nitrous oxide in a greenhouse vegetable production system in northern China [J]. Soil Science and Plant Nutrition, 58 (5)：647-658.

Wang Ling, Li Bowen[*], Liu Mengchao, et al., 2018. Microbial Diversity Responded to Application of Nitrification Inhibitor in Greenhouse Cucumber Soil for Three Years [C]. Advances in Engineering Research (AER), ATLANTIS PRESS, Vol. 174：363-371.

Wang Xiaomin, Di Hongjie, Keith C. Cameron, et al., 2019. Effect of treated farm dairy effluent on E. coli, phosphorus and nitrogen leaching and greenhouse gas emissions：a field lysimeter study [J]. Journal of Soils and Sediments, 19：2303-2312.

Yang Zhuo, Li Bowen, Li Guibao, et al., 2007. Nutrient elements and heavy metals in the sediment of Baiyangdian and Taihu Lakes：A comparative analysis of pollution trends [J]. Frontiers of Agriculture in China, 1 (2)：203-209.

ZhaoYingnan, Mao Xiaoxi, Zhang Minshuo, et al., 2020. Response of soil microbial communities to continuously mono-cropped cucumber under greenhouse conditions in a calcareous soil of north China [J]. Journal of Soils and Sediments, 20：2446-2459.

ZhaoYingnan, Mao Xiaoxi, Zhang Minshuo, et al., 2021. The application of Bacillus Megaterium alters soil microbial community composition, bioavailability of soil phosphorus and potassium, and cucumber growth in the plastic shed system of North China [J]. Agriculture, Ecosystems and Environment, 307：107236.

ZhaoYingnan, Zhang Minshuo, Yang Wei, et al., 2019. Effects of microbial inoculants on phosphorus and potassium availability, bacterial community composition, and chili pepper growth in a calcareous soil：a greenhouse study [J]. Journal of Soils and Sediments, 19：3597-3607.

附　　　录

附录一　科学技术成果鉴定证书——潮褐土区蔬菜硝酸盐和重金属污染特点及其控制技术

成果登记	登记号	20100986
	批准日期	20100520

科 学 技 术 成 果 鉴 定 证 书

冀科成转鉴字[2010]第 9-205 号

成 果 名 称：**潮褐土区蔬菜硝酸盐和重金属污染特点及其控制技术**

完 成 单 位：河北农业大学

　　　　　　廊坊市惠农农业技术研究所

　　　　　　永清县惠民蔬菜有限公司

　　　　　　石家庄市农业技术推广中心

　　　　　　藁城市高效农业示范场

鉴 定 形 式：会议鉴定

组织鉴定单位：河北省科技成果转化服务中心　　（盖章）

鉴 定 日 期：2010 年 4 月 24 日

鉴定批准日期：2010 年 4 月 14 日

国家科学技术委员会

一九九四年制

简 要 技 术 说 明 及 主 要 技 术 性 能 指 标

　　面对国际"绿色壁垒"和大城市蔬菜市场的准入制度,针对蔬菜硝酸盐和重金属污染控制难、修复难等技术问题,以华北具代表性潮褐土区常见20余种蔬菜硝酸盐和重金属污染控制为主要研究对象,采用田间试验、模拟试验与辅助试验相结合的方法,经八年试验研究,突破了"三个技术关键",创新了"三项实用技术",取得了显著成效。

　　1. 研究了不同种类蔬菜硝酸盐的蓄积特点,明确了潮褐土区蔬菜氮素施用限量、适宜的化肥品种,提出了瓜果类、根茎类和叶菜类蔬菜控制硝酸盐污染的适宜用量、施肥方式,适度提前施肥或推迟采收时间,以及施用自主研发的蔬菜专用液态配方肥等技术。

　　2. 明确了Zn对蔬菜Cd吸收的抑制效应,揭示了潮褐土重金属污染蔬菜品质的效应规律,分别建立了瓜果类、根茎类和叶菜类蔬菜土壤Cd、Pb污染的预测模型,提出了潮褐土Cd、Pb含量的限量参数,构建了控制蔬菜重金属污染的规划布局技术方案,发现黑曲霉30582发酵液可降低蔬菜Cd、Pb吸收量的84%和70%,并形成了控制蔬菜重金属污染的安全生产技术。

　　3. 发现了巨大芽孢杆菌和胶质芽孢杆菌混合微生物制剂可提高植物修复Cd、Pb污染提取量的4.0倍和0.6倍,初步阐明了其微生物的作用机制,创新了潮褐土重金属轻度污染菜田的修复技术。

　　4. 构建了绿色蔬菜硝酸盐和重金属污染控制综合技术体系,制定了绿色蔬菜生产技术操作规范,开发出番茄、黄瓜、白萝卜和胡萝卜等绿色食品A级标准的蔬菜产品。

　　本项成果既可有效控制硝酸盐、重金属污染蔬菜,又可用于修复重金属污染农田,丰富了蔬菜营养学、土壤环境学和土壤改良学的教学内容,推动了本学科领域的科技进步,其核心技术被列入河北省农业科技推广计划,经在河北、山东、北京等地推广应用,取得了巨大的经济效益、生态效益和社会效益。

推 广 应 用 前 景 与 措 施

随着蔬菜农药残留污染得到有效控制,硝酸盐和重金属污染问题的日益凸显,面对国际市场的绿色壁垒和国内大城市市场的准入制度,蔬菜上市受到国内外市场的制约。该项技术成果,既可控制蔬菜硝酸盐和重金属污染,又可修复重金属污染农田,丰富了土壤环境学、土壤化学和蔬菜营养学的教学内容,推动了本学科领域的科技进步,具有显著的经济效益、生态效益和社会效益,应用前景十分广阔。

该项技术成果的推广应用,可采取以项目为载体、试验、示范与推广相结合的方法,利用各地的农业技术推广网络,加强蔬菜硝酸盐和重金属污染控制技术的指导培训与推广应用,大幅度改善无公害蔬菜产品的质量,提高进入京津等大城市蔬菜市场的占有率,为进一步扩大出口创汇提供技术保障,达到大幅度提质增效的目的。

主 要 技 术 文 件 目 录 及 来 源

1. 鉴定大纲　　　　　　　　河北省科技成果转化服务中心

2. 技术研究报告　　　　　　河北农业大学

3. 研究工作报告　　　　　　河北农业大学

4. 经济效益分析报告　　　　河北农业大学

5. 绿色食品证书　　　　　　中国绿色食品发展中心

6. 查新报告　　　　　　　　河北省科技情报研究院

7. 应用证明　　　　　　　　保定、石家庄、廊坊、邯郸

8. 项目任务合同书　　　　　河北农业大学

9. 发表的学术论文　　　　　河北农业大学

鉴　定　意　见

　　2010 年 4 月 24 日，由河北省科技成果转化服务中心组织、河北省教育厅主持，聘请同行专家组成鉴定委员会，在北京对河北农业大学等单位完成的"潮褐土区蔬菜硝酸盐和重金属污染特点及其控制技术"进行了鉴定。该成果是河北省自然基金"不同蔬菜硝酸盐和重金属的吸收累积规律及其调控途径研究"（编号 302340）、"潮褐土镉铅锌复合污染植物修复的综合方法研究"（编号 C2007000459），河北省博士基金"无公害蔬菜重金属复合污染土壤的预测与控制技术研究"（编号 03547017D），河北省农业开发推广项目"无公害蔬菜施肥污染调控技术的开发推广"（冀财发［2006］23 号 1.10）和河北省科技支撑计划"养殖业废弃物肥料化高效利用关键技术集成与示范"（编号 09227102D-1）5 项课题的集成。鉴定委员会听取了项目组的研究报告、工作报告、经济效益分析报告，审阅了相关技术资料，经质疑答辩和讨论，形成以下意见。

　　项目选题准确、试验方案设计合理、技术路线可行、研究方法先进，数据翔实可靠、资料齐全规范，完成了合同任务，符合成果鉴定要求。其主要创新点：

　　1. 研究了瓜果类、根茎类和叶菜类蔬菜硝酸盐的蓄积特点，提出潮褐土区蔬菜氮肥施用限量技术，适度提前氮肥追施时间或推迟氮肥追施后收获时间，施用自主研究开发的蔬菜专用液态配方肥等技术，可以有效防范硝酸盐污染风险。

　　2. 明确了 Zn 对蔬菜 Cd 吸收的抑制效应，揭示了潮褐土重金属污染蔬菜品质的效应规律，分别建立起瓜果类、根茎类和叶菜类蔬菜土壤 Cd、Pb 污染预测模型，提出潮褐土 Cd、Pb 限量参数，发现了黑曲霉 30582 发酵液可显著降低蔬菜 Cd、Pb 吸收量，并形成了控制蔬菜重金属污染的安全生产技术。

　　3. 研究发现了巨大芽孢杆菌和胶质芽孢杆菌的混合微生物制剂可提高富集植物对 Cd、Pb 的富集提取效果，初步阐明了其微生物的作用机制，创新了控制土壤重金属污染菜田的修复技术。

　　4. 构建了绿色蔬菜硝酸盐和重金属污染综合控制技术体系，开发出番茄、黄瓜、白萝卜和胡萝卜等绿色食品 A 级标准的蔬菜产品。

　　综上所述，该项目达到了同类研究的国际先进水平。经推广应用取得了显著的经济效益、社会效益和生态效益，应用前景广阔。

　　建议：深入研究土壤重金属污染微生物修复剂的机理，进一步完善植物修复技术。

　　　　　　　　鉴定委员会主任：　　　　　副主任：

　　　　　　　　　　　　　　　　　　　2010 年 04 月 24 日

主 持 鉴 定 单 位 意 见
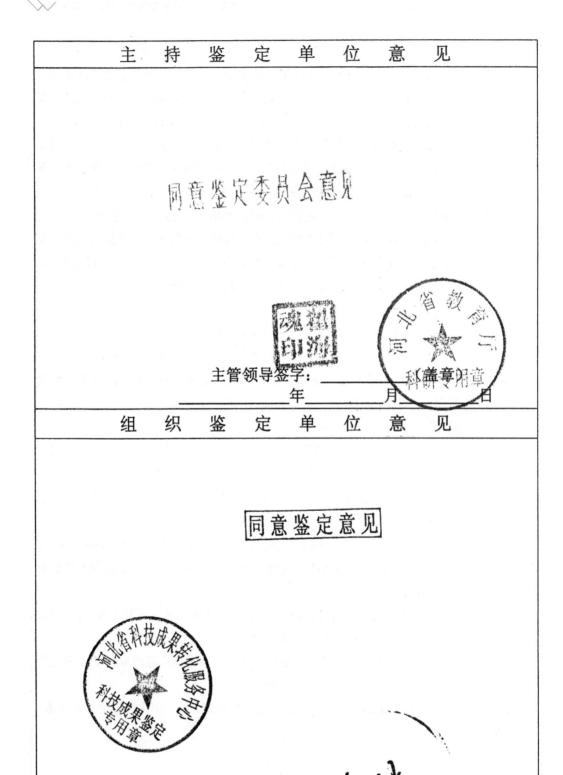

科技成果完成单位情况

序号	完成单位名称	邮政编码	所在市代码	详细通信地址	隶属省部	单位属性
1	河北农业大学	071001	9903	河北保定市灵雨寺街289号	河北省	2
2	廊坊市惠农农业技术有限公司	065000	9903	廊坊市瓷河开发区绿家园地产"大厦"	河北省	1
3	永清县惠民蔬菜有限公司	065600	913	河北省永清县惠民蔬菜有限公司	河北省	4
4	石家庄市农业技术推广中心	050051	913	河北石家庄友谊北大街59号	河北省	5
5	藁城市高效农业示范场	052160	913	藁城市东城北街36号	河北省	5
6						
7						

注：1. 完成单位序号超过8个可加附页，其顺序必须与鉴定证书封面上的顺序完全一致。

2. 完成单位名称必须填写单位全称，不得简化，与单位公章完全一致，并填入完成和名称的第一栏中。

3. 所在省市代码由组织鉴定单位按省、自治区、直辖市和国务院部门及其他机构名称的第一栏中。

4. 详细通信地址要写明省（自治区、直辖市）、市（地区）、县（区）、街道和门牌号码。

5. 隶属省部是指本单位和行政关系隶属于哪一个省、自治区、直辖市或国务院部门主管。并将其名称填入表中。如果本单位有地方/部门双重隶属关系，请按主要隶属关系填写。

6. 单位属性是指本单位在1.独立科研机构、2.大专院校、3.工矿企业、4.集体或个体企业、5.其他 五类性质中属于那一类，并在栏中选填1、2、3、4、5即可。

主 要 研 制 人 员 名 单

序号	姓名	性别	出生年月	技术职称	文化程度	工作单位	对成果创造性贡献
1	李博文	男	196305	研究员	博士	河北农业大学	蔬菜 NO_3 和 Cd、Pb 污染特点与控制技术
2	谢建治	男	196905	教授	博士	河北农业大学	蔬菜重金属污染控制技术研究
3	刘树庆	男	195603	教授	博士	河北农业大学	蔬菜硝酸盐污染控制技术研究
4	杨泉勇	男	196612	研究员	学士	廊坊市农业局	蔬菜重金属污染控制的种植布局技术研究
5	杨志新	女	196912	副教授	博士	河北农业大学	土壤重金属修复技术研究
6	薛庆林	男	196012	教授	硕士	河北农业大学	潜在污染菜田蔬菜的种植布局技术开发
7	王树生	男	196205	研究员	学士	石家庄市农技推广中心	蔬菜 NO_3 和 Cd、Pb 污染控制技术开发
8	刘东臣	男	194611	教授	大专	河北农业大学	专用沼液肥及其配套技术的开发研制
9	晏国生	男	194904	研究员	研究生	廊坊市惠农农研所	绿色食品蔬菜生产技术开发
10	王树涛	男	197808	讲师	博士	河北农业大学	蔬菜重金属污染预测模型研究
11	葛春昇	男	196302	研究员	本科	永清县蔬菜管理局	绿色蔬菜生产技术开发推广
12	冯圣东	男	196912	副研究员	硕士	河北农业大学	土壤重金属污染菜田修复技术开发
13	杨草	女	198003	—	博士	河北农业大学	土壤重金属污染菜田植物修复技术开发
14	赵绪生	男	197805	助理研究员	硕士	河北农业大学	蔬菜 NO_3 和 Cd、Pb 污染控制技术开发推广
15	齐爱勇	男	197801	助理研究员	硕士	河北农业大学	蔬菜专用肥配套施用技术开发
16	刘微	女	198001	—	博士	河北大学	蔬菜专用肥配套施用技术研发
17	王小敏	女	197612	讲师	硕士	河北农业大学	蔬菜专用肥配套施用技术研发
18	王永涛	男	197607	助理农艺师	大专	永清县惠民蔬菜有限公司	绿色食品蔬菜生产技术开发推广
19	马书昌	男	197111	农艺师	本科	藁城市高效农业示范场	蔬菜污染控制适用技术开发推广
20	王晶	女	198212	—	硕士	永清县惠民蔬菜有限公司	蔬菜 NO_3 和 Cd、Pb 污染控制技术开发

鉴 定 委 员 会 名 单

序号	鉴定会职务	姓名	工作单位	所学专业	现从事专业	职称/职务	签名
1	主任委员	刘旭	中国农业科学院	农学	农学	院士、副院长	
2	副主任委员	郝晋珉	中国农业大学资源与环境学院	土壤学	土壤生态	教授、博导	
3	委员	刘荣乐	中国农业科学院研究生院	土壤农化	植物营养	研究员、博导	
4	委员	赵同科	北京市农科院植物营养与资源所	土壤农化	植物营养	研究员、博导	
5	委员	贾文竹	河北省土壤肥料总站	土壤农化	土壤肥料	研究员	
6	委员	王玉海	河北省农林科学院蔬菜所	蔬菜学	蔬菜栽培	研究员	
7	委员	孙茜	河北省农林科学院植保所	植物保护	蔬菜植保	研究员	
8							
9							
10							
11							
12							
13							
14							
15							

科 技 成 果 登 记 表

成 果 名 称	潮褐土区蔬菜硝酸盐和重金属污染特点及其控制技术					
研究起始时间	20020101		研究终止时间			20100330
成果第一完成单位	单位名称					
	隶属省部	代码	913	名称	河北省	单位属性（2） 1.独立科研机构 2.大专院校 3.工矿企业 4.集体个体 5.其他
	所在地区	代码	913	名称	河北省	
	联 系 人	李博文				
	邮政编码	071001	联系电话	1.0312-7521251 2.0312-7521309		
	通信地址	河北保定市灵雨寺街289号河北农业大学科技处				
鉴 定 日 期	20100424		鉴定批准日期			20100414
组织鉴定单位名称	河北省科技成果转化服务中心					
成果有无密级	(0)	0-无 1-有	密 级	（ ）	1-秘密 2-机密 3-绝密	
成 果 水 平	(2)	1-国际领先 2-国际先进 3-国内领先 4-国内先进				
任 务 来 源	(2)	1-国家计划 2-省部计划 3-计划外				
应用行业大类	(01)	01-农、林、牧、渔、水利　　02-工业　　03-地质普查和勘探业　　04-建筑业　　05-交通运输、邮电通讯业　　06-商业、饮食、物资供销和仓储业　　07-房地产、公用事业居民和咨询服务业　　08-卫生、体育、社会、福利业　　09-教育、文化、艺术、广播和电视业　　10-科学研究和综合技术服务业　　11-金融、保险业　　12-其他行业				
应 用 情 况	(1)	1-已应用　未应用原因 A-无接产单位 B-缺乏资金 C-技术不配套 D 工业实验前成果 E-其他				
转 让 范 围	(2)	1-允许出口 2-限国内转让 3-不转让				

科 研 投 资（万元）		应 用 投 资（万元）	
国 家 投 资		国 家 投 资	
地方、部门投资	70.0	地方、部门投资	
其他单位投资		其他单位投资	58.0
合 　 计	70.0	合 　 计	58.0

本 年 度 经 济 效 益（万元或万美元）					
新 增 产 值	66095.6	新 增 利 税	61750.6	其中创收外汇	

成　果	登　记　号	
登　记	批准日期	

科 学 技 术 成 果 鉴 定 证 书

冀农鉴字[2015]第 6 号

成 果 名 称: 养殖废弃物肥料化高效利用关键技术示范推广

完 成 单 位: 河北省农业环境保护监测站

河北农业大学

河北闰沃生物技术有限公司

廊坊市欧华嘉利农业科技发展有限公司

河北民得富生物技术有限公司

永清县蔬菜管理局

鉴 定 形 式: 会议鉴定

组织鉴定单位: 河北省农业厅（盖章）

鉴 定 日 期: 2015 年 4 月 18 日

鉴定批准日期: 2015 年 4 月 6 日

国家科学技术委员会

一九九四年制

简 要 技 术 说 明 及 主 要 技 术 性 能 指 标

目前，我国畜牧业年排放畜禽粪便40多亿吨，严重污染生态环境。沼气工程的蓬勃兴起，推进了畜禽粪便的能源化、肥料化利用，但亟待解决两大难题：一是堆腐缺乏高效菌剂，在北方冷凉季节，沼气发酵难以启动；二是肥料化利用粗放，经堆腐或沼渣沼液直接施入农田，养分损失严重，肥料化利用水平低、效益差。然而，将堆腐发酵与沼气工程相结合，用沼渣沼液和堆肥发酵产物作原料，采用科学配方制成优质肥料，加速其肥料化高效利用进程，已成为最有效的利用途径。加强养殖废弃物肥料化的高效利用，已迫在眉睫，十分必要。

本项目针对养殖废弃物高效利用的难题，将肥料化利用与沼气工程相结合，经上百项试验，优选出高酶活力、快速升温腐熟的微生物菌株枯草芽孢杆菌 XN-13 和米曲霉 No.3，研发出快速高效有机物料腐熟剂，好氧堆腐发酵畜禽粪便和作物秸秆等有机物料，第 2 天堆温可达 65℃以上，20 天即可腐熟；明确不同蔬菜需肥的$N:K_2O$适宜配比，研发设施蔬菜适用系列水溶套餐肥，高钾腐植酸水溶肥（$N:K_2O=1:1.8$）、中钾腐植酸水溶肥（$N:K_2O=1:1.4$）、低钾腐植酸水溶肥（$N:K_2O=1:1.2$）；研发出设施蔬菜适用高效多功能生物有机肥，有机质含量≥40.0%，有效活菌数≥0.2亿/g，养分含量$N+K_2O≥6.0\%$（$N:K_2O$配比分别为高钾1:1.8、中钾1:1.4、低钾1:1.2）；明确了潮褐土区设施蔬菜施用生物有机肥、微生物菌剂和含腐植酸水溶肥的时期、用量和方法，集成创新了 8 种主栽蔬菜安全高效施肥技术模式，降低土传病害发病率30%以上，增产 10%以上。

2013—2014年，以推广新型肥料及其施用技术为抓手，建立了年产10万吨的肥料生产线3条，年处理养殖废弃物30万吨，在全省11个地市23个设施蔬菜主产县市建立32个示范基点，探索了产学研协同创新推广模式，开展培训13场、培训1 187人次，以减施化肥农药增效为抓手，开展微生物菌剂、含腐殖酸水溶肥、生物有机肥安全高效施用技术示范，累计推广应用273.3万亩[*]，新增纯收益35.4亿元。登记肥料产品4个，认定绿色食品蔬菜4个；出版著作1部，发表学术论文7篇，丰富了肥料与施肥学、生物质能利用等学科内容；切实保障了蔬菜食品安全和环境安全。

---

* 亩为非法定计量单位，1亩=1/15hm^2。

推 广 应 用 前 景 与 措 施

　　该项目研发的高效功能微生物促腐剂，可以加速有机物料的快速分解，不仅缩短了堆肥时间，提高了养殖废弃物的腐熟质量，而且将堆腐发酵与沼气工程相结合，用沼渣沼液和堆肥发酵产物作原料，采用科学配方制成优质的含腐植酸水溶套餐肥、生物有机肥，可加速肥料化利用进程，培肥改良设施农田土壤，切实解决设施菜田过量施肥普遍、土壤养分过剩、养分失衡、肥料效应低下、连作病害严重、次生盐渍化等突出问题，提高蔬菜产量，改善蔬菜品质，有效控制蔬菜污染，切实保障生态环境安全。并且，丰富了肥料与施肥科学、环境保护学等学科内容，推动了该领域的科技进步，取得了显著的经济、社会和生态效益。随着绿色食品蔬菜、果品等高效农业的快速发展，微生物肥和水溶肥需求的与日俱增，其市场潜力和应用前景十分广阔。

　　该项技术成果的推广应用，可采取以项目为载体、试验、示范与推广相结合的方法，利用各地的农业技术推广网络，加速养殖废弃物的肥料化高效利用，推广应用自主研发的微生物菌剂、含腐殖酸水溶肥、生物有机肥安全高效施用技术，改善蔬菜产品质量，提高蔬菜产品的市场竞争力，推动蔬菜产业的提质增效。

主 要 技 术 文 件 目 录 及 来 源

1. 鉴定大纲　　　　　　　　　河北省农业厅

2. 技术报告　　　　　　　　　河北省农业环境保护监测站

3. 工作报告　　　　　　　　　河北省农业环境保护监测站

4. 经济效益分析报告　　　　　河北省农业环境保护监测站

5. 项目任务合同　　　　　　　河北省农业环境保护监测站

6. 查新报告　　　　　　　　　河北省科技情报研究院

7. 应用证明　　　　　　　　　永清、安次等 23 个县市区

8. 肥料登记证书　　　　　　　农业部

9. 绿色食品蔬菜认证证书　　　中国绿色食品发展中心

10. 发表著作/论文　　　　　　河北农业大学

鉴　定　意　见

2015 年 4 月 18 日，由河北省农业厅组织并主持，聘请同行专家组成鉴定委员会，对河北省农业环境保护监测站、河北农业大学等单位完成的"养殖废弃物肥料化高效利用关键技术示范推广"进行了成果鉴定。鉴定委员会听取了项目技术报告、工作报告、经济效益分析报告，审阅了查新报告等相关资料，经质疑讨论，形成如下意见：

一、该项目选题准确、研发方案合理、数据翔实可靠、资料齐全规范，符合鉴定要求。

二、该项目在原有成果的基础上，改进优化、集成创新、示范推广，取得了以下创新成果：

1. 优选出酶活力高、升温腐熟快的微生物菌株枯草芽孢杆菌 XN-13 和米曲霉 No.3，研发出快速高效有机物料腐熟剂，好氧堆腐发酵畜禽粪便和作物秸秆等有机物料，堆后 48h 温度可达 65℃以上，20 天即可腐熟，全氮、速效磷、速效钾可分别提高 10.3%、76.9%、68.3%。

2. 明确了不同蔬菜需肥的 $N : K_2O$ 适宜配比，研发出设施蔬菜水溶套餐肥系列产品，高钾、中钾、低钾腐植酸水溶肥 $N : K_2O$ 分别为 1:1.8、1:1.4、1:1.2；研制出设施蔬菜高效多功能生物有机肥产品并优化了生产工艺，有机质含量≥40.0%，每克有效活菌数≥0.2 亿，养分含量 $N+K_2O$≥6.0%。

3. 明确了潮褐土区设施蔬菜施用生物有机肥、微生物菌剂和含腐植酸水溶肥的时期、用量和方法，集成创新了番茄、黄瓜、茄子等 8 种主栽蔬菜的安全高效施肥技术模式，4 种蔬菜被农业部认定为绿色食品。

4. 优化了示范推广的组织措施，创建了产业体系渠网示范推广模式，有效推进了集成技术的规模化推广应用，在全省 11 个地市 23 个县推广应用，取得了显著的经济、社会和生态效益。

项目总体达同类研发的国内领先水平。

建议：进一步探索生物有机肥改善蔬菜品质的作用机理。

鉴定委员会主任：　　　　　　副主任：

2015 年 4 月 18 日

主 持 鉴 定 单 位 意 见
同意鉴定委员会意见 主管领导签字：＿＿＿＿＿（盖章） ＿＿＿＿＿年＿＿＿月＿＿＿日

组 织 鉴 定 单 位 意 见
同意鉴定委员会意见 主管领导签字：＿＿＿＿＿（盖章） ＿＿＿＿＿年＿＿＿月＿＿＿日

科技成果完成单位情况

序号	完成单位名称	邮政编码	所在省市代码	详细通信地址	隶属省部	单位属性
1	河北省农业环境保护监测站	050035	913	石家庄市高新技术开发区长江大道19号	河北省	5
2	河北农业大学	071001	913	河北保定市灵雨寺街289号	河北省	2
3	河北闰沃生物技术有限公司	065000	913	河北省廊坊市安次区东麻各庄村	河北省	4
4	廊坊市欧华嘉利农业科技发展有限公司	065000	913	河北省廊坊市安次区仇庄乡建设村	河北省	4
5	河北民得富生物技术有限公司	072450	913	河北保定107国道184公里处	河北省	4
6	永清县蔬菜管理局	065600	913	河北省廊坊市永清县益昌路37号	河北省	5

注：1.完成单位序号超过8个可加附页，其顺序必须与鉴定证书封面上的顺序完全一致。
2.完成单位名称必须填写全称，不得简化，与单位公章完全一致，并填入完成和名称的第一栏中。其下属机构名称则填入第二栏中。
3.所在省市代码由组织鉴定单位按省（自治区、直辖市）和国务院部门及其他机构名称代码填写。
4.详细通信地址要写明省（自治区、直辖市），市（地区、州）、县（区）、街道和门牌号码。
5.隶属省部是指本单位和行政关系隶属于哪一个省、自治区、直辖市或国务院部门主管。并将其名称填入表中。如果本单位有地方/部门双重隶属关系，请按主要的隶属关系填写。
6.单位属性是指本单位在1.独立科研机构、2.大专院校、3.工矿企业、4.集体或个体企业、5.其他 五类性质中属于那一类，并在栏中选填1、2、3、4、5即可。

主要研究人员名单

序号	姓名	性别	出生年月	技术职称	文化程度	工作单位	对成果创造性贡献
1	李博文	男	196305	教授	博士	河北农业大学资源环境学院	主持技术开发推广
2	黄玉英	男	196405	研究员	学士	河北省农业环境保护监测站	主持技术示范推广
3	边艳辉	男	197205	研究员	本科	河北省农业环境保护监测站	负责配方肥开发
4	白仁文	男	198205	农艺师	硕士	河北省农业环境管理局	负责施肥技术开发
5	葛春昇	男	196310	研究员	本科	永清县蔬菜管理局	负责示范基地建设
6	马 理	男	198002	农艺师	学士	永清县蔬菜管理局	负责示范技术培训
7	刘 辉	男	197211	经济师	专科	河北固硕生物技术有限公司	负责建立肥料生产线
8	郭崇华	男	197306	经济师	专科	廊坊市欣华嘉利农技发展有限公司	负责建立肥料生产线
9	邵立康	男	195411	高级工程师	专科	河北民得富生物技术有限公司	负责研制蔬菜安全型高效施肥
10	王柱宽	男	196510	高级农艺师	本科	玉田县农牧局	负责区域技术示范推广
11	王彦平	男	197304	农艺师	本科	定州市农业局	负责区域技术示范推广
12	姚培清	男	197402	高级农艺师	本科	青县农业局	负责区域技术示范推广
13	李粉霞	女	197712	高级农艺师	本科	永年县农牧局	负责区域技术示范推广
14	魏凤皮	男	195912	研究员	大专	石家庄市藁城区农业局	负责区域技术示范推广
15	简翠平	女	196602	高级农艺师	本科	饶阳县农牧局	负责区域技术示范推广

鉴　定　委　员　会　名　单

序号	鉴定会职务	姓名	工作单位	所学专业	现从事专业	职称/职务	签名
1	主任	刘　旭	中国农业科学院	农　学	农　学	院士、研究员	
2	副主任	白玉良	中国工程院	农　学	农　学	教授、博导	
3	副主任	郝晋珉	中国农业大学资源环境学院	土壤学	资源环境	教授、博导	
4	委员	赵同科	北京市农林科学院植物营养与资源研究所	植物营养	植物营养	研究员、博导	
5	委员	刘荣乐	中国农业科学院研究生院	植物营养	土壤肥料	研究员、博导	
6	委员	马　平	河北省农林科学院植保研究所	植物保护	微生物工程	研究员、博导	
7	委员	王玉海	河北省农林科学院经济作物研究所	蔬菜学	蔬菜学	研究员	
8							
9							
10							

科 技 成 果 登 记 表

成 果 名 称	养殖废弃物肥料化高效利用关键技术示范推广					
研究起始时间	20130101		研究终止时间		20141231	
成果第一完成单位	单位名称	河北农业大学				
	隶属省部	代码	913	名称	河北省	
	所在地区	代码	913	名称	河北省	单位属性（5） 1.独立科研机构 2.大专院校 3.工矿企业 4.集体个体 5.其他
	联 系 人	黄玉宾				
	邮政编码	050035	联系电话	13933098187		
	通信地址	石家庄市高新技术开发区长江大道19号				
鉴 定 日 期	2015		鉴定批准日期		2015	
组织鉴定单位名称	河北省农业厅					
成果有无密级	(0)	0-无 1-有	密级	（ ）	1-秘密 2-机密 3-绝密	
成 果 水 平	(2)	1-国际领先 2-国际先进 3-国内领先 4-国内先进				
任 务 来 源	(1)	1-国家计划 2-省部计划 3-计划外				
应用行业大类	(01)	01-农、林、牧、渔、水利　　02-工业　　03-地质普查和勘探业　　04-建筑业　　05-交通运输、邮电通讯业　　06-商业、饮食、物资供销和仓储业　　07-房地产、公用事业居民和咨询服务业　　08-卫生、体育、社会、福利业　　09-教育、文化、艺术、广播和电视业　　10-科学研究和综合技术服务业　　11-金融、保险业　　12-其他行业				
应 用 情 况	(1)	1-已应用　未应用原因 A-无接产单位 B-缺乏资金 C-技术不配套 D 工业实验前成果 E-其他				
转 让 范 围	(2)	1-允许出口 2-限国内转让 3-不转让				

科 研 投 资（万元）		应 用 投 资（万元）	
国 家 投 资		国 家 投 资	
地方、部门投资	75.00	地方、部门投资	
其他单位投资		其他单位投资	1200.00
合　计	75.00	合　计	1200.00

本 年 度 经 济 效 益（万元或万美元）					
新 增产 值	516	新 增利 税	354	其中创收外汇	

填 表 说 明

1. 《科学技术成果鉴定证书》：本证书规格一律为标准 A4 纸，竖装。必须打印或铅印，字体为 4 号字。

本证书为国家科学技术委员会制定的标准格式，任何部门、单位、个人均不得擅自改变内容、增减证书中栏目。

2. 编号：指组织鉴定单位科技成果管理机构按年度组织鉴定的顺序编号（如：国家科委 1994 年组织鉴定项目编号为国科鉴字[1994]×××号）。

3. 成果名称：申请鉴定时经组织鉴定单位审查同意使用的成果名称。

4. 成果完成单位：指承担该项目主要研制任务的单位。由二个以上单位共同完成时，按技术合同中研制单位顺序排列（与《科技成果鉴定申请表》中成果完成单位排列一致）。

5. 组织鉴定单位：组织此项成果鉴定的单位。

6. 鉴定形式：指该项成果鉴定所采用的鉴定形式，即检测鉴定、函审鉴定或会议鉴定。

7. 鉴定日期：指该项成果通过专家鉴定的日期。

8. 鉴定批准日期：组织鉴定单位签署意见的日期。

9. 技术简要说明和主要性能指标：应包括如下内容

(1)任务来源：计划项目应写清计划名称及其编号。计划外的应说明是横向或自选项目。

(2)应用领域和技术原理。

(3)性能指标（写明合同要求的主要性能指标和实际达到的性能指标）。

(4)与国内外同类技术比较。

(5)成果的创造性、先进性。

(6)作用意义（直接经济效益和社会意义）。

(7)推广应用的范围、条件和前景以及存在的问题和改进意见。

10. 主要文件和技术资料目录：指按照规定由申请鉴定单位必须递交的主要文件和技术资料。

11. 测试报告：指采用会议鉴定形式时，根据需要由组织单位聘请的专家测试组到现场进行测试结果的报告。

12. 鉴定意见：会议鉴定是鉴定委员会形成的鉴定意见；函审鉴定是函审专家组正副组长根据函审专家函意见汇总形成的意见；检测鉴定是检测机构出具的"检测结论"（含必要时聘请有 3 至 5 名专家提出的综合评价意见）。

13. 主要研制人员名单：由成果完成单位填写。填写内容与《科技成果鉴定申请表》中的主要研制人员名单相同。

14. 鉴定专家名单：采用会议鉴定时，由参加鉴定会的专家亲自填写，采用函审鉴定时，由组织鉴定单位根据函审专家填写的《科技成果函审表》中有关内容填写；采用检测鉴定时，由组织鉴定单位根据专家在《检测鉴定检测报告》中的"专家评价意见"填写。

15. 主持鉴定单位意见：由受组织鉴定单位委托，具体主持该项成果鉴定工作的单位填写，单位领导签字，并加盖公章。

16. 组织鉴定单位意见：由负责该项成果鉴定工作的省、自治区、直辖市科委，国务院有关部门科技成果管理机构和经授权的组织鉴定单位填写，由主管领导签字。

17. 科技成果登记表：本表公适用于以鉴定方式评价的科技成果。

(1)登记号：（封面）指省、部级科技成果管理机构根据省、部级重大科技成果登记的条件，确认该项成果满足登记条件后，按年度登记成果的顺序编号，由省、部级科技成果管理机构填写.

(2)**批准日期（封面）**: 指批准该项成果登记的日期, 由省部级科技成果管理机构填写.

(3)**科技成果名称**: 必须填写科技成果的全称, 并且要与封面上的名称完全一致.

(4)**研究起始时间**: 是指该项成果开始研究或开发的时间, 应以计划任务书或合同、协议书上的时间为准.

(5)**研究终止时间**: 是指该成果最终完成的时间, 并以评价完成日为准.

(6)**第一完成单位**: 是指项目合同或计划任务书中第一承担单位, 应与封面的第一个单位相同.

(7)**隶属省部**: 指第一完成单位的行政隶属关系属于哪个地方或部门, 如果本单位有双重隶属关系, 请按本单位主要的隶属关系填写. 隶属省部的名称由成果完成单位填写, 代码由组织鉴定单位按照"省、自治区、直辖市和国务院各部门机构名称与代码"填写.

(8)**所在地区**: 是指成果第一完成单位所在的省、自治区、直辖市, 地区名称由成果完成单位填写, 代码由组织鉴定单位按照"省、自治区、直辖市名称与代码"填写.

(9)**单位属性**: 是指成果第一完成单位在 1. 独立科研机构 2. 大专院校 3. 工矿企业 4. 集体个体 5. 其他 五类性质中属于哪一类, 并在括号中选填相应的数字即可.

(10)**联系人**: 是指该项成果的主要技术负责人.

(11)**通信地址**: 是指成果第一完成单位的通信地址, 要依次写明省、市(区)、县、街和门牌号码.

(12)**组织鉴定单位名称**: 是指对该成果组织鉴定的单位, 组织鉴定单位如果是两个或两个以上, 单位名称之间用"、"分开, 如超过 20 个汉字可用通用的简称.

(13)**成果有无密级**: 是指该项成果按照国家有关科技保密的规定确定其是否有密级. 并在括号内选填 0 或 1 即可.

(14)**密级**: 是指该项成果按照国家有关科技保密的规定而确定的密级. 该项目如无密级此栏可不填, 如有密级请在括号内选填 1. 2. 3. 即可.

(15)**成果水平**: 是指该项成果达到的整体技术水平, 以评价结论为准, 并在括号内选填 1. 2. 3. 4. 即可.

(16)**任务来源**: 是指该项目隶属于个计划, 请在括号中选填 1. 2. 3. 即可.

(17)**成果应用行业**: 是指该项成果应用的行业. 请在括号内选填与应用行业相对应的一个两位数即可.

(18)**应用情况**: 是指该项成果是否已应用, 已应用的在括号内填入数字 1. 未应用的请根据具体情况在括号内选填 A. B. C. D. E. 即可.

(19)**转让范围**: 请在括号内选填 1. 2. 3. 即可.

(20)**科研投资**: 是指该项成果在研究开发过程中的投资金额, 分为国家投资, 地方、部门投资, 以及其他单位投资三项.

(21)**应用投资**: 是指为应用该项成果投入的资金分为国家投资, 地方、部门投资, 以及其他单位投资三项. 已应用的该项成果需填写本栏目.

(22)**本年度经济效益**: 已应用的该项成果需填写本栏目, 并只计算本年度的新增产值、新增利税和其中创收外汇的情况.

18. 组织鉴定单位对鉴定证书所有栏目审查无误后, 方可加盖"科技成果鉴定专用章", 鉴定证书生效.

附录三 科技成果评价报告——河北省菜田养分微生物调控减肥增效关键技术

评价项目编号：913-00-2019-049

科 技 成 果 评 价 报 告

冀科成转评字【2019】第 049 号

成 果 名 称： 河北省菜田养分微生物调控减肥增效关键
技术

成 果 类 型： 技术开发类应用技术成果 （盖章）

完 成 单 位： 河北农业大学

河北省农林科学院农业资源环境研究所

河北闰沃生物技术有限公司

委托评价单位： 河北农业大学

委 托 日 期： 2019-03-06

评 价 形 式： 会议

评 价 机 构： 河北省科技成果转化服务中心（盖章）

评价完成日期：

河北省科技成果转化服务中心

二〇一六年制

成果名称	河北省菜田养分微生物调控减肥增效关键技术			
委托方	名称	河北农业大学		
	地址	河北省保定市灵雨寺街 289 号		
	负责人	李博文	电话	0312-7521251
	联系人	李博文	电话	13503327598
	电子信箱	kjli@hebau.edu.cn		
评价机构	名称	河北省科技成果转化服务中心		
	地址	石家庄市东风路 159 号		
	负责人	秦建国	电话	0311-85811963
	联系人	袁达	电话	0311-85819748
	电子信箱	nicktime@vip.163.com		

委 托 评 价 要 求 方 式

简述委托方对评价项目的相关要求和相关约定

河北农业大学委托河北省科技成果转化服务中心，对本项目以会议评价方式进行科技成果评价：1. 对项目组提交评价的资料技术资料完整性、规范性进行评价；2. 对本项目按技术开发类应用技术成果评价指标进行专家打分评价；3. 对本项目的技术整体水平作出定性和定量的合理性评价；4. 对本项目的可转化性、应用推广、经济和社会效益方面进行评价；5. 提出存在问题和改进意见。

评 价 基 本 过 程 陈 述

简述评价机构组织开展评价的时间、地点、过程和方式

2019 年 03 月 16 日，由河北省科技成果转化服务中心组织并主持，邀请 7 位相关专业领域专家组成评价专家组，在北京市对河北农业大学、河北省农林科学院资源环境研究所、河北闰沃生物技术有限公司、河北民得富生物技术有限公司、廊坊海泽田农业开发有限公司共同完成的本项目进行了会议评价。评价过程严格按照有关规定和程序，在项目组汇报答疑后，每位专家独立进行了打分并撰写评价意见，统计总分后专家组集中讨论，作出最终评价意见，出具体评价报告，每位专家的打分表为最终评价报告组成部分和评价意见的重要参考依据。

科技成果简要技术说明及主要技术经济指标

1.科技成果的任务来源 本成果主要来源于国家科技支撑项目、农业部948项目、河北省国际科技合作项目和省蔬菜产业技术体系项目等，总经费819.5万元。其中，设施蔬菜养分管理与高效施肥技术研究与示范（2015BAD23B01）来源于国家科技支撑项目，2015—2019，经费557.0万元；设施蔬菜新型肥料及其安全高效施肥技术集成与示范（2012BAD15B02-1）来源于国家科技支撑项目，2012—2016，经费80.0万元；华北温室菜田施氮N_2O排放和氮淋失的生化控制技术引进与研发（2012-Z36）来源于农业部948项目，2012，经费20.0万元；设施栽培蔬菜土壤氮素损失的生化调控技术合作研究（10397110D）来源于河北省国际科技合作项目，2010—2012，经费20.0万元；蔬菜安全高效施肥用药与产品质量控制技术研发与示范（冀农科发（2013）27号）来源于河北省蔬菜产业技术体系，2013—2017，经费142.5万元。 2.应用领域：本成果属于农业科技领域，应用于蔬菜安全高效生产。 3.技术原理 通过调控土壤氮循环的硝化进程，既可有效提高氮利用率，还可防控引起蔬菜和环境污染；利用功能微生物既可促进养分高效利用，又可破解连作障碍、防控污染。两者一个共同的特征是通过微生物调控的路径，破解菜田施肥形成的"瓶颈"，但起调控作用的微生物及其机制不同。 4.性能指标 （1）优选出高效解磷解钾、防病或降解有机物的功能菌株：巨大芽孢杆菌S6、胶冻样类芽孢杆菌T7、枯草芽孢杆菌B-9和XN-13，具有耐盐碱、耐缺氧、耐高温等特异优势。经田间试验，当接菌量≥$1×10^{12}$CFU/亩时，S6与T7复合提高土壤有效磷、有效钾含量分别高达88.54%和96.18%，对缺钙引起果实脐腐病防效高达89.7%；T7与B-9复合提高土壤有效磷、有效钾含量分别高达66.14%和83.79%，对枯黄萎病防效高达89.3%；枯草芽孢杆菌XN-13经堆腐试验，60℃高温期持续10天，腐熟快3天。 （2）研发登记微生物肥新产品7个、新型水溶肥1个。发明了高效絮凝浓缩的微生物肥制作方法及节本增效新型肥料，生产省时72h，降低成本20%以上，提高菌体回收率22%；发明了硝化抑制新型缓释肥及制备方法，研发出套餐水溶肥。明确了DCD适宜配施量，施用微生物肥适宜用量、时期和方法，突破了减肥增效的瓶颈；同常规施肥比，减肥25%配施有效活菌量$3×10^{12}$CFU/亩的菌剂，提高肥料养分偏生产力59.5%；配施DCD的适宜用量为施氮量15%，提高肥料养分偏生产力18.1%，防控氮淋失和氮源气体排放的效果与减肥25%的相当；减肥10%配底施生物有机肥40kg/亩，增产6.02%。 （3）创建了10种蔬菜安全高效施肥模式。基于菜田磷钾养分过剩、镉污染凸现的分异特征，根据不同蔬菜需肥特点，将适宜水溶肥与微生物肥配施，构建了减肥25%的安全高效施肥模式。经多点示范，同常规施肥相比，减肥25%增产10.2%以上；开发认定绿色食品蔬菜产品11个，果形周正、色泽鲜艳，畸形果率≤3.5%，蔬菜维生素C、可溶性糖等含量显著提高，适口性增强；同时降低氮磷钾淋失49.7%以上，降低N_2O、NO_x

和 NH_3 排放量 21.8%、76.5%和 21.8%以上，有效防控了面源污染，切实保障蔬菜食品安全和生态安全。 5. 与国内外同类技术比较 经检索查新，通过内外同类技术相比，本项目特色创新如下：

(1)有机物料腐熟剂：优选菌种纤维素酶活、蛋白酶活高，60℃高温期持续 10 天，生产成本低；与国外同类技术相比，国际最先进的 EM 菌等，60℃高温期持续 12 天，生产成本高；与国内同类技术相比，已登记菌种纤维素酶活、蛋白酶活低，60℃高温期持续 8 天。 (2)微生物菌剂生物有机肥：菌种具有耐盐碱、耐缺氧等特性，减肥 25%显著增产；与国内外同类技术相比，尚未见报道。(3)抑制硝化微生物调控氮的作用机制：明确了菜田高氮土壤氨氧化古菌 AOA 和氨氧化细菌 AOB 对防控氮淋失、氮源气体排放起关键作用；与国外同类技术相比，国际上明确了奶牛牧场和森林低氮土壤氨氧化古菌 AOA 对防控氮淋失、氮源气体排放起关键作用；国内尚未见报道。 (4)微生物菌剂活化调控磷的作用机制：明确了菜田石灰性土壤微生物碱性磷酸酶基因 phoD 和磷转运基因 pitA 是活化调控磷的关键因子；与国内外同类技术相比，尚未见报道。 (5)蔬菜安全高效施肥模式：减肥25%显著增产 10%以上，安全环保性强，市场竞争力强；与国外同类技术相比，国际上注重以减肥保障产品安全、环境友好，忽视增产，不适合中国国情；与国内外同类技术相比，减肥 20%增产不显著、安全环保性差，市场竞争力弱。 5. 成果的创造性、先进性 本研究丰富了肥料与施肥学、土壤与环境等学科内容，推动了农业资源与环境一级学科博士点、土壤学省级重点学科和河北省农田生态环境重点实验室的发展建设；随着农业的绿色发展，减肥增效需求与日俱增，应用前景十分广阔。 6. 推广应用的范围、条件和前景以及存在的问题 该成果被列入《河北省蔬菜绿色发展十大技术》，在全省 11 个地市蔬菜主产县建立示范点 36 个，探索出新型推广模式，近三年开展技术培训 115 场，培训农民 1.25 万人次，累计推广 278.5 万亩，新增经济收益 38.5 亿元，保障了蔬菜食品安全和环境安全，培植了大棚蔬菜产业扶贫的典型，被中组部纳入全国"两学一做"学习教育专题，国家、省市等新闻媒体报道 15 次。 目前，因缺乏活化钾功能基因的引物信息，关于微生物活化钾机制的研究尚处于探索之中；关于 10 种蔬菜安全高效施肥的技术规程尚不完善。

主要文件和技术资料目录

1、工作和研究（研制）报告。2、查新报告。3、效益证明（已产生的经济效益或社会效益、环境生态效益证明）。4、应用证明（或用户意见）。5、论文、专著、知识产权。6、相关产品标准、技术规程。

评价专家组名单

序号	评价专家组职务	姓名	工作单位	从事专业	职称	联系电话	邮箱	总评分
1	组长	张福锁	中国农业大学	植物营养学	教授	13701279631	zhangfs@cau.edu.cn	96.00
2	副组长	赵春江	国家农业信息化工程技术研究中心	农学	研究员（Z）	13801308848	zhaocj@nercita.org.cn	95.00
3	组员	郝晋珉	中国农业大学资源与环境学院	土壤生态学	教授	13801332612	jmhao@cau.edu.cn	97.00
4	组员	赵同科	北京市农科院植物营养与资源所	植物营养学	研究员（Z）	13611215508	tkzhao@126.com	95.00
5	组员	刘荣乐	农业部环境保护科研监测所	土壤肥料学	研究员（Z）	13911093363	rlliu@caas.net.cn	93.00
6	组员	范双喜	北京农学院	蔬菜学	教授	13910036239	fsx20@163.com	98.00
7	组员	胡志全	中国农科院农经所	农业经济学	研究员（S）	13681009710	huzhiquan@caas.cn	91.00

总平均分： 95.00

综 合 评 分 与 评 价 结 论

综合评分：95.00

评价结论：

一、提交的资料完整规范，研究方案合理，数据分析可靠，符合成果评价要求。

二、针对菜田养分过剩、肥效锐减、面源污染"三大瓶颈"，以"减肥增效、产品安全、绿色环保"为目标，开辟养分微生物调控的新路径，以河北省菜田为研究对象，筛选出高效特异优势功能菌株，研发出系列微生物肥料和硝化抑制缓释肥料，明确了菜田养分微生物调控的作用机制，创建了蔬菜安全高效施肥模式，取得了良好的产量效应、质量效应和环境效应，开发出绿色食品蔬菜产品。关键技术和创新点：

1. 优选出高效解磷解钾、防病、降解有机物的功能菌株：巨大芽孢杆菌 S6、胶冻样类芽孢杆菌 T7、枯草芽孢杆菌 B-9 和 XN-13，具有耐盐碱、耐缺氧、耐高温等特异优势。

2. 发明了高效絮凝浓缩的微生物肥制作方法及节本增效新型肥料，生产省时 72h、降低成本 20% 以上，提高菌体回收率 22%，研发出微生物肥系列新产品；发明了硝化抑制新型缓释肥及制备方法。明确了 DCD 适宜配施量，施用微生物肥适宜用量、时期和方法，研发出新型套餐水溶肥，突破了减肥增效的技术瓶颈。

3. 揭示了菜田高氮土壤微生物调控氮的作用机理，明确了其氨氧化古菌对 NO_x 排放、硝酸盐淋失和氨氧化细菌对 N_2O、NH_3 排放起关键作用，硝化抑制可减氮增效；揭示了菜田石灰性土壤微生物调控磷的作用机制，发现微生物碱性磷酸酶基因 *phoD* 和磷转运基因 *pitA* 是活化调控磷的关键因子，施其有效菌可减磷增效。

4. 明确了河北省菜田磷钾养分过剩、镉污染凸现的分异特征。根据不同蔬菜需肥特点，将适宜水溶肥与微生物肥配施，构建了 10 种蔬菜安全高效施肥模式，减肥 25% 增产 10% 以上；开发认定绿色食品蔬菜产品 11 个，果形周正、色泽鲜艳，畸形果率 ≤3.5%，蔬菜维生素C可溶性糖等含量显著提高，适口性增强；同时降低氮磷钾淋失 49.7%，降低 N_2O、NO_x 和 NH_3 排放量 21.8%、76.5% 和 21.8%，有效防控面源污染，切实保障蔬菜食品安全和生态安全。

构建了覆盖河北省蔬菜主产区的推广网络，探索出横向渠网与纵向衔接的新型推广模式。成果被列入《河北省蔬菜绿色发展十大技术》，实现了大规模推广应用，取得了显著的经济、生态和社会效益。整体达同类研究国际先进水平。

评价组长签字：　　　　　副组长：

2019 年 3 月 16 日

评 价 机 构 意 见

同意评价专家组对"河北省菜田养分微生物调控减肥增效关键技术"项目作出的科技成果评价结论。

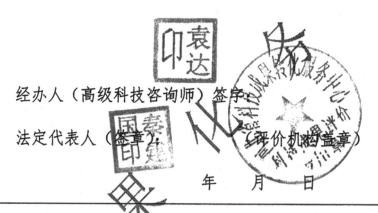

经办人（高级科技咨询师）签字：

法定代表人（签章）：

（评价机构盖章）

年　月　日

评 价 机 构 声 明

我单位依据《中华人民共和国科学技术进步法》、《中华人民共和国促进科技成果转化法》、《科学技术评价办法》等法律法规，严格按照有关规定和要求，秉承客观、公正、独立的原则，组织同行专家对该项科技成果进行了评价。

评价结论以客观事实为依据，评价过程不存在任何违反上述有关法律法规的情形。

我单位承诺依据委托方提供的技术资料所做出的科技成果评价结论的客观性、真实性和准确性负责，将严格按照上述有关规定和要求，认真履行作为评价机构的义务并承担相应的责任。

科技成果评价结论不具有行政效能，仅属咨询性意见。依据评价结论做出的决策行为，其后果由行为决策者承担。

河北省科技成果转化服务中心

科技成果完成单位情况一览

序号	完成单位名称	详细通信地址	联系人	联系电话
1	河北农业大学	河北省保定市灵雨寺街289号	李博文	13503327598
2	河北省农林科学院农业资源环境研究所	河北省石家庄市和平西路598号	王凌	13933074703
3	河北闰沃生物技术有限公司	河北省廊坊市安次区仇庄乡东麻各庄村	刘辉	15030681234
4	河北民得富生物技术有限公司	河北保定望都县大十五里乡（107国道）	邵立康	13131281781
5	廊坊海泽田农业开发有限公司	永清县大辛阁村	郭永利	13930623220

主 要 研 制 人 员 名 单（二）

序号	姓名	性别	出生年月	技术职称	文化程度	工作单位	对成果创造性贡献
1	李博文	男	1963-05	正高	博士研究生	河北农业大学	主要贡献创新点 1—4
2	王凌	女	1981-01	副高	博士研究生	河北省农林科学院农业资源环境研究所	主要贡献创新点 1—4
3	郭艳杰	女	1983-09	中级	博士研究生	河北农业大学	主要贡献创新点 2—4
4	刘文菊	女	1971-02	正高	博士研究生	河北农业大学	主要贡献创新点 1—4
5	张丽娟	女	1964-09	正高	博士研究生	河北农业大学	主要贡献创新点 2、4
6	陆秀君	女	1970-01	正高	博士研究生	河北农业大学	主要贡献创新点 1、4
7	陶晡	男	1981-10	副高	硕士研究生	河北农业大学	主要贡献创新点 4
8	方雪丹	女	1982-01	中级	硕士研究生	河北农业大学	主要贡献创新点 2
9	刘辉	男	1972-11	中级	大专	河北闰沃生物技术有限公司	主要贡献创新点 2
10	杨威	男	1986-03	其他	硕士研究生	河北农业大学	主要贡献创新点 1、2

图书在版编目（CIP）数据

菜田污染防控与培肥改良．/ 李博文等著．—北京：
中国农业出版社，2024.9
ISBN 978-7-109-30044-6

Ⅰ．①菜…　Ⅱ．①李…　Ⅲ．①蔬菜—农田污染—污染
防治 ②蔬菜园艺—肥水管理　Ⅳ．①X535 ②S630.5

中国版本图书馆 CIP 数据核字（2022）第 175284 号

菜田污染防控与培肥改良
CAITIAN WURAN FANGKONG YU PEIFEI GAILIANG

中国农业出版社出版
地址：北京市朝阳区麦子店街 18 号楼
邮编：100125
责任编辑：国　圆
版式设计：杨　婧　责任校对：吴丽婷
印刷：北京通州皇家印刷厂
版次：2024 年 9 月第 1 版
印次：2024 年 9 月北京第 1 次印刷
发行：新华书店北京发行所
开本：787mm×1092mm　1/16
印张：36.25
字数：900 千字
定价：240.00 元